住房城乡建设部土建类学科专业

"十三五"职业教育规划教材

U0605035

建筑工程技术综合

（第二版）

主　编　李仙兰

副主编　唐丽萍　牛恒茂

参　编　任雪丹　侯丽萍　杨　晶　赵　洁

　　　　赵嘉玮　石益东　任尚万　秦文俊

主　审　郝　俊

中国电力出版社

CHINA ELECTRIC POWER PRESS

内 容 提 要

　　本书为"十三五"职业教育规划教材，同时入选住房城乡建设部土建类学科专业"十三五"规划教材。全书共分 5 个单元，主要内容为地基与基础工程、主体工程、建筑装饰装修工程、建筑屋面、建筑节能工程。本书由"建筑施工技术""建筑施工验收"和"建筑工程质量事故分析与处理"三门课程整合编写而成。书中以施工过程的每一施工工艺设置各项目，强调实践性、应用性。

　　本书可作为高职高专院校建筑工程技术及相关专业的教材，也可作为电大、函授、远程教育、自学考试等建筑工程技术及相关专业的教材，还可供从事建筑工程设计、施工、管理的人员参考。

图书在版编目（CIP）数据

建筑工程技术综合/李仙兰主编 . —2 版 . —北京：中国电力出版社，2017.9
"十三五"职业教育规划教材　住房城乡建设部土建类学科专业"十三五"规划教材
ISBN 978-7-5198-0696-5

Ⅰ.①建…　Ⅱ.①李…　Ⅲ.①建筑工程—工程技术—高等职业教育—教材　Ⅳ.①TU

中国版本图书馆 CIP 数据核字（2017）第 077884 号

出版发行：中国电力出版社
地　　　址：北京市东城区北京站西街 19 号（邮政编码 100005）
网　　　址：http：//www.cepp.sgcc.com.cn
责任编辑：霍文婵（010—63412545）　郑晓萌（010—63412322）
责任校对：郝军燕
装帧设计：赵姗姗
责任印制：吴　迪

印　　　刷：北京雁林吉兆印刷有限公司
版　　　次：2010 年 1 月第一版　2017 年 9 月第二版
印　　　次：2017 年 9 月北京第五次印刷
开　　　本：787 毫米×1092 毫米　16 开本
印　　　张：27.75
字　　　数：682 千字
定　　　价：58.00 元

前　言

2016年12月20日，为了进一步加强高等教育、职业教育土建类学科专业教材建设，住房城乡建设部组织了土建类学科专业"十三五"规划教材选题的申报和评选工作。经过作者申报、专家评审，确定了455项选题作为土建类学科专业"十三五"规划教材，《建筑工程技术综合》（第二版）是其中一本。

《建筑工程技术综合》（第二版）是在2010年出版的《建筑工程技术综合》（第一版）的基础上编写的。当时，许多高职高专院校中的建筑工程专业设置都有建筑施工技术、建筑施工验收和建筑工程质量事故分析与处理这三门课程。这三门课程是针对施工过程中三个不同方面进行论述的（施工技术论述的是如何做，施工验收论述的是什么为合格工程，工程质量事故分析论述的是造成事故的原因）。在实际教学过程中，三门课程常设置在不同的学期，而教师在讲授过程中为了使每一施工过程三方面的内容融会贯通，教学内容有良好的衔接，使学生能更好地系统掌握该知识，许多内容不得不重复，如讲建筑施工验收的教师必须要重复施工技术知识，讲建筑工程质量事故分析与处理的教师必须要重复部分施工技术和施工验收知识。尽管有多次重复，面临高职高专院校理论教学时间短，加大实践教学这一要求，造成教师没时间将每一教学内容讲解透彻，甚至个别内容无教学时间。《建筑工程技术综合》是依据建筑施工技术、建筑施工验收和建筑工程质量事故分析与处理这三门课程整合的思路进行编写的，单元1和单元5按建筑工程土建部分的五个分部工程划分，每一项目根据施工过程每一施工工艺设置的，每一项目中编写顺序：施工技术→施工质量验收→施工质量事故（事故分析、预防措施、处理措施）。它不但节约教学时间，更使教学内容很好地衔接，使学生对施工过程的全部工作内容有一个系统的认识。《建筑工程技术综合》（第一版）出版后深受读者的喜爱，但是，随着建筑规范、建筑技术的不断变更，有许多内容滞后，重新组织人员编写第二版。

本书由内蒙古建筑职业技术学院李仙兰任主编，内蒙古建筑职业技术学院唐丽萍、牛恒茂任副主编，内蒙古建筑职业技术学院任雪丹、侯丽萍、杨晶、赵洁、赵嘉玮、石益东、任尚万和内蒙古非经营性项目代建管理局秦文俊为参编。概述由任雪丹编写；单元1项目1～项目3由侯丽萍编写；单元1项目5和项目6由石益东编写；单元1项目4和单元4由李仙兰编写；单元2项目1由赵嘉玮编写；单元2项目2和项目3由牛恒茂编写；单元2项目4由杨晶编写；单元2项目5由唐丽萍编写；单元3由赵洁编写；单元5由任尚万编写，其中2.4节由秦文俊提供。全书由李仙兰负责统稿工作。

本书由内蒙古机电职业技术学院郝俊主审，对本书做了认真细致的审阅和修改，对提高本书编写质量提出了建设性意见，同时内蒙古第三建筑公司李钟亮对本书内容的选择也提出许多宝贵意见，在此，编者表示衷心感谢！

　　限于编者水平，书中难免有不足之处，恳切希望读者批评指正。

编　者
2017 年 5 月

目　　录

概　述

项目1　建筑工程施工技术概述

1.1　建筑施工技术的发展简史

　　新中国成立后，我国建筑施工的机械化、专业化、工厂化和快速施工方面都取得了较大成就，当时采用了一些新技术，如重锤夯实地基、砂垫层、砂桩、混凝土桩基和沉箱基础等地基基础工程技术，钢筋冷加工、预应力混凝土、钢筋混凝土薄壳、轻质混凝土和特种混凝土等钢筋混凝土工程技术，卷材防水屋面、刚性防水等屋面防水工程技术，冬期施工技术。1965年，我国有了自己的第一套施工及验收规范。

　　20世纪60年代中期到70年代末，我国采用了灌注桩、井点降水、钢板桩的深坑边坡支护、地下连续墙等地基基础工程技术，砌筑工程采用砌块及大型砌块，钢筋混凝土采用大模板、组合模板、滑模施工，装饰工程采用钢门窗、饰面工程、墙纸、塑料地面涂料及喷涂、滚涂、弹涂工艺，新防水材料的大量应用，修订了施工与验收规范。

　　改革开放后，我国的建筑施工技术取得了日新月异的发展，大量的新技术、新材料得到了应用，使我国的建筑施工取得了巨大的进步。

1.2　建筑施工技术的创新

　　1. 地基基础工程施工技术有了飞速发展

　　在地基处理方面，目前已基本形成了压（夯）密固结法、加筋复合法、换填垫层法和注浆加固法四种系列。

　　桩基技术仍然是我国应用最广泛的一种基础形式，尤其是混凝土灌注桩，能适用于任何土层承载力大、施工对环境影响小的场合，目前已形成挤土、部分挤土和非挤土三类成桩工艺。

　　深基坑挡土支护技术，包括挡土、支护、防水、降水、挖运土、监测和信息化施工，目前已形成了多种方法，如悬臂式围护结构、重力式水泥土挡墙、横撑式围护结构、拉锚式围护结构、土钉墙围护结构及沉井等。

　　高层建筑箱形基础、筏式基础的底板深梁等大体积混凝土，极易产生危及结构安全的裂缝，通过工程实践，总结出降低水泥水化热、合理选用骨料、掺用适量外加剂和掺合料、改善混凝土边界约束条件、合理分层分段施工、加强保温保湿养护、设置后浇带、利用混凝土后期强度、使混凝土内外部温差控制在 25℃ 以内等一系列措施，能控制裂缝产生。

2. 模板和脚手架以钢代木，推陈出新

（1）模板技术。长期以来，我国的模板技术一直处于散支散拆木模板和定型木模板的落后局面。自从 20 世纪 70 年代提出"以钢代木"以来，逐步朝着多样化、标准化、系列化、商业化方向发展。不仅研制开发了通用性强的组合式模板，还结合工程结构构成的特点和工艺要求，研制开发了用于建筑竖向构件的大模板、滑动模板、爬升模板，用于浇筑大空间水平构件的飞（台）模、密肋楼盖模壳，可以同时浇筑墙体和楼盖的隧道模等工具式模板。另外，还研制开发了用于叠合楼盖的永久模板。因此，我国的模板技术初步形成了组合式、工具式和永久式三大系列。

（2）钢筋工程。现浇结构的粗钢筋连接技术从无到有，我国钢筋连接技术，由于长期受到推行预制装配式结构的制约，基本上只有闪光对焊、点焊和电弧焊等技术。随着高层现浇混凝土结构的增多，现场施工粗钢筋的连接已成为突出问题。传统的电弧焊不仅耗用钢材多、劳动强度大、功效低，而且质量难以保证。

自从在施工中研制开发了电渣压力焊以来，先后研制开发了多种适应现浇结构施工的粗钢筋连接新技术，如氧乙炔气压焊及套筒挤压连接、锥螺纹连接和直螺纹连接等机械连接技术。电渣压力焊由于操作简便、功效高、成本低，现已成为现浇结构竖向粗钢筋焊接的主要方法。钢筋机械连接方法不受钢筋化学成分、焊接性能和气候条件的影响，并可用于垂直、水平、倾斜、高处、水下等粗钢筋的连接，具有操作便捷、接头质量稳定等特点。近几年，新的钢筋机械连接技术也不断涌现，如等强锥螺纹连接技术、镦粗直螺纹连接技术、滚压直螺纹连接技术、削肋滚压直螺纹连接技术等。

3. 混凝土向预拌、高强度、高性能发展

我国常用混凝土的设计强度已从 20～30MPa 提高到 30～50MPa，强度等级为 C50、C60 的高强度混凝土，在高层建筑施工中采用越来越多。

混凝土配制质量要求的提高，促使预拌混凝土进一步发展。

泵送技术提高了混凝土施工的机械化水平，也解决了大体积混凝土连续浇筑的问题。目前，混凝土泵送最大高度已达到 350m 以上。

高性能混凝土也在实践中进一步完善，逐步实现规范化。

4. 结构技术和大型结构整体安装技术接近国际先进水平

目前，钢结构已包括高层和超高层建筑钢结构、大跨度空间钢结构、轻型钢结构等，其连接技术已发展采用高强度螺栓连接、焊接、螺柱焊和自攻螺纹连接，从设计、制造、施工等方面形成了比较成熟的成套技术。

5. 现代装饰和新型防水技术广泛推广

（1）装饰技术。饰面装饰已从传统的湿作业抹灰，发展为采用装饰混凝土、涂料饰面、陶瓷饰面、石材饰面、壁纸和墙布饰面、玻璃饰面、塑料饰面和金属饰面。

顶棚装饰技术已基本废除了木龙骨板条抹灰的单一做法，采用了轻钢龙骨、铝合金龙骨和各种装饰板吊顶。其组合形式有活动式、隐蔽式和敞开式等，且可与灯盘、灯槽及空调、消防烟雾报警装置、喷淋装置等构成完整的装饰造型。另外，采用玻璃或非玻璃透明材料作采光屋顶，已成为现代建筑屋面装饰的一种时尚做法。

（2）防水技术。随着我国建材工业和建筑科技的快速发展，目前防水材料已由少数品种发展形成了多门类、多品种。高聚物改性沥青材料、合成高分子材料、防水混凝土、聚合物水泥砂浆、水泥基防水涂层材料，以及各种堵漏、止水材料，已在各类防水工程中得到广泛应用。防水设计和施工遵循"因地制宜、按需选材、防排结合、综合治理"的原则，采取"防、排、截、堵相结合，刚柔相济，嵌涂合一，复合防水，多道设防"的技术措施。

6. 建筑企业的计算机应用和管理技术从无到有，逐步发展

随着改革的深入发展，企业间竞争日趋激烈，现代管理方法和计算机在企业管理中的应用越来越多地受到重视，单项专业软件的编制水平也大大提高，内容十分广泛，如工程预算、工程成本计算、劳动工资、材料库存管理、统计报表等。

1.3　建筑施工技术课的特点分析及对策

1. 建筑施工技术学科的研究方向（或课程讲授内容）和地位

建筑施工技术课是建筑工程专业多年教学积累形成的一门重要专业课，具有其他课程不可替代的地位；而对学生毕业后主要去施工一线的院校则意义更加重要。

2. 建筑施工技术课的教学目标

建筑施工技术课的教学目标：适用、理论水平高、尽量多地了解当代先进的施工技术，以提高建筑施工的技术水平，毕业后更好适应工作、培养对工程施工过程的总体把握能力或全局意识。

3. 课程特点

（1）综合性强。本课程与测量学、建筑材料、建筑机械、电工学、房屋建筑学、工程力学、工程结构、建筑施工组织与管理、土力学等课程有密切关系，它们互相依赖、互相影响。

（2）实践性强。这里的实践性强不仅包括依赖作业、课程设计、毕业设计等所谓要求学生动手的实践性教学环节，更主要指课程与工程实践的联系紧密，也即依赖工程直观现象，用课程内容解决实际工程问题。可通过大量现场直观教学以提高学生的感性认识。

（3）发展快。这一特点是由本学科或课程的综合性和实践性强决定的，即某一相关环节或学科的发展都会波及本学科内容，使各种建筑施工技术推陈出新，如住房和城乡建设部每年都有一批重点推广科技项目，这与当今科技迅猛发展的大趋势相适应，通过以专题的方式及时将一些新技术介绍给学生。

项目2　建筑工程施工质量验收的划分

建筑工程施工质量验收应划分为单位工程（子单位工程）、分部工程（子分部工程）、分项工程和检验批。

2.1　单位工程的划分

单位工程的划分按下列原则确定：

（1）具备独立施工条件并能形成独立使用功能的建筑物及构筑物为一个单位工程。建筑

物及构筑物的单位工程是由建筑工程和建筑设备安装工程共同组成，如住宅小区建筑群中的一栋住宅楼，学校建筑群中的一栋教学楼、办公楼等。

（2）建筑规模较大的单位工程，可将其能形成独立使用功能的部分划分为一个子单位工程。子单位工程的划分，必须具有独立施工条件和具有独立的使用功能，如某商厦大楼，裙楼已建成，主楼暂缓建，可以将裙楼划分为子单位工程。子单位工程的划分，由建设单位、监理单位、施工单位自行商议确定。

2.2 分部工程的划分

分部工程是汇总一个阶段分项工程的总量。分部工程的质量，完全取决于分项工程的质量。分部工程的划分按下列原则确定：

（1）按专业性质、建筑部位确定。建筑工程（构筑物）是由土建工程和建筑设备安装工程共同组成的。单位工程由十个分部组成：地基与基础、主体结构、建筑装饰装修、建筑屋面四个分部为建筑工程；建筑给水、排水及采暖、建筑电气、智能建筑、通风与空调、电梯五个分部为建筑设备安装工程，另一个是建筑节能分部工程。但在单位工程中，不一定都有十个分部，如多层的一般民用住宅楼没有电梯分部。

（2）当分部工程较大或较复杂时，可按材料种类、施工特点、施工程序、专业系统及类别等划分为若干子分部工程。

建筑工程分部（子分部）工程、分项工程划分见表0.1。

表 0.1　　　　　建筑工程分部（子分部）工程、分项工程划分

序号	分部工程	子分部工程	分 项 工 程
1	地基与基础	地基	素土、灰土地基，砂和砂石地基，土工合成材料地基，粉煤灰地基，强夯地基，注浆地基，预压地基，砂石桩复合地基，高压旋喷注浆地基，水泥土搅拌桩地基，土和灰土挤密桩复合地基，水泥粉煤灰碎石桩复合地基，夯实水泥土桩复合地基
		基础	无筋扩展基础、钢筋混凝土扩展基础、筏形与箱形基础、钢结构基础、钢管混凝土结构基础、型钢混凝土结构基础、钢筋混凝土预制柱基础、泥浆护壁成孔灌注桩基础、干作业成孔桩基础、长螺旋钻孔压灌桩基础、沉管灌注桩基础、钢桩基础、锚杆静压桩基础、岩石锚杆基础、沉井与沉箱基础
		基坑支护	灌注桩排桩围护墙、板桩围护墙、咬合桩围护墙、型钢水泥土搅拌墙、土钉墙、地下连续墙、水泥土重力式挡墙、内支撑、锚杆、与主体结构相结合的基坑支护
		地下水控制	降水与排水、回灌
		土方	土方开挖、土方回填、场地平整
		边坡	喷锚支护、挡土墙、边坡开挖
		地下防水	主体结构防水、细部构造防水、特殊施工法结构防水、排水、注浆

序号	分部工程	子分部工程	分　项　工　程
2	主体结构	混凝土结构	模板、钢筋、混凝土、预应力、现浇结构、装配式结构
		砌体结构	砖砌体、混凝土小型空心砌块砌体、石砌体、配筋砌体、填充墙砌体
		钢结构	钢结构焊接、紧固件连接、钢零部件加工、钢构件组装及预拼装、单层钢结构安装、多层及高层钢结构安装、钢管结构安装、预应力钢索和膜结构、压型金属板、防腐涂料涂装、防火涂料涂装
		钢管混凝土结构	构件现场拼装、构件安装、钢管焊接、构件连接、钢管内钢筋骨架、混凝土
		型钢混凝土结构	型钢焊接、紧固件连接、型钢与钢筋连接、型钢构件组装及预拼装、型钢安装、模板、混凝土
		铝合金结构	铝合金焊接、紧固件连接、铝合金零部件加工、铝合金构件组装、铝合金构件预拼装、铝合金框架结构安装、铝合金空间网格结构安装、铝合金面板、铝合金幕墙结构安装、防腐处理
		木结构	方木与原木结构、胶合木结构、轻型木结构、木结构的防护
3	建筑装饰装修	建筑地面	基层铺设、整体面层铺设、板块面层铺设、竹面层铺设
		抹灰	一般抹灰、保温层薄抹灰、装饰抹灰、清水砌体勾缝
		外墙防水	外墙砂浆防水、涂膜防水、透气膜防水
		门窗	木门窗安装、金属门窗安装、塑料门窗安装、特种门窗安装、门窗玻璃安装
		吊顶	整体面层吊顶、板块面层吊顶、格栅吊顶
		轻质隔墙	板材隔墙、骨架隔墙、活动隔墙、玻璃隔墙
		饰面板	石板安装、陶瓷板安装、木板安装、金属板安装、塑料板安装
		饰面砖	外墙饰面砖粘贴、内墙饰面砖粘贴
		幕墙	玻璃幕墙安装、金属幕墙安装、石材幕墙安装、陶板幕墙安装
		涂饰	水性涂料涂饰、溶剂型涂料涂饰、美术涂饰
		裱糊与软包	裱糊、软包
		细部	橱柜制作与安装、窗帘盒和窗台板制作与安装、门窗套制作与安装、护栏和扶手制作与安装、花饰制作与安装
4	屋面	基层与保护	找坡层和找平层、隔汽层、隔离层、保护层
		保温与隔热护	板状材料保温层、纤维材料保温层、喷涂硬泡聚氨酯保温层、现浇泡沫混凝土保温层、种植隔热层、架空隔热层、蓄水隔热层
		防水与密封	卷材防水层、涂膜防水层、复合防水层、接缝密封防水
		瓦面与板面	烧结瓦和混凝土瓦铺装、沥青瓦铺装、金属板铺装、玻璃采光顶铺装
		细部构造	檐口、檐沟和天沟、女儿墙和山墙、水落口、变形缝、伸出屋面管道、屋面出入口、反梁过水孔、设施基座、屋脊、屋顶窗
5	建筑给水排水及供暖	详见《建筑工程施工质量验收统一标准》(GB 50300—2013) 附录 B	
6	通风与空调	详见《建筑工程施工质量验收统一标准》(GB 50300—2013) 附录 B	
7	建筑电气	详见《建筑工程施工质量验收统一标准》(GB 50300—2013) 附录 B	
8	智能建筑	详见《建筑工程施工质量验收统一标准》(GB 50300—2013) 附录 B	

续表

序号	分部工程	子分部工程	分　项　工　程
9	建筑节能	围护系统节能	墙体节能、幕墙节能、门窗节能、屋面节能、地面节能
		供暖空调设备及管网节能	供暖节能、通风与空调设备节能、空调与供暖系统冷热源节能、空调与供暖系统管网节能
		电气动力节能	配电节能、照明节能
		监控系统节能	监测系统节能、控制系统节能
		可再生节能	地源热泵系统节能、太阳能光热系统节能、太阳能光伏节能
10	电梯	详见《建筑工程施工质量验收统一标准》（GB 50300—2013）附录 B	

2.3　分项工程和检验批的划分

分项工程应按主要工种、材料、施工工艺、设备类别等进行划分，如按瓦工的砖砌体工程、木工的模板工程、油漆工的涂饰工程；按材料在砌体结构工程中，可分为砖砌体、混凝土小型空心砌块砌体、填充墙砌体、配筋砌体。

建筑工程分项工程划分见表 0.1。

分项工程是工程的最小单位，也是质量管理的基本单元。但作为验收的最小单位检验批，把分项工程划分成检验批进行验收，有助于及时纠正施工中出现的质量问题，确保工程质量，也符合实际的需要。关于分项工程中检验批的划分，可按如下原则确定：

（1）工程量较少的分项工程可统一划为一个检验批，地基基础分部工程中的分项工程一般划为一个检验批，安装工程一般按一个设计系统或设备组别划为一个检验批，室外工程统一划为一个检验批。

（2）多层及高层建筑工程中主体分部的分项工程可按楼层或施工段划分检验批。

（3）单层建筑工程的分项工程可按变形缝等划分检验批。

（4）有地下层的基础工程可按不同地下层划分检验批。

（5）屋面分部工程中的分项工程可按不同楼层屋面划分不同的检验批。

（6）其他分部工程中的分项工程一般按楼层划分检验批。

（7）散水、台阶、明沟等工程含在地面检验批中。

2.4　室外单位（子单位）工程、分部工程的划分

室外单位（子单位）工程、分部工程，可根据专业类别和工程规模进行划分。

室外单位（子单位）工程、分部工程的划分见表 0.2。

表 0.2　　　　　　　　室外单位（子单位）工程、分部工程的划分

单位工程	子单位工程	分　部　工　程
室外设施	道路	路基、基层、面层、广场与停车场、人行道、人行地道、挡土墙、附属构筑物
	边坡	土石方、挡土墙、支护
附属建筑及室外环境	附属建筑	车棚、围墙、大门、挡土墙
	室外环境	建筑小品、亭台、水景、连廊、花坛、场坪绿化、景观桥

项目 3　建筑工程施工质量验收

3.1　检验批的验收

检验批是分项工程中的最小基本单元，是分项工程质量检验的基础。检验批是指按相同的生产条件或按规定的方式汇总起来供抽样检验用的，由一定数量样本组成的检验体。检验批是根据施工过程中条件相同，并有一定数量的材料、构配件或安装项目划分的，其质量基本均匀一致。通过对检验批的检验，能比较准确地反映出分项工程的质量。

检验批是由主控项目和一般项目构成。检验检验批是否合格，共有两个方面的检验内容：

（1）主控项目和一般项目的质量。主控项目是建筑工程中对安全、节能、环境保护和主要使用功能起决定性作用的检验项目。主控项目的合格与否，是决定检验批合格与否的关键。主控项目必须全部符合有关专业工程验收规范的规定。一般项目是除主控项目以外的检验项目，一般项目的子项也必须符合给予明确确定的质量要求。合格的检验批质量是主控项目和一般项目的质量经抽样检验合格。

（2）完整的施工操作依据、质量验收记录。在施工过程中，质量资料必须完整。因资料能真实地反映从原材料到形成实体的全过程的控制。为了能确保资料的完整性和真实的质量验收记录，还必须检查其质量管理制度。资料完整，可以证实全过程都受控，这项检查内容，是检验批合格的前提条件。

检验批的质量验收记录由施工项目专业质量检查员填写，专业监理工程师组织施工单位项目专业质量检查员、专业工长等进行验收。

检验批质量验收记录见表 0.3。

表 0.3　　　　　　　　　　　　检验批质量验收记录　　　　　　编号：_____

单位（子单位）工程名称		分部（子分部）工程名称			分项工程名称		
施工单位		项目负责人			检验批容量		
分包单位		分包单位项目负责人			检验批部位		
施工依据				验收依据			
	验收项目		设计要求及规范规定	最小/实际抽样数量	检查记录		检查结果
主控项目	1						
	2						
	3						
	4						
	5						
	6						
	7						
	8						
	9						
	10						

一般项目	1					
	2					
	3					
	4					
	5					
施工单位检查结果				专业工长： 项目专业质量检查员： 　　　　　　年　月　日		
监理单位验收结论				专业监理工程师： 　　　　　　年　月　日		

3.2　分项工程的验收

分项工程是由若干个检验批组成的。分项工程的验收在检验批验收的基础上进行。检验批的验收汇总资料，就能反映分项工程的质量。故只要构成分项工程的各检验批验收资料完整，而均已验收合格，则分项工程验收合格。

分项工程质量验收合格的规定：

（1）分项工程所含的检验批均应验收合格。

（2）分项工程所含检验批的质量验收记录应完整。

分项工程质量验收记录见表 0.4。

表 0.4　　　　　　　　　　　　　分项工程质量验收记录　　　　编号：_____

单位（子单位） 工程名称			分部（子分部） 工程名称			
分项工程数量			检验批数量			
施工单位			项目负责人		项目技术 负责人	
分包单位			分包单位 项目负责人		分包内容	
序号	检验批 名称	检验批 容量	部位/区段	施工单位检查结果	监理单位验收结论	
1						
2						
3						
4						
5						
6						
7						

续表

序号	检验批 名称	检验批 容量	部位/区段	施工单位检查结果	监理单位验收结论
8					
9					
10					
11					
12					
13					
14					
15					
说明：					
施工单位检查结果：			项目专业技术负责人： 　　　　　　　　年　月　日		
监理单位验收结论：			专业监理工程师： 　　　　　　　　年　月　日		

分项工程质量应由专业监理工程师组织施工单位项目专业技术负责人等进行验收。

3.3　分部工程的验收

分部工程是由若干个分项工程构成的。分部工程的验收在分项工程验收的基础上进行，这种关系类似检验批与分项工程的关系，都具有相同或相近的性质。故分项工程验收合格且有完整的质量控制资料，是检验分部工程合格的前提。

但是，由于各分项工程的性质不尽相同，就不能像验收分项工程那样，主要靠检验批验收资料的汇集。在进行分部工程质量验收时，要增加以下两个方面的检查内容：

（1）有关安全、节能、环境保护和主要使用功能的抽样检验结果应符合相应规定。

（2）对观感质量的验收。观感质量的验收因受定量检查方法的限制，往往靠观察、触摸或简单量测来进行判断，定性带有主观性，只能综合给出质量评价，不下"合格"与否的简单结论。评价的结论有"好""一般"和"差"三种，如给出"差"的结论，对造成"差"的检查点要通过返修处理等进行补救。

考虑以下各种因素和影响，分部工程质量验收合格的规定有：

（1）分部（子分部）工程所含分项工程的质量均应验收合格。

（2）质量控制资料应完整。

（3）有关安全、节能、环境保护和主要使用功能的抽样检验结果应符合相应规定。

（4）观感质量验收应符合要求。

分部（子分部）工程质量验收记录见表0.5。

表 0.5　　　　　　　　　_____分部（子分部）工程质量验收记录　　　编号：_____

单位（子单位）工程名称					子分部工程数量		分项工程数量	
施工单位					项目负责人		技术（质量）负责人	
分包单位					分包单位负责人		分包内容	
序号	子分部工程名称	分项工程名称	检验批数量		施工单位检查结果		监理单位验收结论	
1								
2								
3								
4								
5								
6								
7								
8								
质量控制资料								
安全和功能检验结果								
观感质量检验结果								
综合验收结论								
施工单位 项目负责人： 年 月 日		勘察单位 项目负责人： 年 月 日			设计单位 项目负责人： 年 月 日		监理单位 总监理工程师： 年 月 日	

　　分部（子分部）工程质量应由总监理工程师组织施工单位项目负责人和项目技术负责人等进行验收。勘察、设计单位项目负责人和施工单位技术、质量部门负责人应参加地基与基础分部工程的验收，设计单位项目负责人和施工单位技术、质量部门负责人应参加主体结构、节能分部工程的验收。

3.4　单位（子单位）工程的验收

　　单位（子单位）工程质量验收，是工程建设最终的质量验收，也称竣工验收，是全面检验工程建设是否符合设计要求和施工技术标准的终验。

　　单位（子单位）工程是由若干个分部工程构成的。单位（子单位）工程验收合格的前提：资料完整，构成单位工程各分部工程的质量必须达到合格。

建筑工程观感质量的检查，由参加验收的各方共同参加，最后共同确定是否予以验收通过。

单位工程完工后，施工单位应组织有关人员进行自检。总监理工程师应组织各专业监理工程师对工程质量进行竣工预验收。验收时若存在施工质量问题，应由施工单位整改。整改完毕后，由施工单位向建设单位提交工程竣工报告，申请工程竣工验收。建设单位收到工程竣工报告后，应由建设单位项目负责人组织监理、施工、设计、勘察等单位项目负责人进行单位工程验收。单位（子单位）工程质量验收记录见表0.6。

表 0.6　　　　　　　　　　　单位（子单位）工程质量竣工验收记录

工程名称		结构类型		层数/建筑面积	
施工单位		技术负责人		开工日期	
项目负责人		项目技术负责人		完工日期	
序号	项目		验收记录	验收结论	
1	分部工程验收		共　分部，经查符合设计及标准规定　分部		
2	质量控制资料核查		共　项，经核查符合规定　项		
3	安全和使用功能核查及抽查结果		共核查　项，符合规定　项，共抽查　项，符合规定　项，经返工处理符合规定的　项		
4	观感质量验收		共抽查　项，达到"好"和"一般"的　项，经返修处理符合要求的　项		

综合验收结论					
参加验收单位	建设单位	监理单位	施工单位	设计单位	勘察单位
	（公章）项目负责人：年 月 日	（公章）总监理工程师：年 月 日	（公章）项目负责人：年 月 日	（公章）项目负责人：年 月 日	（公章）项目负责人：年 月 日

注　单位工程验收时，验收签字人员应由相应单位的法人代表书面授权。

表0.6由施工单位填写，验收结论由监理（建设）单位填写，综合验收结论由参加验收各方共同商定，由建设单位填写。填写的内容应对工程质量是否符合设计和规范要求及总体质量水平做出评价。

配合表0.6配套使用的，还有单位（子单位）工程质量控制资料核查记录（见表0.7）、单位（子单位）工程安全和功能检验资料核查及主要功能抽查记录（见表0.8）、单位（子单位）工程观感质量检查记录（见表0.9）。

表 0.7　　　　　　　　单位（子单位）工程质量控制资料核查记录

工程名称				施工单位			
序号	项目	资 料 名 称	份数	施工单位		监理单位	
				核查意见	核查人	核查意见	核查人
1	建筑与结构	图纸会审记录、设计变更通知单、工程洽商记录					
2		工程定位测量、放线记录					
3		原材料出厂合格证书及进场检查、试验报告					
4		施工试验报告及见证检测报告					
5		隐蔽工程验收记录					
6		施工记录					
7		地基、基础、主体结构检验及抽样检测资料					
8		分项、分部工程质量验收记录					
9		工程质量事故调查处理资料					
10		新技术论证、备案及施工记录					
1	给水排水与供暖	图纸会审记录、设计变更通知单、工程洽商记录					
2		原材料出厂合格证书及进场检验、试验报告					
3		管道、设备强度试验、严密性试验记录					
4		隐蔽工程验收记录					
5		系统清洗、灌水、通水、通球试验记录					
6		施工记录					
7		分项、分部工程质量验收记录					
8		新技术论证、备案及施工记录					
1	通风与空调	图纸会审记录、设计变更通知单、工程洽商记录					
2		原材料出厂合格证书及进场检验、试验报告					
3		制冷、空调、水管道强度试验、严密性试验记录					
4		隐蔽工程验收记录					
5		制冷设备运行调试记录					
6		通风、空调系统调试记录					
7		施工记录					
8		分项、分部工程质量验收记录					
9		新技术论证、备案及施工记录					

工程名称				施工单位			
序号	项目	资　料　名　称	份数	施工单位		监理单位	
				核查意见	核查人	核查意见	核查人
1	建筑电气	图纸会审记录、设计变更通知单、工程洽商记录					
2		原材料出厂合格证书及进场检验、试验报告					
3		设备调试记录					
4		接地、绝缘电阻测试记录					
5		隐蔽工程验收记录					
6		施工记录					
7		分项、分部工程质量验收记录					
8		新技术论证、备案及施工记录					
1	智能建筑	图纸会审记录、设计变更通知单、工程洽商记录					
2		原材料出厂合格证书及进场检验、试验报告					
3		隐蔽工程验收记录					
4		施工记录					
5		系统功能测定及设备调试记录					
6		系统技术、操作和维护手册					
7		系统管理、操作人员培训记录					
8		系统检测报告					
9		分项、分部工程质量验收记录					
10		新技术论证、备案及施工记录					
1	建筑节能	图纸会审记录、设计变更通知单、工程洽商记录					
2		原材料出厂合格证书及进场检验、试验报告					
3		隐蔽工程验收记录					
4		施工记录					
5		外墙、外窗节能检验报告					
6		设备系统节能检测报告					
7		分项、分部工程质量验收记录					
8		新技术论证、备案及施工记录					

续表

工程名称				施工单位			
序号	项目	资 料 名 称	份数	施工单位		监理单位	
				核查意见	核查人	核查意见	核查人
1	电梯	图纸会审记录、设计变更通知单、工程洽商记录					
2		设备出厂合格证书及开箱检验记录					
3		隐蔽工程验收记录					
4		施工记录					
5		接地、绝缘电阻试验记录					
6		负荷试验、安全装置检查记录					
7		分项、分部工程质量验收记录					
8		新技术论证、备案及施工记录					

结论：

施工单位项目负责人：　　　　　　　　　　　总监理工程师：

　　　　　　　　　年 月 日　　　　　　　　　　　　　　　　　年 月 日

表 0.8　　　单位（子单位）工程安全和功能检验资料核查及主要功能抽查记录

工程名称				施工单位		
序号	项目	安全和功能检查项目	份数	核查意见	抽查结果	抽查（抽查）人
1	建筑与结构	地基承载力检验报告				
2		桩基承载力检验报告				
3		混凝土强度试验报告				
4		砂浆强度试验报告				
5		主体结构尺寸、位置抽查记录				
6		建筑物垂直度、标高、全高测量记录				
7		屋面淋水或蓄水检测记录				
8		地下室渗漏水记录				
9		有防水要求的地面蓄水试验记录				
10		抽气（风）道检查记录				
11		外窗气密性、水密性、耐风压检测报告				
12		幕墙气密性、水密性、耐风压检测报告				
13		建筑物沉降观测测量记录				
14		节能、保温测试记录				
15		室内环境检测报告				
16		土壤氡气浓度检测报告				

续表

工程名称			施工单位			
序号	项目	安全和功能检查项目	份数	核查意见	抽查结果	抽查（抽查）人
1	给水排水与供暖	给水管道通水试验记录				
2		暖气管道、散热器压力试验记录				
3		卫生器具满水试验记录				
4		消防管道、燃气管道压力试验记录				
5		排水干管通球试验记录				
6		锅炉试运行、安全阀及报警联动测试记录				
1	通风与空调	通风、空调系统试运行记录				
2		风量、温度测试记录				
3		空气能量回收装置测试记录				
4		洁净室洁净度测试记录				
5		制冷机组试运行调试记录				
1	建筑电气	建筑照明通电试运行记录				
2		灯具固定装置及悬吊装置的荷载强度试验记录				
3		绝缘电阻测试记录				
4		剩余电流动作保护器测试记录				
5		应急电源装置应急持续供电记录				
6		接地电阻测试记录				
7		接地故障回路阻抗测试记录				
1	智能建筑	系统试运行记录				
2		系统电源及接地检测报告				
3		系统接地检测报告				
1	建筑节能	外墙节能构造检查记录或热工性能检验报告				
2		设备系统节能性能检查记录				
1	电梯	运行记录				
2		安全装置检测报告				

结论：

施工单位项目负责人：　　　　　　　　总监理工程师：

　　　　　　　年　月　日　　　　　　　　　　　　年　月　日

注　抽查项目由验收组协商确定。

表 0.9　　　　　　　　　　单位（子单位）工程观感质量检查记录

工程名称			施工单位		
序号	项目		抽查质量状况		质量评价
1	建筑与结构	主题结构外观	共检查　点，好　点，一般　点，差　点		
2		室外墙面	共检查　点，好　点，一般　点，差　点		
3		变形缝、雨水管	共检查　点，好　点，一般　点，差　点		
4		屋面	共检查　点，好　点，一般　点，差　点		
5		室内墙面	共检查　点，好　点，一般　点，差　点		
6		室内顶棚	共检查　点，好　点，一般　点，差　点		
7		室内地面	共检查　点，好　点，一般　点，差　点		
8		楼梯、踏步、护栏	共检查　点，好　点，一般　点，差　点		
9		门窗	共检查　点，好　点，一般　点，差　点		
10		雨罩、台阶、坡道、散水	共检查　点，好　点，一般　点，差　点		
1	给水排水与供暖	管道接口、坡度、支架	共检查　点，好　点，一般　点，差　点		
2		卫生器具、支架、阀门	共检查　点，好　点，一般　点，差　点		
3		检查口、扫除口、地漏	共检查　点，好　点，一般　点，差　点		
4		散热器、支架	共检查　点，好　点，一般　点，差　点		
1	通风与空调	风管、支架	共检查　点，好　点，一般　点，差　点		
2		风口、风阀	共检查　点，好　点，一般　点，差　点		
3		风机、空调设备	共检查　点，好　点，一般　点，差　点		
4		管道、阀门、支架	共检查　点，好　点，一般　点，差　点		
5		水泵、冷却塔	共检查　点，好　点，一般　点，差　点		
6		绝热	共检查　点，好　点，一般　点，差　点		
1	建筑电气	配电箱、盘、板、接线盒	共检查　点，好　点，一般　点，差　点		
2		设备器具、开关、插座	共检查　点，好　点，一般　点，差　点		
3		防雷、接地、防火	共检查　点，好　点，一般　点，差　点		
1	智能建筑	机房设备安装及布局	共检查　点，好　点，一般　点，差　点		
2		现场设备安装	共检查　点，好　点，一般　点，差　点		
1	电梯	运行、平层、开关门	共检查　点，好　点，一般　点，差　点		
2		层门、信号系统	共检查　点，好　点，一般　点，差　点		
3		机房	共检查　点，好　点，一般　点，差　点		
观感质量综合评价					

结论：

施工单位项目负责人：　　　　　　　　　　　　　　　总监理工程师：

　　　　　　　　　年　月　日　　　　　　　　　　　　　　　　　年　月　日

注　1. 质量评价为差的项目，应进行返修。

　　2. 观感质量现场检查原始记录应作为本表附件。

单位工程质量验收合格的规定：

（1）单位工程所含分部工程的质量均应验收合格。

（2）质量控制资料应完整。

（3）所含分部工程有关安全、节能、环境保护和主要使用功能的检验资料应完整。

（4）主要使用功能的抽查结果应符合相关专业验收规范的规定。

（5）观感质量验收应符合要求。

3.5　质量验收不符合要求的处理

强化对检验批的检验，一般情况下是不允许检验批不合格的存在。否则，后续的分项、分部工程质量就难以保证合格。在非正常情况下，当质量不符合要求时，处理的基本方法：

（1）经返工或返修的检验批，应重新进行验收。

（2）经有资质的检测机构检测鉴定能够达到设计要求的检验批，应予以验收。

（3）经有资质的检测机构检测鉴定达不到设计要求、但经原设计单位核算认可能够满足结构安全和使用功能的检验批，可予以验收。

（4）经返修或加固处理的分项、分部工程，满足安全及使用功能要求时，可按技术处理方案和协商文件的要求予以验收。

（5）经返修或加固处理仍不能满足安全或重要使用要求的分部工程、单位工程，严禁验收。

项目4　工程质量事故处理概述

4.1　工程质量事故概念

建筑生产与一般工业品生产相比，由于具有产品固定性、多样性、结构类型不统一性；生产具有流动性、露天作业多、受自然条件（地质、水文、气象、地形等）影响大；材料品种、规格不同、性质各异；交叉施工、现场配合复杂、工艺不同、技术标准不统一等特点，因此，对工程项目质量影响的因素繁多，故在施工过程中稍有疏忽，就极易引起系统性因素的质量变异，而产生质量问题或严重的工程质量事故。

根据国际组织标准化组织（ISO）和我国有关质量、质量管理和质量保证标准的定义，凡工程产品质量没有满足某个规定的要求，就称为质量不合格；而没有满足某个预期的使用要求或合理的预期（包括与安全性有关的要求），则称为质量缺陷。工程中通常所称的工程质量缺陷，一般是指工程质量不符合国家或行业现行有关技术标准、设计文件及合同中对质量的要求。

根据《关于做好房屋建筑和市政基础设施工程质量事故报告和调查处理工作的通知》（建质〔2010〕111号），工程质量事故是指由于建设、勘察、设计、施工、监理等单位违反工程质量有关法律法规和工程建设标准，使工程产生结构安全、重要使用功能等方面的质量缺陷，造成人身伤亡或者重大经济损失的事故。

工程质量管理工作中质量控制的重点之一是加强质量风险分析，及早制定对策和措施，重视工程质量事故的防范和处理，避免已发生的质量问题和质量事故进一步恶化和扩大。因此，处理好工程的质量事故，认真分析原因、总结经验教训、改进质量管理与质量保证体系，使工程质量事故减少到最低程度，是质量管理人员的一个重要内容与任务。

4.2　工程质量事故的特点及分类

4.2.1　工程质量事故的特点

建筑工程施工因各种原因，造成了工程质量事故，通过对工程质量事故的调查、分析，工程质量事故具有复杂性、严重性、可变性和多发性的特点。

1. 复杂性

由于建筑生产的诸多特点引发出工程质量的影响因素十分复杂，从而增加了对工程质量问题的性质、危害程度的分析、判断和处理的复杂性。例如，建筑物的倒塌，可能是由于地质勘察报告中地基的容许承载力与持力层不符；也可能是未处理好不均匀地基，产生过大的不均匀沉降；或是盲目套用图纸，结构设计方案不正确，计算简图与实际受力不符；或是荷载取值过小，内力计算有误，结构的刚度、强度、稳定性达不到规范的要求；或是建筑材料及制品不合格，擅自代用材料，或是施工偷工减料、不按图施工、施工质量低劣等原因所造成。由此表明，即使同一性质的质量问题，造成的原因有时截然不同。

2. 严重性

建筑工程施工中一旦出现质量事故，轻者影响施工顺利进行、拖延工期、增加工程费用，重者则会留下安全隐患成为危险的建筑，影响使用功能或不能使用，更严重的还会引起建筑物的失稳、倒塌，造成生命、财产的巨大损失。例如，1999 年我国重庆市綦江县彩虹大桥突然整体垮塌，造成 40 人死亡，14 人受伤，直接经济损失 631 万元，在国内一度成为人们关注的热点，引起全社会对建设工程质量整体水平的质疑，构成社会不安定因素。1995年，韩国汉城（现称首尔）三峰百货大楼发生倒塌事故，死亡达 400 余人，在国内外造成很大影响，甚至导致国内人心恐慌，韩国国际形象下降。所以对于建设工程质量问题和质量事故均不能掉以轻心，必须予以高度重视。

3. 可变性

通过对一些工程质量事故的调查发现，许多工程的质量问题出现后，其质量状态并非稳定于发现的初始状态，而是有可能随着时间而不断地发展和变化的。例如，基础的超量沉降可能随上部荷载的不断增大而继续发展；混凝土结构出现的裂缝可能随环境温度的变化而变化，或随荷载的变化及负担荷载的时间而变化等。因此，有些在初始阶段并不严重的质量问题，如不能及时处理和纠正，有可能发展成为严重或重大质量事故。例如，开始时微细的裂缝有可能发展导致结构断裂或倒塌事故；土坝的涓涓渗漏有可能发展为溃坝。所以，在分析、处理工程质量问题时，一定要注意质量问题的可变性，应及时采取有效可靠的措施，防止其进一步恶化而发生严重的质量事故；对一般的质量问题要加强观测与试验，推断未来可能发展的趋势。

4. 多发性

建筑工程施工中的有些质量问题，就像"常见病""多发病"一样经常地发生，而成为质量"通病"；例如，地面起砂、空鼓；抹灰层开裂、脱落；屋面、卫生间漏水；排水管道堵塞；预制构件裂缝等。另有一些同类型的质量问题，往往一再重复发生，如雨篷的倾覆、悬挑梁板的断裂、钢屋架失稳、混凝土强度不足等。因此，总结经验，吸取教训，采取有效措施予以预防十分必要。

4.2.2　工程质量事故的分类

工程质量事故的分类方法有多种，既可按造成损失的严重程度划分，又可按其产生的原因划分，也可按其造成的后果或事故责任区分。根据工程质量事故造成的人员伤亡或者直接经济损失，工程质量事故分为 4 个等级：

(1) 特别重大事故。是指造成 30 人以上死亡，或者 100 人以上重伤，或者 1 亿元以上直接经济损失的事故。

(2) 重大事故。是指造成 10 人以上、30 人以下死亡，或者 50 人以上、100 人以下重伤，或者 5000 万元以上、1 亿元以下直接经济损失的事故。

(3) 较大事故。是指造成 3 人以上 10 人以下死亡，或者 10 人以上、50 人以下重伤，或者 1000 万元以上、5000 万元以下直接经济损失的事故。

(4) 一般事故。是指造成 3 人以下死亡，或者 10 人以下重伤，或者 100 万元以上、1000 万元以下直接经济损失的事故。

该等级划分所称的"以上"包括本数，所称的"以下"不包括本数。

4.3　工程质量事故发生的原因与分析

建筑工程由于施工工期较长，所用材料品种又十分繁杂，同时，社会环境和自然条件各方面的异常因素的影响，使产生的工程质量问题表现形式千差万别，类型多种多样。虽然每次发生质量问题的类型各不相同，但是通过对大量质量问题进行调查与分析发现，其发生的原因有不少相同或相似之处，归纳起来主要有以下八个方面，最频繁出现的工程质量事故是施工与管理方面的问题。

1. 违背建设程序

不按基本建设和建筑施工程序办事，例如，不经可行性论证、不做调查分析就拍板定案；没有搞清工程地质、水文地质就制定施工方案并仓促开工；图纸未经审查就施工；任意修改设计，不按图纸施工；工程竣工未进行试车运转、不经验收就交付使用等违背建设程序现象，致使不少工程项目留有严重安全隐患，房屋倒塌事故常有发生。

2. 违反现行法规行为

工程项目无证设计，无证施工，越级设计，越级施工，工程招、投标中的不公平竞争，超常的低价中标、非法分包、转包、挂靠，擅自修改设计等行为。

3. 工程地质勘察失真

未认真进行地质勘察或勘探时钻孔深度、间距、范围不符合规定要求，地质勘察报告不详细、不准确、不能全面反映实际的地基情况等，从而使得地下情况不清，或对基岩起伏、土层分布误判，或未查清地下软土层、墓穴、孔洞等，均会导致采用不恰当或错误的基础方案，造成地基不均匀沉降、失稳，使上部结构或墙体开裂、破坏，或引发建筑物倾斜等质量问题。

4. 设计计算差错

设计考虑不周、盲目套用图纸、结构构造不合理、计算简图不正确、计算荷载取值过小、内力分析有误、沉降缝及伸缩缝设置不当、悬挑结构未进行抗倾覆验算等是引发质量事故的原因。

5. 施工与管理不到位

施工单位不按图施工或未经设计单位同意擅自修改设计。例如，将铰接做成刚接，将简支梁做成连续梁，导致结构破坏；挡土墙不按图设滤水层、排水孔，导致压力增大，墙体破坏或倾覆；不按有关的施工规范和操作规程施工，浇筑混凝土时振捣不充分，造成局部薄弱；砖砌体砌筑上下通缝，灰浆不饱满等均可能导致砖墙或砖柱破坏。施工组织管理紊乱，不熟悉图纸，盲目施工；施工方案考虑不周，施工顺序颠倒；图纸未经会审，仓促施工；技术交底不清，违章作业；保护不当，疏于检查、验收，均是导致质量问题的原因。

6. 使用不合格的原材料、制品及设备

（1）建筑材料及制品不合格。例如，钢筋机械性能不良会导致钢筋混凝土结构产生裂缝；骨料中活性氧化硅会导致碱性骨料反应，从而使混凝土产生裂缝；水泥安定性不合格会造成混凝土爆裂；水泥受潮、过期、结块，砂石含泥量及有害物含量超标，外加剂掺量等不符合要求时，会影响混凝土强度、和易性、密实性、抗渗性，从而导致混凝土结构强度不足、裂缝、渗漏等质量问题；预制构件截面尺寸不足，支承锚固长度不足，不能有效地建立预应力值；漏放或少放钢筋，板面开裂等均可能出现断裂、坍塌。

（2）建筑设备不合格。如变配电设备质量缺陷导致自燃或火灾，施工电梯质量不合格危及人身安全，均可造成工程质量问题。

7. 自然环境因素

工程项目施工周期长、露天作业多，空气温度、湿度，暴雨、大风、洪水、雷电、日晒和浪潮等均可能成为质量事故的诱因，施工之前应制订有效的应对预防措施。

8. 结构使用不当

建筑物或设施在使用过程中，因不按规定功能使用也会造成质量问题。例如，未经校核验算就任意对建筑物加层，任意拆除承重结构部位，任意在结构物上打洞、削弱承重结构截面，超性能使用等也会引起质量问题。

通过对上述常见工程质量问题的原因了解，工程质量问题的实际发生，既可能是因设计计算和施工图纸中存在错误，也可能是因施工中出现不合格的质量问题，还可能是因使用不当，或者由于设计、施工，甚至使用、管理、社会体制等多种原因的复合作用。因此，必须对质量问题的特征表现，以及其在施工中和使用中所处的实际情况和条件进行具体分析。分析的基本步骤如下：

（1）进行细致的现场调查研究，观察记录全部实况，充分了解与掌握引发质量问题的现象和特征。

（2）收集调查与质量问题有关的全部设计与施工资料，分析摸清工程在施工或使用过程中所处的环境和特征。

（3）根据问题的现象及特征，找出可能产生质量问题的所有因素，结合当时在施工过程中所面临的各种条件和情况，分析、比较和判断，找出最可能造成质量问题的原因。

（4）进行必要的计算分析或模拟试验予以论证确认。

事故原因分析是确定事故处理措施方案的基础。正确的处理来源于对事故原因的正确判断。只有对提供的调查资料、数据进行详细、深入的分析后，才能由表及里、去伪存真，找出造成事故的真正原因。为此，质量管理人员应当组织设计、施工、建设单位等各方参加事故原因分析。

4.4　工程质量事故处理

4.4.1　工程质量事故处理的依据

工程质量事故发生的原因是多方面的，有违反建设程序或法律法规的问题，也有技术上、设计上的失误；更多的是施工、管理或材料方面的原因。引发事故的原因不同，事故的处理措施也不同，事故责任的界定与承担也不同。总之，对于所发生的质量事故，无论是分析原因、界定责任，以及做出处理决定，都需要以切实可靠的客观依据为基础。

进行工程质量事故处理的主要依据有四个方面：质量事故的实况资料；具有法律效力的，得到有关当事各方认可的工程承包合同、设计委托合同、材料或设备购销合同，以及监理合同或分包合同等合同文件；有关的技术文件、档案和相关的建设法规。

在这四方面依据中，前三种是与特定的工程项目密切相关的，具有特定性质的依据。第四种是法规性依据，具有很高的权威性、约束性、通用性和普遍性的依据，因而它在工程质量事故的处理事务中，也具有极其重要的意义。

1. 质量事故的实况资料

质量事故的实况资料是指能反映质量事故实际情况的原始资料。要搞清质量事故的原因和确定处理对策，首要的是掌握质量事故的实际情况。有关质量事故的实况资料主要可来自以下几个方面：

（1）施工单位的质量事故调查报告。质量事故发生后，施工单位有责任就所发生的质量事故进行周密的调查、研究，掌握实际发生的情况，并在此基础上写出调查报告，提交监理工程师和业主。

（2）监理单位编制的质量事故调查报告。监理单位调查的主要目的是要明确事故的范围、缺陷程度、性质、影响和原因，为事故的分析和处理提供依据。调查应力求全面、准确、客观。

2. 有关合同及合同文件

工程项目所涉及的合同文件很多，通常有工程承包合同、设计委托合同、设备与器材购销合同、监理合同等。

各种合同和合同文件在处理质量事故中的作用是确定在施工过程中有关各方是否按照合同有关条款实施其各自活动，借以探寻产生事故的可能原因。例如，施工单位在材料进场时，是否按规定或约定进行了检验；施工单位是否在规定时间内通知监理单位进行隐蔽工程验收；监理单位是否按规定时间实施了检查验收等。此外，各种合同文件还是界定质量责任的重要依据。

3. 有关的技术文件和档案

（1）设计文件。工程的施工图纸和技术说明等是工程施工的重要依据。在处理质量事故中，其作用：一方面是可以对照设计文件，核查施工质量是否完全符合设计的规定和要求；另一方面是可以根据所发生的质量事故情况，核查设计中是否存在问题或缺陷，成为导致质量事故的一方面原因。

（2）与施工有关的技术文件、档案和资料。

1）施工组织设计或施工方案、施工计划。

2）施工记录、施工日志等。根据它们可以查对发生质量事故的工程施工的情况。例如，施工时的气温、降雨、风、浪等有关的自然条件；施工人员的情况；施工工艺与操作过程的情况；使用的材料情况；施工场地、工作面、交通等情况；地质及水文地质情况等。借助这些资料可以追溯和探寻事故的可能原因。

3）有关建筑材料的质量证明资料。例如，材料批次、出厂日期、出厂合格证或检验报告、施工单位抽检或试验报告等。

4）现场制备材料的质量证明资料。例如，混凝土拌和料的级配、水灰比、坍落度记录；混凝土试块强度试验报告；沥青拌和料配比、出机温度和摊铺温度记录等。

5）质量事故发生后，对事故状况的观测记录、试验记录或试验报告等。例如，对地基沉降的观测记录；对建筑物倾斜或变形的观测记录；对地基钻探取样记录与试验报告；对混凝土结构物钻取试样的记录与试验报告等。

6）其他有关资料。

上述各类技术资料对于分析质量事故原因，判断其发展变化趋势，推断事故影响及严重程度，考虑处理措施等都是不可缺少的，起着重要的作用。

4. 相关的建设法规

（1）勘察、设计、施工、监理等单位资质管理方面的法规。

（2）从业者资格管理方面的法规。

（3）建筑市场方面的法规。

（4）建筑施工方面的法规。

（5）标准化管理方面的法规。

4.4.2　工程质量事故报告

工程质量管理人员应熟悉各级政府建设行政主管部门处理工程质量事故的基本程序，特别是应把握在质量事故处理过程中如何履行自己的职责。

工程质量事故发生后，应及时组织调查处理，调查的主要目的，是要确定事故的范围、性质、影响和原因，通过调查，为事故的分析与处理提供依据，一定要力求全面、准确、客观。调查结果，要整理撰写成事故调查报告。

（1）工程质量事故发生后，总监理工程师应签发《工程暂停令》，并要求停止进行质量缺陷部位和与其关联部位及下道工序施工；应要求施工单位采取必要的措施，防止事故扩大并保护好现场。工程质量事故发生后，事故现场有关人员应当立即向工程建设单位负责人报告；工程建设单位负责人接到报告后，应于 1h 内向事故发生地县级以上人民政府住房和城乡建设主管部门及有关部门报告。情况紧急时，事故现场有关人员可直接向事故发生地县级以上人民政府住房和城乡建设主管部门报告。

（2）住房和城乡建设主管部门接到事故报告后，应当依照下列规定上报事故情况，并同时通知公安、监察机关等有关部门：

1）较大、重大及特别重大事故逐级上报至国务院住房和城乡建设主管部门，一般事故逐级上报至省级人民政府住房和城乡建设主管部门，必要时可以越级上报事故情况。

2）住房和城乡建设主管部门上报事故情况，应当同时报告本级人民政府；国务院住房和城乡建设主管部门接到重大和特别重大事故的报告后，应当立即报告国务院。

3）住房和城乡建设主管部门逐级上报事故情况时，每级上报时间不得超过 2h。

4）事故报告应包括下列内容：

a. 事故发生的时间、地点、工程项目名称、工程各参建单位名称；

b. 事故发生的简要经过、伤亡人数（包括下落不明的人数）和初步估计的直接经济损失；

c. 事故的初步原因；

d. 事故发生后采取的措施及事故控制情况；

e. 事故报告单位、联系人及联系方式；

f. 其他应当报告的情况。

5）事故报告后出现新情况，以及事故发生之日起 30 日内伤亡人数发生变化的，应当及时补报。

4.4.3　工程质量事故调查

（1）住房和城乡建设主管部门应当按照有关人民政府的授权或委托，组织或参与事故调查组对事故进行调查，并履行下列职责：

1）核实事故基本情况，包括事故发生的经过、人员伤亡情况及直接经济损失；

2）核查事故项目基本情况，包括项目履行法定建设程序情况、工程各参建单位履行职责的情况；

3）依据国家有关法律法规和工程建设标准分析事故的直接原因和间接原因，必要时组织对事故项目进行检测鉴定和专家技术论证；

4）认定事故的性质和事故责任；

5）依照国家有关法律法规提出对事故责任单位和责任人员的处理建议；

6）总结事故教训，提出防范和整改措施；

7）提交事故调查报告。

（2）事故调查报告应当包括下列内容：

1）事故项目及各参建单位概况；

2）事故发生经过和事故救援情况；

3）事故造成的人员伤亡和直接经济损失；

4）事故项目有关质量检测报告和技术分析报告；

5）事故发生的原因和事故性质；

6）事故责任的认定和事故责任者的处理建议；

7）事故防范和整改措施。

事故调查报告应当附具有关证据材料。事故调查组成员应当在事故调查报告上签名。

4.4.4　工程质量事故处理

（1）住房和城乡建设主管部门应当依据有关人民政府对事故调查报告的批复和有关法律法规的规定，对事故相关责任者实施行政处罚。处罚权限不属本级住房和城乡建设主管部门的，应当在收到事故调查报告批复后 15 个工作日内，将事故调查报告（附具有关证据材料）、结案批复、本级住房和城乡建设主管部门对有关责任者的处理建议等转送有权限的住房和城乡建设主管部门。

（2）住房和城乡建设主管部门应当依据有关法律法规的规定，对事故负有责任的建设、勘察、设计、施工、监理等单位和施工图审查、质量检测等有关单位，分别给予罚款、停业整顿、降低资质等级、吊销资质证书其中一项或多项处罚，对事故负有责任的注册执业人员分别给予罚款、停止执业、吊销执业资格证书、终身不予注册其中一项或多项处罚。

（3）工程质量事故处理方案。

1）不作处理。某些工程质量问题虽然不符合规定的要求和标准构成质量事故，但经过分析、论证、法定检测单位和设计等有关单位认可，对工程或结构使用及安全影响不大，也可不作专门处理。通常不用专门处理的情况有以下几种：

a. 不影响结构安全和正常使用。某些隐蔽部位结构混凝土表面裂缝，经检查分析，属于表面养护不够的干缩微裂，不影响使用及外观；有的工业建筑物出现放线定位偏差，且严重超过规范标准规定，若要纠正会造成重大经济损失，经过分析、论证其偏差不影响生产工艺和正常使用，在外观上也无明显影响，也可不做处理。

b. 有些质量问题，经过后续工序可以弥补。例如，混凝土墙表面轻微麻面，可通过后续的抹灰、喷涂或刷白等工序弥补，也可不做专门处理。

c. 经法定检测单位鉴定合格。某检验批混凝土试块强度值不满足规范要求，强度不足，在法定检测单位，对混凝土实体采用非破损检验等方法测定其实际强度已达规范允许和设计要求值时，可不做处理。对经检测未达要求值，但相差不多，经分析论证，只要使用前经再次检测达设计强度，也可不做处理，但应严格控制施工荷载。

d. 出现的质量问题，经检测鉴定达不到设计要求，但经原设计单位核算，仍能满足结构安全和使用功能。某一结构构件截面尺寸不足或材料强度不足，影响结构承载力，但经按实际检测所得截面尺寸和材料强度复核验算，仍能满足设计的承载力，可不进行专门处理。这种处理方式实际是挖掘了设计潜力或降低了设计的安全系数。

2）修补处理。通常当工程的某个检验批、分项或分部的质量虽未达到规范、标准或设计要求，存在一定缺陷，但通过修补或更换器具、设备后还可达到要求的标准，又不影响使用功能和外观要求，在此情况下，可以进行修补处理。修补处理的具体方案很多，诸如封闭保护、复位纠偏、结构补强、表面处理等。某些事故造成的结构混凝土表面裂缝，可根据其受力情况，仅做表面封闭保护。某些混凝土结构表面的蜂窝、麻面，经调查分析，可进行剔凿、抹灰等表面处理，一般不会影响其使用和外观。对较严重的质量问题，可能影响结构的安全和使用功能，必须按一定的技术方案进行加固补强处理，这样往往会造成一些永久性缺陷，如改变结构外形尺寸、影响一些次要的使用功能等。

3）返工处理。当工程质量存在着严重质量问题，对结构的使用和安全构成重大影响，且又无法通过修补处理的情况下，可对检验批、分项、分部，甚至整个工程返工处理。例如，某防洪堤坝填筑压实后，其压实土的干密度未达到规定值，经核算将影响土体的稳定且不能满足抗渗能力要求时，可挖除不合格土、重新填筑，进行返工处理。又如，某公路桥梁工程预应力按规定张力系数为 1.03，实际仅为 0.9，属于严重的质量缺陷，也无法修补，只有返工处理。对某些存在严重质量缺陷，且无法采取加固补强等修补处理或修补处理费用比原工程造价还高的工程，应进行整体拆除，全面返工。工程质量管理人员应牢记，不论哪种情况，特别是不做处理的质量问题，均要备好必要的书面文件，对技术处理方案、不做处理结论和各方协商文件等有关档案资料认真组织签认。对责任各方应承担的经济责任和合同中约定的罚则应正确判定。

（4）工程质量事故处理的应急措施。建筑工程施工中，质量事故往往随时间、环境、施工情况等变化而发展变化，有时，一个混凝土构件的细微裂缝，可能逐步发展成为构件断裂；某个基础的局部沉降、变形，可能致使房屋倒塌。为此，在处理质量问题前，应及时对问题的性质进行分析，做出判断，对表面的质量问题，要进一步查明问题的性质是否会转化；对可能发展成为构件断裂、房屋倒塌的恶性事故，更要及时采取应急补救措施。事故发生地住房和城乡建设主管部门接到事故报告后，其负责人应立即赶赴事故现场，组织事故救援。发生一般及以上事故，或者领导有批示要求的，设区的市级住房和城乡建设主管部门应派员赶赴现场了解事故有关情况。发生较大及以上事故，或者领导有批示要求的，省级住房和城乡建设主管部门应派员赶赴现场了解事故有关情况。在拟定应急措施时，应注意以下事项：

1) 对危险性较大的质量事故，首先应予以封闭或设立警戒区，只有在确认不可能倒塌或进行可靠支护后，方准许进入现场处理，以免人员伤亡。

2) 对需要进行部分拆除的事故，应充分考虑事故对相邻区域结构的影响，以免事故进一步扩大，且应制定可靠的安全措施和拆除方案，要严防对原有事故的处理引发新的事故，如偷梁换柱，稍有疏忽将会引起整幢房屋的倒塌。

3) 凡涉及结构安全的情况，都应对处理阶段的结构强度、刚度和稳定性进行验算，提出可靠的防护措施，并在处理中严密监视结构的稳定性。

4) 在不卸载条件下进行结构加固时，要注意加固方法和施工荷载对结构承载力的影响。

5) 要充分考虑对事故处理中所产生的附加内力对结构的作用，以及由此引起的不安全因素。

(5) 工程质量事故处理鉴定验收。

1) 检查验收。工程质量事故处理完成后，工程质量管理人员，应严格按施工标准及与有关规定进行，结合旁站、巡视和平行检验结果，依据质量事故处理技术方案的要求，通过实际量测，检查各种资料数据进行验收，填写报表报相关单位办理交工验收。

2) 必要的鉴定。为确保工程质量事故的处理效果，凡涉及结构承载力等使用安全和其他重要性能的处理工作，常做必要的试验和检验鉴定工作，或质量事故处理施工过程中建筑材料及构配件保证资料严重缺乏，或对检查验收结果各参与单位有争议时，常见的检验工作有：混凝土钻芯取样，用于检查密实性和裂缝修补效果或检测实际强度；结构荷载试验，确定其实际承载力；超声波检测焊接或结构内部质量；池、罐、箱、柜工程的渗漏检验等。检验鉴定必须委托政府批准的有资质的法定检测单位进行。

3) 验收结论。对所有质量事故无论经过技术处理，通过检查鉴定验收还是不需专门处理的，均应有明确的书面结论。若对后续工程施工有特定要求，或对建筑物使用有一定限制条件，应在结论中提出。验收结论通常有以下几种：

a. 事故已排除，可以继续施工。

b. 隐患已消除，结构安全有保证。

c. 经修补处理后，安全能够满足使用要求。

d. 基本上满足使用要求，但使用时应有附加限制条件，如限制荷载等。

e. 对耐久性的结论。

f. 对建筑物外观影响的结论。

g. 对短期内难以做出的结论，可提出进一步观测检验意见。对于处理后符合《建筑工程施工质量验收统一标准》（GB 50300—2013）规定的，监理工程师应予以验收确认，并应注明责任方主要承担的经济责任。对经加固补强或返工处理仍不能满足安全使用要求的分部工程、单位（子单位）工程，应拒绝验收。

思 考 题

1. 单位工程、分部工程、分项工程和检验批的划分原则是什么？
2. 检验批、分项工程、分部工程和单位工程验收合格的条件是什么？
3. 工程质量事故如何划分？
4. 工程质量事故处理程序是什么？
5. 工程质量事故处理报告的主要内容是什么？
6. 试列出你所在教学楼中的分部工程、子分部工程、分项工程。

单元 1　地基与基础工程

教学要求

掌握土方边坡坡度的确定方法；掌握常用基坑支护结构形式、施工工艺及适用范围；掌握轻型井点降水系统的组成、施工工艺、设计计算方法；掌握对填土土料的要求、填筑方法、压实方法、影响填土压实质量的因素及质量的检查方法；掌握换土地基施工方法、适用范围及质量检验；掌握桩基础的类型、施工工艺、质量验收标准及质量事故分析；掌握地下卷材防水和结构自防水的施工工艺、质量验收标准及质量事故分析；掌握毛石基础的施工要求。

熟悉集水坑的设置方法及适用范围，井点降水的种类及适用范围；熟悉复合地基施工方法、适用范围及质量检验；熟悉地下刚性防水、涂膜防水的施工工艺、质量验收标准及质量事故分析；熟悉钢筋混凝土基础的类型、施工要求。

了解土方工程中土的工程分类及与土方施工有关的土的性质；了解挖土机与运土机的配套计算方法；了解常用土方工程机械的性能、施工特点及适用范围；了解夯实地基施工方法、适用范围及质量检验。

项目 1　土　方　工　程

土方工程多为露天作业，施工受当地气候条件影响大，且土的种类繁多，成分复杂，工程地质及水文地质变化多，也对施工影响较大。

1.1　土的性质与分类

1.1.1　土的工程性质

1. 土的密度

（1）天然密度 ρ。天然状态下的土由土颗粒、土中的水和土中的气三部分组成，如图 1.1 所示。

天然密度是指土在天然状态下单位体积的质量，用 ρ 表示，即

$$\rho = \frac{G_1}{V} \qquad (1-1)$$

式中　G_1——含水状态下土的质量；

V——土的总体积。

土的密度一般用环刀法测定，用体积已知的环刀切入土

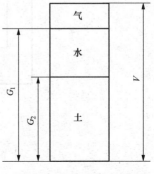

图 1.1　土的组成示意图

样中，上下端用刀削平，称出质量，减去环刀的质量后与环刀的体积比，即为土的天然密度。

（2）干密度 ρ_d。土的干密度是指单位体积土中固体颗粒的质量，用 ρ_d 表示，即

$$\rho_d = \frac{G_2}{V} \tag{1-2}$$

式中　G_2——土中固体颗粒的质量，土的干密度用击实试验测定。

2. 土的含水量

土的含水量是指土中水的质量与土的固体颗粒之间的质量比，以百分数表示

$$w = \frac{G_1 - G_2}{G_2} \times 100\% \tag{1-3}$$

式中　G_1——含水状态土的质量；

　　　G_2——烘干后土的质量（土经 105℃ 烘干后的质量）。

土的含水量表示土的干湿程度，土的含水量在 5% 以内，称为干土；土的含水量在 5%～30% 以内，称为潮湿土；土的含水量大于 30%，称为湿土。

3. 土的渗透性

土的渗透性是指土体被水透过的性质，水流通过土中孔隙的难易程度。土的渗透性用渗透性系数 K 表示。

法国学者达西，根据实验发现水在土中渗流速度 v 与水力坡度成正比，即

$$v = Ki \tag{1-4}$$

$$i = \frac{h}{L} = \frac{H_1 - H_2}{L} \tag{1-5}$$

式中　i——水力坡度，又叫水力梯度，如图 1.2 所示砂土的渗透实验，经过长为 L 的渗流路程 A、B 两点的水位差为 h，它与渗流路程之比，称为水力坡度；

　　　H_1——高水位，m；

　　　H_2——低水位，m；

　　　K——土的渗透性系数。

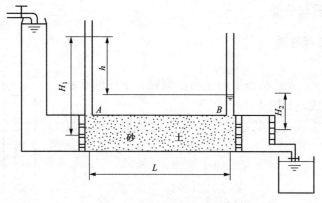

图 1.2　砂土的渗透实验

那么单位时间内流过砂土的水量

$$Q = vA$$

式中　A——土样横截面面积。

$$Q = vA = KiA = K\frac{H_1 - H_2}{L}A$$

$$K = \frac{QL}{(H_1 - H_2)A} \tag{1-6}$$

式中　Q、L、A、H_1、H_2 均已知，从而可求出 K。

4. 土的可松性

自然状态下的土，经开挖后，其体积因松散而增加，以后虽经回填压实，仍不能恢复成原来的体积，这种性质称为土的可松性。土的可松性对土方平衡调配、基坑开挖时留弃土方量及运输工具的选择有直接影响。

土的可松性的大小用可松性系数表示。分为最初可松性系数和最终可松性系数。

(1) 最初可松性系数 K_S。自然状态下的土，经开挖成松散状态后，其体积的增加，用最初可松性系数表示

$$K_S = \frac{V_2}{V_1} \tag{1-7}$$

式中　V_1——土在自然状态下的体积；

　　　V_2——土经开挖成松散状态下的体积。

(2) 最终可松性系数 K'_S。自然状态下的土，经开挖成松散状态，回填夯实后，仍不能恢复到原自然状态下的体积，夯实后的体积与原自然状态下的体积之比，用最终可松性系数表示

$$K'_S = \frac{V_3}{V_1} \tag{1-8}$$

式中　V_1——土在自然状态下的体积；

　　　V_3——土经回填压实后的体积。

1.1.2　土的工程分类

土的种类繁多，其工程性质直接影响土方工程施工方法的选择、劳动量的消耗和工程费用。

土的分类方法很多，根据土的开挖难易程度，将土分为松软土、普通土、坚土、砂砾坚土、软石、次坚石、坚石、特坚石共八大类。前四类属于一般土，后四类属于岩石。

1.2　基坑（基槽）的土方开挖

1.2.1　土方边坡

土方边坡的稳定，主要是由于土体内土颗粒间存在摩阻力和黏结力，从而使土体具有一定的抗剪强度，当下滑力超过土体的抗剪强度时，就会产生滑坡，如图 1.3 所示。

当 $F > f + C$（其中：f 为摩阻力；C 为黏结力，又称内聚力；F 为下滑力，由土体自重分解而来，边坡愈陡，下滑力 F 愈大）时，土体就会产生滑坡。

土体抗剪强度的大小与土质有关，黏性土颗粒之间，不仅具有摩阻力，而且具有黏结力。砂性土颗粒之间只有摩阻力，没有黏结力，所以黏性土的边坡可陡些，砂性土的边坡则应平缓些。

土方边坡坡度以其挖方深度 h 与边坡底宽 b 之比来表示。

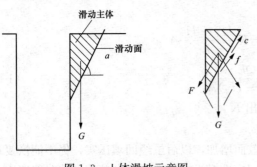

图 1.3　土体滑坡示意图

$$坑边坡坡度 = \frac{h}{b} = \frac{1}{b/h} = 1 : m \quad (1\text{-}9)$$

$m = b/h$，称为边坡系数。

土方边坡大小应根据土质、开挖深度、开挖方法、施工工期、地下水位、坡顶荷载及气候条件等因素确定。边坡可做成直线形、折线形或阶梯形如图 1.4 所示。

土方边坡坡度一般在设计文件上有规定，若设计文件上无规定，可按照《建筑地基基础工程施工质量验收规范》（GB 50202—2013）的规定执行（见表 1.1）。

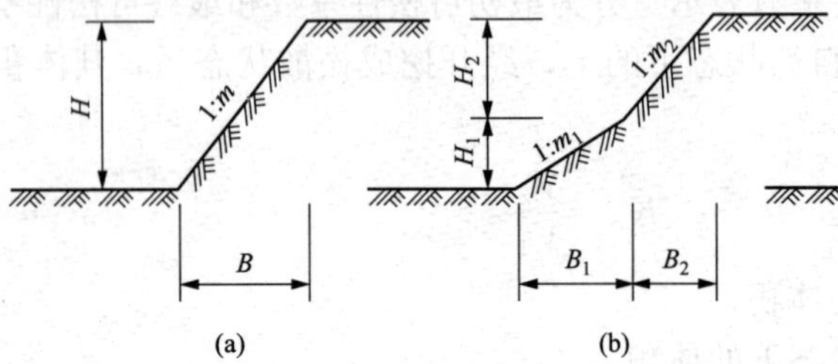

(a)　　　　　　　　(b)　　　　　　　　(c)

图 1.4　土方边坡

(a) 直线形；(b) 折线形；(c) 阶梯形

表 1.1　　　　　　　　　　　　临时性挖方边坡值

土 的 类 别		边坡值（高：宽）
砂土（不包括细砂、粉砂）		1：1.25～1：1.50
一般性黏土	硬	1：0.75～1：1.00
	硬、塑	1：1.00～1：1.25
	软	1：1.50 或更缓
碎石类土	充填坚硬、硬塑黏性土	1：0.50～1：1.00
	充填砂土	1：1.00～1：1.50

注　1. 设计有要求时，应符合设计标准。

　　2. 如采用降水或其他加固措施，可不受本表限制，但应计算复核。

　　3. 开挖深度，对软土不应超过 4m，对硬土不应超过 8m。

1.2.2　土方工程量计算

1. 基坑土方量计算

基坑土方量的计算，可近似地按拟柱体体积公式计算（见图 1.5），即

$$V = \frac{H}{6}(A_1 + 4A_0 + A_2) \quad (1\text{-}10)$$

式中　H——基坑深度，m；

A_1、A_2——基坑上下两底面积，m^2；

A_0——基坑中截面面积，m^2。

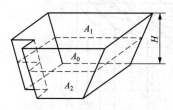

图 1.5　基坑土方量计算

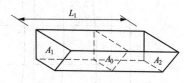

图 1.6　基槽土方量计算

2. 基槽土方量计算

基槽土方量可沿长度方向分段计算（见图 1.6），即

$$V_1 = \frac{L_1}{6}(A_1 + 4A_0 + A_2)$$

式中　V_1——第一段土方量；

L_1——第一段的长度。

总土方量为各段土方量之和，即

$$V = V_1 + V_2 + \cdots + V_n$$

式中　V_1、V_2、$\cdots$、V_n——各分段的土方量，m^3。

若该段内基槽横截面形状、尺寸不变，其土方量即为该段横截面面积乘以该段基槽长度，即

$$V = AL \tag{1-11}$$

3. 场地平整

根据建筑设计要求，将拟建的建筑物场地范围内，高低不平的地形整为平地，即为场地平整。

（1）场地平整的基本原则。场地平整的基本原则：总挖方＝总填方，即场地内挖填平衡，场地内挖方工程量等于填方工程量。

（2）计算步骤及方法。

1）初步确定场地设计标高。假定整平后场地是水平的，不考虑边坡、泄水坡，利用平整前总土方量等于平整后总土方量的原则，初步计算场地设计标高。如图 1.7 所示，当场地设计标高为 H_0 时，挖填方基本平衡，可将土石方移挖作填，就地处理；当设计标高为 H_1 时，填方大大超过挖方，则需从场外取土回填；当设计标高为 H_2 时，挖方大大超过填方，则要向场外大量弃土。确定场地设计标高的方法：

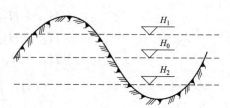

图 1.7　场地不同设计标高的比较

首先将场地地形图，根据要求的精度划分为长 10～40m 的方格网（见图 1.8），然后求出各方格角点的地面标高。地形平坦时，可根据地形图相邻两等高线的标高，用插入法求得；地形不平坦时，用插入法有较大误差，可在地面上用木桩打好方格网，然后用仪器直接测出。

根据挖填平衡的原则：

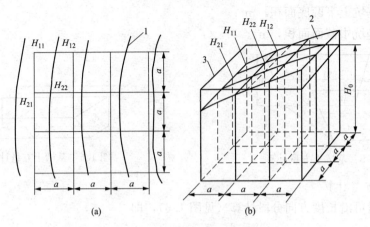

图 1.8　场地设计标高计算示意图

（a）地形方格网；（b）计标高示意图

1—等高线；2—自然地面；3—设计地面

平整前土方量

$$V_1 = V_1 + V_2 + V_3 + V_4 + V_5 + V_6 + V_7 + V_8 + V_9$$

$$= a^2 \frac{H_{11} + H_{12} + H_{21} + H_{22}}{4} + a^2 \frac{H_{12} + H_{13} + H_{22} + H_{23}}{4} +$$

$$a^2 \frac{H_{13} + H_{14} + H_{23} + H_{24}}{4} + a^2 \frac{H_{21} + H_{22} + H_{31} + H_{32}}{4} +$$

$$a^2 \frac{H_{22} + H_{23} + H_{32} + H_{33}}{4} + a^2 \frac{H_{23} + H_{24} + H_{33} + H_{34}}{4} +$$

$$a^2 \frac{H_{31} + H_{32} + H_{41} + H_{42}}{4} + a^2 \frac{H_{32} + H_{33} + H_{42} + H_{43}}{4} +$$

$$a^2 \frac{H_{33} + H_{34} + H_{43} + H_{44}}{4}$$

$$= \frac{a^2}{4}(H_{11} + H_{12} H_{21} + H_{22} + H_{12} + H_{13} + H_{22} + H_{23}$$

$$+ H_{13} + H_{14} + H_{23} + H_{24} + H_{21} + H_{22} + H_{31} + H_{32} + H_{22}$$

$$+ H_{23} + H_{32} + H_{33} + H_{23} + H_{24} + H_{33} + H_{34} + H_{31} + H_{32}$$

$$+ H_{41} + H_{42} + H_{32} + H_{33} + H_{42} + H_{43} + H_{33} + H_{34} + H_{43} + H_{44})$$

$$= \frac{a^2}{4}[(H_{11} + H_{14} + H_{41} + H_{44}) + 2(H_{12} + H_{13} + H_{21} + H_{31} +$$

$$H_{24} + H_{34} + H_{42} + H_{43}) + 4(H_{22} + H_{23} + H_{32} + H_{33})]$$

$$= \frac{1}{4} a^2 \left(\sum H_1 + 2 \sum H_2 + 3 \sum H_3 + 4 \sum H_4 \right)$$

式中　H_1——1 个方格仅有的角点标高；

　　　H_2——2 个方格共有的角点标高；

　　　H_3——3 个方格共有的角点标高；

　　　H_4——4 个方格共有的角点标高。

平整后土方量　　　　　　　　　　　$V_h = H_0 a^2 n$

式中 H_0——平整后的场地标高;

　　　n——方格数。

平整前土方量＝平整后土方量,则

$$\frac{1}{4}a^2 = \left(\sum H_1 + 2\sum H_2 + 3\sum H_3 + 4\sum H_4\right) = H_0 n a^2$$

$$H_0 = \frac{\sum H_1 + 2\sum H_2 + 3\sum H_3 + 4\sum H_4}{4n} \tag{1-12}$$

2) 场地设计标高的调整。按上述公式计算的场地设计标高 H_0 是一理论值,还需要考虑以下因素进行调整。

a. 土的可松性影响。由于土具有可松性,按理论计算的 H 施工,填土会有剩余,为此要适当提高设计标高。

如图 1.9 所示,设 Δh 为土的可松性引起的设计标高增加值,则设计标高调整后的总挖方体积应为

$$V_W = V_W - F_W \Delta h$$

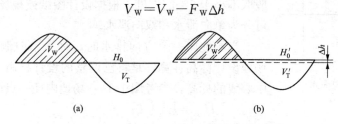

图 1.9 设计标高调整计算简图

(a) 理论计算标高;(b) 调整设计标高

总填方体积为

$$V_T' = V_W' K_S' = (V_W - F_W \Delta h) K_S'$$

由于设计标高 H_0 的提高而需要增加的填方体积为

$$\Delta h_{FT} = V_T' - V_T = (V_W - F_W \Delta h) K_S' - V_T$$

因为　　　　　　　　　　　　　$V_T = V_W$

所以　　　　　　　　　　$\Delta F_T = (V_W - F_W \Delta h) K_S' - V_W$

$$\Delta h \frac{V_W(K_S' - 1)}{F_T + F_W + K_S'}$$

考虑土的可松性后,场地设计标高应调整为

$$H_0' = H_0 + \Delta h$$

式中 V_W、V_T——按场地初步设计标高(H_0)计算得出的总挖方、总填方体积;

　　　F_W、F_T——按场地初步设计标高(H_0)计算得出的挖方区、填方区总面积;

　　　K_S'——土的最终可松性系数。

b. 借土或弃土的影响。在场地内修筑路堤等需要土方,此时,若按 H_0 施工,则会出现用土不足,为了保证有足够的土,需降低设计标高,降低值为

$$\frac{Q}{na^2}$$

在场地内若有大型基坑开挖,则有多余土方,为了防止余土外运,需提高设计标高,提

高值为

$$\frac{Q}{na^2}$$

考虑借土或弃土的影响后，场地设计标高应调整为

$$FH''_0 = H'_0 + \frac{Q}{na^2} \tag{1-13}$$

式中 Q——按场地初步设计标高（H_0）平整后多余或不足的土方量，借土取"＋"，弃土取"－"。

c. 考虑泄水坡度对设计标高的影响。按上述调整后的设计标高进行场地平整，整个场地表面将处于同一个水平面，但实际上由于排水要求，场地表面均有一定的泄水坡度，因此还要根据场地泄水坡度要求，计算出场地内实际施工的设计标高。

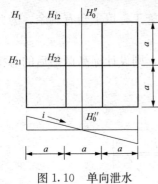

图 1.10　单向泄水

平整场地坡度，一般标明在图纸上，如设计无要求，一般取不小于 2‰的坡度。根据设计图纸或现场情况，泄水坡度可分为单向泄水和双向泄水。

当场地向一个方向排水时，称为单向泄水。单向泄水时场地设计标高计算，是将已调整的设计标高（H''_0）作为场地中心线的标高，参考图 1.10，场地内任一点设计标高为

$$H_{ij} = H''_0 \pm Li \tag{1-14}$$

式中 H_{ij}——场地内任一点的设计标高；
　　　L——场地内任一点至 H_0-H_0 中心线的距离；
　　　i——场地泄水坡度；
　　　$\pm$——场地内任一点比 H''_0-H''_0 线高取"＋"号，反之取"－"号，如

$$H_{11} = H''_0 + 1.5ai$$

场地向两个方向排水，叫双向泄水。双向泄水时设计标高计算，是将已调整的设计标高 H''_0 作为场地纵横方向的中心点（见图 1.11），场地内任一点的设计标高为

$$H_{ij} = H''_0 \pm L_x i_x \pm L_y i_y \tag{1-15}$$

式中 L_x——场地内任一点距 x 轴的距离，m；
　　　L_y——场地内任一点距 y 轴的距离，m；
　　i_x、i_y——场地在 x、y 方向的泄水坡度；
　　　$\pm$——场地内任一点比 H_0 点高取"＋"号，反之取"－"号，如

$$H_{11} = H''_0 + 1.5ai_x + ai_y$$

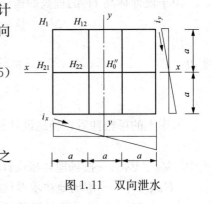

图 1.11　双向泄水

3）计算零点、标出零线。

a. 各方格角点的施工高度。H_0 是假定场地为水平，不考虑泄水坡度、边坡坡度，根据平整前总土方量等于平整后总土方量求得的。

H_{ij} 是考虑泄水坡度后场地内任一方格角点的设计标高。但是在实际施工中，每一个方格是挖方还是填方，这就是施工高度问题。所谓施工高度，就是每一个方格角点的挖填高

度，用 h_n 表示，即

$$h_n = H_{ij} - H_n$$

式中　h_n——角点的挖填高度，"+"值表示填方"，—"值表示挖方；

　　　　H_{ij}——角点设计标高；

　　　　H_n——角点自然地面标高，也就是地形图上，各方格角点实际标高，当地形平坦时，
　　　　　　　按地形图用插入法求得，当地面坡度变化起伏较大时，用经纬仪测出。

　　b. 零点、标出零线。当同一方格四个角点的施工高度全为"+"或全为"—"时，说明该方格内的土方则全部为填方或全部为挖方，如果一个方格中一部分角点的施工高度为"+"，而另一部分为"—"，说明此方格中的土方一部分为填方，而另一部分为挖方，这时必定存在不挖不填的点，这样的点叫零点，把一个方格中的所有零点都连接起来，形成直线或曲线，这道线叫零线，即挖方与填方的分界线。

　　计算零点的位置，是根据方格角点的施工高度用几何法求出，如图 1.12 所示，D 点为挖方，C 点为填方，则

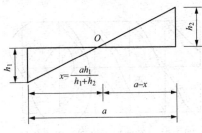

$$\triangle AOC \backsim \triangle DOB$$

$$\frac{X}{h_1} = \frac{a - X}{h_2}$$

$$x = \frac{ah_1}{h_1 + h_2} \tag{1-16}$$

图 1.12　计算零点的位置示意图

式中　h_1、h_2——相邻两角点填、挖方施工高度（以绝对值带入），m；

　　　　a——方格边长，m；

　　　　x——零点距角点 A 的距离，m。

　　4）计算土方工程量。

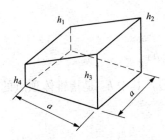

图 1.13　角点全填或全挖图

　　a. 四棱柱法。方格四个角点全部为挖方或填方时（见图 1.13），其挖方或填方体积为

$$V = \frac{a^2}{4}(h_1 + h_2 + h_3 + h_4) \tag{1-17}$$

式中　h_1、h_2、h_3、h_4——方格四个角点挖或填的施工高度，以绝对值带入，m；

　　　　a——方格边长，m。

　　方格四个角点中，部分是挖方或部分是填方时（见图 1.14），其挖方或填方体积分别为

$$V_{\mathrm{w}} = \frac{a^2}{4}\left(\frac{h_1^2}{h_2 + h_4} + \frac{h_2^2}{h_2 + h_3}\right)$$

$$V_{\mathrm{T}} = \frac{a^2}{4}\left(\frac{h_3^2}{h_2 + h_3} + \frac{h_4^2}{h_1 + h_4}\right)$$

　　方格三个角点为挖方，另一个角点为填方时（见图 1.15），
　　其填方体积为

$$V_4 = \frac{a^2 h_4^3}{6(h_1 + h_4)(h_3 + h_4)}$$

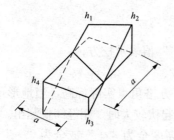
图 1.14　角点二填或二挖

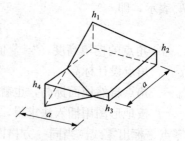
图 1.15　角点一填三挖

其挖方体积为

$$V_{1,2,3} = \frac{a^2}{6}(2h_1 + h_2 + 2h_3 - h_4) + V_4$$

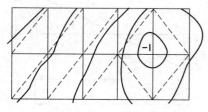
图 1.16　按地形方格划分成三角形

b. 三棱柱法。计算时，先把方格网顺地形等高线将各个方格划分成三角形（见图 1.16），每个三角形三个角点的填挖施工高度，用 h_1、h_2、h_3 表示。

当三角形三个角点全部为挖或填时 [见图 1.17（a）]，其挖或填方体积为

$$V = \frac{a^2}{6}(h_1 + h_2 + h_3)$$

式中　　　a——方格边长，m；

h_1、h_2、h_3——三角形各角点的施工高度，用绝对值代入，m。

当三角形三个角点有挖有填时，零线将三角形分成两部分，一个是底面为三角形的锥体，另一个是底面为四边形的楔体 [见图 1.17（b）]，其锥体和楔体部分的体积为

$$V_z = \frac{a^2}{6} \frac{h_3^3}{(h_1 + h_3)(h_2 + h_3)}$$

$$V_x = \frac{a^2}{6}\left[\frac{h_3^3}{(h_1 + h_3)(h_2 + h_3)} - h_3 + h_2 + h_1\right]$$

式中　h_1、h_2、h_3——三角形各角点的施工高度，取绝对值（m），其中 h_3 是指锥体顶点的施工高度。

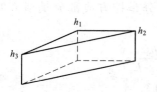
图 1.17（a）　三角棱柱体的体积计算
（全挖或全填）

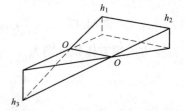
图 1.17（b）　三角棱柱体的体积计算
（锥体部分为填方）

注意：四方棱柱体的计算公式是根据平均中断面的近似公式推导而得的，当方格中地形不平时，误差较大，但计算简单，宜于手工计算。三角棱柱体的计算公式是根据立体几何体

积计算公式推导出来的，当三角形顺着等高线进行划分时，精确度较高，但计算繁杂，适宜用计算机计算。

c. 断面法。在地形起伏变化较大的地区，或挖填深度较大，断面又不规则的地区，采用断面法比较方便。

具体方法：沿场地取若干个相互平行的断面（可利用地形图定出或实地测量定出），将所取的每个断面（包括边坡断面），划分为若干个三角形和梯形，如图 1.18 所示。

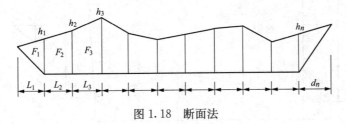

图 1.18 断面法

断面面积求出后，即可计算土方体积，设各断面面积分别为 F_1、F_2、$\cdots$、F_n，相邻两断面间的距离依次为 L_1、L_2、$\cdots$、L_n，则所求土方体积为

$$V = \frac{1}{2}(F_1 + F_2)L_1 + \frac{1}{2}(F_2 + F_3)L_2 + \cdots + \frac{1}{2}(F_{n-1} + F_n)L_n$$

5）计算边坡土方量。图 1.19 所示为场地边坡的平面示意图，由图可知，边坡的土方量可以划分为两种近似的几何形体进行计算，一种为三角形棱锥体（如 1、2、3、$\cdots$）；另一种为三角棱柱体（如 4）。

a. 三角形棱锥体边坡体积。图 1.19 中 1 的体积为

$$V_1 = \frac{1}{3}F_1 L_1$$

$$F_1 = \frac{1}{2}mh_2 h_2 = \frac{1}{2}mh_2^2$$

式中　L_1——边坡 1 的长度，m；

F_1——边坡 1 的端面积，m^2；

h_2——角点的挖土高度，m；

m——边坡的坡度系数。

b. 三角棱柱体边坡体积。图 1.19 中 4 的体积为

$$V_4 = \frac{F_3 + F_5}{2}L_4$$

当两端横断面面积相差很大的情况下

$$V_4 = \frac{L_4}{6}(F_3 + 4F_0 + F_5)$$

式中　　L_4——边坡 4 的长度，m；

F_3、F_5、F_0——边坡 4 两端及中部横断面面积。

6）场地平整土方量计算例题。某建筑场地地形图如图 1.20 所示，方格网 $a = 20\text{m}$，土质为中密的砂土，设计泄水坡度 $i_x = 3\%$，$i_y = 2\%$，不考虑土的可松性对设计标高的影响，试确定场地各方格角点的设计标高，并计算挖填土方量。

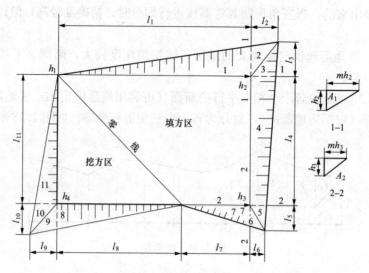

图 1.19　场地边坡平面图

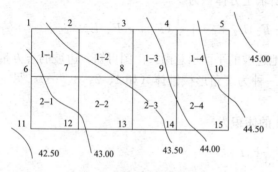

图 1.20　某建筑场地地形图

a. 计算角点地面标高。根据地形图上所标的等高线，假定两等高线间的地面坡度按直线变化，用插入法求出各方格角点的地面标高，如图 1.20 中等高线 44.00～44.50 间角点 4 的地面标高 H_4，计算方法如图 1.20 所示

$$h_x : (H_B - H_A) = xL$$

$$h_x = \frac{H_B - H_A}{L} x$$

$$H_{ij} = H_A + h_x$$

式中　h_x——计算的角点与等高线上 A 点的高差，m；

　　　　H_A——等高线 A 的标高，m；

　　　　H_B——等高线 B 的标高，m；

　　　　x——所求角点沿方格边线到等高线 A 的距离，m；

　　　　L——沿角点所在的方格边线到等高线 A、B 之间的距离，m。

用比例尺在图 1.21 上量出角点 4 的 x、L 值代入上述公式，则

$$x = 15.5\text{m}, \quad L = 22.9\text{m}$$

$$h_4 = \frac{44.5 - 44.0}{22.6} \times 15.5 = 0.34 (\text{m})$$

$$h_4 = H_A + h_4 = 44.0 + 0.34 = 44.34 (\text{m})$$

用这种方法计算很烦琐，通常采用图解法求出各角点的地面标高，如图 1.22 所示，用一透明纸，上面画出 6 根等距离的平行线（线要尽量画细，否则影响读数），把该透明纸放到标有方格网的地形图上，将 6 根平行线的最外两根分别对准 A 点与 B 点，这时 6 根等距离的平行线，将 AB 之间 0.5m 的高差，分成五等分，于是便可直接读出角点 4 的地面标高 $H_4 = 44.34\text{m}$，其余各角点标高，均用此法求出。

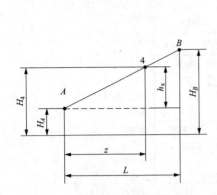

图 1.21 角点地面标高计算方法

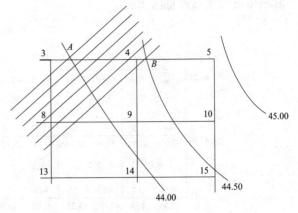

图 1.22 图解法求角点的地面标高

b. 计算场地设计标高 H_0

$$\sum H_1 = 43.24 + 44.8 + 44.17 + 42.58 = 174.79 \text{(m)}$$

$$2\sum H_2 = 2 \times (43.67 + 43.94 + 44.34 + 44.67 +$$
$$43.67 + 43.23 + 42.9 + 42.94) = 698.72 \text{(m)}$$

$$3\sum H_3 = 0$$

$$4\sum H_4 = 4 \times (43.35 + 43.76 + 44.17) = 525.12 \text{(m)}$$

$$H_0 = \frac{\sum H_1 + 2\sum H_2 + 3\sum H_3 + 4\sum H_4}{4n}$$

$$= \frac{174.99 + 698.72 + 525.12}{4 \times 8} = 43.71 \text{(m)}$$

c. 场地设计标高的调整。该例既不考虑土的可松性，也不考虑借土弃土的影响，主要考虑泄水坡度的影响。

以场地中心点 8 的设计标高为 H_0，其余各角点设计标高为

$$H_{ij} = H''_0 \pm L_x i_x \pm L_y i_y$$
$$H''_0 = H_0$$

$$H_1 = H_0 - 40 \times 0.003 + 20 \times 0.002 = 43.71 - 0.12 + 0.04 = 43.63 \text{(m)}$$
$$H_2 = H_0 - 20 \times 0.003 + 20 \times 0.002 = 43.71 - 0.06 + 0.04 = 43.69 \text{(m)}$$
$$H_6 = H_0 - 40 \times 0.003 + 0 = 43.71 - 0.12 = 43.59 \text{(m)}$$
$$H_7 = H_0 - 20 \times 0.003 = 43.71 - 0.06 = 43.65 \text{(m)}$$
$$H_{11} = H_0 - 40 \times 0.003 - 20 \times 0.002 = 43.71 - 0.12 - 0.04 = 43.55 \text{(m)}$$
$$H_{12} = H_0 - 20 \times 0.003 - 20 \times 0.002 = 43.71 - 0.06 - 0.04 = 43.61 \text{(m)}$$

其余角点设计标高均可用同样方法求出，见图 1.23。

d. 计算各方格角点施工高度

$$h_1 = 43.63 - 43.24 = +0.39 \text{(m)}$$
$$h_2 = 43.69 - 43.67 = +0.02 \text{(m)}$$
$$h_3 = 43.75 - 43.94 = -0.19 \text{(m)}$$

其余角点施工高度见图 1.23。

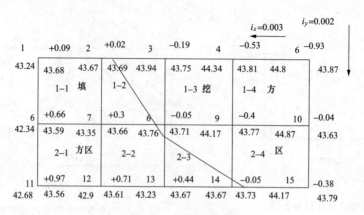

图 1.23　各角点标高

e. 计算零点、标出零线。首先计算零点，零点在相邻两角点为一挖一填的方格边线上，在图 1.23 中，角点 2 为填方，角点 3 为挖方，角点 2、3 之间必定存在零点。如图 1.24 所示

$$x_1 = \frac{h_2}{h_2 + h_3} a$$

$$x_2 = \frac{h_3}{h_2 + h_3} a$$

$$h_2 = +0.02(\mathrm{m})$$

$$h_3 = -0.19(\mathrm{m})$$

$$x_1 = \frac{20 \times 0.02}{0.02 + 0.19} = 1.9(\mathrm{m})$$

$$x_2 = \frac{20 \times 0.19}{0.02 + 0.19} = 18.1(\mathrm{m})$$

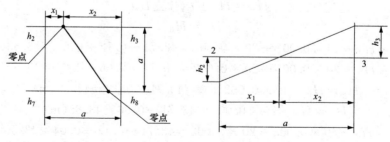

图 1.24　零点、零线计算图

同理求出 7、8、14、15、13、8 之间的零点，把所有零点求出标在图上，零点连线即为零线，见图 1.24。

用这种方法计算很烦琐，通常采用图解法直接求出零点的位置，如图 1.25 所示，用尺在各角上标出相应比例，用尺相接，与方格相交点即为零点位置。

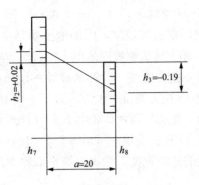

图 1.25　图解法求零点的位置

f. 计算土方量。采用四棱柱法，全挖全填方格时

$$V_{2-1T}=\frac{20^2}{4}\times(0.65+0.3+0.71+0.97)=263(\text{m}^3)(+)$$

$$V_{1-3W}=\frac{20^2}{4}\times(0.19+0.53+0.4+0.05)=117(\text{m}^3)(-)$$

$$V_{1-4W}=\frac{20^2}{4}\times(0.53+0.93+0.84+0.4)=270(\text{m}^3)(-)$$

$$V_{1-1T}=\frac{a^2}{4}(h_1+h_2+h_3+h_4)$$

$$=\frac{20^2}{4}\times(0.39+0.02+0.3+0.65)=136(\text{m}^2)(+)$$

方格四个角点中，部分是挖方，部分是填方时（见图 1.23），其挖方或填方体积分别为

$$V_{1-2W}=\frac{20^2}{4}\left(\frac{0.19^2}{0.19+0.02}+\frac{0.05^2}{0.05+0.3}\right)=17.91(\text{m}^3)(-)$$

$$V_{1-2T}=\frac{20^2}{4}\left(\frac{0.3^2}{0.3+0.5}+\frac{0.02^2}{0.02+0.19}\right)=25.9(\text{m}^3)(+)$$

$$V_{2-3W}=\frac{20^2}{4}\left(\frac{0.05^2}{0.05+0.44}+\frac{0.4^2}{0.4+0.06}\right)=35.28(\text{m}^3)(-)$$

$$V_{2-3T}=\frac{20^2}{4}\left(\frac{0.44^2}{0.44+0.05}+\frac{0.06^2}{0.06+0.04}\right)=40.30(\text{m}^3)(+)$$

方格三个角点为挖方，另一个角点为填方时（见图 1.23）

$$V_{2-2W}=\frac{20^2}{4}\frac{0.05^3}{(0.05+0.3)(0.44+0.71)}=0.03(\text{m}^3)(-)$$

$$V_{2-2T}=\frac{20^2}{4}(2\times0.3+0.71+2\times0.44-0.05)+0.03=214.03(\text{m}^3)(+)$$

$$V_{2-4T}=\frac{20^2}{4}\frac{0.06^3}{(0.06+0.4)(0.38+0.84)}=0.038(\text{m}^3)(+)$$

$$V_{2-4W}=\frac{20^2}{4}(2\times0.4+0.84+2\times0.38-0.06)+0.038$$

$$=234.04(\text{m}^3)(-)$$

总挖方量$=17.91+117+270+0.03+35.28+234.04=674.26(\text{m}^3)$

总填方量＝136＋25.9＋263＋214.03＋40.3＋0.038＝679.27(m³)

g. 边坡土方量计算。首先确定边坡坡度，因场地土质是中密的砂土，且地质条件较差，挖方区边坡坡度采用1∶1.25，填方区边坡坡度采用1∶1.50，场地四个角点的挖填方宽度为

角点5 挖方宽度＝0.93×1.25＝1.16(m)

角点15 挖方宽度＝0.38×1.25＝0.48(m)

角点1 挖方宽度＝0.39×1.5＝0.59(m)

角点11 挖方宽度＝0.97×1.5＝1.46(m)

按照场地的四个控制角点的边坡宽度，绘出边坡平面轮廓尺寸图，见图1.26。

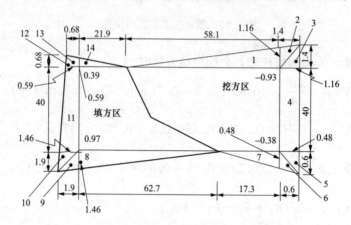

图 1.26　边坡土方量计算示意图

挖方区边坡土方量为

$$V_1 = \frac{1}{3}FL = \frac{1}{3}\frac{1.16 \times 0.93}{2} \times 58.1 = 10.46(m^3)(-)$$

$$V_{2,3} = 2 \times \frac{1}{3} \times \frac{1.16 \times 0.93}{2} \times 1.4 = 0.5(m^3)(-)$$

$$V_4 = \frac{1}{2}(F_1 + F_2)L$$

$$= \frac{1}{2} \times \left(\frac{1.16 \times 0.93}{2} + \frac{0.48 \times 0.38}{2}\right) \times 40 = 12.6(m^3)(-)$$

$$V_{5,6} = 2 \times \frac{1}{3} \times \frac{0.48 \times 0.38}{2} \times 0.6 = 0.03(m^3)(-)$$

$$V_7 = \frac{1}{3} \times \frac{0.48 \times 0.38}{2} \times 17.3 = 0.52(m^3)(-)$$

挖方区边坡土方量＝24.11m³

填方区边坡土方量为

$$V_8 = \frac{1}{3} \times \frac{0.97 \times 1.46}{2} \times 62.7 = 14.80(m^3)$$

$$V_{9,10} = 2 \times \frac{1}{3} \times \frac{0.97 \times 1.46}{2} \times 1.90 = 0.90(m^3)$$

$$V_{11} = \frac{1}{2}\left(\frac{0.97 \times 1.46}{2} \times \frac{0.39 \times 0.59}{2}\right) \times 40 = 16.46(m^3)$$

$$V_{12,13} = 2 \times \frac{1}{2} \times \frac{0.39 \times 0.59}{2} \times 0.68 = 0.05(\text{m}^3)$$

$$V_{14} = \frac{1}{3} \times \frac{0.39 \times 0.59}{2} \times 21.9 = 0.84(\text{m}^3)$$

填方区边坡土方量＝33.05m^3

场地及边坡土方量总计

挖方＝674.26＋24.11＝698.37(m^3)

填方＝679.27＋33.05＝712.32(m^3)

两者相比,填方比挖方大 13.95m^3,除考虑土的可松性,填土尚可满足一部分外,其余不足部分可以场外解决,如有困难,可将 H 适当降低,如从 43.71m 降为 43.70m(每降低 0.01m,相当于挖方量增加 $40 \times 80 \times 0.01 = 32$m^3)。

1.3　土壁支护

1.3.1　基坑支护原理

从基坑支护机理来讲,基坑支护方法的发展最早有放坡开挖,然后有悬臂支护、支撑支护、组合型支护等。最早用木桩,现在常用钢筋混凝土桩、地下连续墙等,以及通过地基处理方法采用水泥挡墙、土钉墙等。简单来说,基坑支护结构可以分为桩、墙式支护结构和实体重力式支护结构。桩、墙式支护结构常采用钢板桩、钢筋混凝土板桩、柱列式灌注桩、地下连续墙等。支护桩、墙插入坑底土中一定深度(一般均插入至较坚硬土层),上部呈悬臂或设置锚撑体系。此类支护结构应用广泛,适用性强,易于控制支护结构的变形,尤其适用于开挖深度较大的深基坑,并能适应各种复杂的地质条件。实体重力式支护结构常采用水泥土搅拌桩挡墙、高压旋喷桩挡墙、土钉墙等。此类支护结构截面尺寸较大,依靠实体墙身的重力起挡土作用,按重力式挡土墙的设计原则计算。墙身也可设计成格构式,或阶梯形等多种形式,无锚拉或内支撑系统,土方开挖施工方便,适用于小型基坑工程。土质条件较差时,基坑开挖深度不宜过大。土质条件较好时,水泥搅拌工艺使用受限制。土钉墙结构适应性较大。

1.3.2　浅基坑(槽)支护

对宽度不大,深 5m 以内的浅沟、槽(坑),一般宜设置简单的横撑式支撑,见图 1.27,其形式根据开挖深度、土质条件、地下水位、施工时间长短、施工季节和当地气象条件、施工方法与相邻建(构)筑物情况进行选择。

横撑式支撑根据挡土板的不同,可分为水平挡土板和垂直挡土板两类。水平挡土板的布置又分间断式、断续式和连续式三种,垂直挡土板的布置分断续式和连续式两种。

间断式水平支撑适用于能保持立壁的干土或天然湿度的黏土类土,地下水很少,深度在 2m 以内。

断续式水平支撑适用于能保持立壁的干土或天然湿度的黏土类土,地下水很少,深度在 3m 以内。

连续式水平支撑适用于较松散的干土或天然湿度的黏类土,地下水很少,深度在 3～5m。

连续式或间断式垂直支撑适用于土质较松散或湿度很高的土,地下水较少,深度不限。

采用横撑式支撑时,应随挖随支承,支承要牢固。施工中应经常检查,如有松动、变形

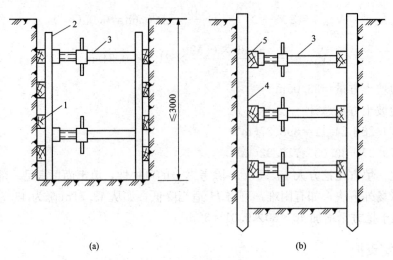

(a)　　　　　　　　　　　　　　　　(b)

图 1.27　横撑式支撑

（a）断续式水平挡土板支撑；（b）竖直挡土板支撑

1—水平挡土板；2—竖楞木；3—工具式横撑；4—竖直挡土板；5—横楞木

等现象，应及时加固或更换。支撑的拆除应按回填顺序依次进行，多层支撑应自下而上逐层拆除，随拆随填。

1.3.3　深基坑（槽）支护

深基坑支护方案的选择应根据基坑周边环境、土层结构、工程地质、水文情况、基坑形状、开挖深度、工程拟采用的挖方和排水方法、施工作业设备条件、安全等级和工期要求及技术经济效果等因素综合全面地考虑而定。深基坑支护虽为一种施工临时性辅助结构物，但对保证工程顺利进行和临近地基的已有建（构）筑物的安全影响极大。

1. 深层搅拌法水泥土桩挡墙

深层搅拌法是利用特制的深层搅拌机在边坡土体需要加固的范围内，将软土与固化剂强制拌和，使软土硬结成具有整体性、稳定性和足够强度的水泥加固土，又称为水泥土搅拌桩。

深层搅拌法利用的固化剂为水泥浆或水泥砂浆，水泥的掺量为加固土重的 7%～15%，水泥砂浆的配合比为 1∶1 或 1∶2。

（1）深层搅拌机。它是深层搅拌水泥土桩施工的主要机械，目前国内外应用的有中心管喷浆方式和叶片喷浆方式。前者的输浆方式中水泥浆是从两根搅拌轴之间的另一根管子输出，不影响搅拌均匀度，可适用于多种固化剂；后者是使水泥浆从叶片上若干个小孔喷出，使水泥浆与土体混合较均匀，适用于大直径叶片和连续搅拌，但因喷浆孔小，易堵塞，它只能使用纯水泥浆，而不能采用其他固化剂。

图 1.28 所示为 SJB-1 型深层搅拌机，它采用双搅拌轴中心管输浆方式。

图 1.29 是利用进口钻机改装的 GZB-600 型深层搅拌机，它采用单轴搅拌、叶片喷浆方式。

（2）深层搅拌水泥土桩挡墙的施工工艺流程如图 1.30 所示。

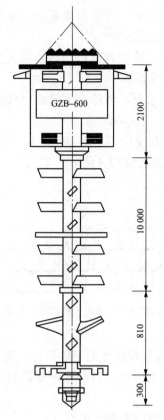

图 1.28　SJB-1 型深层搅拌机

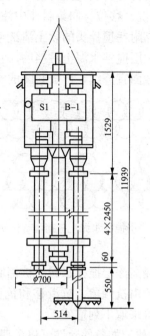

图 1.29　GZB-600 型深层搅拌机

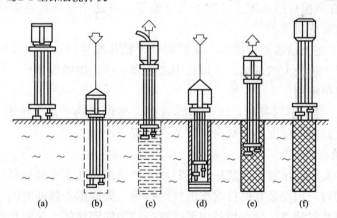

图 1.30　施工工艺流程

（a）定位；（b）预搅下沉；（c）喷浆搅拌上升；

（d）重复搅拌下沉；（e）重复搅拌上升；（f）完毕

1）定位。用起重机悬吊搅拌机到达指定桩位，对中。

2）预搅下沉。待深层搅拌机的冷却水循环正常后，启动搅拌机，放松起重机钢丝绳，使搅拌机沿导向架搅拌切土下沉。

3）制备水泥浆。待深层搅拌机下沉到一定深度时，即开始按设计确定的配合比拌制水泥浆，压浆前将水泥浆倒入集料斗中。

4）提升、喷浆、搅拌。待深层搅拌机下沉到设计深度后，开启灰浆泵将水泥浆压入地基，且边喷浆边搅拌，同时按设计确定的提升速度提升深层搅拌机。

5）重复上下搅拌。为使土和水泥浆搅拌均匀，可再次将搅拌机边旋转边沉入土中，至设计深度后再提升出地面。桩体互相搭接 200mm，以形成整体。

6）清洗、移位。向集料斗中注入适量清水，开启灰浆泵，清除全部管路中残存的水泥浆，并将黏附在搅拌头的软土清洗干净。移位后进行下一根桩的施工。

（3）深层搅拌水泥土桩挡墙，宜用 32.5 号水泥，掺灰量应不小于 10%，以 12%～15% 为宜，横截面宜连续，形成封闭的实体（见图 1.31）或格状结构（见图 1.32）。

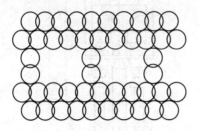 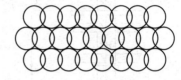

图 1.31　深层搅拌水泥土桩挡墙（格状连续壁）　　图 1.32　深层搅拌水泥土桩挡墙（块状连续壁）

（4）提高深层搅拌水泥土桩挡墙支护能力的措施。深层搅拌水泥土桩挡墙属重力式支护结构，主要由抗倾覆、抗滑移和抗剪强度控制截面和入土深度。目前这种支护的体积都较大，为此可采取下列措施：

1）卸载。如条件允许可将顶部的土挖去一部分，以减少主动土压力。

2）加筋。可在新搅拌的水泥土桩内压入竹筋等，有助于提高其稳定性。但加筋与水泥土的共同作用问题有待研究。

3）起拱。将水泥土挡墙做成拱形，在拱脚处设钻孔灌注桩，可大大提高支护能力，减小挡墙的截面。对于边长大的基坑，于边长中部适当起拱，以减少变形。目前这种形式的水泥土挡墙已在工程中应用。

4）挡墙厚度。对于矩形基坑，由于边脚效应，在角部的主动土压力有所减小。为此，在角部可将水泥土挡墙的厚度适当减薄，以节约投资。

2. 旋喷桩挡墙

旋喷桩挡墙，又叫高压喷射注浆法，是利用工程钻机钻孔至设计标高后，将钻杆从地基深处逐渐上提，同时利用安装在钻杆端部的特殊喷嘴，向周围土体喷射固化剂，将软土与固化剂强制混合，使其胶结硬化后在地基中形成直径均匀的圆柱体。该固化后的圆柱体称为旋喷桩。桩体相连形成帷幕墙，用作支护结构。

3. 钢筋水泥桩排桩挡墙

钢筋水泥桩常用直径为 500～1000mm，计算确定，做成排桩挡墙，顶部浇筑钢筋混凝土圈梁。

图 1.33 所示为钢筋混凝土灌注桩的布置形式。

双排式灌注桩支护结构一般采用直径较小的灌注桩作双排布置，桩顶用圈梁连接，形成门式结构，以增强挡土能力。当场地条件许可，单排桩悬臂结构刚度不足时，可采用双排桩支护结构。这种结构的特点是水平刚度大，位移小，施工方便。

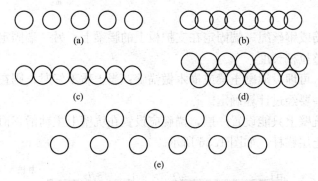

图 1.33 钢筋混凝土灌注桩的布置形式

(a) 一字相间排列；(b) 一字搭接排列；(c) 一字相接排列；

(d) 交错相接排列；(e) 交错相间排列

双排桩在平面上可按三角形布置，也可按矩形布置（见图 1.34）。前后排桩距 $\delta=1.5\sim3.0$（中心距），桩顶连梁宽度为 $\delta+d+20$，即比双排桩稍宽一点。

4. 地下连续墙

地下连续墙是指在基础工程土方开挖之前，预先在地面以下浇筑的钢筋混凝土墙体。其原理是用特制的挖槽机械在泥浆护壁的情况下分段开挖沟槽，待挖至设计深度并清除沉淀泥渣后，将地面上加工好的钢筋骨架用起重设备吊装放入沟槽内，用导管向沟槽内浇筑水下混凝土，因为混凝土是由沟槽底部开始逐渐向上浇筑，所以随着混凝土的浇筑，泥浆被置换出来，待混凝土浇至设计标高后，一个单元槽段施工完毕。各个单元槽段之间用特制的接头连接，形成连续的地下钢筋混凝土墙，见图 1.35。

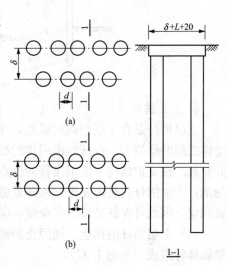

图 1.34 双排桩挡土结构

(a) 三角形布置；(b) 矩形布置

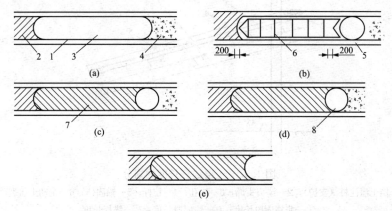

图 1.35 接头管接头的施工程序

(a) 开挖槽段；(b) 吊放接头管和钢筋笼；(c) 浇筑混凝土；(d) 拔出接头管；(e) 形成接头

1—导墙；2—已浇筑混凝土的单元槽段；3—开挖的槽段；4—未开挖的槽段；5—接头管；

6—钢筋笼；7—正浇筑混凝土的单元槽段；8—接头管拔出后的孔洞

5. 拉锚

拉锚是通过钢筋或钢丝绳一端固定在支护板上的腰梁上，另一端固定在锚碇上，中间设置花篮螺栓，以调整拉杆长度。

当土质较好时，可埋设混凝土梁或横木做锚碇；当土质不好时，则在锚碇前打短桩。拉锚的间距及拉杆直径要经过计算确定。

拉锚式支撑在坑壁上只能设置一层，锚碇应设置在坑壁上主动滑移面之外。当需要设多层拉杆时，可采用土层锚杆，如图 1.36 所示。

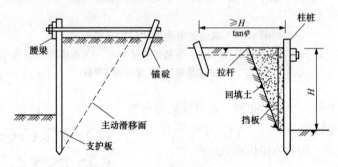

图 1.36　拉锚式支撑

6. 土层锚杆

土层锚杆是在土层中斜向成孔，埋入锚杆后灌注水泥浆（或水泥砂浆），依靠锚固体与土体之间的摩擦力、拉杆与锚固体的握裹力及拉杆强度共同作用，来承受作用于支护结构上的荷载。在支护结构中使用锚杆的优点：①进行锚杆施工作业空间不大，适用于各种地形和场地；②由锚杆代替内支撑，可降低造价，改善施工条件；③锚杆的设计拉力可通过抗拔试验确定，因此可保证足够的安全度；④可对锚杆施加预拉力控制支护结构的侧向位移。

（1）土层锚杆的构造。锚固支护结构的土层锚杆通常由锚头、支护结构、拉杆（拉索）、锚固体等组成（见图 1.37）。

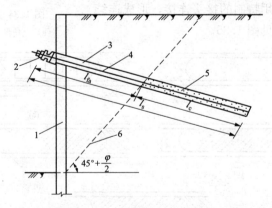

图 1.37　土层锚杆长度的划分

1—挡土灌注桩（支护）；2—锚头头部；3—锚孔；4—拉杆；5—锚固体；6—主动土压裂面；

l_{fa}—非锚固段长度；l_c—锚固段长度；l_s—锚杆长度

（2）土层锚杆的类型。土层锚杆的形式较多，有一般灌浆锚杆、高压灌浆锚杆（又称预压锚杆）、预应力锚杆、扩孔锚杆、重复灌浆锚杆和可回收锚筋锚杆等。在灌浆材料上，可使用水泥浆、水泥砂浆、树脂材料、化学浆液等作为锚固材料。

（3）土层锚杆施工。锚杆的施工方法及施工质量直接影响到锚杆的承载能力。即使在相同的地基条件下，由于施工方法、施工机械、所使用材料的不同，承载能力会产生较大的差别。因此在进行施工时，要根据以往的工程经验及现场试验资料确定最适宜的施工方法和施工机械等。土层锚杆施工前，要了解与设计有关的地质条件、工程规模、地下水的状态及其水质条件、施工地区的地下管线、构筑物等的位置和情况等，同时编制土层锚杆施工组织设计，确定施工顺序，保证供水、排水和动力的需要，在施工之前应安排设计单位进行技术交底。土层锚杆的主要机械设备是钻机，用于土层锚杆的成孔机械，按工作原理可分为回转式、冲击式及万能式（即回转冲击式）三类。回转式钻机适用于一般土质条件；冲击式钻机适用于岩石、卵石等条件。而在黏土夹卵石或砂夹卵石地层中，用万能式钻机最合适。

土层锚杆施工包括钻孔、安放拉杆、灌浆和张拉锚固。在正式开工之前还需进行必要的准备工作。

1）施工准备工作。

2）钻孔。在进行土层锚杆施工时，常用的钻孔方法有以下几种：

a. 清水循环钻进成孔。这种方法在实际工程中应用较广，软硬土层都适用，但需要有配套的排水循环系统。在钻进时，冲洗液从地表循环管路经由钻杆流向孔底，携带钻削下来的土屑从钻杆与孔壁的环隙返回地表。待钻到规定孔深（一般大于土层锚杆长度 0.5～1.0m）后，进行清孔，开动水泵将钻孔内残留的土屑冲出，直到水流不再浑浊为止。在软黏土成孔时，如果不用跟管钻进，应在钻孔孔口处放入 1～2m 长的护壁套管，以保证孔口处不坍陷。钻进时宜用 3～4m 长的岩芯管，以保证钻孔的直线性，钻进时如遇到易坍塌地层，如流砂层、砂卵石层，应采用跟管钻进。

b. 潜钻成孔法。这种方法采用一种专门用来穿越地下电缆的风动工具，风动工具的成孔器（俗称地鼠）一般长 1m 左右，直径为 80～140mm，由压缩空气驱动，内部装有配气阀、气缸、活塞等机构，利用活塞的往复运动做定向冲击，使成孔器挤压土层向前运动成孔。由于它始终潜入孔底工作，冲击功在传递过程中损失小，具有成孔效率高、噪声低等特点。潜钻成孔法主要用于孔隙率大、含水量低的土层中，成孔速度快，孔壁光滑而坚实，由于不出土，孔壁无坍落和堵塞现象。

c. 螺旋钻孔干作业法。该法适用于无地下水条件的黏土、粉质黏土、密实性和稳定性都较好的砂土等地层。

3）安放拉杆。土层锚杆用的拉杆，常用的有钢管、粗钢筋、钢丝束和钢绞线，主要根据土层锚杆的承载能力和现有材料的情况来选择，承载能力较小时，多用粗钢筋，承载能力较大时，我国多用钢绞线。拉杆应由专人制作，下料长度应为自由段、锚固段及外露长度之和。外露长度须满足锚固及张拉作业要求，钻完后尽快安设，以防塌孔。拉杆使用前，要除锈和除油污。孔口附近拉杆钢筋应先涂一层防锈漆，并用两层沥青玻璃布包扎做好防锈层。

4）灌浆。灌浆是土层锚杆施工的一个重要工序。灌浆的浆液为水泥砂浆或水泥浆。浆液宜采用灰砂比 1:1 或 1:2（质量比），水灰比为 0.38～0.45 的砂浆，或水灰比为 0.45～0.5 的水泥浆。如果要提高早期强度，可加食盐（水泥质量的 0.3%）和三乙醇胺（水泥质量的 0.03%）。水泥宜采用 425 级普通硅酸盐水泥。

灌浆方法可分为一次灌浆法和二次灌浆法。一次灌浆法只用一根注浆管，一般采用直径为 30mm 左右的钢管（或胶皮管），注浆管一端与压浆泵相连，另一端与拉杆同时送入钻孔内，注浆管端距孔底 50cm 左右。在确定钻孔内的浆液是否灌满时，可根据从孔口流出来的浆液浓度与搅拌的浆液浓度是否相同来判断。对于压力灌浆锚杆，待浆液流出孔口时，将孔口用黏土等进行封堵，严密捣实，再用 2~4MPa 的压力进行补灌，稳压数分钟后才告结束。二次灌浆法适用于压力灌浆锚杆，要用两根注浆管。第一次灌浆用的注浆管，其管端距离锚杆末端 50cm 左右，管端出口用胶布、塑料等封住或塞住，以防插入时土进入注浆管。第二次灌浆用的注浆管，其管端距离锚杆末端 100cm 左右，管端出口用胶布、塑料等封住或塞住，且从管端 50cm 处开始在锚固段内每隔 2m 左右做出 1m 长的花管，花管的孔眼直径为 8mm。

5）张拉和锚固。土层锚杆灌浆后，待锚固体强度达到 80% 设计强度以上，便可对锚杆进行张拉和锚固。张拉前先在支护结构上安装围檩。张拉用设备与预应力结构张拉所用设备相同。

从我国目前情况看，钢拉杆为变形钢筋者，其端部加焊一螺栓端杆，用螺母锚固。钢拉杆为光圆钢筋者，可直接在其端部攻丝，用螺母锚固。如用精轧钢纹钢筋，可直接用螺母锚固。张拉粗钢筋用一般千斤顶。

1.3.4　支护结构的破坏形式

深基坑支护结构可分为非重力式支护结构（柔性支护结构）和重力式支护结构（刚性支护结构）。非重力式支护结构包括钢板桩、钢筋混凝土板桩和钻孔灌注桩、地下连续墙等；重力式支护结构包括深层搅拌水泥土挡墙和旋喷帷幕墙等。

1. 非重力式支护结构的破坏

非重力式支护结构的破坏包括强度破坏和稳定性破坏。

（1）非重力式支护结构的强度破坏。

1）支护结构倾覆破坏。破坏的原因是存在过大的地面荷载，或土压力过大引起拉杆断裂，或锚固部分失效，腰梁破坏等。

2）支护结构底部向外移动。支护结构入土深度不够，或挖土超深，水的冲刷等都可能产生这种破坏。

3）支护结构受弯破坏。当选用的支护结构截面不恰当或对土压力估计不足时，容易出现这种破坏。

强度破坏如图 1.38 所示。

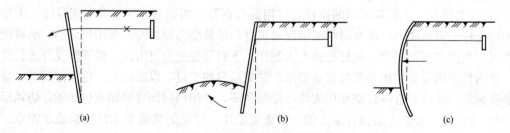

图 1.38　非重力式支护结构强度破坏形式
(a) 倾覆破坏；(b) 底部向外移动；(c) 受弯破坏

（2）非重力式支护结构的稳定性破坏。

1）墙后土体整体滑动失稳。破坏原因包括：①开挖深度很大，地基土又十分软弱；②地面大量堆载；③锚杆长度不足。

2）坑底隆起。当地基土软弱、挖土深度过大或地面存在超载时容易出现这种破坏。

3）管涌或流砂。当坑底土层为无黏性的细颗粒土，如粉土或粉细砂，且坑内外存在较大水位差时，易出现这种破坏。

支护结构稳定性破坏如图 1.39 所示。

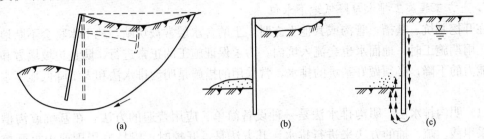

图 1.39　非重力式支护结构的稳定性破坏
(a) 墙后土体整体滑动；(b) 坑底隆起；(c) 流砂或管涌

2. 重力式支护结构的破坏

重力式支护结构的破坏也包括强度破坏和稳定性破坏两个方面。强度破坏只有水泥土抗剪强度不足，产生剪切破坏，为此需验算最大剪应力处的墙身应力。稳定性破坏包括以下内容：

（1）倾覆破坏。若水泥土挡墙截面、质量不够大，支护结构在土压力作用下产生整体倾覆失稳。

（2）滑移破坏。当水泥土挡墙与土之间的抗滑力不足以抵抗墙后的推力时，会产生整体滑动破坏。

其他破坏形式，如土体整体滑动失稳、坑底隆起和管涌或流砂与非重力式支护结构相似。

1.4　施工准备与辅助工作

1. 施工准备

土方开挖前需做好下列主要准备工作：

（1）在场地平整前，应利用已知控制点或已有建（构）筑物位置、水准点，测设场地平整范围线和标高。

（2）清理施工区域内障碍物包括拆除房屋、古墓，拆迁或改建通信、电力线路、上下水管道及其他建筑物，迁移树木，去除耕植土及河塘淤泥等工作。

（3）排除地面水。场地内低洼地区的积水必须排除，同时应注意雨水的排除，使场地保持干燥，便于土方施工。排水过程应尽可能利用自然地形和永久性排水设施，采用排水沟、截水沟、挡水土坝等措施。

如果设置排水沟，主排水沟最好设置在施工区域的边缘或道路的两旁，其横断面和纵向坡度应根据最大流量确定。一般排水沟的横断面面积不小于 0.5m×0.5m，纵向坡度一般不小于 3‰。平坦地区，如排水困难，其纵向坡度不应小于 0.2%，沼泽地区可减至 0.1%。

场地平整过程中，要注意排水沟保持畅通。

山区的场地平整施工，应在较高一面的山坡上开挖截水沟。在低洼地区施工时，除开挖排水沟外，必要时应修筑挡水土坝，以阻挡雨水的流入。

（4）对于大型平整场地，利用经纬仪、水准仪，将场地设计平面图的方格网测设到地面上，用木桩定位，以便施工。

（5）修筑临时道路、供水、供电及临时停机棚与修理间等临时设施。

2. 土方工程施工排水与降低地下水位

在开挖基坑、基槽、管沟或其他土方时，土的含水层常被切断，地下水将会不断地渗入坑内。雨期施工时，地面水也会流入坑内。为了保证施工的正常进行，防止边坡塌方和地基承载能力的下降，必须做好基坑的排水，常采用的措施是明沟排水法和人工降低地下水位法两类。

（1）明沟排水法。明沟排水法是一种设备简单、应用普遍的方法。在基坑或沟槽开挖时，采用截、疏、抽的方法来进行排水。其方法是：开挖时，沿坑底周围或中央开挖排水沟，再在沟底设集水井，使基坑内的水经排水沟流向集水井，然后用水泵抽走（见图1.40）。

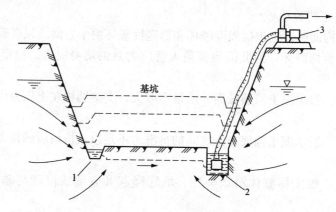

图1.40　集水井降水

1—排水沟；2—集水坑；3—水泵

排水沟及集水井应该设置在基础范围以外，地下水流的上游，并根据坑底水量的大小、基础的形状和水泵的抽水能力，决定排水沟的截面尺寸和集水井的个数。明沟排水的纵坡坡度宜控制在0.1%～0.2%；排水沟的截面面积为0.3m×0.5m，沟底低于挖土面不小于0.5m；集水井应每隔20～40m设置一个，其直径和宽度一般为0.7～0.8m，其深度随着挖土的加深而加深，要始终低于挖土面0.8～1m。井壁用竹木材料简易加固。施工中，随时将集水井中的水抽走。

当基坑挖至设计标高后，井底应低于坑底1～2m，并铺设0.3m厚的碎石滤水层，以免在抽水时将泥砂抽出，并防止井底的土被搅动。

明沟排水法由于设备简单和排水方便，采用较为普通，但当开挖深度大、地下水位较高，而土质为细砂或粉砂，用明沟排水法降水，挖至地下水水位以下时，有时坑底下面的土会形成流动状态，随地下水涌入基坑，这种现象称为流砂现象。发生流砂时，土完全丧失承载能力，使施工条件恶化，难以达到开挖设计深度。严重时会造成边坡塌方及附近建筑物下沉、倾斜、倒塌等。总之，流砂现象对土方施工和附近建筑物有很大危害。

1）流砂产生的原因。如图 1.40 所示，由于高水位的左端（水头为 h_1）与低水位的右端（水头为 h_2）之间存在压力差，水经过长度为 l，断面积为 F 的土体由左端向右端渗流（见图 1.41）。

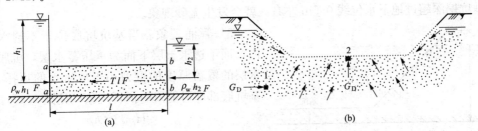

图 1.41 动水压力原理图

（a）水在土中渗流时的力学现象；（b）动水压力对地基土的影响

1、2—土粒

由图 1.40 可知，水在土中渗流时，作用在土体上的力有：$\rho_\mathrm{w} h_1 F$ 为作用在土体左端 a-a 截面处的总水压力，其方向与水流方向一致。$\rho_\mathrm{w} h_2 F$ 为作用在土体右端 b-b 截面处的总水压力，其方向与水流方向相反；TlF 为水渗流时受到土颗粒的总阻力（其中 ρ_w 为水的密度；T 为单位土体阻力）。

由静力平衡条件（设向右的力为正）有

$$\rho_\mathrm{w} h_1 F - \rho_\mathrm{w} h_2 F + TlF = 0$$

得

$$T = -\frac{h_1 - h_2}{l}\rho_\mathrm{w} \quad （-表示方向向左）$$

式中 $\dfrac{h_1 - h_2}{l}$ ——水头差与渗透路程长度 l 之比，称为水力坡度，以 i 表示。

上式可写成

$$T = -i\rho_\mathrm{w}$$

由于单位土体阻力与水在土中渗流时对单位土体的压力 G_D 大小相等，方向相反，所以

$$G_\mathrm{D} = -T = i\rho_\mathrm{w}$$

式中 G_D——动水压力，$\mathrm{N/cm^2}$。

由上式可知，动水压力 G_D 的大小与水力坡度成正比，即水位差 $h_1 - h_2$ 愈大，则 G_D 愈大；而渗透路程 i 愈长，则 G_D 愈小；动水压力的作用方向与水流方向相同。当水流在水位差的作用下对土颗粒产生向上压力时，动水压力不但使土粒受到了水的浮力，而且还使土粒受到向上推动的压力。如果动水压力等于或大于土的饱和密度 ρ' 时，即

$$G_\mathrm{D} \geqslant \rho'$$

则土粒处于悬浮状态，土的抗剪强度等于零，土粒能随着渗流的水一起流动，这种现象就叫流砂现象。

2）易产生流砂的土。实践经验表明，具备下列性质的土，在一定动水压力作用下，就有可能发生流砂现象。

a. 土的颗粒组成中，黏粒含量小于 10%，粉粒（粒度为 0.005~0.05mm）含量大

于 75%。

　　b. 颗粒级配中，土的不均匀系数小于 5。

　　c. 土的天然孔隙比大于 0.75。

　　d. 土的天然含水量大于 30%。

　　因此，流砂现象经常发生在细砂、粉砂及粉土中。经验还表明，在可能发生流砂的土质处，基坑挖深超过地下水位线 0.5m 左右，就会发生流砂现象。

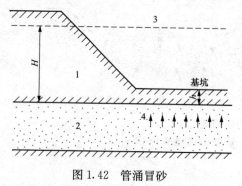

图 1.42　管涌冒砂

　　3）管涌现象。当基坑坑底位于不透水土层内，而不透水土层下面为承压蓄水层，坑底不透水层的覆盖厚度的重力小于承压水的顶托力时，基坑底部即可能发生涌冒现象（见图 1.42），即

$$H\rho_w > h\rho$$

　　式中　H——压力水头；

　　　　　h——坑底不透水层厚度；

　　　　　ρ_w——水的密度；

　　　　　ρ——土的密度。

　　此时，管涌冒砂现象随即发生，施工时应引起重视。

　　4）流砂的防治。如果土层中产生局部流砂现象，应采取减小动水压力的措施，使坑底土颗粒稳定，不受水压干扰。具体方法有：如果条件许可，尽量安排枯水期施工，使最高地下水位不高于坑底 0.5m；水中挖土时，不抽水或减少抽水，保持坑内水压与地下水压基本平衡（水下挖土法）；适当采用打板桩法、人工降低地下水位法、地下连续墙法防止流砂产生。

　　（2）人工降低地下水位法。在基坑开挖深度较大、地下水位较高、土质较差（如细砂、粉砂等）情况下，要考虑采用人工降低地下水位法施工。

　　人工降低地下水位，就是在基坑开挖前，预先在基坑四周埋设一定数量的滤水管（井），在基坑开挖前和开挖过程中，利用抽水设备从中抽出地下水，使地下水位降到坑底以下，直至土方和基础施工结束为止。这样，可使所挖的土始终保持干燥状态，改善施工条件，同时还使动水压力方向向下，从根本上防止流砂发生，并增加土中有效应力，提高土的强度或密实度。因此，人工降低地下水位不仅是一种施工措施，也是一种地基加固方法。采用人工降低地下水位法，可适当改陡边坡以减少挖土数量，但在降水过程中，基坑附近的地基土壤会有一定的沉降，施工时应加以注意。

　　人工降低地下水位的方法有两类：一类为轻型井点、电渗井点、喷射井点；另一类为管井点。依据土的渗透系数、降低水位的深度、工程特点、设备及经济技术比较等具体条件选用适合的方法，其中以轻型井点采用较广。降水类型及适用条件见表 1.2。

表 1.2	降水类型及适用条件	
适用条件 降水类型	渗透系数（cm/s）	可降低的水位深度（m）
轻型井点	$10^{-5} \sim 10^{-2}$	3～6
多级轻型讲点		6～12

续表

降水类型　　适用条件	渗透系数（cm/s）	可降低的水位深度（m）
喷射井点	$10^{-6} \sim 10^{-3}$	8～20
电渗井点	$<10^{-6}$	宜配合其他形式降水使用
深井井管	$\geqslant 10^{-5}$	>10

1）轻型井点。轻型井点就是沿基坑周围或一侧以一定间距将井点管埋入蓄水层内，井点上部与总管连接，利用抽水设备将地下水经滤管进入井管，经总管不断抽出，从而将地下水位降至坑底以下。此法适用于土壤的渗透系数为 0.1～50m/d 的土层中；一级轻型井点降低水位深度为 3～6m，二级轻型井点降低水位深度可达 6～9m。

a. 轻型井点设备。轻型井点设备由管路系统和抽水设备组成（见图 1.43）。管路系统包括滤管、井点管、弯联管及总管等。

滤管（见图 1.44）为进水设备，其构造是否合格对抽水设备影响很大。通常采用长度为 1.0～1.2m，并且长度应不小于储水层厚的 2/3，直径为 38～51mm 的无缝钢管，管壁钻

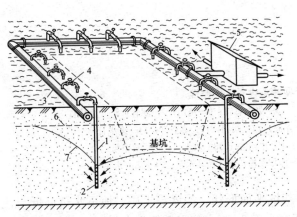

图 1.43　轻型井点降低地下水位图

1—井点管；2—滤管；3—总管；4—弯联管；5—水泵房；
6—原有地下水位线；7—降低后地下水位线

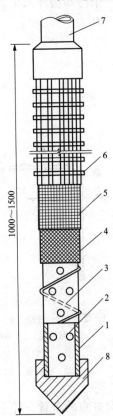

图 1.44　滤管构造心泵

1—钢管；2—管壁上的小孔；3—缠绕的塑料管；
4—细滤网；5—粗滤网；6—粗钢丝保护网；
7—井点管；8—铸铁头

有直径为 12～19mm 的呈星棋状排列的滤孔，滤孔面积为滤管表面积的 20%～25%。骨架管外面包以两层孔径不同的铜丝布或塑料布滤网。为使流水畅通，在骨架管与滤网之间用塑料管或梯形钢丝隔开，塑料管沿骨架管绕成螺旋形。滤网外面再绕一层 8 号粗钢丝保护网，滤管下端为一锥形铸铁头。滤管上端与井点管连接。井点管为长 5～7m、直径为 38mm 或 51mm 的钢管，可整根或分节组成。井点管的上端用弯联管与总管相连。

集水总管用直径为 100～127mm 的无缝钢管分节连接，每节长 4m，其上端设有与井点管连接的短接头，间距为 0.8m 或 1.2m。

真空泵轻型井点通常由一台真空泵、两台离心泵和一台水气分离器组成抽水机组。其工作原理如图 1.45 所示。抽水时，先开动真空泵，将水气分离器内部抽成一定程度的真空，使土中的水分和空气受真空吸力作用而吸出，经管路系统，再经过滤箱（防止水流中的细砂进入离心泵引起磨损）进入水气分离器。水气分离器内有一浮筒，能沿中间导杆升降。当进入水气分离器内的水多起来时，浮筒即上升，此时即可开动离心水泵，将水气分离器内的水经离心泵排出，空气集中在上部由真空泵排出。为防止水进入真空泵（因为真空泵为干式），水气分离器顶装有阀门，并在真空泵与进气管之间装一副水气分离器。为对真空泵进行冷却，特设一个冷却循环水泵。

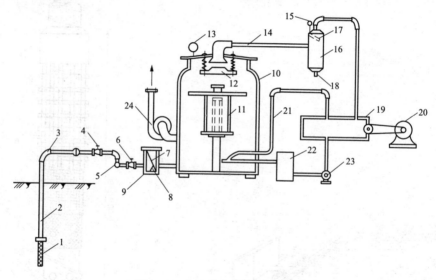

图 1.45　轻型井点设备工作原理

1—滤管；2—井点管；3—弯管；4—阀门；5—集水总管；6—闸门；7—滤管；8—过滤箱；
9—淘沙孔；10—水气分离器；11—浮筒；12—阀门；13—真空计；14—进水管；
15—真空计；16—副水气分离器；17—挡水板；18—放水口；19—真空泵；
20—电动机；21—冷却水管；22—冷却水箱；23—循环水泵；24—离心水泵

　　b. 轻型井点的布置。井点布置应根据基坑平面形状、深度、土质、地下水位高低与流向、降水深度要求等确定。当基坑或沟槽宽度小于 6m，水位降低值不大于 5m 时，可用单排线状井点布置在地下水流的上游一侧，两端延伸长度一般不小于沟槽宽度（见图 1.46）。如沟槽宽度大于 6m 或土质不良，宜用双排井点（见图 1.47）及面积较大的基坑环状井点（见图 1.48）。为便于挖土机械和运输车辆出入基坑，可不封闭，布置为 U 形环状井点。井点管距离基坑一般不宜小于 1～1.5m，以防局部发生漏气。井点管间距一般取 1.8、1.2、1.6m。

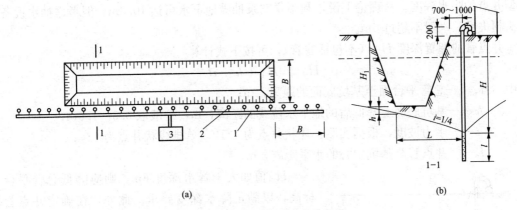

(a)　　　　　　　　　　　　(b)

图 1.46　单排线状井点的布置图

(a) 平面布置；(b) 高程布置

1—总管；2—井点管；3—抽水设备

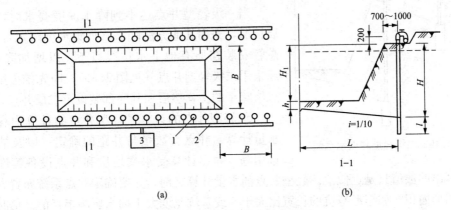

(a)　　　　　　　　　　　　(b)

图 1.47　双排线状井点的布置图

(a) 平面布置；(b) 高程布置

1—井点管；2—总管；3—抽水设备

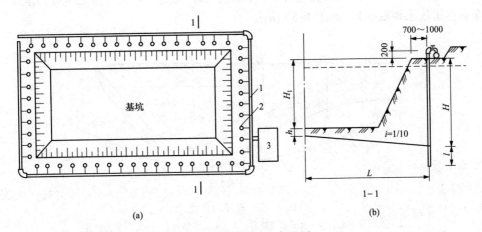

(a)　　　　　　　　　　　　(b)

图 1.48　环状井点布置图

(a) 平面布置；(b) 高程布置

1—总管；2—井点管；3—抽水设备

轻型井点的降水深度，从理论上说，利用真空泵抽吸地下水可达10.3m，但考虑抽水设备的水头损失后，一般不超过6m。

井点管的埋置深度 H_A（不包括滤管），可按下式计算

$$H_A \geqslant H_1 + h + iL$$

式中　　H_1——总管平台面至基坑底面的距离，m；

h——基坑底面至降低后的地下水位线的距离，m，一般取 0.5～1.0m；

i——水力坡度，根据实测：环状井点为 1/10，单排线状井点为 1/4；

L——井点管至基坑中心的水平距离，m。

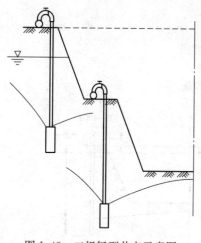

图 1.49　二级轻型井点示意图

H_A 值如大于降水深度 6m，则应降低总管平台面标高，以满足降水深度要求。此外，在确定井点管埋置深度时，还要考虑井点管的长度一般为 6m，且井点管通常露出地面为 0.2～0.3m。在任何情况下，滤管必须埋在含水层内。

当一级轻型井点达不到降水深度要求时，可视土质情况，先用其他方法降水（如集水坑降水），然后将总管安装在原有地下水位线以下，以增加降水深度；或采用二级轻型井点（见图1.49），即先挖去第一层井点所疏干的土，然后在其底部装设第二层井点。

c. 轻型井点的计算。轻型井点的计算内容包括涌水量计算、井点管数量与井距的确定，以及抽水设备选用等。井点计算受水文地质和井点设备等许多因素影响，算出的数值只是近似值。轻型井点涌水量计算之前，先要确定井点系统布置方式和基坑计算图形面积。如矩形基坑的长宽比大于 5 或基坑宽度大于抽水影响半径的 2 倍时，需将基坑分块，使其符合计算公式的适用条件；然后分块计算涌水量，将其相加即为总涌水量。

（a）涌水量计算。井点系统涌水量计算是按水井理论进行的。当滤管底达到不透水层顶面时，称为完整井，否则称为非完整井。根据地下水有无压力，又分为无压井与承压井（即水井布置在承压水埋藏区），如图 1.50 所示。

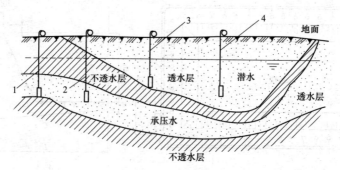

图 1.50　水井的分类

1—承压完整井；2—承压非完整井；3—无压完整井；4—无压非完整井

各类井的涌水量计算方法都不同，其中以无压完整井的理论较为完善。在实际工程中往

往会遇到无压非完整井点系统，其涌水量精确计算较为复杂，可近似按下式计算，即

$$Q = 1.366K \frac{(2H-s)s}{\lg R - \lg x_0} \tag{1-18}$$

式中　Q——井点系统的涌水量，m^3/d；

　　　　K——土的渗透系数，m/d，可由试验确定；

　　　　H——含水层厚度，m；

　　　　s——水位降低值，m；

　　　　R——抽水影响半径，m；

　　　　x_0——环状井点系统的假想圆半径，m。

有效抽水影响深度 H_0 值是经验数值，可查表 1.3 得到。

表 1.3　　　　　　　　　　有效抽水影响深度 H_0 值

$s/(s+l)$	0.2	0.3	0.5	0.8
H_0	1.3 $(s+l)$	1.3 $(s+l)$	1.7 $(s+l)$	1.85 $(s+l)$

当查表 1.3 得到的 H_0 值大于实际含水层厚度 H 时，则取 $H_0 = H$。

同理，也可推导出承压完整井环状井点涌水量计算公式为

$$Q = 2.73K \frac{ts}{\lg R - \lg x_0} \tag{1-19}$$

式中　t——承压含水层厚度，m。

（b）井点管数量与井距的确定。单根井点管的最大出水量 $q(\text{m}^3/\text{d})$，按下式确定

$$q = 65\pi dl^3 \sqrt{K} \tag{1-20}$$

式中　d——滤管直径，m；

　　　　l——滤管长度，m；

　　　　K——渗透系数，m/d。

井点管的最少根数 n，按下式确定

$$n = 1.1 \frac{Q}{q} \tag{1-21}$$

井点管数量算出后，便可根据井点系统布置方式，求出井点管间距 D，即

$$D = \frac{L}{n} \tag{1-22}$$

式中　L——总管长度，m；

　　　　n——井点管根数。

井距应与总管上的接头间距（0.8m）相配合。靠近河流处，井管宜适当加密。根据实际采用的井点管间距，最后确定所需的井点管根数。

d. 抽水设备选用。干式真空泵的型号有 W3、W4、W5、W6 型，可根据所带的总管长度、井点管根数及降水深度选用。当总管长度不大于 100m 时采用 W5 型泵；当总管长度一般不大于 120m 时采用 W6 型泵。

e. 轻型井点施工。轻型井点系统的施工分为施工准备工作及井点系统安装与使用。准备工作包括井点设备、动力、水泵及必要材料准备，排水沟的开挖，附近建筑物的标高监测

及防止建筑物沉降的措施等。

井点系统的安装顺序是：根据降水方案放线，挖井点沟槽、铺设集水总管，冲孔、下井点管、埋砂滤层、黏土封口，弯联管将井点管与集水总管连接，安装抽水设备，试抽。

井点系统施工时，各工序间应紧密衔接，以保证施工质量。各部件连接头均应安装严密，以防止接头漏气，影响降水效果。

井点管的埋设一般用水冲法施工，分为冲口和埋管两个过程，如图 1.51 所示。

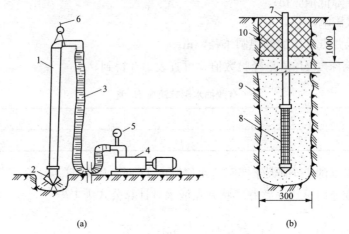

图 1.51　井点管的埋设

（a）冲孔；（b）埋管

1—冲管；2—冲嘴；3—胶皮管；4—高压水泵；5—压力表；
6—起重机吊钩；7—井点管；8—滤管；9—填砂；10—黏土封口

冲管采用直径为 50～70mm 的钢管，长度比井点管长 1.5m 左右。冲管下端装有圆锥形冲嘴；在冲嘴的圆锥面上钻有 3 个喷水小孔，各孔间焊有三角形立翼，以辅助冲水时扰动土层，便于冲管下沉。冲孔所需的水压，根据土质不同，一般为 0.6～1.2MPa。冲孔孔径不应小于 300mm，并保持垂直，上下一致，使滤管有一定厚度的砂滤层。冲孔深度应比滤管底深 0.5m 以上，以保证滤管埋置深度，并防止被井孔中的沉淀泥砂所淤塞。

井孔冲成后，应立即拔出冲管，插入井点管，紧接着就灌填砂滤料，以防止坍孔。要用干净粗砂灌填，并填至滤管顶以上 1.0～1.5m，以保证水流畅通。

轻型井点系统安装完毕后，应立即进行抽水试验，如发现漏气、漏水现象，应及时处理。若发现滤管被泥砂堵塞，则属于"死井"，应逐根用高压水反向冲洗或拔出重新沉设。经抽水试验合格后，井点孔到地面以下 0.5～1.0m 的深度范围内，应用黏土填塞孔，以防止漏气和地表水下渗。

f. 轻型井点的使用。

（a）轻型井点使用时，一般应连续抽水（特别是开始阶段）。时抽时停，滤网易堵塞，也容易抽出土粒，使出水混浊，并会引起附近建筑物由于土粒流失而沉降开裂；同时由于中途停抽，地下水回升，也会引起土方边坡坍塌等事故。

（b）轻型井点的正常出水规律是"先大后小，先混后清"，否则应立即检查纠正。必须经常观测真空度，如发现不足，则应立即检查井点系统有无漏气并采取相应的措施。

（c）采用井点降水时，应对附近的建筑物进行沉降观测，以便采取防护措施。

（d）在抽水过程中，应调节离心水泵的出水阀以控制出水量，使抽吸排水保持均匀，达到细水长流。在抽水过程中，还应检查有无"死井"（即井点管淤塞）。如死井太多，严重影响降水效果，应逐个用高压水反向冲洗或拔出重埋。

2）喷射井点。当基坑开挖要求降水深度大于 6m 时，如用轻型井点，就必须采用多级井点。这会增加井点设备数量和基坑挖土量，延长工期等，往往是不经济的。因此，当降水深度超过 6m，土层是渗透系数为 0.1~2.0m/d 的弱透水层时，以采用喷射井点为宜，其降水深度可达 20m。

喷射井点的设备主要是由喷射井管、高压水泵（或空气压缩机）和管路系统组成。

喷射井点设备与平面布置如图 1.52 所示。喷射井管由内管和外管组成，在内管下端装有升水装置——喷射扬水器与滤管相连。在高压水泵作用下，具有一定压力水头（0.7~0.8MPa）的高压水经进水总管进入井管外管与内管之间的环形空间，并经扬水器的侧孔流向喷嘴。由于喷嘴截面的突然缩小，流速急剧增加，压力水由喷嘴以很高的流速喷入混合室（该室与滤管相通），将喷嘴口周围的空气吸入，被急速水流带走，因而该室压力下降而造成一定的真空度。此时地下水被吸入喷嘴上面的混合室，与高压水汇合，流经扩散管时，由于截面扩大，流速减低而转化为高压，沿内管上升经排水总管排于集水池内。此池内的水，一部分由水泵排走，另一部分供高压水泵压入井管用。如此不停地循环，将地下水逐步降低。

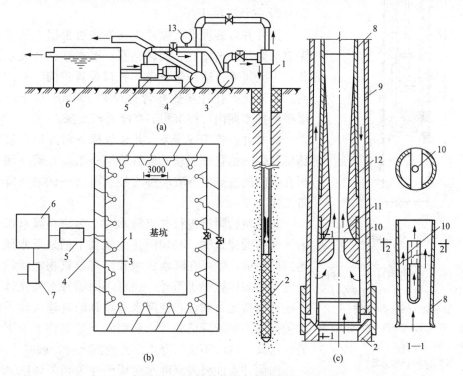

图 1.52　喷射井点设备与平面布置简图

（a）喷射井点设备简图；（b）喷射扬水器详图；（c）喷射井点平面布置

1—喷射井管；2—滤管；3—进水总管；4—排水总管；5—高压水泵；6—集水池；
7—水泵；8—内管；9—外管；10—喷嘴；11—混合室；12—扩散管；13—压力表

高压水泵宜采用流量为 $50\sim80m^3/h$ 的多级高压水泵，每套能带动 20～30 根井管。

当基坑宽度小于 10m 时，井点可作单排布置，当大于 10m 时，可作双排布置；当基坑面积较大时，宜采用环状布置［见图 1.52（c）］，井点间距一般采用 2～3m。

喷射井点施工的安装顺序是：安装水泵设备及泵的进出水管路；敷设进水总管和回水总管；沉设井点管（包括灌填砂滤料），接通进水总管后及时进行单根试抽、检验；全部井点管沉设完毕后，接通回水总管，全面试抽，检查整个降水系统的运转状况及降水效果。

喷射井点的型号以井点外管直径（in）表示，根据不同渗透系数，一般有 2.5 型、4 型和 6 型三种（即其外管直径分别为 2.5、4、6in，相当于 62.5、100、150mm），以适应不同排水量要求。

3）深井井点。当降水深度超过 15m 时，可在管井井点中采用深井泵。这种采用深井泵的井点称为深井井点。深井井点一般可降低水位 30～40m。

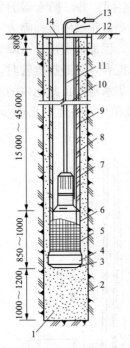

图 1.53　深井构造
1—中粗砂；2—φ600 井孔；
3—开孔底板（下铺滤网）；4—导向段；
5—滤网；6—过滤段（内填碎石）；
7—潜水泵；8—φ300 井管；
9—中、粗砂或小砾石；10—电缆；
11—φ50 出水管；12—井口；
13—φ50 出水总管；
14—井盖 $\delta=20mm$

深井井点系统由井管和水泵组成（如图 1.53 所示）。井管用钢管、塑料管或混凝土管制成，管径一般为 300mm，井管内径一般应大于水泵外径 50mm。井管下部过滤部分带孔，外面包裹 10 孔/cm^2 镀锌钢丝两层，41 孔/cm^2 镀锌钢丝两层或尼龙网。水泵可用 QY-25 型、QJ-50-52 型油浸式潜水泵或深井泵。一般沿基坑四周每隔 15～30m 设一个深井井点。

深井井点的埋设：深井成孔方法可根据土质条件和孔深要求采用冲击钻孔、回转钻孔、潜水钻钻孔或水冲法成孔，用泥浆或自造泥浆护壁，孔口设置护筒，一侧设排泥沟、泥浆坑，孔径应比井管直径大 300mm 以上，钻孔深度根据抽水期内可能沉积的高度适当加深。

深井井点施工程序为：井位放样→做井口→安护筒→钻机就位→钻孔→回填井底砂垫层→吊放井管→回填管壁与孔壁间的过滤层→安装抽水控制电路→试抽→降水井正常工作。

在建筑物附近进行井点降水时，为防止降水影响或损害区域内的建筑物，必须阻止建筑物下的地下水流失。为达到此目的，除可在降水区域和原有建筑物之间的土层中设置一道固体抗渗屏幕外，还可用回灌井点补充地下水的办法来保持地下水位，使降水井点和原有建筑物下的地下水位保持不变或降低较少，从而阻止建筑物下地下水的流失。这样，也就不会因降水而使地面沉降，或减少沉降值。

回灌井点能将井点降水对周围建筑物的影响减少到最小程度，它是防止井点降水损害周围建筑物的一种经济、简便、有效的办法。另外，为了观测降水及回灌后四周建筑物、管线的沉降情况及地下水位的变化情况，必须设置沉降观测点及水位观测井，并定时测量记录，以便做好降、排水工作，保证施工进程及建筑物安全。

1.5　土方机械化施工

土方工程施工包括挖、运、填、压四个内容，其施工方法可采用人力施工，也可用机械化或半机械化施工，这要根据场地条件、工程量和当地施工条件决定。除工程量不大，施工点较分散的工程或因受场地限制，不便采用机械施工的地段外，应尽量采用机械化施工，充分发挥机械的效率，以减轻繁重的体力劳动，提高施工速度，降低工程成本。施工机械有：推土机、铲运机、单斗挖土机（包括正铲、反铲、拉铲、抓铲等）、多斗挖掘机、装载机等。施工时应正确选用施工机械，加快施工进度。

1.5.1　常用土方施工机械

1. 推土机

推土机由动力机和工作部件两部分组成。推土机的动力机是拖拉机；工作部件是安装在动力机前面的推土铲。推土机结构简单，操作灵活，工作面小，生产效率高，能独立作业，既可开挖土方，又能短距离运输，是土方工程施工的重要机械之一。

推土机按行走的方式可分为履带式推土机和轮胎式推土机。履带式推土机附着力强，爬坡性能好，适应性强；轮胎式推土机行驶速度快，灵活性好。推土铲有用钢丝绳操纵和用油压操纵两种。图 1.54 所示是油压操纵的 T-180 型推土机外形图，油压操纵推土板的推土机除了可以升调推土铲外，还可调整推土铲的角度，因此具有更大的灵活性。

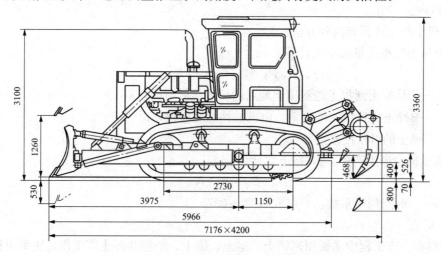

图 1.54　T-180 型推土机外形图

推土机的完整作业由铲土、运土、卸土三个工作过程和一个空载回驶过程组成，多用于场地清理和平整、开挖深度 1.5m 以内的基坑，填平沟坑，以及配合铲运机、挖土机工作等。为了提高推土机的生产效率，铲土作业中一般采用下坡铲土、分铲集运、槽形铲土等方法；在运土作业中可采用并列推土、梯形推土、交错推土等方法，以提高推土效率，缩短铲土时间和减少土的散落和流失。

（1）下坡推土。在斜坡上推土机顺下坡方向切土与推运［见图 1.55（a）］可以提高生产率，但坡度不宜超过 15°，以免后退时爬坡困难。下坡推土也可与其他推土方法结合使用。

（2）并列推土。用 2～3 台推土机并列作业［见图 1.55（b）］，铲刀相距 15～30cm，可减少土的散失，提高生产率；平均运距不宜超过 50～75m，也不宜小于 20m。一般采用两机并列推土可增加推土量 15%～30%，采用三机并列可增大推土量 30%～40%。

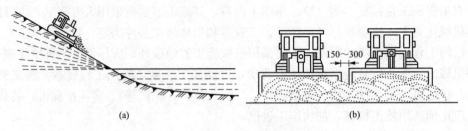

图 1.55　推土机推土方法

(a) 下坡推土；(b) 并列推土

（3）槽形推土。推土机重复在一条作业线上切土和推土，使地面逐渐形成一条浅槽，在槽中推运土可减少土的散失，可增加 10%～30% 的推运土量。槽的深度在 1m 左右为宜，土埂宽约 50cm。当推出多条槽后，再将土埂推入槽中运出。这种方法适用于土层较厚，运距远时。

（4）多刀送土。在硬质土中，切土深度不大，可将土先堆积在一处，然后集中推送到卸土区。这样可以有效地提高推土的效率，缩短运土时间。但堆积距离不宜大于 30m，堆土高度以 2m 以内。

推土机生产率计算有两种方法：

1）以每小时推土量按下式计算

$$P_h = 3600q / T_V K_S \tag{1-23}$$

式中　T_V——从推土到将土送到填土地点的循环延续时间，s；

　　　q——推土机每次的推土量，由机械性能表查得，m^3；

　　　K_S——土的可松性系数。

2）推土机台班生产率 P_d，按下式计算

$$P_d = 8P_h K_B \tag{1-24}$$

式中　K_B——时间利用系数，一般取 0.72～0.75。

2. 铲运机

铲运机在土方工程中主要用来铲土、运土、铺土、平整和卸土等工作，由牵引机械和土斗组成。铲运机对运行的道路要求较低，适应性强，投入使用准备工作简单，具有操纵灵活、转移方便与行驶速度较快等优点，因此使用范围较广，如筑路、挖湖、堆山、平整场地等均可使用。铲运机按其行走方式可分为拖式铲运机（见图 1.56）和自行式铲运机（见图 1.57）两种；按铲斗的操纵方式，可分为机械操纵（钢丝绳操纵）和液压操纵两种。

作业特点：①大面积整平；②开挖大型基坑、沟渠；③运距 800～1500m 内的挖运土（效率最高为 200～350m）；④填筑路基、堤坝；⑤回填压实土方；⑥坡度控制在 20°以内。

辅助机械：开挖坚土时需用推土机助铲，开挖三、四类土宜先用松土机预先翻松 20～40cm；自行式铲运机用轮胎行驶，适合于长距离，但开挖也须用助铲。

适用范围：①开挖含水率 27% 以下的一～四类土；②大面积场地平整、压实；③运距 800m 内的挖运土方；④开挖大型基坑（槽）、管沟，填筑路基等。但其不适用于砾石层、

冻土地带及沼泽地区。

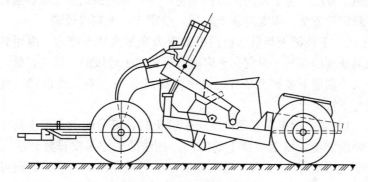

图 1.56　C6-2.5 型拖式铲运机

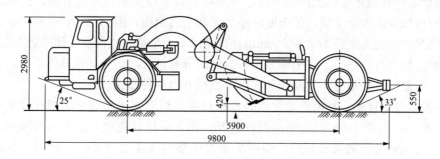

图 1.57　CL7 型自行式铲运机

常用铲运机的技术性能和规格见表 1.4。

表 1.4　　　　　　　　　　　常用铲运机的技术性能和规格

项目	拖式铲运机			自行式铲运机		
	C6-2.5	C5-6	C3-6	C3-6	C4-7	CL7
铲斗：几何容量（m³）	2.5	6	6~8	6	7	7
堆尖容量（m³）	2.75	8	—	8	9	9
铲刀宽度（mm）	1900	2600	2600	2600	2700	2700
切土深度（mm）	150	300	300	300	300	300
铺土厚度（mm）	230	380	—	380	400	—
铲土角度（°）	35~68	30	30	30	—	—
最小转弯半径（m）	2.7	3.75	—	—	6.7	—
操纵形式	液压	钢绳	—	液压及钢绳	液压及钢绳	液压
功率（hp）	60	100	—	120	160	180
卸土方式	自由	强制式	—	强制式	强制式	—
外形尺寸（长×宽×高，m×m×m）	5.6×2.44×2.4	8.77×3.12×2.54	8.77×3.12×2.54	10.39×3.07×3.06	9.7×3.1×2.8	9.8×3.2×2.98
质量（t）	2.0	7.3	7.3	14	14	15

（1）铲运机施工方法。为了提高铲运机的生产率，还应根据施工条件选择下坡铲土、推土机推土助铲、跨铲等方法，以缩短装土时间，使铲斗的土装得较满。

1）下坡铲土法。下坡铲土是借助铲运机的重力来加大铲土能力，缩短装土时间，提高生产率，一般地面坡度以 5°～7°为宜。平坦地形可将取土地段的一端先铲低，然后保持一定坡度向后延伸，人为创造下坡铲土条件，效率可提高 25％左右。所以铲运机铲运时尽量采用有利的地形进行下坡铲土。

2）助铲法。自行式铲运机在坚硬的土层中铲土时，可另配一台推土机在铲运机的后拖杆上进行顶推，协助铲土，以缩短铲土的时间。此法的关键是安排好铲运机和推土机的配合，一般一台推土机可配合 3～4 台铲运机助铲。推土机在助铲的空隙时间可做松土或场地平整等工作，为铲运机创造良好的工作条件。助铲法可提高生产率 30％以上。

3）跨铲法。在较坚硬的土内挖土时，可采用预留土埂间隔铲土的方法。这样，铲运机在挖土槽时可减少向外撒土量，挖土埂时增加了两个自由面，阻力减小，达到"铲土快，铲斗满"的效果。土埂高度应不大于 300mm，宽度以不大于铲土机两履带间净距为宜。

（2）铲运机的开行路线。根据填方、挖方区的分布情况，结合场地具体条件，合理选择铲运机的运行路线，一般有环形路线和 8 字形路线开行两种形式。

1）环形路线。这是一种简单而常用的开行路线。根据铲土与卸土的相对位置不同，可分为图 1.58（a）与图 1.58（b）所示两种情况。每一循环只完成一次铲土与卸土。当挖填交替而挖填方之间的距离又较短时，则可采用大环形路线 ［见图 1.58（c）］。其特点是一次循环可完成两次铲土与回填的作业，减少转弯次数，提高生产率。

采用环形路线时，为了防止机件单侧磨损，应避免仅向一侧转弯。

2）8 字形路线。这种开行路线的铲土与卸土，轮流在两个工作面上进行 ［见图 1.58（d）］，机械上坡是斜向开行，受地形坡度限制小。每一个循环完成两次挖土和卸土的作业，比环形路线缩短运行时间，从而提高了生产率。同时，每循环两次转弯方向不同，可避免机械行驶时的单侧磨损。这种开行路线适用于取土坑较长的路基填筑，以及坡度较大的场地平整。

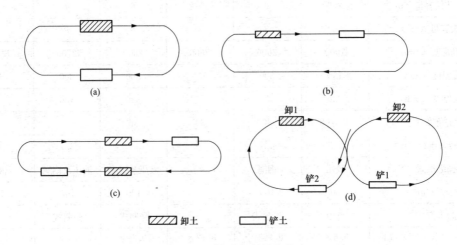

图 1.58　铲运机开行路线
（a）、（b）环形路线；（c）大环形路线；（d）8 字形路线

3. 单斗挖土机

单斗挖土机按其工作装置的不同，可分为正铲、反铲、拉铲和抓铲等。在建筑工程施工中单斗挖土机可以挖掘基坑、沟槽，清理和平整场地；更换工作装置后，还可以进行装卸、起重和打桩等其他作业。

单斗挖土机按其行走装置的不同，可分为履带式和轮胎式两类。按其操纵机械的不同，可分为机械式和液压式两类，机械式现使用较少，液压式单斗挖土机如图 1.59 所示。

（1）正铲挖土机。正铲挖土机外形如图 1.60 所示。其特点是：操作灵活，挖土、卸土均在地面作业，不用开运输道。

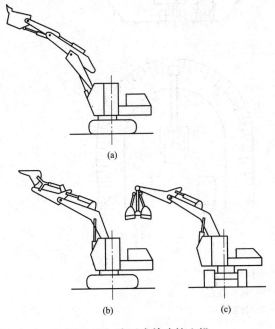

图 1.59　液压式单斗挖土机

（a）正铲；（b）反铲；（c）抓铲

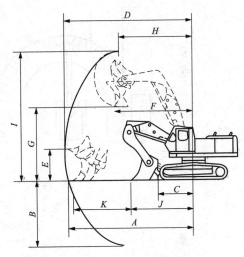

图 1.60　正铲挖土机外形图

作业特点：①开挖停机面以上土方；②工作面应在 1.5m 以上；③开挖高度超过挖土机挖掘高度时，可采取分层开挖；④装车外运。

辅助机械：土方外运应配备自卸汽车，工作面应有推土机配合平土、集中土方进行联合作业。

适用范围：①开挖含水量不大于 27% 的一～三类土和经爆破后的岩石与冻土碎块；②大型场地整平土方；③工作面狭小且较深的大型管沟和基槽路堑；④独立基坑；⑤边坡开挖。

正铲挖土机的开挖方式，根据开挖路线与运输车辆的相对位置的不同，其挖土和卸土的方式有以下两种：

1）正向挖土、侧向卸土。挖土机向前进方向挖土，运输车辆位于正铲的侧面装土［见图 1.61（a）］，采用这种作业方式，挖土机卸土时动臂回转角度一般小于 90°，可避免汽车倒转和转弯较多的缺点，行驶方便，因而应用较多。

2）正向挖土后方卸土。挖土机向前进方向挖土，运输车辆停在挖土机后方装土［见图

1.61（b）]。挖土机和运输车辆在同一个工作面上。但挖土机卸土时动臂回转角度大，一般在180°左右，生产率低。采用这种方式挖土的工作面较大，汽车不宜靠近挖土机，运输车辆要倒车开入，工作面较狭小且较深的基坑才采用这种方式。

挖土机的工作面是指挖土机一次开行中进行挖土时的工作范围，也称"掌子面"。其形状和大小由挖土机的技术性能及挖土和卸土方式及土壤性质决定。根据挖土机开挖方式不同，工作面又分为侧工作面和正工作面。

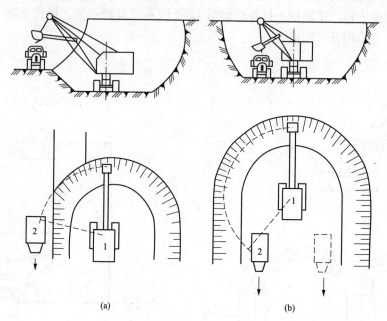

图1.61　正铲挖土机开挖方式
（a）侧向卸土；（b）后方卸土
1—正铲挖土机；2—自卸汽车

侧工作面根据运输工具与挖土机的停放标高是否相同，又可分为高卸侧工作面与平卸侧工作面（见图1.62）。

工作面布置原则：挖土机生产率最高而土方欠挖数量最少。

侧工作面的右半部尺寸布置：底部宽度宜为 $(0.6 \sim 0.7)R_1$。

侧工作面的左半部尺寸布置：为提高正铲挖土机的工作效率，平卸侧工作面的底宽 B_1、高卸侧工作面的高度 h 和底宽 B_2 可按下式计算

$$B_1 = (0.6 \sim 0.7)R_3 - (b/2 + 1)$$
$$h = H_2 - (h_1 + 0.5)$$
$$B_2 = (0.6 \sim 0.7)R_2 - (b/2 + 1 + mh)$$

式中　b——运输工具的宽度，m；

　　　h_1——运输工具的高度，m；

　　　m——土方边坡系数。

平卸侧工作面底部总宽度 B 为

$$B = (0.6 \sim 0.7)R_1 + B_1$$

高卸侧工作面底部总宽度 B' 为

$$B' = (0.6 \sim 0.7)R_1 + B_2$$

正工作面的尺寸左右对称，其底部总宽度等于 $2R_1$。

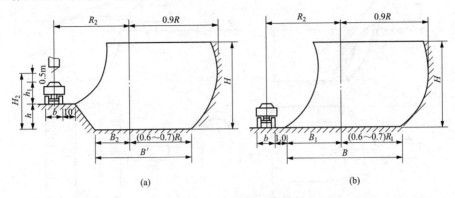

图 1.62　侧工作面尺寸
（a）高卸侧工作面；（b）平卸侧工作面

（2）反铲挖土机。反铲挖土机外形如图 1.63 所示。其特点是：操作灵活，挖土、卸土均在地面作业，不用开运输道。其挖掘力比正铲挖土机小，能开挖停机面以下的一～三类土，适用于挖基坑、基槽和管沟、有地下水的土或泥泞土。

作业特点：①开挖地面以下深度不大的土方；②最大挖土深度为 4～6m，经济合理深度为 1.5～3m；③可装车和两边甩土、堆放；④较大较深基坑可用多层接力挖土。

辅助机械：土方外运应配备自卸汽车，工作面应有推土机配合推到附近堆放。

适用范围：①开挖含水量大的一～三类的砂土或黏土；②管沟和基槽；③独立基坑；④边坡开挖。

反铲挖土机的开行方式有沟端开挖、沟侧开挖（见图 1.64）和沟角开挖（见图 1.65）。

1）沟端开挖。反铲停于沟端，后退挖土，同时往沟一侧弃土或装汽车运走〔见图 1.64（a）〕。挖掘宽度可不受机械最大挖掘角度的限制，臂杆回转角度仅 $45° \sim$

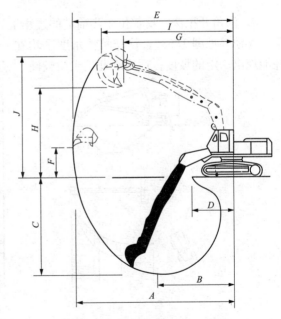

图 1.63　反铲挖土机外形图

90°，同时可挖到最大深度。对较宽的基坑，可采用几次沟端开挖法完成作业。此法适于一次成沟后退挖土，挖出土方随即运走时采用，或就地取土填筑路基或修筑堤坝等。

2）沟侧开挖。反铲停于沟侧沿沟边开挖，汽车停在机旁装土或往沟一侧卸土〔见图 1.64（b）〕。该法铲臂回转角度小，能将土弃于距沟边较远的地方，但挖土宽度比挖掘半径小，边坡不好控制，同时机身靠沟边停放，稳定性较差；适于横挖土体和需将土方甩到离沟边较远的距离时使用。

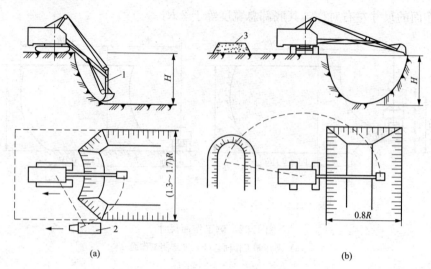

图 1.64　反铲挖土机开挖方式

（a）沟端开挖；（b）沟侧开挖

1—反铲挖土机；2—自卸汽车；3—弃土堆

3）沟角开挖法。反铲位于沟前端的边角上，随着沟槽的掘进，机身沿着沟边往后做之字形移动（见图 1.65）。臂杆回转角度平均在 45°左右，机身稳定性好，可挖较硬的土体，并能挖出一定的坡度；适用于开挖土质较硬，宽度较小的沟槽（坑）。

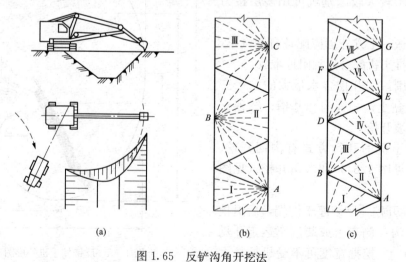

图 1.65　反铲沟角开挖法

（3）拉铲挖土机。拉铲挖土机的机械特性是：可挖深坑，挖掘半径及卸载半径大，操纵灵活性较差。

作业特点：①开挖停机面以下土方；②可装车和甩土；③开挖截面误差较大；④可将土甩在基坑（槽）两边较远处堆放。

辅助机械：土方外运需配备自卸汽车、推土机，创造施工条件。

适用范围：①挖掘一～三类土，开挖较深较大的基坑（槽）、管沟；②大量外借土方；③填筑路基、堤坝；④挖掘河床；⑤不排水挖取水中泥土。

拉铲挖土机的开挖方式与反铲挖土机相似，既可沟侧开挖，也可沟端开挖（见图1.66）。

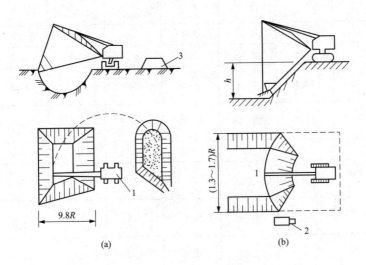

图 1.66　拉铲挖土机开挖方式

（a）沟侧开挖；（b）沟端开挖

1—拉铲挖土机；2—汽车；3—弃土堆

（4）抓铲挖土机。抓铲挖土机的机械特性是：钢绳牵拉灵活性较差，工作效率不高，不能挖掘坚硬土；可以装在简易机械上工作，使用方便。

作业特点：①开挖直井或沉井土方；②可装车或甩土；③排水不良也能开挖；④吊杆倾斜角度应在 45°以上，距边坡应不小于 2m。

辅助机械：土方外运时，按运距配备自卸汽车。

适用范围：①土质比较松软，施工面较狭窄的深基坑、基槽；②水中挖取土，清理河床；③桥基、桩孔挖土；④装卸散装材料。

4. 装载机

装载机按行走方式可分为履带式和轮胎式两种，按工作方式分单斗式装载机、链式和轮斗式装载机。土方工程主要使用单斗铰接式轮胎装载机。装载机的机械特性是：操作灵活，回转移位方便、快速，可装卸土方和散料，行驶速度快。

作业特点：①开挖停机面以上土方；②轮胎式只能装松散土方，履带式可装较实土方；③松散材料装车；④吊运重物，用于铺设管道。

辅助机械：土方外运需配备自卸汽车，作业面需经常用推土机平整并推松土方。

适用范围：①外运多余土方；②履带式改换挖斗时，可用于开挖；③装卸土方和散料；④松散土的表面剥离；⑤地面平整和场地清理等工作；⑥回填土；⑦拔除树根。

常用国产铰接式轮胎装载机主要技术性能与规格见表1.5。

表 1.5　　　　　　　　　　　常用国产铰接式轮胎装载机主要技术性能与规格

项目	型号						
	WZ2A	ZL10	ZL20	ZL30	ZL40	ZL0813	ZL08A (ZL08E)
铲斗容量（m³）	0.7	0.5	1.0	1.5	2.0	0.4	0.4 (0.4)
装载量（t）	1.5	1.0	2.0	3.0	4.0	0.8	0.8
卸料高度（m）	2.25	2.25	2.6	2.7	2.8	2.0	2.0
发动机功率（hp）	40.4	40.4	59.5	73.5	99.2	17.6	24 (25)
行走速度（km/h）	18.5	10～28	0～30	0～32	0～35	21.9	21.9 (20.7)
最大牵引力（kN）	—	32	64	75	105	—	14.7
爬坡能力（°）	18	30	30	25	28～30	30	24 (30)
回转半径（m）	4.9	4.48	5.03	5.5	5.9	4.8	4.8 (3.7)
离地间隙（m）	—	0.29	0.39	0.40	0.45	0.25	0.20 (0.25)
外形尺寸 （长×宽×高，m×m×m）	7.88×2.0 ×3.23	4.4×1.8 ×2.7	5.7×2.2 ×2.5	6.0×2.4 ×2.8	6.4×2.5 ×3.2	4.3×1.6 ×2.4	4.3×1.6×2.4 (4.5×1.6×2.5)
质量（t）	6.4	4.5	7.6	9.2	11.5	—	2.65 (3.2)

注　1. WZ2A 型带反铲，斗容量为 0.2m³，最大挖掘深度为 4.0m，挖掘半径为 5.25m，卸料高度为 2.99m。

　　2. 转向方式均为铰接液压缸。

5. 压实机械

压实机械根据压实的原理不同，可分为冲击式、碾压式和振动压实机械三大类。

（1）冲击式压实机械。冲击式压实机械主要有蛙式打夯机和内燃式打夯机两类，蛙式打夯机一般以电为动力。这两种打夯机适用于狭小的场地和沟槽作业，也可用于室内地面的夯实及大型机械无法到达的边角的夯实。

（2）碾压式压实机械。碾压式压实机械按行走方式可分为自行式压路机和牵引式压路机两类。自行式压路机常用的有光轮压路机、轮胎压路机；自行式压路机主要用于土方、砾石、碎石的回填压实及沥青混凝土路面的施工。牵引式压路机的行走动力一般采用推土机（或拖拉机）牵引，常用的有光面碾、羊足碾；光面碾用于土方的回填压实，羊足碾适用于黏性土的回填压实，不能用在砂土和面层土的压实。

（3）振动压实机械。振动压实机械是利用机械的高频振动，把能量传给被压土，降低土颗粒间的摩擦力，在压实能量的作用下，达到较大的密实度。

振动压实机械按行走方式可分为手扶平板式振动压实机和振动压路机两类。手扶平板式振动压实机主要用于小面积的地基夯实。振动压路机按行走方式可分为自行式和牵引式两种。振动压路机的生产率高，压实效果好，能压实多种性质的土，主要用在工程量较大的大型土石方工程中。

1.5.2　土方机械的选择及相关计算

1. 土方机械的选择

(1) 土方机械选择的原则。

1) 土方施工包括土方开挖、运输、填筑与压实等几个施工过程，施工机械的选择应与施工内容相适应。所以，土方工程施工中，应以某一施工过程为主导，按其工程量、土质条件及工期要求，结合土方施工机械的性能、特点和适用范围选择合适的施工机械。

2) 土方施工机械的选择与工程实际情况相结合，就是要掌握工程的实际情况，包括施工场地大小及形状、地形土质、含水量、地下水位等情况后，再进行机械的选择。

3) 主导施工机械确定后，要合理配备完成其他辅助施工过程的机械，尽可能地做到土方工程各施工过程均实现机械化，主导机械与辅助机械所配备的数量和生产率尽可能协调一致，以充分发挥施工机械的效能。

4) 选择土方施工机械要考虑其他施工方法，辅助土方机械化施工。四类以上的各类土不能直接用挖土机械挖掘，可采用爆破的方法破碎成块后，采用机械化施工；地下水位较高的大型地坑开挖，可采用井点降水法降到坑底标高以下再行施工；施工场地土的含水率大于30%时易陷车，施工前应采用明沟疏水，待场地干燥后再进行机械化施工。

(2) 土方开挖方式与机械选择。

1) 平整场地常由土方的开挖、运输、填筑和压实等工序完成。

a. 地势较平坦、含水量适中的大面积平整场地，选用铲运机较适宜。

b. 地形起伏较大，挖方、填方量大且集中的平整场地，运距在 1000m 以上时，可选正铲挖土机配合自卸车进行挖土、运土，在填方区配备推土机平整及压路机碾压施工。

c. 挖填方高度均不大，运距在 100m 以内时，采用推土机施工，灵活、经济。

2) 长槽式开挖。指在地面上开挖具有一定截面、长度的基槽或沟槽，适用于挖大型厂房的柱列基础和管沟，宜采用反铲挖土机；若为水中取土或土质为淤泥，且坑底较深，则可选择抓铲挖土机挖土。若土质干燥，槽底开挖不深，基槽长 30m 以上，可采用推土机或铲运机施工。

3) 地面上的坑式开挖。单个基坑和中小型基础基坑开挖，在地面上作业时，多采用抓铲挖土机和反铲挖土机。抓铲挖土机适用于一、二类土质和较深的基坑；反铲挖土机适于四类以下土质，深度在 4m 以内的基坑。

2. 挖土机与运土车辆的配套计算

土方机械配套计算时，应先确定主导施工机械，其他机械应按主导机械的性能进行配套选用。当用挖土机挖土，汽车运土时，应以挖土机为主导机械。

(1) 挖土机数量 N 的确定。挖土机数量应根据所选挖土机的台班生产率、工程量大小和工期要求进行计算。

1) 挖土机台班产量 P_d 按下式计算

$$P_d = \frac{8 \times 3600}{t_c} q \frac{K_c}{K_s} K_B \tag{1-25}$$

式中　t_c——挖土机每次作业循环延续时间，s，由机械性能确定；

q——挖土机斗容量，m³；

K_c——土斗的充盈系数，可取 0.8～1.1；

K_s——土的最初可松性系数；

K_B——时间利用系数，一般取 0.6～0.8。

2）挖土机数量 N 计算

$$N = \frac{Q}{P_d} \frac{1}{TCK} \tag{1-26}$$

式中　C——每天工作班数；

　　　K——工作时间利用系数，取 0.8～0.9；

　　　P_d——挖土机台班产量，m³/台班；

　　　Q——工程量，m³；

　　　T——工期，d。

（2）运输车辆计算。为了使挖土机充分发挥生产能力，运输车辆的大小和数量应根据挖土机数量配套选用。运输车辆的载重量应为挖土机铲斗土重的整倍数，一般为 3～5 倍。运输车辆过多，会使车辆窝工，道路堵塞；运输车辆过少，又会使挖土机等车停挖。为了保证都能正常工作，运输车辆数量 N' 按下式计算

$$N' = \frac{T'}{t'}$$

式中　T'——运输车辆每装卸一车土循环作业所需时间，s；

　　　t'——运输车辆装满一车土的时间，s。

1.6　基槽检验与处理

基槽（坑）挖至基底设计标高后，必须通知勘察、设计、监理、建设部门会同验槽，经处理合格后签证，再进行基础工程施工。这是确保工程质量的关键程序之一。验槽目的在于检查地基是否与勘察设计资料相符合。

一般设计依据的地质勘察资料取自建筑物基础的有限几个点，无法反映钻孔之间的土质变化，只有在开挖后才能确切地了解。如果实际土质与设计地基土不符，则应由结构设计人员提出地基处理方案，处理后经有关单位签署后归档备查。

验槽主要靠施工经验观察为主，而对于基底以下的土层不可见部位，要辅以钎探、夯声配合共同完成。

1.6.1　观察验槽

主要观察基槽底和侧壁土质情况，土层构成及其走向，是否有异常现象，以判断是否达到设计要求的土层。由于地基土开挖后的情况复杂、变化多样，这里只能将常见基槽观察的项目和内容进行简要说明，见表 1.6。

表 1.6　　　　　　　　　　　　　　　　验槽观察内容

观察目的	观　察　内　容
槽壁土层	土层分布情况及走向
重点部位	柱基、墙角、承重墙下及其他受力较大部位

续表

观察目的		观　察　内　容
整个槽底	槽底土质	是否挖到老土层上（地基持力层）
	土的颜色	是否均匀一致，有无异常过干过湿
	土的软硬	是否软硬一致
	土的虚实	有无震颤现象，有无空穴声音

1.6.2　钎探

对基槽底以下 2～3 倍基础宽度的深度范围内，土的变化和分布情况，以及是否有空穴或软弱土层，需要用钎探明。

钎探方法，将一定长度的钢钎打入槽底以下的土层内，根据每打入一定深度的锤击次数，间接地判断地基土质的情况。打钎分人工和机械两种方法。

1. 钢钎的规格和数量

人工打钎时，钢钎用直径为 22～25mm 的钢筋制成，钎尖为 60°尖锥状，钎长 1.8～2.0m，见图 1.67 和图 1.68，打钎用的锤重为 3.6～4.5lb（1lb＝0.45kg），举锤高度为 50～70cm，将钢钎垂直打入土中，并记录每打入土层 30cm 的锤击数。用打钎机打钎时，其锤重约 10kg，锤的落距为 50cm，钢钎直径为 25mm，长 1.8m。

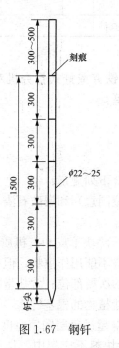

图 1.67　钢钎

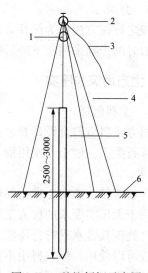

图 1.68　基坑钎探示意图
1—重锤；2—滑轮；3—操纵绳；
4—三脚架；5—钢钎；6—基坑底图

2. 钎孔布置和钎探深度

钎孔布置和钎探深度应根据地基土质的复杂情况和基槽宽度、形状而定，一般参考表 1.7。

表 1.7　　　　　　　　　　　　　　　钎孔布置

槽宽（cm）	排列方式及图示	间距（m）	钎探深度（m）
小于 80	中心一排	1～2	1.2
80～200	两排错开	1～2	1.5
大于 200	梅花形	1～2	2.0
柱基	梅花形	1～2	大于或等于 1.5m，并不浅于短边宽度

注　对于较软弱的新近沉积黏性土和人工杂填土的地基，钎孔间距应不大于 1.5m。

3. 钎探记录和结果分析

先绘制基槽平面图，在图上根据要求确定钎探点的平面位置，并依次编号制成钎探平面图。钎探时按钎探平面图标定的钎探点顺序进行，最后整理成钎探记录表（见表 1.8）。全部钎探完毕后，逐层分析研究钎探记录，逐点进行比较，将锤击数显著过多或过少的钎孔在钎探平面图上做上记号，然后在该部位进行重点检查，如有异常情况，要认真进行处理。

表 1.8　　　　　　　　　　　　　　　钎探记录表

探孔号	打入长度（m）	每 30cm 锤击数								总锤击数	备注
		1	2	3	4	5	6	7	8		
打钎者		施工员				质量检查员					

1.6.3　夯探

夯探较之钎探方法更为简便，不用复杂的设备而是用铁夯或蛙式打夯机对基槽进行夯击，凭夯击时的声响来判断下卧后的强弱或有否土洞或暗墓。

1.7　土方填筑与压实

1.7.1　土料选择

选择填方土料应符合设计要求，如设计无要求，应符合下列规定：

（1）碎石类土、砂土（使用细、粉砂时应取得设计单位同意）和爆破石渣，可用作表层以下的填料。

（2）含水量符合压实要求的黏性土，可用作各层填料；碎块草皮和有机质含量大于 8% 的土，仅用于无压实要求的填方工程；淤泥和淤泥质土一般不能用作填料，但在软土或沼泽地区，经过处理其含水量符合压实要求后，可用于填方中的次要部位；含盐量符合规定的盐渍土，一般可以使用，但填料中不得含有盐晶、盐块或含盐植物的根茎。

（3）碎石类土或爆破石渣用作填料时，其最大粒径不得超过每层铺填厚度的 2/3（当使用振动辗时，不得超过每层铺填厚度的 3/4）。铺填时，大块料不应集中，且不得填在分段接头处或填方与山坡连接处。填方内有打桩或其他特殊工程时，块（漂）石填料的最大粒径不应超过设计要求。

1.7.2　填筑要求

1. 施工要求

填方前，应根据工程特点、填料种类、设计压实系数、施工条件等合理选择压实机具，并确定填料含水量控制范围、铺土厚度和压实遍数等参数。对于重要的填方工程或采用新型压实机具时，上述参数应通过填土压实试验确定。

填土时，应先清除基底的树根、积水、淤泥和有机杂物，并分层回填、压实。填土应尽量采用同类土填筑。如采用不同类填料分层填筑，上层宜填筑透水性较小的填料，下层宜填筑透水性较大的填料。填方基土表面应做成适当的排水坡度，边坡不得用透水性较小的填料封闭。填方施工应接近水平地分层填筑。当填方位于倾斜的地面时，应先将斜坡挖成阶梯状，然后分层填筑，以防填土横向移动。

分段填筑时，每层接缝处应做成斜坡形，辗迹重叠 $0.5\sim1.0\mathrm{m}$。上、下层错缝距离不应小于 $1\mathrm{m}$。

2. 填土压实的质量检查

填土压实后要达到一定的密实度要求。填土的密实度要求和质量指标通常以压实系数 λ_c 表示。压实系数是土的施工控制干密度 ρ_d 和土的最大干密度 ρ_{dmax} 的比值。压实系数一般根据工程结构性质、使用要求及土的性质确定。如未做规定，可采用表 1.9 中的数值。

填土必须具有一定的密实度，以避免建筑物的不均匀沉陷。填土密实度以设计规定的控制干密度 ρ_d 或规定压实系数 λ_c，作为检查标准。利用填土作为地基时，设计规范规定了各种结构类型、各种填土部位的压实系数值，见表 1.9。各种填土的最大干密度乘以设计的压实系数即得到施工控制干密度，即 $\rho_d = \lambda_c \rho_{dmax}$。

表 1.9 　　　　　　　　　　　　　　**填土压实系数**

结构类型	填土部位	压实系数 λ_c
砌体承重结构和框架结构	在地基主要持力层范围内	>0.96
	在地基主要持力层范围以下	$0.93\sim0.96$
简支结构和排架结构	在地基主要持力层范围内	$0.94\sim0.97$
	在地基主要持力层范围以下	$0.91\sim0.93$
一般工程	基础四周或两侧一般回填土	0.9
	室内地坪、管道地沟回填土	0.9
	一般堆放物件场地回填土	0.85

填土压实后的实际干密度，应有 90% 以上符合设计要求，其余 10% 的最低值与设计值的差不得大于 $0.08\mathrm{g/cm^3}$，且差值应较为分散。

填土压实后土的实际干密度的测定，可采用环刀法取样，其取样组数为：基坑回填每 $20\sim50\mathrm{m^3}$ 取样一组（每个基坑不少于一组）；基槽或管沟回填每层按长度 $20\sim50\mathrm{m}$ 取样一组；室内填土每层按 $100\sim500\mathrm{m^2}$ 取样一组；场地平整填方每层按 $400\sim900\mathrm{m^2}$ 取样一组。取样部位应在每层压实后的下半部。试样取出后，先称量出土的湿密度并测定其含水量，然后计算土的实际干密度 ρ_0，即

$$\rho_0 = \frac{\rho}{1+0.01w}$$

式中　ρ——土的湿密度，$\mathrm{g/cm^3}$；

　　　w——土的含水量，$\%$。

如用上式算得土的实际干密度 $\rho_0 \geqslant \rho_d$（ρ_d 为施工控制干密度），则压实合格；若 ρ_0

$<\rho_d$，则压实不够，应采取相应措施，提高压实质量。

1.7.3　填土的压实方法

填土压实方法有碾压、夯实和振动三种；此外，还可利用运土工具压实。

1. 碾压法

碾压法是由沿着表面滚动的鼓筒或轮子的压力压实土壤。一切拖动和自动的碾压机具，如平碾、羊足碾和气胎碾等的工作都属于同一原理。

（1）平碾。适用于碾压黏性和非黏性土。平碾又叫压路机，它是一种以内燃机为动力的自行式压路机，按碾轮的数目，有两轮两轴式（见图1.69）和三轮两轴式（见图1.70）。

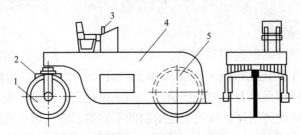

图1.69　两轮两轴式压路机

1—转向轮；2—刮泥板；3—操纵台；4—机身；5—驱动轮

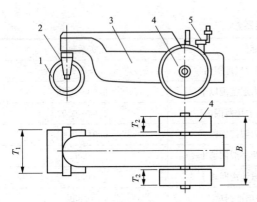

图1.70　三轮两轴式压路机

1—转向轮（前轮）；2—叉脚；3—机身；
4—驱动轮（后轮）；5—操纵台

平碾按质量可分为：轻型（5t以下）、中型（8t以下）、重型（10～15t）三种，在建筑工地上多用中型或重型光面压路机。

平碾的运行速度决定其生产率，在压实填方时，碾压速度不宜过快，一般碾压速度不超过2km/h。

（2）羊足碾。羊足碾和平碾不同，它是碾轮表面上装有许多羊蹄形的碾压凸脚（见图1.71），一般用拖拉机牵引作业。

羊足碾有单桶和双桶之分，桶内根据要求可分为空桶、装水、装砂，以提高单位面积的压力，增加压实效果。由于羊足碾单位面积压力较大，压实效果、压实深度均比同重量的光面压路机高，但工作时羊足碾的羊蹄压入土中，又从土中拔出，致使上部土翻松，不宜用于无黏性土、砂及面层的压实。一般羊足碾适用于压实中等深度的粉质黏土、粉土、黄土等。

2. 夯实法

夯实法是利用夯锤自由下落的冲击力来夯实土壤，主要用于小面积的回填土。夯实机具类型较多，有木夯、石夯、蛙式打夯机（见图1.72），以及利用挖土机或起重机装上夯板后的夯土机等。其中蛙式打夯机轻巧灵活，构造简单，在小型土方工程中应用最广。

夯实法的优点是可以夯实较厚的土层。采用重型夯土机（如1t以上的重锤）时，其夯实厚度可达1～1.5m。但对木夯、石夯或蛙式打夯机等夯土工具，其夯实厚度则较小，一般均在200mm以内。

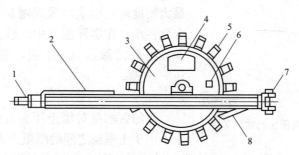

图 1.71　羊足碾

1—连接器；2—框架；3—轮滚；4—投压重物口；5—羊蹄；
6—洒水口；7—后连接器；8—铲刀

人力打夯前应将填土初步整平，打夯要按一定方向进行，一夯压半夯，夯夯相接，行行相连，两遍纵横交叉，分层夯打。夯实基槽及地坪时，行夯路线应由四边开始，然后夯向中间。

用蛙式打夯机等小型机具夯实时，一般填土厚度不宜大于 25cm，打夯之前对填土应初步平整，打夯机应依次夯打，均匀分布，不留间隙。

基（坑）槽应在两侧或四周同时进行回填与夯实。

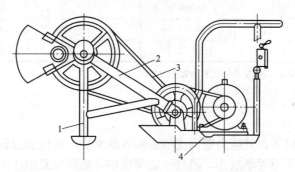

图 1.72　蛙式打夯机

1—夯头；2—夯架；3—三角胶带；4—底盘

3. 振动法

振动法是将重锤放在土层的表面或内部，借助于振动设备使重锤振动，土壤颗粒即发生相对位移达到紧密状态。此法用于振实非黏性土效果较好。

近年来，又将碾压和振动结合而设计和制造出振动平碾、振动凸块碾等新型压实机械，振动平碾适用于填料为爆破碎石渣、碎石类土、杂填土或粉土的大型填方；振动凸块碾则适用于粉质黏土或黏土的大型填方。当压实爆破石渣或碎石类土时，可选用 8～15t 重的振动平碾，铺土厚度为 0.6～1.5m，宜先静压、后振压，碾压遍数应由现场试验确定，一般为 6～8 遍。

1.7.4　影响填土压实质量的因素

1. 压实功的影响

填土压实后的密度与压实机械在其上所施加的功有一定的关系。土的密度与所消耗的功的关系见图 1.73。当土的含水量一定，在开始压实时，土的密度急剧增加，待到接近土的

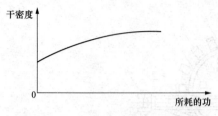

图 1.73　土的密度与压实的功的关系

最大密度时，压实功虽然增加许多，而土的密度则变化甚小。在实际施工中，砂土只需碾压 2～3 遍，亚砂土只需碾压 3～4 遍，亚黏土或黏土只需碾压5～6 遍。

2. 含水量的影响

土的含水量对填土压实有很大影响，较干燥的土，由于土颗粒之间的摩阻力大，填土不易被夯实。而含水量较大，超过一定限度，土颗粒间的空隙全部被水充填而呈饱和状态，填土也不易被压实，容易形成橡皮土。只有当土具有适当的含水量，土颗粒之间的摩阻力，由于水的润滑作用而减小，土才易被压实。为了保证填土在压实过程中具有最优的含水量，当土过湿时，应予翻松晾晒或掺入同类干土及其他吸水性材料。如土料过干，则应预先洒水湿润。土的含水量一般以手握成团，落地开花为宜。

土的最优含水量和最大干密度见表 1.10。

表 1.10　　　　　　　　　土的最优含水量和最大干密度

项次	土的种类	变动范围		项次	土的种类	变动范围	
		最优含水量（%）	最大干密度（g/cm³）			最优含水量（%）	最大干密度（g/cm³）
1	砂土	8～12	1.80～1.88	3	粉质黏土	12～15	1.85～1.95
2	黏土	19～23	1.58～1.70	4	粉土	16～22	1.61～1.80

注　1. 表中的最大干密度应以现场实际达到的数字为准。
　　2. 一般性的回填可不作此项测定。

3. 铺土厚度的影响

土在压实功的作用下，其应力随深度增加而逐渐减少，在压实过程中，土的密实度也是表层大，而随深度加深而逐渐减小，超过一定深度后，虽经反复碾压，土的密实度仍与未压实前一样。各种不同压实机械的压实影响深度与土的性质、含水量有关，所以，填方每层铺土的厚度，应根据土质、压实的密实度要求和压实机械性能确定。填方每层的铺土厚度和压实遍数见表 1.11。

表 1.11　　　　　　　　　填方每层的铺土厚度和压实遍数

项次	压实机具	分层厚度（mm）	每层压实遍数
1	平碾（8～12t）	200～300	6～8
2	羊足碾（5～16t）	200～350	6～16
3	蛙式打夯机（200kg）	200～250	3～4
4	振动碾（8～15t）	60～130	6～8
5	振动压路机（2t，振动力 98kN	120～150	10
6	推土机	200～300	6～8
7	拖拉机	200～300	8～16
8	人工打夯	不大于200	3～4

1.7.5　回填土工程质量事故

1. 基坑（槽）回填土沉陷

（1）现象。基坑（槽）填土局部或大片出现沉陷，造成室外散水空鼓下沉，建筑物基础积水，有的甚至引起建筑结构不均匀下沉，出现裂缝。

（2）原因分析。

1）基坑（槽）中的积水、淤泥杂物等未清除就回填；或基础两侧用松土回填，未经分层夯实；或槽边松土流入基坑（槽），夯填之前未认真处理，该回填土受到水的浸泡产生沉陷。

2）基槽宽度较窄，采用人工回填，未达到要求的密实度。

3）回填土料中干土块较多，受水浸泡产生沉陷，或采取含水量大的黏性土、淤泥质土、碎块草皮做土料，回填质量不符合要求。

（3）预防措施。

1）基坑（槽）回填前，将槽中积水排净，淤泥、松土、杂物清理干净，如有地下水或滞水，应有排水措施。

2）回填土采取严格分层回填、分层夯实、分层质检。

3）严禁用水沉法回填土方。

2. 填方出现橡皮土

（1）现象。橡皮土是指填土受夯打后，体积发生颤动且不能压缩的现象，又称弹簧。在人工填土地基内，成片出现这种橡皮土，将使地基的承载力降低，变性加大，地基长时间不能得到稳定。

（2）原因分析。在含水量很大的腐殖土、泥炭土、黏土等原状土地基上进行回填，或采用这种土做土料回填时，特别在混杂状态下进行回填，由于原状土被扰动，颗粒之间的毛细孔遭到破坏，水分不易渗透和散发。经夯击或碾压，表面形成一层硬壳，更加阻止了水分的渗透和散发，因而使土形成软塑状态的橡皮土。

（3）预防措施。

1）避免在含水量过大的腐殖土、泥炭土、黏土等原状土上进行回填。

2）控制分层填土的含水量，尽量使其在最优含水量范围内。土的最优含水量通过标准击实试验确定，也可采用 W_P+2（W_P 为土的塑限）作为土的施工控制含水量。工地简单检验方法为以手轻轻握成团，落地开花为宜。

3）填土区设置排水沟，以排除地表水。若有地下水应降至基底 0.5m 以下。

（4）治理方法。

1）用干土、石灰粉、碎砖等吸水好的材料均匀掺入橡皮土中，吸收土中水分，降低土的含水量。

2）将橡皮土翻松、晾晒、风干至最优含水量范围内，再行夯实。

3）将橡皮土挖除，换土回填夯实，或填以 3：7 灰土、级配砂石夯实。

3. 填方边坡塌方

（1）现象。填方工程边坡塌陷或滑塌，造成坡脚处土方堆积。

（2）原因分析。

1）边坡坡度过陡。

2）边坡基底的草皮、淤泥、松土未清理干净；与原陡坡接合未挖成阶梯形搭接；填土方料采用淤泥质土等不符合要求的土料。

3）边坡填土未按要求分层回填压（夯）实，密实度差，缺乏护坡措施。

4）坡顶、坡角未做好排水措施，由于水的渗入，土的内聚力降低，或坡脚被冲刷而造成塌方。

（3）预防措施。

1）永久性填方的边坡坡度应根据填方高度、土的种类和工程重要性按设计规定放坡。

2）使用时间较长的临时性填方边坡坡度，当填方高度在 10m 以内时，可采用 1∶1.5；高度超过 10m 时，可做成折线形，上部为 1∶1.5，下部采用 1∶1.75。

3）填方应选用符合要求的土料，淤泥、冻土、膨胀土及有机质含量大于 8％的土，硫酸盐含量大于 5％的土，以及含水量大于 30％的土等，都不宜用做回填土。

4）边坡施工应按填土压实标准进行水平分层回填压实。当采用机械碾压时，应注意保证边缘部位的压实质量，对不要求边坡修整的填方，边坡宜宽填 0.5m，对要求边坡整平拍实的填方，宽填可为 0.2m。机械压实不到的部位，配以小型机具和人工夯实。

5）在水文、气候和地质条件不良的情况下，对黏土、粉砂、细砂、易风化面边坡及黄土类缓边坡，应于施工完毕后，随即进行坡面防护。防护方法有铺浆砌片石、铺草皮、喷浆、抹面等。

6）在边坡上下部做好排水沟，避免在影响边坡稳定的范围内积水。

（4）治理方法。边坡局部塌陷化或滑塌，可将松土清理干净，与原坡接触部位做成阶梯形，用与边坡压缩性相似的土或 3∶7 灰土分层回填夯实修复，并做好坡顶、坡角排水措施。大面积塌方，应考虑将边坡修成缓坡，做好排水和表面防护措施。

项目 2　地　基　处　理

地基是指承托建筑物基础的场地。任何建筑物都必须有可靠的地基和基础，因为建筑物的全部重量（包括各种荷载）最终将通过基础传给地基。因此，如果在软弱天然地基上建造建（构）筑物或是建（构）筑物对地基的要求较高时，采用天然地基有时不能满足地基承载力和变形等要求，则需要事先对地基进行人工处理后再建造基础，这种地基加固称为地基处理。在施工过程中若发现地基土质过软和过硬不符合设计要求，应使建筑物各部位沉降尽量趋于一致，以减小地基不均匀沉降的原则对其进行处理。

地基处理的对象是软弱地基和特殊土地基。《建筑地基基础设计规范》（GB 50007—2011）规定，软弱地基是指主要由淤泥、淤泥质土、冲填土、杂填土或其他高压缩性土层构成的地基。特殊土地基大部分带有地区特点，包括软土、湿陷性黄土、膨胀土、红黏土和冻土。

地基处理的目的就是加强地基的强度、稳定性，减少不均匀沉降等。随着我国地基处理设计水平的提高、施工工艺的不断改进和施工设备的更新，对于各种不良地基，经过地基处理后，一般均能满足建造大型、重型或高层建筑的要求。

地基处理方法有多种，按时间可分为临时处理和永久处理；按处理深度可分为浅层处理和深层处理；按土性对象可分为砂性土处理和黏性土处理；也可按地基处理的作用机理分类。

　　常用的人工地基处理方法有换土垫层法、重锤夯实、强夯、砂石桩法、水泥粉煤灰碎石桩法、石灰桩法等。

2.1　换土垫层法

　　当建（构）筑物基础下的持力层为软弱土层或地面标高低于基底设计标高，且不能满足上部荷载对地基强度和变形的要求时，常采用换土垫层法进行处理，即先将基础下一定范围内承载力低的软土层部分或全部挖去，然后分层换填强度较大的砂（碎石、素土、灰土、矿渣、粉煤灰）或其他性能稳定、无侵蚀性的材料等，并夯至密实。换土垫层法适用于处理各类浅层软弱地基及不均匀地基。

　　根据换填材料的不同，换土垫层法可分为砂垫层、碎（砂）石垫层、灰土垫层、矿渣垫层、粉煤灰垫层等。

2.1.1　砂垫层和砂石垫层

　　砂垫层和砂石垫层是将基础下一定范围内的土层挖去，然后利用较大的砂或碎石等回填，并经分层夯实至密实，以起到提高地基承载力、减少地基沉降量、加速软土地基的排水固结、防止季节性地基土的冻胀和消除膨胀地基土的胀缩性等作用。该地基具有施工工艺简单、工期短、造价低等优点，适用于处理透水性强的软弱黏性土地基；但不宜用于湿陷性黄土地基和不透水的黏性土地基，以免聚水而引起地基下沉和降低承载力。

　　1. 构造要求

　　砂石垫层厚度不宜小于 0.5m，也不宜大于 3m。垫层宽度（b'）除要满足基础底面应力扩散和不破坏侧面土质的要求外，还要根据垫层侧面土的容许承载力来确定，一般情况下，可按下式计算或根据当地经验确定

$$b' \geqslant b + 2z\tan\theta$$

式中　b——基础宽度。

　　垫层的宽度应沿基础两边各放出 200～300mm，如果侧面地基土的土质较差，还要适当增加。

　　2. 材料要求

　　砂和砂石垫层所用材料，宜采用颗粒级配良好，质地坚硬的中砂、粗砂、砾砂、碎（卵）石、石屑或其他工业废料。在缺少中、粗砂和砾砂的地区可采用细砂，但宜同时掺入一定数量的碎石或卵石，其掺量按设计规定（含石量不应大于 50%），且均匀分布。所用砂石料中，不得含有草根、垃圾等有机杂物，含泥量不应超过 5%。用于排水固结地基的砂石料，含泥量不宜超过 3%，碎石或卵石最大粒径不宜大于 50mm。

　　3. 施工要点

　　（1）垫层施工应根据不同的换填材料选择施工机械。砂和砂石垫层采用的施工机具和方法对垫层的施工质量至关重要。砂石料宜采用振动碾和振动压实机、插入式振动器等方法，其压实效果、分层铺填厚度、压实遍数、最佳含水量等，应根据具体施工方法及施工机具通过现场试验确定。

　　（2）施工前应先验槽，先将基底表面浮土、淤泥等杂物清除干净，边坡必须稳定，防止塌方。槽底和两侧如有孔洞、沟、井和墓穴等，应在未做换土垫层前加以处理。

（3）砂和砂石垫层底面宜铺设在同一标高上，如深度不同，基底土层应挖成阶梯形或斜坡搭接，并按先深后浅的顺序施工，搭接处应夯压密实。分层铺筑时，接槎应做成斜坡或阶梯形搭接，每层错开 500～100mm，并应充分捣实。

（4）人工级配的砂、石材料，应按级配拌和均匀，再进行铺填捣实。用细砂作填料时，应注意地下水的影响，且不宜使用平振法、插振法和水撼法。

（5）换土垫层应分层铺筑，分层夯实，每层的铺土厚度不宜超过表 1.12 规定的数值。

表 1.12　　　　砂和砂石地基每层铺筑厚度及最佳含水量

压实方法	每层铺筑厚度（mm）	施工时最优含水量（%）	施工说明	备注
平振法	200～250	15～20	用平板式振捣器往复振捣	不宜使用干细砂或含泥量较大的砂铺筑的砂地基
插振法	振捣器插入深度	饱和	（1）用插入式振捣器。 （2）插入点间距可根据机械振幅大小决定。 （3）不应插至下卧黏性土层。 （4）插入振捣完毕后所留的孔洞，应用砂填实	不宜使用细砂或含泥量较大的砂铺筑的砂地基
水撼法	250	饱和	（1）注水高度应超过每次铺筑面层。 （2）用钢叉摇撼捣实，插入点间距为 100mm。 （3）钢叉分四齿，齿的间距为 80mm，长 300mm	
夯实法	150～200	8～12	（1）用木夯或机械夯。 （2）木夯重 40kg，落距为 400～500mm。 （3）一夯压半夯，全面夯实	
碾压法	150～350	8～12	6～2t 压路机往复碾压	适用于大面积施工的砂和砂石地基

注　在地下水位以下的地基，其最下层的铺筑厚度可比本表增加 50mm。

（6）垫层施工时要注意施工排水。除采用水撼法施工砂垫层外，不得在浸水条件下施工。若在地下水位高于基坑（槽）底面施工时，应采取排水或降低地下水位的措施，使基坑保持无积水状态。

（7）冬期施工时，不得采用夹有冰块的砂石作垫层，并应采取措施防止砂石内水分冻结。

（8）垫层竣工验收合格后，应及时进行基坑回填和基础施工。

4．质量检验

（1）环刀法。采用环刀法检验垫层的施工质量时，在捣实后的砂垫层中，用容积不小于 200cm³ 的环刀取样，取样点应位于每层厚度的 2/3 深度处。检验点数量：每个单体工程不少于 3 点，对大基坑每 50～100m² 不应少于 1 个检验点；对基槽每 10～20 延长米不应少于 1

个点；每个独立柱基不应少于 1 个点。

（2）贯入法。当采用贯入法检查时，先将表面的砂刮去 3cm 左右，以不大于通过试验所确定的贯入度数值为合格。钢筋贯入测定法，用直径为 20mm、长为 1250mm 的平头钢筋，距离砂层面 700mm 自由下落，记录贯入深度。钢叉贯入测定法，用水撼法使用的钢叉，距离砂层面 500mm 自由下落，记录插入深度。以上钢筋或钢叉的插入深度，可根据砂的控制干密度预先进行小型试验确定。

5. 质量验收规定

（1）砂、石等原材料质量、配合比应符合设计要求，砂、石应搅拌均匀。

（2）施工过程中必须检查分层厚度、分段施工时搭接部分的压实情况、加水量、压实遍数、压实系数。

（3）施工结束后，应检验砂石垫层的承载力。

（4）砂和砂石垫层的质量验收标准应符合规定。

6. 砂石垫层工程质量事故及其原因分析

某厂的 4 座排成一行的造型机基础，由于其基础底面标高处于其两侧的柱基基础 2m 之上，而柱基与造型机基础相距较近，因此在开挖柱基坑时，就把造型机的地基一起挖除了。这样虽然对于地基开挖施工是方便了，但破坏了造型机基础下的原有地基。因此，在做完两侧柱基之后，还要在这两行柱基之间重做砂垫层，垫层高达 2m，然后才能在此垫层上做造型机基础。由于垫层采用细砂，施工质量差，使砂层密实度不符合设计要求。当试行投产开动造型机时，由于造型机振幅太大，使铸造用的砂箱出现裂缝，无法浇灌铸件，影响正常生产。后经有关各方论证，在基础外侧打入一排直管，灌注两种溶液并通以直流电，使基础外侧造成硅化墙体，然后打入斜管以防溶液溢出地基外侧。经测试，造型机振幅减少了 50%以上，对浇灌铸件已无任何影响，使生产得以正常进行。

2.1.2　灰土垫层

灰土垫层（石灰与土的体积配合比一般为 2∶8 或 3∶7）在湿陷性黄土地区使用较为广泛。这是一种以土治土的处理湿陷性黄土的传统方法。它是将基础底面下一定范围内的软弱土层挖去，用按一定体积比配合的石灰和黏性土拌和均匀，在最优含水量情况下分层回填夯实或压实而成，一般用于处理 1～4m 厚的软弱土层。通过处理基底下的湿陷性土层，可达到减小地基的总湿陷量，并控制未处理土层湿陷量的处理效果。

1. 构造要求

灰土垫层厚度确定原则同砂垫层。垫层宽度一般为灰土顶面基础砌体宽度加 2.5 倍灰土厚度之和。

2. 材料要求

灰土土料宜使用粉质黏土，不宜使用块状黏土和砂质粉土，不得使用表面耕植土、冻土或夹有冻块的土，并应过筛，其颗粒不得大于 15mm。

石灰宜用新鲜的熟石灰，用作灰土的熟石灰应过筛，粒径不得大于 5mm，并不得夹有未熟化的生石灰块和含有过量水分。

通常灰土地基所含石灰（$CaO+MgO$）总量达到 8%左右为最佳，和土的体积比一般以 2∶8 或 3∶7 作为最佳含灰率。承载力不高时可用 1∶9 灰土。

3. 施工要点

（1）施工前应先验槽，将积水、淤泥清除干净，待干燥后再铺灰土。如发现局部有软弱土层或孔洞，应及时挖除后用灰土分层回填夯实。

（2）施工时，应将灰土拌和均匀，颜色一致，并适当控制其含水量。含水量按经验在现场直接判断，其方法是用手紧握土料成团，两指轻捏即碎。这时，灰土接近最佳含水量。如土料水分过多或不足，应晾干或洒水湿润。灰土拌好后应及时铺好夯实，不得隔日夯打。

（3）铺灰应分段分层夯筑，每层虚铺厚度应按所用夯实机具参照表 1.13 的规定选用。每层灰土的夯打遍数，应根据设计要求的干密度在现场试验确定。

表 1.13　　　　　　　　灰土最大虚铺厚度

夯实机具种类	质量（t）	厚度（mm）	备　注
石夯、木夯	0.04～0.08	200～250	人力送夯，落距 400～500mm，每夯搭接半夯
轻型夯实机械	0.12～0.4	200～250	蛙式打夯机，柴油打夯机双轮
压路机	6～10（机重）	200～300	蛙式打夯机，柴油打夯机双轮

（4）灰土分段施工时，不得在墙角、柱基及承重窗间墙下接缝。上下两层的缝距不得小于 500mm。接缝处应夯压密实后 3d 内不得受水浸泡，冬季应防冻，每层验收后应及时铺填上层，防止干燥后松散、起尘污染，同时禁止车辆碾压通行。

（5）在地下水位以下的基坑（槽）内施工时，应采取排水措施，使其在无水状态下施工。夯实后的灰土 3d 内不得受水浸泡。灰土地基打完后，应及时进行基础施工和回填土，否则要做临时遮盖，防止日晒雨淋。刚打完毕或尚未夯实的灰土，如遭受雨淋浸泡，则应将积水及松软灰土除去并补填夯实，受浸湿的灰土，应在晾干后再夯打密实。

（6）冬期施工时，不得采用冻土或夹有冻土的土料，并应采取有效的防冻措施。

4. 质量检查

灰土垫层的质量检查，可以采用环刀法或钢筋贯入法检验。垫层的质量检验必须分层进行，每夯压完一层，应检验该层的平均压实系数 λ_c，一般为 0.93～0.95。当压实系数符合设计要求后，才能铺填上层。

如无设计规定，也可按表 1.14 的要求执行。如用贯入仪检查灰土质量，应先进行现场试验，以确定贯入度的具体要求。

表 1.14　　　　　　　　灰土质量标准

土料种类	黏土	粉质黏土	粉土
灰土最小干密度（kg/m³）	1450	1500	1550

5. 灰土垫层质量验收规定

（1）灰土土料、石灰或水泥（当水泥替代灰土中的石灰时）等材料及配合比应符合设计要求，灰土应搅拌均匀。

（2）施工过程中应检查分层铺设的厚度、分段施工时上下两层的搭接长度、夯实时加水量、夯压遍数、压实系数。

（3）施工结束后，应检验灰土垫层的承载力。

6. 施工中常见的质量通病及其原因分析

（1）灰土本身质量差。主要原因有：

1）原材料质量差。灰土原材料是土和白灰，作为土料，一般以黏性土为好，但若黏性土黏性太大，难以破碎和夯实，也不合适。施工验收规范规定，尽量采用基槽挖出的土，凡是有机质含量不大的黏性土，均可做灰土的土料。在施工中若不注意除去表面的耕植土和有碎砖、瓦块、杂草及含有较多有机质呈黑色的土，便会影响灰土质量。

用做灰土的生石灰，在工地堆积时间长，过早消解熟化而影响灰土垫层或基础的强度。因此，风化已久或受雨淋成团的石灰，不得使用。

2）配合比掌握不准或不正确。灰土配合比按照规范规定，一般为体积比，可以用小车或木斗计量，常用的配合比为 2∶8 或 3∶7。

3）拌和不均匀，灰土强度低。拌和均匀是提高灰土强度的关键。因此，灰土拌和一定要均匀，颜色一致，拌好后应及时铺好夯实。

4）含水量不合适影响灰土的密实度。灰土的压实效果与灰土的含水量有很大关系。含水量太小，不易夯实；含水量太大，不容易走夯。

5）没有根据不同的夯实机具来确定灰土的虚铺厚度，因而也影响灰土的密实度。

6）灰土的抗压强度随灰土密度的增大而提高，灰土的密度除和含水量及虚铺厚度有关外，还和夯实遍数有直接关系。试验表明，3∶7 灰土多打一遍，龄期 90d 的抗压强度可提高 40%。

（2）灰土在硬化初期浸水或受冻，强度降低。主要原因有：

1）雨期施工或在地下水位下的基槽（坑）内施工，排水措施不完善或不当，使夯实的土在夯实后 3d 内受水浸泡。

2）基坑不干燥。

3）灰土打完后，没有及时进行上部基础施工和回填基槽基坑，也没有做临时遮盖。

4）冬期施工中，灰土中混入冻土块，同时防冻措施不当。

（3）灰土局部强度较低。

2.2　夯实地基

2.2.1　重锤夯实地基

重锤夯实地基是用起重机械将夯锤提升到一定高度后，然后自由落锤，利用夯锤自由下落时的冲击能来夯实基土表面，形成一层较为均匀的硬壳层，从而使地基得到加固。

重锤夯实地基一般适用于处理地下水位以上稍湿的黏性土、砂土、湿陷性黄土、杂填土和分层填土，以提高其强度，减少其压缩性及不均匀性；也可用于消除湿陷性黄土的表层湿陷性。但当夯击对邻近的建筑物、设备及施工中的砌筑工程或浇筑混凝土等产生不利影响，或地下水位高于有效夯实深度及在有效深度内存在软黏土层时，不宜采用。该方法具有施工简便，费用较低，布点较密，夯击遍数多，施工期相对比较长，夯击能量小，孔隙水难以消散，加固深度有限，土的含水量稍高时，易夯成橡皮土，处理较困难等特点。

1. 机具设备

（1）起重机械。起重机械可采用带有摩擦式卷扬机的履带式起重机、打桩机、龙门式起重机或悬臂式桅杆起重机等。其起重能力：如采用自动脱钩，应大于夯锤质量的 1.5 倍；如

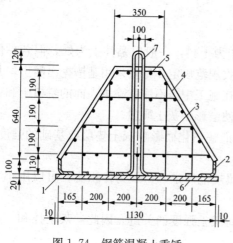

图 1.74　钢筋混凝土重锤

直接用钢丝绳悬吊夯锤，应大于夯锤质量的3倍。

（2）夯锤。夯锤形状宜为截头圆锥体，可用C20钢筋混凝土制作，其底部可填充废铁并设置钢底板，以使重心降低。夯锤质量宜为 1.5～3.0t，底面直径为 1.0～1.5m，落距一般为2.5～4.5m，锤底面单位静压力宜为 15～20kPa。吊钩宜采用自制半自动脱钩器，以减少吊索的磨损和机械振动，如图 1.74 所示。

2. 施工要点

（1）地基重锤夯实前应在现场进行试夯，选定夯锤质量、底面直径和落距，以便确定最后下沉量及相应的最少夯击遍数和总下沉量。最后下沉量是指最后两击的平均下沉量，对黏性土和湿陷性黄土取 10～20mm；对砂土取 5～10mm，以此作为控制停夯的标准。

（2）采用重锤夯实分层填土地基时，每层的虚铺厚度以相当于夯锤底面直径为宜，夯击遍数由试夯确定。

（3）基坑的夯实范围应大于基础底面，每边应超出基础边缘 300mm 以上，以便于底面边角夯打密实。夯实前基坑（槽）底面应高出设计标高，预留土层的厚度一般为试夯时的总下沉量再加 50～100mm。

（4）夯实时地基土的含水量应控制在最佳含水量范围以内。如土的表层含水量过大，可采用铺撒吸水材料（如干土、碎砖、生石灰等）、换土或其他有效措施；如含水量过低，应待水全部渗入土中一昼夜后方可夯击。

（5）在大面积基坑或条形基槽内夯击时，应按一夯挨一夯顺序进行［见图 1.75（a）］。在一次循环中同一夯位应连夯两遍，下一循环的夯位，应与前一循环错开 1/2 夯锤底面直径，落锤应平稳，夯位应准确。在独立柱基基坑内夯击时，可采用先周边后中间［见图1.75（b）］或先外后里的跳打法［见图 1.75（c）］进行。基坑（槽）底面标高不同时，应按先深后浅的顺序逐层夯击。

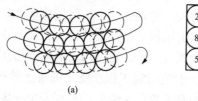
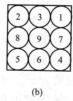
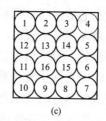

(a)　　　　　　　(b)　　　　　　　(c)

图 1.75　夯打顺序

（a）顺序夯打；（b）先周边后中间；（c）跳打法

（6）夯实完后，应将基坑（槽）表面修正至设计标高。冬期施工时，必须保证地基在不冻的状态下进行夯击。否则应将冻土层挖去或将土层融化。若基坑挖好后不能立即夯实，应采取防冻措施。

3. 质量检查

重锤夯实完后应检查施工记录。除应符合试夯最后下沉量的规定外，还应检查基坑（槽）表面的总下沉量，以不小于试夯总下沉量的 90％为合格；也可在地基上选点夯击，检查最后下沉量。检查点数：独立基础每个不少于 1 处；基槽每 20m 不少于 1 处；整片地基每 50m² 不少于 1 处。检查后如质量不合格，应进行补夯，直至合格为止。

2.2.2　强夯地基

强夯地基是用起重机械（起重机或起重机配三脚架、龙门架）将重锤（一般为 8～30t，最重达 200t）从高处（落距一般为 6～40m）自由落下给地基以强大冲击能量的夯击，使土中出现冲击波和动应力，迫使土体中孔隙压缩，排除孔隙中的气和水，使土粒重新排列，迅速固结，从而提高地基土的强度、降低土压缩性、改善砂土的抗液化条件、消除湿陷性黄土的湿陷性等的一种有效的地基加固方法。

强夯法开始使用时，仅用于碎石土、杂填土和素填土等地基的处理。该方法由于加固效果好，施工速度快，节约原材料，施工简便，施工时噪声和振动大的特点已广泛用于碎石土、砂土、低饱和度的粉土与黏性土、湿陷性黄土、杂填土及素填土等地基的加固处理。

1. 机具设备

（1）起重机械。强夯法起重机械宜采用带有自动脱钩装置的起重能力为 150kN 以上的履带式起重机，也可采用专用三角起重架或龙门架作起重设备。起重机械的起重能力，当直接用钢丝绳悬吊夯锤时，应大于夯锤质量的 3～4 倍，当采用自动脱钩装置时，起重能力大于 1.5 倍的夯锤质量。

（2）夯锤。夯锤材料大多采用以钢板为外壳内部焊接骨架后灌注 C30 混凝土，也有为了运输方便和根据工程需要，浇筑成在混凝土的锤上能临时装配钢板的组合锤，如图 1.76 所示。

夯锤底面有圆形和方形两种。圆形由于不易旋转，定位方便，重合性好，故采用较多。夯锤底面面积根据土的性质确定，对砂性土一般为 3～4m²，对黏性土不宜小于 6m²。夯锤底面静压力值可取 25～40kPa，对于细颗粒土，夯锤底面静压力宜取较小值。夯锤中宜设置若干个上下贯通的气孔，以减少夯击时空气阻力。

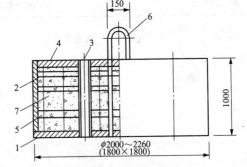

图 1.76　组合锤构造

1—钢板底板（厚 30mm）；2—钢板外壳（厚 18mm）；
3—6×φ159mm 钢管；4—水平钢筋网片 φ16@200mm；
5—骨架 φ14@400mm；6—φ50mm 吊环；7—C30 混凝土

（3）脱钩装置。脱钩装置是强夯施工的重要机具，应具有足够的强度，且施工灵活。常用的工地自制自动脱钩器由吊环、耳板、销环、吊钩等组成，是由钢板焊接制成。国外采用履带式起重机作为强夯起重机械时，常采用单根钢丝绳提升夯锤，夯锤下落时钢丝绳也随着下落，所以夯击效率较高。

2. 施工要点

（1）强夯施工前，应进行地基的地质勘察和试夯。通过对试夯前后试验结果对比分析，确定正式施工时的各项技术参数。

（2）强夯前应平整场地，周围做好排水沟，按夯点布置，测量放线确定夯位。地下水位较高时，应在表面铺 0.5～2.0m 厚的中（粗）砂或砂砾石、碎石基础，可使地表形成硬层，防止设备下陷和便于消散强夯产生的孔隙水压，或降低地下水位后再强夯。

（3）强夯施工须按试验和设计确定的技术参数进行。夯击时，落锤应保持平稳，夯位应准确，如错位或坑底倾斜过大，宜用砂土将坑底填平再进行下一次夯击。

（4）每夯击一遍完后，应测量场地平均下沉量，然后用新土或周围土将夯坑填平，再进行下一遍夯击。最后一遍的场地平均下沉量，必须符合要求。

（5）强夯施工最好在干旱季节进行，如遇雨天施工，夯击坑内或夯击过的场地有积水，必须及时排除。坑底上含水量过大时，可铺砂石后再进行夯击。冬期施工时，应清除地表的冻土层再强夯，夯击次数要适当增加。

（6）强夯施工过程中按要求检查每个夯实点的夯击能量、夯击次数和每击夯沉量等，并对各项参数施工情况进行详细记录，作为质量控制的依据。

3. 质量检查

强夯地基在施工过程中应检查施工记录及各项技术参数。施工结束后应间隔一定时间才能对地基加固质量进行检查。检查内容有被夯地基的强度并进行承载力检验。一般可采用标准贯入、静力触探或轻便触探等方法检查被夯地基的强度或进行荷载试验。检查点数量：每一独立基础至少有一点，基槽每 20 延长米有一点，整片地基 50～100m² 取一点。检验深度应不小于设计要求加固的深度。强夯地基的质量检验标准，见表 1.15。

表 1.15   强夯地基质量检验标准

项目	序号	检查项目	允许偏差或允许值		检查方法
			单位	数值	
主控项目	1	标贯或触探试验	设计要求		按规定方法
	2	荷载试验	设计要求		按规定方法
一般项目	1	夯锤落距	mm	±300	钢索设标志
	2	夯锤质量	kg	±100	称重
	3	夯击遍数及顺序	设计要求		计数法
	4	夯点间距	mm	±500	尺量
	5	夯击范围（超出基础范围距离）	设计要求		尺量
	6	前后两遍间歇时间	设计要求		

4. 常见质量问题及原因分析

（1）地面隆起及翻浆。

1）原因分析。

a. 夯点选择不合适，使夯击压缩变形的扩散角重叠。

b. 夯击有侧向挤出现象。

c. 夯击后间歇时间短，孔隙水压力未完全消散。

d. 有的土质夯击数过多易出现翻浆。

e. 雨期施工或土质含水量超过一定量（一般为 20％）时，夯坑周围出现隆起及夯点有翻浆的现象。

2）预防措施。

a. 调整夯点间距、落距、夯击数等，使之不出现地面隆起和翻浆为准。

b. 施工前要进行试夯，确定各夯点相互干扰的数据、各夯点压缩变形的扩散角、各夯点达到要求效果的遍数、每夯一遍孔隙水压力消散完的间歇时间。

c. 根据不同土层的设计要求，选择合理的操作方法。

d. 在易翻浆的饱和黏性土上，可在夯点下铺填砂石垫层，以利于孔隙水压的消散，可一次铺成或分层铺填。

e. 尽量避免雨期施工，必须在雨期施工时，要挖排水沟，设集水井，地面不得有积水，减少夯击数，增加孔隙水的消散时间。

（2）夯击效果差。强夯后未能满足设计要求深度内的密实度。

1）原因分析。

a. 冬期施工土层表面受冻，强夯时冻块夯入土中，这样既消耗了夯击能量，又使未经压缩的土块夯入土中。

b. 雨期施工时，地表积水或地下水位高，影响了夯击效果。

c. 夯击时在土中产生了较大的冲击波，破坏了原状土，使之产生液化。

d. 遇有淤泥或淤泥质土，强夯无效果，虽然有裂隙出现，但孔隙水压不易消散掉。

2）防治措施。

a. 雨期施工时，施工表面不能有积水，并增加排水通道，夯填及时回填压实。

b. 地下水位高时，可采用轻型井点降水或明排水等办法降低水位。

c. 冬期应尽可能避免施工，否则应增大夯击能量使之能击碎冻块，并清除大冻块，避免未被击碎的冻块埋在土中。

d. 若基础埋置较深，可采取先挖除表层土的办法，使地表标高接近基础标高，减少夯击厚度，提高加固效果。

e. 夯击点一般按三角形或正方形网格状布置，对荷载较大的部位，可适当增加夯击点。

f. 建筑物最外围夯点的轮廓中心线，应比建筑物最外边轴线再扩大 1～2 排夯点。

g. 土层发生液化应停止夯击。

h. 间歇时间是保证夯击效果的关键，主要根据孔隙水压力消散完来确定。

i. 夯锤应有排气孔，以克服气垫作用，减少冲击能的损耗和起锤时夯坑底对夯锤的吸力，增加夯击效果。

j. 在正式施工前，应通过试夯和静荷载试验，确定有关参数；夯击遍数应根据地质情况确定。

（3）土层中有软弱土。土层中存在黏土夹层，不利加固深度与加固效果。

1）原因分析。软黏土弱夹层位于加固范围之内，则加固只能达到弱夹层表面，而在软弱层下面的土层很难得到加固，这是由于该层吸收了夯击能量难以向下传递所致。

2）防治措施。

a. 尽量避免在软弱夹层采用强夯法加固地基。

b. 加大夯击能量。

2.3　复合地基

2.3.1　砂石桩法

砂石桩地基是采用振动、冲击或水冲等方式在地基中成孔后，再将碎石、砂或砂石挤压入已成的孔中，形成砂石所构成的密实桩体，并和原桩周围土体形成复合地基的处理方法。

1. 一般规定

（1）砂石桩地基处理方法适用于挤密松散砂土、粉土、黏性土、素填土、杂填土等地基。

（2）采用砂石桩处理地基应补充设计、施工所需的有关技术资料。对黏性土地基，应有地基土的不排水抗剪强度指标；对砂土和粉土地基，应有地基土的天然孔隙比、相对密实度或标准贯入击数、砂石料特性、施工机具及性能等资料。

（3）用砂石桩挤密素填土和杂填土等地基的设计及质量检验，应符合规范有关规定。

2. 施工

（1）砂石桩施工可采用振动沉管、锤击沉管或冲击成孔等成桩法。当用于消除粉细砂及粉土液化时，宜用振动沉管成桩法。

（2）施工前应进行成桩工艺和成桩挤密试验。当成桩质量不能满足设计要求时，应在调整设计与施工有关参数后，重新进行试验或改变设计。

（3）振动沉管成桩法施工应根据沉管和挤密情况，控制填砂石量、提升高度和速度、挤压次数和时间、电动机的工作电流等。

（4）施工中应选用能顺利出料和有效挤压桩孔内砂石料的桩尖结构。当采用活瓣桩靴时，对砂土和粉土地基宜选用尖锥形；对黏性土地基宜选用平底形；一次性桩尖可采用混凝土锥形桩尖。

（5）锤击沉管成桩施工可采用单管法或双管法。锤击法挤密应根据锤击的能量，控制分段的填砂石量和成桩的长度。

（6）砂石桩的施工顺序：对砂土地基宜从外围或两侧向中间进行，对黏性土地基宜从中间向外围或隔排施工；在既有建（构）筑物临近施工时，应背离建（构）筑物方向进行。

（7）施工时桩位水平偏差不应大于 0.3 倍套管外径；套管垂直度偏差不应大于 1%。

（8）砂石桩施工后，应将基底标高下的松散层挖除或夯压密实，随后铺设并压实砂石垫层。

3. 质量检验

（1）应在施工期间及施工结束后，检查砂石桩的施工记录。对沉管法，尚应检查套管往复挤压振动次数与时间、套管升降幅度和速度、每次填砂石料量等项施工记录。

（2）施工后应间隔一定时间方可进行质量检验。对饱和黏性土地基应待孔隙水压力消散后进行，间隔时间不宜少于 28d；对粉土、砂土和杂填土地基，不宜少于 7d。

（3）砂石桩的施工质量检验可采用单桩荷载试验，对桩体可采用动力触探试验检测，对桩间土可采用标准贯入、静力触探、动力触探或其他原位测试等方法进行检测。桩间土质量的检测位置应在等边三角形或正方形的中心。检测数量不应少于桩孔总数的 2%。

（4）砂石桩地基竣工验收时，承载力检验应采用复合地基荷载试验。

（5）复合地基荷载试验数量不应少于总桩数的 0.5%，且每个单体建筑不应少于 3 点。

2.3.2 水泥粉煤灰碎石桩法（CFG 桩）

水泥粉煤灰碎石桩法是由水泥、粉煤灰、碎石、石屑或砂等混合料加水拌和形成高黏结强度桩，并由桩、桩间土和褥垫层一起组成复合地基的地基处理方法。

1. 一般规定

（1）水泥粉煤灰碎石桩（CFG 桩）法适用于处理黏性土、粉土、砂土和已自重固结的素填土等地基。对淤泥质土应按地区经验或通过现场试验确定其适用性。

（2）水泥粉煤灰碎石桩应选择承载力相对较高的土层作为桩端持力层。

（3）水泥粉煤灰碎石桩复合地基设计时应进行地基变形验算。

2. 施工

（1）水泥粉煤灰碎石桩的施工，应根据现场条件选用下列施工工艺：

1）长螺旋钻孔灌注成桩，适用于地下水位以上的黏性土、粉土、素填土、中等密实以上的砂土。

2）长螺旋钻孔、管内泵压混合料灌注成桩，适用于黏性土、粉土、砂土，以及对噪声或泥浆污染要求严格的场地。

3）振动沉管灌注成桩，适用于粉土、黏性土及素填土地基。

（2）长螺旋钻孔、管内泵压混合料灌注成桩施工和振动沉管灌注成桩施工除应执行国家现行标准有关规定外，尚应符合下列要求：

1）施工前应按设计要求由实验室进行配合比试验，施工时按配合比配制混合料。长螺旋钻孔、管内泵压混合料成桩施工的坍落度宜为 160～200mm，振动沉管灌注成桩施工的坍落度宜为 30～50mm，振动沉管灌注成桩后桩顶浮浆厚度不宜超过 200mm。

2）长螺旋钻孔、管内泵压混合料成桩施工在钻至设计深度后，应准确掌握提拔钻杆时间，混合料泵送量应与拔管速度相配合，遇到饱和砂土或饱和粉土层，不得停泵待料；沉管灌注成桩施工拔管速度应按匀速控制，拔管速度应控制在 1.2～1.5m/min，如遇淤泥或淤泥质土，拔管速度应适当放慢。

3）施工桩顶标高宜高出设计桩顶标高不少于 0.5m。

4）成桩过程中，抽样做混合料试块，每台机械一天应做一组（3 块）试块（边长为 150mm 的立方体），标准养护，测定其立方体抗压强度。

（3）冬期施工时混合料入孔温度不得低于 5℃，对桩头和桩间土应采取保温措施。

（4）清土和截桩时，不得造成桩顶标高以下桩身断裂和扰动桩间土。

（5）褥垫层铺设宜采用静力压实法，当基础底面下桩间土的含水量较小时，也可采用动力夯实法，夯填度（夯实后的褥垫层厚度与虚铺厚度的比值）不得大于 0.9。

（6）施工垂直度偏差不应大于 1%；对满堂布桩基础，桩位偏差不应大于 0.4 倍桩径；对条形基础，桩位偏差不应大于 0.25 倍桩径；对单排布桩，桩位偏差不应大于 60mm。

3. 质量检验

（1）施工质量检验主要应检查施工记录、混合料坍落度、桩数、桩位偏差、褥垫层厚度、夯填度和桩体试块抗压强度等。

（2）水泥粉煤灰碎石桩地基竣工验收时，承载力检验应采用复合地基荷载试验。

（3）水泥粉煤灰碎石桩地基检验应在桩身强度满足试验荷载条件时，并宜在施工结束

28d 后进行。试验数量宜为总桩数的 0.5%～1%，且每个单体工程的试验数量不应少于 3 点。

（4）应抽取不少于总桩数的 10% 进行低应变动力试验，检测桩身完整性。

2.3.3　石灰桩法

石灰桩法由生石灰与粉煤灰等掺合料拌和均匀，在孔内分层夯实形成竖向增强体，并与桩间土组成复合地基的地基处理方法。

1. 一般规定

（1）石灰桩法适用于处理饱和黏性土、淤泥、淤泥质土、素填土和杂填土等地基；用于地下水位以上的土层时，宜增加掺合料的含水量并减少生石灰用量，或采取土层浸水等措施。

（2）对重要工程或缺少经验的地区，施工前应进行桩身材料配合比、成桩工艺及复合地基承载力试验。桩身材料配合比试验应在现场地基土中进行。

2. 施工

（1）石灰材料应选用新鲜生石灰块，有效氧化钙含量不宜低于 70%，粒径不应大于 70mm，含粉量（即消石灰）不宜超过 15%。

（2）掺合料应保持适当的含水量，使用粉煤灰或炉渣时含水量宜控制在 30% 左右。无经验时，宜进行成桩工艺试验，确定密实度的施工控制指标。

（3）石灰桩施工可采用洛阳铲或机械成孔。机械成孔分为沉管和螺旋钻成孔。成桩时，可采用人工夯实、机械夯实、沉管反插、螺旋反压等工艺。填料时必须分段压（夯）实，人工夯实时每段填料厚度不应大于 400mm。管外投料或人工成孔填料时，应采取措施减小地下水渗入孔内的速度，成孔后填料前应排除孔底积水。

（4）施工顺序宜由外围或两侧向中间进行，在软土中宜间隔成桩。

（5）施工前应做好场地排水设施，防止场地积水。

（6）进入场地的生石灰应有防水、防雨、防风、防火措施，宜做到随用随进。

（7）桩位偏差不宜大于 0.5d。

（8）应建立完整的施工质量和施工安全管理制度，根据不同的施工工艺制定相应的技术保证措施。及时做好施工记录，监督成桩质量，进行施工阶段的质量检测等。

（9）石灰桩施工时应采取防止冲孔伤人的有效措施，确保施工人员的安全。

3. 质量检验

（1）石灰桩施工检测宜在施工 7～10d 后进行；竣工验收检测宜在施工 28d 后进行。

（2）施工检测可采用静力触探、动力触探或标准贯入试验。检测部位为桩中心及桩间土，每两点为一组。检测组数不少于总桩数的 1%。

（3）石灰桩地基竣工验收时，承载力检验应采用复合地基荷载试验。

（4）荷载试验数量宜为地基处理面积每 200㎡ 左右布置一个点，且每一单体工程不应少于 3 点。

项目 3　桩基础工程

桩基础又称桩基，是一种常用的基础形式。当采用天然地基浅基础已经不能满足建筑物对地基变形和强度方面要求，而又不宜进行地基处理时，可以利用下部坚硬土层或岩层作为基础的持力层而设计成深基础，其中较为常用的为桩基础。

桩基础由置于土中的桩身和承接上部结构的承台两部分组成，见图 1.77。桩基础的主要作用是将上部结构的荷载通过桩身与桩端传递到深处承载力较大的坚硬土层或岩石上。

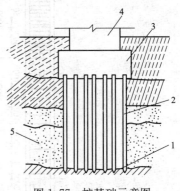

桩基础按承载性状可分为摩擦型桩和端承型桩。摩擦型桩又可分为摩擦桩和端承摩擦桩。摩擦桩是指桩顶荷载由桩侧阻力承受；端承摩擦桩是指桩顶荷载主要由桩侧阻力承受。端承型桩又可分为端承桩和摩擦端承桩。端承桩是指桩顶荷载由桩端阻力承受；摩擦端承桩是指桩顶荷载主要由桩端阻力承受。

图 1.77　桩基础示意图
1—持力层；2—桩；3—桩基承台；
4—上部建筑物；5—软弱层

桩基础按桩身材料可分为混凝土桩、钢桩、组合材料桩；按桩的施工方法可分为预制桩、灌注桩；按成桩方法可分为非挤土桩、部分挤土桩、挤土桩；按桩的使用功能可分为竖向抗压桩、竖向抗拔桩、水平受荷桩、复合受荷桩。

3.1　钢筋混凝土预制桩施工

钢筋混凝土预制桩是建筑工程中最常用的一种桩型，分为实心桩和管桩两种。为了便于预制，实心桩断面大多做成方形，断面尺寸一般为 200mm×200mm～600mm×600mm（见图 1.78）。单节桩的最大长度，根据打桩架的高度而定，一般在 27m 以内。当长桩受运输条件和桩架高度限制时，可以将桩预制成几段，在打桩过程中逐段接长。混凝土管桩为中空，一般在预制厂用离心法成型，常用桩径为 300、400、550mm（外径）。

3.1.1　桩的制作、起吊、运输、堆放

1. 桩的制作

通常较短的桩多在预制厂生产；较长的桩一般在打桩现场附近或打桩现场就地预制。现场预制桩多用重叠间隔法制作。制作程序为：现场布置→场地地基处理、整平→浇筑场地地坪混凝土→支模→绑扎钢筋骨架、安设吊环→浇筑混凝土→养护至 30％强度拆除模板→支间隔端头模板、刷隔离剂、绑钢筋→浇筑间隔桩混凝土→同样的方法重叠间隔制作第二层桩→养护至 75％强度起吊→达 100％强度后运输、堆放。

2. 桩的起吊、运输、堆放

（1）桩的起吊。混凝土预制桩达到设计强度等级的 75％后方可起吊。如提前吊运，必须验算合格。桩在起吊和搬运时，吊点应符合设计规定，如无吊环，设计又未作规定，可按图 1.79 所示位置设置吊点起吊。捆绑时，吊索与桩之间应加衬垫，以免损坏棱角。起吊时，应平稳提升，吊点同时离地，采取措施保护桩身质量，防止撞击和振动。

（2）桩的运输和堆放。桩运输时的强度应达到设计强度标准值的 100％。长桩运输可采用平板拖车；短桩运输可采用载重汽车或轻轨平板车。运行时，要做到行车平稳，防止碰撞和冲击。桩的堆放场地要平整、坚实、排水通畅。垫木间距应根据吊点确定，各层垫木应位于同一垂直线上，最下层垫木应适当加宽，堆放层数不宜超过四层。不同规格的桩应分别

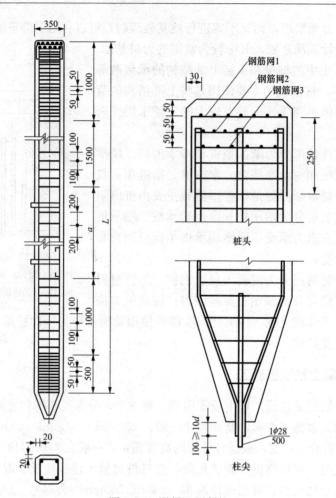

图 1.78　混凝土预制桩

堆放。

3.1.2　打桩机械设备及选择

打桩机械设备主要包括桩锤、桩架、动力设备三部分。桩锤作用是对桩施加冲击力，将桩打入土中。桩架作用是支持桩身和桩锤将桩吊到打桩位置，并在打入过程中引导桩的方向，保证桩锤沿着所要求的方向冲击。动力装置包括启动桩锤用的动力设施，如卷扬机、锅炉、空气压缩机等。

1. 桩锤选择

常用的桩锤有落锤、蒸汽锤、柴油锤和振动锤等。

（1）落锤。构造简单，使用方便，冲击力大，能随意调整落距，适用于打细长尺寸的混凝土桩，在一般土层及黏土、含有砾石的土层中均可使用，但打桩速度较慢（每分钟 6～20 次），效率低，且对桩的损伤较大。落锤重力一般为 5～20kN。

（2）蒸汽锤。是利用蒸汽的动力推动锤体进行锤击，常用于较软弱的土层中打桩，按其工作原理可分为单动汽锤和双动汽锤两种。单动汽锤结构简单，落距小，打桩速度及冲击力比落锤大，效率较高；双动汽锤冲击次数多，冲击力大，工作效率高。蒸汽锤适用于打各种桩，尤其双动汽锤还可用于打斜桩、水下打桩、拔桩。

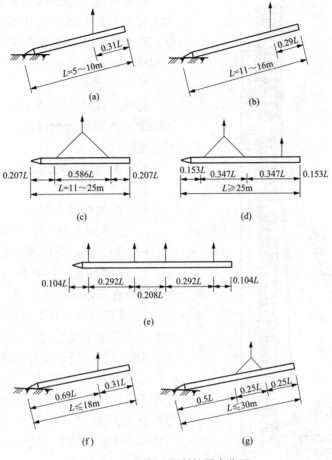

图 1.79   混凝土预制桩吊点位置

（3）柴油锤。常用的柴油锤有筒式和杆式两种。其中筒式柴油锤由于其性能较好，故应用较为广泛。筒式柴油锤是利用燃油爆炸时产生的压力，将桩锤抬起，然后自由落下冲击桩顶，如此往复运动将桩打入土中；具有打桩快，燃料消耗少，使用方便，不需要外部能源的特点；最适合于打钢板桩、木桩，不适用于过硬或过软土层。

（4）振动锤。利用偏心轮引起激振，通过刚性连接的桩帽传到桩上，施工操作简单，安全，沉桩速度快，能打各种桩。

桩锤的类型应根据施工现场情况、机具设备条件及工作方式和工作效率等来选择。桩锤类型确定之后，还要确定桩锤质量，桩锤质量的选择应根据地质条件、桩的类型与规格、桩的密集程度、单桩竖向承载力及现场施工条件等决定。

2. 桩架的选择

选择桩架时，应考虑桩锤的类型、桩的长度和施工条件等因素。桩架的高度由桩的长度、桩锤高度、桩帽厚度及所用的滑轮组的高度决定。此外，还应留 1～2m 的高度作为桩锤的伸缩余地。桩架的种类很多，应用较广的为多功能桩架及履带式桩架（见图 1.80）。

多功能桩架的机动性和适应性很大，在水平方向可做 360°回转，立杆可以向前、后倾斜，底盘装有铁轮，可在钢轨上行走。这种桩架可用于各种预制桩和灌注桩施工。

履带式桩架是以履带式起重机为底盘，增加立柱和斜撑组成。行走时不需铁轨，移动方便，机动性比多功能桩架更灵活，可用于各种预制桩及灌注桩施工。

3. 动力装置

打桩工程动力装置的配置，依据选用的桩锤而定。当选用蒸汽锤时，需配备蒸汽锅炉及卷扬机。

3.1.3 打桩施工工艺

1. 施工准备

（1）现场准备工作。

1）处理障碍物。打桩前，应认真处理高空、地上和地下的障碍物及高压线路等。

2）平整场地。打桩场地必须平整、坚实，并且还要保证场地排水畅通。

3）定位放线。在打桩现场或附近区域设水准点，位置应不受打桩影响，数量不少于 2 个，施工中用以抄平场地及控制桩顶的水平标高。

（2）确定打桩顺序。在确定打桩顺序时，应考虑打桩时土体被挤压对打桩的质量及周围建筑物的影响。根据桩的密集程度、桩的规格、长度和桩架移动方便程度来确定打桩顺序（见图 1.81）。

当桩规格、埋深、长度不同时，宜先大后小，先深后浅，先长后短施打；当基坑不大时，打桩应逐排打设或从中间开始向两边打设；当

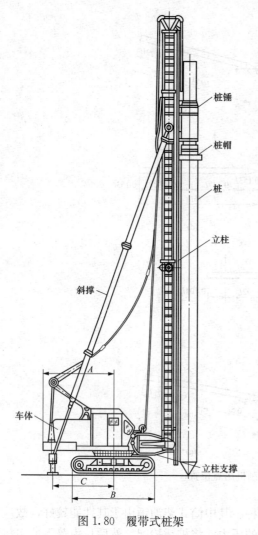

图 1.80　履带式桩架

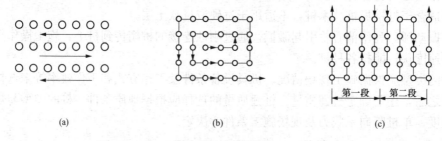

图 1.81　打桩顺序

（a）逐排打设；（b）自中部向四周打设；（c）由中间向两侧打设

基坑较大时，应将基坑分段，而后在各段范围内分别进行，但打桩应避免自外向内或从周边向中间进行，以免中间土体被挤密造成困难；对密集群桩，应从中间向两边或四周打设；在粉质黏土及黏土地区，应避免朝一个方向进行，使土体向一边挤压，造成入土深度不一，导

致不均匀沉降；当距离大于或等于 4 倍桩直径，则与打桩顺序无关。

2. 操作工艺

桩架就位后即可吊桩，利用桩架的滑轮组提升吊起到直立状态时，把桩送入桩架的龙门导杆内，使桩尖垂直对准桩位中心，缓缓放下插入土中。桩插入时垂直度偏差不得超过 0.5%。桩就位后，将桩帽套入桩顶，将桩锤压在桩帽上，使桩锤、桩帽、桩身中心线在同一垂直线上，在桩的自重和锤重作用下，桩沉入土中一定深度，然后一次校正桩的垂直度，检查无误后，即可打桩。

打桩时，为取得良好的效果，可采用"重锤低击"法。开始打入时，锤的落距为 0.6～0.8m，不宜高，待沉入土中一定深度不宜发生偏移时，再增大落距及锤击次数，连续锤击。

混凝土预制长桩，受运输条件等限制，一般将长桩分成数节制作，分节打入，在现场接桩。常用的接桩方式有焊接、法兰连接及硫黄胶泥锚接等几种。前两者适用于各类土层，后者适用于软土层。

3. 质量技术标准

（1）钢筋混凝土预制桩的质量必须符合设计要求和地基基础施工质量验收规范的规定，并有出厂合格证。

（2）打桩的标高或贯入度、桩的接头处理，必须符合设计要求。

（3）允许偏差项目见表 1.16。

表 1.16　　　　　　　　预制桩（PHC桩、钢桩）桩位允许偏差

项次	项　　目	允许偏差（mm）
1	盖有基础梁的桩： （1）垂直基础梁的中心线 （2）沿基础梁的中心线	$100+0.01H$ $150+0.01H$
2	桩数为 1～3 根桩基中的桩	100
3	桩数为 4～16 根桩基中的桩	1/2桩径或边长
4	桩数大于 16 根桩基中的桩： （1）最外边的桩 （2）中间桩	1/3桩径或边长 1/2桩径或边长

注　H 为施工现场地面标高与桩顶设计标高的距离。

3.1.4　预制桩质量事故分析

1. 桩身断裂

桩身断裂是指桩在沉入过程中，桩身突然倾斜错位。

（1）原因分析。桩身在施工中出现较大弯曲，在反复的集中荷载作用下，当桩身不能承受抗弯强度时，即产生断裂；在长时间打夯中，桩身受到拉、压应力，当拉应力过大时，桩身立即断裂；制作桩的水泥强度等级不合要求，砂、石中含泥量大或石中有大量碎屑，使桩身局部强度不够而在此处断裂；桩在堆放、起吊及运输过程中，也可能发生断裂。

（2）防治措施。施工前，清除地下障碍物，构件经检查不合格不得使用；开始沉桩时，发现桩不垂直应及时校正；采用"植桩法"施工，钻孔的垂直偏差要严格控制，植桩时，出现偏移不宜用移动桩架来校正，以免造成桩身弯曲；桩在堆放、起吊运输过程中，应严格按

规定或操作规程执行。若出现断桩，一般采取补桩的方法。

2. 桩顶碎裂

桩顶碎裂是指在沉桩过程中，桩顶出现混凝土掉角、碎裂、坍塌、露筋。

（1）原因分析。桩顶强度不够，混凝土设计强度等级偏低，混凝土配合比不良，施工控制不严，振捣不密实，养护时间短或养护措施不当；桩顶凹凸不平，桩顶平面与轴线不垂直，桩顶保护层厚；桩锤大小不合适；桩顶与桩帽的接触面不平；桩顶未加缓冲垫或缓冲垫损坏，使桩顶面直接受冲击力作用。

（2）防治措施。构件经检查不合格不得使用；合理选择桩锤；沉桩前检查垫木是否平整；检查有无缓冲垫及是否损坏；出现桩顶碎裂时，要停止沉桩，加厚桩垫，严重时，桩顶要剔平补强，重新沉桩；桩顶强度不够时，换用养护时间长的桩，桩锤不合适需更换。

3. 沉桩达不到设计要求

沉桩达不到设计要求是指桩设计时是以最终贯入度和最终标高作为施工的最终控制。而有时沉桩达不到设计最终控制要求。

（1）原因分析。设计考虑持力层或选择桩尖标高有误；勘探时对局部硬夹层或软夹层的透镜体未能全部了解清楚；群桩施工时，由于挤土现象，导致桩沉不下去；桩锤太大或太小；打桩间歇时间过长，摩擦力增大；施工时定错桩位；桩顶打碎或桩打断，致使桩不能继续打入。

（2）防治措施。根据地质资料正确确定桩长及桩位；合理选择机械，防止桩身断裂，桩顶打碎；认真放线定桩位；遇有硬夹层，可采用植桩法等施工；当桩打不进去时，施工中可适当调节桩锤大小和增加缓冲垫层的厚度。

4. 桩顶位移

桩顶位移是指在沉桩过程中，相邻桩产生横向位移或桩身上升。

（1）原因分析。桩数较多，土壤饱和密实，桩间距较小，在沉桩时土被挤到极限密实度而向上隆起。

（2）防治措施。采用井点降水等排水措施，减小其含水量；沉桩期间不得同时开挖基坑，待沉桩完毕后相隔适当时间方可开挖；采用"植桩法"可减少土的挤密及孔隙水压力的上升。

5. 桩身倾斜

桩身倾斜是指垂直偏差超过允许值。

（1）原因分析。场地不平或桩架上导向杆调节不灵；稳桩时不垂直；桩尖倾斜过大；土层有陡的倾斜角。

（2）防治措施。场地要平整；其他措施参见"桩身断裂"和"桩顶碎裂"。

6. 接桩处松脱开裂

接桩处松脱开裂是指接桩处经过锤击后，出现松脱开裂现象。主要原因是：连接处表面没有清理干净；采用焊接或法兰盘连接时，铁件面或法兰平面不平，有较大间隙，造成焊接不牢或螺栓拧不紧；焊接质量不好，焊缝不饱满；采用硫黄胶泥接桩时，硫黄胶泥达不到设计强度；两节桩不在同一直线上，锤击时接桩处因局部产生集中应力而破坏连接，当发生此现象时，按产生原因分别纠正。

3.2　灌注桩施工

灌注桩是先用机械或人工成孔，然后放入钢筋笼、灌注混凝土而成的桩。按其成孔方式的不同，可分为钻孔灌注桩、沉管灌注桩、爆扩成孔灌注桩、人工挖孔灌注桩等。

3.2.1　钻孔灌注桩

钻孔灌注桩是指利用钻孔机械在桩位上钻出桩孔，然后在孔中灌注混凝土而成的桩。灌注桩的成孔方法，根据地下水位的高低可分为泥浆护壁成孔（桩位处于地下水位以下）和干作业成孔（桩位处于地下水位以上）。

1. 泥浆护壁成孔灌注桩

泥浆护壁成孔灌注桩在进行成孔时，为防止塌孔，在孔内用相对密度大于1的泥浆进行护壁的一种成孔工艺。泥浆护壁成孔灌注桩的施工工艺流程见图1.82。

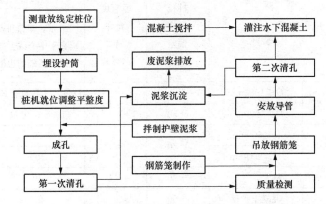

图 1.82　泥浆护壁成孔灌注桩的施工工艺流程

（1）施工设备。泥浆护壁成孔灌注桩常用的钻孔机械有潜水钻机、回旋钻机、冲击钻机、冲抓钻机。这里主要介绍潜水钻机。

潜水钻机是一种将动力、变速机构加以密封并与钻头连在一起，潜入水中工作的一种体积小而轻的钻机。

潜水钻机由潜水电动机、齿轮减速器及钻头、钻杆等组成。钻孔直径为450～1500mm，钻孔深20～30m，最深可达50m；适用于地下水位较高的软硬土层，不得用于漂石。

（2）施工工艺。

1）施工准备。

a. 作业条件准备。地上、地下障碍都处理完毕，达到"三通一平"；场地标高一般为承台梁的上皮标高，并已经过夯实或碾压；制作好钢筋笼；轴线控制桩及桩位点，抄平已完成，并经验收签字；选择和确定钻机的进出路线和钻孔顺序，制定施工方案；正式施工前要做成孔试验，数量不少于2根。

b. 材料要求。水泥：根据设计要求确定水泥品种、强度等级，不得使用不合格的水泥；砂：中砂或粗砂，含泥量不大于5%；石子：粒径为5～32cm的卵石或碎石，含泥量不大于2%；水：使用自来水或不含有害物质的洁净水；黏土：可就地选择塑性指数 $I_p \geqslant 17$ 的黏土；外加剂：通过试验确定；钢筋：钢筋的品种、级别或规格必须符合设计要求，有产品合格证、出厂检验报告和进场复验报告。

c. 施工机具。准备好钻机、翻斗车、混凝土导管、套管、水泵、水箱、泥浆池、混凝土搅拌机、振捣棒等。

2）操作工艺。钻孔时，先安装桩架等及其他设备，在桩位处埋设护筒。护筒一般由4～8mm厚的钢板卷制而成，护筒内径宜比设计桩径大100mm，上部宜开设1～2个溢浆孔。护筒的埋深，一般情况下，在黏性土中不宜小于1m；在砂土中不宜小于1.5m；护筒顶面宜高出地面300mm。钻机就位后，即可进行钻孔。

3）质量技术标准。浇筑后的桩顶标高应比设计标高至少高出0.5m，每浇筑50m³必须有一组试件，小于50m³的桩，每根桩必须有一组试件。混凝土灌注桩的桩位偏差应符合表1.17的规定。

表 1.17　　　　　　　　　　　灌注桩平面位置和垂直度的允许偏差

序号	成孔方法		桩径允许偏差（mm）	垂直度允许偏差（%）	桩位允许偏差（mm）	
					1～3根、单排桩基垂直于中心线方向和群桩基础的边桩	条形桩基沿中心线方向和群桩基础的中间桩
1	泥浆护壁灌注桩	$D \leqslant 1000mm$	±50	<1	$D/6$，且不大于100	$D/4$，且不大于150
		$D > 1000mm$	±50		$100 + 0.01H$	$150 + 0.01H$
2	套管成孔灌注桩	$D \leqslant 500mm$	−20	<1	70	150
		$D > 500mm$			100	150
3	干成孔灌注桩		−20	<1	70	150
4	人工挖孔桩	混凝土护壁	+50	<0.5	50	150
		钢套管护壁	+50	<1	100	200

注　1. 桩径允许偏差的负值是指个别断面。

　　2. 采用复打、反插法施工的桩，其桩径允许偏差不受本表限制。

　　3. H 为施工现场地面标高与桩顶设计标高的距离，D 为设计桩径。

2. 干作业成孔灌注桩

干作业成孔灌注桩是指不用泥浆或套管护壁的情况下用人工或钻机成孔，放入钢筋笼，浇灌混凝土而成的桩。干作业成孔灌注桩适用于地下水位以上的各种软硬土中成孔。

（1）施工设备。干作业成孔机械有螺旋钻机、洛阳铲等，现以螺旋钻机为例，介绍干作业成孔灌注桩的施工方法。此类桩按成孔方法可分为长螺旋钻孔灌注桩和短螺旋钻孔灌注桩两种。长、短螺旋钻机见图1.83、图1.84。

（2）施工工艺。在钻孔之前应从以下几个方面做好准备工作：

1）技术准备。熟悉图纸，消除技术疑问；详细的工程地质资料；经审批后的桩基础施工组织设计、施工方案；根据图纸定好桩位点、编号、施工顺序、水电线路和临时设施位置。

2）材料准备。水泥：宜用强度等级为32.5级的矿渣硅酸盐水泥；细骨料：中砂或粗砂；粗骨料：卵石或碎石，粒径为5～32mm；钢筋：根据设计要求选用；火烧丝：规格为18～20号的铁丝烧成；垫块：用1∶3水泥砂浆和22号火烧丝提前预制成型或用塑料卡；

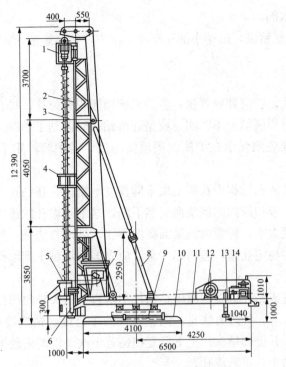

图 1.83 　液压步履式长螺旋钻机

1—减速箱总成；2—臂架；3—钻杆；4—中间导向套；5—出土装置；6—前支腿；7—操纵室；

8—斜撑；9—中盘；10—下盘；11—上盘；12—卷扬机；13—后支腿；14—液压系统

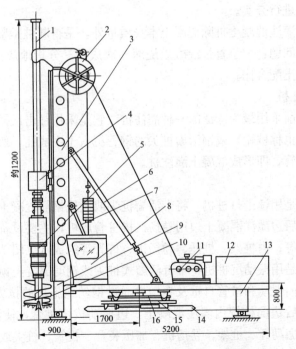

图 1.84 　KQB1000 型液压步履式短螺旋钻机

1—钻杆；2—电缆卷筒；3—臂架；4—导向架；5—主机；6—斜撑；7—起架油缸；8—操纵室；

9—前支腿；10—钻头；11—卷扬机；12—液压系统；13—后支腿；14—履靴；15—中盘；16—上盘

外加剂：选用高效减水剂。

3）机具准备。螺旋钻机，机动小翻斗车或手推车，长、短插入式振捣器，串筒，盖板，测绳等。

3. 质量事故分析

（1）护筒周围冒浆。护筒外壁冒浆，会造成护筒倾斜、位移、桩孔偏斜等，甚至无法施工。原因是埋设护筒时周围填土不密实，或是起落钻头时碰到了护筒。处理方法是：若是钻进初始时发现冒浆，则应用黏土在护筒四周填实加固。若护筒严重下沉或移位，则应重新埋设。

（2）孔壁坍塌。指成孔过程中孔壁土层不同程度地塌落。在钻孔过程中，如果发现排出的泥浆中不断出气泡，或护筒内的泥浆面突然下降，这都是塌孔的迹象。塌孔原因主要是土质松散，护壁泥浆密度太小，护筒内泥浆面高度不够。处理方法是：加大泥浆密度，保持护筒内泥浆面高度，从而稳定孔壁，若坍塌严重，应立即回填黏土到塌孔位置以上1～2m，待孔壁稳定后再进行钻孔。

（3）钻孔偏斜。造成钻孔偏斜的原因是钻杆不垂直、钻头导向部分太短、导向性差、土质软硬不一或遇上孤石等。处理方法是：调整钻杆的垂直度，钻进过程中要经常注意观察。钻进时减慢钻进速度，并提起钻头，上下反复扫钻若干次，以削去硬土，使钻土正常。若偏斜过大，应填入石子黏土，重新成孔。

（4）孔底虚土。指孔底残留的一些由于安放钢筋笼时碰撞孔壁造成孔壁塌落及孔口落入的虚土。虚土会影响桩的承载力，所以必须清除。处理方法是：采用新近研制出的一套孔底夯实机具对孔底虚土进行夯实。

（5）断桩。水下灌注混凝土桩除混凝土本身质量外，是否断桩是鉴定其质量的关键。预防时要注意三方面的问题：力争首批混凝土浇灌一次成功；分析地质情况，研究解决对策；要严格控制现场混凝土配合比。

3.2.2　沉管灌注桩

沉管灌注桩是目前采用最为广泛的一种灌注桩。它是采用锤击或振动的方法，将带有预制钢筋混凝土桩尖（也称桩靴）或钢活瓣桩尖的钢管沉入土中成孔，然后放入钢筋笼，灌注混凝土，最后拔出钢管，即形成混凝土灌注桩。

1. 施工设备

锤击沉管灌注桩是用锤击打桩机，将带活瓣桩尖或设置钢筋混凝土预制桩尖（靴）的钢管锤击沉入土中，然后边灌注混凝土边用卷扬机拔桩管成桩；主要设备为锤击打桩机，如落锤、柴油锤、蒸汽锤等；由桩架、桩锤、卷扬机、桩管等组成（见图1.85）。

振动沉管灌注桩是用振动沉桩机将带有活瓣式桩尖或钢筋混凝土预制桩靴的桩管，利用振动锤产生的垂直定向振动和桩管自重及卷扬机通过钢丝绳施加的拉力，对桩管进行加压，使桩管沉入土中，然后边向桩管内灌注混凝土，边振动拔出桩管，使混凝土留在土中而成桩；主要施工设备有振动锤、桩架、卷扬机、加压装置、桩管、桩尖或钢筋混凝土预制桩靴等（见图1.86）。

2. 施工工艺

（1）锤击沉管灌注桩的成桩过程。桩机就位→沉管→上料→拔管。锤击沉管灌注桩施工时，先将桩机就位，吊起桩管，对准预先埋好的预制钢筋混凝土桩尖，放置麻绳垫于桩管与桩尖连接处，然后慢慢放入桩管，套入桩尖，压入土中或将带有活瓣桩尖的套管对准桩位。在桩管上扣上桩帽，检查桩管、桩锤、桩架是否在同一垂线上（偏差≤0.5％），无误后，即可用锤打击桩管。当桩管沉到设计要求深度后，停止锤击。检查套管内无泥浆或水时，即可灌注混凝土。之后开始拔管，拔管的速度应均匀，第一次拔管高度不宜过高，应控制在能容纳第二次需要灌入的混凝土数量为限，以后始终保持管内混凝土量高于地面。当混凝土灌至钢筋笼底标高时，放入钢筋骨架，继续灌注混凝土及拔管，直到全管拔完为止。上述工艺称单打灌注桩施工。为扩大桩截面提高设计承载力，常采用复打法成桩。施工方法是：第一次灌注桩施工完毕，拔出桩管后，立即在原桩位再埋入混凝土桩尖，将桩管外壁上的污泥清除后套入桩尖，再进行第二次沉管或将带有活瓣桩尖的套管拔出二次沉管，使未凝固的混凝土向四周挤压扩大桩径，然后灌注第二次混凝土。拔管方法与初打时相同。施工时注意：复打施工必须在第一次灌注的混凝土初凝之前进行，且前后两次沉管的轴线应重合。

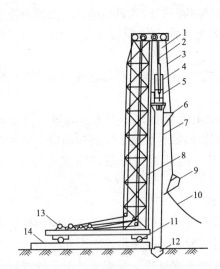

图 1.85　锤击沉管灌注桩机械设备示意图

1—桩锤钢丝绳；2—桩管滑轮组；3—吊斗钢丝绳；

4—桩锤；5—桩帽；6—混凝土漏斗；7—桩管；

8—桩架；9—混凝土吊斗；10—回绳；

11—行驶用钢管；12—预制桩靴；

13 卷扬机；14—枕木

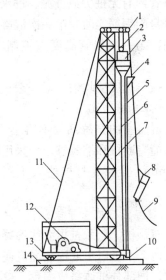

图 1.86　振动沉管灌注桩桩机

1—导向滑轮；2—滑轮组；3—激振器；

4—混凝土漏斗；5—桩帽；6—加压钢丝绳；

7—桩架；8—混凝土吊斗；9—回绳；

10—活瓣桩靴；11—缆风绳；12—卷扬机；

13—行驶用钢管；14—枕木

（2）振动沉管灌注桩的成桩过程。桩机就位→沉管→上料→拔管。施工时，先将混凝土桩尖埋设好，桩机就位后将桩管对准桩位中心吊起套入桩尖或将带有活瓣桩尖的套管对准桩位。垂直度检查之后（偏差≤0.5％），把混凝土桩尖压入土中。然后，开动振动锤，将桩管沉入土中。沉管时，为了适应不同土质条件，常用加压方法来调整土的自振频率。桩管沉到设计标高后，停止振动，进行混凝土灌注，混凝土一般应灌满桩管或略高于地面，然后开动激振器，卷扬机拔出钢管，边振边拔，使桩身混凝土得到振动密实。

振动沉管灌注桩根据土质情况和荷载要求，可采用单打法、反插法、复打法施工。

1）单打法。即一次拔管，拔管时，先振动 5～10s，再开始拔桩管，应边振边拔，每提升 0.5m 停拔，振 5～10s 后再拔管 0.5m，再振 5～10s，反复进行直至地面。

2）反插法。先振动再拔管，每提升 0.5～1.0m，再把桩管下沉 0.3～0.5m（且不宜大于活瓣桩尖长度的 2/3），在拔管过程中分段添加混凝土，使管内混凝土面始终不低于地表面，或高于地下水位 1.0～1.5m 以上，反复进行直至地面，并严格控制拔管速度不得大于 0.5m/min。在桩尖的 1.5m 范围内，宜多次反插以扩大端部截面，从而可提高桩的承载力，宜用于饱和软土层。

3）复打法。该法与锤击沉管灌注桩相同。

3. 沉管灌注桩质量控制

（1）沉管全过程必须有专职记录员做好施工记录；每根桩的施工记录均应包括每米的锤击数和最后 1m 的锤击数；必须准确测量最后三阵，每阵 10 锤的贯入度及落锤高度。

（2）沉管至设计标高后，应立即灌注混凝土，尽量减少间隔时间；灌注混凝土之前，必须检查桩管内有无桩尖或进泥、进水。

当桩身配钢筋笼时，第一次混凝土应先灌至笼底标高，然后放置钢筋笼，再灌混凝土至桩顶标高。第一次拔管高度应控制在能容纳第二次所需灌入的混凝土量为限，不宜拔得过高。

（3）拔管速度要均匀，对一般土层以 1m/min 为宜，在软弱土层和软硬土层交界处宜控制在 0.3～0.8m/min。

（4）混凝土的充盈系数不得小于 1.0；对于混凝土充盈系数小于 1.0 的桩，宜全长复打，对可能有断桩和缩颈桩，应采用局部复打。成桩后的桩身混凝土顶面标高应不低于设计标高 500mm。全长复打桩的入土深度宜接近原桩长，局部复打应超过断桩或缩颈区 1m 以上。

4. 沉管灌注桩质量事故分析

（1）瓶颈桩。瓶颈桩指灌注混凝土后的桩身局部直径小于设计尺寸。产生瓶颈桩的主要原因：在地下水位以下或饱和淤泥或淤泥质土中沉桩管时，土受压挤，产生孔隙压力，当拔出套管时，把部分桩体挤成缩颈。桩身间距过小、拔管速度过快、混凝土过于干硬或和易性差，也会造成瓶颈现象。处理方法：施工时每次向桩管内尽量多装混凝土，借自重抵消桩身所受的孔隙水压力；桩间距过小，宜采用跳打法施工；拔管速度不得大于 0.8～1.0m/min；拔管时可采用复打法或反插法；桩身混凝土采用和易性好的低流动性混凝土。

（2）断桩。断桩指桩身局部残缺夹有泥土，或桩身的某一部位混凝土坍塌，上部被土填充。产生断桩的原因：桩下部遇到软弱土层，桩身混凝土强度未达初凝，即受到振动，振动对两层土的波速不同，产生剪力将桩剪断；拔管速度过快；桩中心距过近，打邻桩时受挤压断裂等。处理方法：桩的中心距宜大于 3.5 倍桩径；桩中心过近，采用跳打法或控制时间法以减少对邻桩的影响；已出现断桩时，将断桩拔去，将桩孔清理后，略增大桩截面面积或加上铁箍连接，再重新灌注混凝土。

（3）吊脚桩。吊脚桩指桩下部混凝土不密实或脱落，形成空腔。产生吊脚桩的原因：桩尖活瓣受土压实，抽管至一定高度才张开；混凝土干硬，和易性差，形成空隙；预制桩尖被打坏而挤入桩管内。处理方法：采用"密振慢抽"方法，开始拔管 50cm，将桩管反插几下，然后正常拔管；混凝土保持良好的和易性；严格检查预制桩尖的强度和规格。

（4）桩尖进水、进泥砂。这种现象是指套管活瓣处涌水或泥砂进入桩管内，主要发生在地下水位高或含水量大的淤泥和粉砂土层中。产生桩尖进水、进泥砂的原因：地下涌水量大，水压大；沉桩时间过长；桩尖活瓣缝隙大或桩尖被打坏。处理方法：地下涌水量大，桩管沉到地下水位时，应用 0.5m 高水泥砂浆封底，并再灌 1m 高混凝土，然后沉入；沉桩时间不要过长；将桩管拔出，修复改正桩尖缝隙后，用砂回填桩孔重打。

3.2.3 人工挖孔灌注桩

人工挖孔灌注桩法是指在桩位采用人工挖掘方法成孔，然后安放钢筋笼、灌注混凝土而成的桩。这类桩具有成孔机具简单，挖孔作业时无振动、无噪声、无环境污染，便于清孔和检查孔壁及孔底，施工质量可靠等特点，如图 1.87 所示。

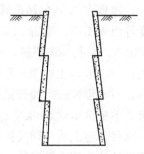

图 1.87 人工挖孔灌注桩

1. 施工工艺

人工挖孔灌注桩的工艺流程为：放线定桩位及高程→开挖第一节桩孔土方→支护壁模板放附加钢筋→浇筑第一节护壁混凝土→检查桩位（中心）轴线→架设垂直运输架→安装电动葫芦（卷扬机）→安装吊桶、照明、活动盖板、水泵、通风机等→开挖吊运第二节桩孔土方→先拆第一节支第二节护壁模板（放附加钢筋）→浇筑第二节护壁混凝土→检查桩位（中心）轴线→逐层往下循环作业→开挖扩底部分→检查验收→吊放钢筋笼→放混凝土导管→浇筑桩身混凝土→插桩顶钢筋。

2. 质量事故分析

（1）塌孔。产生的原因：地下水渗流比较严重；混凝土护壁养护期内，孔底积水，从而使孔壁土体失稳；土层变化部位挖孔深度大于土体稳定极限高度；孔底偏位或超挖。处理方法：先选择几个桩孔连续降水，使孔底不积水；尽可能避免桩孔内产生较大水压差；挖孔深度控制不大于稳定极限高度；防止孔底偏位或超挖。

（2）井涌（流泥）。产生的原因：遇残积土、粉土、均匀的粉细砂土层，地下水位差很大时，使土颗粒悬浮在水中成流态泥土从井底上涌。处理方法：遇有局部或厚度大于 1.5m 的流动性淤泥和可能出现涌土、涌砂时，可将每节护壁高度减小到 300～500m，并随挖随验，随浇混凝土，或采用钢护筒作护壁。

（3）护壁裂缝。产生的原因：护壁过厚；抽水过度；由于塌方导致土体下滑从而造成裂缝。处理方法：护壁厚度不宜太大；尽量减轻自重；桩孔口的护壁导槽要有良好的土体支承，以保证其强度和稳定。

（4）淹井。产生的原因：井孔内遇较大泉眼或土渗透系数大的砂砾层；附近地下水在井孔集中。处理方法：在群桩孔中间钻孔，设置深井，用潜水泵降低水位，停止抽水后，填砂砾封堵深井。

（5）截面大小不一或扭曲。产生的原因：挖孔时，每节未对中量测桩中心轴线及半径；土质松软或遇粉细砂层难以控制半径；孔壁支护未严格控制尺寸。处理方法：挖孔时应按每节支护量测桩中心轴线及半径；遇松软土层或粉细砂层加强支护，控制好尺寸。

（6）超挖。产生的原因：挖孔时，未对每层控制截面，出现超挖；遇有地下土洞、落水洞、下水道或古墓、坑穴；孔壁坍落，或成孔后间歇时间过长，孔壁风干或浸水剥落。处理方法：挖孔时每层每节严格控制截面尺寸，不致超控；遇地下洞穴，用 3∶7 灰土填补、拍夯实；防止塌孔；成孔后 48h 内浇筑桩混凝土。

3.2.4　桩基础施工事故分析及处理案例

1. 工程概况

厂房为 24.0m 与 18.0m 两跨两层现浇钢筋混凝土框架结构，6.0m 柱距，72.0m 长，无起吊设备。位于新近回填土厚度为 2.0～14.0m 的场地上。采用直径为 350mm 的预制桩头，锤重为 2.5t 的锤击式蒸汽振动打桩机加套管成孔的现浇钢筋混凝土灌注桩。混凝土强度等级为 C18，配置 4.50m 长的钢筋笼。桩的长度为 9.0～18.5m。设计单桩承载力为 250kN。总共 607 根桩，由于打桩机械受到本身设备高度的限制，打太深的桩有困难。因此，13.0m 以上的 305 根桩改用预制焊接钢筋混凝土桩，其余 302 根仍采用灌注桩。打完桩后，对工程桩进行抽查试压，被抽查的桩经试压试验，桩的承载力都达到和超过了设计要求，单桩试压到 550kN 的最大沉降值为 5mm 左右。因此，桩基础经验收合格，同意施工上部承台。施工到一轴线柱下的 5 根现浇灌注桩时，发现其中 4 根桩出现了严重断桩现象。该基础处的回填土厚度约为 2.5m。

2. 事故经过

在承台施工凿桩时，感到被凿桩在振动，随即进行检查，用粗钢筋沿着桩的边缘向桩的断面内部斜插下去，此时，钢筋居然能穿桩而过。这表明桩的灌注混凝土质量有严重问题。接着就组织人工开挖，陆续发现其中 4 根桩都有严重的断桩现象，只有中间 1 根符合要求。将 4 根断桩挖开察看，都断在填土与老土层交界处的上下范围。断桩长度为 700～1100mm，在断桩范围内是被松散的回填土所填满。在其上部的残桩内，发现混凝土中还夹杂有泥块，蜂窝孔洞严重。

3. 事故分析

（1）灌注桩的混凝土量配备不够，投料太少。没有根据桩的实长计算所需混凝土用量，而是盲目配置且过少，这是灌完未满就拔管所造成的责任事故。

（2）拔管后，发现混凝土的灌注量不够（上层填土已局部坍塌下去），又补拌了一些混凝土灌入桩孔内。这是既无法利用桩管反插振实，也没有使用振动器振捣，所以，挖开后发现上段桩中混凝土蜂窝孔洞严重，还夹杂有泥土等。

（3）由于场地上部土层是新近填土，在拔管之后，填土塌落桩孔中，形成了桩中有一段 700～1100mm 的回填土泥质桩。

项目 4　地下防水工程

地下防水工程是防止地下水对地下构筑物或建筑物基础的长期浸透，保证地下构筑物或建筑物使用功能正常发挥的一项重要工程。地下防水工程施工期间，明挖法基坑及暗挖法的竖井、洞口，必须控制地下水位稳定在基坑 0.5m 以下，必要时应采取降水措施，保证施工期间地下防水结构或防水层的垫层基本干燥和不承受地下水压力，直至地下防水工程施工全部完成为止。地下防水工程的防水方案主要有：①采用防水混凝土结构，以调整混凝土配合比或掺外加剂等方法，来提高混凝土本身的密实度和抗渗性，使其具有一定防水能力（能满足抗渗等级要求）的整体式混凝土或钢筋混凝土结构，同时还能起到承重的结构功能；②在地下结构表面附加防水层，如抹水泥砂浆防水层或贴卷材防水层等；③采用防水加排水措施，即"防排结合"方案。排水方案通常可用盲沟排水、渗排水与内排水等方法把地下水排走，以达到防水的目的。目前，地下防水工程应用技术正由单一防水向多道设防、刚柔并举方向发展；刚性防水材料从普通防水混凝土向高性能、外加剂纤维抗裂及聚合物水泥混凝土方向发展；柔性防水材料从普通纸胎沥青油毡向聚酯胎、玻纤胎高聚物改性沥青及合成高分子片材方向发展；防水涂料和密封防水材料也从沥青基向高聚物改性沥青、高分子及聚合物无机涂料方向发展。

4.1　地下工程防水等级

4.1.1　防水等级

地下工程防水等级应分为四级，各等级防水标准及其适用范围见表 1.18。

表 1.18　　　　　　　　　　　地下工程防水标准及其适用范围

防水等级	标　　准	适 用 范 围
一级	不允许渗水，结构表面无湿渍	人员长期停留的场所；因有少量湿渍会使物品变质、失效的贮物场所及严重影响设备正常运转和危及工程安全运营的部位；极重要的战备工程、地铁车站
二级	不允许漏水，结构表面可有少量湿渍。 工业与民用建筑：总湿渍面积不应大于总防水面积（包括顶板、墙面、地面）的 1/1000；任意 $100m^2$ 防水面积上的湿渍不超过 2 处，单个湿渍的最大面积不大于 $0.1m^2$。 其他地下工程：总湿渍面积不应大于总防水面积的 2/1000；任意 $100m^2$ 防水面积上的湿渍不超过 3 处，单个湿渍的最大面积不大于 $0.2m^2$，其中隧道工程还要求平均渗水量不大于 $0.05L/(m^2 \cdot d)$，任意 $100m^2$ 防水面积上的渗水量不大于 $0.15L/(m^2 \cdot d)$	人员经常活动的场所；在有少量湿渍的情况下不会使物品变质、失效的贮物场所及基本不影响设备正常运转和工程安全运营的部位；重要的战备工程
三级	有少量漏水点，不得有线流和漏泥砂。 任意 $100m^2$ 防水面积上的漏水或湿渍点数不超过 7 处，单个漏水点的最大漏水量大于 2.5L/d，单个湿渍的最大面积不大于 $0.3m^2$	人员临时活动的场所；一般战备工程
四级	有漏水点，不得有线流和漏泥砂。 整个工程平均漏水量不大于 $2L/(m^2 \cdot d)$，任意 $100m^2$ 防水面积的平均漏水量不大于 $4L/(m^2 \cdot d)$	对渗漏水无严格要求的工程

4.1.2　防水设防要求

地下工程的防水设防要求，应根据使用功能、使用年限、水文地质、结构形式、环境条件、施工方法及材料性能等因素确定。明挖法地下工程的防水设防要求应按表 1.19 选用，暗挖法地下工程的防水设防要求应按表 1.20 选用。

表 1.19　明挖法地下工程防水设防要求

防水措施／防水等级	主体结构							施工缝							后浇带					变形缝（诱导缝）					
	防水混凝土	防水卷材	防水涂料	塑料防水板	膨润土防水材料	防水砂浆	金属防水板	遇水膨胀止水条（胶）	外贴式止水带	中埋式止水带	外抹防水砂浆	外涂防水涂料	水泥基渗透结晶型防水涂料	预埋注浆管	补偿收缩混凝土	外贴式止水带	预埋注浆管	遇水膨胀止水条（胶）	防水密封材料	中埋式止水带	外贴式止水带	可卸式止水带	防水密封材料	外贴防水卷材	外涂防水涂料
一级	必选	应选1~2种						应选1~2种					应选	应选	应选	应选2种			应选	应选	应选1~2种				
二级	应选	应选1种						应选1种					应选	应选	应选	应选1~2种			应选	应选	应选1~2种				
三级	宜选	宜选1种						宜选1种					应选	应选	应选	宜选1~2种			应选	应选	宜选1~2种				
四级	宜选	—						宜选1种					应选	应选	应选	宜选1种			应选	应选	宜选1种				

表 1.20　暗挖法地下工程防水设防要求

防水措施／防水等级	衬砌结构						内衬砌施工缝						内衬砌变形缝（诱导缝）				
	防水混凝土	塑料防水板	防水砂浆	防水涂料	防水卷材	金属防水层	外贴式止水带	预埋注浆管	遇水膨胀止水条（胶）	防水密封材料	中埋式止水带	水泥基渗透结晶型防水涂料	中埋式止水带	外贴式止水带	可卸式止水带	防水密封材料	遇水膨胀止水条（胶）
一级	必选	应选1~2种					应选1~2种					应选	应选	应选1~2种			
二级	应选	应选1种					应选1种					应选	应选	应选1种			
三级	宜选	宜选1种					宜选1种					应选	应选	宜选1种			
四级	宜选	宜选1种					宜选1种					应选	应选	宜选1种			

　　处于侵蚀性介质中的工程，应采用耐侵蚀的防水混凝土、防水砂浆、防水卷材或防水涂料等防水材料；处于冻融侵蚀环境中的地下工程，其混凝土抗冻融循环不得少于 300 次；结构刚度较差或受振动作用的工程，宜采用延伸率较大的卷材、涂料等柔性的防水材料。

4.2 地下防水工程渗漏水调查与检测

4.2.1 渗漏水调查

（1）明挖法地下防水工程应在混凝土结构和防水层验收合格及回填土完成后，即可停止降水；待地下水位恢复至自然水位且趋于稳定时，方可进行地下工程渗漏水调查。

（2）地下防水工程质量验收时，施工单位必须提供地下防水工程"结构内表面的渗漏水展开图"。

（3）房屋建筑地下防水工程应调查混凝土结构内表面的侧墙和底板。地下商场、地铁车站、军事地下库等单建式地下防水工程，应调查混凝土结构内表面的侧墙、底板和顶板。

（4）施工单位应在地下防水工程"结构内表面的渗漏水展开图"上标示下列内容：

1）发现的裂缝位置、宽度、长度和渗漏水现象；

2）经堵漏及补强的原渗漏水部位；

3）符合防水等级标准的渗漏水位置。

（5）"结构内表面的渗漏水展开图"经检查、核对后，施工单位归入竣工验收资料。

（6）渗漏水现象的定义和标识符号，可按表 1.21 选用。

表 1.21　　　　　　　　　　渗漏水现象的定义和标识符号

渗漏水现象	定　　　义	标识符号
湿渍	地下混凝土结构背水面，呈现明显色泽变化的潮湿斑	#
渗水	地下混凝土结构背水面有水渗出，墙壁上可观察到明显的流挂水迹	○
水珠	地下混凝土结构背水面的顶板或拱顶，可观察到悬垂的水珠，其滴落间隔时间超过 1min	◇
滴漏	地下混凝土结构背水面的顶板或拱顶，渗漏水的滴落速度，每 1min 至少 1 滴	▽
线漏	地下混凝土结构背水面，呈渗漏成线或喷水状态	↓

4.2.2 渗漏水检测

地下防水工程有结露现象时，不宜进行渗漏水检测。渗漏水检测工具宜按表 1.22 使用。

表 1.22　　　　　　　　　　渗漏水检测工具

名　　称	用　　途
0.5～1m 钢直尺	量测混凝土湿渍、渗水范围
精度为 0.1mm 的钢尺	量测混凝土裂缝宽度
放大镜	观测混凝土裂缝
有刻度的塑料量筒	量测滴水量
秒表	量测渗漏水滴落速度
吸墨纸及报纸	检验湿渍与渗水
粉笔	在混凝土上用粉笔勾画湿渍、渗水范围
工具登高扶梯	顶板渗漏水、混凝土裂缝检验
带有密封缘口的规定尺寸方框	量测明显滴漏和连续渗流，根据工程需要可自行设计

房屋建筑地下防水工程渗漏水检测应符合下列要求：

（1）湿渍的检测方法。检查人员用干手触摸湿斑，无水分浸润感觉。用吸墨纸或报纸贴附，纸不变颜色。检查时，要用粉笔勾画出湿渍范围，然后用钢尺测量高度和宽度，计算面积，标示在"结构内表面的渗漏水展开图"上。

（2）渗水的检测方法。检查人员用干手触摸可感觉到水分浸润，手上会沾有水分。用吸墨纸或报纸贴附，纸会浸润变颜色。检查时，要用粉笔勾画出渗水范围，然后用钢尺测量高度和宽度，计算面积，标示在"结构内表面的渗漏水展开图"上。

（3）通过集水井积水、检测在设定时间内的水位上升数值，计算渗漏水量。

地下防水工程渗漏水调查与检测，应由施工单位项目技术负责人组织质量员、施工员实施，施工单位应填写地下防水工程渗漏水检测记录，并签字盖章；监理单位或建设单位应在记录上填写处理意见与结论，并签字盖章，地下防水工程渗漏水检测记录应按表 1.23 填写。

表 1.23　　　　　　　　　　　　　地下防水工程渗漏水检测记录

工程名称		结构类型		
防水等级		检测部位		
渗漏水量 检测	单个湿渍的最大面积（m²）；总湿渍面积（m²）			
	每 100 m² 的渗水量 $[L/(m^2 \cdot d)]$；整个工程平均渗水量 $[L/(m^2 \cdot d)]$			
	单个漏水点的最大漏水量（L/d）；整个工程平均漏水量 $[L/(m^2 \cdot d)]$			
结构内表面的 渗漏水展开图	（渗漏水现象用标识符号描述）			
处理意见与结论	（按地下工程防水等级标准）			
会签栏	监理或建设单位（签章） 年　月　日	施工单位（签章）		
		项目技术负责人 年　月　日	质量员	施工员

4.3　防水混凝土

防水混凝土可以通过调整配合比，或掺加外加剂、掺合料等措施配制而成，其抗渗等级不得小于 P6。防水混凝土应满足抗渗等级要求，并应根据地下防水工程所处的环境和工作条件，满足抗压、抗冻和抗侵蚀性等耐久性要求，不适用于环境温度高于 80℃ 的地下防水工程。由于防水混凝土在常温下具有较高的抗渗性，但抗渗性将会随着环境温度的提高而降低，当温度为 100℃时，混凝土抗渗性约降低 40%，200℃时，约降低 60%，当温度为 200℃时，混凝土几乎失去抗渗能力。处于侵蚀性介质中的防水混凝土，其耐侵蚀要求应根据介质的性质按有关标准执行。

4.3.1 材料要求

防水混凝土宜采用普通硅酸盐水泥或硅酸盐水泥，采用其他品种水泥时应经试验确定；在受侵蚀性介质作用时，应按介质的性质选用相应的水泥品种。不得使用过期或受潮结块的水泥，并不得将不同品种或强度等级的水泥混用。

碎石或卵石的粒径宜为 5～40mm，含泥量不得大于 1%，泥块含量不得大于 0.5%。最大粒径不宜大于 40mm，泵送时其最大粒径不应大于输送管径的 1/4，吸水率不应大于 1.5%，不得使用碱性活性骨料。

砂宜用中砂，含泥量不得大于 3.0%，泥块含量不得大于 1.0%。不宜使用海沙，在没有使用河沙的条件时，应对海沙进行处理后才能使用，且控制氯离子含量不得大于 0.06%。

矿物掺合料的选择应符合下列规定：粉煤灰的级别不应低于 II 级，烧失量不应大于 5%，硅粉的比表面积不应小于 15 000m²/kg，SiO_2 含量不应小于 85%。

外加剂的选择应符合下列规定：掺加引气剂或引气型减水剂的混凝土，其含气量宜控制在 3%～5%，严禁使用对人体产生危害、对环境产生污染的外加剂。

防水混凝土的配合比应经试验确定，并应符合下列规定：混凝土胶凝材料总量不宜小于 320kg/m³，其中水泥用量不宜小于 260kg/m³，粉煤灰掺量宜为胶凝材料总量的 20%～30%，硅粉的掺量宜为胶凝材料总量的 2%～5%；水胶比不得大于 0.5，有侵蚀性介质时水胶比不宜大于 0.45；砂率宜为 35%～40%，泵送时可增加至 45%；灰砂比宜为 1：1.5～1：2.5；混凝土拌和物的氯离子含量不应超过胶凝材料总量的 0.1%，混凝土中各类材料的总碱量，即 Na_2O 当量不得大于 3kg/m³。

4.3.2 防水混凝土施工

防水混凝土除了应对防水混凝土结构精心设计、合理选材之外，关键还要保证施工质量。施工过程中模板的支设、钢筋的绑扎，混凝土搅拌、运输、浇筑、振捣、养护及施工缝处理、后浇带的处理、穿墙管处理、埋设件、预留孔等都直接影响着施工质量。严格把好施工中每一个环节的质量关，使大面积防水混凝土及每一细部节点不渗不漏。

1. 模板

防水混凝土所用模板，除满足一般要求外，还应特别注意模板拼缝严密，支承牢固。一般不宜用螺栓或铁丝贯穿混凝土墙固定模板，以防止由于螺栓或铁丝贯穿混凝土墙面而引起渗漏，影响防水效果。但是，如果墙较高需用螺栓贯穿混凝土墙固定模板，应采取止水措施，一般可采用工具式螺栓、螺栓加焊止水环、预埋套管加焊止水环、螺栓加堵头等方法。

（1）工具式螺栓做法。用工具式螺栓将防水螺栓固定并拉紧，以压紧固定模板。拆除模板（简称拆模）时，将工具式螺栓取下，再以嵌缝材料及聚合物水泥砂浆将螺栓凹槽封堵严密，见图 1.88。

（2）螺栓加堵头做法。结构两边螺栓周围做凹槽，拆模后将螺栓沿平凹底割去，再用膨胀水泥砂浆将凹槽封堵，见图 1.89（a）。

（3）螺栓加焊止水环做法。在对拉螺栓上部加焊止水环，止水环与螺栓必须满焊严密。拆模后应沿混凝土结构边缘将螺栓割断。此法将消耗所用螺栓，见图 1.89（b）。

（4）预埋套管加焊止水环做法。套管采用钢管，其长度等于墙厚（或其长加上两端垫木

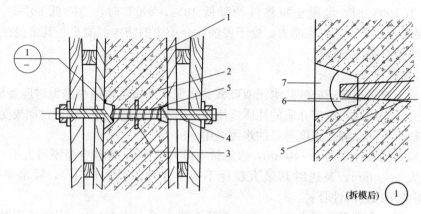

图 1.88　工具式螺栓的防水做法示意图

1—模板；2—结构混凝土；3—止水环；4—工具式螺栓；5—固定模板用螺栓；

6—嵌缝材料；7—聚合物水泥砂浆

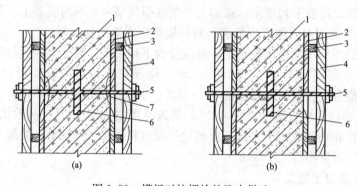

图 1.89　模板对拉螺栓的防水做法

（a）螺栓加堵头；（b）螺栓加焊止水环

1—防水结构；2—模板；3—小龙骨；4—大龙骨；5—螺栓；6—止水环；7—堵头

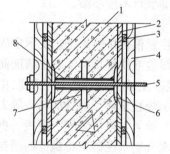

图 1.90　预埋套管支撑的防水做法

1—防水结构；2—模板；3—小龙骨；
4—大骨龙；5—螺栓；6—垫木；
7—止水环；8—预埋套管

的厚度之和等于墙厚），兼具撑头作用，以保持模板之间的设计尺寸。止水环在套管上满焊严密。支模时，在预埋套管中穿入对拉螺栓拉紧固定模板。拆模后将螺栓抽出，套管内以膨胀水泥砂浆封堵密实。套管两端有垫木的，拆模时连同垫木一并拆出，除密实封堵套管外，还应将两端垫木留下的凹坑用同样方法封实。此法可用于抗渗要求一般的结构，见图 1.90。

2. 钢筋

为了有效地保护钢筋和阻止钢筋的引水作用，迎水面防水混凝土的钢筋保护层厚度，不得小于 50mm。留设保护层，应以相同配合比的细石混凝土或水泥砂浆制成垫块，将钢筋垫起，严禁以钢筋垫钢筋。钢筋及绑扎铁丝均不得接触模板。若采用铁马凳架设钢筋，在不能取掉的情况下，应在铁马凳上加焊止水环，防止水沿铁马凳渗入混凝土结构。

3. 混凝土搅拌、运输、浇筑、振捣、养护和拆模

防水混凝土必须采用机械搅拌，搅拌时间不应小于 120s。掺外加剂时，应根据外加剂的技术要求确定搅拌时间。如加引气型外加剂，防水混凝土搅拌时间应为 120～180s。采用预拌混凝土时，入泵坍落度宜控制在 120～160mm，坍落度每小时损失不应大于 20mm，坍落度总损失值不应大于 40mm。当拌和物在运输后出现离析时，必须进行二次搅拌。当坍落度损失不能满足施工要求时，应加入原水胶比的水泥浆或掺加同品种的减水剂进行搅拌，严禁直接加水。浇筑过程中，为防止漏浆和离析，应严格做到分层连续进行，每层厚度不宜超过 300～400mm，两层浇筑的时间间隔一般不超过 2h，混凝土须用机械振捣密实。浇筑混凝土的自落高度不得超过 1.5m，否则应使用串筒、溜槽或溜管等工具进行浇筑，以防产生石子堆积，影响质量。防水混凝土抗渗性能，应采用标准条件下养护混凝土抗渗试件的试验结果评定，试件应在浇筑地点制作，连续浇筑混凝土每 500m³ 应留置一组抗渗试件，一组为 6 个试件，每项工程不得少于两组。防水混凝土的养护条件对其抗渗性有重要影响。因为防水混凝土中胶合材料用量较多，收缩性大，如养护不良，易使混凝土表面产生裂缝而导致抗渗能力降低。因此，在常温下，混凝土终凝后（一般浇筑后 4～6h），就应在其表面覆盖草袋，并经常浇水养护，保持湿润，以防止混凝土表面水分急剧蒸发，引起水泥水化不充分，使混凝土产生干裂，失去防水能力。由于抗渗等级发展慢，养护时间比普通混凝土要长，故防水混凝土养护时间不少于 14d。大体积混凝土施工时，除精心做好配合比设计、原材料选择外，还要重视现场施工组织、现场检测等工作。加强温度监测，随时控制混凝土内部的温度变化，将混凝土中心温度与表面温度的差值控制在 25℃ 以内，使表面温度与大气温度差不超过 20℃，温降梯度不得大于 3℃/d，并及时进行保温保湿养护，使混凝土硬化过程中产生的温度应力小于混凝土本身的抗拉强度，避免混凝土产生贯穿性的有害裂缝。大体积防水混凝土施工时，为了减少水泥水化热，推迟热高峰出现的时间，往往掺加部分粉煤灰等胶凝材料替代水泥。由于粉煤灰的水化反应慢，混凝土强度上升比普通混凝土慢。因此可征得设计单位同意，将大体积混凝土 60d 或 90d 的强度作为验收指标。

4. 施工缝

施工缝是由于技术或组织原因，混凝土不能连续浇筑，先、后浇混凝土的接缝。

（1）施工缝留设。施工缝是施工的一个薄弱环节，防水混凝土应连续浇筑，宜少留施工缝。当留设施工缝时，应遵守下列规定：

1）墙体水平施工缝不应留在剪力最大处或底板与侧墙的交接处，应留在高出底板表面不小于 300mm 的墙体上。拱（板）墙接合的水平施工缝，宜留在拱（板）墙接缝线以下 150～300mm 处，墙体设有预留孔洞时，施工缝距孔洞边缘不应小于 300mm。

2）垂直施工缝应避开地下水和裂缝较多的地段，并宜与变形缝相接合。

施工缝防水可采用埋膨胀止水条、外贴止水带和中埋止水带，其构造形式见图 1.91～图 1.93。

外贴止水带时，如防水材料为钢板止水带或橡胶止水带，要求 $L \geqslant 150mm$，如为外涂防水涂料或外抹防水砂浆，要求 $L = 200mm$。

当为中埋止水带时，如防水材料为钢板止水带，要求 $L \geqslant 150mm$；如为橡胶止水带，要求 $L \geqslant 200mm$；如为钢边橡胶止水带，要求 $L \geqslant 120mm$。

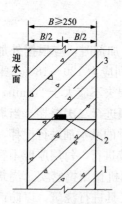
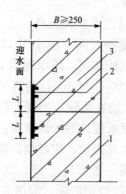
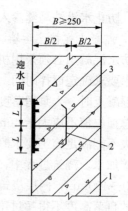

图 1.91　埋膨胀止水条　　图 1.92　外贴止水带（$L \geq 150$）　　图 1.93　中埋止水带

1—先浇混凝土；2—遇水膨胀止条；　1—先浇混凝土；2—外贴防水层；　1—先浇混凝土；2—中埋式止水带；

3—后浇混凝土　　　　　　　　3—后浇混凝土　　　　　　　　3—后浇混凝土

（2）施工缝处理。施工缝处理应遵守下列规定：

1）水平施工缝浇筑混凝土前，应将其表面浮浆和杂物清除，先铺净浆或涂刷混凝土界面处理剂、水泥基渗透结晶型防水涂料等材料，再铺 30～50mm 厚的 1:1 水泥砂浆，并及时浇筑混凝土。

2）垂直施工缝浇筑混凝土前，应将其表面清理干净，并涂刷混凝土界面处理剂或水泥基渗透结晶型防水涂料，并及时浇筑混凝土。

3）选用的遇水膨胀止水条（胶）应具有缓胀性能，其 7d 的净膨胀率不宜大于最终膨胀率的 60%，最终膨胀率宜大于 220%，遇水膨胀止水条应牢固地安装在缝表面或预留槽内。

4）采用中埋式止水带时，应确保位置准确、固定牢固。

5.后浇带

（1）后浇带留设。后浇带宜用于不允许留设变形缝的工程部位。后浇带留设应符合下列规定：

1）后浇带应设在受力和变形较小的部位，宽度宜为 700～1000mm，间距和位置应按结构设计要求确定。

2）后浇带两侧可做成平直缝或阶梯缝，结构主筋不宜在缝中断开，如必须断开，则主筋搭接长度应大于 45 倍主筋直径，并应按设计要求加设附加钢筋。后浇带的防水构造见图 1.94～图 1.96。

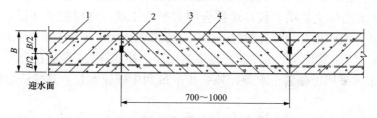

图 1.94　后浇带防水构造（一）

1—先浇混凝土；2—遇水膨胀止水条（胶）；

3—结构主筋；4—后浇补偿收缩混凝土

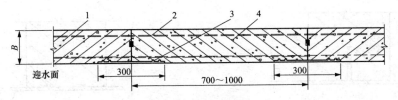

图 1.95　后浇带防水构造（二）

1—先浇混凝土；2—结构主筋；3—外贴式止水带；4—后浇补偿收缩混凝土

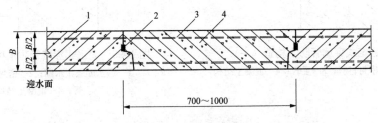

图 1.96　后浇带防水构造（三）

1—先浇混凝土；2—遇水膨胀止水条（胶）；

3—结构主筋；4—后浇补偿收缩混凝土

（2）后浇带施工。后浇带施工应符合下列规定：

1）后浇带应采用补偿收缩混凝土浇筑，其抗渗和抗压强度等级不应低于两侧混凝土。采用掺膨胀剂的补偿收缩混凝土，水中养护 14d 后限制膨胀率不应小于 0.015%，膨胀剂掺量应以胶凝材料总量的百分比表示，不宜大于 12%。

2）后浇带混凝土施工前，后浇带部位和外贴式止水带应予以保护，严禁落入杂物和损伤外贴式止水带。

3）后浇带应在其两侧混凝土龄期达到 42d 后再施工，但高层建筑的后浇带在结构顶板浇筑混凝土 14d 后进行。

4）后浇带混凝土应一次浇筑，不得留设施工缝，混凝土浇筑后应及时养护，养护时间不得少于 28d。

6. 穿墙管

（1）穿墙管留设。穿墙管留设应符合下列规定：

1）穿墙管（盒）应在浇筑混凝土前预埋。

2）穿墙管与墙角、凹凸部位的距离应大于 250mm。

3）结构变形或管道伸缩量较小时，穿墙管可采用主管直接埋入混凝土内的固定式防水法，主管应加焊止水环或环绕遇水膨胀止水圈，并应预留凹槽，槽内用嵌缝材料嵌填密实。其防水构造见图 1.97 和图 1.98。

4）结构变形或管道伸缩量较大或有更换要求时，应采用套管式防水法，套管应加焊止水环，其防水构造见图 1.99。

（2）穿墙管施工。穿墙管防水施工应符合下列规定：

1）金属止水环应与主管满焊密实。采用套管式穿墙管防水构造时，翼环与套管应满焊密实，并在施工前将套管内表面清理干净。

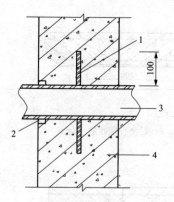

图 1.97　固定式穿墙管防水构造（一）

1—止水环；2—密封材料；3—主管；4—混凝土结构

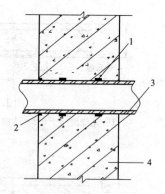

图 1.98　固定式穿墙管防水构造（二）

1—遇水膨胀止水圈；2—密封材料；

3—主管；4—混凝土结构

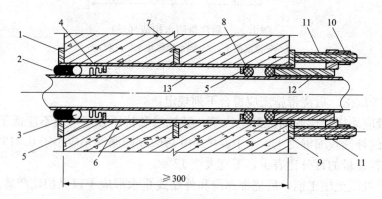

图 1.99　套管式穿墙管防水构造

1—翼环；2—密封材料；3—背衬材料；4—填缝材料；5—挡圈；6—套管；7—止水环；

8—橡胶圈；9—翼盘；10—螺母；11—双头螺栓；12—短管；13—主管

　　2）相邻穿墙管间的间距应大于 300mm。

　　3）采用遇水膨胀止水圈的穿墙管，管径宜小于 50mm，止水圈应用胶粘剂满粘固定于管上，并应涂缓胀剂或采用缓胀型遇水膨胀止水圈。

　　4）穿墙管线较多时，宜相对集中，采用穿墙盒方法。穿墙盒的封口钢板应与墙上的预埋角钢焊严，并应从钢板上的预留浇筑孔注入柔性密封材料或细石混凝土处理，见图 1.100。

　　7. 埋设件、预留孔

　　结构上的埋设件应采用预埋或预留孔（槽）等，埋设件端部或预留孔（槽）底部的混凝土厚度不得小于 250mm，当厚度小于 250mm 时，应采用局部加厚或其他防水措施，见图1.101，预留孔（槽）内的防水层，宜与孔（槽）外的结构防水层保持连接。

　　8. 变形缝

　　变形缝应满足密封防水、适应变形、施工方便、检修容易等要求。变形缝处混凝土结构的厚度不应小于 300mm，缝的宽度宜为 20～30mm。用于伸缩的变形缝宜少设，可根据不同的工程结构类别、工程地质情况采用后浇带、加强带、诱导缝等替代措施。用于沉降的变形缝最大允许沉降差值不应大于 30mm。

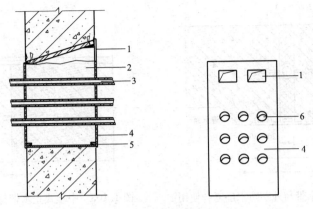

图 1.100　穿墙群管防水构造

1—浇筑孔；2—柔性材料或细石混凝土；3—穿墙管；

4—封口钢板；5—固定角钢；6—预留孔

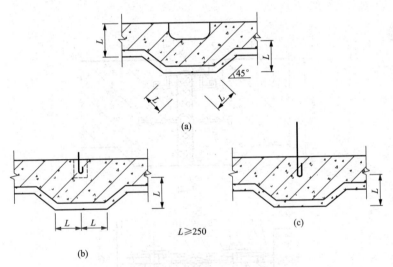

图 1.101　预埋件或预留孔（槽）处理示意图

（a）预留槽；（b）预留孔；（c）预埋件

　　变形缝的防水措施可根据工程开挖方法、防水等级按表 1.19 和表 1.20 选用。变形缝的几种复合防水构造形式，见图 1.102～图 1.104，环境温度高于 50℃处的变形缝，中埋式止水带可采用金属制作，见图 1.105。

　　（1）中埋式止水带施工时应符合下列规定：

　　1）止水带埋设位置应准确，其中间空心圆环应与变形缝的中心线重合。

　　2）止水带应固定，顶、底板内止水带应成盆状安设。

　　3）中埋式止水带先施工一侧混凝土时，其端模应支承牢固，并应严防漏浆。

　　4）止水带的接缝宜为一处，应设在边墙较高位置上，不得设在结构转角处，接头宜采用热压焊接。

　　5）中埋式止水带在转角处应做成圆弧形，（钢边）橡胶止水带的转角半径不应小于 200mm，

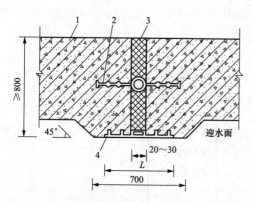

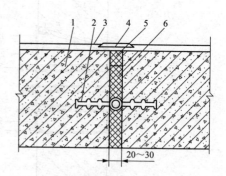

图 1.102　中埋式止水带与外贴防水层复合使用
（外贴式止水带 $L \geqslant 300$，外贴防水卷材 $L \geqslant 400$，
外贴防水涂层 $L \geqslant 400$）

1—混凝土结构；2—中埋式止水带；

3—填缝材料；4—外贴止水带

图 1.103　中埋式止水带与嵌缝材料复合使用

1—混凝土结构；2—中埋式止水带；

3—防水层；4—隔离层；

5—密封材料；6—填缝材料

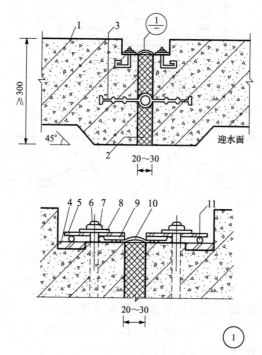

图 1.104　中埋式止水带与可卸式止水带复合使用

1—混凝土结构；2—填缝材料；3—中埋式止水带；4—预埋钢板；5—紧固件压板；

6—预埋螺栓；7—螺母；8—垫圈；9—紧固件压块；10—Ω形止水带；11—紧固件圆钢

转角半径应随止水带的宽度增大而相应加大。

（2）安设于结构内侧的可卸式止水带施工时应符合下列规定：

1）所需配件应一次配齐。

2）转角处应做成45°折角，并应增加紧固件的数量。

（3）变形缝与施工缝均用外贴式止水带（中埋式）时，其相交部位宜采用十字配件，见图 1.106；变形缝用外贴式止水带的转角部位宜采用直角配件，见图 1.107。

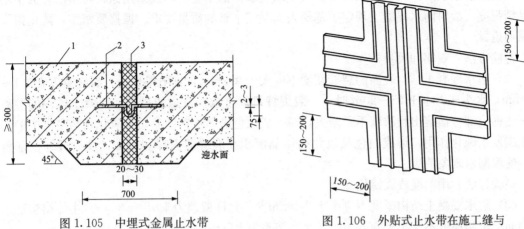

图 1.105　中埋式金属止水带

1—混凝土结构；2—金属止水带；3—填缝材料

图 1.106　外贴式止水带在施工缝与变形缝相交处的十字配件

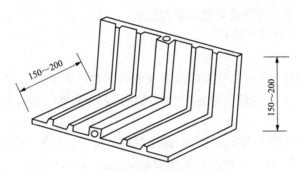

图 1.107　外贴式止水带在转角处的配件

（4）密封材料嵌填施工时应符合下列规定：

1）缝内两侧基面应平整干净、干燥，并应刷涂与密封材料相容的基层处理剂。

2）嵌缝底部应设置背衬材料。

3）嵌填应密实连续、饱满，并应粘贴牢固。

4.3.3　防水混凝土的施工验收

1. 主控项目及检验方法

（1）防水混凝土的原材料、配合比及坍落度必须符合设计要求。

检验方法：检查产品合格证、产品性能检测报告、计量措施和材料进场检验报告。

（2）防水混凝土的抗压强度和抗渗性能必须符合设计要求。防水混凝土首先必须满足设计的抗渗等级要求，一般能满足抗渗要求的混凝土，其强度往往会超过设计要求。

检验方法：检查混凝土抗压强度、抗渗性能检验报告。

（3）防水混凝土结构的变形缝、施工缝、后浇带、穿墙管道、埋设件等设置和构造必须符合设计要求。

检验方法：观察检查；检查隐蔽工程验收记录。

2. 一般项目及检验方法

（1）防水混凝土结构表面应坚实、平整，不得有露筋、蜂窝等缺陷；埋设件位置应正确。如采用多道设防，往往需在防水混凝土结构表面铺贴卷材，或采用涂料防水层，为了增加黏结强度，故对防水混凝土规定了基层表面坚实平整的质量要求。振捣要密实，防止留下渗漏通道。

检验方法：观察和尺量检查。

（2）防水混凝土结构表面的裂缝宽度不应大于 0.2mm，且不得贯通。裂缝宽度在0.1～0.2mm，水头压力小于 15～20m 时，一般裂缝可以自愈。自愈的过程：混凝土体内的游离氢氧化钙一部分被溶出且浓度不断增大，转变成白色氢氧化钙结晶，氢氧化钙与空气中的二氧化碳发生碳化作用，形成白色氢氧化钙结晶沉积在裂缝的内部和表面，最后裂缝全部愈合，使渗漏水现象消失。

检验方法：用刻度放大镜检查。

（3）防水混凝土结构厚度不应小于 250mm，其允许偏差为 +8、−5mm；主体结构迎水面钢筋保护层厚度不应小于 50mm，其允许偏差为 ±5mm。

检验方法：尺量检查和检查隐蔽工程验收记录。

4.3.4　防水混凝土工程质量事故分析与处理

1. 防水混凝土自身缺陷渗漏水

（1）原因分析。

1）混凝土和易性好与差，直接影响混凝土的密实性。若混凝土和易性不好，将导致混凝土松散，黏结性不良，并在浇筑过程中分层离析；若拌和物的黏结力过大、成团，则不易浇筑。

2）模板接缝拼装不严、钢筋过密、混凝土浇筑前离析、振捣不实或混凝土中掺有杂物，都会使混凝土产生蜂窝、孔洞、麻面，从而引起渗漏。

（2）处理方法。处理前，应将基层松动不牢的石子凿掉，将表面凿毛，并将其清刷干净。

1）水泥砂浆抹面法。蜂窝、麻面不深，基层处理后，可用水泥素灰打底，用 1∶2.5 水泥砂浆（加适当的防水剂）找平并抹压密实。

2）直接堵塞法。根据渗水情况，以渗点为圆心钻成直径为 10～30mm、深 20～50mm 的圆槽，槽壁必须与基面垂直，钻完后用水冲洗干净，随即用水泥胶浆捻成与槽直径接近的锥形体，待胶浆开始凝固时，迅速将胶浆用力堵塞于槽内，并将胶浆挤压严密，使胶浆与槽壁紧密接合，持续挤压 30s，经检查无渗漏后，再抹上防水层。此方法适用于水压不大的漏水处理。

3）下管堵漏法。根据漏水处混凝土的具体情况，确定剔凿孔洞的大小和深度。在孔洞底部铺碎石一层。上面盖一层卷材，并将一胶管插入卷材至碎石内引走渗漏水，然后将孔洞灌满水泥胶浆，待胶浆开始凝固时，立即用力将胶浆压实，与孔洞黏结密实，使其表面低于基面 10～20mm。经检验无渗漏后，抹上防水层，待有一定强度时，拔出胶管，采用直接堵塞法将孔封闭。此方法适用于水压较大、漏水孔洞较大时的漏水处理。

4）木楔堵漏法。用水泥胶浆将一铁管稳固在漏水处已经剔好的孔洞内（铁管外端比基面低 20mm），管的四周用素灰和水泥砂浆抹好，待有一定强度时，将浸过防水涂料的木楔打入铁管内，并填入干硬性砂浆，表面再抹素灰及水泥砂浆（加适当防水剂）各一道，经24h后，检查无渗漏，再做好防水层。此方法适用于水压很大时的漏水处理。

（3）防治措施。

1）控制混凝土的和易性。这是保证混凝土密实性的重要条件，因此须合理选择原材料，将实验室混凝土配合比合理地换算成施工配合比，掌握好搅拌时间。

2）混凝土浇筑后表面应平整，无蜂窝、孔洞、麻面等缺陷。为此，模板要安设牢固，接缝拼装严密，防止漏浆；按照混凝土下料顺序与浇筑高度进行操作，防止混凝土产生离析；混凝土振捣时应分层进行，控制好每点振捣时间及有效振动范围；在钢筋密集处，宜改用同强度等级的细石混凝土材料，振捣密实。

3）固定模板的螺栓或钢丝，不宜穿过防水混凝土结构，避免在混凝土内形成渗水通道。如必须用对拉螺栓固定模板，应在预埋套管或螺栓上加焊止水环，止水环直径和环数应符合设计要求，设计无要求时，止水环直径一般为 80～100mm，数量应不少于 1 个。采用预埋套管加焊止水环时，止水环应满焊在套管上，拆模后将螺栓取出，套管内采用膨胀水泥砂浆封堵密实。采用对拉螺栓时，止水环与螺杆也应满焊严密，拆模后将露出防水混凝土的螺栓割掉。

2. 防水混凝土裂缝渗漏水

混凝土表面由于自身原因或外部环境、施工因素等原因产生裂缝，当裂缝贯穿于混凝土结构断面时，将影响结构强度及防水、抗渗性能，同时发生渗漏。

（1）混凝土裂缝特征。

1）塑性收缩裂缝。表面的细小裂缝，类似干燥的泥浆面。

2）干缩裂缝。表面开裂，宽度较细，一般在 0.05～0.2mm 之间，其走向纵横交错，没有规律，形似龟纹。

3）温度裂缝。由于产生原因不同，可能出现表层、深层或贯穿裂缝。表层裂缝的走向一般没有一定规律性，钢筋混凝土的深层或贯穿裂缝走向一般与主筋方向平行或接近平行。裂缝宽度大小不一，一般在 0.5mm 以下，裂缝宽度受温度影响大，热胀冷缩较明显。

4）沉降裂缝。多属贯穿性裂缝，其走向与沉降情况有关。

5）应力裂缝。裂缝走向与主筋方向接近垂直，裂缝宽度一般较大，且沿长度或深度方向有明显的变化。

6）施工因素裂缝。大体积混凝土拆模时间不符合规范要求而表面开裂；起吊或加载过早时发生的横向裂缝垂直于主筋；因采用滑模或拉模而引起的裂缝多产生于垂直模板移动的方向。

7）化学作用裂缝。混凝土多为龟裂。钢筋混凝土因钢筋锈蚀引起膨胀的特征为顺筋开裂，混凝土材料中含有大量的碱，产生碱骨料反应，则导致水泥浆体膨胀、开裂，甚至破坏。

（2）原因分析。

1）施工时混凝土拌和不均匀、水泥品种选择不当或混用，产生裂缝。

2）混凝土中含碱量过多。

3）设计考虑不周全。建筑物发生不均匀沉降，使混凝土墙、板断裂而出现渗漏。

4）混凝土结构缺乏足够的刚度。在土的侧压力及水压的作用下发生变形而出现裂缝。

5）混凝土成型后，养护不当、成品保护得不好等原因引起裂缝产生渗漏。

（3）处理方法。

1）裂缝直接堵漏法。沿裂缝凿出八字形边坡沟槽，并用水刷洗干净，将快硬水泥浆搓成条形，待胶浆开始凝固时，及时嵌入沟槽中，并用力将胶浆挤压密实，使水泥胶浆与槽壁黏结密实。裂缝较长时，可分段堵塞。经检验无渗漏后，用素灰和水泥砂浆将沟槽表面抹平，在有一定强度后，同其他部位一起做防水层。此方法适用于水压较小的混凝土裂缝渗漏，如图 1.108 所示。

2）下线堵漏法。沿裂缝剔出凹槽，在槽底沿裂缝放置一根小绳，绳径视漏水量确定，长 200～300mm，采用裂缝直接堵漏法，在槽中嵌入快硬水泥胶浆，嵌入后立即抽出小绳，使漏水沿绳孔流出，最后堵绳孔。此方法适用于水压较大，且裂缝长度较短的裂缝渗水处理，如图 1.109 所示。

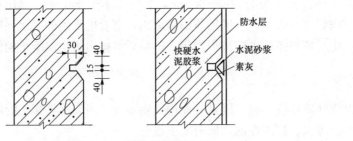

图 1.108　裂缝直接堵漏法

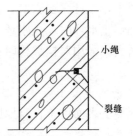

图 1.109　下线堵漏法

3）下钉堵漏法。裂缝较长时，按照下线堵漏法分段堵塞，取每段长 200mm 左右，中间留 15～20mm 的空隙，将圆钉用水泥砂浆包裹，待胶浆快凝固时插入空隙中，并迅速将胶浆挤压密实，同时转动钉子，迅速拔出，使水由钉孔流出，并沿槽抹素灰和水泥砂浆，严实抹平，待凝固后封闭钉孔。此方法适用于地下水较大，且裂缝较长的渗水处理，如图 1.110 所示。

4）下半圆铁片法。沿裂缝剔凿凹槽和边坡，尺寸视漏水情况而定，在沟槽底部每隔 500～1000mm，安上一带有圆孔的半圆铁片，并把软管插入铁片上的圆孔中，再采用裂缝直接堵漏法，分段堵漏，漏水由软管流出，检查裂缝无渗漏后，沿沟槽抹素灰、水泥砂浆各一道，拔管堵孔，并随其他部位做防水层。此方法适用于水压较大的裂缝急流漏水，如图 1.111 所示。

（4）防治措施。

1）浇筑防水混凝土必须使用同一品种水泥，混凝土的配制、浇筑、养护应按照设计及施工规范进行。

2）设计中必须考虑地下水作用的最不利情况，使结构具有足够的刚度。根据结构的断面形式、荷载、埋深、基础的强弱及使用要求等，合理设置变形缝。

3）禁止在松动土层上进行钢筋混凝土底板浇筑。模板应支承牢固，满足强度和刚度要求，并使地基和模具受力均匀，严格防止产生不均匀沉降而导致混凝土结构产生裂缝。

4）禁止使用安定性不合格的水泥，同时要防止碱骨料反应引起混凝土的开裂，确保水泥的质量。

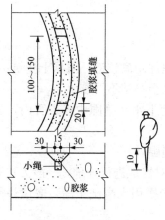

图 1.110　下钉堵漏法

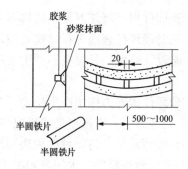

图 1.111　下半圆铁片法

3. 防水混凝土施工缝渗漏水

（1）原因分析。

1）采用构造施工缝（即企口缝），在施工时未将旧混凝土表面凿毛，浮渣、杂物未清除干净，以及接缝界面处理不当等，造成渗漏。

2）采用止水钢板施工缝，极易与钢筋相碰，且不易将施工缝处垃圾清理干净，尤其在止水带下侧，因混凝土自身缺陷，形成渗水通路。

3）采用膨胀止水条施工缝，由于膨胀止水条未按照要求进行缓膨胀处理，或在实际操作时损坏了膨胀止水条自身性能，从而达不到预期的防水效果；施工缝表面不平整；膨胀止水条的质量有问题；膨胀止水条搭接接头处理不当。

（2）处理方法。

1）尚未渗漏的施工缝，沿缝剔凿成 V 形槽，用水冲刷后用水泥素浆打底，再以 1∶2 水泥砂浆分层抹平压实。

2）已经渗漏的施工缝如水压较小，可采用直接堵漏法进行堵漏；如果水压较大，可采用下线堵漏法或下钉堵漏法进行堵漏；如遇急流漏水，可采用下半圆铁片法进行堵漏。

3）当混凝土存在自身缺陷，施工缝的新旧混凝土接合不密实而出现大渗漏时，可用氰凝灌浆堵漏法。

（3）防治措施。

1）认真清理混凝土基层，并按照规范规定进行施工缝处混凝土的浇筑，保证上、下混凝土黏结密实。

2）止水钢板安装位置应准确。如与钢筋相碰，则应将钢筋移动，同时止水钢板还要与相邻钢筋焊接固定。

3）留设膨胀止水条的施工缝应表面平整，必要时可用聚合物水泥砂浆填平；膨胀止水条的截面应符合设计要求，选用经过缓膨胀处理的膨胀止水条，膨胀止水条的质量性能符合要求。

4）为了使膨胀止水条与混凝土表面粘贴密合，除了采用粘贴固定外，尚宜在适当距离内用水泥钉加固。膨胀止水条接头尺寸应大于 50mm。

5）膨胀止水条在保管、运输过程中应注意保护，并在绑扎钢筋之后、浇筑混凝土前进行固定膨胀止水条。

4. 预埋件部位渗漏水

（1）原因分析。

1）预埋件周围浇筑混凝土振捣不密实，或由于预埋件距离较近，混凝土浇筑不密实。

2）未对预埋件表面进行除锈处理，使预埋件与混凝土黏结不严密。

3）暗设（暗配）管接头不严密或用有缝管，致使地下水从缝隙中渗入管内，又由管内流出。

4）预埋件因外力作用产生松动，与混凝土间产生缝隙。

（2）处理方法。应根据具体情况与渗漏原因，有针对性地进行处理，一般方法有：

1）直接堵漏法。将预埋件周边剔成环形沟槽，将沟槽用水清洗干净，嵌填快硬水泥胶浆堵漏，然后做好面层防水层，如图 1.112 所示。

2）预制块堵漏法。对于因受振动作用而渗水的预埋件，处理时先将预埋件拆除，制成预制块，预制块应作防水处理。另外，在基层上凿坑槽，供埋设预制块用，如图 1.113 所示。

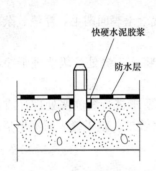

图 1.112　预埋件渗漏直接堵漏法

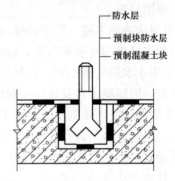

图 1.113　用预制块稳固预埋铁件

（3）防治措施。

1）预埋件（铁件）表面除锈处理得当。

2）预埋件安装位置准确，必要时，预埋件部位的断面应适当加厚。

3）预埋件固定牢靠，并在端头加焊止水钢板进行防水处理。

4）在地下防水混凝土中，暗设管道应保证接头严密，而管道必须采用无缝管，确保管内不进水。

4.4　卷材防水层

卷材防水层宜用于经常处在地下水环境，且受侵蚀性介质作用或受振动作用的地下防水工程。卷材防水层应铺设在混凝土结构的迎水面。用于建筑物地下室时，应铺设在结构底板垫层至墙体防水设防高度的结构基面上，高出室外地坪高程 500mm 以上；用于单建式的地下防水工程时，应从结构底板垫层铺设至顶板基面，并应在外围形成封闭的防水层。

4.4.1　基层与材料要求

铺贴卷材的基层表面必须牢固平整、清洁干净。转角处应做成圆弧形或钝角。卷材铺贴前基层宜表面干燥。在垂直面上铺贴卷材时，为提高卷材与基层的黏结，应满涂冷底子油；而在平面上，由于卷材防水层上面压有底板或保护层，不会产生滑脱或流淌现象，因此可以不涂刷冷底子油。

　　防水卷材的品种规格和层数，应根据地下工程防水等级、地下水位高低及水压力作用状况、结构构造形式和施工工艺等因素确定。卷材防水层应采用高聚物改性沥青类防水卷材和合成高分子类防水卷材。高聚物改性沥青类防水卷材的主要物理性能见表 1.24，合成高分子类防水卷材的主要物理性能见表 1.25。所选用的基层处理剂、胶粘剂、密封材料等均应与铺贴的卷材相匹配。

表 1.24　　　　　　　　　　高聚物改性沥青类防水卷材的主要物理性能

项目		性　能　要　求				
		弹性体改性沥青防水卷材			自粘聚合物改性沥青防水卷材	
		聚酯毡胎体	玻璃纤维毡胎体	聚乙烯膜胎体	聚酯毡胎体	无胎体
可溶物含量（g/m²）		3mm 厚≥2100；4mm 厚≥2900			3mm 厚≥2100	—
拉伸性能	拉力（N/50mm）	≥800（纵横向）	≥800（纵横向）	≥140（纵向） ≥120（横向）	≥450（纵横向）	≥180（纵横向）
	延伸率（%）	最大拉力时≥40（纵横向）	—	断裂时≥250（纵横向）	最大拉力时≥30（纵向）	断裂时≥200（纵横向）
低温柔度（℃）		—25，无裂缝				
热老化后低温柔度（℃）		—20，无裂缝			—22，无裂缝	
不透水性		压力 0.3MPa，保持时间 120min，不透水				

表 1.25　　　　　　　　　　合成高分子类防水卷材的主要物理性能

项　目	性　能　要　求			
	三元乙丙橡胶防水卷材	聚氯乙烯防水卷材	聚乙烯丙纶复合防水卷材	高分子自粘胶膜防水卷材
断裂拉伸强度	≥7.5MPa	≥12MPa	≥60N/10mm	≥100N/10mm
断裂伸长率	≥450%	≥250%	≥300%	≥400%
低温弯折性	—40℃，无裂缝	—20℃，无裂缝	—20℃，无裂缝	—20℃，无裂缝
不透水性	压力 0.3MPa，保持时间 120min，不透水			
撕裂强度	≥25kN/m	≥40kN/m	≥20N/10mm	≥120N/10mm
复合强度（表层与芯层）			≥1.2N/mm	—

　　弹性体（SBS）改性沥青防水卷材单层使用时，应选用聚酯毡胎体，不宜选用玻纤胎，双层使用时，必须有一层聚酯毡胎；自粘聚合物改性沥青防水卷材是弹性体改性沥青防水卷材的延伸产品，因卷材的沥青涂盖料具有自粘性能，故称本体自粘卷材。聚乙烯膜厚度在0.5mm 以下的聚乙烯丙纶复合防水卷材，不得用于房屋建筑的屋面工程和地下防水工程；高分子自粘胶膜防水卷材厚度宜采用 1.2mm 的品种，在地下防水工程中应用时，一般采用单层铺设。

4.4.2　卷材防水层施工

　　地下防水工程一般把卷材防水层设置在建筑结构的外侧，称为外防水。它与卷材防水层设在结构内侧的内防水相比较，具有以下优点：外防水的防水层在迎水面，受压力水的作用紧压在结构上，防水效果良好。而内防水的卷材防水层在背水面，受压力水的作用容易局部脱开。外防水造成渗漏机会比内防水少。因此，一般多采用外防水。

外防水有两种设置方法，即外防外贴法和外防内贴法。外防外贴法是先铺贴底层卷材，四周留出卷材接头，然后浇筑构筑物底板和墙身混凝土，待侧模拆除后，再铺设四周防水层，最后砌保护墙，见图 1.114。外防内贴法是先在主体结构四周砌好保护墙，然后在墙面与底层铺贴防水层，再浇筑主体结构的混凝土，见图 1.115。由于外防外贴法的防水效果优于外防内贴法，所以在施工场地和条件不受限制时一般均采用外防外贴法。

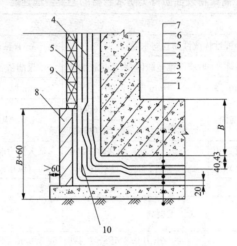

图 1.114　卷材防水层外防外贴法

1—素土夯实；2—混凝土垫层；3—20mm 厚 1∶2.5 补偿收缩水泥砂浆找平层；

4—卷材防水层；5—油毡保护层；6—40mm 厚 C20 细石混凝土保护层；

7—钢筋混凝土结构层；8—永久性保护墙抹 20mm 厚 1∶3 防水砂浆找平层；

9—5～6mm 厚聚乙烯泡沫塑料片材或 40mm 厚聚苯乙烯泡沫塑料保护层；

10—附加防水层；B—底板厚度

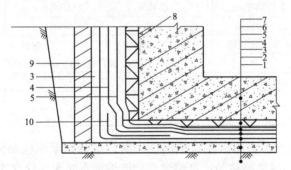

图 1.115　卷材防水层外防内贴法

1—素土夯实；2—混凝土垫层；3—20mm 厚 1∶2.5 补偿收缩水泥砂浆找平层；

4—卷材防水层；5—油毡保护层；6—40mm 厚 C20 细石混凝土保护层；

7—钢筋混凝土结构层；8—5～6mm 厚聚苯乙烯泡沫塑料保护层；

9—永久性保护墙；10—附加防水层

采用外防外贴法铺贴卷材防水层时，应先铺平面，后铺立面，交接处应交叉搭接。临时性保护墙宜采用石灰砂浆砌筑，内表面应用石灰砂浆做找平层，并刷石灰浆。如用模板代替临时性保护墙，应在其上涂刷隔离剂。从底面折向立面的卷材与永久性保护墙的接触部位，应采用空铺法施工，与临时性保护墙或围护结构模板接触的部位，应临时贴附在该墙上或模板上，卷材铺好后，其顶端应临时固定。当不设保护墙时，从底面折向立面卷材的接槎部位应采取可靠的保护措施。主体结构完成后，铺贴立面卷材时，应先将接槎部位的各层卷材揭开，并将其表面清理干净，如卷材有局部损伤，应及时进行修补。卷材接槎的搭接长度，高聚物改性沥青类卷材为 150mm，合成高分子类卷材为 100mm。卷材防水层的甩槎、接槎做法见图 1.116。

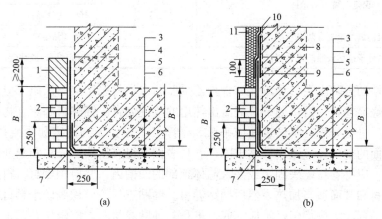

图 1.116　卷材防水层的甩槎、接槎做法

（a）甩槎；（b）按槎

1—临时保护墙；2—永久性保护墙；3—细石混凝土保护层；

4—卷材防水层；5—水泥砂浆找平层；6—混凝土垫层；7—卷材加强层；

8—结构墙体；9—卷材加强层；10—卷材防水层；11—卷材保护层

当施工条件受到限制时，可采用外防内贴法铺贴卷材防水层。采用外防内贴法铺贴卷材防水层时，主体结构的保护墙内表面应抹 1∶3 水泥砂浆找平层，然后铺贴卷材，铺贴卷材时宜先铺立面，后铺平面。铺贴立面时，先铺转角，后铺大面。

1. 基层处理

铺贴卷材前，应在基面上涂刷基层处理剂，当基面较潮湿时，应涂刷固化型胶粘剂或潮湿界面隔离剂。基层处理剂应与卷材及胶粘剂的材性相容，基层处理剂可采取喷涂法或涂刷法施工，喷、涂应均匀一致、不露底，待表面干燥后，方可铺贴卷材。

2. 卷材铺贴

铺设各类防水卷材时，应在转角、变形缝、施工缝、穿墙管等部位铺贴卷材加强层，加强层宽度不应小于 500mm。结构底板垫层混凝土部位的卷材可采用空铺法或点粘法施工，其粘贴位置、点粘面积应按设计要求确定；侧墙采用外防外贴法的卷材及顶板部位的卷材应采用满粘法施工。卷材与基面、卷材与卷材间的粘贴应紧密、牢固，铺贴完成的卷材应平整顺直，搭接尺寸应准确，不得产生扭曲和皱褶，卷材搭接处和接头部位应粘贴牢固，接缝口应封严或采用材性相容的密封材料封缝。铺贴立面卷材防水层时，应采取防止卷材下滑的措施。防水卷材的搭接宽度应符合表 1.26 的要求，铺贴双层卷材时，上下两层和相邻两幅卷材的接缝应错开 1/3～1/2 幅宽，且两层卷材不得相互垂直铺贴。

表 1. 26　　　　　　　　　　　防水卷材的搭接宽度

卷 材 品 种	搭接宽度（mm）
弹性体改性沥青防水卷材	100
改性沥青聚乙烯胎防水卷材	100
自粘聚合物改性沥青防水卷材	80
三元乙丙橡胶防水卷材	100/60（胶粘剂/胶粘带）
聚氯乙烯防水卷材	60/80（单焊缝/双焊缝）
	100（胶粘剂）
聚乙烯丙纶复合防水卷材	100（黏结料）
高分子自粘胶膜防水卷材	70/80（自粘胶/胶粘带）

　　弹性体改性沥青防水卷材和改性沥青聚乙烯胎防水卷材采用热熔法施工应加热均匀，不得加热不足或烧穿卷材，搭接缝部位应溢出热熔的改性沥青。铺贴自粘聚合物改性沥青防水卷材前应对基层进行处理，基层表面应平整、干净、干燥、无尖锐突起物或孔隙，铺贴时，要排除卷材下面的空气，应碾压粘贴牢固，卷材表面不得有扭曲、皱褶和起泡现象，立面卷材铺贴完成后，应将卷材端头固定或嵌入墙体顶部的凹槽内，并应用密封材料封严，低温施工时，宜对卷材和基面适当加热，然后铺贴卷材。铺贴三元乙丙橡胶防水卷材应采用冷粘法施工，基底胶粘剂应涂刷均匀，不应露底、堆积，铺贴卷材时，应辊压粘贴牢固，搭接部位的黏合面应清理干净，并应采用接缝专用胶粘剂或胶粘带黏结。铺贴聚氯乙烯防水卷材，接缝采用焊接法施工时，应将接合面清理干净，先焊长边搭接缝，后焊短边搭接缝，焊接应严密，搭接缝可采用单焊缝或双焊缝，单焊缝搭接宽度应为 60mm，有效焊接宽度不应小于30mm；双焊缝搭接宽度应为 80mm，中间应留设 10~20mm 的空腔，有效焊接宽度不宜小于 10mm，焊接时不得损害非焊接部位的卷材。铺贴聚乙烯丙纶复合防水卷材时，应采用配套的聚合物水泥防水黏结料，卷材与基层粘贴应采用满粘法，黏结面积不应小于 90%，刮涂黏结料应均匀，不应露底、堆积，固化后的黏结料的厚度不应小于 1.3mm，卷材接缝部位应挤出黏结料，接缝表面处应涂刮 1.3mm 厚、50mm 宽的聚合物水泥黏结料封边，聚合物水泥黏结料固化前，不得在其上行走或进行后续作业，施工完的防水层应及时做保护层。高分子自粘胶膜防水卷材宜采用预铺反粘法施工，卷材宜单层铺设，在潮湿基面铺设时，基面应平整坚固、无明显积水，卷材长边应采用自粘边搭接，短边应采用胶粘带搭接，卷材端部搭接区应相互错开，立面施工时，在自粘边位置距离卷材边缘 10~20mm 内，应每隔 400~600mm 进行机械固定，并应保证固定位置被卷材完全覆盖，浇筑结构混凝土时不得损伤防水层。

　　卷材防水层经检查合格后，应及时做保护层，底板卷材防水层上的细石混凝土保护层厚度不应小于 50mm，侧墙卷材防水层宜采用软质保护材料或铺抹 20mm 厚的 1:2.5 水泥砂浆，顶板卷材防水层上的细石混凝土保护层厚度，采用机械碾压回填土时不应小于 70mm，采用人工回填土时不应小于 50mm，且在顶板卷材防水层与保护层之间宜设置隔离层。

4.4.3　卷材防水层施工验收

1. 主控项目及检验方法

（1）卷材防水层所用卷材及主要配套材料必须符合设计要求。

检验方法：检查产品合格证、产品性能检测报告和材料进场检验报告。

（2）卷材防水层及其转角、变形缝、穿墙管道等部位做法均须符合设计要求。

检验方法：观察检查和检查隐蔽工程验收记录。

2. 一般项目及检验方法

（1）卷材防水层的搭接缝应粘贴或焊接牢固，密封严密，不得有扭曲、皱褶、翘边和起泡等缺陷。

检验方法：观察检查。

（2）采用外防外贴法铺贴卷材防水层时，立面卷材接槎的搭接宽度，高聚物改性沥青类卷材应为 150mm，合成高分子类卷材为 100mm，且上层卷材应盖过下层卷材。

检验方法：观察和尺量检查。

（3）侧墙卷材防水层的保护层与防水层应接合紧密，保护层厚度应符合设计要求。

检验方法：观察和尺量检查。

（4）卷材搭接宽度的允许偏差为 —10mm。

检验方法：观察和尺量检查。

4.4.4 卷材防水层的工程质量事故分析与处理

地下室卷材防水层采用外防外贴法时，地下室主体结构施工后，在转角部位易出现渗漏。

1. 原因分析

（1）在转角部位，卷材未能按转角轮廓铺贴严实，在施工主体结构时此位置卷材遭到破坏。

（2）所用的卷材韧性较差，加上转角处操作不便，铺贴时易出现裂纹，不能确保防水层与基层的铺贴严密，且转角处未按有关要求增设卷材附加层。

2. 处理方法

当转角部位出现粘贴不牢或卷材遭到破坏时，将此处的卷材撕开，并根据不同卷材的品种，将卷材逐层搭接补好。

3. 预防措施

（1）基层转角处应做成圆弧或钝角。

（2）选用强度高、延伸率大、韧性好的防水材料，认真施工，做好防水附加层。

4.5 水泥砂浆防水层

水泥砂浆防水层适用于地下工程主体的迎水面或背水面，不适用于受持续振动或环境温度高于 80℃ 的地下工程，应在基础垫层、初期支护、维护结构及内衬结构验收合格后施工。水泥砂浆防水层应采用聚合物水泥防水砂浆、掺外加剂或掺合料的防水砂浆，聚合物水泥防水砂浆厚度，单层施工宜为 6～8mm，双层施工宜为 10～12mm；掺外加剂或掺合料的水泥防水砂浆厚度宜为 18～20mm。

4.5.1 材料要求

胶凝材料应使用硅酸盐水泥、普通硅酸盐水泥或特种水泥；砂宜采用中砂，含泥量不应大于 1.0%，硫化物和硫酸盐含量不得大于 1.0%；聚合物乳液的外观为均匀液体，无杂质、无沉淀、不分层；外加剂的技术性能应符合现行国家或行业有关标准质量要求。防水砂浆主要性能应符合表 1.27 的要求。

表 1.27　　　　　　　　　　　　防水砂浆主要性能

防水砂浆种类	黏结强度（MPa）	抗渗性（MPa）	抗折强度（MPa）	干缩率（%）	吸水率（%）	冻融循环（次）	耐碱性	耐水性（%）
掺外加剂或掺合料的防水砂浆	＞0.6	≥0.8	同普通砂浆	同普通砂浆	≤3	＞50	10%NaOH溶液浸泡14d 无变化	—
聚合物水泥防水砂浆	＞1.2	≥1.5	≥8.0	≤0.15	≤4	＞50	—	≥80

注　耐水性指标是指砂浆浸水 168h 后材料的黏结强度及抗渗性的保持率。

4.5.2　基层处理

基层处理十分重要，是保证防水层与基层表面接合牢固、不空鼓和不透水的关键。基层处理包括清理、浇水、刷洗、补平等工序，使基层表面保持潮湿、清洁、平整、坚实、粗糙。基层表面的孔洞、缝隙，应采用与防水层相同的水泥砂浆填塞并抹平，施工前应将预埋件、穿墙管预留凹槽内嵌填密封材料后，再施工水泥砂浆防水层。

1. 混凝土基层的处理

新建混凝土工程，拆除模板后，用钢丝刷将混凝土表面刷毛，并在抹面前浇水冲刷干净；旧混凝土工程补做防水层时，需用钻子、剁斧、钢丝刷将表面凿毛，清理平整后再冲水洗刷。

2. 砌体基层的处理

对于新砌体，应将其表面残留的砂浆等污物清除干净，并浇水冲洗。对于旧砌体，要将其表面酥松表皮及砂浆等污物清理干净，至露出坚硬的砖面，并浇水冲洗。用白灰砂浆或混合砂浆砌筑的砌体，需将砖缝剔成 10mm 深的直角沟槽。基层处理后必须浇水湿润，这是保证防水层和基层接合牢固的重要条件。

4.5.3　水泥砂浆防水层施工

防水砂浆的配合比和施工方法应符合所掺材料的规定，其中聚合物水泥防水砂浆的用水量应包括乳液中的含水量。水泥砂浆防水层应分层铺抹或喷射，铺抹时应压实、抹平，最后一层表面应提前压光。水泥砂浆防水层各层应紧密黏合，每层宜连续施工，必须留设施工缝时，应采用阶梯坡形槎，但需离阴阳角处的距离不得小于 200mm。结构阴阳角处的防水层做成圆弧形，阴角直径为 50mm，阳角直径为 10mm。水泥砂浆防水层施工温度不宜低于 5℃，也不宜在 30℃以上或在烈日照射下施工，水泥砂浆终凝后即可洒水养护，养护的环境温度不宜低于 5℃，并应保持砂浆表面湿润，养护时间不少于 14d。聚合物水泥防水砂浆拌和后应在规定的时间内用完，施工中不得任意加水，聚合物水泥防水砂浆未达到硬化状态时，不得浇水养护或直接受雨水冲刷，硬化后应采用干湿交替的养护方法，潮湿环境中，可在自然条件下养护。

4.5.4　水泥砂浆防水层施工验收

1. 主控项目及检验方法

（1）防水砂浆的原材料及配合比必须符合设计要求。

检验方法：检查产品合格证、产品性能检测报告、计量措施和材料进场试验报告。

（2）水泥砂浆防水层与基层之间必须接合牢固，无空鼓现象。

检验方法：观察和用小锤轻击检查。

（3）防水砂浆的黏结强度和抗渗性能必须符合设计规定。

检验方法：检查砂浆黏结强度、抗渗性能检验报告。

2. 一般项目及检验方法

（1）水泥砂浆防水层表面应密实、平整，不得有裂纹、起砂、麻面等缺陷。

检验方法：观察检查。

（2）水泥砂浆防水层施工缝留槎位置应正确，接槎应按层次顺序操作，层层搭接紧密。施工缝是水泥砂浆防水层的薄弱环节，留槎位置不当或接槎不严密，容易导致渗漏。每层应连续施工，如必须留槎，应采用阶梯坡形槎。

检验方法：观察检查；检查隐蔽工程验收记录。

（3）水泥砂浆防水层的平均厚度应符合设计要求，最小厚度不得小于设计值的 85%。

检验方法：应在砂浆终凝前用钢针插入进行尺量测验。

（4）水泥砂浆防水层表面平整度的允许偏差应为 5mm。

检验方法：用 2m 靠尺和楔形塞尺检查。

4.6　涂料防水层

涂料防水层适用于受侵蚀性介质作用或受振动作用的地下工程。涂料防水层应包括无机防水涂料和有机防水涂料，有机防水涂料宜用于主体结构的迎水面，无机防水涂料宜用于主体结构的背水面。

4.6.1　材料要求

涂料防水层所选用的涂料应具有良好的耐水性、耐久性、耐腐蚀性及耐菌性；应无毒、难燃、低污染。无机防水涂料应采用掺外加剂、掺合料的水泥基防水涂料或水泥基渗透结晶型防水涂料，应具有良好的干湿黏结性和耐磨性，无机防水涂料的性能指标应符合表 1.28 的规定。有机防水涂料应采用反应型、水乳型、聚合物水泥等涂料，有机防水涂料应具有较好的延伸性及较大适应基层变形的能力，有机防水涂料的性能指标应符合表 1.29 的规定。

表 1.28　　　　　　　　　　　　　无机防水涂料的性能指标

涂料种类	抗折强度（MPa）	黏结强度（MPa）	一次抗渗性（MPa）	二次抗渗性（MPa）	冻融循环（次）
掺外加剂、掺合料的水泥基防水涂料	≥4	≥1.0	>0.8	—	>50
水泥基渗透结晶型防水涂料	≥4	≥1.0	>1.0	>0.8	>50

表 1.29　　　　　　　　　　　　　有机防水涂料的性能指标

涂料种类	可操作时间（min）	潮湿基面黏结强度（MPa）	抗渗性（MPa）			浸水 168h 后拉伸强度（MPa）	浸水 168h 后断裂伸长率（%）	耐水性（%）	表干（h）	实干（h）
			涂膜（120min）	砂浆迎水面	砂浆背水面					
反应性	≥20	≥0.5	≥0.3	≥0.8	≥0.3	≥1.7	≥400	≥80	≤12	≤24
水乳型	≥50	≥0.2	≥0.3	≥0.8	≥0.3	≥0.5	≥350	≥80	≤4	≤12
聚合物水泥	≥30	≥1.0	≥0.3	≥0.8	≥0.6	≥1.5	≥80	≥80	≤4	≤12

注　1. 浸水 168h 后拉伸强度和断裂伸长率是在浸水取出后只经擦干即进行试验所得的值。

　　2. 耐水性指标是指材料浸水 168h 后取出擦干即进行试验，其黏结强度及抗渗性的保持率。

　　潮湿基层宜选用与潮湿基面黏结力大的无机防水涂料或有机防水涂料，也可采用先涂无机防水涂料而后再涂有机防水涂料构成复合防水涂层；冬期施工宜选用反应型涂料；埋置深度较深的重要工程、有振动或有较大变形的工程，宜选用高弹性防水涂料；有腐蚀性的地下环境宜选用耐腐蚀性较好的有机防水涂料，并应做刚性保护层；聚合物水泥防水涂料应选用Ⅱ型产品。

4.6.2　基层处理

　　有机防水涂料基层表面应干燥，不应有气孔、凹凸不平、蜂窝麻面等缺陷，当基面较潮湿时，应涂刷湿固化型胶结剂或潮湿界面隔离剂。涂料施工前，基层阴阳角应做成圆弧形，在转角、变形缝、施工缝、穿墙管等部位应增加胎体增强材料和增涂防水涂料，宽度不应小于500mm。

　　无机防水涂料基层表面应干净、平整、无浮浆，施工前，基面应充分湿润，但不得有明水。

4.6.3　涂料防水层施工

　　多组分涂料应按配合比准确计量，搅拌均匀，并应根据有效时间确定每次配制的用量，涂料应分层涂刷或喷涂，涂层应均匀，涂刷应待前遍涂层干燥成膜后进行，每遍涂刷时交替改变涂层的涂刷方向，同层涂膜的先后搭压宽度宜为30～50mm，涂料防水层的甩槎处接槎宽度不应小于100mm，接涂前应将其甩槎表面处理干净。铺贴胎体增强材料时，应使胎体层充分浸透防水涂料，不得有露槎及褶皱，胎体增强材料的搭接宽度不应小于100mm，上下两层和相邻两幅胎体的接缝应错开1/3幅宽，且上下两层胎体不得相互垂直铺贴。掺外加剂、掺合料的水泥基防水涂料厚度不得小于3.0mm，水泥基渗透结晶型防水涂料的用量不应小于$1.5kg/m^2$且厚度不应小于1.0mm，有机防水涂料的厚度不得小于1.0mm。

　　防水涂料宜采用外防外涂或外防内涂见图1.117和图1.118。

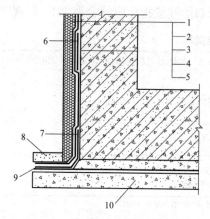

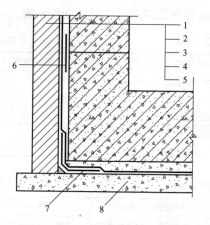

图1.117　防水涂料外防外涂构造
1—保护墙；2—砂浆保护层；3—涂料防水层；
4—砂浆找平层；5—结构墙体；
6、7—涂料防水层加强层；
8—涂料防水层搭接部位保护层；
9—涂料防水层搭接部位；
10—混凝土垫层

图1.118　防水涂料外防内涂构造
1—保护墙；2—涂料保护层；3—涂料防水层；
4—找平层；5—结构墙体；
6、7—涂料防水层加强层；8—混凝土垫层

涂料防水层严禁在雨天、雾天、五级及以上大风时施工，不得在环境温度低于 5℃ 及高于 35℃ 或烈日暴晒时施工。涂膜固化前如有降雨可能，应及时做好已完涂层的保护工作。

有机防水涂料施工完后应及时做好保护层，底板、顶板应采用 20mm 厚的 1∶2.5 水泥砂浆层和 40～50mm 厚的细石混凝土保护层，防水层和保护层之间宜设置隔离层，侧墙背水面保护层应采用 20mm 厚的 1∶2.5 水泥砂浆，侧墙迎水面保护层宜选用软质保护材料或 20mm 厚的 1∶2.5 水泥砂浆。

4.6.4　涂料防水层施工验收

1. 主控项目及检验方法

(1) 涂料防水层所用的材料及配合比必须符合设计要求。

检验方法：检查产品合格证、产品性能检测报告、计量措施和材料进场试验报告。

(2) 涂料防水层的平均厚度应符合设计要求，最小厚度不得小于设计值的 90%。

检验方法：用针测法检查。

(3) 涂料防水层在转角、变形缝、施工缝、穿墙管等部位做法必须符合设计要求。

检验方法：观察检查和检查隐蔽工程验收记录。

2. 一般项目及检验方法

(1) 涂料防水层应与基层黏结牢固，涂刷均匀，不得流淌、鼓泡、露槎。

检验方法：观察检查。

(2) 涂层间夹铺胎体增强材料时，应使防水涂料浸透胎体覆盖完全，不得有胎体外露现象。

检验方法：观察检查。

(3) 侧墙涂料防水层的保护层与防水层应接合紧密，保护层厚度应符合设计要求。

检验方法：观察检查。

4.7　其他防水层

1. 塑料板防水层施工

塑料板防水层宜用于经常受水压、侵蚀性介质或受振动作用的地下工程防水，宜铺设在复合式衬砌的初期支护与二次衬砌之间，在初期支护结构趋于基本稳定后铺设，这种防水工艺通常称作复合式衬砌防水或夹层防水。其发挥两道防水功能作用（一道是塑料板防水，另一道是防水混凝土）。

2. 金属板防水层施工

金属板防水层是指地下主体结构内侧或外侧设置金属板，用金属板作为封闭达到防水，主要用于一些抗渗性能要求较高的构筑物（如铸工浇注坑、电炉钢水坑等）。金属板防水层很少用于一般地下防水工程，主要是重量大、工艺复杂、造价高。

3. 膨润土防水材料防水层施工

膨润土防水材料防水层适用于 pH 值为 4～10 的地下环境中，应用于复合式衬砌的初期支护与二次衬砌之间及明挖法地下工程主体结构的迎水面，防水层两侧应具有一定的夹持力。

项目5 砌 体 基 础

砌体基础常用的有毛石基础和砖基础两种。

5.1 毛石基础

5.1.1 毛石基础构造

毛石基础是用毛石与水泥砂浆或水泥混合砂浆砌成，所用毛石应质地坚硬、无裂缝，强度等级一般为 MU20 以上；砂浆宜用水泥砂浆，强度等级不应低于 M5。

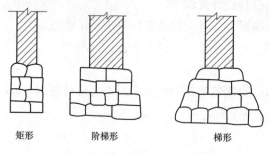

矩形　　　　阶梯形　　　　梯形

图 1.119　毛石基础

毛石基础可作墙下条形基础或柱下独立基础。按其断面形状有矩形、阶梯形和梯形等。基础顶面宽度比墙基底面宽度要大于 200mm；基础底面宽度依设计计算而定。梯形基础坡角应大于 60°。阶梯形基础台阶高不小于 300mm，每阶挑出宽度不大于 200mm，见图 1.119。

5.1.2 毛石基础施工要点

（1）砌筑时，应双挂线，分层砌筑。砌第一皮毛石时，应选用有较大平面的石块，先在基坑底铺设砂浆，再将毛石砌上，并使毛石的大面向下。以上各层均应铺灰坐浆砌筑，不得用先铺石后灌浆的方法。转角及阴阳角外露部分，应选用方正平整的毛石（俗称角石）互相拉结砌筑。

（2）毛石砌体宜分皮卧砌，并应上下错缝、内外搭砌，不能采用外面侧立石块中间填心的砌筑方法。

（3）大、中、小毛石应搭配使用，使砌体平稳。形状不规则的石块，应用大锤将其棱角适当加工后使用，灰缝要饱满密实，厚度一般控制在 30～40mm，石块上下两皮竖缝必须错开，做到交错排列。

（4）毛石基础每 $0.7m^2$ 且每皮毛石内间距不大于 2m 设置一块拉结石，上下两皮拉结石的位置应错开，立面砌成梅花形。如基础宽度小于或等于 400mm，拉结石宽度应与基础宽度相等；如基础宽度大于 400mm，可用两块拉结石内外搭接，搭接长度不应小于 150mm，且其中一块长度应不小于基础宽度的 2/3，内外墙交接处均应选用拉结石砌筑。填心的石块应根据石块自然形状交错放置，尽量使石块间缝隙最小，过大缝隙应铺浆，用小石块填入使之稳固，用锤轻敲使之密实，严禁石块间无浆直接接触，出现干缝、通缝。基础的扩大部分如为阶梯形，上阶的石块应至少压砌下阶石块的 1/2，相邻阶梯毛石应错缝搭砌，以保证整体性。

（5）每砌完一层，必须校对中心线，找平一次，检查有无偏斜现象。毛石基础最上一皮宜选用较大的平毛石，使其咬劲大。基础侧面要保持大致平整、垂直，不得有倾斜、内陷和外鼓现象。砌好后，外侧石缝应用砂浆勾严。

（6）毛石基础的转角处和交接处应同时砌筑。如不能同时砌筑又必须留槎，应砌成斜槎。基础中的预留孔洞，要按图纸要求事先留出，不得砌完后凿洞。沉降缝应分成两段砌筑，不得搭接。转角、交接处和洞口处应选用较大的平毛石砌筑。有高低台的毛石基础，应从低台砌筑，并由高台向低台搭接，搭接长度不小于基础高度。

（7）在砌筑过程中，如需调整石块，应将毛石提起，刮去原有砂浆重新砌筑。严禁用敲击方法调整，以防松动周围砌体。当基础砌至顶面一层时，上皮石块伸入墙内长度应不小于墙厚的 1/2，以免因连接不好而影响砌体强度。

（8）基础每天砌筑高度不应超过 1.2m，当天砌筑的砌体上应铺一层灰浆，表面应粗糙。夏期施工时，对刚砌完的砌体，应用草袋覆盖养护 5～7d，避免风吹、日晒、雨淋。毛石基础全部砌完，待基础工程验收后，要及时在基础两边均匀分层回填土，分层夯实。

5.1.3　毛石砌体的强度和整体性不够的原因

造成毛石砌体强度和整体性不够，主要是由于施工不注意，也有设计不当而造成的。这里主要分析施工方面存在的问题。

（1）石材强度低，不合规格。与砖砌体一样，在其他条件相同的情况下，毛石砌体的强度与石材强度和砂浆强度成正比，即毛石强度高的，砌体强度相应较高。

强度较低的石材有：

1）外观呈针片状，长厚比大于 4 的卵石。

2）带有风化剥层和裂缝，表面有污痕，形状过于细长、扁薄，棱角不清晰的乱毛石。

3）质地疏松，内部有隐纹，敲击时发出噼啪声的料石。

4）表面有山皮的石材。

5）形状不符合要求的石材。

毛石砌体所用的石材属于不规则材料，因此，不规定其精确的规格尺寸，但为了保证砌体质量，要求在每批石料中，要包括一定数量的形状呈扁平，大致可区分长、宽、高、最小面不小于 20cm 的平毛石，其中还包括一些长度不小于 40cm，可以用作拉结石的石块。如果供应的材料不能满足这些要求，砌筑时拉结不好，必定影响砌体强度及整体性。

（2）砂浆强度偏低，和易性差。毛石砌体的强度与砂浆强度也成正比。因此，砂浆强度偏低，势必要导致毛石砌体强度偏低。

（3）组砌不合理。施工中未按规定分层坐浆砌筑，未设拉结石，而是砌成夹心墙、包馅基础等，这些错误砌法，严重地影响了毛石砌体的整体性、稳定性，也使其强度受到很大削弱。

5.2　砖基础

5.2.1　砖基础的构造

1. 大放脚

为了满足地基承载力的要求，砖基础下部通常比墙身宽，呈阶梯形逐级加宽，称为大放脚。大放脚有等高式和不等高式两种，如图 1.120 所示。等高式大放脚，两皮一收，两边各收进 1/4 砖（60mm）。不等高式大放脚，两皮一收与一皮一收相间，两边各收进 1/4 砖（60mm）。大放脚的底层宽度由设计确定，各层大放脚的宽度应为半砖长的整倍数（包括灰缝）。

2. 垫层

大放脚下设灰土（3∶7 或 3∶8）、碎砖三合土（1∶2∶4 或 1∶3∶6）或混凝土垫层，

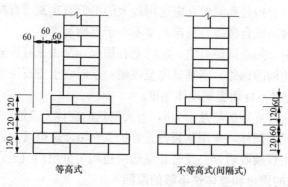

图 1.120　砖基础大放脚形式

其高度与厚度由设计确定。

3. 防潮层

在墙基顶面应设防潮层，防潮层宜用 1∶2.5 水泥砂浆加适量防水剂铺设，其厚度一般为 20mm，一般位于底层室内地面以下一皮砖处，即离底层室内地面下 60mm 处，垂直防潮层一般涂抹热沥青两道。

5.2.2　砖基础的施工

1. 工艺流程

工艺流程：基坑验槽、垫层施工、找平放线→材料见证取样、配制砂浆→摆砖撂底→盘角、立杆挂线→砌筑砖基础→铺设防潮层→自检、养护→办理隐蔽验收手续→回填土。

2. 施工方法

（1）砌筑前，应将垫层表面的浮土及垃圾清除干净，并洒水湿润。

（2）抄平放线。基础施工前，应在主要轴线部位设置引桩，以控制基础、墙身的轴线位置，并从中引出墙身轴线，而后向两边放出大放脚的底边线，根据最下面一皮砖的标高，拉线检查垫层表面的水平度，若第一皮砖下的水平灰缝超过 20mm，则用细石混凝土找平，不得用砂浆或掺碎石、碎砖的砂浆处理。

（3）配制砂浆。砂浆的品种、强度等级必须符合设计要求。应按《砌体工程施工质量验收规范》（GB 50203）规定抽检，并制作试块。砂浆一般用水泥砂浆，砂浆随拌随用，拌好的砂浆在 3h 内用完，不得使用隔夜砂浆。

（4）摆砖撂底。砖基础的转角、交接处端部，为错缝需要应交替分层放置配砖（3/4 砖、半砖或 1/4 砖）。

（5）盘角、立杆挂线。在地基转角、交接及高低踏步处预先立好基础皮数杆，依皮数杆先在转角及交接处砌几皮砖，即盘角，然后在其间拉准线砌中间部分。

（6）砌筑砖基础。大放脚部分一般采用一顺一丁组砌，里外咬槎，上下层错缝，竖缝至少要错开 1/4 砖长（60mm）。

1）砌第一层砖时，先在垫层上满铺砂浆，然后再行砌砖。内外墙砖基础应同时砌起，如不能同时砌筑，应留置斜槎，斜槎长度不应小于其高度。

2）水平灰缝及竖向灰缝的宽度应控制在 10mm 左右，水平灰缝的砂浆饱满度不得小于 80%，竖缝要错开。要注意丁字及十字接头处砖块的搭接，在这些交接处，纵横墙要隔皮砌通。大放脚的最下一皮及每层的最上一皮应以丁砌为主，底层需用两皮一收砌筑。基础标高不一或局部有加深，应从最低处向上砌筑，并由高处向低处搭接，如设计无要求，搭接长度不应小于大放脚的高度。

3）沉降缝、变形缝两边的砖基础应根据设计要求砌筑。先砌的一边要刮掉舌头灰，后砌的一边要采用缩口灰的砌法，掉入缝内的杂物随时清理，防止堵塞。

4）预留孔洞、预埋件、拉结筋按照设计要求留置，避免事后剔凿。孔洞超过 30cm 时，应在其上砌筑平拱或设置过梁。暖气沟挑檐砖用丁砖砌筑，保证灰缝严实，标高正确。

（7）铺设防潮层。防潮层在基础砌完后施工。一般在砖基础顶面抹 1∶2.5 水泥防水砂浆（即在 1∶2 水泥砂浆中加入水泥质量 3％～5％的防水粉），厚 20mm。如砖基础顶面设有钢筋混凝土地圈梁，可不再做防潮层。

（8）基础砌完验收合格后，应及时回填。回填土要在基础两侧同时进行，并分层夯实。

项目 6　混凝土基础

一般工业与民用建筑在基础设计中多采用天然浅基础，它造价低、施工简便。常用的浅基础类型有条式基础、杯形基础、筏式基础和箱形基础等。

6.1.1　条式基础

条式基础包括柱下钢筋混凝土独立基础（见图 1.121）和墙下钢筋混凝土条式基础（见图 1.122）。这种基础的抗弯和抗剪性能良好，可在竖向荷载较大、地基承载力不高，以及承受水平力和力矩等荷载情况下使用。因高度不受台阶宽高比的限制，故适用于需要"宽基浅埋"的场合。

1. 构造要求

（1）锥形基础（条式基础）边缘高度不宜小于 200mm；梯形基础的每层高度宜为 300～500mm。

（2）垫层厚度一般为 100mm，混凝土强度等级为 C10，基础混凝土强度等级不宜低于 C15。

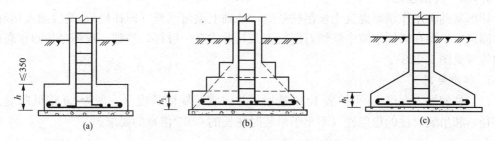

图 1.121　柱下钢筋混凝土独立基础

（a）、（b）阶梯形；（c）锥形

（3）底板受力钢筋的最小直径不宜小于 8mm，间距不宜大于 200mm。当有垫层时，钢筋保护层的厚度不宜小于 35mm，无垫层时不宜小于 70mm。

（4）插筋的数目与直径应与柱内纵向受力钢筋相同。插筋的锚固及柱的纵向受力钢筋的搭接长度，按《混凝土结构设计规范》（GB 50010）的规定执行。

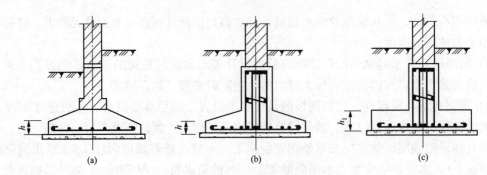

图 1.122　墙下钢筋混凝土条式基础
(a) 板式；(b)、(c) 梁、板接合式

2. 施工要点

（1）基坑（槽）应进行验槽，局部软弱土层应挖去，用灰土或砂砾分层回填夯实至基底相平。基坑（槽）内浮土、积水、淤泥、垃圾、杂物应清除干净。验槽后地基混凝土应立即浇筑，以免地基土被扰动。

（2）垫层达到一定强度后，在其上弹线、支模。铺放钢筋网片时，底部用与混凝土保护层同厚度的水泥砂浆垫塞，以保证位置正确。

（3）在浇筑混凝土前，应清除模板上的垃圾、混凝土和钢筋上的油污等杂物，模板应浇水加以湿润。

（4）基础混凝土宜分层连续浇筑完成。阶梯形基础的每一台阶高度内应分层浇捣，每浇筑完一台阶应稍停 0.5～1.0h，待其初步获得沉实后，再浇筑上层，以防止下台阶混凝土溢出，在上台阶根部出现烂脖子，台阶表面应基本抹平。

（5）锥形基础的斜面部分模板应随混凝土浇捣分段支设并顶压紧，以防模板上浮变形，边角处的混凝土应注意捣实。严禁斜面部分不支模，用铁锹拍实。

（6）基础上有插筋时，要加以固定，保证插筋位置的正确，防止浇捣混凝土发生移位。混凝土浇筑完毕，外露表面应覆盖浇水养护。

6.1.2　杯形基础

杯形基础常用作钢筋混凝土预制柱基础，基础上预留凹槽（即杯口），然后插入预制柱，临时固定后，即在四周空隙中灌细石混凝土。其形式有一般杯口基础、双杯口基础和高杯口基础等（见图 1.123）。

1. 构造要求

（1）柱的插入深度 h_1 可按表 1.30 选用，并应满足锚固长度（一般为 20 倍纵向受力钢筋直径）和吊装时柱的稳定性（不小于吊装时柱长的 0.05 倍）的要求。

表 1.30　　　　　　　　　　　　　　　柱的插入深度 h_1　　　　　　　　　　　　　　　mm

矩形或工字形柱				单肢管柱	双肢柱
$h<500$	$500 \leqslant h<800$	$800 \leqslant h<1000$	$h>1000$		
$(1\sim1.2)h$	H	$0.9h \geqslant 800$	$0.8h \geqslant 1000$	$1.5d \geqslant 500$	$\left(\dfrac{1}{3} \sim \dfrac{2}{3}\right) h_a$ 或 $(1.5\sim1.8)h_b$

注　1. h 为柱截面长边尺寸；d 为管柱的外直径；h_a 为双肢柱整个截面长边尺寸；h_b 为双肢柱整个截面短边尺寸。
　　2. 柱轴心受压或小偏心受压时，h_1 可以适当减少；偏心距 $e_0>2h$（或 $e_0>2d$）时，h_1 应适当加大。

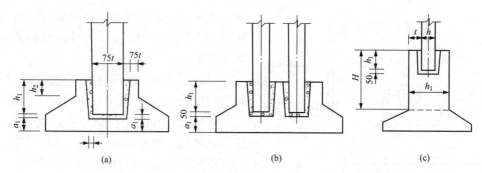

图 1.123 杯形基础形式、构造示意

（a）一般杯口基础；（b）双杯口基础；（c）高杯口基础

H—短柱高度

（2）基础的杯底厚度和杯壁厚度，可按表 1.31 采用。

（3）当柱为轴心或小偏心受压，且 $t/h_2 \geqslant 0.65$ 时，或大偏心受压且 $t/h_2 \geqslant 0.75$ 时，杯壁可不配筋；当柱为轴心或小偏心受压且 $0.5 \leqslant t/h_2 < 0.65$ 时，杯壁可按表 1.32 和图 1.124 构造配筋；当柱为轴心或小偏心受压且 $t/h_2 < 0.5$ 时，或大偏心受压且 $t/h_2 < 0.75$ 时，按计算配筋。

表 1.31   **基础的杯底厚度和杯壁厚度**

柱截面长边尺寸 h（mm）	杯底厚度 a_1（mm）	杯壁厚度 t（mm）
$h < 500$	$\geqslant 150$	$150 \sim 200$
$500 \leqslant h < 800$	$\geqslant 200$	$\geqslant 200$
$800 \leqslant h < 1000$	$\geqslant 200$	$\geqslant 300$
$1000 \leqslant h < 1500$	$\geqslant 250$	$\geqslant 350$
$1500 \leqslant h \leqslant 2000$	$\geqslant 300$	$\geqslant 400$

注 1. 双肢柱的 a_1 值，可适当加大。

    2. 当有基础梁时，基础梁下的杯壁厚度应满足其支承宽度的要求。

    3. 柱子插入杯口部分的表面应尽量凿毛。柱子与杯口之间的空隙，应用细雨石混凝土（比基础混凝土强度等级高一级）密实充填，其强度达到基础设计强度等级的 70% 以上（或采取其他相应措施）时，方能进行上部吊装。

表 1.32   **杯壁构造配筋**

柱截面长边尺寸（mm）	<1000	$1000 \leqslant h < 1500$	$1500 \leqslant h \leqslant 2000$
钢筋直径（mm）	$8 \sim 10$	$10 \sim 12$	$12 \sim 16$

注 表中钢筋置于杯口顶部，每边两根。

（4）预制钢筋混凝土柱（包括双肢柱）和高杯口基础的连接与一般杯口基础构造相同。

2. 施工要点

杯形基础除参照条式基础的施工要点外，还应注意以下几点：

（1）混凝土应按台阶分层浇筑，对高杯口基础的高台阶部分按整段分层浇筑。

（2）杯口模板可做成两半式的定型模板，中间各加一块楔形板，拆模时，先取出楔形

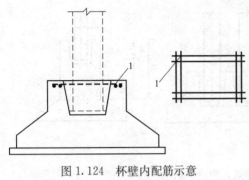

图 1.124　杯壁内配筋示意
1—钢筋焊网或钢筋箍

板，然后分别将两半杯口模板取出。为便于周转宜做成工具式的，支模时杯口模板要固定牢固并压浆。

（3）浇筑杯口混凝土时，应注意四侧要对称均匀地进行，避免将杯口模板挤向一侧。

（4）施工时应先浇筑杯底混凝土并振实，注意在杯底一般有 50mm 厚的细石混凝土找平层，应仔细留出。待杯底混凝土沉实后，再浇筑杯口四周混凝土。基础浇捣完毕，在混凝土初凝后终凝前将杯口模板取出，并将杯口内侧表面混凝土凿毛。

（5）施工高杯口基础时，可采用后安装杯口模板的方法，即当混凝土浇捣接近杯口底时，再安装固定杯口模板，继续浇筑杯口四周混凝土。

6.1.3　筏式基础

筏式基础由钢筋混凝土底板、梁等组成，适用于地基承载力较低而上部结构荷载很大的场合。其外形和构造上像倒置钢筋混凝土楼盖，整体刚度较大，能有效将各柱子的沉降调整得较为均匀。筏式基础一般可分为梁板式和平板式两类（见图 1.125）。

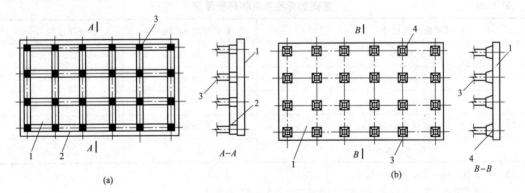

图 1.125　筏式基础
(a) 梁板式；(b) 平板式
1—底板；2—梁；3—柱；4—支墩

1. 构造要求

（1）混凝土强度等级不宜低于 C20，钢筋无特殊要求，钢筋保护层厚度不小于 35mm。

（2）基础平面布置应尽量对称，以减小基础荷载的偏心距。底板厚度不宜小于 200mm，梁截面积和板厚按计算确定，梁顶高于底板顶面不小于 300mm，梁宽不小于 250mm。

（3）底板下一般宜设厚度为 100mm 的 C10 混凝土垫层，每边伸出基础底板不小于 100mm。

2. 施工要点

（1）施工前，如地下水位较高，可采用人工降低地下水位至基坑底不小于 500mm，以保证在无水情况下进行基坑开挖和基础施工。

（2）施工时，可采用先在垫层上绑扎底板、梁的钢筋和柱子锚固插筋，浇筑底板混凝土，待达到 25% 设计强度后，再在底板上支梁模板，继续浇筑完梁部分混凝土；也可采用底板和梁模板一次同时支好，混凝土一次连续浇筑完成，梁侧模板采用支架支承并固定牢固。

（3）混凝土浇筑时一般不留施工缝，必须留设时，应按施工缝要求处理，并应设置止水带。

（4）基础浇筑完毕，表面应覆盖和洒水养护，并防止地基被水浸泡。

6.1.4 箱形基础

箱形基础是由钢筋混凝土底板、顶板、外墙及一定数量的内隔墙构成封闭的箱体（见图1.126），基础中部可在内隔墙开门洞作地下室。该基础具有整体性好，刚度大，调整不均匀沉降能力及抗震能力强，可消除因地基变形使建筑开裂的可能性，减少基底处原有地基自重应力，降低总沉降量等特点；适用作软弱地基上的面积较小、平面形状简单、上部结构荷载大，且分布不均匀的高层建筑物的基础和对沉降有严格要求的设备基础或特种构筑物基础。

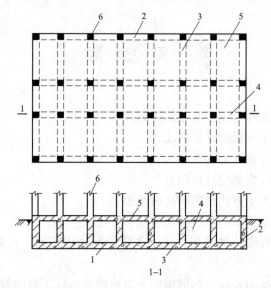

图 1.126 箱形基础
1—底板；2—外墙；3—内墙隔墙；4—内纵隔墙；5—顶板；6—柱

1. 构造要求

（1）箱形基础在平面布置上尽可能对称，以减少荷载的偏心距，防止基础过度倾斜。

（2）混凝土强度等级不应低于 C20，基础高度一般取建筑物高度的 1/12～1/8，不宜小于箱形基础长度的 1/18～1/16，且不小于 3m。

（3）底、顶板的厚度应满足柱或墙冲切验算要求，并根据实际受力情况通过计算确定。底板厚度一般取隔墙间距的 1/10～1/8，为 300～1000mm，顶板厚度为 200～400mm，内墙厚度不宜小于 200mm，外墙厚度不应小于 250mm。

（4）为保证箱形基础的整体刚度，平均每平方米基础面积上墙体长度应不小于 400mm，或墙体水平截面面积不得小于基础面积的 1/10，其中纵墙配置量不得小于墙体总配置量的 3/5。

2. 施工要点

（1）基坑开挖，如地下水较高，应采取措施降低地下水位至基坑底以下 500mm 处，并尽量减少对基坑底土的扰动。当采用机械开挖基坑时，在基坑底面以上 200～400mm 厚的土层，应用人工挖除并清理，基坑验槽后，应立即进行基础施工。

（2）施工时，基础底板、内外墙和顶板的支模、钢筋绑扎和混凝土浇筑，可分块进行，其施工缝的留设位置和处理应符合钢筋混凝土工程施工及验收规范的有关要求，外墙接缝应设止水带。

（3）基础的底板、内外墙和顶板宜连续浇筑完毕。为防止出现温度收缩裂缝，一般应设置贯通后浇带，带宽不宜小于 800mm，在后浇带处钢筋应贯通，顶板浇筑后，相隔 2～4 周，用比设计强度提高一级的细石混凝土将后浇带填灌密实，并加强养护。

（4）基础施工完毕，应立即进行回填土。停止降水时，应验算基础的抗浮稳定性，抗浮稳定系数不宜小于 1.2，当不能满足时，应采取有效措施，如继续抽水直至上部结构荷载加上后能满足抗浮稳定系数要求为止，或在基础内采取灌水或加重物等，防止基础上浮或倾斜。

思 考 题

1. 试述土的组成。

2. 试述土的可松性及其对土方施工的影响。

3. 试述基坑及基槽土方量的计算方法。

4. 试述场地平整土方量计算的步骤和方法。

5. 为什么对场地设计标高要进行调整？

6. 试述土方边坡的表示方法及影响边坡的因素。

7. 分析流砂形成的原因及防治流砂的途径和方法。

8. 试述单斗挖土机有哪几种类型？其工作特点和适用范围，正铲、反铲挖土机开挖方式有哪几种？如何选择？

9. 试述选择土方机械的要点。如何确定土方机械和运输工具的数量？

10. 填土压实有哪几种方法？各有什么特点？影响填土压实的主要因素有哪些？怎样检查填土压实的质量？

11. 试述土的最佳含水量的概念，土的含水量和控制干密度对填土质量有何影响？

12. 什么叫地基处理？地基处理的目的是什么？

13. 地基处理的方法有哪些种？各自的适用范围是什么？

14. 试述换土垫层法的施工工艺及质量检查。

15. 试述桩基础的作用和类型。

16. 现浇混凝土灌注桩有哪几种成孔方法？各种方法有何特点？

17. 灌注桩常易发生的质量问题有哪些？如何预防及处理？

18. 试述人工挖孔桩的施工工艺及施工中需注意的问题。

19. 你是如何理解"十缝九漏"的？结合本章谈谈你的看法。

20. 比较外防外贴法和外防内贴法有何不同？

21. 浅埋式钢筋混凝土基础主要有哪几种?

习　题

1. 某基坑底长 60m，宽 25m，深 5m，四边放坡，边坡坡度为 1 : 0.5。已知 $K_s = 1.20$，$K_s = 1.05$。

（1）试计算土方开挖工程量。

（2）若混凝土基础和地下室占有体积为 3000m³，则应预留多少松土回填?

2. 某基坑底面尺寸为 30m×40m，深 4.0m 基坑边坡为坡度为 1 : 0.5，地面标高为 ±0.000m，地下水位为 −1.000m，已知 −1.200m 以上为亚黏土，−1.200～−9.500m 为粉砂（渗透系数为 10m/d）。拟用轻型井点降水，建议：井点管至基坑边距离取 0.7m，水位降低后至基坑底的距离取 0.5m，井点管长为 6m、管径为 38mm、滤管长 1.0m，总管上弯连管接口间距为 0.8m。试求：

（1）绘制轻型井点系统的平面和高程布置。

（2）计算涌水量。

（3）确定井点管的数量和间距。

单元 2 主 体 工 程

项目 1 砌 体 工 程

　　砌筑工程是指砖、石块体和各类型砌块的施工。由于砌筑工程所用块体能就地取材，易于生产和施工，且造价低廉，有良好的耐火性、耐久性和保温隔热性能，至今仍为我国墙体砌筑的主导材料。但其强度低、自重大、砌筑工程量繁重、抗震性能差等缺点，也限制了它的使用范围。随着我国技术经济的发展和对环境保护的日益重视，砌体块材正向高强度、多孔、薄壁、大块和配筋等方向发展。

1.1 脚手架和垂直运输

　　在建筑施工中，脚手架和垂直运输设施占有特别重要的地位，选择和使用的合适与否，不但直接影响施工作业的顺利和安全进行，而且也关系到工程质量、施工进度和企业经济效益的提高。因而它是建筑施工技术措施中最重要的环节之一。

1.1.1 脚手架

　　脚手架是建筑施工中重要的临时设施，是在施工现场为安全防护、工人操作及解决楼层间少量垂直和水平运输而搭设的支架。脚手架的种类很多，按其搭设位置可分为外脚手架和里脚手架两大类；按其所用材料可分为木脚手架、竹脚手架与金属脚手架；按其用途可分为操作脚手架、防护用脚手架、承重和支承用脚手架；按其构造形式可分为多立杆式、框式、吊挂式、悬挑式、升降式，以及用于楼层间操作的工具式脚手架等。

　　建筑施工脚手架应由架子工搭设。对脚手架的基本要求是：应满足工人操作、材料堆置和运输的需要；坚固稳定，安全可靠；搭拆简单，搬移方便；尽量节约材料，能多次周转使用。脚手架的宽度一般为 1.5～2.0m，砌筑用脚手架的每步架高度为 1.2～1.4m，装饰用脚手架的每步架高度一般为 1.6～1.8m。

1. 外脚手架

外脚手架沿建筑物外围从地面搭起，即可用于外墙砌筑，又可用于外装饰施工。其主要形式有多立杆式、框式、桥式等。多立杆式应最广，框式次之。

(1) 多立杆式脚手架。

1) 基本组成和一般构造。多立杆式脚手架主要由立杆、纵向水平杆（大横杆）、横向水平杆（小横杆）、斜撑、脚手板等组成 ［见图 2.1 (a)］。其特点是每步架高度可根据施工需要灵活布置，取材方便，钢、竹、木等均可应用。

多立杆式脚手架分双排式和单排式两种形式。双排式 ［见图 2.1 (b)］ 沿墙外侧设两排立杆，小横杆两端支承在内外两排立杆上，多、高层房屋均可采用，当房屋高度超过 50m 时，需专门设计。单排式 ［见图 2.1 (c)］ 沿墙外侧仅设一排立杆，其小横杆一端与大横杆连接，另一端支承在墙上，仅适用于荷载较小、高度较低（＜25m），墙体有一定强度的多层房屋。

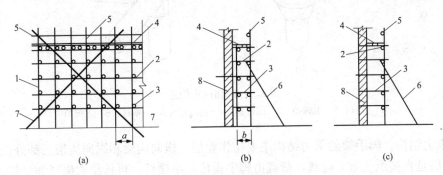

图 2.1　多立杆式脚手架

(a) 立面；(b) 侧面（双排）；(c) 侧面（单排）

1—立柱；2—大横杆；3—小横杆；4—脚手板；5—栏杆；6—抛撑；7—斜撑；8—墙体

早期的多立杆式外脚手架主要是采用竹、木杆件搭设而成，后来逐渐采用钢管和特制的扣件来搭设。这种多立杆式钢管外脚手架有扣件式和碗扣式两种。钢管扣件式多立杆脚手架由钢管（48mm×3.5mm）和扣件（见图 2.2）组成，采用扣件连接，既牢固又便于装拆，可以重复周转使用，因而应用广泛。这种脚手架在纵向外侧每隔一定距离需设置斜撑，以加强其纵向稳定性和整体性。另外，为了防止整片脚手架外倾和抵抗风力，整片脚手架还需均匀设置连墙杆，将脚手架与建筑物主体结构相连，依靠建筑物的刚度

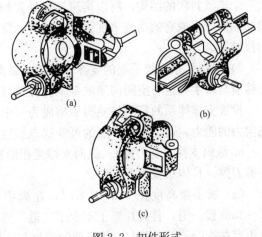

图 2.2　扣件形式

(a) 回转扣件；(b) 直角扣件；(c) 对接扣件

来加强脚手架的整体稳定性。

碗扣式钢管脚手架立杆与水平杆靠特制的碗扣接头连接（见图 2.3）。碗扣分上碗扣和下碗扣，下碗扣焊在钢管上，上碗扣对应地套在钢管上，其销槽对准焊在钢管上的限位销能上下滑动。连接时，只需将横杆接头插入下碗扣内，将上碗扣沿限位销扣下，并顺时针旋转，靠上碗扣螺旋面使之与限位销顶紧，从而将横杆和立杆牢固地连在一起，形成框架结构。碗扣式接头可同时连接 4 根横杆，横杆可相互垂直，也可组成其他角度，因而可以搭设各种形式脚手架，特别适合于搭设扇形表面及高层建筑施工和装修作用两用外脚手架，还可作为模板的支撑。

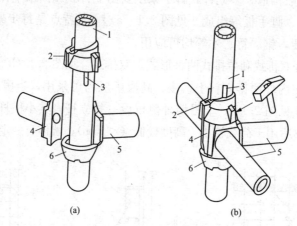

图 2.3　碗扣接头构造
1—立杆；2—上碗扣；3—限位销；4—横杆接头；5—横杆；6—下碗扣

2）承力结构。脚手架的承力结构主要指作业层、横向构架和纵向构架三部分。

作业层是直接承受施工荷载，荷载由脚手板传给小横杆，再传给大横杆和立杆。

横向构架由立杆和小横杆组成，是脚手架直接承受和传递垂直荷载的部分。它是脚手架的受力主体。

纵向构架是由各榀横向构架通过大横杆相互之间连成的一个整体。它应沿房屋的周围形成一个连续封闭的结构，所以房屋转角处要相互交圈，并确保连续。实在不能交圈时，脚手架的端头应采取有效措施来加强其整体性，常用的措施是设置抗侧力构件、加强与主体结构的拉结等。

3）支撑体系。脚手架的支撑体系包括纵向支撑（剪刀撑）、横向支撑和水平支撑。这些支撑应与脚手架这一空间构架的基本构件很好连接。

设置支撑体系的目的是使脚手架成为一个几何稳定的构架，加强其整体刚度，增大抵抗侧向力的能力，避免出现节点的可变状态和过大的位移。

a. 纵向支撑（剪刀撑）。纵向支撑是指沿脚手架纵向外侧隔一定距离由下而上连续设置的剪刀撑。具体布置如下：

（a）脚手架高度在 25m 以下时，在脚手架两端和转角处必须设置剪刀撑，中间每隔12～15m 设一道，且每片架子不少于三道。剪刀撑宽度宜取 3～5 倍立杆纵距，斜杆与地面夹角宜在 45°～60°范围内，最下面的斜杆与立杆的连接点离地面不宜大于 500mm。

（b）脚手架高度在 25～50m 时，除沿纵向每隔 12～15m 自下而上连续设置一道剪刀撑外，在相邻两排剪刀撑之间，尚需沿高度每隔 10～15m 加设一道沿纵向通长的剪刀撑。

（c）对高度大于 50m 的高脚手架，应沿脚手架全长和全高连续设置剪刀撑。

b. 横向支撑。横向支撑是指在横向构架内从底到顶沿全高呈之字形设置的连续的斜撑。具体设置要求如下：

（a）脚手架的纵向构架因条件限制不能形成封闭形，如一字形、L 形或凹字形的脚手架，其两端必须设置横向支撑，并于中间每隔六个间距加设一道横向支撑。

（b）脚手架高度超过 25m 时，每隔六个间距要设置一道横向支撑。

c. 水平支撑。水平支撑是指在设置连墙拉结杆件的所在水平面内连续设置的水平斜杆，一般可根据需要设置，如在承力较大的结构脚手架中或在承受偏心荷载较大的承托架、防护棚、悬挑水平安全网等部位设置，以加强其水平刚度。

4）抛撑和连墙杆。脚手架由于其横向构架本身是一个高跨比相差悬殊的单跨结构，仅依靠结构本身尚难以做到保持结构的整体稳定，防止倾覆和抵抗风力。对于高度低于三步的脚手架，可采用加设抛撑来防止其倾覆，抛撑的间距不超过 6 倍立杆间距，抛撑与地面的夹角为 45°～60°，并应在地面支点处铺设垫板。对于高度超过三步的脚手架，防止倾斜和倒塌的主要措施是将脚手架整体依附在整体刚度很大的主体结构上，依靠房屋结构的整体刚度来加强和保证整片脚手架的稳定性。其具体做法是在脚手架上均匀地设置足够多的牢固的连墙点（见图 2.4）。连墙点的位置应设置在立杆和大横杆相交的节点处，离节点的间距不宜大于 300mm。

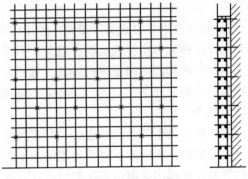

图 2.4　连墙杆的布置

设置一定数量的连墙杆后，整片脚手架的倾覆破坏一般不会发生。但要求与连墙杆连接一端的墙体本身要有足够的刚度，所以连墙杆在水平方向应设置在框架或楼板附近，竖直方向应设置在框架柱或横隔墙附近。连墙杆在房屋的每层范围均需布置一排，一般竖向间距为脚手架步高的 2～4 倍，不宜超过 4 倍，且绝对值在 3～4m 范围内；横向间距宜选用立杆纵距的 3～4 倍，不宜超过 4 倍，且绝对值在 4.5～6.0m 范围内。

5）搭设要求。脚手架搭设时应注意地基平整坚实，设置底座和垫板，并有可靠的排水措施，防止积水浸泡地基引起不均匀沉降。杆件应按设计方案进行搭设，并注意搭设顺序，扣件拧紧程度应适度，一般扭力矩应在 40～60kN·m 之间。禁止使用规格和质量不合格的杆配件。相邻立杆的对接扣件不得在同一高度，应随时校正杆件的垂直和水平偏差。脚手架处于顶层连墙点之上的自由高度不得大于 6m。当作业层高出其下连墙件 2 步或 4m 以上，且其上尚无连墙件时，应采取适当的临时撑拉措施。脚手板或其他作业层铺板的铺设应符合有关规定。

（2）框式脚手架。

1）基本组成。框式脚手架也称为门式脚手架，是当今国际上应用最普遍的脚手架之一。它不仅可作为外脚手架，而且可作为里脚手架或满堂脚手架。框式脚手架由门式框架、剪刀撑、水平梁架、螺旋基脚组成基本单元，将基本单元相互连接并增加梯子、栏杆及脚手板等即形成脚手架（见图 2.5）。

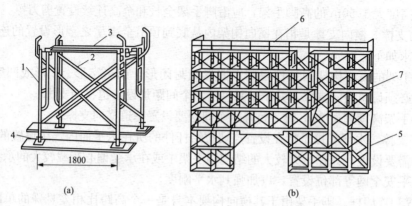

图 2.5 框式脚手架

1—门式框架；2—剪刀撑；3—水平梁架；4—螺旋基脚；5—梯子；6—栏杆；7—脚手板

2）搭设要求。框式脚手架是一种工厂生产、现场搭设的脚手架，一般只要按产品目录所列的使用荷载和搭设规定进行施工，不必再进行验算。如果实际使用情况与规定有出入，应采取相应的加固措施或进行验算。通常，框式脚手架搭设高度限制在 45m 以内，采取一定措施后达到 80m 左右。施工荷载：均布荷载为 $1.8kN/m^2$，或作用于脚手架板跨中的集中荷载为 2kN。

搭设框式脚手架时，基底必须夯实找平，并铺可调底座，以免发生塌陷和不均匀沉降。要严格控制第一步门式框架垂直度偏差不大于 2mm，门架顶部的水平偏差不大于 5mm。门架的顶部和底部用纵向水平杆和扫地杆固定。门架之间必须设置剪刀撑和水平梁架（或脚手板），其间连接应可靠，以确保脚手架的整体刚度。

2. 里脚手架

里脚手架搭设于建筑物内部，每砌完一层墙后，即将其转移到上一层楼面，进行新的一层砌体砌筑，它可用于内外墙的砌筑和室内装饰施工。里脚手架用料少，但装拆频繁，故要求轻便灵活，其结构形式有折叠式、支柱式和门架式等多种。

（1）折叠式。折叠式里脚手架适用于民用建筑的内墙砌筑和内粉刷，也可用于砖围墙、砖平房的外墙砌筑和粉刷。根据材料不同，可分为角钢、钢管和钢筋折叠式里脚手架。角钢折叠式里脚手架（见图 2.6）的架设间距，砌墙时不超过 2m，粉刷时不超过 2.5m；可以搭设两步脚手架，第一步高约 1m，第二步高约 1.65m。钢管和钢筋折叠式里脚手架的架设间距，砌墙时不超过 1.8m，粉刷时不超过 2.2m。

（2）支柱式。支柱式里脚手架由若干个支柱和横杆组成，适用于砌墙和内粉刷。其搭设间距，砌墙时不超过 2m，粉刷时不超过 2.5m。支柱式里脚手架的支柱有套管式和承插式两种形式。图 2.7 所示为套管式支柱，它是将插管插入立管中，以销孔间距调节高度，在插管顶端的凹形支托内搁置方木横杆，横杆上铺设脚手板，架设高度为 $1.5\sim2.1m$。

（3）门架式。门架式里脚手架由两片 A 形支架与门架组成（见图 2.8），适用于砌墙和粉刷。支架间距，砌墙时不超过 2.2m，粉刷时不超过 2.5m。按照支架与门架结合方式的不同，分为套管式和承插式两种。

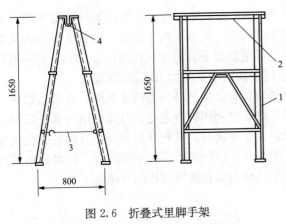
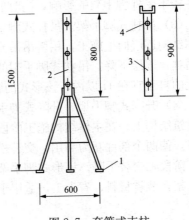

图 2.6 折叠式里脚手架
1—立柱；2—横楞；3—挂钩；4—铰链；

图 2.7 套管式支柱
1—支脚；2—立管；3—插管；4—销孔

A 形支架有立管和套管两部分，立管常用 $\phi50\times3mm$ 钢管，支脚可用钢管、钢筋或角钢焊成。套管式的支架立管较长，由立管与门架上的销孔调节架子高度。承插式的支架立管较短，采用双承插管，在改变架设高度时，支架不可再挪动。门架用钢管或角钢与钢管焊成，承插式门架在架设第二步时，销孔要插上销钉，防止 A 形支架被撞后转动。

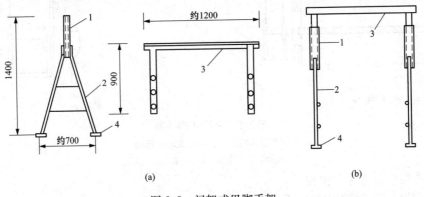

(a)   (b)

图 2.8 门架式里脚手架
1—立管；2—支脚；3—门架；4—垫板

3. 其他脚手架

（1）木、竹脚手架。由于各种先进金属脚手架的迅速推广，传统木、竹脚手架的应用逐渐减少，但在我国南方地区和广大乡镇地区仍时常采用木、竹脚手架。木、竹脚手架是由木杆或竹竿用铅丝、棕绳竹绑扎而成。木杆常用剥皮杉杆，缺乏杉杆时，也可用其他坚韧质轻的木料。竹竿应用生长 3 年以上的毛竹。

（2）悬挑式脚手架。悬挑式脚手架简称挑架，搭设在建筑物外边缘向外伸出的悬挑结构上，将脚手架荷载全部或部分传递给建筑结构。悬挑支撑结构有用型钢焊接制作的三角形桁架下撑式结构及用钢丝绳斜拉住水平型钢挑梁的斜拉式结构两种主要形式。在悬挑结构上搭设的双排外脚手架与落地式脚手架相同，分段悬挑脚手架的高度一般控制在 25m 以内。该形式的脚手架适用于高层建筑的施工。由于脚手架是沿建筑物高度分段搭设，故在一定条件下，当上层还在施工时，其下层即可提前交付使用；而对于有裙房的高层建筑，则可使裙房与主楼不受外脚手架的影响，同时展开施工。

（3）吊挂式脚手架。吊挂式脚手架（见图 2.9）在主体结构施工阶段为外挂脚手架，随主体结构逐层向上施工，用塔吊吊升，悬挂在结构上。在装饰施工阶段，该脚手架改为从屋顶吊挂，逐层下降。吊挂式脚手架的吊升单元（吊篮架子）宽度宜控制在 5～6m，每一吊升单元的自重宜在 1t 以内。该形式的脚手架适用于高层框架和剪力墙结构施工。

（4）升降式脚手架。升降式脚手架简称爬架，它是将自身分为两大部件，分别依附固定在建筑结构上。在主体结构施工阶段，升降式脚手架利用自身带有的升降机结构和升降动力设备，使两个部件互为利用，交替松开、固定，交替爬升，其爬升原理同爬升模板；在装饰施工阶段，交替下降。该形式脚手架搭设高度为 3～4 个楼层，不占用塔吊，相对落地式外脚手架，节省材料，省人工，适用于高层框架、剪力墙和筒体结构的快速施工。

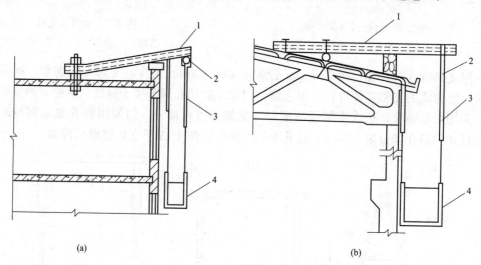

（a）　　　　　　　　　　　　　（b）

图 2.9　吊挂式脚手架

（a）在平屋顶的安装；（b）在坡屋顶的安装

1—挑梁；2—吊环；3—吊索；4—吊篮

4. 脚手架的安全防护措施

在房屋建筑施工过程中因脚手架出现事故的概率相当高，所以在脚手架的设计、架设、使用和拆卸中均需十分重视安全防护问题。

当外墙砌筑高度超过 4m 或立体交叉作业时，除在作业面正确铺设脚手板和安全防护栏杆及挡脚板外，还必须在脚手架外侧设置安全网。架设安全网时，其伸出宽度不应小于 2m，外口要高于内口，搭接应牢固，每隔一定距离应用拉绳将斜杆与地面锚桩拉牢。

当用里脚手架施工外墙或多层、高层建筑用外脚手架时，均需设置安全网。安全网应随楼层施工进度逐步上升，高层建筑除这一道逐步上升的安全网外，尚应在下面间隔 3～4 层的部位设施一道安全网。施工过程中要经常对安全网进行检查和维修，每块支好的安全网应能承受不小于 1.6kN 的冲击荷载。

钢脚手架不得搭设在距离 35kV 以上的高压线路 4.5m 以内的地区和距离 1～10kV 高压线路 3m 以内的地区。钢脚手架在架设和使用期间，要严防与带电体接触，需要穿过或靠近380V 以内的电力线路，距离在 2m 以内时，则应断电或拆除电源，如不能拆除，应采取可靠的绝缘措施。

搭设在旷野、山坡上的钢脚手架，如在雷击区域或雷雨时节，应设避雷装置。

1.1.2 垂直运输设施

垂直运输设施是指在建筑施工中负担垂直输送材料和人员上下的机械设备及设施。砌筑工程中的垂直运输量很大，不仅要运输大量的砖（或砌块）、砂浆，而且还要运输脚手架、脚手板和各种预制构件，因而如何合理安排垂直运输，就直接影响到砌筑工程的施工速度和工程成本。

1. 垂直运输设施的种类

目前砌筑工程中常用的垂直运输设施有塔式起重机、井架、龙门架、施工电梯、灰浆泵等。

（1）塔式起重机。塔式起重机具有提升、回转、水平运输等功能，不仅是重要的吊装设备，而且也是重要的垂直运输设备，尤其是在吊运长、大、重的物料时有明显的优势，故在可能条件下宜优先选用。

（2）井架（见图2.10）是施工中最常用的，也是最为简便的垂直运输设施。它的稳定性好、运输量大，除用型钢和钢管加工的定型井架之外，还可以用脚手架材料搭设而成。井架多为单孔井架，但也可构成两孔或多孔井架。井架通常带一个起重臂和吊篮。起重臂起重能力为5～10kN，在其外伸工作范围内也可以做小距离的水平运输。吊篮起重量为10～15kN，其中可放置运料的手推车或其他散装材料。井架搭设高度可达40m，需设缆风绳保持井架的稳定。

（3）龙门架（见图2.11）是由两根三角形截面或矩形截面的立柱及天轮梁（横梁）组成

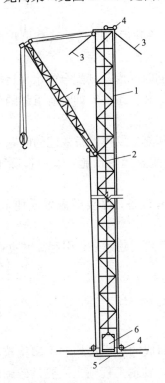

图 2.10　钢井架

1—井架；2—钢丝绳；3—揽风绳；4—滑轮；
5—垫梁；6—吊盘；7—辅助吊臂

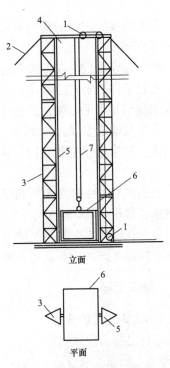

图 2.11　龙门架

1—滑轮；2—揽风绳；3—立柱；4—横梁；
5—导轨；6—吊盘；7—钢丝绳

的门式架。在龙门架上设滑轮、导轨、吊盘、缆风绳等，进行材料、机具和小型预制构件的垂直运输。龙门架构造简单、制作容易、用材少、装拆方便，但刚度和稳定性较差，一般适用于中小型工程。

（4）施工电梯。多数施工电梯为人货两用，少数为供货用。电梯按其驱动方式可分为齿条驱动和绳轮驱动两种。齿条驱动电梯又有单吊箱（笼）式和双吊箱（笼）式两种，并装有可靠的限速装置，适于 20 层以上的建筑工程使用；绳轮驱动电梯为单吊箱（笼），无限速装置，轻巧便宜，适于 20 层以下的建筑工程使用。

（5）灰浆泵。灰浆泵是一种可以在垂直和水平两个方向连续输送灰浆的机械，目前常用的有活塞式和挤压式两种。活塞式灰浆泵按其结构又分为直接作用式和隔膜式两类。

2. 垂直运输设施的设置要求

垂直运输设施的设置一般应根据现场施工条件满足以下一些基本要求：

（1）覆盖面和供应面。塔吊的覆盖面是指以塔吊的起重幅度为半径的圆形吊运覆盖面积。垂直运输设施的供应面是指借助于水平运输手段（手推车等）所能达到的供应范围。建筑工程的全部作业面应处于垂直运输设施的覆盖面和供应面的范围之内。

（2）供应能力。塔吊的供应能力等于吊次乘以吊量（每次调运材料的体积、质量或件数）；其他垂直运输设施的供应能力等于运次乘以运量，运次应取垂直运输设施和与其配合的水平运输机具中的低值。另外，还需乘以 0.5～0.75 的折减系数，以考虑由于难以避免的因素对供应能力的影响（如机械设备故障等）。垂直运输设施的供应能力应满足高峰工作量的需要。

（3）提升高度。设备的提升高度能力应比实际需要的升运高度高，其高出程度不小于3m，以确保安全。

（4）水平运输手段。在考虑垂直运输设施时，必须同时考虑与其配合的水平运输手段。

（5）装设条件。垂直运输设施的位置应具有相适应的装设条件，如具有可靠的基础、与结构牢固的拉结和水平运输通道条件等。

（6）设备效能的发挥。必须同时考虑满足施工需要和充分发挥设备效能的问题。当各施工阶段的垂直运输量相差悬殊时，应分阶段设置和调整垂直运输设施，及时拆除不需要的设备。

（7）设备拥有的条件和今后利用问题。充分利用现有设备，必要时添置或加工新设备。在添置或加工新设备时，应考虑今后的利用前景。

（8）安全保障。安全保障是使用垂直运输设施中的首要问题，必须引起高度重视。所有垂直运输设施都要严格按有关规定操作使用。

1.2　砌体工程

1.2.1　砌体工程的分类

砌体结构是指由块体（砖、石、砌块）和砂浆砌筑而成的房屋结构和附属构筑物设施。《砌体工程施工质量验收规范》（GB 50203—2011）规定，砌筑工程施工主要是砖砌体工程、混凝土小型空心砌块工程、石砌体工程、配筋砌体工程、填充墙砌体工程等分项工程的施工。

1. 砖砌体工程

采用烧结普通砖、烧结多孔砖、烧结空心砖、非烧结的蒸压灰砂砖、粉煤灰砖等和砂浆砌筑而成，主要用于砌筑墙和柱，墙厚有 120、240、370、490、620mm 等。砖柱有 240mm×370mm、370mm×370mm、490mm×490mm、490mm×620mm 等。

2. 砌块砌体工程

砌块按使用材料不同，可分为混凝土空心砌砖、加气混凝土砌块和硅酸盐砌块等；根据砌块尺寸大小不同又分为小型砌块、中型砌块和大型砌块；用于定型设计的民用房屋及工业厂房的墙体。

空心砌块内加设钢筋混凝土芯柱，称为钢筋混凝土芯柱砌块砌体，可用于有抗震设防要求的多层砌体房屋或高层砌体房屋。

3. 石材砌体

采用天然料石或毛石与砂浆砌筑的砌体，多用于带形基础、挡土墙及某些墙体结构。石材砌体因自重大、质地坚硬加工困难、抗弯强度低，不宜用于有震动荷载的结构，开采和运输不便，目前已较少使用。

4. 配筋砌体

配筋砌体由钢筋、块体、砂浆和将它们黏结在一起而成为整体结构体系的注芯混凝土组成。它是在砌体水平灰缝中配置钢筋网片或在砌体外部的预留沟槽，槽内设置竖向粗钢筋并灌注细石混凝土（或水泥砂浆）的组合砌体，即指网状配筋砌体柱、水平配筋砌体墙、砖砌体和钢筋混凝土面层或钢筋砂浆面层组合砌体柱（墙）、砖砌体和钢筋混凝土构造柱组合墙及配筋砌块砌体剪力墙的统称。配筋砌体可设计成梁、柱、墙体各种构件，可用于地震区和非地震区的各类建筑结构。如配筋混凝土空心砌块，其实就是一种砌筑成型的剪力墙结构。

5. 填充墙

填充墙采用烧结实心、空心砖、小型空心砌块、加气混凝土砌块、轻骨料混凝土小型空心砌块及其他工业废料掺水泥加工的砌块与砂浆砌筑而成。填充墙为非承重墙，主要用于框架结构中填充在柱子之间，作为房屋的围护或分隔的墙体。

1.2.2 砌体工程施工的基本内容和程序

1. 砌体工程施工的基本内容包括

(1) 熟悉施工图纸和规范，进行图纸交底。

(2) 编制施工方案。

(3) 备料及原材料检验。

(4) 施工机具等的准备。

(5) 砌筑砂浆试配。

(6) 确定建筑物标高及轴线位置。

(7) 拌制砌筑砂浆，并留置试块。

(8) 砌体的砌筑。

(9) 子分部工程验收。

(10) 对施工质量问题进行处理，并再验收。

(11) 收集整理砌体工程施工相关资料，并入单位工程施工技术资料，提交竣工验收。

2. 砌体工程施工程序

砌体工程施工程序如图 2.12 所示。

本章重点介绍砌体工程的砌筑工艺和质量要求。

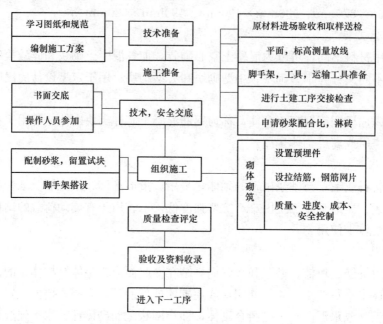

图 2.12　砌体工程施工程序图

1.2.3　砌体工程的一般要求

砌体工程施工除应满足设计文件、承包合同文件的要求外，为了保证其施工质量，还必须全面执行国家现行有关规范和标准，即配套使用《砌体工程施工质量验收规范》（GB 50203—2011）与《建筑工程施工质量验收统一标准》（GB 50300—2013），进行工程质量的检验、验收与评定。国家标准不再制定施工工艺标准，仅制定验收标准供施工质量验收之用。施工工艺标准由施工企业根据施工质量验收要求自主研究制定。

必须指出的是，施工时应该全面控制各种影响质量的要素。砌体的强度既不是砌块的强度，也不是砂浆的强度，而是砌块的强度、砂浆的强度、水平灰缝厚度及砂浆饱满度、砌体的平整度和垂直度等多种因素共同作用的结果。

砌体原材料应符合质量要求，砌筑质量必须良好，以使砌体有良好的整体性、稳定性和受力性能。一般要求，砌筑应灰缝横平竖直，砂浆饱满，厚薄均匀，砌块应上下错缝，内外搭砌，接槎牢固，墙面垂直；要预防不均匀沉降引起开裂；要注意施工中墙、柱的稳定性；冬期施工时还要采取相应的措施。

1.2.4　砌体材料

砌体工程所用材料主要是砖、砌块或石及砌筑砂浆。砌体工程所用的材料在施工中应有产品合格证书、产品性能检测报告，块材、水泥、钢筋、外加剂等尚应有材料主要性能的进场复验报告，严禁使用国家明令淘汰的材料。《建筑抗震设计规范》（GB 50011—2010）要求砌体结构材料应符合下列规定：烧结普通砖和烧结多孔砖的强度等级不应低于 MU10，其砌筑砂浆强度等级不应低于 M5；混凝土小型空心砌块的强度等级不应低于 MU7.5，其砌筑砂浆强度等级不应低于 M7.5。

1. 块材

砌体工程块材有砖、砌块及石材，它们的品种、强度等级必须符合设计要求，设计无规定时按规范要求。

（1）砖。

1）砖的种类。按所用原材料分，有黏土砖、页岩砖、煤矸石砖、粉煤灰砖、灰砂砖和炉渣砖等；按生产工艺可分为烧结砖和非烧结砖，其中非烧结砖又可分为压制砖、蒸养砖和蒸压砖等；按有无孔洞可分为实心砖（无孔或孔洞率小于 15%）、多孔砖和空心砖（孔或孔洞率不小于 15%，多孔砖孔径不大于 22mm，常用于承重部位，空心砖孔较大，常用于非承重部位）。

a. 常见的烧结普通砖尺寸为 240mm×115mm×53mm，抗压强度分为 MU30、MU25、MU20、MU15、MU10 五个等级［见《烧结普通砖》（GB/T 5101—2003）］。

b. 烧结多孔砖的外形为矩形体，其长度、宽度、高度尺寸有 290mm×240mm(190mm)×180mm 和 175mm×140mm(115mm)×90mm 两种，抗压强度分为 MU30、MU25、MU20、MU15、MU10 五个等级［见《烧结多孔砖》（GB 13544—2000）］。

c. 烧结空心砖的外形为矩形体，在与砂浆的接合面上设有增加接合力的深度在 1mm 以上的凹线槽，如图 2.13 所示。烧结空心砖的长度、宽度、高度尺寸有 290mm×190mm(140mm)×90mm 和 240mm×180mm(175mm)×115mm 两种。烧结空心砖根据密度分为 800、900、1100kg/m³ 三个级别［见《烧结空心砖和空心砌块》（GB 13545—2003）］。

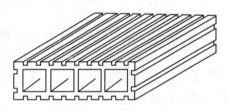

图 2.13 烧结空心砖

d. 蒸压灰砂空心砖。蒸压灰砂空心砖以石灰、砂为主要原料，经坯料制备、压制成型、蒸压养护而制成的孔洞率大于 15% 的空心砖。

蒸压灰砂空心砖的规格及公称尺寸列于表 2.1 中。孔洞采用圆形或其他孔形。

表 2.1　　　　　　　　　　蒸压灰砂空心砖的规格及公称尺寸

规格代号	公称尺寸（mm）		
	长	宽	高
NF	240	115	53
1.5NF	240	115	90
2NF	240	115	115
3NF	240	115	175

蒸压灰砂空心砖根据抗压强度分为 MU25、MU20、MU15、MU10、MU7.5 五个等级［见《蒸压灰砂空心砖》（JC/T 637—1996）］。

e. 粉煤灰砖尺寸为 240mm×115mm×53mm，抗压强度分为 MU20、MU15、MU10、MU7.5 四个等级［见《粉煤灰砖》（JC/T 239—2001）］。

2）砖的准备。选砖：砖的品种、强度等级必须符合设计要求，并应规格一致；用于清水墙、柱表面的砖，外观要求应尺寸准确、边角整齐、色泽均匀，无裂纹、掉角、缺棱和翘曲等严重现象。

淋砖：为避免砖吸收砂浆中过多的水分而影响黏结力，并可除去砖面上的粉末，砖应提前 1～2d 浇水湿润，烧结普通砖含水率宜为 10%～15%，灰砂砖、粉煤灰砖含水率宜为 8%～12%，现场断砖检查，截面四周融水深度达 15～20mm 时合适，浇水过多会产生砌体走样或滑动。

（2）砌块。砌块有混凝土中小型砌块、加气混凝土砌块及其他材料制成的各种砌块。砌块高度为 380～940mm 的称为中型砌块，砌块高度小于 380mm 的称为小型砌块。混凝土空心砌块包括普通混凝土和轻骨料（火山渣、浮石、陶粒）混凝土两类，空心率在 25%～50%，主要规格尺寸为：390mm×190mm×190mm；加气混凝土砌块规格：长度为 600mm，高度为 200、250、300mm；厚度为 100、150、200、250mm。技术性能：密度分为 500、600、700kg/m³ 三个级别；中型砌块长度为 1180、880、580、430mm，高度为 380mm，宽度为 240、200、190、180mm，强度等级分 MU10 和 MU15 两种。砌块质量为 50～200kg/块。

施工所用的小砌块的产品龄期不应小于 28d。应保持砌块表面干净，避免黏结黏土、脏物。密实砌块的切割可采用切割机。

2. 砂浆

砌筑砂浆有水泥砂浆、石灰砂浆和混合砂浆及其他加入一些外加剂的砂浆。其强度等级是以边长为 70.7mm 的立方体试块，一组 6 块，在标准养护条件下（温度为 20℃±3℃，相对湿度：水泥混合砂浆为 60%～80%；水泥砂浆为 90% 以上），用标准试验方法测得 28d 龄期的试块抗压强度来确定，分为 M20、M15、M10、M7.5、M5、M2.5 六个等级。不同品种的砂浆，其使用上有一定的要求。基础及特殊部位的砌体，主要用水泥砂浆砌筑。基础以上部位的砌体主要用混合砂浆。砂浆的组成材料为水泥、砂、石灰膏、搅拌用水及外加剂等，施工时对它们的质量应对照《砌体工程施工质量验收规范》（GB 50203—2011）予以控制。砂浆应根据设计要求选择种类及等级。

（1）砂浆原材料要求。

1）水泥。水泥进场使用前，应分批对其强度、安定性进行复验，其质量必须符合《通用硅酸盐水泥》（GB 175）的有关规定。检验批应以同一生产厂家、同一编号为一批。当在使用中对水泥质量有怀疑或水泥出厂超过 3 个月（快硬硅酸盐水泥超过 1 个月）时，应复查试验，并按其结果使用。不同品种的水泥，不得混合使用。

2）砂。砂宜用中砂，其中毛石砌体宜用粗砂。砂浆用砂不得含有有害杂物。砂的含泥量：对水泥砂浆和强度等级不小于 M5 的水泥混合砂浆不应超过 5%；强度等级小于 M5 的水泥混合砂浆，不应超过 10%。人工砂、山砂及特细砂，应经试配能满足砌筑砂浆技术条件要求。

3）石灰膏。块状生石灰熟化成石灰膏时，应进行过滤，生石灰熟化时间不得少于 7d；对于磨细生石灰粉，其熟化时间不得小于 2d。不得采用脱水硬化的石灰膏。消石灰粉不得直接使用于砌筑砂浆中。

4）拌制砂浆用水。水质应符合《混凝土用水标准》（JGJ 63）的规定。

5）外加剂。凡在砂浆中掺有外加剂，如有机塑化剂、早强剂、缓凝剂、防冻剂等，应经检验和试配符合要求后，方可使用。有机塑化剂应有砌体强度的型式检验报告。

砌体施工前，砂浆的准备工作包括砂浆的配合比设计和砂浆拌制。

（2）砂浆的配合比设计。砌筑砂浆应按《砌筑砂浆配合比设计规程》（JGJ 98—2000）的规定，通过试配确定配合比。当砌筑砂浆的组成材料有变更时，其配合比应重新确定。施工中当采用水泥砂浆代替水泥混合砂浆时，应重新确定砂浆强度等级。

1）砂浆试配强度 $f_{m,0}$ 的确定。砂浆的试配强度应按下式计算

$$f_{m,0} = f_2 + 0.645\sigma \tag{2-1}$$

式中　$f_{m,0}$——砂浆的试配强度，精确至 0.1MPa；

　　　f_2——砂浆抗压强度平均值，精确至 0.1MPa；

　　　σ——砂浆现场强度标准差，精确至 0.01MPa。

当有统计资料时，砂浆现场强度标准差 σ 应按下式计算

$$\sigma = \sqrt{\frac{\sum\limits_{i=1}^{n} f_{m,i} - n\mu_{fm}}{n-1}} \tag{2-2}$$

式中　$f_{m,i}$——统计周期内同一品种砂浆第 i 组试件的强度，MPa；

　　　n——统计周期内同一品种砂浆试件的总组数，$n \geqslant 25$；

　　　μ_{fm}——统计周期内同一品种砂浆 n 组试件强度的平均值，MPa。

当不具有近期统计资料时，砂浆现场强度标准差 σ 可按表 2.2 取用。

表 2.2　　　　　　　　　　　　砂浆现场强度标准差 σ 选用值　　　　　　　　　　　　MPa

施工水平	砂 浆 强 度 等 级					
	M2.5	M5	M7.5	M10	M15	M20
优良	0.50	1.00	1.50	2.00	3.00	4.00
一般	0.62	1.25	1.88	2.50	3.75	5.00
较差	0.75	1.50	2.25	3.00	4.50	6.00

2）水泥用量的计算。每立方米砂浆中的水泥用量应按下式计算

$$Q_c = \frac{1000\,(f_{m,0} - \beta)}{\alpha f_{ce}} \tag{2-3}$$

式中　Q_c——每立方米砂浆的水泥用量，精确至 1kg；

　　　$f_{m,0}$——砂浆的试配强度，精确至 0.1MPa；

　　　f_{ce}——水泥的实测强度，精确至 0.1MPa；

　　　α、β——砂浆的特征系数，其中 $\alpha = 3.03$，$\beta = -15.09$，各地区也可用本地区试验资料确定 α、β 值，统计用的试验组数不得少于 30 组。

在无法取得水泥的实测强度值时可按下式计算 f_{ce}

$$f_{ce} = \gamma_c f_{ce,k} \tag{2-4}$$

式中　$f_{ce,k}$——水泥强度等级对应强度值，MPa；

　　　γ_c——水泥强度等级值的富余系数，应按实际统计资料确定，无统计资料时，可取 1.0。

3）水泥混合砂浆的掺加料用量计算

$$Q_D = Q_A - Q_c \qquad\qquad (2\text{-}5)$$

式中　Q_D——每立方米砂浆的掺加料用量，精确至 1kg，石灰膏或黏土膏使用时的稠度为
　　　　　120mm±5mm；

　　　　Q_A——每立方米砂浆的水泥掺加料的总量，精确至 1kg；

　　　　Q_c——每立方米砂浆的水泥用量，精确至 1kg，宜在 300～350kg 之间选用。

　　4）每立方米砂浆中的砂子用量。应按干燥状态（含水率小于 0.5%）的堆积密度值作为计算值，即

$$Q_s = \rho' V_s \qquad\qquad (2\text{-}6)$$

式中　Q_s——每立方米砂浆的砂用量，kg；

　　　　ρ'——砂浆的堆积密度，kg/m³；

　　　　V_s——砂的堆积体积，m³。

　　采用干砂（含水率小于 0.5%）配制砂浆时，砂的堆积密度取 $V_s = 1$m³；若为含水状态，应对砂的堆积体积进行换算。

　　5）每立方米砂浆中的用水量根据砂浆稠度等要求，可选用 $Q_w = 240 \sim 310$kg。

　　注：（1）混合砂浆中的用水量，不包括石灰膏或黏土膏中的水。

　　（2）当采用细砂或粗砂时，用水量分别取上限或下限。

　　（3）稠度小于 70mm 时，用水量可小于下限。

　　（4）施工现场气候炎热或干燥季节，可酌量增加用水量。

　　6）水泥砂浆配合比选用。水泥砂浆材料用量可按表 2.3 选用。

表 2.3　　　　　　　　　　　每立方米水泥砂浆材料用量

砂浆强度等级	每立方米砂浆水泥用量（kg）	每立方米砂浆砂用量（kg）	每立方米砂浆用水量（kg）
M2.5、M5	200～230		
M7.5、M10	220～280	1m³砂的堆积密度值	270～330
M15	280～340		
M20	340～400		

　　注　1. 此表水泥强度等级为 32.5 级，大于 32.5 级的水泥用量宜取下限。

　　　　2. 根据施工水平合理选择水泥用量。

　　　　3. 当采用细砂或粗砂时，用水量分别取上限或下限。

　　　　4. 稠度小于 70mm 时，用水量可小于下限。

　　　　5. 施工现场气候炎热或干燥季节，可酌量增加用水量。

　　7）配合比试配、调整与确定。

　　a. 试配时应采用工程中实际使用的材料，应采用机械搅拌，搅拌时间应自投料结束算起，对水泥砂浆和水泥混合砂浆，不得少于 120s；对掺用粉煤灰和外加剂的砂浆，不得少于 180s。

　　b. 按计算或查表所得配合比进行试拌时，应测定砂浆拌和物的稠度和分层度，当不能满足要求时，应调整材料用量，直到符合要求为止。然后确定为试配时的砂浆基准配合比。砌筑砂浆的稠度应按表 2.4 的规定选用。

表 2.4   砌筑砂浆的稠度

砌 体 种 类	砂浆稠度（mm）
烧结普通砖砌体	70～90
轻骨料混凝土小型空心砌块	60～90
砌体烧结多孔砖、空心砖砌体	60～80
烧结普通砖平拱式过梁 空斗墙、筒拱 普通混凝土小型空心砌块 砌体加气混凝土砌块砌体	50～70
石砌体	30～50

c. 砌筑砂浆的分层度不得大于 30mm。

d. 水泥砂浆中水泥用量不应小于 200kg/m³；水泥混合砂浆中水泥和掺加料总量宜为 300～350kg/m³。

e. 具有冻融循环次数要求的砌筑砂浆，经冻融试验后，质量损失率不得大于 5%，抗压强度损失率不得大于 25%。

f. 试配时至少应采用三个不同的配合比，即基准配合比和水泥用量按基准配合比分别增加及减少 10% 的配合比。在保证稠度、分层度合格的条件下，可将用水量或掺加料用量作相应调整。

g. 对三个不同的配合比进行调整后，应按《建筑砂浆基本性能试验方法》（JGJ 70）规定的成型试件，测定砂浆强度，并选定符合试配强度要求且水泥用量最少的配合比作为砂浆配合比。

【例 2.1】 某工程普通混凝土小型空心砌块砌体 M10 水泥砂浆的配合比设计。

根据招标、设计文件（施工水平要求为一般）、相关技术规范的要求及实际料源供应情况（附试验、检测报告资料），该项目部选择的材料见表 2.5。

表 2.5   材料选择

水泥	水	砂
××牌 P.O32.5	饮用水	—

解 a. 基本参数（稠度）的选择，根据检测规范和施工要求，选择稠度为 55mm。

b. 水泥用量 Q_c 的计算。由（式 2-3），得

$$Q_c = \frac{1000(f_{m,0} - \beta)}{\alpha f_{ce}} = \frac{1000[11.6 - (-15.09)]}{3.03 \times 32.5} = 271(kg)$$

其中：根据式（2-1）和表 2.2，取 $\sigma = 2.50$，得 $f_{m,0} = f_2 + 0.645\sigma = 10 + 0.645 \times 2.50 = 11.6$（MPa）；$f_{ce}$ 取 32.5MPa；$\alpha = 3.03$，$\beta = -15.09$。

c. 砂用量 Q_s 的确定。砂实测堆积密度为 1450kg/m³，则

$$Q_s = \rho' V_s = 1450 \times (1 + 2\%) = 1479(kg)$$

d. 水用量的确定。按砂浆的稠度和经验，取 $Q_w = 300kg$，扣除砂中的水量，拌和用水量为

$$Q_w = 300 - 1450 \times 2\% = 271(kg)$$

　　e. 砂浆的初步配合比为

$$Q_c : Q_s : Q_w = 271 : 1479 : 271 = 1 : 5.45 : 1$$

　　f. 砂浆配合比的试配、调整与确定。根据规范和经验，试配时采用三个不同的配合比，即以上计算得出的初步配合比和按初步配合比水泥用量分别增加及减少10％的配合比，制作成型试件，测定砂浆强度，结果见表2.6。

表 2.6　　　　　　　　　　　　　　砂浆强度测定结果

序　号	水泥用量（kg）	稠度（mm）	28d 抗压强度（MPa）
1	244	55	7.6
2	271	55	9.3
3	298	55	12.1

　　由表2.6可知，既经济又符合规范要求的配合比是第3项，由此确定该工程的施工配合比见表2.7。

表 2.7　　　　　　　　　　　　　　施工配合比

序　号	砂浆标号（MPa）	配合比（kg）	稠度（mm）
1	M10	1：4.96：0.91 （298：1479：271）	55

　　8）砂浆拌制及使用。

　　砂浆的拌制一般用砂浆搅拌机，要求拌和均匀。自投料完算起，搅拌时间对于水泥砂浆和水泥混合砂浆不得少于2min；对水泥粉煤灰砂浆和掺用外加剂的砂浆不得少于3min；如掺用有机塑化剂的砂浆，应为3～5min，为改善砂浆的保水性可掺入黏土、电石膏、粉煤灰等塑化剂。

　　砂浆应随拌随用，水泥砂浆和水泥混合砂浆应分别在3h和4h内使用完毕；当施工期间最高气温超过30℃时，应分别在拌成后2h和3h内使用完毕。对掺用缓凝剂的砂浆，其使用时间可根据具体情况延长。在砂浆使用时限内，当砂浆的和易性变差时，可以在灰盆内适当掺水拌和恢复其和易性后再使用，超过使用时限的砂浆不允许直接加水拌和使用，以保证砌筑质量。

　　砂浆强度应以标准养护，龄期为28d的试块抗压试验结果为准。砂浆的强度等级必须符合设计要求。当施工中或验收时出现下列情况，可采用现场检验方法对砂浆和砌体强度进行原位检测或取样检测，并判定其强度：

　　（1）砂浆试块缺乏代表性或试块数量不足。

　　（2）对砂浆试块的试验结果有怀疑或有争议。

　　（3）砂浆试块的试验结果不能满足设计要求。

1.3　砖砌体的施工

1.3.1　砖墙的组砌形式

砖墙的组砌形式主要有一顺一丁、三顺一丁、梅花丁、全顺式和两平一侧。

（1）一顺一丁。一顺一丁是一皮全部顺砖与一皮全部丁砖间隔砌成。上下皮竖缝相互错开 1/4 砖长，如图 2.14（a）所示。这种砌法效率高，适用于砌一砖、一砖半及二砖墙（240、365mm 或 490mm）。

（2）三顺一丁。三顺一丁是三皮全部顺砖与一皮全部丁砖间隔砌成。上下皮顺砖间竖缝错开 1/2 砖长；上下皮顺砖与丁砖间竖缝错开 1/4 砖长，如图 2.14（b）所示。这种砌法因顺砖较多，效率较高，适用于砌一砖、一砖半墙。

（3）梅花丁。梅花丁是每皮中丁砖与顺砖相隔，上皮丁砖坐中于下皮顺砖，上下皮间竖缝相互错开 1/4 砖长，如图 2.14（c）所示。这种砌法内外竖缝每皮都能避开，故整体性较好，灰缝整齐，比较美观，但砌筑效率较低，适用于砌一砖及一砖半墙。

（4）全顺式。全顺式是各皮砖均为顺砖，上下皮竖缝相互错开 1/2 砖长。这种形式仅适用于砌半砖墙（120 墙），如图 2.14（d）所示。

（5）两平一侧。两平一侧采用两皮平砖与砌砖与一皮侧砌砖的顺砖相隔砌成。当墙厚为 3/4 砖时，平砌砖均为顺砖，上下皮平砌顺砖间竖缝相互错开 1/2 砖长；上下皮平砌顺砖与侧砌顺砖间竖缝相互错开 1/4 砖长，如图 2.14（e）所示。当墙厚为 5/4 砖长时，上下皮平砌顺砖与侧砖顺砖间竖缝相互错开 1/2 砖长；上下皮平砌丁砖与侧砖顺砖间竖缝相互错开 1/4 砖长。这种形式适用于砌筑 3/4 砖墙及 5/4 砖墙（180mm 或 300mm）。

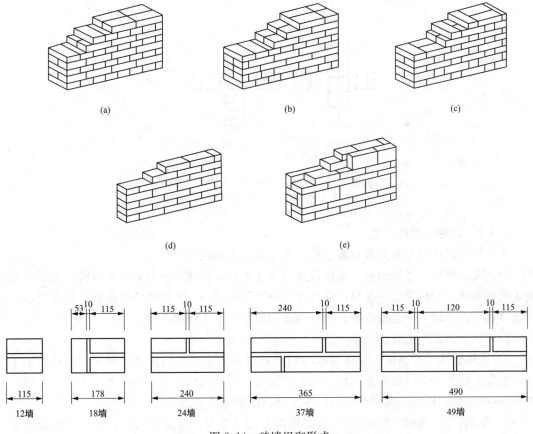

图 2.14　砖墙组砌形式

（a）一顺一丁；（b）三顺一丁；（c）梅花丁（d）全顺式；（e）两平一侧

1.3.2　砖墙交接处组砌

砖墙的交接有转角交接、丁字交接和十字交接三种情况。

（1）为了使砖墙的转角处各皮间竖缝相互错开，必须在外角处砌七分头砖（3/4 砖长）。当采用一顺一丁组砌时，七分头的顺面方向依次砌顺砖，丁面方向依次砌丁砖，如图 2.15（a）所示。

（2）砖墙的丁字接头处，应分皮相互砌通，内角相交处竖缝应错开 1/4 砖长，并在横墙端头处加砌七分头砖，如图 2.15（b）所示。

（3）砖墙的十字接头处，应分皮相互砌通，交角处的竖缝应相互错开 1/4 砖长，如图 2.15（c）所示。

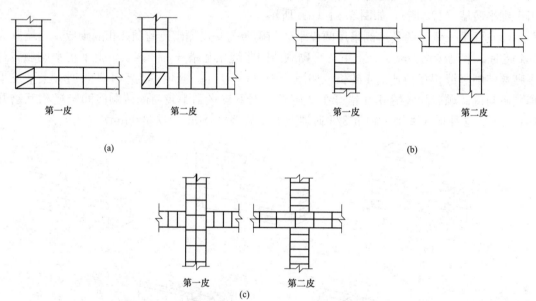

图 2.15　砖墙交接处组砌（一顺一丁）
(a) 转角交接；(b) 丁字交接；(c) 十字交接

1.3.3　砖墙的砌筑工艺

砌体墙砌筑应在基础完成检验合格，并办好隐蔽验收资料后进行。

（1）工艺流程。基础验收，墙体放线（绑扎构造柱钢筋）→材料见证取样，配制砂浆→确定组砌方式，摆砖摞底→盘角，立杆挂线→砌筑砖墙→（安装构造柱模板、浇混凝土）→勾缝（如是清水墙）→自检验收，养护→办理质量验收手续等工序。

（2）砖墙砌筑施工方法。

1）墙体放线。砌墙前，先在基础防潮层或楼面上定出各层标高，并用水泥砂浆或 C10 细石混凝土找平，然后根据龙门板上标志的轴线，弹出墙身轴线、边线及门窗洞口位置，如图 2.16 所示。二楼以上墙的轴线可以用经纬仪或垂球将轴线引测上去。

2）配制砂浆。砂浆的品种、强度必须符合设计要求，按试配调整后确定的配合比进行计量配料，并满足《砌体工程施工质量验收规范》（GB 50203—2011）对砌筑砂浆制作和抽检制作试块的要求。

3）确定组砌方式，摆砖摞底。按选定的组砌方法，在墙基顶面放线位置用干砖（即不铺灰）试摆砖样，目的是使门窗洞口、附墙垛等处符合砖的模数，偏差小时可通过竖缝调整，以尽可能减少砍砖，提高砌砖效率，并保证砖及砖缝排列整齐、均匀。一般在房屋外纵墙方向摆顺砖，在山墙方向摆丁砖，摆砖由一个大角摆到另一个大角，砖与砖留 10mm 缝隙。摆砖样在清水墙砌筑中尤为重要。

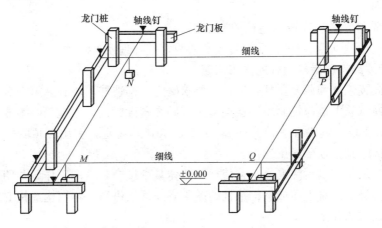

图 2.16　龙门板

4）立皮数杆。皮数杆是指在其上划有每皮砖和灰缝厚度，以及门窗洞口、过梁、楼板等高位置的一种木制标杆（见图 2.17），砌筑时用来控制墙体竖向尺寸及各部位构件的竖向标高，并保证灰缝厚度的均匀性。皮数杆一般设置在房屋的四大角及纵横墙的交接处，如墙面过长时，应每隔 10～15m 立一根。皮数杆需用水准仪统一竖立，其基准标高用水准仪校正。

5）盘角、挂线。墙角是控制墙面横平竖直的主要依据，砌砖时通常先在墙角以皮数杆进行盘角，墙角砖层高度必须与皮数杆相符合，墙角砌好后，即可挂小线，作为砌筑中间墙体的依据，每砌一皮或两皮，准线向上移动一次，做到"三皮一吊，五皮一靠"。墙角必须双向垂直，以保证墙面平整，一般一砖墙、一砖半墙可单面挂线，一砖半墙以上则应用双面挂线，如图 2.17 所示。

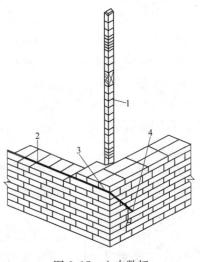

图 2.17　立皮数杆
1—皮数杆；2—准线；3—竹片；4—铁钉

6）砌筑砖墙。

a. 铺灰砌砖的操作方法与各地区的操作习惯、使用工具有关，常用的有满刀灰砌筑法（也称提刀灰）和"三一"砌筑法。砌砖宜采用"三一"砌筑法，即"一铲灰、一块砖、一揉浆"，并随手将挤出的砂浆刮去的砌筑方法。这种砌法的优点是灰缝容易饱满、黏结力好、墙面整洁。当采用铺浆法砌筑时，铺浆长度不得超过 750mm；施工期间气温超过 30℃时，铺浆长度不得超过 500mm。砖砌体组砌方法应正确，上、下错缝，内外搭砌，240mm 厚承重墙每层墙的最上、最下一皮砖或梁、梁垫下面，应整砖丁砌。

b. 多孔砖的孔洞应垂直于受压面砌筑。

c. 如为清水墙，最后还应勾缝，可以用砂浆随砌随勾缝，称为加浆勾缝。勾缝具有保护墙面和增加墙面美观的作用，为了确保勾缝质量，勾缝前应清除墙面黏结的砂浆和杂物，并洒水湿润，在砌完墙后，应画出 1cm 宽的灰槽，灰缝可勾成凹平、斜或凸形状。勾缝完成后应清扫墙面。

d. 如有构造柱，还应完成构造柱的施工。

7）砖墙砌筑完成后，应进行质量自检和验收，并办理质量验收手续。

1.3.4　砖混结构房屋构造柱的施工工艺

构造柱的设置位置和截面尺寸，按设计要求确定。构造柱不单独承重，因此不需设独立的基础，其竖向钢筋下端应锚固于钢筋混凝土基础或基础梁内，上端与圈梁或上部其他混凝土构件连通。《建筑抗震设计规范》（GB 50011—2010）规定，突出屋顶的楼、电梯间，构造柱应伸到顶部，并与顶部圈梁连接。

施工时，必须先砌墙后浇混凝土，使柱与墙体紧密接合，共同工作，并用相邻的墙体作为一部分模板，浇筑混凝土而成。构造柱的施工必须逐层进行，本层构造柱混凝土浇捣完毕后，才能进行上层的施工。

（1）工艺流程。构造柱的钢筋绑扎→砌墙留马牙槎，随墙砌筑设水平拉结筋→支模→浇筑混凝土→养护、拆模。

（2）施工方法。

1）构造柱的钢筋绑扎。构造柱竖向钢筋，底部应伸入室外地面下 500mm 或与埋深小于 500mm 的基础圈梁相连，锚固在基础梁上，锚固长度不应小于 35d（d 为竖向钢筋直径），并保证位置正确，顶部和楼层圈梁相连。竖向钢筋的接长，一般采用绑扎接头，搭接长度为 35d，绑扎接头处箍筋间距不应大于 200mm。楼层上下 450mm 及大于或等于 1/6 层高范围内箍筋间距宜为 100mm。钢筋安装完毕后，必须根据构造柱轴线校正竖向钢筋位置和垂直度。

构造柱拉结筋在墙中的布置位置应正确，抗震设防房屋构造柱的拉结筋设置，参照《多层砖房钢筋混凝土构造柱抗震节点详图》（03G363）。构造柱拉结筋在墙中的平面设置如图 2.18 所示。

2）砌墙留马牙槎，设水平拉结筋的构造柱与墙连接处应砌成马牙槎，马牙槎从每层柱脚开始，先退后进，每一马牙槎沿高度方向的尺寸不宜超过 300mm。随墙的砌筑，沿高度方向每 500mm 设 2φ6 水平拉结筋，每边伸入墙内不应少于 1m，如图 2.19 所示。预留的拉结筋应位置正确，施工中不得任意弯折。马牙槎、拉结筋在墙中的设置，如图 2.19 所示。

3）支模。本层砖墙砌筑完成后，支设本层构造柱模板。模板可采用木模板或定型组合钢模板。模板安装时拼板必须严密，与所在砖墙面紧贴，防止漏浆，并保证支承牢靠。

支模方法是用木模板或组合钢模板贴在墙面上，采用 φ10 拉结筋穿过砖墙和模板，将模板紧贴于墙上。拉结筋穿墙的洞要预留，留洞位置要求从距地面 30cm 开始，每隔 0.5～1m 留一道，洞的平面位置在构造柱马牙槎最宽处以外一个丁头砖处。为防止漏浆污染墙面，砖墙马牙槎两边可粘贴泡沫条密封。模板宽度一般为构造柱设计宽度加 20cm。丁头角模宽为墙侧边至马牙槎最宽处再加 5cm。模板根部应留置清扫口。

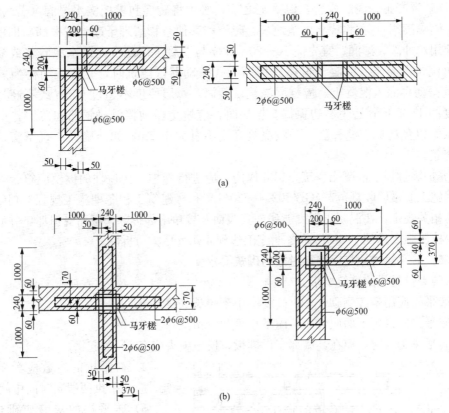

图 2.18 构造柱拉结筋在墙中平面布置示意图

(a) 240mm 厚墙体拉结筋的设置图；(b) 370mm 厚墙体拉结筋的设置图

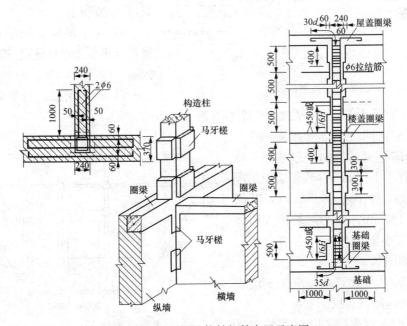

图 2.19 马牙槎及拉结钢筋布置示意图

4）浇筑混凝土。浇筑构造柱混凝土之前，必须将砖墙和模板浇水湿润（若为钢模板，不浇水，刷隔离剂），并将模板内落地灰、砖渣和其他杂物清理干净，柱根部新旧混凝土交接处，须用水冲洗、湿润，宜先铺 10～20mm 厚与混凝土同配合比的水泥砂浆或减石子混凝土后再浇筑混凝土。混凝土振捣应用插入式振动器，浇筑时，先将振动棒插入柱底根部，使其振动再灌入混凝土。应分层浇筑、振捣，每层厚度不超过 60cm 或不超过振动棒有效长度的 1.25 倍；边下料边振捣。振捣时，应避免振动棒触碰钢筋和砖墙，严禁通过砖墙传振，以免造成灰缝开裂。一般浇筑高度不宜大于 2m，如能确保浇筑密实，也可每层一次浇筑。

5）养护、拆模。混凝土浇筑完 12h 以内，应进行养护。构造柱的拆模应符合《混凝土结构工程施工质量验收规范》（GB 50204—2011）和《建筑工程冬期施工规程》（JGJ 104—2011）的相关规定，在混凝土强度能保证其表面及棱角不因拆除模板而受损坏，并满足同条件下试块抗压强度达到 1.2MPa，冬期施工达到 4MPa 后方可拆除。

1.3.5　砖平拱过梁与钢筋砖过梁的砌筑要求

（1）砖平拱过梁的砌筑要求。

1）砖平拱应用整砖侧砌，平拱高度不小于砖长（240mm）。

2）砖平拱的拱脚下面应伸入墙内不小于 20mm。

3）砖平拱砌筑时，应在其底部支设模板，模板中央应有 1‰ 的起拱。

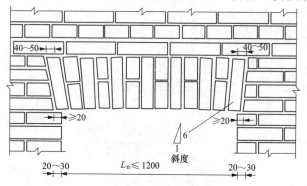

图 2.20　砖平拱过梁

4）砖平拱的砖数应为单数。砌筑时应从平拱两端同时向中间进行。

5）砖平拱的灰缝应砌成楔形。灰缝的宽度，在平拱的底面不应小于 5mm，在平拱顶面不应大于 15mm，如图 2.20 所示。

6）砖平拱底部的模板，应在砂浆强度不低于设计强度 75% 时，方可拆除。

7）砖平拱截面计算高度内的砂浆强度等级不宜低于 M5。砖平拱的跨度不得超过 1.2m。

（2）钢筋砖过梁的砌筑要求。

1）钢筋砖过梁的底面为砂浆层，砂浆层厚度不宜小于 30mm。砂浆层中应配置钢筋，钢筋直径不应小于 5mm，其间距不宜大于 120mm，钢筋两端伸入墙体内的长度不宜小于 250mm，并有向上的直角弯钩，如图 2.21 所示。

2）钢筋砖过梁砌筑前，应先支设模板，模板中央应略有起拱。

3）砌筑时，宜先铺 15mm 厚的砂浆层，把钢筋放在砂浆层上，使其弯钩向

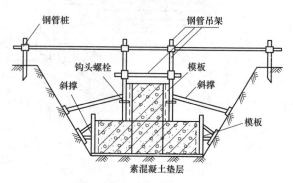

图 2.21　钢筋砖过梁

上，然后再铺 15mm 的砂浆层，使钢筋位于 30mm 厚的砂浆层中间，再按墙体砌筑形式与墙体同时砌砖。

4）钢筋砖过梁截面计算高度内（7 皮砖高）的砂浆强度等级不宜低于 M5。

5）钢筋砖过梁的跨度不应超过 1.5m。

钢筋砖过梁底部的模板，应在砂浆强度不低于设计强度 50％时，方可拆除。

1.3.6 砖砌体砌筑施工要点

（1）砖砌体的灰缝要横平竖直、厚薄均匀。实心砖砌体水平灰缝的砂浆饱满度不得低于 80％，用百格网随进度抽查。竖向灰缝不得出现透明缝、瞎缝和假缝，饱满度较好。水平缝厚度和竖缝宽度规定为 10mm ±2mm。

（2）"上下错缝"是指砖砌体上下两皮砖的竖缝应当错开，以避免上下通缝。所谓通缝，是指砌体中上下皮块材搭接长度小于规定数值的竖向灰缝。在垂直荷载作用下，砌体会由于"通缝"丧失整体性而影响砌体强度。

同时，内外搭砌使同皮的里外砌体通过相邻上下皮的砖块搭砌而组砌得牢固。

（3）接槎是指相邻砌体不能同时砌筑而设置的临时间断。为使接槎牢固，后砌墙体施工前，必须将留设的接槎处表面清理干净，浇水湿润，并填实砂浆，保持灰缝平直。

砖砌体的转角处和交接处应同时砌筑，严禁无可靠措施的内外墙分砌施工。在抗震设防烈度为 8 度及 8 度以上的地区，对不能同时砌筑的临时间断处应砌成斜槎，普通砖砌体的斜槎水平投影长度不应小于高度的 2/3。多孔砖砌体的斜槎长高比不应小于 1/2。斜槎高度不得超过一步脚手架的高度。

非抗震设防及抗震设防烈度为 6、7 度地区的临时间断处，当不能留斜槎时，除转角处外，可留直槎，但直槎必须做成凸槎。留直槎处应加设拉结筋，拉结筋的数量为每 120mm 厚墙放置 $1\phi6$ 拉结筋（120mm 与 240mm 厚墙均需放置 $2\phi6$ 拉结筋），间距沿墙高不应超过 500mm，且竖向间距偏差不应超过 100mm；埋入长度从留槎处算起每边均不应小于 500mm，对抗震设防烈度 6、7 度的地区，不应小于 1000mm；末端应有 90°弯钩，长度为 40~60mm，如图 2.22 所示。

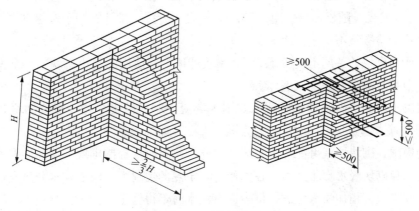

图 2.22 墙的接槎

（4）砌体每班次或每日的砌筑高度应有一定限制，防止因气候的变化或人为碰撞等发生变形和倾覆。一般砖墙每天砌筑高度以不超过：晴天 1.8m，雨天 1.2m 为宜。

（5）每层承重墙的最上一皮砖，梁或梁垫的下面及挑檐、腰线等处，应是整砖丁砌。

（6）砖墙中留置临时施工洞口时，其侧边离交接处的墙面不应小于 500mm，洞口净宽度不应超过 1m。

（7）砖墙相邻工作段的高度差，不得超过一个楼层的高度，也不宜大于 4m。工作段的分段位置应设在伸缩缝、沉降缝、防震缝或门窗洞口处，砖墙临时间断处的高度差，不得超过一步脚手架的高度。

（8）在下列墙体或部位中不得留设脚手眼：

1）120mm 厚的墙体、清水墙、料石墙、空斗墙、独立砖柱和附墙柱。

2）过梁上与过梁成 60°角的三角形范围及过梁净跨度 1/2 的高度范围内；梁或梁垫下及其左右 500mm 范围内。

3）宽度小于 1m 的窗间墙。

4）砌体门窗洞口两侧 200mm（石砌体为 300mm）和转角处 450mm（石砌体为 600mm）范围内。

5）轻质墙体。

6）设计不允许设置脚手眼的部位。

1.4　砌块砌体

在我国禁止使用实心黏土砖后，砌块得到了积极的发展，逐渐成为优质低廉的墙体材料，近几年，中小型砌块在我国得到了广泛应用。砌块按规格来分有小型砌块、中型砌块，砌块高度为 115～380mm 称小型砌块，高度为 380～980mm 称中型砌块。目前施工中以小型砌块为主。

（1）施工准备。运到现场的砌块，应分规格、等级标记堆放，堆放高度不宜超过 1.6m，堆垛之间应留有适当的通道。堆放现场必须平整，并做好排水措施。

砌块进场必须有产品合格证书，并经检查、验收、抽检合格后方可使用。取样规定：每 1 万块为一个检验批，随机抽检一组（5 块），不足 1 万按一批计；用于多层以上建筑的基础和底层的砌块抽检数量不少于两组。

施工时所用砌块的龄期不应少于 28d，承重墙体严禁使用断裂小砌块，严禁使用断裂或壁肋中有竖向裂纹的小砌块砌筑墙体。

普通混凝土小砌块砌筑前不宜浇水。因为混凝土制成的砌块与一般烧结材料（砖）不同，湿度变化时体积会变化，通常表现为湿胀干缩。如果干缩变形过大，超过了砌块块体或灰缝允许的极限，砌块墙就可能产生裂缝。因此，砌筑时须控制砌块上墙前的湿度，不能浸水或浇水，以免砌块吸水膨胀开裂。在气候特别干热的情况下，因砂浆水分蒸发过快，不便施工时，可在砌筑前稍加喷水湿润，但表面有浮水时不得施工。

（2）砌块的排列。由于中小型砌块体积较大、较重，不如砖块可以随意挪动，且砌筑时必须使用整块，不像普通砖可以随意砍凿，因此，在施工前，须按照设计图纸的房屋轴线编绘各墙体砌块平、立面排列图。砌块排列图按每片纵横墙分别绘制（见图 2.23）。其绘制方法是在立面上用1∶50 或1∶30 的比例绘出纵横墙，然后将过梁、平板、楼梯、孔洞等在墙面标出，由纵墙和横墙高度计算皮数，画出水平灰缝线，并保证砌体平面尺寸和高度是块体加灰缝尺寸的倍数，再按砌块错缝搭接的构造要求和竖缝大小进行排列。对砌块进行排列时，注意尽量以主规格砌块为主，辅助规格砌块为辅，减少镶砖。

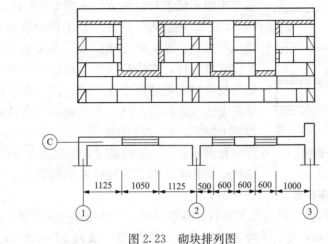

图 2.23　砌块排列图

1.4.1　混凝土小型空心砌块施工工艺

混凝土小型空心砌块砌筑与砖砌体类似，用手工搬动砌筑。

1. 工艺流程

基层处理，墙体放线→制备砂浆，砌块排列→砌块砌筑（拉结筋放置→铺砂浆→砌块就位→校正）→芯柱钢筋连接→芯柱混凝土浇筑→砌体质量检查与验收。

2. 小型砌块砌筑的施工要点

（1）砌块一般采用全顺组砌，上下错缝 1/2 砌块长度，上下皮孔对孔、肋对肋，个别部位无法对孔砌筑时，可错缝砌筑，但不宜小于砌块长度的 1/3，且搭接长度不应小于 90mm（轻骨料混凝土小型砌块不应小于 120mm）。如不能满足要求的搭接长度，应在水平灰缝中设置拉结筋或钢筋网片（长度≥700mm），但竖向通缝仍不得超过两皮砌块（见图 2.24、图 2.25）。

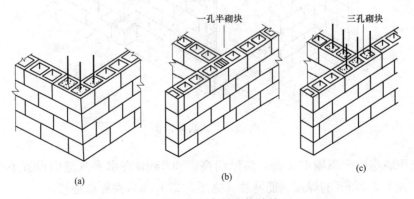

图 2.24　水平灰缝中拉结筋

（a）转角处（有芯柱）；（b）T 字交接处（无芯柱）；（c）T 字交接处（有芯柱）

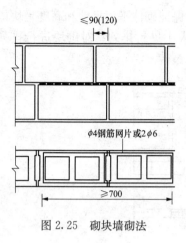

图 2.25　砌块墙砌法

（2）砌筑前，应清除砌块表面的污物及黏土，并对砌块作外观检查。施工时所用的砂浆宜选用专用的小砌块砌筑砂浆。底层室内地面以下或防潮层以下的砌体，应采用强度等级不低于 C20 的混凝土灌实小砌块的孔洞。

（3）砌块应从外墙转角或定位砌块处开始砌筑，内外墙同时砌筑，纵横墙交错搭接。在房屋四角或楼梯间转角处设立皮数杆，皮数杆间距不得超过 15m。皮数杆上应画出各皮小型砌块的高度及灰缝厚度。在皮数杆上相对小型砌块上边线之间拉准线，小型砌块依准线砌筑。砌块应底面朝上砌筑，即"反砌法"。砌块生产时，因抽芯脱模需要，孔洞模芯有一定的锥度，形成上大下小，"反砌"易于铺放砂浆和保证水平灰缝砂浆的饱满度，这也是确定砌体强度指标的试件的基本砌法。

（4）砌块墙体的灰缝应做到横平竖直、砂浆饱满，严禁用水冲浆灌缝。小型砌块水平灰缝厚度控制在 8～12mm，中、大型砌块中水平灰缝厚度一般为 10～20mm。有配筋的水平灰缝厚度为 20～25mm；竖缝的宽度为 15～20mm，当竖缝宽度大于 30mm 时，应用强度等级不低于 C20 的细石混凝土填实，当竖缝宽度大于或等于 150mm 或楼层高度不是砌块加灰缝的整数倍时，应用普通砖镶砌。砂浆饱满度水平缝不低于 90％。

（5）砌块砌体临时间断处应砌成斜槎，斜槎长度不应小于斜槎高度。如留斜槎有困难，除外墙转角处及抗震设防地区、砌体临时间断处不应留直槎外，可从砌体面伸出 200mm 砌成阴阳槎，并沿砌体高每三皮砌块（600mm），设拉结筋或钢筋网片，接槎部位宜延至门窗洞口，如图 2.26 所示。

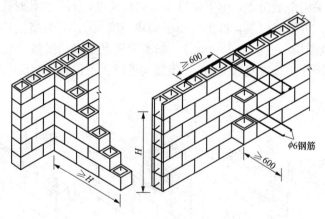

图 2.26　砌块墙留槎

（6）砌块墙与后砌隔墙交接处，应沿墙高每 400mm 在水平灰缝内设置不少于 $2\phi4$ 横筋、间距不大于 200mm 的焊接钢筋网片（见图 2.27）与后砌隔墙连接。

（7）对孔洞、管道、沟槽和预埋件等，应在砌筑时预留，不得在砌筑好的墙上打孔、凿槽。电线暗管敷设可随砌随埋。

（8）小型砌块砌体内不宜设脚手眼，如必须设置，可用辅助规格为 190mm×190mm×

190mm 的小砌块侧砌，利用其孔洞作脚手眼，砌体完工后用 C15 混凝土填实。但在砌体下列部位不得设置脚手眼：

1）过梁上部，与过梁成 60°角的三角形及过梁跨度 1/2 范围内。

2）宽度不大于 800mm 的窗间墙。

3）梁和梁垫下及左右各 500mm 的范围内。

4）门窗洞口两侧 200mm 内和砌体交接处 400mm 的范围内。

5）结构设计规定不允许设脚手眼的部位。

（9）小型砌块砌体相邻工作段的高度差不得大于一个楼层高度或 4m。

（10）砌筑时发现砌体歪斜或砌筑不够平整，需要移动砌体中的小砌块或小砌块被撞动时，要拆除重砌，不能用敲击砌体的方法进行校正。

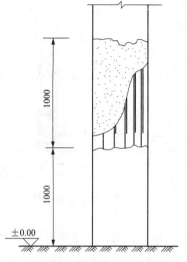

图 2.27　砌块墙与后砌隔墙
交接处钢筋网片

（11）常温条件下，普通混凝土小型砌块的日砌筑高度应控制在 1.8m 内；轻骨料混凝土小型砌块的日砌筑高度应控制在 1.4m 内。

（12）对砌体表面的平整度和垂直度及灰缝的厚度和砂浆饱满度应随时检查，校正偏差。在砌完每一楼层后，应校核砌体的轴线尺寸和标高，允许范围内的轴线及标高的偏差，可在楼板面上予以校正。

3. 芯柱的施工

为增加房屋的整体刚度，砌块墙体中要设置芯柱（在砌块内部空腔中插入竖向钢筋并浇灌混凝土后形成的砌体内部的钢筋混凝土小柱），芯柱设计位置及要求见表 2.8。对有抗震要求的房屋，还应在芯柱处沿墙高每隔 600mm 设钢筋网片与墙拉结（见图 2.28）。

表 2.8　　　　　　　　　混凝土小型砌块房屋芯柱设置要求

房屋层数			设置部位	设置数量
6 度	7 度	8 度		
四	三	二	外墙转角，楼、电梯间四角、楼梯斜梯段上下端对应的墙体处；大房间内外墙交接处；错层部位横墙与外纵墙交接处；隔 12m 或单元横墙与外纵墙交接处	外墙转角灌实 3 个孔；内外墙交接处灌实 4 个孔；楼梯斜段上下端对应的墙体处，灌实 2 个孔
五	四	三		
六	五	四	隔开间横墙（轴线）与外纵墙交接处	
七	六	五	各内墙（轴线）与外墙交接处；内纵墙与横墙（轴线）交接处和洞口两侧	外墙转角灌实 5 个孔；内外墙交接处灌实 4 个孔；内墙交接处灌实 4~5 个孔；洞口两侧各灌实 1 个孔

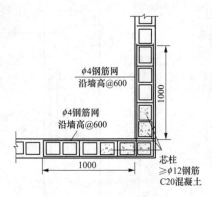

φ4钢筋网
沿墙高@600

φ4钢筋网
沿墙高@600

芯柱
≥φ12钢筋
C20混凝土

图 2.28　砌块芯柱构造图

（1）小砌块房屋的芯柱应符合下列构造要求：

1）小砌块房屋芯柱，截面面积不宜小于 120mm×120mm。

2）芯柱混凝土强度等级，不应低于 C20。

3）芯柱的竖向插筋应贯通墙身且与圈梁连接；插筋不应小于 1φ12，6、7 度抗震设防超过五层、8 度抗震设防超过四层和 9 度抗震设防时，插筋不应小于 1φ14。

4）芯柱应伸入室外地面下 500mm 或与埋深小于 500mm 的基础圈梁相连。

（2）芯柱的施工方法。芯柱位置下部第一皮砌块侧面应预留孔洞，开口朝室内，以便清理杂物和绑扎钢筋。其钢筋应与基础或地圈梁下的钢筋搭接足够的长度。

芯柱浇筑混凝土要待砌筑砂浆强度达 1MPa 后，使用小型空心砌块专用混凝土灌注，坍落度大于或等于 180mm。在该层墙体砌筑完成后与顶部圈梁同时浇筑，每浇 400～500mm 高应捣实一次。

芯柱混凝土不是普通混凝土，它是配筋砌体专用的胶凝材料，其基本成分是砂、普通水泥、豆石和水，分细注芯混凝土和粗注芯混凝土两种。细注芯混凝土适用于浇筑间隙小、窄或钢筋较集中的芯柱。采用细注芯混凝土时，钢筋与块体间的间隙应大于或等于 35mm。配合比如设计无规定，细注芯混凝土一般采用体积比为 1（水泥）：2.25～3（砂），相应坍落度为 200～250mm 时需要的水。

粗注芯混凝土适用于砖砌体的浇筑水平间隙大于 38mm，砌块孔洞的尺寸大于或等于 38mm×76mm，钢筋与块体间的间隙大于或等于 12.7mm。配合比如设计无规定，粗注芯混凝土一般采用体积比为 1（水泥）：2.25～3（砂）：1～2（豆石），相应坍落度为 200～250mm 时需要的水。骨料粒径应小于或等于 9.5mm。

由于初始水量的损失和普通水泥的水化作用，注芯混凝土在固化过程会产生收缩，常常采用一种使注芯混凝土膨胀的外加剂，以补偿这种收缩。

1.4.2　大中型混凝土砌块施工工艺

由于大中型混凝土砌块体积较大、较重，不如小型砌块可人工挪动，多用专门设备进行吊装砌筑。大中型混凝土砌块施工的主要工序是：铺灰、砌块吊装就位、校正、灌缝和镶砖。

1. 铺灰

砌体墙体所采用的砂浆，应具有良好的和易性，稠度以 50～70mm 为宜，铺灰应平整饱满，每次铺灰长度一般不超过 5m，炎热天气及严寒季节应适当缩短。

2. 砌块吊装就位

砌块墙的施工特点是砌块数量多，吊装次数也相应地多，但砌块的重量不很大，砌块安装通常采用两种方案：①以轻型塔式起重机进行砌块、砂浆的运输，以及楼板等预制构件的吊装，由台灵架吊装砌块；②以井架进行材料的垂直运输，杠杆车进行楼板吊装，所有预制构件及材料的水平运输则用砌块车和手推车，台灵架负责砌块的吊装（见图 2.29）。前者适

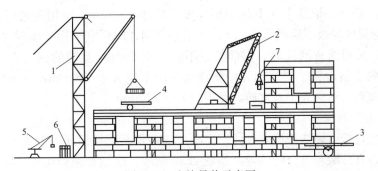

图 2.29　砌块吊装示意图

1—井架；2—台灵架；3—杠杆车；4—砌块车；5—少先吊；6—砌块；7—砌块夹

用于工程量大或两幢房屋对调流水的情况，后者适用于工程量小的房屋。

砌块的吊装一般按施工段依次进行，先外后内，先远后近，先下后上，在相邻施工段之间留阶梯形斜槎。吊装时应从转角处或砌块定位处开始，采用摩擦式夹具，按砌块排列图表将所需砌块吊装就位。中型砌块搭砌长度不得小于块高的 1/3，且不小于 150mm。

3. 校正

砌块吊装就位后，用托线板检查砌块的垂直度，拉准线检查水平度，并用撬棍、楔块调整偏差。

4. 灌缝

竖缝可用夹板在墙体内外夹住，然后灌砂浆，用竹片插或铁棒捣，使其密实。当砂浆吸水后用刮缝板把水平缝刮齐。灌缝后，一般不应再撬动砌块，以防破坏砂浆黏结力。

5. 镶砖

当砌块间出现较大竖缝或过梁找平时，应镶砖。镶砖砌体的竖直缝和水平缝的宽度应控制在 15～30mm 内。镶砖工作应在砌块校正后立即进行，镶砖时应注意使砖的竖缝灌密实。

1.5　配筋砌体

配筋砌体是由配置钢筋的砌体作为建筑物主要受力构件的结构。配筋砌体有网状配筋砌体柱、水平配筋砌体墙、砖砌体和钢筋混凝土面层或钢筋砂浆面层组合砌体柱（墙）、砖砌体和钢筋混凝土构造组合墙及配筋砌块砌体剪力墙。

配筋砌体的基本构造与砖或砌块砌体相同，不再重复。下面主要介绍配筋砌体中配筋的构造与施工。配筋砌体的构造应符合设计和《砌体结构设计规范》（GB 50203—2011）的规定。其施工质量应满足《砌体工程施工质量验收规范》（GB 50003—2011）的要求。配筋砌体水平灰缝中的钢筋主要受砂浆包裹，而无论是水泥砂浆还是水泥混合砂浆的密实性相对普通混凝土来说较差，所以，设置在潮湿环境或有化学侵蚀性介质环境中的砌体灰缝内的钢筋，应采取防腐措施，可在钢筋表面涂刷防腐涂料或防锈剂。灰缝的厚度应保证钢筋上、下至少有 2mm 厚的砂浆层。在砌体水平灰缝中，钢筋的锚固长度不宜小于 50d，且其水平或垂直弯折段的长度不宜小于 20d 和 150mm，钢筋的搭接长度不宜小于 55d。

1.5.1　配筋砌体的构造

1. 砖柱（墙）网状配筋的构造

砖柱（墙）网状配筋，是在砖柱（墙）的水平灰缝中配钢筋网片。其作用是对砂浆产生约束，减少横向变形。钢筋上、下保护层厚度不应小于 2mm。所用砖的强度等级不低于 MU10，砂浆的强度等级不应低于 M7.5，采用钢筋网片时，宜采用焊接网片，钢筋直径宜采用 3～4mm；采用连弯网片时，钢筋直径不应大于 8mm，且网的钢筋方向应相互垂直，沿砌体高度方向交错设置。钢筋网片中钢筋的间距不应大于 120mm，并不应小于 30mm；钢筋网片竖向间距，不应大于五皮砖，并不应大于 400mm。

2. 组合砖砌体的构造

组合砖砌体是指由烧结普通砖砌体、混凝土或砂浆面层及钢筋等组成的组合砌体构件，有组合砖柱、组合砖垛和组合砖墙等，如图 2.30 所示。烧结普通砖砌体，所用砌筑砂浆强度等级不得低于 M7.5，砖的强度等级不宜低于 MU10。

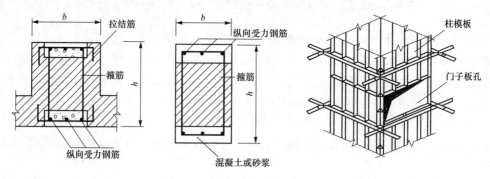

图 2.30　组合砖墙砖砌体的构造

（1）面层。面层为水泥砂浆时，强度等级不宜低于 MU10，砂浆面层厚度宜采用 30～45mm。当面层厚度大于 45mm 时，其面层宜采用混凝土，混凝土强度等级宜采用 C20。

（2）钢筋。竖向受力钢筋宜采用 HPB235 级钢筋，对于混凝土面层，也可采用 HRB335 级钢筋。受力钢筋的直径不应小于 8mm。钢筋的净间距不应小于 30mm。受拉钢筋的配筋率，不应小于 0.1%。受压钢筋一侧的配筋率，对砂浆面层，不宜小于 0.1%；对混凝土面层，不宜小于 0.2%。

箍筋的直径，不宜小于 4mm 及 0.2 倍的受压钢筋直径，且不宜大于 6mm。箍筋的间距，不应大于 20 倍受压钢筋的直径及 500mm，且不应小于 120mm。

当组合砖砌体一侧受力钢筋多于 4 根时，应设置附加箍筋或拉结筋。

对于组合砖墙（见图 2.31），应采用穿通墙体的拉结筋作为箍筋，同时设置水平分布钢筋。水平分布钢筋竖向间距及拉结筋的水平间距，均不应大于 500mm。

受力钢筋的保护层厚度，不应小于表 2.9 中的规定。受力钢筋距砖砌体表面的距离，不应小于 5mm。

表 2.9　　　　　　　　　　　　　　　　　保护层厚度

组合砖砌体	保护层厚度（mm）	
	室内正常环境	露天或室内潮湿环境
组合砖墙	15	25
组合砖柱、砖垛	25	35

注　当面层为水泥砂浆时，对于组合砖柱，保护层厚度可减小 5mm。

3. 钢筋混凝土构造柱和砖砌体组合墙的构造

组合墙砌体宜采用强度等级不低于 MU7.5 的普通砌墙砖与强度等级不低 M5 的砂浆砌筑。

构造柱混凝土强度等级不低于 C20，截面尺寸不宜小于 240mm×240mm，其厚度不应小于墙厚。砖砌体与构造柱的连接处应砌成马牙槎，并应沿墙高每隔 500mm 设 2φ6 拉结筋，且每边伸入墙内不宜小于 1m。柱内竖向受力钢筋，一般采用 HPB235 级钢筋，对于中柱，不宜少于 4φ12；对于边柱，不宜少于 4φ14，其箍筋一般采用 φ6@200mm，楼层上下 500mm 范围内宜采用 φ6@100mm，构造柱竖向受力钢筋应在基础梁和楼层圈梁中锚固，构造柱间距不大于 4m，如图 2.31 所示。

组合砖墙的施工程序是先砌墙，后浇混凝土构造柱。

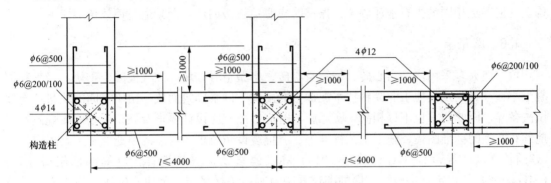

图 2.31　钢筋混凝土构造柱和砖砌体组合墙

4. 配筋砌块砌体的构造

砌块强度等级不应低于 MU10；砌筑砂浆强度等级不应低于 M7.5；灌孔混凝土强度等级不应低于 C20。配筋砌块砌体柱边长不宜小于 400mm，如图 2.32 所示。配筋砌块砌体剪力墙厚度及连梁宽度不应小于 190mm。配筋砌块砌体剪力墙，应采用专用的小砌块砌筑砂浆和专用的小砌块灌孔混凝土。

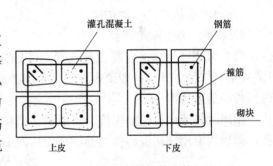

图 2.32　配筋砌体砌体柱

1.5.2　配筋砌体的施工工艺

配筋砌体的弹线、找平、排砖摞底、墙体盘角、选砖、立皮数杆、挂线、留槎等施工工艺与普通砖或砌块砌体要求相同，下面主要介绍其不同点。

1. 砌筑及放置水平钢筋

砌筑方法与砖或砌块砌体相同，宜采用"三一"砌筑法，水平灰缝厚度和竖直灰缝宽度也为 10mm±2mm。砌体同样要求上下错缝、内外搭砌、灰缝饱满、横平竖直。皮数杆上要标明钢筋网片、箍筋或拉结筋的位置。按规定的间距随砌随放置钢筋、钢筋网片、箍筋或拉结筋，钢筋安装完毕，并经隐蔽工程验收后方可砌上层砖，同时要保证钢筋上下至少各有 2mm 的保护层。

2. 砂浆（混凝土）面层施工

组合砖砌体面层施工前，应清除面层底部的杂物，并浇水湿润砖砌体表面。按规定的间距随砌随在水平灰缝内放置箍筋或拉结筋，使其埋入砂浆层中，并保证钢筋保护层的厚度不小于 2mm，两端伸出砖砌体外的长度相等。纵向受力钢筋按规定的间距竖立，并与箍筋或拉结筋绑扎牢固。组合砖墙中的水平分布筋按规定的间距与纵向受力钢筋绑扎牢固。

钢筋砌筑砂浆面层从下而上分层施工，一般应进行两次涂抹，第一次是刮底，使受力钢筋与砖砌体有一定的保护层；第二次是抹面，使面层表面平整。混凝土面层施工应支设模板，每次支设高度一般为 50～60cm，并分层浇筑，振捣密实，待混凝土强度达到 30% 以上才能拆除模板。

3. 构造柱施工

配筋砌体构造柱与砖砌体构造柱施工基本相同。构造柱浇灌混凝土前必须将砌体留槎部位和模板浇水湿润，将模板内的落地灰砖渣和其他杂物清理干净，并在接合面处注入适量与构造柱混凝土相同的去石水泥砂浆。振捣时应避免触碰墙体，严禁通过墙体传振。

1.6　填充墙

填充墙大多采用烧结实心砖、烧结空心砖、小型空心砌块、加气混凝土砌块、轻骨料混凝土小型空砌块及其他工业废料掺水泥加工的砌块与砂浆砌筑而成。由于不同的块料填充墙做法各异，因此要求也不尽相同，实际施工时应参照相应设计要求及施工质量验收规范和各地颁布实施的标准图集、施工工艺标准等。有抗震设防要求的房屋的填充墙施工，还应符合《建筑抗震设计规范》（GB 50011—2010）和《建筑物抗震构造详图（局部框架房屋）》（04G329-6）的规定。一般填充墙的砌筑方法与所用块材（砖、砌块）砌体的施工方法基本相同，但其构造和局部施工处理有所区别。

1.6.1　墙体与结构的连接

1. 墙两端与结构的连接

（1）填充墙与两端混凝土柱或剪力墙的连接有拉结筋、钢筋网片、现浇钢筋混凝土带（或腰梁）三种方式。一般采用在混凝土构件上预埋铁件加焊拉结筋或植墙拉筋的方法。预埋铁件一般采用厚 4mm 以上的钢板做成，在混凝土构件施工时按设计位置预埋固定于构件中，砌墙时将墙中拉结筋焊接。植墙拉筋是在混凝土构件上按设计位置钻一定深度和直径的孔，然后用专用结构胶将拉结筋粘植于孔洞中的方法。

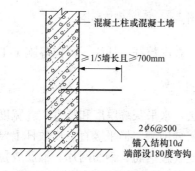

混凝土柱或混凝土墙

≥1/5墙长且≥700mm

2φ6@500

锚入结构10d
端部设180度弯钩

图 2.33　填充墙与钢筋混凝土柱或墙的钢筋拉结

（2）墙体拉结筋在砌筑过程中非常重要，影响到砌体结构本身的安全及稳定性。拉结筋的设置应满足设计、《建筑抗震设计规范》（GB 50011—2010）及《建筑物抗震构造详图（局部框架房屋）》（04G329-6）的相关要求。填充墙应沿框架柱全高每隔 500mm 设 2φ6 拉结筋，拉结筋伸入墙内的长度，抗震设防 6、7 度时，宜全长贯通，8、9 度时宜沿墙全长贯通，如图 2.33 所示。在墙垛的位置，墙体拉结筋施工较困难时，一般作抱框处理。

（3）填充墙与框架柱或剪力墙之间的缝隙应用砂浆嵌填密实。砌体灰缝应保持横平竖直，竖向灰缝和水平灰缝均应铺填饱满的砂浆。砂浆饱满度：水平灰缝不得小于 90%，竖向灰缝不得小于 80%，严禁用水冲浆浇灌灰缝，也不得用石子垫灰缝。水平灰缝及竖向灰缝的厚度和宽度应控制在 8～12mm 之间。

2. 填充墙上下部与楼板或梁的连接

(1) 填充墙体底部应砌筑 2～3 皮强度等级不低于 MU10.0 的实心砖或现浇 C20 素混凝土坎台，高度不小于 200mm。其作用是承重、防撞击和防潮，如图 2.34 所示。

(2) 为保证墙体的整体性，填充墙顶部通常采用侧砖、立砖、砌块斜砌(倾斜度宜为约 60°)挤紧或在梁底做预埋铁件拉结等方式与结构连接。无论采用哪种连接方式，墙体向上砌至接近梁底时，应留一定空隙，并至少间隔 7d，待下部砌块墙体变形稳定后再砌筑。最上一皮采用侧砖斜砌时，应保证砖挤紧，砂浆饱满，如图 2.35 所示。

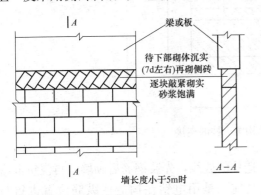

图 2.34　填充墙上部与梁或板的连接

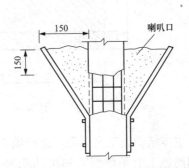

图 2.35　填充墙上下部砌实心砖

3. 填充墙的施工顺序

填充墙施工最好自顶层向下层进行，防止因结构变形量向下传递而造成早期下层先砌筑的墙体产生裂缝。如因工期紧等原因必须由底层向顶层砌筑，则墙顶的连接处理需待全部砌体完成后，再自上层向下层施工，此目的是给每一层结构一个完成变形的时间和空间。

1.6.2　门窗、洞口和阳角处的处理

通常采用在洞口两侧和阳角处做构造柱或镶砌专用砖或预制块的方法，空心砌块填充墙阳角处可设芯柱。空心砌块墙在窗台顶面应做成混凝土压顶，以保证窗框与砌体的可靠连接。

1.6.3　填充外墙防潮防水

空心砌块填充外墙面在施工中还应考虑防渗漏问题。渗漏现象主要发生在灰缝处。因此，在砌筑中，应注意保证灰缝饱满，尤其是竖向灰缝。另外，可采取在外墙抹灰层中加 3％～5％的防水粉、面砖勾缝或表面刷防水剂等措施，保证防渗效果。

1.6.4　单片面积较大填充墙的施工

大空间的框架结构填充墙，应根据墙体长度、高度情况，按设计或规范要求设置构造柱和水平拉结件，以提高墙体稳定性。一般填充墙高度超过 4m 时，应在墙体高度中部设置与柱连接且沿墙全长贯通的 2～3 道焊接钢筋网片或 $3\phi6$ 的通长水平钢筋或加设水平墙梁(腰梁)，如图 2.36 所示。墙长大于 5m 时，墙顶与梁宜有拉结；墙长超过层高 2 倍时，宜设置钢筋混凝土构造柱，如图 2.37 所示。当大面积的墙体有转角时，应在转角处设芯柱。

1.6.5　填充墙的构造柱施工

填充墙的构造柱设置在各层上下水平梁、板之间，构造柱本身不连续。构造柱的一般做

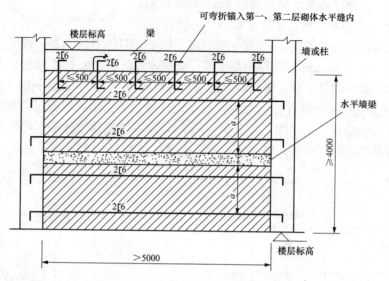

图 2.36　填充墙与结构梁、柱的连接

法是：主体结构施工完毕后，进行填充墙及其构造柱的放线，先装钢筋后砌墙，再浇筑混凝土。钢筋施工有预留钢筋和植筋两种方式。植筋施工是用电钻在构造柱纵筋位置进行打孔，将钢筋植入孔中，用植筋专用胶黏结，实现构造柱与上下部梁或板的拉结，如图2.37 所示。

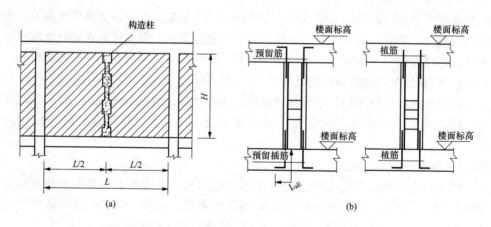

图 2.37　填充墙构造柱设置与钢筋施工方式

1.7　砌体工程的质量要求与验收

1.7.1　砌体工程的质量要求

1. 基本规定

（1）砌体工程所用的材料应有产品的合格证书、产品性能检测报告。块材、水泥、钢筋、外加剂等尚应有材料主要性能的进场复验报告。严禁使用国家明令淘汰的材料。

（2）砌筑基础前，应校核放线尺寸，允许偏差应符合表 2.10 的规定。

表 2.10 放线尺寸的允许偏差

长度 L、宽度 B（m）	允许偏差（mm）	长度 L、宽度 B（m）	允许偏差（mm）
L（或 B）≤30	±5	60<L（或 B）≤90	±15
30<L（或 B）≤60	±10	L（或 B）>90	±20

（3）砌筑顺序应符合下列规定：

1）基底标高不同时，应从低处砌起，并应由高处向低处搭砌。当设计无要求时，搭接长度 L 不应小于基础底的高差 H，搭接长度范围内下层基础应扩大砌筑。

2）砌体的转角处和交接处应同时砌筑。当不能同时砌筑时，应按规定留槎、接槎。

（4）在墙上留置临时施工洞口，其侧边离交接处墙面不应小于 500mm，洞口净宽度不应超过 1m。抗震设防烈度为 9 度的地区，建筑物的临时施工洞口位置，应会同设计单位确定。临时施工洞口应做好补砌。

（5）不得在下列墙体或部位设置脚手眼：

1）120mm 厚墙料石清水墙和独立柱。

2）过梁上与过梁成 60°角的三角形范围及过梁净跨度 1/2 的高度范围内。

3）宽度小于 1m 的窗间墙。

4）砌体门窗洞口两侧 200mm（石砌体为 300mm）和转角处 450mm（石砌体为 600mm）范围内。

5）梁或梁垫下及其左右 500mm 范围内。

6）设计不允许设置脚手眼的部位。

7）轻质墙体。

（6）施工脚手眼补砌时，应清除脚手眼内掉落的砂浆、灰尘；脚手眼处砖及填塞用砖应湿润，并应填实砂浆。

（7）设计要求的洞口、管道、沟槽，应于砌筑时正确留出或预埋，未经设计同意，不得打凿墙体和在墙体上开凿水平沟槽。宽度超过 300mm 的洞口上部，应设置过梁。不应在截面长边小于 500mm 的承重墙体、独立柱内埋设管线。

（8）尚未施工楼板或屋面的墙或柱，当可能遇到大风时，其允许自由高度不得超过表2.8 的规定。如超过表 2.11 中限值，必须采用临时支撑等有效措施。

表 2.11 墙和柱的允许自由高度

墙（柱）厚（mm）	墙和柱的允许自由高度（m）					
	砌体密度大于 1600kg/m³			砌体密度为 1300～1600kg/m³		
	风荷载（kN/m²）			风荷载（kN/m²）		
	0.30（约 7 级风）	0.40（约 8 级风）	0.60（约 9 级风）	0.30（约 7 级风）	0.40（约 8 级风）	0.60（约 9 级风）
190	—	—	—	1.4	1.1	0.7
240	2.8	2.1	1.4	2.2	1.7	1.1
370	5.2	3.9	2.6	4.2	3.2	2.1

续表

墙（柱）厚 (mm)	墙和柱的允许自由高度（m）					
	砌体密度大于 1600kg/m³			砌体密度为 1300～1600kg/m³		
	风荷载（kN/m²）			风荷载（kN/m²）		
	0.30 （约7级风）	0.40 （约8级风）	0.60 （约9级风）	0.30 （约7级风）	0.40 （约8级风）	0.60 （约9级风）
490	8.6	6.5	4.3	7.0	5.2	3.5
620	14.0	10.5	7.0	11.4	8.6	5.7

注　1. 本表适用于施工处标高（H）在 10m 范围内的情况，如 10m＜H≤15m，15m＜H≤20m，表内的允许自由高度值应分别乘以 0.9、0.8 的系数；如 H＞20m，应通过抗倾覆验算确定其允许自由高度。

2. 当所砌筑的墙有横墙或其他结构与其连接，而且间距小于表中相应墙、柱允许自由高度的 2 倍时，砌筑高度可不受本表规定的限制。

3. 当砌体密度小于 1300kg/m³ 时，墙和柱的允许自由高度应另行验算确定。

（9）搁置预制梁、板的砌体，顶面应找平，安装时应坐浆。当设计无具体要求时，应采用 1∶2.5 水泥砂浆。

（10）设置在潮湿环境或有化学侵蚀性介质环境中砌体灰缝内的钢筋应采取防腐措施。

（11）砌体施工时，楼面和屋面堆载不得超过楼板的允许荷载值。施工层进料口楼板下，宜采取临时支撑措施。

（12）分项工程的验收应在检验批验收合格的基础上进行，检验批的确定可根据施工段划分。

2. 砌体施工质量等级

砌体施工质量控制等级分为 A、B、C 三种，其标准应符合表 2.12 的要求。

表 2.12　　　　　　　　　　　砌体施工质量控制等级

项目	施工质量等级		
	A	B	C
现场质量管理	制度健全，并严格执行；非施工方质量监督人员经常到现场，或现场设有常驻代表；施工方有在岗专业技术管理人员，人员齐全，并持证上岗	制度基本健全，并能执行；非施工方质量监督人员间断地到现场进行质量控制；施工方有在岗专业技术管理人员，并持证上岗	有制度；非施工方质量监督人员很少作现场质量控制；施工方有在岗专业技术管理人员
砂浆、混凝土强度	试块按规定制作，强度满足验收规定，离散性小	试块按规定制作，强度满足验收规定，离散性较小	试块强度满足验收规定，离散性大
砂浆拌和方式	机械拌和；配合比计量控制严格	机械拌和；配合比计量控制一般	机械或人工拌和；配合比计量控制较差
砌筑工人	中级工以上，其中高级工不少于 20%	高、中级工不少于 70%	初级工以上

注　1. 砂浆、混凝土强度离散性大小根据强度标准差确定。

2. 配筋砌体不得为 C 级施工。

3. 砌体施工质量控制项目

砌体施工质量控制项目分主控项目和一般项目分别抽检验收。主控项目和一般项目中具体的要求，按《砌体工程施工质量验收规范》（GB 50203—2011）的有关规定执行。

4. 砌体施工质量标准

砖砌体的施工质量只有"合格"一个等级，其质量合格应满足以下规定，否则为施工质量不合格。

（1）主控项目应全部符合规范规定。

（2）一般项目应有 80% 及以上的抽检点符合规范规定；有允许偏差的项目，最大超差值为允许偏差值的 1.5 倍。

1.7.2　砌体工程的质量验收

1. 验收基本要求

（1）砌体工程验收前应提供下列文件和记录：

1）施工执行的技术标准。

2）原材料的合格证书、产品性能检测报告。

3）混凝土及砂浆配合比通知单。

4）混凝土及砂浆试件抗压强度试验报告单。

5）施工记录。

6）各检验批的主控项目和一般项目验收记录。

7）施工质量控制资料。

8）重大技术问题的处理或修改设计的技术文件。

9）其他必须提供的资料。

（2）砌体子分部工程验收时应对砌体工程的观感质量作出总体评价。

（3）当砌体工程质量不符合要求时，应按《建筑工程施工质量统一验收标准》（GB 50300—2013）的规定执行。

（4）对有裂缝的砌体应按下列情况进行验收：

1）对有可能影响结构安全性的砌体裂缝，应由有资质的检测单位检测鉴定。需返修或加固处理的，待返修或加固满足使用要求后进行二次验收。

2）对不影响结构安全性的砌体裂缝，应予以验收，对明显影响使用功能和观感质量的裂缝，应进行处理。

2. 检验批质量验收

（1）检验批质量验收记录。检验批质量验收记录由施工项目专业质量检查员填写，监理工程师（建设单位项目专业技术负责人）组织，项目专业质量检查员等进行验收，并按《建筑工程施工质量统一验收标准》（GB 50300—2013）中"工程检验批质量验收记录表"做好记录。

（2）检验批合格质量应符合下列规定：

1）主控项目和一般项目的质量经抽样检验合格。

2）具有完整的施工操作依据、质量检查记录。

（3）分项工程质量验收合格应符合下列规定：

1）分项工程所含的检验批均应符合合格质量的规定。

2）分项工程所含的检验批的质量验收记录应完整。

1.7.3　砌筑工程常见质量通病与防治措施

1. 砂浆强度偏低、不稳定

砂浆强度偏低有两种情况：①砂浆试块强度偏低。②试块强度不低，甚至较高，但砌体中砂浆实际强度偏低。从施工操作过程分析，主要由三个环节造成：①砂浆搅拌过程：计量不准，或不按配比计量，砂浆中水、塑化材料或微沫剂掺量过多；砂浆搅拌不均；水泥分布不均匀等。②试块制作不规范。③使用砂浆不规范，如砂浆和易性变差后未作处理，超时使用砂浆等。砂浆强度不足问题具有滞后性，往往在试块检验时才得以发现。主要预防措施是：加强现场管理，加强计量控制，严格执行配合比。试块制作应由有经验的专业人员专门制作，并严格按规定进行。砂浆尽量采用机械搅拌，保证搅拌均匀。砂浆应按需要搅拌，宜在当班用完。

2. 水平灰缝砂浆不饱满

砖砌体的水平灰缝砂浆饱满度是影响砌体强度的一个很重要因素，不饱满即会使砖局部受压或受弯，降低砌体的抗压强度。规范规定，实心砖砌体的水平灰缝砂浆饱满度不得低于80%，且水平灰缝砂浆饱满度列入砖砌体工程质量验收的"主控项目"。

水平灰缝砂浆不饱满的直接原因是工人操作不当，砌筑方法不正确；间接原因则是砂浆的和易性变差而未作处理。主要预防措施是：应采取正确的砌筑方法，如"三一"砌筑法；加强砂浆拌制计划性，随拌随用，灰桶中的砂浆经常翻拌、清底，保证砌筑砂浆的和易性。

3. 灰缝不平直，墙面不平整，游丁走缝

现象：水平灰缝弯曲不平直，灰缝厚度不一致，出现"螺栓"墙，垂直灰缝歪斜，灰缝宽窄不匀，丁不压中（丁砖未压在顺砖中部），墙面凹凸不平。

主要原因：操作中未掌握控制砖缝的标准，砌筑时没有按皮数杆控制砖的层数；墙面不平整与墙体变形有关。其次是因施工中挂线过长，挂线不紧产生下垂，风吹摆动或砌砖时砖顶线砌筑等。砖的规格不统一，每块砖长、宽尺寸误差大。

防治措施：砌前应摆砖、撂底，并根据砖的实际尺寸对灰缝进行调整；采用皮数杆拉线砌筑，以砖的小面跟线，拉线长度（15～20m）超长时，应在中间作挑线点，砌砖时应使砖一线保持一定的距离，并经常检查线的平直度。竖向灰缝，每隔一定距离应弹墨线找齐，墨线用线锤引测，每砌一步架用立线向上引伸，立线、水平线与线锤应"三线归一"。砌头角时一定要做到"三线一吊，五线一靠"，确保两端挂线控制点墙体的标准、平整。

4. 墙体、构造柱留槎处理不当

墙体、构造柱留槎处理不当主要有两方面：①砌墙时随意留直槎，甚至是阴槎。构造柱马牙槎不标准，槎口以砖渣填砌，接槎砂浆填塞不严，影响接槎部位砌体强度，降低结构整体性。②拉结筋被遗漏。构造柱及接槎的水平拉结筋常被遗漏，或未按规定布置。配筋砖缝砂浆不饱满，露筋。

防治措施：施工组织设计中应对留槎作统一考虑，严格按规范要求留槎。马牙槎高度应小于或等于300mm，即标准砖留五皮，多孔砖留三皮；对于施工临时洞口留槎，应加以保护和遮盖，防止运料车碰撞槎子。拉结筋应作为隐蔽检查项目对待，加强检查，并填写检查记录存档。施工中，对所砌部位需要的配筋应一次备齐，以防遗漏。适当增加灰缝厚度（以钢筋上下各有2mm厚保护层为宜），防止露筋。

5. 墙体开裂

墙体开裂主要有砌块墙体裂缝和填充墙与梁、柱接合部位开裂。

砌块墙体易产生由温度、收缩等因素引起的墙体中的竖向裂缝、水平裂缝、斜裂缝；门、窗洞口四角处应力集中引起的斜裂缝等。填充墙与梁、柱接合部位开裂，主要是梁下、柱边裂缝，主要是由于不同材料的温度变形不同引起的，如图 2.38 所示。

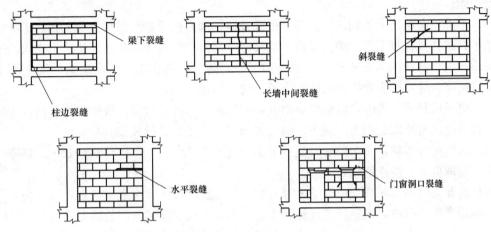

图 2.38　填充墙常见裂缝形式

防治措施：为减少收缩，砌块出池后应有足够的静置时间（30～50d）；砌筑前应清除砌块表面脱模剂及粉尘等，加强砌体的黏结；采用黏结力强、和易性较好的砂浆砌筑（专门的砌块砌筑砂浆），控制铺灰长度和灰缝厚度，保证灰缝饱满度；按规范要求，采取构造拉结措施，设置芯柱、构造柱、圈梁、伸缩缝等，在温度、收缩比较敏感的部位局部配置水平钢筋等，加强墙体的整体性。对墙与梁、柱接合部位，不同材料交接处，在抹灰前应增设宽度不小于 300mm 的钢丝网。

6. 墙面渗水

墙面渗水通常发生在外墙面，特别是迎风面，主要表现在砌块墙面及门窗框四周出现渗水、漏水现象。其原因是多方面的，就砌筑工程而言，主要是砂浆饱满度不足，特别是竖向灰缝，再就是堵洞不严。

防治措施：认真检验砌块质量，特别是抗渗性能；采用正确的砌筑方法，如挤浆法、"三一"砌筑法，加强灰缝砂浆饱满度控制；杜绝墙体裂缝；门、窗框洞口应充分堵严实，特别是竖向灰缝，周边嵌缝应在墙面抹灰前进行，而且要待固定门窗框铁脚的砂浆（或细石混凝土）达到一定强度后进行，从两面填堵，保证砂浆饱满。

1.8　砌筑工程的安全防护措施

砌筑前认真做好安全技术交底工作，制定安全技术措施，对施工人员进行安全培训教育。

1.8.1　砌筑工程的安全技术措施

（1）砌筑操作前，必须检查施工现场各项准备工作是否符合安全要求，如道路是否完全牢固，安全设施和防护用品是否安全，经检查符合要求后才可施工。

（2）砌基础时，应检查和注意基坑土质的变化情况。堆放砖石材料应离开坑边 1m 以上。砌墙高度超过地坪 1.2m 以上时，应搭设脚手架。架上堆放材料不得超过规定荷载，堆砖高度不得超过三皮侧砖，同一块脚手板上的操作人员不应超过两人。在一层以上或高度超过 4m 时，采用脚手架砌墙，必须按规定搭设安全网。采用外脚手架时，应设护身栏杆和挡脚板后方可砌筑。在同一垂直面内上下交叉作业时，必须设置安全隔板，下方操作人员必须戴好安全帽。

（3）不准站在墙顶上做划线、刮缝、吊线及清扫墙面或检查大角垂直等工作。不准用不稳固的工具或物体在脚手板上垫高操作。砍砖时应面向墙面，注意防止碎砖跳出伤人。工作完毕应将脚手板和砖墙上的碎砖、灰浆清扫干净，防止掉落伤人。正在砌筑的墙上不准走人。山墙砌完，应立即安装檩条或临时支撑，防止倒塌。

（4）雨天或每日下班时，应做好防雨准备，以防雨水冲走砂浆，致使砌体倒塌。冬期施工时，脚手板上有冰霜、积雪，应先清除后才能站在架子上进行操作。

（5）砖料运输车辆，两车前后距离：平道上不小于 2m，坡道上不小于 10m。装砖时要先取高处后取低处，防止倒塌伤人。

（6）砌石墙时不准在墙顶或架子上修石材，以免震动墙体影响质量或石片掉下伤人。不准徒手移动上墙的石块，以免压迫或擦伤手指。不准勉强在超过胸部的墙上进行砌筑，以免将墙体碰撞倒塌或上石时失手掉下造成安全事故。石块不得往下掷。运石上下时，脚手板要钉装牢固，并钉防滑条及扶手栏杆。

（7）对有部分破裂和脱落危险的砌块，严禁起吊；起吊砌块时，严禁将砌块停留在操作人员的上空或在空中整修；砌块吊装时，不得在下一层楼面上进行其他任何工作；卸下砌块时应避免冲击，砌块堆放应尽量靠近楼板两端，不得超过楼板的承重能力；砌块吊装就位时，应待砌块放稳后，放可松开夹具。

（8）凡脚手架、井架、门架搭设好后，须经专人验收合格后方准使用。

1.8.2　砌筑工程施工人员的安全防护及要求

（1）进场施工人员，必须经过安全教育培训，考核合格，持证上岗。新工人进场前应经过三级安全教育，并经考试合格后方可正式上岗。

（2）现场悬挂安全标语，无关人员不准进场，进入现场必须戴好安全帽，管理人员、安全员要佩戴标志，危险处应设警示标语，并采取安全防护措施。在 2m 以上架体或施工层作业时必须佩戴安全带。

（3）施工人员工作前严禁喝酒，进入施工现场不准打闹喧哗。

（4）施工人员不得随意拆除现场的一切安全防护设施，如机械护壳、安全网、安全围栏、外架拉结点、警示信号等，如因工作需要必须经项目负责人同意方可进行。

1.9　砌筑工程的季节性施工

1.9.1　砌筑工程冬期施工

当室外日平均气温连续 5d 稳定低于 5℃时，砌体工程应采取冬期施工措施。气温根据当地气象资料确定。冬期施工期限以外，当日最低气温低于 0℃时，也应按冬期施工的规定执行。

1. 砌体工程冬期施工的特点

砌体工程冬期施工最突出的问题是砂浆冻结，砂浆冻结后会产生以下现象：

(1) 砂浆硬化暂时停止，并不产生强度，失去胶结作用。

(2) 砂浆塑性降低，使水平灰缝和竖向灰缝的紧密度减弱。

(3) 解冻的砂浆，在上层砌体的重压下，可能引起不均匀沉降。

因此，冬期进行砌体施工时，必须采取有效措施，防止砂浆冻结。

2. 砌体工程冬期施工质量要求

冬期施工的砌体工程质量要求和验收，应符合《砌体工程施工质量验收规范》（GB 50203—2011）及《建筑工程冬期施工规程》（JGJ 104—2011）的规定。

(1) 砌体工程冬期施工应有完整的冬期施工方案。

(2) 冬期施工所用材料应符合下列规定：

1) 石灰膏、电石膏等应防止受冻，如遭冻结，应经融化后使用。

2) 拌制砂浆用砂，不得含有冰块和粒度大于 10mm 的冻结块；砂浆宜用普通水泥拌制。

3) 砌体用砖或其他块材不得遭水浸冻。

(3) 冬期施工砂浆试块的留置，除应按常温规定要求外，尚应增留不少于 1 组与砌体同条件养护的试块，测试检验 28d 强度。如有特殊需要，可另外增加相应龄期的同条件养护试块。

(4) 基土有冻胀性时，应在未冻的地基上砌筑。在施工期间和回填土前，均应防止地基遭受冻结。

(5) 普通砖、多孔砖和空心砖在气温高于 0℃ 条件下砌筑时，应浇水湿润。在气温低于或等于 0℃ 条件下砌筑时，可不浇水，但必须增大砂浆稠度。抗震设防烈度为 9 度的建筑物，普通砖、多孔砖和空心砖无法浇水湿润时，如无特殊措施，不得砌筑。

(6) 拌和砂浆宜采用两步投料法。水的温度不得超过 80℃；砂的温度不得超过 40℃。

(7) 砂浆使用温度应符合下列规定。

1) 采用掺外加剂法时，不应低于 5℃。

2) 采用氯盐砂浆法时，不应低于 5℃。

3) 采用暖棚法时，不应低于 5℃。

4) 采用冻结法，当室外空气温度分别为 0～−10℃、−11～−25℃、−25℃ 以下时，砂浆使用最低温度分别为 10、15、20℃。

(8) 采用暖棚法施工，块材在砌筑时的温度不应低于 5℃，距离所砌的结构底面 0.5m 处的棚内温度也不应低于 5℃。

(9) 在暖棚内的砌体养护时间，应根据暖棚内温度，按有关规定确定。

在冻结法施工的解冻期间，应经常对砌体进行观测和检查，如发现裂缝、不均匀沉降等情况，应立即采取加固措施。

(10) 当采用掺盐砂浆法施工时，宜将砂浆强度等级按常温施工的强度等级提高一级。

(11) 配筋砌体不得采用掺盐砂浆法施工。

(12) 冬期施工的砖砌体，应按"三一"砌筑法施工，灰缝宽度不应大于 1cm。

(13) 冬期施工中每日砌筑后，应及时在砌筑表面进行保护性覆盖，砌筑表面不得留有砂浆。再继续砌筑前，应扫净砌筑表面。

1.9.2 砌筑工程雨期施工

1. 雨期施工的要求

根据雨期施工的特点，编制施工组织设计；合理进行施工安排；密切注意气象预报，做好防汛准备工作。

2. 雨期施工措施

砌体的整体稳定性多取决于砂浆等的胶粘剂及砌体材料的含水量，应掌握以下要点：砖在雨期必须集中堆放，不宜浇水。砌墙时要求干湿砖块合理搭配。砖湿度较大时不可上墙。砌筑高度不可超过 1m；雨期遇大雨必须停工。砌砖收工时应在砖墙顶盖一层干砖，避免大雨冲刷灰浆。大雨过后受雨水冲刷过的新砌墙体应翻砌最上面两层砖；稳定性较差的窗间墙、独立砖柱，应架设临时支撑或及时浇筑圈梁；砌体施工时，内外墙要尽量同时砌筑，并注意转角及丁字墙间的连接要同时跟上。遇台风时，应在风向相反的方向加临时支撑；砌体砂浆的拌和量不宜过多，以能满足砌筑需要为宜。拌好的砂浆要注意防止雨水的冲刷；雨后继续施工，须复核已完工砌体垂直度和标高，并检查砌体灰缝，受雨水冲刷严重之处须采取必要的补救措施。

1.10 工程案例分析

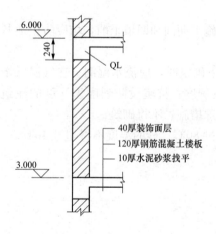

图 2.39 某住宅墙体构造图

【例 2.2】 某住宅楼标准层层高为 3.0m，其墙体采用标准砖砌筑，如图 2.39 所示。门窗洞口高度为 2700mm，试确定该标准层：（1）圈梁底面标高；（2）墙体砌筑高度；（3）墙体组砌皮数。

解 （1）圈梁底面标高 $= 6000 - 40 - 240 = 5720mm$。

（2）墙体砌筑高度＝层高－圈梁高－墙底部坐浆厚度，即 $H = 3000 - 240 - 20 = 2740mm$。

（3）墙体组砌皮数确定（初定灰缝厚度为 10mm），即 $2740/(53 + 10) = 43.49$。

分析：如取 43 皮，则灰缝厚为 $2740/43 - 53 = 10.7mm$；如取 44 皮，灰缝厚为 $2740/44 - 53 = 9.3mm$。

根据上述计算结果，因组砌模数的原因，墙顶标高在大于或小于理论要求标高 20mm 以内，可以通过调整墙体上部 1m 高左右的砌体灰缝（增加 2mm 大小消除此误差值），保证墙顶面标高满足要求。如果计算结果的差值大于 20mm，可以在不改变圈梁标高及钢筋位置的前提下，在浇筑圈梁时直接用混凝土填充。

每皮砖＋灰缝厚为 $53 + 10.7 = 63.7mm$，$63.7 \times 43 = 2739.1mm$，$2740 - 2739.1 = 0.9mm < 20mm$。

确定墙体组砌皮数取 43 皮砖，按每 10 皮累计 637mm 控制。

【例 2.3】 某县一框架结构办公楼，采用混凝土小型空心砌块墙体，于建成使用后次年，发现在较长墙段（大于 5m，包括有交叉墙的直线段）及窗台上、下角，上、下层，普遍出现竖向、斜向裂缝。

分析：经有关部门组织的质量检查调查发现，造成墙体裂缝的原因有：

(1) 墙体使用生产不到一周即出厂的砌块材料。混凝土小型空心砌块主要由混凝土组成，混凝土砌块需要成型养护 28d，此时砌块的变形约完成 60%，砌块变形要完全稳定需长达 3～5 年，而在生产到施工过程中，砌块龄期不到即已出厂，其体积极不稳定，且龄期很难检查控制，这是造成墙体开裂的原因之一。

(2) 施工操作不当，砌块上墙前浇水"淋砖"。普通混凝土小砌块砌筑前不宜浇水。因为混凝土制成的砌块与一般烧结材料（砖）不同，湿度变化时体积会变化，通常表现为湿胀干缩。如果干缩变形过大，超过了砌块块体或灰缝允许的极限，砌块墙就可能产生裂缝。因此，砌筑时须控制砌块上墙前的湿度，不能浸水或浇水，以免砌块吸水膨胀开裂。根据有关试验资料和使用经验表，含水率控制在 7%～10% 之间的砌体，可获得较好的黏结力的抗剪强度，否则影响明显。

(3) 忽视构造要求，较长墙段（大于 5m）未按规范要求采取构造抗裂措施。由于施工管理不到位，加之施工人员的马虎施工，不按规定设置拉结筋和钢丝网片，有的虽然设置，但没有达到规定的间距或长度，或没有设置弯钩。有的虽按规定设置，但拉结筋与柱和墙体的锚固不牢，从而失去了锚固的作用等。

预防以上质量问题的主要方法：

(1) 控制进场砌块的质量。规范明确规定，施工时所用的小砌块的产品龄期不应小于 28d。砌块进场后，施工单位应派专人对砌块的生产日期和出产日期进行严格的检查。检查人员应做好详细的检查记录，监理单位的甲方代表应加强监督，对于没有出产合格证或龄期未到的砌块坚决杜绝上墙砌筑。确保使用前的稳定期。

(2) 规范现场施工，不应对砌块浇水，堆放场地要有排水措施，太干的砌块应在砌筑前一天适量洒水湿润，尤其在天气炎热的季节更应注意这一点，但不宜洒的太多，严格控制含水率。

(3) 严格砌筑程序，严把砌筑质量关。砌筑前，技术人员要对砌筑进行详细的施工技术交底，提出砌筑中的注意事项。框架结构填充墙，应根据墙体长度、高度情况，按设计或规范要求在较长墙段中部及窗台下设通长构造筋等水平拉结件和构造柱，以提高墙体稳定性。一般填充墙高度超过 4m 时，应在墙体高度中部设置与柱连接且沿墙全长贯通的 2～3 道焊接钢筋网片或 $3\phi6$ 的通长水平钢筋或加设水平墙梁（腰梁），墙长大于 5m 时，墙顶与梁宜有拉结；墙长超过层高 2 倍时，宜设置钢筋混凝土构造柱。

【例 2.4】 某职工宿舍楼为三层砖混结构，纵墙承重。楼板为预制板，支承在现浇钢筋混凝土梁上。该工程于某年 6 月开工，7 月中旬开始砌墙，采用的施工方法为"三一"砌砖法和挤浆法，9 月第一层楼砖墙砌完，10 月接着施工第二层，12 月进入第三层施工。当三楼砖墙未砌完，屋面砖薄壳尚未开始砌筑，横墙也未砌筑时，在底层内纵墙上发现裂缝若干条，始于横梁支座处，并略呈垂直向下，长达 2m 多。事故调查时发现，该工程为套用标准图，但降低了原砌筑砂浆的强度等级，还取消了原设计的梁垫，由此造成了砌体局部承载力下降 60%。此外，砌筑质量低劣，是造成这起事故的原因。

问题：(1) 一般砌体结构裂缝产生的原因有哪些？试分析该案例中裂缝产生的原因是什么？

（2）案例中所提裂缝应怎样处理？

（3）该工程中采用的"三一"砌砖法和挤浆法是砌体工程中最常用的施工方法，试述其施工特点。

解 （1）一般砌体裂缝主要由三种原因引起：①地基的不均匀沉降；②温度变化；③施工不当。该案例中裂缝产生主要是温度的变化和施工不当造成的。

（2）出现案例中产生的裂缝后，应暂缓施工上层的楼层及屋面。经观察与分析，裂缝能够造成建筑物倒塌的，应采取临时支撑等应急措施；不致造成建筑物倒塌的，不用采取应急措施，但必须进行加固处理。处理方法是用混凝土扩大原基础，然后紧贴原砖墙增砌附壁柱，并在柱上现浇混凝土梁垫。经加固处理后再继续下一步的施工。

（3）"三一"砌砖法即是一块砖、一铲灰、一揉压并随手将挤出的砂浆刮去的砌筑方法。挤浆法是用灰勺、大铲或铺灰器在墙顶上铺一段砂浆，然后双手拿砖或单手拿砖，用砖挤入砂浆中一定厚度之后把砖放平，达到下齐边、上齐线、横平竖直的要求。

项目2 模 板 工 程

2.1 常用模板的特点及施工工艺

模板系统包括模板、支架和紧固件三个部分。它是保证混凝土在浇筑过程中保持正确的形状和尺寸，是混凝土在硬化过程中进行防护和养护的工具。为此，模板和支架必须符合下列要求：保证工程结构和构件各部位尺寸和相互位置的正确；具有足够的承载能力、刚度和稳定性，能可靠地承受新浇混凝土的自重和侧压力及施工荷载；构造简单，装拆方便，便于钢筋的绑扎、安装和混凝土的浇筑、养护；模板的接缝严密，不应漏浆；能多次周转使用。模板按材料可分为木模板、钢木模板、胶合板模板、钢竹模板、钢模板、塑料模板、玻璃钢模板等；按结构的类型可分为基础模板、柱模板、楼梯模板、墙模板、壳模板等多种；按施工方法可分为现场装拆式模板、固定式模板和移动式模板等。

2.1.1 胶合板模板

1. 木胶合板模板

（1）木胶合板模板的规格尺寸。木胶合板模板的规格尺寸见表 2.13。

表 2.13 木胶合板模板的规格尺寸 mm

模数制		非模数制		厚 度
宽度	长度	宽度	长度	
600	4800	915	1830	
900	1800	1220	1830	12.0 15.0
1000	2000	915	2135	18.0 21.0
1200	2400	1220	2440	

（2）使用注意事项。

1）必须选用经过板面处理的胶合板。未经板面处理的胶合板用作模板，脱模时易将板面木纤维撕破，影响混凝土表面质量。这种现象随胶合板使用次数的增加而逐渐加重。

经覆膜罩面处理后的胶合板，增加了板面耐久性，脱模性能良好，外观平整光滑，最适用于有特殊要求的、混凝土外表面不加修饰处理的清水混凝土工程，如混凝土桥墩、立交桥、筒仓、烟囱及塔等。

2）未经板面处理的胶合板（也称白坯板或素板），在使用前应对板面进行处理。处理方法为冷涂刷涂料，把常温下固化的涂料胶涂刷在胶合板表面，构成保护膜。

3）经表面处理的胶合板，施工现场使用中，一般应注意以下几个问题：

a. 脱模后立即清洗板面浮浆，整齐堆放。

b. 模板拆除时，为避免损伤板面处理层，严禁抛扔。

c. 胶合板边角应涂刷封边胶，为了保护模板边角的封边胶和防止漏浆，支模时最好在模板拼缝处粘贴防水胶带或水泥纸袋，拆除模板时及时清除水泥浆。

d. 胶合板板面尽量不钻孔洞。遇有预留孔洞，可用普通木板拼补。

e. 现场应备有修补材料，以便对损伤的面板及时进行修补。

f. 使用前必须涂刷脱模剂。

4）整张木胶合板的长向为强方向，短向为弱方向，使用时必须加以注意。

2. 竹胶合板模板

（1）竹胶合板模板的规格尺寸。竹胶合板模板的规格尺寸见表 2.14。

表 2.14   竹胶合板模板的规格尺寸   mm

长 度	宽 度	厚 度
1830	915	
1830	1220	
2000	1000	9，12，15，18
2135	915	
2440	1220	
3000	1500	

（2）竹胶合板模板的特点。我国竹材资源丰富，且竹材具有生长快、生产周期短（一般 2～3 年成材）的特点。另外，一般竹材顺纹抗拉强度为 18MPa，为杉木的 2.5 倍，红松的 1.5 倍；横纹抗压强度为 6～8MPa，是杉木的 1.5 倍，红松的 2.5 倍；静弯曲强度为 15～16MPa。因此，在我国木材资源短缺的情况下，以竹材为原料，制作混凝土模板用竹胶合板，具有收缩率小、膨胀率和吸水率低及承载能力大的特点，是一种具有发展前途的新型建筑模板。

3. 组合钢框木（竹）胶合板模板

钢框木（竹）胶合板，是以热轧异型钢为钢框架，以覆面胶合板作为板面，并加焊若干钢肋承托面板的一种组合式模板。面板有木、竹胶合板，单片木面竹芯胶合板等。板面施加的覆面层有热压三聚氰胺浸渍纸、热压薄膜、热压浸涂和涂料等。模板构造见图 2.40。

（1）组合钢框木（竹）胶合板模板的规格。钢框木（竹）胶合板块：长度为 900、1200、1500、1800mm 和 2400mm；宽度为 300、450、600mm 和 750mm；宽度为 100、150mm 的边肋和 200mm 的窄条，配以组合钢模板。

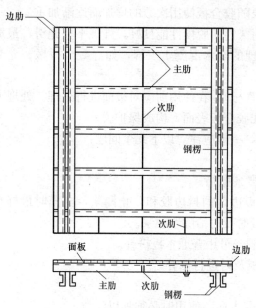

图 2.40　钢框胶合板模板构造

（2）组合钢框木（竹）胶合板模板的特点。具有自重轻、用钢量少、面积大，可以减少模板拼缝，提高结构浇筑后表面的质量，维修方便，面板损伤后可用修补剂修补等特点。

（3）组合钢框木（竹）胶合板模板的设计。

1）确定所建工程的施工区、段划分。根据工程结构的形式、特点及现场条件，合理确定模板工程施工的流水区段，以减少模板投入，增加周转次数，均衡工序工程（钢筋、模板、混凝土工序）的作业量。

2）确定结构模板平面施工总图。在总图中标出各种构件的型号、位置、数量、尺寸、标高及相同或略加拼补即相同的构件的替代关系并编号，以减少配板的种类、数量和明确模板的替代流向与位置。

3）确定模板配板平面布置及支撑布置。根据总图对梁、板、柱等尺寸及编号设计出配板图，应标出不同型号、尺寸的单块模板平面布置，纵横龙骨规格、数量及排列尺寸；柱箍选用的形式及间距；支撑系统的竖向支撑、侧向支撑、横向拉结件的型号、间距。预制拼装时，还应绘制标志出组装定型的尺寸及其与周边的关系。

4）绘图与验算。在进行模板配板布置及支撑系统布置的基础上，要严格对其强度、刚度及稳定性进行验算，合格后要绘制全套模板设计图，其中包括模板平面布置配板图、分块图、组装图、节点大样图、零件及非定型拼接件加工图。

5）轴线、模板线（或模边借线）放线完毕。水平控制标高引测到预留插筋或其他过渡引测点，并办好预检手续。

6）模板承垫底部，沿模板内边线用 1：3 水泥砂浆，根据给定标高线准确找平。外墙、外柱的外边根部，根据标高线设置模板承垫木方，与找平砂浆上平交圈，以保证标高准确和不漏浆。

7）设置模板（保护层）定位基准，即在墙、柱主筋上距地面 5～8cm，根据模板线，按保护层厚度焊接水平支杆，以防模板水平移位。

8）柱子、墙、梁模板钢筋绑扎完毕，水电管线、预留洞、预埋件已安装完毕，绑好钢筋保护层垫块，并办完隐预检手续。

9）预组拼装模板：

a. 拼装模板的场地应夯实平整，条件允许时应设拼装操作平台。

b. 按模板设计配板图进行拼装，所有卡件、连接件应有效地紧固。

c. 柱子、墙体模板在拼装时，应预留清扫口、振捣口。

d. 组装完毕的模板，要按图纸要求检查其对角线、平整度、外形尺寸及紧固件数量是否有效、牢靠，并涂刷脱模剂，分规格堆放。

4. 早拆体系钢框木（竹）胶合板模板

按照常规的支模方法，现浇楼板施工的模板配置量，一般均需 3～4 个层段的支柱、龙骨和模板，一次投入大。采用早拆体系模板，就是根据《混凝土结构工程施工质量验收规范》（GB 50204—2015）对于跨度不大于 2m 的现浇楼盖，其混凝土拆除模板强度可比跨度大于 2m、不大于 8m 的现浇楼盖拆除模板强度减少 25%，即达到设计强度的 50% 即可拆模。早拆体系模板就是通过合理的支设模板，将较大跨度的楼盖，通过增加支承点（支柱）缩小楼盖的跨度（≤2m），从而达到"早拆模板，后拆支柱"的目的。这样，可使龙骨和模板的周转加快。模板一次配置量可减少 1/3～1/2。

早拆体系模板的关键是在支柱上装置早拆柱头。目前常用的早拆柱头有螺旋式（见图 2.41）、斜面自锁式（见图 2.42）、组装式和支承销板式。

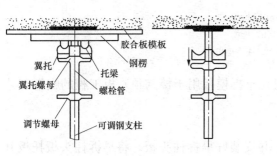

图 2.41 螺旋式早拆柱头

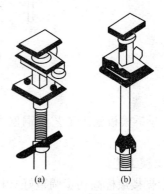

图 2.42 斜面自锁式升降头
(a) 使用状态；(b) 降落状态

SP-70 早拆模板可用于现浇楼（顶）板结构的模板。由于支撑系统装有早拆柱头，可以实现早期拆除模板、后期拆除支撑（又称早拆模板、后拆支撑），从而大大加快了模板的周转。这种模板也可用于墙、梁模板。

（1）SP-70 早拆模板的组成及构造。SP-70 模板由模板块、支撑系统、拉杆系统、附件和辅助零件组成。

1）模板块。模板块由平面模板块、角模、角铁和镶边件组成。

2）支撑系统。支撑系统由早拆柱头、主梁、次梁、支柱、横撑、斜撑、调节螺栓组成（见图 2.43）。

3）拉杆系统。是用于墙体模板的定位工具，由拉杆、螺栓、模板块挡片、翼形螺母组成。

4）附件。用于非标准部位或不符合模数的边角部位，主要有悬臂梁或预制拼条等。

5）辅助零件。有镶嵌槽钢、楔板、钢卡和悬挂撑架等。

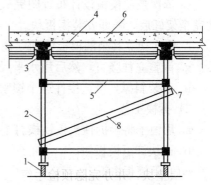

图 2.43 支撑系统示意图
1—底脚螺栓；2—支柱；3—早拆柱头；
4—主梁；5—水平支撑；6—现浇楼板；
7—梅花接头；8—斜撑

早拆柱头是用于支承模板梁的支拆装置，其承载力约为 35.3kN。按照《混凝土结构工程施工质量验收规范》（GB 50204—2015），跨度小于 2m 的现浇结构，其拆模强度可大于或等于混凝土设计强度 50％的规定，在常温条件下，当楼板混凝土浇筑 3～4d 后，即可用锤子敲击柱头的支承板，使梁托下落 115mm。此时便可先拆除模板梁及模板，而柱顶板仍然支顶着现浇楼板。直到混凝土强度达到规范要求拆模强度为止。早拆模板原理见图 2.44。

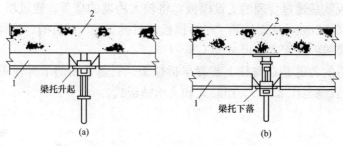

图 2.44　早拆模板原理
（a）支模；（b）拆模
1—模板主梁；2—现浇楼板

（2）早拆模板施工工艺。钢框木（竹）组合早拆模板用于楼（顶）板工程的支拆工艺如下：

1）支模工艺。

a. 根据楼层标高初步调整好立柱的高度，并安装好早拆柱头板。将早拆柱头板托板升起，并用楔片搋紧。

b. 根据模板设计平面布置图立第一根立柱。

c. 将第一榀模板主梁挂在第一根立柱上。

d. 将第二根立柱及早拆柱头板与第一根模板主梁挂好，按模板设计平面布置图将立柱就位，并依次再挂上第一根模板主梁，然后用水平撑和连接件做临时固定。

e. 依次按照模板设计布置图完成第一个格构的立柱和模板梁的支设工作，当第一个格构完全架好后，随即安装模板块。

f. 依次架立其余的模板梁和立柱。

g. 调整立柱竖直，然后用水平尺调整全部模板的水平度。

h. 安装斜撑，将连接件逐个锁紧。

2）拆模工艺。

a. 用锤子将早拆柱头板铁楔打下，落下托板，模板主梁随之落下。

b. 逐块卸下模板块。

c. 卸下模板主梁。

d. 拆除水平撑及斜撑。

e. 将卸下的模板块、模板主梁、悬挑梁、水平撑、斜撑等整理码放好备用。

f. 待楼板混凝土强度达到设计要求后，再拆除全部支撑立柱。

5. 模板的配制方法和支设要求

（1）胶合板模板的配制方法。

1）按设计图纸尺寸直接配制模板。形体简单的结构构件，可根据结构施工图纸直接按尺寸列出模板规格和数量进行配制。模板厚度、横档及楞木的断面和间距，以及支撑系统的配制，都可按支撑要求通过计算选用。

2）采用放大样方法配制模板。形体复杂的结构构件，如楼梯、圆形水池等，可在平整的地坪上，按结构图的尺寸画出结构构件的实样，量出各部分模板的准确尺寸或套制样板，同时确定模板及其安装的节点构造，进行模板的制作。

3）用计算方法配制模板。形体复杂不易采用放大样方法，但有一定几何形体规律的构件，可用计算方法结合放大样的方法，进行模板的配制。

4）采用结构表面展开法配制模板。一些形体复杂且又由各种不同形体组成的复杂体形结构构件，如设备基础。其模板的配制，可采用先画出模板平面图和展开图，再进行配板设计和模板制作。

（2）胶合板模板的配制要求。

1）应整张直接使用，尽量减少随意锯截，造成胶合板浪费。

2）木胶合板常用厚度一般为 12mm 或 18mm，竹胶合板常用厚度一般为 12mm，内、外楞的间距，可随胶合板的厚度，通过设计计算进行调整。

3）支撑系统可以选用钢管脚手架，也可采用木支撑。采用木支撑时，不得选用脆性、严重扭曲和受潮容易变形的木材。

4）钉子长度应为胶合板厚度的 1.5～2.5 倍，每块胶合板与木楞相叠处至少钉 2 个钉子，第二块板的钉子要转向第一块模板方向斜钉，使拼缝严密。

5）配制好的模板应在反面编号并写明规格，分别堆放保管，以免错用。

（3）墙体模板的支设要求。常规的支模方法是：胶合板面板外侧的立档用 50mm×100mm 方木，横档（又称牵杠）可用 $\phi 48 \times 3.5$mm 脚手钢管或方木，两侧胶合板模板用穿墙螺栓拉结（见图 2.45）。

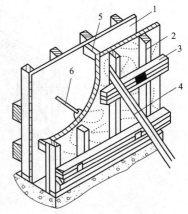

图 2.45 采用胶合板面板的墙体模板

1—胶合板；2—主档；3—横档；
4—斜撑；5—撑头；6—穿墙螺栓

1）墙模板安装时，根据边线先立一侧模板，临时用支撑撑住，用线锤校正使模板垂直，然后固定牵杠，再用斜撑固定。大块侧模组拼时，上下竖向拼缝要互相错开，先立两端，后立中间部分。待钢筋绑扎后，按同样方法安装另一侧模板及斜撑等。

2）为了保证墙体的厚度正确，在两侧模板之间可用小方木撑头（小方木长度等于墙厚），防水混凝土墙要用加有止水板的撑头。小方木要随着浇筑混凝土逐个取出。为了防止浇筑混凝土的墙身鼓胀，可用 8～10 号钢丝或直径为 12～16mm 的螺栓拉结两侧模板，间距不大于 1m。螺栓要纵横排列，并在混凝土凝结前经常转动，以便在凝结后取出，如墙体不高，厚度不大，也可在两侧模板上口钉上搭头木即可。

（4）楼板模板的支设要求。楼板模板的支设方法有以下几种：

1）采用脚手钢管搭设排架，铺设楼板模板常采用的支模方法是：用 $\phi 48 \times 3.5$m 脚手钢管搭设排架，在排架上铺设 50mm×100mm 方木，间距为 400mm 左右，作为面板的格栅（楞木），在其上铺设胶合板面板（见图 2.46）。

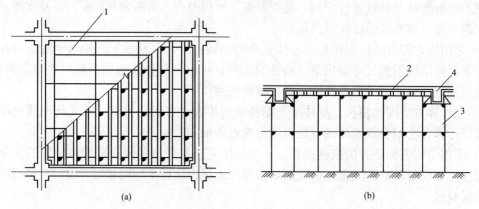

图 2.46　楼板模板采用钢管脚手排架支撑

（a）平面；（b）立面

1—胶合板；2—木楞；3—钢管脚手架支撑；4—现浇混凝土梁

2）采用木顶撑支设楼板模板。

a. 楼板模板铺设在格栅上。格栅两头搁置在托木上，格栅一般用断面尺寸为 50mm×100mm 的方木，间距为 400～500mm。当格栅跨度较大时，应在格栅下面再铺设通长的牵杠，以减小格栅的跨度。牵杠撑的断面要求与顶撑立柱一样，下面须垫木楔及垫板。一般用（50～75）mm×50mm 的方木。楼板模板应垂直于格栅方向铺钉，如图 2.47 所示。

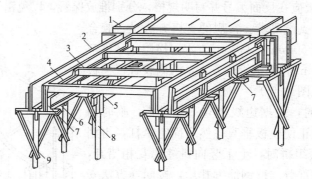

图 2.47　肋形楼盖木模板

1—楼板模板；2—梁侧模板；3—格栅；4—横档（托木）；5—牵杠；

6—夹木；7—短撑木；8—牵杠撑；9—支柱（琵琶撑）

b. 楼板模板安装时，先在次梁模板的两侧板外侧弹水平线，水平线的标高应为楼板底标高减去楼板模板厚度及格栅高度，然后按水平线钉上托木，托木上口与水平线相齐。再把靠梁模板旁的格栅先摆上，等分格栅间距，摆中间部分的格栅。最后在格栅上铺钉楼板模板。为了便于拆模，只在模板端部或接头处钉牢，中间尽量少钉。如中间设有牵杠撑及牵杠，应在格栅摆放前先将牵杠撑立起，将牵杠铺平。

2.1.2　组合钢模板

组合钢模板由钢模板和配件两大部分组成，它可以拼成不同尺寸、不同形状的模板，以适应基础、柱、梁、板、墙施工的需要。组合钢模板尺寸适中，轻便灵活，装拆方便，既适用于人工装拆，也可预拼成大模板、台模等，然后用起重机吊运安装。

钢模板有通用模板和专用模板两类。通用模板包括平面模板、阴角模板、阳角模板和连接角模；专用模板包括倒棱模板、梁腋模板、柔性模板、搭接模板、可调模板及嵌补模板。下面主要介绍常用的通用模板。平面模板（见图 2.48）由面板、边框、纵横肋构成。边框与面板常用 2.5～3.0mm 厚的钢板冷轧冲压整体成型，纵横肋用 3mm 厚的扁钢与面板及边框焊成。为便于连接，边框上有连接孔，边框长向及短向的孔距均一致，以便横竖都能拼接。平面模板的长度有 1800、1500、1200、900、750、600、450mm 七种规格，宽度有 100～600mm（以 50mm 进级）十一种规格，因而可组成不同尺寸的模板。在构件接头处（如柱与梁接头）及一些特殊部位，可用专用模板嵌补。不足模数的空缺也可用少量木模板补缺，用钉子或螺栓将方木与平面模板边框孔洞连接。阴、阳角模板用以成型混凝土结构的阴、阳角，连接角模用作两块平面模板拼成 90°角的连接件。常用组合钢模板的尺寸见表 2.15。用表 2.15 中的板块可以组合拼成长度和宽度方向上以 50mm 进级的各种尺寸。组合钢模板配板设计中，遇有不符合 50mm 进级的模数尺寸，空隙部分可用木模板填补。

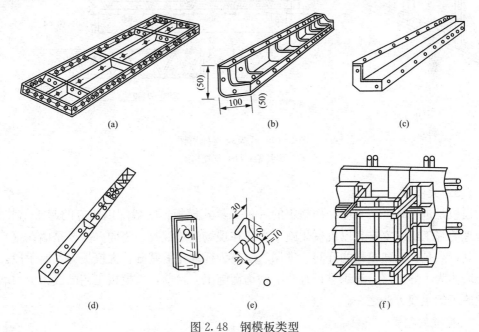

图 2.48　钢模板类型

(a) 平模板；(b) 阴角模板；(c) 阳角模板；(d) 连接角模板；(e) U 形卡；(f) 附墙柱模

表 2.15	常用组合钢模板规格		mm
名　称	宽　度	长　度	肋　高
平板模板（P）	600、550、500、450、400、350、300、250、150、100	1800、1500、1200、900、750、600、450	55
阴角模板（E）	150×150、100×150		
阳角模板（Y）	100×100、50×50		
连接角板（J）	50×50		

组合钢模板的支承件包括柱箍、梁托架、钢楞、桁架、钢管顶撑及钢管支架。

柱箍可用角钢、槽钢制作，也可采用钢管及扣件组成。

梁托架用来支托梁底模和夹模［见图 2.49（a）］。梁托架可用钢管或角钢制作，其高度为 500～800mm，宽度达 600mm，可根据梁的截面尺寸进行调整，高度较大的梁，可用对拉螺栓或斜撑固定两边侧模。

支托桁架有整体式和拼接式两种，拼接式桁架可由两个半榀桁架拼接，以适应不同跨度的需要［见图 2.49（b）］。

钢管顶撑由套管及插管组成，其高度可借插销粗调，借螺旋微调。钢管支架由钢管及扣件组成，支架柱可用钢管对接（用对接扣件连接）或搭接（用回转扣件连接）接长。支架横杆步距为 1000～1800mm。

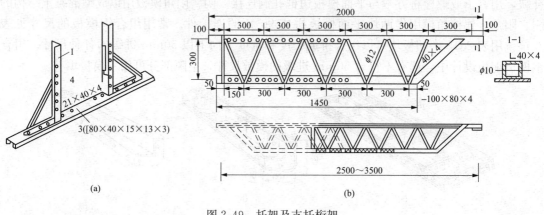

（a）

（b）

图 2.49   托架及支托桁架

（a）梁托架；（b）支托桁架

2.1.3   大模板

大模板是进行现浇剪力墙结构施工的一种工具式模板，一般配以相应的起重吊装机械，通过合理的施工组织安排，以机械化施工方式在现场浇筑混凝土竖向（主要是墙、壁）结构构件。其特点是：以建筑物的开间、进深、层高为标准化的基础，大模板为主要手段，现浇混凝土墙体为主导工序，组织进行有节奏的均衡施工。目前，大模板工艺已成为剪力墙结构工业化施工的主要方法之一。

1. 大模板的组成

大模板应由面板系统、支撑系统、操作平台系统及连接件等组成，见图 2.50。

（1）面板材料。板面是直接与混凝土接触的部分，要求表面平整，加工精密，有一定刚度，能多次重复使用。可作面板的材料很多，有整块钢面板或组合式钢模板组拼成面板、木（竹）胶合板及化学合成材料面板等。

（2）构造类型。

1）内墙模板。模板的尺寸一般相当于每面墙的大小，这种模板由于无拼接接缝，浇筑的墙面平整。内墙模板有整体式大模板、组合式大模板和拆装式大模板三种。

整体式大模板是将大模板的面板、骨架、支撑系统和操作平台组拼焊成一体。这种大模板由于是按建筑物的开间、进深尺寸加工制造的，通用性差，并需用小角模解决纵、横墙角部位模板的拼接处理，仅适用于大面积标准住宅的施工，目前已不多用。

组合式大模板是目前最常用的一种模板形式。它通过固定于大模板板面的角模，可以把

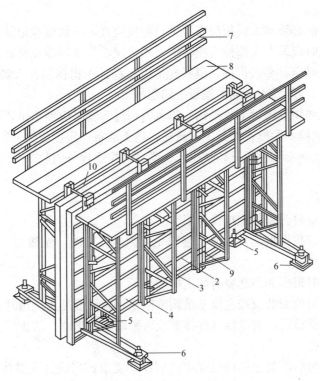

图 2.50　大模板构造示意图

1—面板；2—水平加劲肋；3—支承架；4—竖楞；5—调整水平度的螺旋千斤顶；
6—调整垂直度的螺旋千斤顶；7—栏杆；8—脚手板；9—穿墙螺栓；10—固定卡具

纵横墙的模板组装在一起，用以同时浇筑纵横墙的混凝土，并可适应不同开间、进深尺寸的需要，利用模数条模板加以调整。面板骨架由竖肋和横胁组成，直接承受面板传来的荷载。在大模板底部两端，各安装一个地脚螺栓，以调整模板安装时的水平度。支承架一般用型钢制成，每块大模板设 2～4 个支承架。支承架上端与大模板竖向龙骨用螺栓连接，下部横杆槽钢端部设有地脚螺栓，用以调节模板的垂直度。模板自稳角的大小与地脚螺栓的可调高度及下部横杆长度有关。操作平台由脚手板和三脚架构成，附有铁爬梯及护身栏。三脚架插入竖向龙骨的套管内，组装及拆除都比较方便。护身栏用钢管做成，上下可以活动，外挂安全网。每块大模板设置铁爬梯一个，供操作人员上下使用。

拆装式大模板的板面与骨架及骨架中各钢杆件之间的连接全部采用螺栓组装，比组合式大模板便于拆改，可减少因焊接而变形的问题。

2）外墙模板。全现浇剪力墙混凝土结构的外墙模板，其宽度除要按外墙开间设计外，同时还需解决门窗洞口的设置、外墙大角的处理等问题，其他与组合式大模板基本相同，在此不再赘述。

2. 大模板施工

（1）一般规定。

1）大模板施工前必须制定合理的施工方案。

2）大模板安装必须保证工程结构各部分形状、尺寸和预留、预埋位置的正确。

3）大模板施工应按照工期要求，并根据建筑物的工程量、平面尺寸、机械设备条件等组织均衡的流水作业。

4）浇筑混凝土前必须对大模板的安装进行专项检查，并做检验记录。

5）浇筑混凝土时应设专人监控大模板的使用情况，发现问题及时处理。

6）吊装大模板时应设专人指挥，模板起吊应平稳，不得偏斜和大幅度摆动。操作人员必须站在安全可靠处。严禁人员随大模板一同起吊。

7）吊装大模板必须采用带卡环吊钩。当风力超过5级时应停止吊装作业。

（2）施工工艺流程。大模板施工工艺流程：施工准备→定位放线→安装模板的定位装置→安装门窗洞口模板→安装模板→调整模板、紧固对拉螺栓→验收→分层对称浇混凝土→拆模→模板清理。

（3）大模板安装。

1）大模板安装应符合模板配板设计要求。

2）模板安装时应按模板编号顺序，遵循先内侧、后外侧，先横墙、后纵墙的原则安装就位。

3）大模板安装时根部和顶部要有固定措施。

4）门窗洞口模板的安装应按定位基准调整固定，保证混凝土浇筑时不移位。

5）大模板安装就位后，对缝隙及连接部位可采取堵缝措施，防止漏浆、错台现象。

（4）大模板拆除。

1）大模板拆除时的混凝土结构强度应达到设计要求；当设计无具体要求时，应能保证混凝土表面及棱角不受损坏。

2）大模板的拆除顺序应遵循先支后拆、后支先拆的原则。

3）拆除有支承架的大模板时，应先拆除模板与混凝土结构之间的对拉螺栓及其他连接件，松动地脚螺栓，使模板后倾与墙体脱离开；拆除无固定支承架的大模板时，应对模板采取临时固定措施。

4）任何情况下，严禁操作人员站在模板上口采用晃动、撬动或用大锤砸模板的方法拆除模板。

5）拆除的对拉螺栓、连接件及拆除模板用工具必须妥善保管和放置，不得随意散放在操作平台上，以免吊装时坠落伤人。

6）起吊大模板前应先检查模板与混凝土结构之间所有对拉螺栓、连接件是否全部拆除。必须在确认模板和混凝土结构之间无任何连接后方可起吊大模板。移动模板时不得碰撞墙体。

7）大模板及配件拆除后，应及时清理干净，对变形和损坏的部位应及时进行维修。

2.1.4　滑动模板

滑动模板（简称滑模）施工，是现浇混凝土工程的一项施工工艺，与常规施工方法相比，这种施工工艺具有施工速度快、机械化程度高，可节省支模和搭设脚手架所需的工料，能较方便地将模板进行拆散和灵活组装并可重复使用。滑模和其他施工工艺相结合（如预制装配、砌筑或其他支模方法等），可为简化施工工艺创造条件，取得更好的综合经济效益。

1. 滑模的组成

滑模装置主要由模板系统、操作平台系统、液压提升系统及施工精度控制系统和水、电配套系统等部分组成（见图2.51）。

（1）模板系统。

1）模板。模板又称作围板，依赖围圈带动其沿混凝土的表面向上滑动。模板的主要作用是承受混凝土的侧压力、冲击力和滑升时的摩阻力，并使混凝土按设计要求的截面形状成型。

模板按其所在部位及作用不同，可分为内模板、外模板、堵头模板及变截面工程的收分模板等。

2）围圈。围圈又称作围檩，其主要作用是使模板保持组装的平面形状，并将模板与提升架连接成一个整体。围圈在工作时，承受由模板传递来的混凝土侧压力、冲击力和风荷载等水平荷载，以及滑升时的摩阻力、作用于操作平台上的静荷载和施工荷载等竖向荷载，并将其传递到提升架、千斤顶和支承杆上。

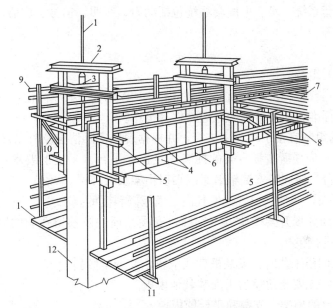

图 2.51　滑动模板组成示意图

1—支承杆；2—提升架；3—液压千斤顶；4—围圈；5—围圈支托；6—模板；7—操作平台；
8—平台桁架；9—栏杆；10—外排三脚架；11—内吊脚手；12—混凝土墙体

3）提升架。提升架又称作千斤顶架，它是安装千斤顶并与围圈、模板连接成整体的主要构件。提升架的主要作用是控制模板、围圈由于混凝土的侧压力和冲击力而产生的向外变形；同时承受作用于整个模板上的竖向荷载，并将上述荷载传递给千斤顶和支承杆。当提升机具工作时，通过它带动围圈、模板及操作平台等一起向上滑动。

（2）操作平台系统。操作平台系统，主要包括主操作平台、外挑操作平台、吊脚手架等，在施工需要时，还可设置上辅助平台，它是供材料、工具、设备堆放和施工人员进行操作的场所。

1）主操作平台。主操作平台既是施工人员进行绑扎钢筋、浇筑混凝土、提升模板的操作场所，也是材料、工具、设备等堆放的场所，因此，其承受的荷载基本上是动荷载，且变化幅度较大，应安放平稳牢靠。但是，在建筑物施工中，由于楼板跟随施工的需要，要求操作平台板采用活动式，便于反复揭开，进行楼板施工。故操作平台的设计，既要考虑揭盖方便，又要考虑结构牢稳可靠。一般将提升架立柱内侧、提升架之间的平台板采用固定式，提升架立柱外侧的平台板采用活动式。

2）外挑操作平台。外挑操作平台一般由三角挑架、楞木和铺板组成。外挑宽度为0.8～1.0m，为了操作安全起见，在其外侧需设置防护栏杆。防护栏杆立柱可采用承插式固定在三角挑架上，该栏杆也可作为夜间施工架设照明的灯杆。

（3）液压提升系统。液压提升系统主要由支承杆、液压千斤顶、液压控制台和油路等部分组成。油路系统是连接控制台到千斤顶的液压通路，主要由油管、管接头、液压分配器和截止阀等元器件组成。

（4）施工精度控制系统。施工精度控制系统主要包括提升设备本身的限位调平装置、滑模装置在施工中的水平度和垂直度的观测及调整控制设施等。

（5）水、电配套系统。水、电配套系统包括动力、照明、信号、广播、通信、电视监控及水泵、管路设施等。

2. 滑模施工

（1）滑模装置的组装。

1）滑模装置组装前，应做好各组装部件编号、操作平台水平标记，弹出组装线，做好墙与柱钢筋保护层标准垫块及有关的预埋铁件等工作。

2）滑模装置的组装宜按下列程序进行，并根据现场实际情况及时完善滑模装置系统。

a. 安装提升架，应使所有提升架的标高满足操作平台水平度的要求，对带有辐射梁或辐射桁架的操作平台，应同时安装辐射梁或辐射桁架及其环梁。

b. 安装内外围圈，调整其位置，使其满足模板倾斜度的要求。

c. 绑扎竖向钢筋和提升架横梁以下钢筋，安设预埋件及预留孔洞的胎模，对体内工具式支承杆套管下端进行包扎。

d. 当采用滑框倒模工艺时，安装框架式滑轨，并调整倾斜度。

e. 安装模板，宜先安装角模后再安装其他模板。

f. 安装操作平台的桁架、支撑和平台铺板。

g. 安装外操作平台的支架、铺板和安全栏杆等。

h. 安装液压提升系统，安装竖直运输系统及水、电、通信、信号精度控制和观测装置，并分别进行编号、检查和试验。

i. 在液压提升系统试验合格后，插入支承杆。

j. 安装内外吊脚手架及挂安全网，当在地面或横向结构面上组装滑模装置时，应待模板滑至适当高度后，再安装内外吊脚手架，挂安全网。

（2）模板安装的规定。

1）安装好的模板应上口小、下口大，单面倾斜度宜为模板高度的0.1%～0.3%；对带坡度的筒体结构，如烟囱等，其模板倾斜度应根据结构坡度情况适当调整。

2）模板上口以下2/3模板高度处的净间距应与结构设计截面等宽。

3）圆形连续变截面结构的收分模板必须沿圆周对称布置，每对模板的收分方向应相反，收分模板的搭接处不得漏浆。

（3）液压提升系统组装的规定。液压提升系统组装完毕，应在插入支承杆前进行试验和检查，并符合下列规定：

1) 对千斤顶逐一进行排气，并做到排气彻底。

2) 液压提升系统在试验油压下持压 5min，不得渗油和漏油。

3) 空载、持压、往复次数、排气等整体试验指标应调整适宜，记录准确。

4) 液压提升系统试验合格后方可插入支承杆，支承杆轴线应与千斤顶轴线保持一致，其偏斜度允许偏差为 2‰。

（4）滑模施工技术。滑模施工技术设计应包括下列主要内容：

1) 滑模装置的设计。

2) 确定竖直与水平运输方式及能力，选配相适应的运输设备。

3) 进行混凝土配合比设计，确定浇筑顺序、浇筑速度、入模时限，混凝土的供应能力应满足单位时间所需混凝土量的 1.3～1.5 倍。

4) 确定施工精度的控制方案，选配观测仪器及设置可靠的观测点。

5) 制定初滑程序、滑升制度、滑升速度和停滑措施。

6) 制定滑模施工过程中结构物和施工操作平台稳定及纠偏、纠扭等技术措施。

2.1.5　爬升模板

爬升模板（简称爬模）是一种用于现浇钢筋混凝土竖直或倾斜结构施工的模板工艺，如墙体、电梯井、桥梁、塔柱等，可分为有架爬模（即模板爬架子、架子爬模板）和无架爬模（即模板爬模板）两种。它是综合大模板与滑动模板工艺和特点的一种模板工艺，具有大模板和滑动模板共同的优点。它以建筑物的钢筋混凝土墙体为支承主体，通过附着于已完成的钢筋混凝土墙体上的爬升支架或大模板，利用连接爬升支架与大模板的爬升设备，使一方固定，另一方做相对运动，交替向上爬升，以完成模板的爬升、下降、就位和校正等工作；尤其适用于超高层建筑与一些特种结构的施工。它与大模板一样，是逐层分块安装，其垂直度和平整度易于调整和控制，可避免施工误差的积累；也不会出现墙面被拉裂的现象。但是，爬升模板的配制量要大于大模板，原因是其施工工艺无法实行分段流水施工，因此模板的周转率低。

1. 爬升模板的组成

爬升模板由大模板、爬升支架和爬升设备三部分组成。

（1）模板。与一般大模板相同，由面板、横肋、竖向大肋、对销螺栓等组成。模板高度一般为建筑标准层高加 100～300mm。模板的宽度可根据一片墙的宽度和施工段的划分确定。模板应设置两套吊点，一套用于分块制作和吊运，另一套用于模板爬升。

（2）爬升支架。由立柱和底座组成。立柱用作悬挂和提升模板，底座承受整个爬升模板荷载。

（3）爬升设备。常用的爬升设备有电动葫芦、导链、单向液压千斤顶等。

2. 爬升模板施工

爬升模板施工多用于高层建筑，这种工艺主要用于外墙外模板和电梯井内模板，其他可按一般大模板施工方法施工。

（1）爬升模板安装。

1) 进入现场的爬升模板系统（大模板、爬升支架、爬升设备、脚手架、附件等），应按施工组织设计及有关图纸验收合格后方可使用。

2) 检查工程结构上预埋螺栓孔的直径和位置是否符合图纸要求。有偏差时应在纠正后方可安装爬升模板。

　　3）爬升模板的安装顺序是：底座→立柱→爬升设备→大模板。

　　4）底座安装时，先临时固定部分穿墙螺栓，待校正标高后，方可固定全部穿墙螺栓。

　　5）立柱宜采取在地面组装成整体。在校正垂直度后再固定全部与底座相连接的螺栓。

　　6）模板安装时，先加以临时固定，待就位校正后，方可正式固定。

　　7）安装模板的起重设备，可使用工程施工的起重设备。

　　8）模板安装完毕后，应对所有连接螺栓和穿墙螺栓进行紧固检查，并经试爬升验收合格后，方可投入使用。

　　9）所有穿墙螺栓均应由外向内穿入，在内侧紧固。

　　（2）爬升。

　　1）爬升前首先要仔细检查爬升设备，在确认符合要求后方可正式爬升。

　　2）正式爬升前，应先拆除与相邻大模板及脚手架间的连接杆件，使爬升模板各个单元体分开。

　　3）在爬升大模板时，先拆卸大模板的穿墙螺栓；在爬升支架时，先拆卸底座的穿墙螺栓。同时，还要检查卡环和安全钩。调整好大模板或爬升支架的重心，使其保持竖直，防止晃动与扭转。

　　4）爬升时操作人员不准站在爬升件上爬升。

　　5）爬升时要稳起、稳落和平稳地就位，防止大幅度摆动和碰撞。要注意不要使爬升模板与其他构件卡住，若发现此现象，应立即停止爬升，待故障排除后，方可继续爬升。

　　6）每个单元的爬升，应在一个工作台班内完成，不宜中途交接班。爬升完毕应及时固定。

　　7）遇六级以上大风，一般应停止作业。

　　8）爬升完毕后，应将小型机具和螺栓收拾干净，不可遗留在操作架上。

　　（3）拆除。

　　1）拆除爬升模板应有拆除方案，并应由技术负责人签署意见，向有关人员交底后，方可实施。

　　2）拆除时要设置警戒区，要有专人统一指挥，专人监护，严禁交叉作业。拆下的配件，要及时清理运走。

　　3）拆除时要先清除脚手架上的垃圾杂物，拆除连接杆件。经检查安全可靠后，方可大面积拆除。

　　4）拆除爬升模板的顺序是：拆爬升设备→拆大模板→拆爬升支架。

　　5）拆除爬升模板的设备，可利用施工用的起重机。

　　6）拆下的爬升模板要及时清理、整修和保养，以便重复利用。

2.1.6　其他形式模板

　1. 飞模

　　飞模（其外形如桌，也称台模、桌模）是一种大型工具式模板，适用于大进深、大柱网、大开间的钢筋混凝土楼盖施工，尤其适用于现浇板柱结构（无梁楼盖）的施工。施工要求用起重设备从已浇筑混凝土的楼板下吊运飞出至上层重复使用，故称飞模，飞模主要由平台板、支撑系统（包括梁、支架、支撑、支腿等）和其他配件（如升降和行走机构等）组成，如图 2.52 所示。

飞模的规格尺寸，主要根据建筑物结构的开间（柱网）和进深尺寸及起重机械的吊运能力来确定，一般按开间（柱网）乘以进深尺寸设置一台或多台。

采用飞模用于现浇钢筋混凝土楼盖的施工，具有以下特点：

（1）楼盖模板一次组装重复使用，从而减少了逐层组装、支拆模板的工序，可简化模板支拆工艺，节约模板支拆用工，加快施工进度。

（2）由于模板在施工过程中不再落地，从而可以减少临时堆放模板的场地，可在施工用地紧张的闹市区施工。

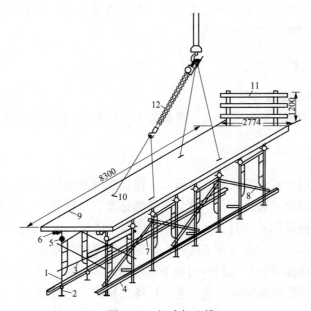

图 2.52　门式架飞模

1—门式脚手架（下部安装连接件）；2—底托（插入门式架）；3—交叉拉杆；4—通长角钢；5—顶托；
6—大龙骨；7—人字支撑；8—水平拉杆；9—面板；10—吊环；11—护身栏；12—电动环链

2. 永久性模板

永久性模板又称一次消耗模板，即在现浇混凝土结构浇筑后不再拆除，其中有的模板与现浇结构叠合后成为共同受力构件。永久性模板分为压型钢板和配筋的混凝土薄板两种，多用于现浇钢筋混凝土楼（屋）面板，永久性模板可简化现浇结构的支模工艺，改善劳动条件，节约拆模用工，加快工程进度，提高工程质量。

3. 悬臂模板

悬臂模板主要用于大坝、桥墩、混凝土挡土墙、冷却塔，以及地下人防混凝土衬砌等结构的模板施工。该种模板主要由模板、上平台、主背楞桁架、斜撑、后移装置、受力三脚架、主平台、吊平台、埋件系统组成，两榀支架作为一个单元块。施工时，模板可整体后移，便于清理模板及绑扎钢筋，模板可利用微调使其与混凝土贴紧，可以防止漏浆及错台。模板可相对支承架上下左右调节，使用灵活。悬臂模板施工条件下混凝土施工简单、迅速，且十分经济，混凝土表面光洁，是一种理想的墙体模板体系。

4. 隧道模

隧道模是一种组合式定型模板，因为这种模板的外形像隧道，故称为隧道模。隧道模是同时浇筑竖向结构和水平结构的大型工具式模板，它能将各开间沿水平方向逐段整体浇筑，结构的整体性、抗震性好，施工速度快。隧道模有全隧道模和半隧道模两种。全隧道模的基本单元是一个完整的隧道模板，半隧道模则是由若干个单元角模组成的，然后用两个半隧道模对拼而成为一个完整的隧道模。在使用上，全隧道模不如半隧道模灵活，对起重设备的要求也较高，故逐渐被半隧道模所取代。采用隧道模施工，由于墙体和楼板可以同时整体浇筑，因此，建筑物房间的开间和层高尺寸应相对不变，承重横墙的厚度应上下一致，楼板的厚度应保持不变，而且结构的基本单元必须在一侧敞开等要求；另外，由于模板用钢量大、笨重，工业与民用建筑施工中较少采用。

2.2 模板工程设计

2.2.1 模板设计原则及步骤

模板及其支架应根据工程结构形式、荷载大小、地基土类别、施工设备和材料供应等条件进行设计。

1. 模板设计原则

（1）实用性。模板的接缝要严密、不露浆，保证混凝土结构和构件各部分形状尺寸及相互位置的正确；构造简单，装拆方便，符合钢筋绑扎及安装和混凝土浇筑及养护工艺要求。

（2）安全性。模板结构必须具有足够的承载能力和刚度，保证在施工过程中和各类荷载作用下不破坏、不倒塌，变形在允许范围内，确保工人操作的安全。

（3）经济性。在确保质量、工期的前提下，尽量减少模板一次性投入，加快模板周转，减少模板支拆用工，减轻模板结构自重，并为后续装修施工创造条件。

2. 模板设计步骤

（1）划分施工段，确定流水作业顺序和流水工期，明确配置模板的数量。

（2）确定模板的组装方法及支架搭设方法。

（3）按配模数量进行模板组配设计。

（4）进行夹箍和支承件的设计计算及选配工作。

（5）明确支撑系统的布置、连接和固定方法。

（6）确定预埋件、管线的固定及埋设方法，预留孔洞的处理方法。

（7）将所需模板、连接件、支撑及架设工具等统计列表，以便于备料。

2.2.2 模板工程设计

1. 模板工程设计计算

（1）模板荷载的计算。计算模板及其支架的荷载，分为荷载标准值和荷载设计值，后者应以荷载标准值乘以相应的荷载分项系数。

1）荷载标准值。计算正常使用极限状态的变形时，应采用荷载标准值。

a. 模板及支架自重标准值。应根据设计图纸确定。对肋形楼板及无梁楼板模板的自重标准值，见表 2.16。

表 2.16　　　　　　　　　　　　　模板及支架自重标准值　　　　　　　　　　　　kN/m²

模板构件的名称	木模板	组合钢模板	钢框胶合板模板
平板的模板及小楞	0.30	0.50	0.40
楼板模板（其中包括梁的模板）	0.5	0.75	0.6
楼板模板及其支架（楼层高度为 4m 以下）	0.75	1.10	0.95

b. 新浇混凝土自重标准值。对普通混凝土，可采用 24kN/m³；对其他混凝土，可根据实际重力密度确定。

c. 钢筋自重标准值。按设计图纸计算确定。一般可按每立方米混凝土含量计算：框架梁为 1.5kN/m³；楼板为 1.1kN/m³。

d. 施工人员及设备荷载标准值：①计算模板及直接支承模板的小楞时，对均布荷载取 2.5kN/m²，另应以集中荷载 2.5kN 再行验算，比较两者所得的弯矩值，按其中较大者采用；②计算直接支承模板的小楞结构构件时，均布活荷载取 1.5kN/m²；③计算支架立柱及其他支承模板的结构构件时，均布活荷载取 1.0kN/m²。

取值时，对大型浇筑设备，如上料平台、混凝土输送泵等，按实际情况计算；混凝土堆集料高度超过 100mm 以上者，按实际高度计算；模板单块宽度小于 150mm 时，集中荷载可分布在相邻的两块板上。

e. 振捣混凝土时产生的荷载标准值。对水平面模板可采用 2.0kN/m²；对竖直面模板可采用 4.0kN/m²（作用范围在新浇筑混凝土侧压力的有效压头高度以内）。

f. 新浇筑混凝土对模板侧面的压力标准值。采用内部振捣器时，可按以下公式计算，并取其较小值，即

$$F = 0.22\gamma_c t_0 \beta_1 \beta_2 v^{1/2} \tag{2-7}$$

$$F = \gamma_c H \tag{2-8}$$

式中　F——新浇筑混凝土对模板的最大侧压力，kN/m²；

　　　γ_c——混凝土的重力密度，kN/m³；

　　　t_0——新浇筑混凝土的初凝时间，h，可按实测确定，当缺乏试验资料时，可采用 $t_0 = 200/(T+15)$ 计算（T 为混凝土的温度，℃）；

　　　v——混凝土的浇筑速度，m/h；

　　　H——混凝土侧压力计算位置处至新浇筑混凝土顶面的总高度，m；

　　　β_1——外加剂影响修正系数，不掺外加剂时取 1.0，掺具有缓凝作用的外加剂时取 1.2；

　　　β_2——混凝土坍落度影响修正系数，当坍落度小于 30mm 时，取 0.85，坍落度为 50～90mm 时，取 1.0，坍落度为 110～150mm 时，取 1.15。

g. 倾倒混凝土时产生的荷载标准值。倾倒混凝土时对竖直面模板产生的水平荷载标准值，可按表 2.17 采用。

表 2.17　　　　　　　　　　倾倒混凝土时产生的水平荷载标准值　　　　　　　　　　kN/m²

向模板内供料方法	水平荷载	向模板内供料方法	水平荷载
榴槽、串筒或导管	2	容积为 0.2～0.8m³ 的运输器具	4
容积小于 0.2m³ 的运输器具	2	容积为大于 0.8m³ 的运输器具	6

除上述 7 项荷载外，当水平模板支撑结构的上部继续浇筑混凝土时，还应考虑由上部传递下来的荷载。

h. 风荷载标准值。风荷载标准值应按《建筑结构荷载规范》（GB 50009—2012）执行。

2）荷载组合。计算模板及支架荷载时，应将前述 a～g 项荷载标准值乘以相应的荷载设计值，以求得荷载，分项系数按表 2.18 采用（对由永久荷载效应控制的组合，表 2.18 中分项系数由 1.2 改为 1.35，其余不变）。

表 2.18　　　　　　　　　　　　荷载分项系数

项　次	荷　载　类　别	γ_i
1	模板及支架自重	1.2
2	新浇筑混凝土自重	1.2
3	钢筋自重	1.2
4	施工人员及施工设备荷载	1.4
5	振捣混凝土时产生的荷载	1.4
6	新浇筑混凝土对模板侧面的压力	1.2
7	倾倒混凝土时产生的荷载	1.4

对不同结构的模板及支架进行荷载计算时，应分别取不同的荷载效应组合，荷载组合的规定见表 2.19。

表 2.19　　　　　　　　参与模板及支架荷载效应组合的各项荷载

模　板　类　别	参与组合的荷载项	
	计算承载能力	验算刚度
平板和薄壳的模板及支架	1+2+3+4	1+2+3
梁和拱模板的底板及支架	1+2+3+5	1+2+3
梁、拱、柱（边长≤300mm）、墙（厚≤100mm）的侧面模板	5+6	6
大体积结构、柱（边长＞300mm）、墙（厚＞100mm）的侧面模板	6+7	6

计算模板及其支架结构或构件的强度、稳定性和连接强度时，应采用荷载设计值。计算钢、木模板及支架时要参照相应的设计规范。考虑是临时结构，对于钢模板及支架，其荷载设计值可按 0.85 折减；对于木模板及支架（木材含水率小于 25％时），其荷载设计值可按 0.9 折减。

（2）模板结构的挠度要求。模板结构除必须保证足够的承载能力外，还应保证有足够的刚度。当梁板跨度大于或等于 4m 时，模板应按设计要求起拱；如无设计要求，起拱高度宜为全长跨度的 1/1000～3/1000，钢模板取小值（1/1000～2/1000）。

1）当验算模板及其支架的挠度时，其最大变形值不得超过下列允许值：

a. 对结构表面外露（不做装修）的模板，为模板构件计算跨度的 1/400。

b. 对结构表面隐蔽（做装修）的模板，为模板构件计算跨度的 1/250。

c. 支架的压缩变形值或弹性挠度，为相应结构计算跨度的 1/1000。

d. 根据《组合钢模板技术规范》（GB/T 50214—2013）的规定，组合钢模板及其构配件的允许挠度按表 2.20 执行。

表 2.20　　　　　　　　　　　　　模板结构允许挠度

名　称	允许挠度（mm）	名　称	允许挠度（mm）
钢模板的面板	1.5	柱箍	$B/500$
单块钢模板	1.5	桁架	$L/1000$
钢楞	$L/500$	支撑系统累计	4.0

注　L 为计算跨度，B 为柱宽。

2）当验算模板及支架在自重和风荷载作用下的抗倾覆稳定性时，其抗倾覆系数不小于 1.15。

3）根据《钢框胶合板模板技术规程》（JGJ 96—2011）的规定：

a. 钢框胶合板模板面板各跨的挠度计算值不宜大于面板相应跨度的 1/300，且不宜大于 1mm。

b. 钢框胶合板钢楞各跨的挠度计算值，不宜大于钢楞相应跨度的 1/1000，且不宜大于 1mm。

2. 普通模板的设计计算案例

（1）柱模板设计计算案例。该工程柱截面尺寸为 750mm×750mm，柱模板面板选用胶合板 915mm×1830mm×18mm，拟定该方案选用 4 根 100mm×100mm 方木为竖楞木（楞木间距为 250mm），柱箍选用 100mm×100mm 方木、间距为 450mm，每边选用 2ϕ12 对拉螺栓，模板系统示意如图 2.53 所示，试验算该柱模板系统是否符合规范要求。

1）模板荷载计算。根据规范要求，最大侧压力取值为 $F=0.22\gamma\beta_1\beta_2 t_0\sqrt{v}$ 与 $F=\gamma H$，两者之间取小值。浇筑速度取 $v=2.5\text{m/h}$，则

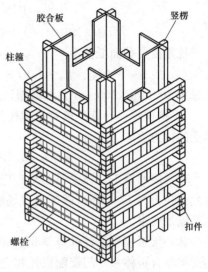

图 2.53　柱模板面板及
支架布置示意

$$F=0.22\times24\times1.0\times1.0\times\frac{200}{30+15}\times\sqrt{2.5}=37.10(\text{kN/mm}^2)$$

$$F=24\times(3.25-0.9)=56.4(\text{kN/m}^2)$$

故取 $F=37.10\text{kN/m}^2$，并考虑振动荷载标准值为 4kN/m^2，总侧压力为 $F'=37.10\times1.2+4\times1.4=50.12\text{kN/m}^2$。

2）胶合面板计算。按三跨连续梁计算：

计算强度时的荷载设计值　$Q=\gamma_0(1.0)\times\gamma_i(1.4)\times37.1\times0.75\times0.9=35.06(\text{kN/m})$

计算变形要求时的荷载设计值　$q=37.1\times0.75\times\gamma_0(1.0)=27.83(\text{kN/m})$

a. 验算抗弯强度

$$M_{max}=0.1Ql^2=0.1\times35.06\times0.25^2=0.22(\text{kN}\cdot\text{m})$$

$$W=bh^2/6=750\times18^2/6=40\ 500(\text{mm}^3)$$

$\sigma_{max}=M/W=0.22/0.040\ 5=5.43\text{N/m}^2<f_m=13\text{N/m}^2$（胶合板的抗弯强度），满足要求

b. 验算挠度

$$f_{max} = K_w q l^4 / 100EI$$

$$= 0.677 \times 27.83 \times 250^4 \times 12 / 100 \times 600 \times 750 \times 18^3 = 0.49mm < 250/250 = 1.0mm$$

故胶合板满足要求。

3）竖楞计算。按五跨连续梁

$$q = F'(37.1 \times 1.2 + 4 \times 1.4) \times 0.9 \times 0.25 = 11.28(kN/m)$$

$$M_{max} = 0.1ql^2 = 0.1 \times 11.28 \times 0.45^2 = 0.23(kN \cdot m)$$

$$\omega_1 = M_{max} / f_m = 0.23 \times 10^6 / 13 = 17\,692(mm^3)$$

则选用 100mm×100mm 方木截面，$\omega = 166\,666.7mm^3$，$\omega_1 < \omega$ 符合要求。

4）柱箍计算。按单跨连续梁计算（间距 450mm），两侧压力

$$q = F' \times 0.9 \times 0.45 = 20.3 \ (kN/m)$$

$$M_{max} = 0.1ql^2 = 0.1 \times 20.3 \times (0.75 + 0.236)^2 = 1.97(kN \cdot m)$$

柱箍需要截面抵抗矩

$$\omega_1 = M_{max} / f_m = 1.97 \times 10^6 / 13 = 151\,538mm^3 < \omega = 166\,666.7mm^3$$

则选用 100mm×100mm 方木截面，$\omega = 166\,666.7mm^3$，符合要求。

5）抗拉螺栓计算。设对拉螺栓间距为 450mm，同一平面内用三根螺栓，单个抗拉螺栓承受的拉力为

$$F = 0.45 \times F'(50.12) \times 0.75/2 = 8.46(kN)$$

查《简明施工计算手册》（江正荣，中国建筑工业出版社，2015 年），选用 ϕ12 对拉螺栓允许拉力为 12.9kN，故工地现场所用是符合要求的。综上，该方案在强度和稳定性方面全部满足要求。

（2）梁板模板设计计算案例。该工程梁板模板支撑体系主要采用门架和 ϕ48×3.5mm 钢管加胶合板体系［门架配顶托和底座作为立柱支撑，根据《建筑施工门式钢管脚手架安全技术规范》（JGJ 128—2010），可调底座调节螺杆伸长长度不宜超过 200mm］，梁断面尺寸为 350mm×700mm，现拟定主龙骨选用 100mm×100mm，次龙骨选用 50mm×100mm，梁板模板选用全新的胶合板 1830mm×915mm×18mm，门架宽 1200mm，试验算该梁板模板底模与侧模是否符合规范要求。

1）底模计算。底板承受荷载：

模板及支架自重　　0.95×0.35×1.2×γ_i(1.2)=0.479(kN/m)

底板混凝土自重力　24×0.35×1.2×γ_i(1.2)=12.096(kN/m)

钢筋自重　　　　　1.5×0.35×1.2×γ_i(1.2)=0.756(kN/m)

振动荷载　　　　　2×0.35×1.2×γ_i(1.4)=0.84(kN/m)

施工人员及设备荷载　2.5×0.35×1.2×γ_i(1.4)=1.47(kN/m)

按五跨连续计算，按最不利荷载布置。

a. 验算强度。查表得：$K_v = -0.606$，$K_f = 0.644$，$K_m = -0.1$。荷载组合查表 2.17 得

$$q = (0.479 + 12.096 + 0.756 + 1.47) \times 0.9 = 14.8(kN/m)$$

$$M_{max} = -0.1 \times 14.8 \times (0.40)^2 = -0.237(kN \cdot m)$$

$$\sigma_{max} = M_{max} / (bh^2/6) = 0.237 \times 10^6 \times 6 / 350 \times 18^2$$

$$=12.54\text{kN/m}^2<f_\text{m}=13\text{kN/m}^2\text{（胶合板的抗弯强度）}$$
$$\tau_\text{max}=3K_\text{v}q/2bh=3\times0.606\times14.8/2\times350\times18=0.87\text{N/m}^2<f_\text{v}$$
$$=1.4(\text{N/m}^2)\text{（胶合板的抗剪强度）}$$

b. 验算挠度

$$f_\text{max}=K_\text{f}ql^4/100EI=0.644\times(0.479+12.096+0.756)\times$$
$$0.9\times400^4\times12/100\times6000\times350\times18^3<\text{挠度限值}$$

因此底模板构造满足要求。

2）侧模板计算。

a. 混凝土侧压力计算

$$p_1=0.22\times24\times1.0\times1.0\times\frac{200}{30+15}\times\sqrt{3}=40.64(\text{kN/m}^2)$$
$$p_2=24\times(0.7-0.11)=14.2(\text{kN/m}^2)$$

取两者间最小值 $p_2=14.2$ 乘以分项系数，即 $p_2\times1.2\times0.9=15.34\text{kN/m}^2$，立档间距为400mm，梁上混凝土厚110mm。

b. 侧模按五跨连续梁计算，梁侧压力转化为线荷载，即

$$q=[15.34\times\gamma_i(1.2)+4\times\gamma_i(1.4)]\times1.2\times0.9$$
$$=25.93(\text{kN/m})\text{（振捣混凝土时产生的荷载为 4kN/m}^2\text{）}$$
$$M_\text{max}=-K_\text{m}ql^2=-0.1\times27.82\times0.4^2=-0.41(\text{kN}\cdot\text{m})$$
$$\sigma_\text{max}=M/W=0.445\times10^6\times6/(700-110)\times18^2=12.87\text{kN/m}^2<13\text{kN/m}^2$$
$$\tau_\text{max}=3K_\text{v}ql/2bh=3\times0.606\times25.93\times400/2\times(700-110)\times18$$
$$=0.88\text{kN/m}^2<f_\text{v}=1.4\text{kN/m}^2$$

挠度验算不考虑振动荷载，则

$$q=15.34\times(0.7-0.11)\times0.9=8.15(\text{kN/m})$$
$$f=K_\text{f}ql^4/100EI=0.644\times8.15\times400^4\times12/100\times600\times590\times18^3$$
$$=0.8\text{mm}<400/400=1\text{mm}$$

故梁侧模板构造满足要求。

3. 估算模板用量

现浇钢筋混凝土结构施工中的模板施工方案，是编制施工组织设计的重要组成部分之一。必须根据拟建工程的工程量、结构形式、工期要求和施工方法，择优选用模板施工方案，并按照分层分段流水施工的原则，确定模板的周转顺序和模板的投入量。模板工程量，通常是指模板与混凝土相接触的面积，因此，应该按照工程施工图的构件尺寸，详细进行计算，但一般在编制施工组织设计时，往往只能按照扩大初步设计或技术设计的内容估算模板工程量。

模板投入量，是指施工单位应配置的模板实际工程量，它与模板工程量的关系可用下式表示

模板投入量＝模板工程量/周转次数

所以，在保证工程质量和工期要求的前提下，应尽量加大模板的周转次数，以减少模板投入量，这对降低工程成本是非常重要的。

（1）模板估算参考资料。

1）按建筑类型和面积估算模板工程量，见表 2.21。

2）按工程概、预算提供的各类构件混凝土工程量估算模板工程量，见表 2.22。

表 2.21　　　　　　　　　　　　　组合钢模板估算

项目 结构类型	模板面积（m²）		各部位模板面积（%）				
	按每立方米混凝土计	按每平方米建筑面积计	柱	梁	墙	板	其他
工业框架结构	8.4	2.5	14	38	—	29	19
框架式基础	4.0	3.7	45	10	—	36	9
轻工业框架	9.8	2.0	12	44	—	40	4
轻工业框架 （预制楼板在外）	9.3	L2	20	73	—		7
公用建筑框架	9.7	2.2	17	40	—	33	10
公用建筑框架 （预制楼板在外）	6.1	1.7	28	52	—		20
无梁楼板结构	6.8	1.5	14	柱帽 25		43	3
多层民用框架	9.0	2.5	18	25	13	38	5
多层民用框架 （预制楼板在外）	7.8	1.5	30	43	21	—	6
多层剪力墙住宅	14.6	3.0	—	—	95		5
多层剪力墙住宅 （带楼板）	12.1	4.7	—	—	72	20	8

注　1. 本表数值为±0.00 以上现浇钢筋混凝土结构模板面积表。

　　2. 本表不含预制构件模板面积。

表 2.22　　　　　　　　　　各类构件每立方米混凝土所需模板面积

构件名称	规格尺寸	模板面积（m²）	构件名称	规格尺寸	模板面积（m²）
带形基础		2.16	梁	宽 0.35m 以内	8.89
独立基础		1.76	梁	宽 0.45m 以内	6.69
满堂基础	无梁	0.26	墙	厚 10cm 以内	25.60
满堂基础	有梁	1.52	墙	厚 20cm 以内	13.60
设备基础	5m 以内	2.91	墙	厚 20cm 以外	8.20
设备基础	20m 以内	2.23	电梯井壁		14.80
设备基础	100m 以内	1.50	挡土墙		6.80
设备基础	100m 以外	0.80	有梁板	厚 10cm 以内	10.70
柱	周长 1.2m 以内	14.70	有梁板	厚 10cm 以外	8.07
柱	周长 1.8m 以内	9.30	无梁板		4.20
柱	周长 1.8m 以外	6.80	平板	厚 10cm 以内	12.00
梁	宽 0.25m 以内	12.00	平板	厚 10cm 以外	8.00

（2）模板面积计算。为了正确估算模板工程量，必须先计算每立方米混凝土结构的展开面积，然后乘以各种构件的工程量（m³），即可求得模板工程量。每立方米混凝土的模板面

积计算式如下

$$U = A/V \tag{2-9}$$

式中　A——模板的展开面积，m^2；

　　　V——混凝土的体积，m^3。

钢筋混凝土结构各主要类型构件每立方米混凝土的模板面积 U 值计算方法如下：

a. 柱模板面积计算。

边长为 $a \times a$ 的正方形截面柱

$$U = 4/a \tag{2-10}$$

直径为 d 的圆形截面柱

$$U = 4/d \tag{2-11}$$

边长为 $a \times b$ 的矩形截面柱

$$U = 2(a+b)/bh \tag{2-12}$$

b. 矩形梁模板面积计算。钢筋混凝土矩形梁，每立方米混凝土的计算式为

$$U = (2h+b)/bh \tag{2-13}$$

式中　b——梁宽，mm；

　　　h——梁高，mm。

c. 楼板模板面积计算。楼板模板用量计算式为

$$U = 1/d \tag{2-14}$$

式中　d——楼板厚度，mm。

d. 墙模板面积计算。混凝土或钢筋混凝土墙的模板用量计算式为

$$U = 2/d \tag{2-15}$$

式中　d——墙厚，mm。

2.3　现浇结构中常用的模板施工

2.3.1　配板的工艺要求

1. 基础模板配板

（1）柱下单独基础模板。阶形基础，可分次支模。当基础大放脚不厚时，可采用斜撑；当基础大放脚较厚时，应按计算设置对拉螺栓，上部模板可用工具式梁卡固定，也可用钢管吊架固定。独立基础为各自分开的基础，有的带地梁，有的不带地梁，多数为台阶式。其模板布置与单阶基础基本相同。但是，上阶模板应搁置在下阶模板上，各阶模板的相对位置要固定结实，以免浇筑混凝土时模板位移，如图2.54 所示。

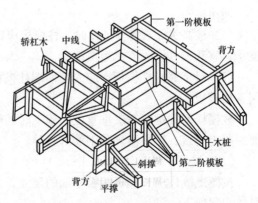

图 2.54　阶形独立基础模板安装

模板安装前，应核对基础垫层标高，弹出基础的中心线和边线，将模板中心线对准基础中心线，然后校正模板上口标高，符合要求后要用轿杠木搁置在下台阶模板上，斜撑及平撑的一端撑在上台阶模板的背方上，另一端撑在下台阶模板背方顶上。

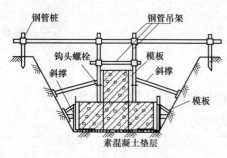

图 2.55　条形基础模板安装

（2）条形基础模板。条形基础模板两边侧模，一般可横向配置，模板下端外侧用通长横楞固连，并与预先埋设的锚固件撑紧。竖楞用 $\phi48\times3.5m$ 钢管，并用 U 形钩与模板固连，如图 2.55 所示。

先核对垫层标高，在垫层上弹出基础边线，将模板对准基础边线垂直竖立，模板上口拉通线，校正调平无误后用斜撑及平撑将模板钉牢；有地梁的条形基础，上部可用工具式梁卡固定，也可用钢管吊架或轿杠木固定。台阶形基础要保证上下模板不发生相对位移。土质良好时，阶形基础的最下一阶可不用模板而采用原槽浇筑。

2. 柱模板配板

柱模板的施工设计，首先应按单位工程中不同断面尺寸和长度的柱，所需配板的数量作出统计，并编号、列表。然后，再进行每一种规格的柱模板的施工设计，其具体步骤如下：

（1）依照断面尺寸选用宽度方向的模板规格组配方案，并选用长（高）度方向的模板规格进行组配。

（2）根据施工条件，确定浇筑混凝土的最大侧压力。

（3）通过计算，选用柱箍、背楞的规格和间距。

（4）按结构构造配置柱间水平撑和斜撑。

具体来讲，柱模板的施工工艺要点如下：

（1）应先在基础面（楼面）弹出柱轴线及边线，同一柱列则先弹两端柱，然后拉通线弹中间柱的轴线及边线。按照边线先把底盘固定好，然后再对准边线安装柱模板。

（2）为防止混凝土浇筑时模板发生鼓胀变形，设置的柱箍应根据柱模板断面大小经计算确定，下部的间距应小些，往上可逐渐增大间距，但一般不超过 1.0m。柱截面尺寸较大时，应考虑在柱模板内设置对拉螺栓，如图 2.56（a）所示。

（3）柱模板须在底部留设清理孔，沿高度每 2m 开有混凝土浇筑孔和振捣孔，如图 2.56（b）所示。

（4）柱高大于或等于 4m 时，柱模板应四面支承，柱高大于或等于 6m 时，不宜单根柱支承，宜几根柱同时支承组成构架。

（5）对于通排柱模板，应先装两端柱模板，校正固定后，再在柱模板上口拉通线校正中间各柱模板。

柱模板的关键要解决垂直度、施工时的侧向稳定、混凝土浇筑时的侧压力问题，同时方便混凝土浇筑、垃圾清理和钢筋绑扎等。

3. 墙模板配板

按图纸统计所有模板配板平面的尺寸并进行编号，然后对每一种平面进行配板设计，其具体步骤如下：

（1）根据墙的平面尺寸，若采用横排原则，则先确定长度方向模板的配板组合，再确定宽度方向模板的配板组合，然后计算模板块数和需镶拼木模板的面积。

（2）根据墙的平面尺寸，若采用竖排原则，可确定长度和宽度方向模板的配板组合，并计算模板块数和镶拼木模板面积。对上述横、竖排的方案进行比较，择优选用。

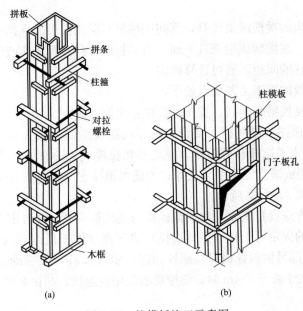

图 2.56　柱模板施工示意图

（a）矩形柱模板；（b）柱模门子板

（3）计算新浇筑混凝土的最大侧压力。

（4）计算确定内、外钢楞的规格、型号和数量。

（5）确定对拉螺栓的规格、型号和数量。

（6）对需配板、钢楞、对拉螺栓的规格型号和数量进行统计、列表，以便备料。

具体来讲，墙模板的施工工艺要点如下：

（1）根据边线先立一侧模板并临时支撑固定，待墙体钢筋绑扎完后，再立另一侧模板。

（2）墙体模板的对拉螺栓要设置内撑式套管（防水混凝土除外），一方面确保对拉螺栓重复使用；另一方面可控制墙体厚度。

（3）预留门窗洞口的模板应有锥度，安装牢固，既不变形，又易于拆除。

（4）墙体模板高度较大时，应留出一侧模板分段支设，不能分段支设时，应在浇筑的一侧留设门子板，留设方法同柱模板，门子板的水平间距一般为 2.5m。

（5）为预留墙体洞口而设在模板内的内套模板要适当设置排气孔。

4. 梁模板配板

梁模板往往与柱、墙、楼板相交接，故配板比较复杂。另外，梁模板既需承受混凝土的侧压力，又承受竖直荷载，故支撑布置也比较特殊。因此，梁模板的施工设计有它的独特情况。梁模板配板，宜沿梁的长度方向横排，端缝一般都可错开，配板长度虽为梁的净跨长度，但配板的长度和高度要根据与柱、墙和楼板的交接情况而定。正确的方法是，在柱、墙或大梁的模板上，用角模和不同规格的钢模板作嵌补模板拼出梁口，其配板长度为梁净跨减去嵌补模板的宽度；或在梁口用木方镶拼，防止梁口处的板块边肋与柱混凝土接触，在柱身梁底位置设柱箍或槽钢，用以搁置梁模板。

梁模板与楼板模板交接，可采用阴角模板或木材镶拼。

梁侧模板的纵、横楞布置，主要与梁的模板高度和混凝土侧压力有关，应通过计算确定。

直接支承梁底模板的横楞或梁夹具，其间距尽量与梁侧模板的纵楞间距相适应，并照顾楼板模板的支承情况。在横楞或梁夹具下面，沿梁长度方向布置纵楞或桁架，由支柱加以支承。纵楞的截面和支柱的间距，通过计算确定。

具体来讲，梁模板的施工工艺要点如下：

（1）梁模板应在复核梁底标高、校正轴线位置无误后进行。

（2）梁底板下用顶撑（琵琶撑）支设，顶撑间距视梁的断面大小而定，一般为 0.8～1.2m，顶撑之间应设水平拉杆和剪刀撑，使之互相拉撑成为一整体，当梁底距地面高度大于 6m 时，应搭设排架或满堂红脚手架支撑；为确保顶撑支设的坚实，应在夯实的地面上设置垫板和楔子，如图 2.57（a）所示。

（3）梁侧模板下方应设置夹木，将梁侧模板与底模板夹紧，并钉牢在顶撑上。梁侧模板上口设置托木，托木的固定可上拉（上口对拉）或下撑（撑于顶撑上），梁高度大于或等于 700mm 时，应在梁中部另加斜撑或对拉螺栓固定，如图 2.57（b）所示。

（4）当梁的跨度大于或等于 4m 时，梁模板的跨中要起拱，起拱高度为梁跨度的 0.1%～0.3%。

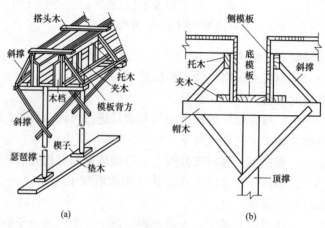

图 2.57　梁模板施工示意图

（a）T 形梁支模；（b）有斜撑的梁模板

5. 楼板模板配板

楼板模板一般采用散支散拆或预拼装两种方法。配板设计可在编号后对每一平面进行设计。其步骤如下：

（1）可沿长边配板或沿短边配板，然后计算模板块数及拼镶木模板的面积，通过比较作出选择。

（2）确定模板的荷载，选用钢楞。

（3）计算选用钢楞。

（4）计算确定立柱规格型号，并作出水平支撑和剪力撑的布置。

如图 2.58 所示，楼板模板具体施工工艺要点如下：

（1）底层地面应夯实，底层和楼层立柱应垫通长脚手板，多层支架时，上下层支柱应在同一竖向中心线上。

（2）模板铺设方向从四周或墙、梁连接处向中央铺设。

（3）为方便拆模，木模板宜在两端及接头处钉牢，中间尽量不钉或少钉。

（4）阳台、挑檐模板必须撑牢拉紧，防止向外倾覆，确保安全。

（5）肋形楼盖模板一般应先支梁、墙模板，然后将桁架或搁栅按设计要求支设在梁侧模板通长的托木上，调平固定后再铺设楼板模板。

（6）楼板跨度大于 4m 时，模板的跨中要起拱，起拱高度为板跨度的 0.1%～0.3%。

6. 楼梯模板配板

楼梯模板配板施工前应根据设计放样，施工时先装平台梁板模板，再装楼梯斜梁和楼梯板底模板，然后装楼梯外帮侧板，最后装踏步侧板。

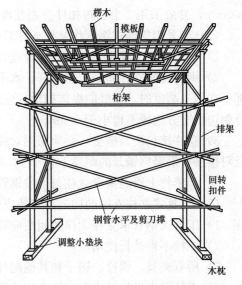

图 2.58　桁架支设楼板模板

楼梯模板的梯步高度要一致，尤其要注意每层楼梯最上一步和最下一步的高度，防止由于面层厚度不同而形成梯步高度差异，常用板式楼梯模板施工如图 2.59 所示。

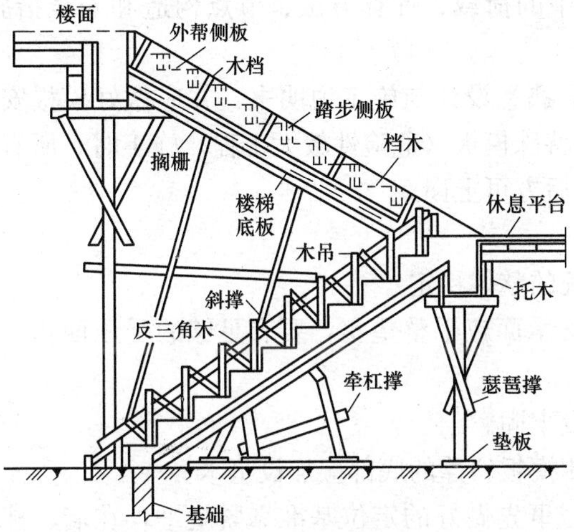

2.3.2　模板的构造、安装与拆除

1. 模板支架构造规定

（1）支承梁、板的支架立柱构造应符合下列规定：

1）梁和板的立柱，其纵横向间距应相等或成倍数。

2）木立柱底部应设垫木，顶部应设支承头。钢管立杆底部应设垫木和底座，顶部应设可调支托，U 形支托与楞梁两侧间如有间隙，必须顶紧，其螺杆伸出钢管顶部不得大于 200mm，螺杆外径与立柱钢管内径的间隙不得大于 3mm，安装时应保证上下同心。

图 2.59　板式楼梯模板施工

3）在立柱底距地面 200mm 高处，沿纵横水平方向按纵下横上的程序设扫地杆。可调支托底部的立柱顶端应沿纵横向设置一道水平拉杆。扫地杆与顶部水平拉杆之间的间距，在满足模板设计所确定的水平拉杆步距要求条件下，进行平均分配确定步距后，在每一步距处纵横向应各设一道水平拉杆；当层高在 8～20m 时，在最顶步距两水平拉杆中间应加设一道水平拉杆；当层高大于 20m 时，在最顶两步距水平拉杆中间应分别增加一道水平拉杆。所有水平拉杆的端部均应与四周建筑物顶紧顶牢。无处可顶时，应在水平拉杆端部和中部沿竖向设置连续式剪刀撑。

4）钢管扫地杆、水平拉杆应采用对接，剪刀撑应采用搭接，搭接长度不得小于

500mm，并应采用 2 个旋转扣件分别在离杆端不小于 100mm 处进行固定。

（2）当采用扣件式钢管作立柱支撑时，其构造应符合下列规定：

1）钢管规格、间距、扣件应符合设计要求。每根立柱底部应设置底座及垫板。

2）钢管支架立柱间距、扫地杆、水平拉杆、剪刀撑的设置应符合相关规范。当立柱底部不在同一高度时，高处的纵向扫地杆应向低处延长不少于 2 跨，高低差不得大于 1m，立杆距边坡上方边缘不得小于 0.5m。

3）立柱接长严禁搭接，必须采用对接扣件连接，相邻两立柱的对接接头不得在同步内，且对接接头沿竖向错开的距离不宜小于 500mm，各接头中心距主节点不宜大于步距的 1/3。

4）严禁将上段的钢管立柱与下段钢管立柱错开固定在水平拉杆上。

（3）工具式立柱支撑的构造与安装应符合下列规定：

1）工具式钢管单立柱支撑的间距应符合支撑设计的规定。

2）立柱不得接长使用。

3）所有夹具、螺栓、销子和其他配件应处在闭合或拧紧的位置。

4）立杆及水平拉杆构造应符合相关规范。

2. 模板安装规定

（1）模板安装前必须做好下列安全技术准备工作：

1）应审查模板的结构设计与施工说明书中的荷载、计算方法、节点构造和安全措施，设计审批手续应齐全。

2）应进行全面的安全技术交底，操作班应熟悉设计与施工说明书，并应做好模板安装作业的分工准备。采用爬模、飞模、隧道模等特殊模板（危险性较大工程）施工时，所有参加作业人员必须经过专门技术培训，考核合格后方可上岗。

（2）模板的支设安装，应遵守下列规定：

1）按配板设计循序拼装，以保证模板系统的整体稳定。

2）配件必须装插牢固。支柱和斜撑下的支承面应平整垫实，要有足够的受压面积。支承件应着力于外钢楞。

3）预埋件与预留孔洞必须位置准确，安设牢固。

4）基础模板必须支承牢固，防止变形，侧模板斜撑的底部应加设垫木。

5）墙和柱子模板的底面应找平，下端应与事先做好的定位基准靠紧垫平，在墙、柱子上继续安装模板时，模板应有可靠的支承点，其平直度应进行校正。

6）楼板模板支模时，应先完成一个格构的水平支撑及斜撑安装，再逐渐向外扩展，以保持支撑系统的稳定性。

7）墙柱与梁板同时施工时，应先支设墙柱模板，调整固定后，再在其上架设梁板模板。

8）支柱所设的水平撑与剪力撑，应按构造与整体稳定性布置。

9）预组装墙模板吊装就位后，下端应垫平，紧靠定位基准；两侧模板均应利用斜撑调整和固定其垂直度。

10）支柱在高度方向所设的水平撑与剪力撑，应按构造与整体稳定性布置。

11）多层及高层建筑中，上下层对应的模板支柱应设置在同一竖向中心线上。

12）对现浇混凝土梁、板，当跨度不小于 4m 时，模板应按设计要求起拱；当设计无具体要求时，起拱高度宜为跨度的 1/1000～3/1000。

13）曲面结构可用双曲可调模板，采用平面模板组装时，应使模板面与设计曲面的最大差值不得超过设计的允许值。

3. 模板拆除规定

（1）模板拆除原则。混凝土成型并养护一段时间，当强度达到一定要求时，即可拆除模板。模板拆除日期取决于混凝土硬化的快慢、模板用途、结构性质及环境温度。及时拆除模板，可提高模板周转率、加快工程进度；过早拆除模板，混凝土会变形、断裂，乃至造成重大质量事故。具体要点如下：

1）非承重模板（如侧板），应在混凝土强度能保证其表面及棱角不因拆除模板而受损坏时，方可拆除。

2）承重模板应在与结构同条件养护的试块达到规定的强度时，方可拆除。

3）在拆除模板过程中，如发现混凝土有影响结构安全的质量问题时，应暂停拆除。经过处理后，方可继续拆除。

4）已拆除模板及其支架的结构，应在混凝土强度达到设计强度后才允许承受全部计算荷载。当承受施工荷载大于计算荷载时，必须经过核算，加设临时支撑。

5）拆除模板时不要用力过猛，拆下来的模板要及时运走、整理、堆放，以便再用。

6）模板及其支架拆除的顺序及安全措施应按施工技术方案执行。模板拆除程序一般应是后支的先拆，先拆除非承重部分，后拆除承重部分，一般是谁安谁拆。重大复杂模板的拆除，事先应制定拆除方案。

7）拆除模板时，应尽量避免混凝土表面或模板受到损坏，同时避免整块板落下伤人。

（2）模板拆除要求。现浇结构的模板及支架的拆除，如设计无规定，应符合下列规定：

1）侧模板。应在混凝土强度能保证其表面及棱角不因拆除模板而受损坏时，方可拆除；对后张法预应力混凝土结构构件，侧模板宜在预应力张拉前拆除。

2）底模板及支架。底模板及支架拆除时的混凝土强度应符合设计要求，设计无要求时，应在与结构同条件养护的混凝土试块达到表 2.23 规定时方可拆除。

表 2.23　　　　　　　　　底模及支架拆除时的混凝土强度要求

构件类型	构件跨度（m）	达到设计的混凝土立方体抗压强度标准值的百分率（%）
板	≤2	≥50
	>2，≤8	≥75
	>8	≥100
梁、柱、壳	≤8	≥75
	>8	≥100
悬臂构件	—	≥100

（3）模板拆除顺序。模板拆除时一般遵循先支后拆、后支先拆，先非承重部位、后承重部位，自上而下的顺序。

1）柱模板。单块组拼的应先拆除钢楞、柱箍和对拉螺栓等连接件、支承件，从上而下逐步拆除；预组拼的应拆除两个对角的卡件，并设临时支撑，再拆除另两个对角的卡件，挂好吊钩，拆除临时支撑，方能脱模起吊。

2）墙模板。单块组拼的在拆除对拉螺栓、大小钢楞和连接件后，从上而下逐步水平拆除；预组拼的应先挂好吊钩，检查所有连接件是否拆除后，方能拆除临时支撑，脱模起吊。

3）梁、板模板。先拆除梁侧模板，再拆除楼板底模板，最后拆除梁底模板。拆除跨度较大的梁下支柱时，应从跨中开始分别拆向两端。

4）多层楼板支柱。上层楼板正在浇筑混凝土时，下一层楼板的模板支柱不得拆除，再下一层楼板模板的支柱，仅可拆除一部分；跨度在 4m 及 4m 以上的梁下均应保留支柱，其间距不得大于 3m。

2.4　模板工程施工质量检查验收

在浇筑混凝土之前，应对模板工程进行验收。模板及其支架应具有足够的承载能力、刚度和稳定性，能可靠地承受浇筑混凝土的重量、侧压力及施工荷载。模板安装和浇筑混凝土时，应对模板及其支架进行观察和维护。发生异常情况时，应按施工技术方案及时进行处理。

模板工程的施工质量检验应按主控项目、一般项目按规定的检验方法进行检验。检验批合格质量应符合下列规定：主控项目的质量经抽样检验合格，一般项目的质量经抽样检验合格；当采用计数检验时，除有专门要求外，一般项目的合格点率应达到 80％ 及以上，且不得有严重缺陷；具有完整的施工操作依据和质量验收记录。

2.4.1　主控项目

（1）安装现浇结构的上层模板及其支架时，下层楼板应具有承受上层荷载的承载能力，或加设支架；上、下层支架的立柱应对准，并铺设垫板。

检查数量：全数检查。

检验方法：对照模板设计文件和施工技术方案观察。

（2）在涂刷模板隔离剂时，不得沾污钢筋和混凝土接槎处。

检查数量：全数检查。

检验方法：观察检查。

（3）底模板及其支架拆除时的混凝土强度应符合规范要求。

检查数量：全数检查。

检验方法：检查同条件养护试件强度试验报告。

（4）后浇带模板的拆除和支顶应按施工技术方案执行。

检查数量：全数检查。

检验方法：观察检查。

2.4.2　一般项目

（1）模板安装应满足下列要求：

1）模板的接缝不应漏浆；在浇筑混凝土前，木模板应浇水湿润，但模板内不应有积水。

2）模板与混凝土的接触面应清理干净并涂刷隔离剂，但不得采用影响结构性能或妨碍装饰工程施工的隔离剂。

3）浇筑混凝土前，模板内的杂物应清理干净。

4）对清水混凝土工程及装饰混凝土工程，应使用能达到设计效果的模板。

检查数量：全数检查。

检验方法：观察检查。

（2）用作模板的地坪、胎模等应平整光洁，不得产生影响构件质量的下沉、裂缝、起砂或起鼓等缺陷。

检查数量：全数检查。

检验方法：观察检查。

（3）对跨度不小于 4m 的现浇钢筋混凝土梁、板，其模板应按设计要求起拱；当设计无具体要求时，起拱高度宜为跨度的 1/1000～3/1000。

检查数量：在同一检验批内，对梁，应抽查构件数量的 10%，且不少于 3 件；对板，应按有代表性的自然间抽查 10%，且不少于 3 间；对大空间结构，板可按纵、横轴线划分检查面，抽查 10%，且不少于 3 面。

检验方法：水准仪或拉线、钢尺检查。

（4）固定在模板上的预埋件、预留孔和预留洞均不得遗漏，且应安装牢固，其偏差应符合表 2.24 的规定。现浇结构模板安装的允许偏差及检验方法应符合表 2.25 的规定。

表 2.24　　　　　　　　　预埋件和预留孔洞的允许偏差

项　　目		允许偏差（mm）
预埋钢板中心线位置		3
预埋管、预留孔中心线位置		3
插筋	中心线位置	5
	外露长度	+10，0
预埋螺栓	中心线位置	2
	外露长度	+10，0
预留孔	中心线位置	10
	尺寸	+10，0

注　检查中心线位置时，应沿纵、横两个方向量测，并取其中的较大值。

表 2.25　　　　　　　现浇结构模板安装的允许偏差及检验方法

项　　目		允许偏差（mm）	检验方法
轴线位置		5	钢直尺检查
底模上表面标高		±5	水准仪或拉线、钢直尺检查
截面内部尺寸	基础	±10	钢直尺检查
	柱、墙、梁	+4，−5	钢直尺检查
层高垂直度	≤5m	6	经纬仪或吊线、钢直尺检查
	>5m	8	
相邻两板表面高低差		2	钢直尺检查
表面平整度		5	2m 靠尺和塞尺检查

注　检查轴线位置时，应沿纵、横两个方向量测，并取其中的较大值。

检查数量：在同一检验批内，对梁、柱和独立基础，应抽查构件数量的 10%，且不少于 3 件；对墙和板，应按有代表性的自然间抽查 10%，且不少于 3 间；对大空间结构，墙可按相邻轴线间高度 5m 左右划分检查面，抽查 10%，且均不少于 3 面。

　　检验方法：钢尺检查。

　　（5）预制构件模板安装的允许偏差及检验方法应符合表 2.26 的规定。

表 2.26　　　　　　　　　　预制构件模板安装的允许偏差及检验方法

项　目		允许偏差（mm）	检　验　方　法
长度	板、梁	±5	钢直尺量两角边，取其中较大值
	薄腹梁、桁架	±10	
	柱	0，−10	
	墙板	0，−5	
宽度	板、墙板	0，−5	钢直尺量一端及中部，取其中较大值
	梁、薄腹梁、桁架、柱	+2，−5	
高（厚）度	板	+2，−3	钢直尺量一端及中部，取其中较大值
	墙板	0，−5	
	梁、薄腹梁、桁架、柱	+2，−5	
侧向弯曲	梁、板、柱	$l/1000$，且≤15	拉线、钢直尺量最大弯曲处
	墙板、薄腹梁、桁架	$l/1500$，且≤15	
板的表面平整度		3	2m 靠尺和塞尺检查
相邻两板表面高低差		1	钢直尺检查
对角线差	板	7	钢直尺量两个对角线
	墙板	5	
翘曲	板、墙板	$l/1500$	调平尺在两端量测
设计起拱	梁、薄腹梁、桁架、柱	±3	拉线、钢直尺量跨中

　　注　l 为构件长度，mm。

　　检查数量：首次使用及大修后的模板应全数检查；使用中的模板应定期检查，并根据使用情况不定期抽查。

　　（6）侧模板拆除时的混凝土强度应能保证其表面及棱角不受损伤。模板拆除时，不应对楼层形成冲击荷载。拆除的模板和支架宜分散堆放并及时清运。

　　检查数量：全数检查。

　　检验方法：观察检查。

2.5　模板工程常见质量事故

　　模板的制作与安装质量，对于保证混凝土、钢筋混凝土结构与构件的外观平整和几何尺寸的准确，以及结构的强度、刚度等起着重要作用。由于模板尺寸错误，支模方法不妥引起的工程质量事故时有发生，应引起高度重视。

2.5.1　支模不妥引起的工程质量事故

1. 工字形薄腹大梁扭曲事故

　　某工程预制 12m 工字形薄腹大梁，共 200 余根，在春节过后即将解冻时浇筑混凝土。浇筑时对地基冻融后的软化情况估计不足，没采取预防措施，致使大梁在浇筑后发生模板局部下陷,致使 10 根大梁发生扭曲,不能使用。

2. 现浇混凝土楼盖板裂缝事故

某教学楼为现浇钢筋混凝土楼盖。在支梁模板时,底模板不是压在梁的侧模板上。在浇筑混凝土的过程中,由于施工人员浇筑混凝土时小车来回行走,引起板与梁相接部分的模板受振变形,以致混凝土凝固后,在这个部位的板面上发生很长的裂缝而影响使用。这说明底模板下的支撑不牢造成梁、板模板的错位而引起混凝土的开裂。

3. 模板膨胀、板面裂缝事故

某工程为现浇钢筋混凝土楼板,由于用了过分干燥的木料做板面模板,在浇筑混凝土以后的养护期间,模板受潮膨胀,发生上拱现象,使混凝土板面产生上宽下窄的裂缝。这种裂缝在初期不很明显,随着混凝土的收缩和气温变化而逐步扩展。有时这种裂缝并不贯通楼板,而是顶面有裂缝,底面无裂缝,但至少要影响楼板的寿命。

4. 支承方法不当,结构质量受损事故

某工程为三层混合结构,现浇钢筋混凝土梁、板,房间跨度为 6m。为了浇筑混凝土楼盖时不影响地面的施工,决定在支承楼盖模板时不用顶柱,改用斜支撑。在距地 1m 高的砖墙上挑出 12cm 的砖牛腿,五皮砖高,作为支承斜支撑的支座,在浇筑大梁混凝土的过程中发现土砖牛腿被压坏,模板局部塌陷事故,严重影响结构的质量,后来不得不临时改用立柱。

5. 支承垫木不当,梁裂事故

某厂同时建造三个仓库,结构形式相同,外墙为承重砖墙,中部为现浇钢筋混凝土梁和柱,屋面板为预制板。第一个仓库施工时,当梁柱拆除模板后,发现部分梁上有裂缝,位置在跨度的 1/3 处。起初认为这种裂缝是由于模板立柱下陷引起的,所以在第二个仓库施工时,将立柱下面进行适当加固,但在拆除模板后,仍发现与前一个仓库相同的裂缝。后来经详细检查,才发现在施工过程中,当运砖的小车经过模板立柱下面的横向垫木时,经常发生振动,这种振动通过立柱传给了大梁模板,使刚凝固的混凝土大梁受振开裂。在第三个仓库施工时,针对此因素采取相应措施,将垫木断开,使小车压不上,裂缝不再出现了。

2.5.2 模板的支架系统失稳

1. 事故特征

因支撑系统失稳,造成倒塌或结构变形等事故。

2. 原因分析

(1)模板上的荷载大小不同,支架的高低不同,支架的用料及间距不同,则承受的应力不同。当荷载大于支架的极限应力时,支架就会发生变形、失稳而倒塌。

(2)施工管理不善,没有按《混凝土结构工程施工及验收规范》(GBJ 50204—2015)中有关规定施工。模板支架在施工前应该先进行设计和结构计算;盲目施工是支架系统失稳的主要原因。

(3)施工班组、操作技工没有经过培训,不熟悉新材料、新工艺,盲目蛮干,造成事故。

2.5.3 模板的强度不足而炸模

1. 事故特征

因模板施工前没有经过核算,模板的刚度和强度不足,在浇筑混凝土的承压力和侧压力的作用下变形、炸模。

2. 原因分析

立墙板、立柱、梁的模板，没有根据构件的厚度和高度要求进行设计，有的支架、夹具和对销拉接件的间距过大，则模板的强度不足，尤其是用泵送混凝土的浇筑速度快，侧压力大，更容易产生炸模。

2.5.4　梁模板的通病

1. 事故特征

梁身不平直，梁底不平、挠曲；炸模、模板坍塌。

2. 原因分析

（1）用料偏小，夹挡、小撑挡、支撑等间距过大。有的采用易变形的黄花松，有的采用废旧钢模等。

（2）模板没有经过设计和计算，而是由模板工自由制作。有的模板工没有经过培训就上岗。

（3）模板安装就位后，施工技术员、工长没有详细检查，发现问题又没有及时纠正。

2.5.5　柱模板的通病

1. 事故特征

（1）炸模。造成断面尺寸鼓出、漏浆。

（2）偏斜。一排柱子不在同一轴线上，且扭曲。

2. 原因分析

（1）没有经过验算和设计，因而模板用料偏小，柱箍间距过大。

（2）立模不当，成排的柱子支模不跟线、不找方，有的因钢筋偏位没有纠正就套柱模板。

（3）柱模板支好后没有按标准整修，有的未经检验就浇筑混凝土，使柱模板扭曲和移位。

2.5.6　早拆模板的事故

1. 事故特征

提前拆除承重梁、板的底模板，常造成构件因强度不足而裂缝和坍塌。

2. 原因分析

（1）施工人员不懂规范，不熟悉操作规程，盲目为了模板的周转和降低成本而不顾工程质量。

（2）冬期施工气温较低，混凝土强度增长缓慢，提前拆除模板会使梁、板变形、裂缝，严重时还会坍塌，造成人员伤亡事故。

（3）悬挑构件的上部尚没有抗倾覆荷载，就盲目提前拆除底模板和支架。

项目3　钢　筋　工　程

3.1　钢筋进场检验

3.1.1　钢筋的分类

钢筋混凝土结构及预应力混凝土结构常用的钢材有热轧钢筋、余热处理钢筋和预应力筋。冷拉钢筋和冷拔低碳钢丝已逐渐被淘汰。

钢筋混凝土结构常用热轧钢筋，热轧钢筋可分为 HPB300、HRB（F）335、HRB（F）400、RRB400、HRB（F）500 五个等级。《混凝土结构设计规范》（GB 50010—2010）用 300MPa 级光圆钢筋取代了过去 235MPa 级光圆钢筋，增加了 500MPa 级的热轧带肋钢筋。推广 400、500MPa 级的高强度热轧带肋钢筋作为纵向受力的主导钢筋，同时增加了采用温控轧制工艺的细晶粒带肋钢筋（HRBF）。常用热轧钢筋的基本参数见表 2.27～表 2.29。HPB300 级钢筋的表面为光面，其余级别钢筋表面一般都带肋（月牙肋或等高肋）。为了便于运输，$\phi 6 \sim \phi 9$ 的钢筋常卷成圆盘，大于 $\phi 12$ 的钢筋则扎成 6～12mm 长的直条。

表 2.27　　　　　　　　　　普通钢筋强度标准　　　　　　　　　　N/mm²

牌号	符号	公称直径 d（mm）	屈服强度标准值 f_{yk}	极限强度标准值 f_{stk}
HPB300	Φ	6～22	300	420
HRB335 HRBF335	ΦF	6～50	335	455
HRB400 HRBF400 RRB400	ΦR	6～50	400	540
HRB500 HRBF500	ΦF	6～50	500	630

表 2.28　　　　　　　　　普通钢筋在最大拉力下的总伸长率

钢筋品种	HPB	HRB335、HRBF335、HRB400、HRBF400、 HRB400、HRBF400、	RRB400
总伸长率（%）	10.0	7.5	5.0

表 2.29　　　　　　　　　　钢筋的弹性模量　　　　　　　　　　×10⁵N/mm²

牌号或种类	弹性模量 E_s
HPB300 级钢筋	2.10
HRB335、HRB400、HRB500 级钢筋 HRBF335、HRBF400、HRBF400 级钢筋 RRB400 级钢筋	2.00

余热处理钢筋（RRB），由于延性、可焊性性能降低一般用于对变形性能和加工性能要求不高的结构中。

预应力混凝土结构中预应力筋有中强度预应力钢丝、预应力螺纹钢筋、消除应力钢丝和钢绞线 4 种，其中强度较大的为消除应力钢丝和钢绞线。消除应力钢丝有光面、螺旋肋钢丝两类，其直径为 5～9mm，强度在 1500MPa 左右，钢绞线一般由多根高强度钢丝捻成，有 1×3 和 1×7 两种，其直径为 8.6～21.6mm，强度为 1570～1860MPa。

3.1.2　钢筋进场检验

（1）根据《混凝土结构工程施工规范》（GB 50666—2011）的，钢筋进场时应按下列规定检查性能及质量：

1）应检查生产企业的生产许可证证书及钢筋的质量证明书。

2）应按国家现行有关标准的规定抽样检验屈服强度、抗拉强度、伸长率及单位长度质量偏差，单位长度质量偏差应符合表 2.30 的规定。

表 2.30　　　　　　　　　　　　　钢筋单位长度质量偏差要求

公称直径（mm）	实际质量与理论质量的偏差（%）
≤12	±7
14～20	±5
≥22	±4

3）经产品认证符合要求的钢筋，其检验批量可扩大一倍。在同一工程项目中，同一厂家、同一牌号、同一规格的钢筋连续三次进场检验均合格时，其后的检验批量可扩大一倍。

4）钢筋的表面质量应符合国家现行有关标准的规定。

5）当无法准确判断钢筋品种、牌号时，应增加化学成分、晶粒度等检验项目。

（2）成型钢筋进场时，应检查成型钢筋的质量证明书及成型钢筋所用材料的检验合格报告，并应抽样检验成型钢筋的屈服强度、抗拉强度、伸长率。检验批量可由合同约定，且同一工程、同一原材料来源、同一组生产设备生产的成型钢筋，检验批量不应大于 100t。

（3）盘卷钢筋调直后应进行力学性能和质量偏差的检验，其强度应符合国家现行有关标准的规定，其断后伸长率、质量偏差应符合表 2.31 的规定。力学性能和质量偏差检验应符合下列规定：

1）3 个试件先进行质量偏差检验，再取其中 2 个试件进行力学性能检验。

2）质量偏差应按下式计算

$$\Delta = (m_d - m_0) \times 100 / m_0$$

式中　Δ——质量偏差（%）；

　　　m_d——调直钢筋试件的实际质量之和，kg；

　　　m_0——理论质量，kg，取每米理论质量与 3 个调直钢筋试件长度之和的乘积。

3）检验质量偏差时，试件切口应平滑并与长度方向垂直，其长度不应小于 500mm；长度和质量的量测精度分别不应低于 1mm 和 1g。

采用无延伸功能的机械设备调直的钢筋，可不进行检验。

表 2.31　　　　　　　　　　卷钢筋调直后的断后伸长率、质量偏差要求

钢 筋 牌 号	断后伸长率 A（%）	质量偏差（%）	
		直径为 6～12mm	直径为 14～16mm
HPB300	≥21	≥-10	—
HRB335、HRBF335	≥16	≥-8	≥-6
HRB400、HRBF400	≥15		
RRB400	≥13		
HRB500、HRBF500	≥14		

注　断后伸长率 A 的量测标距为 5 倍钢筋直径。

3.2 钢筋的加工

3.2.1 钢筋的冷加工

1. 钢筋冷拉

钢筋冷拉是在常温下，以超过钢筋屈服强度的拉应力拉伸钢筋，使钢筋产生塑性变形，以提高强度，节约钢材。冷拉时，钢筋被拉直，表面锈渣自动剥落，因此冷拉不但提高强度，而且还可以同时完成调直、除锈工作。

2. 钢筋冷拔

冷拔是使 $\phi 6 \sim \phi 8$ 的 HRB 级钢筋通过钨合金拔丝模孔进行强力拉拔，使钢筋产生塑性变形，其轴向被拉伸、径向被压缩，内部晶格变形，因而抗拉强度提高（提高 50％～90％），塑性降低，并呈硬钢特性。

3.2.2 钢筋的调直、切断及弯曲

钢筋调直宜采用机械调直，也可采用冷拉调直。采用冷拉方法调直钢筋时，HPB300 级钢筋的冷拉率不宜大于 4％；HRB335、HRB400 级钢筋的冷拉率不宜大于 1％。除利用冷拉调直钢筋外，粗钢筋还可采用锤直和拔直的方法；直径小于 14mm 的钢筋可采用调直机进行。调直机具有使钢筋调直、除锈和切断三项功能。

钢筋的表面应洁净，油渍、漆污和用锤敲击时能剥落的浮皮、铁锈等应在使用前清除干净。在焊接前，焊点处的水锈应清除干净。钢筋的除锈，宜在钢筋冷拉或钢丝调直过程中进行，这对大量钢筋的除锈较为经济省工。用机械方法除锈，如采用电动除锈机除锈，对钢筋的局部除锈较为方便。手工（用钢丝刷、砂盘）喷砂和酸洗等除锈，由于费工费料，现已很少采用。

钢筋下料时须按下料长度切断。钢筋可采用钢筋切断机或手动切断器切断。手动切断器一般只用于小于 $\phi 12$ 的钢筋；钢筋切断机可切断小于 $\phi 40$ 的钢筋。切断时，根据下料长度统一排料；先断长料，后断短料；减少短头，减少损耗。

钢筋下料之后，应按钢筋配料单进行划线，以便将钢筋准确地加工成所规定的尺寸。当弯曲形状比较复杂的钢筋时，可先放出实样，再进行弯曲。钢筋弯曲宜采用弯曲机，弯曲机可弯 $\phi 6 \sim \phi 40$ 的钢筋。小于 $\phi 25$ 的钢筋当无弯曲机时，也可采用板钩弯曲。目前，钢筋弯曲机着重承担弯曲粗钢筋。为了提高工效，工地常自制多头弯曲机（一个电动机带动几个钢筋弯曲盘）以弯曲细钢筋。

加工钢筋的允许偏差：受力钢筋顺长度方向全长的净尺寸偏差不应超过 $\pm 10mm$；弯起筋的弯折位置偏差不应超过 $\pm 20mm$；箍筋内净尺寸偏差不应超过 5mm。

3.3 钢筋的连接

3.3.1 钢筋的焊接

钢筋采用焊接可改善结构受力性能，提高工效，节约钢材，降低成本。结构的有些部位，如轴心受拉和小偏心受拉构件中的钢筋接头应焊接。普通混凝土中直径大于 20mm 的钢筋和轻骨料混凝土中直径大于 20mm 的 HRB335 级钢筋及大于 25mm 的 HRB 级钢筋，均宜采用焊接接头。

钢筋的焊接，应采用闪光对焊、气压焊、电渣压力焊和电弧焊。钢筋与钢板的 T 形连

接，宜采用埋弧压力焊或电弧焊。

　　钢筋的焊接质量与钢材的可焊性、焊接工艺有关。在相同的焊接工艺条件下，能获得良好焊接质量的钢材，称其在这种条件下的可焊性好，相反则称其在这种工艺条件下的可焊性差。钢筋的可焊性与其含碳及含合金元素的数量有关。含碳、锰数量增加，则可焊性差；加入适量的钛，可改善焊接性能。焊接参数和操作水平也影响焊接质量，即使可焊性差的钢材，若焊接工艺适宜，也可获得好的焊接质量。

　　钢筋焊接的接头形式、焊接工艺和质量验收，应符合《钢筋焊接及验收规程》（JGJ 18—2012）的规定。

　　1. 相关规定

　　（1）凡施焊的各种钢筋、钢板均应有质量证明书；焊条、焊丝、氧气、乙炔、液化石油气、二氧化碳、焊剂应有产品合格证。

　　（2）从事钢筋焊接施工的焊工必须持有钢筋焊工考试合格证，才能按照合格证规定的范围上岗操作。

　　（3）在工程开工正式焊接之前，参与该项施焊的焊工应进行现场条件下的焊接工艺试验，并经试验合格后，方可正式生产。试验结果应符合质量检验与验收时的要求。

　　（4）钢筋焊接施工之前，应清除钢筋、钢板焊接部位及钢筋与电极接触处表面上的锈斑、油污、杂物等；钢筋端部当有弯折、扭曲时，应予以矫直或切除。

　　（5）雨天、雪天不宜在现场进行施焊；必须施焊时，应采取有效遮蔽措施。焊后未冷却接头不得碰到冰雪。

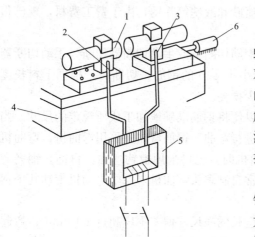

图 2.60　钢筋闪光对焊原理
1—焊接的钢筋；2—固定电极；
3—可动电极；4—机座；
5—变压器；6—手动顶压机构

　　2. 闪光对焊

　　闪光对焊广泛用于钢筋接长及预应力钢筋与螺栓端杆的焊接。热轧钢筋的焊接宜优先用闪光对焊，条件不可能时才用电弧焊。钢筋闪光对焊的原理（见图 2.60）是利用对焊机使两段钢筋接触，通过低电压的强电流，待钢筋被加热到一定温度变软后，进行轴向加压顶锻，形成对焊接头。

　　钢筋闪光对焊焊接工艺根据具体情况选择：钢筋直径小，可采用连续闪光焊；钢筋直径较大，端面比较平整，宜采用预热闪光焊；端面不够平整，宜采用闪光—预热—闪光焊。

　　（1）连续闪光焊。这种焊接工艺过程是将待钢筋夹紧在电极钳口上后，闭合电源，使两钢筋端面轻微接触。由于钢筋端部不平，开始只有一点或数点接触，接触点很快熔化并产生金属蒸气飞溅，形成闪光现象。闪光一开始，即徐徐移动钢筋，形成连续闪光过程，同时接头也被加热。待接头烧平、闪去杂质和氧化膜、白热熔化时，随即施加轴向压力迅速进行顶锻，使两根钢筋焊牢。连续闪光焊所焊的最大钢筋直径，应随着焊机容量的降低和钢筋级别的升高而减小，见表 2.32。

表 2.32　　　　　　　　　　　　　　连续闪光焊钢筋上限直径

焊机容量（kVA）	钢筋级别	钢筋直径（mm）
150	HPB300 级	25
	HRB335 级	22
	HRB400 级	20
100	HPB300 级	20
	HRB335 级	18
	HRB400 级	16
75	HPB300 级	16
	HRB335 级	14
	HRB400 级	12

（2）预热闪光焊。施焊时先闭合电源然后使两钢筋端面交替地接触和分开。这时钢筋端面间隙中即发出断续的闪光，形成预热过程。当钢筋达到预热温度后进入闪光阶段，随后顶锻而成。

（3）闪光—预热—闪光焊。在预热闪光焊前加一次闪光过程，目的是使不平整的钢筋端面烧化平整，使预热均匀，然后按预热闪光焊操作。

焊接大直径的钢筋（直径在 25mm 以上），多用预热闪光焊与闪光—预热—闪光焊。

HRB400 级钢筋中可焊性差的高强度钢筋，宜用强电流进行焊接。焊后再进行通电热处理。通电热处理的目的，是对焊接接头进行一次退火或高温回火处理，以消除热影响区产生的脆性组织，改善接头的塑性。通电热处理的方法是：待接头冷却到 300℃（暗黑色）以下时，电极钳口调至最大间距，接头居中，重新夹紧。采用较低变压器级数，进行脉冲式通电加热，频率以 0.5～1s/次为宜。热处理温度通过试验确定，一般在 750～850℃（橘红色）范围内选择，随后在空气中自然冷却。

采用连续闪光焊时，应合理选择调伸长度、烧化留量、顶锻留量及变压器级数等；采用闪光—预热—闪光焊时，除上述参数外，还应包括一次烧化留量、二次烧化留量、预热留量和预热时间等参数。焊接不同直径的钢筋时，其截面比不宜超过 1.5。焊接参数按大直径的钢筋选择。负温下焊接时，由于冷却快，易产生冷脆现象，内应力也大。为此，负温下焊接应减小温度梯度和冷却速度。

钢筋闪光对焊后，除对接头进行外观检查（无裂纹和烧伤，接头弯折不大于 4°，接头轴线偏移不大于 1/10 的钢筋直径，也不大于 2mm）外，还应按《钢筋焊接及验收规程》（JGJ 18—2012）的规定进行抗拉强度和冷弯试验。

3. 气压焊

气压焊接钢筋时，利用乙炔-氧混合气体燃烧的高温火焰对已有初始压力的两根钢筋端面接合处加热，使钢筋端部产生塑性变形，并促使钢筋端面的金属原子互相扩散，当钢筋加热到 1250～1350℃（相当于钢材熔点的 0.80～0.90 倍，此时钢筋加热部位呈橘黄色，有白亮闪光出现）时进行加压顶锻，使钢筋内的原子得以再结晶而焊接在一起。

钢筋气压焊接属于热压焊。在焊接加热过程中，加热温度为钢材熔点的 0.8～0.9 倍，钢材未呈熔化液态，且加热时间较短，钢筋的热输入量较少，所以不会出现钢筋材质裂化倾向。另外，气压焊设备轻巧、使用灵活、效率高、节省电能、焊接成本低，可进行全方位

（竖向、水平和斜向）焊接，目前已在我国得到推广应用。

　　加热系统中的加热能源是氧和乙炔。系统中的流量计用来控制氧和乙炔的输入量，焊接不同直径的钢筋要求不同的流量。加热器用来将氧和乙炔混合后，从喷火嘴喷出火焰加热钢筋，要求火焰能均匀加热钢筋，有足够的温度和功率并且安全可靠。

　　加压顶锻时压力平稳。压接器是气压焊的主要设备之一，要求它能准确、方便地将两根钢筋固定在同一轴线上，并将油泵产生的压力均匀地传递给钢筋达到焊接的目的。施工时，压接器需反复装拆，要求它重量轻、构造简单和装拆方便。

　　气压焊接的钢筋要用砂轮切割机断料，不能用钢筋切断机切断，要求端面与钢筋轴线垂直。焊接前应打磨钢筋端面，清除氧化层和污物，使之现出金属光泽，并即喷涂一薄层焊接活化剂，保护端面不再氧化。

　　钢筋加热前先对钢筋施加 $30\sim40$MPa 的初始压力，使钢筋端面贴合，当加热到缝隙密合后，上下摆动加热器适当增大钢筋加热范围，促使钢筋端面金属原子互相渗透，也便于加压顶锻。加压顶锻的压应力为 $34\sim40$MPa，使焊接部位产生塑性变形。直径小于 22mm 的钢筋可以一次顶锻成型，大直径钢筋可以进行二次顶锻。

　　气压焊的接头，应按规定的方法检查外观质量和进行拉力试验。

　　4. 电渣压力焊

　　现浇钢筋混凝土框架结构中竖向钢筋的连接，宜采用自动或手工电渣压力焊进行焊接。与电弧焊比较，它工效高、节约钢材、成本低，在高层建筑施工过程中得到广泛应用。

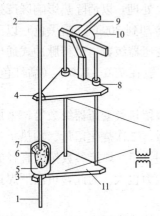

图 2.61　焊接夹具构造示意图
1、2—钢筋；3—固定电极；
4—活动电极；5—药盒；
6—导电剂；7—焊药；
8—滑动架；9—手柄；
10—支架；11—固定架

　　电渣压力焊设备包括电源、控制箱、焊接夹具、焊剂盒。自动电渣压力焊的设备还包括控制系统及操作箱。焊接夹具（见图 2.61）应具有一定刚度，要求坚固、灵巧、上下钳口同心，上下钢筋的轴线应尽量一致，其最大偏移不得超过 0.1d（d 为钢筋直径），同时也不得大于 2mm。焊接时，先将钢筋端部约 120mm 范围内的铁锈除尽，将夹具夹牢在下部钢筋上，并将上部钢筋扶直夹牢于活动电极中，上下钢筋间放一小块导电剂（或钢丝小球），装上药盒，装满焊药，接通电路，用手柄使电弧引燃（引弧）。然后稳弧一定时间使之形成渣池并使钢筋熔化（稳弧），随着钢筋的熔化，用手柄使上部钢筋缓缓下送。稳弧时间的长短视电流、电压和钢筋直径而定。例如，电流为 850A，工作电压为 40V 左右，ϕ30 及 ϕ32 钢筋的稳弧时间约为 50s。稳弧达到规定时间后，在断电的同时用手柄进行加压顶锻以排除焊渣。引弧、稳弧、顶锻三个过程连续进行。电渣压力焊的参数为焊接电流、渣池电压和焊接通电时间，均根据钢筋直径选择。

　　电渣压力焊的接头，应按规范规定的方法检查外观质量和进行拉力试验。

　　5. 电弧焊

　　电弧焊是利用弧焊机使焊条与焊件之间产生高温电弧，使焊条和电弧燃烧范围内的焊件熔化，待其凝固，便形成焊缝或接头。钢筋电弧焊可分搭接焊、帮条焊、坡口焊和熔槽帮条焊四种接头形式。下面介绍帮条焊、搭接焊和坡口焊，熔槽帮条焊及其他电弧焊接方法详见

《钢筋焊接及验收规程》（JGJ 18—2012）。

（1）帮条焊接头。适用于焊接直径为 10～40mm 的各级热轧钢筋，宜采用双面焊，如图 2.62（a）所示；不能进行双面焊时，也可采用单面焊，如图 2.62（a）所示。帮条宜采用与主筋同级别、同直径的钢筋制作，帮条长度见表 2.30。如帮条级别与主筋相同，帮条的直径可比主筋小一个规格；如帮条直径与主筋相同，帮条钢筋的级别可比主筋低一个级别。

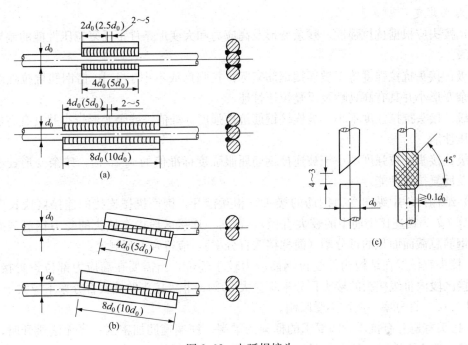

图 2.62　电弧焊接头

（a）搭接焊接头；（b）帮条焊接头；（c）立焊的坡口焊接头

（2）搭接焊接头。只适用于焊接直径为 10～40mm 的 HPB300、HRB335 级钢筋。焊接时，宜采用双面焊，如图 2.62（b）所示；不能进行双面焊时，也可采用单面焊，如图 2.62（a）所示。搭接长度与帮条长度相同，见表 2.33。钢筋帮条接头或搭接接头的焊缝厚度 h 应不小于 0.3 倍钢筋直径；焊缝宽度 b 不小于 0.7 倍钢筋直径。

表 2.33　　　　　　　　　　　　　钢筋帮条长度

项　次	钢筋级别	焊缝形式	帮条长度 l
1	HPB300 级	单面焊	＞8d
		双面焊	＞4d
2	HRB335 级	单面焊	＞10d
		双面焊	＞5d

（3）坡口焊接头。有平焊和立焊两种。这种接头比上两种接头节约钢材，适用于在现场焊接装配整体式构件接头中直径为 18～40mm 的各级热轧钢筋。坡口立焊时，坡口角度为 45°，如图 2.62（c）所示。钢垫板长为 40～60mm。平焊时，钢垫板宽度为钢筋直径加 10mm；立焊时，其宽度等于钢筋直径。钢筋根部间隙，平焊时为 4～6mm；立焊时为 3～

5mm。最大间隙均不宜超过 10mm。

焊接电流的大小应根据钢筋直径和焊条的直径间隙选择。

帮条焊、搭接焊和坡口焊的焊接接头，除应进行外观质量检查外，也需抽样做拉力试验。如对焊接质量有怀疑或发现异常情况，还应进行无损检测（X 射线、γ 射线、超声波探伤等）。

3.3.2 钢筋的机械连接

1. 相关规定

（1）接头应根据抗拉强度、残余变形及高应力和大变形条件下反复拉压性能的差异分为三个等级：

Ⅰ级：接头抗拉强度等于被连接钢筋实际抗拉强度或不小于 1.10 倍钢筋抗拉强度标准值，残余变形小并具有高延性及反复拉压性能。

Ⅱ级：接头抗拉强度不小于被连接钢筋抗拉强度标准值，残余变形较小并具有高延性及反复拉压性能。

Ⅲ级：接头抗拉强度不小于被连接钢筋屈服强度标准值的 1.25 倍，残余变形较小并具有延性及反复拉压性能。

（2）结构构件中纵向受力钢筋的接头宜相互错开，钢筋机械连接的连接区段长度应按 $35d$ 计算（d 为被连接钢筋中的较大直径）。在同一连接区段内有接头的受力钢筋截面面积占受力钢筋总截面面积的百分率（简称接头百分率），应符合下列规定：

1）接头宜设置在结构构件受拉钢筋应力较小部位，当需要在高应力部位设置接头时，同一连接区段内Ⅲ级接头的接头百分率不应大 25%；Ⅱ级接头的接头百分率不应大于 50%；Ⅰ级接头的接头百分率一般可不受限制。

2）接头宜避开有抗震设防要求的框架的梁端、柱端箍筋加密区；当无法避开时，应采用Ⅱ级接头或Ⅰ级接头，且接头百分率不应大于 50%。

3）受拉钢筋应力较小部位或纵向受压钢筋，接头百分率可不受限制。

4）对直接承受动力荷载的结构构件，接头百分率不应大于 50%。

2. 套筒挤压连接

套筒钢筋挤压连接也称钢筋套筒冷压连接。它是将需连接的带肋钢筋插入特制钢套筒内，利用液压驱动的挤压机进行侧向加压数道，使钢套筒产生塑性变形，套筒塑性变形后与带肋钢筋紧密咬合达到连接的效果（见图 2.63）。它适用于竖向、横向及其他方向的较大直径带肋钢筋的连接。

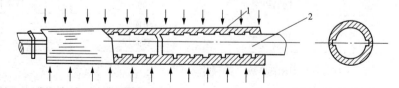

图 2.63 套筒塑性变形后与带肋钢筋紧密咬合连接效果
1—钢套筒；2—被连接的钢筋

与焊接相比较，套筒挤压连接的接头强度高，质量稳定可靠，是目前各类钢筋接头中性能最好、质量最稳定的接头形式。挤压连接速度快，一般每台班可挤压 $\phi25$ 钢筋接头 150～

200 个。此外，挤压连接具有节省电能、不受钢筋可焊性能的影响、不受气候影响、无明火、施工简便和接头可靠度高等特点；适用于垂直、水平、倾斜、高空及水下等各方位的钢筋连接，还特别适用于不可焊钢筋及进口钢筋的连接。

一般规定采用挤压连接的钢筋必须有资质证明书，性能符合国际要求。钢套筒必须有材料质量证明书，其技术性能应符合钢套筒质量验收的有关规定。正式施工前，必须进行现场条件下的挤压连接试验，要求每批材料制作 3 个接头，按照套筒挤压连接质量检验标准规定，合格后，方可进行施工。

钢筋检验连接的工艺参数，主要是压接顺序、压接力和压接道数。压接顺序从中间逐道向两端压接。压接力要能保证套筒与钢筋紧密咬合，压接力和压接道数取决于钢筋直径、套筒型号和挤压机型号。

钢筋及钢套筒压接之前，要清楚钢筋压接部位的铁锈、油污、砂浆等，钢筋端部必须平直，如有弯折、扭曲应予以矫直、修磨、锯切，以免影响压接后钢筋接头性能。应在钢筋端部做上能够准确判断钢筋伸入套筒内长度的位置标记。压接前应按设备操作说明书有关规定调整设备，检查设备是否正常，调整油浆的压力，根据要压接钢筋的直径，选配相应的压模。如发现设备有异常，必须排除故障后再使用。

3. 套筒锥螺纹连接

钢筋套筒锥螺纹连接是利用锥形螺纹套筒将两根钢筋端头对接在一起，利用螺纹的机械咬合力传递拉力或压力。用于这种连接的钢套筒内壁，在工厂用专用机床加工有锥螺纹，钢筋的对接端头在施工现场用套丝机加工有与套筒匹配的螺纹。连接时，在对螺纹检查无油污和损伤后，先用手旋入钢筋，然后用扭矩即完成连接（见图 2.64）。它施工速度快、不受气候影响、质量稳定、对中性好。

钢筋套筒锥螺纹连接施工过程：钢筋下料→钢筋套丝→钢筋连接。

（1）钢筋下料。钢筋下料可用钢筋切断机或砂轮锯，但不得用气割下料。钢筋下料时，要求端面垂直于钢筋轴线，端头不得挠曲或出现马蹄形。

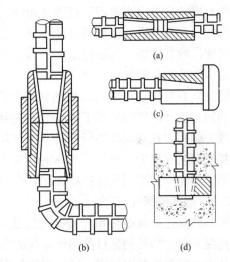

图 2.64　钢筋套管锥螺纹连接

(a) 两根直钢筋连接；(b) 一根直钢筋与一根弯钢筋连接；
(c) 在金属结构上接装钢筋；(d) 在混凝土结构上插接钢筋

钢筋要有复试证明。钢筋的连接套必须有明显的规格标记，锥孔两端必须用密封盖封住，应有产品出厂合格证，并按规格分类包装。

（2）钢筋套丝。钢筋套丝可以在施工现场或钢筋加工厂进行预制。为确保钢筋套丝质量，操作人员必须持证上岗作业。

要求套丝人员对其加工的每个丝头用牙形规和卡规逐个进行检查，达到质量要求的钢筋丝头，一端戴上与钢筋规格相同的塑料保护帽，另一端按规定力矩值拧紧连接套，并按规格分类堆放整齐。

（3）钢筋连接。钢筋连接之前，先回收钢筋待连接端的塑料保护帽和连接套上的密封盖，并检查钢筋规格是否与连接套规格相同；检查锥螺纹丝扣是否完好无损、清洁，发现杂物或锈蚀，可用铁刷清理干净，然后把已拧好连接套的一头钢筋拧到被连接的钢筋上，用扭力扳手按规定的力矩紧至发出响声，并随手画上油漆标记，以防钢筋接头漏拧。连接水平钢筋时，必须将钢筋托平，再按以上方法连接。

4. 套筒直螺纹连接

为了提高套筒螺纹连接的质量，近年来又开发了套筒直螺纹连接技术。钢筋套筒直螺纹连接是将钢筋待连接的端头用滚轧加工工艺滚轧成规整的直螺纹，再用相配套的直螺纹套筒将两钢筋相对拧紧，实现连接。根据钢材冷作硬化的原理，钢筋上滚轧出的直螺纹强度大幅提高，从而使直螺纹接头的抗拉强度一般均可高于母材的抗拉强度。

钢筋套筒直螺纹连接用专用的滚轧螺纹设备加工的钢筋直螺纹质量好，强度高；钢筋连接操作方便，速度快；钢筋滚丝可在工地的钢筋加工场地预制，不占工期；在施工面上连接钢筋时不用电、不用气、无明火作业，可全天候施工；可用于水平、竖直等各种不同位置钢筋的连接。

目前，钢筋直螺纹加工有"剥肋滚轧"发展到"压肋滚轧"方式。

滚轧直螺纹又分为直接滚轧直螺纹和挤轧肋滚扎直螺纹两种。采用专用滚轧套丝机，先将钢筋的横肋和纵肋进行滚轧或挤轧处理，使钢筋滚丝前的柱体达到螺纹加工的圆度尺寸，然后进行螺纹滚轧成型，螺纹经滚轧后材质发生硬化，强度提高6%～8%，全部直螺纹成型过程由专用滚轧套丝机一次完成。

剥肋滚轧直螺纹是将钢筋的横肋和纵肋进行剥切处理，使钢筋滚丝前的柱体圆度精度高，达到同一尺寸，然后进行了螺纹滚轧成型，从剥肋到滚轧直螺纹成型过程由专用套丝机一次完成。剥肋滚轧直螺纹的精度高，操作方便，性能温度，耗材量少。

直螺纹工艺流程为：钢筋平头→钢筋滚轧或挤压（剥肋）→螺纹成型→丝头检验→套筒检验→钢筋就位→拧下钢筋保护帽和套筒保护帽→接头拧紧→作标记→施工质量检验。

3.3.3　钢筋的绑扎

钢筋的绑扎连接就是将相互搭接的钢筋，用20～22号镀锌铁丝扎牢它的中心和两端，将其绑扎在一起。绑扎仍是目前钢筋连接的主要手段之一，尤其是板筋。钢筋绑扎时，应采用铁丝扎牢；板和墙的钢筋网，除外围两行钢筋的相交点全部扎牢外，中间部分交叉点可相隔交错扎牢，保证受力钢筋位置不产生偏移；梁和柱的钢筋应与受力钢筋垂直设置。弯钩叠合处应沿受力钢筋方向错开设置。钢筋绑扎搭接接头的末端与钢筋弯起点的距离，不得小于钢筋直径的10倍，接头宜设在构件受力较小处。钢筋搭接处，应在中部和两端用铁丝扎牢。绑扎连接位置和搭接长度按《混凝土结构设计规范》（GB 50010—2010）和《混凝土结构工程施工规范》（GB 50666—2011）的规定执行。

（1）轴心受拉及小偏心受拉杆件的纵向受力钢筋不得采用绑扎搭接；其他构件中的钢筋采用绑扎搭接时，受拉钢筋直径不宜大于25mm，受压钢筋直径不宜大于28mm。

（2）同一构件中相邻纵向受力钢筋的绑扎搭接接头宜相互错开。绑扎搭接接头中钢筋的横向净距不应小于钢筋直径，且不应小于25mm。

（3）统一构件中相邻纵向受力钢筋的绑扎搭接接头宜相互错开。钢筋绑扎搭接接头连接区段的长度为1.3倍搭接长度，凡搭接接头中点位于该连接区段长度内的搭接接头均属于同一连接区段。同一连接区段内纵向受力钢筋搭接接头面积百分率为该区段内有搭接接头的纵向受力钢筋与全部纵向受力钢筋截面面积的比值。当直径不同的钢筋搭接时，按直径较小的钢筋计算。

（4）位于同一连接区段内的受拉钢筋搭接接头面积百分率：

1）对梁、板类及墙类构件，不宜大于 25%。

2）对柱类构件，不宜大于 50%。

3）当工程中确有必要增大受拉钢筋搭接接头面积百分率时，对梁类构件，不应大于50%；对板、墙、柱及预制构件的拼接处，可根据实际情况放宽。

（5）纵向受力钢筋绑扎搭接接头的最小搭接长度应符合《混凝土结构工程施工规范》（GB 50666—2011）的相关规定，见表 2.34。

表 2.34　　　　　　　　　　　纵向受拉钢筋的最小搭接长度

钢筋类型		混凝土强度等级								
		C20	C25	C30	C35	C40	C45	C50	C55	≥C60
光圆钢筋	300 级	$49d$	$41d$	$37d$	$35d$	$31d$	$29d$	$29d$	—	—
	335 级	$47d$	$41d$	$37d$	$33d$	$31d$	$29d$	$27d$	$27d$	$25d$
带肋钢筋	400 级	$55d$	$49d$	$43d$	$39d$	$37d$	$35d$	$33d$	$31d$	$31d$
	500 级	$67d$	$59d$	$53d$	$47d$	$43d$	$41d$	$39d$	$39d$	$37d$

注　两根直径不同钢筋的搭接长度，以较细钢筋的直径计算。

1）当纵向受拉钢筋的绑扎搭接接头面积百分率为 25% 时，其最小搭接长度应符合表2.34 的规定。

2）当纵向受拉钢筋搭接接头面积百分率大于 25%，但不大于 50% 时，其最小搭接长度应按表 2.34 中的数值乘以系数 1.2 取用；当接头面积百分率大于 50% 时，应按表 2.34 中的数值乘以系数 1.35 取用。

纵向受拉钢筋的最小搭接长度根据 1）、2）确定后，可按下列规定进行修正：

a. 当带肋钢筋的直径大于 25mm 时，其最小搭接长度应按相应数值乘以系数 1.1 取用。

b. 对环氧树脂涂层的带肋钢筋，其最小搭接长度应按相应数值乘以系数 1.25 取用。

c. 当在混凝土凝固过程中受力钢筋易受扰动时（如滑模施工），其最小搭接长度应按相应数值乘以系数 1.1 取用。

d. 对末端采用机械锚固措施的带肋钢筋，其最小搭接长度可按相应数值乘以系数 0.6取用。

e. 当带肋钢筋的混凝土保护层厚度大于搭接钢筋直径的 3 倍，且配有箍筋时，其最小搭接长度可按相应数值乘以系数 0.8 取用。

f. 对有抗震要求的受力钢筋的最小搭接长度，对一、二级抗震等级应按相应数值乘以系数 1.15 采用；对三级抗震等级应按相应数值乘以系数 1.05 采用。

g. 在任何情况下，受拉钢筋的搭接长度不应小于 300mm。

3）纵向受压钢筋绑扎搭接时，其最小搭接长度应根据（1）～（3）的规定确定相应数值后，乘以系数 0.7 取用。在任何情况下，受压钢筋的搭接长度不应小于 200mm。

3.4 钢筋的配料与代换

3.4.1 钢筋的配料

1. 钢筋下料长度计算

（1）钢筋弯曲调整值计算。钢筋下料长度计算是钢筋配料的关键。实际图中注明的钢筋尺寸是钢筋的外轮廓尺寸（从钢筋外皮到外皮量得的尺寸），在钢筋加工时，也按外包尺寸进行验收。钢筋弯曲后的特点是：在钢筋弯曲处，内皮缩短，外皮延伸，而中心线尺寸不变，故钢筋的下料长度即中心线尺寸。钢筋成型后量度尺寸都是沿直线量外皮尺寸；同时弯曲处又成圆弧，因此弯曲钢筋的尺寸大于下料尺寸，两者之间的差值称为"弯曲调整值"，即在下料时，下料长度应用量度尺寸减去弯曲调整值。

钢筋弯曲常用形式及调整值计算简图如图 2.65 所示。

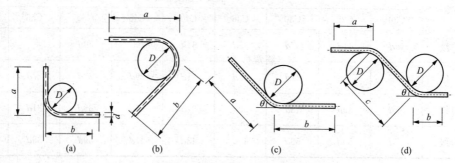

图 2.65　钢筋弯曲常见形式及调整值计算简图

（a）钢筋弯曲 90°；（b）钢筋弯曲 135°；（c）钢筋一次弯曲 30°、45°、60°；

（d）钢筋起 30°、45°、60°；

a、b—量度尺寸；D—钢筋弯弧直径

1）钢筋弯曲的有关规定。

a. 受力钢筋的弯钩和弯弧规定。纵向受力钢筋弯折后平直段长度应符合设计要求，钢筋弯折处的弯弧内直径与钢筋直径、钢筋所在部位及抗震条件相关，依据《混凝土结构工程施工质量验收规范》（GB 50204—2015）规定：光圆钢筋末端应做 180°弯钩，弯弧内直径 $D \geqslant 2.5d$（钢筋直径），弯钩的弯后平直部分长度 $\geqslant 3d$（钢筋直径）；335、400MPa 级带肋钢筋弯弧内直径 $D \geqslant 4d$（钢筋直径），500MPa 级带肋钢筋，当直径为 28mm 以下时弯弧内直径 $D \geqslant 6d$，当直径为 28mm 及以上时弯弧内直径 $D \geqslant 7d$。

b. 箍筋、拉筋末端弯钩和弯弧规定。对一般结构构件，箍筋弯钩的弯折角度不应小于 90°，弯折后平直段长度不应小于箍筋直径的 5 倍；对有抗震设防要求或设计有专门要求的结构构件，箍筋弯钩的弯折角度不应小于 135°，弯折后平直段长度不应小于箍筋直径的 10 倍；圆形箍筋的搭接长度不应小于其受拉锚固长度，且两末端弯钩的弯折角度不应小于 135°，弯折后平直段长度对一般结构构件不应小于箍筋直径的 5 倍，对有抗震设防要求的结构构件不应小于箍筋直径的 10 倍；梁、柱复合箍筋中的单肢箍筋两端弯钩的弯折角度均不应小于 135°，弯折后平直段长度应符合《混凝土结构工程施工质量验收规范》（GB 50204—2015）的有关规定。箍筋弯折处弯弧内直径大于或等于纵向受力钢筋的直径。

2）钢筋弯折各种角度时的弯曲调整值计算。

a. 以下给出钢筋弯折 $90°$，弯弧直径 $D=4d$（钢筋直径）时，弯曲调整值计算的精确公式，见图 2.66。

外包（量度）尺寸

$$A'B'+B'C'=2\times(0.5D+d)=6d$$

轴线长度

$$ABC=1/4\times2\pi(0.5D+0.5d)=3.93d$$

弯曲调整值（量度差值）

$$(A'B'+B'C')-ABC=6d-3.93d=2.07d$$

即有 $90°$ 的弯钩时，应在外包尺寸的基础上扣除 $2.07d$。

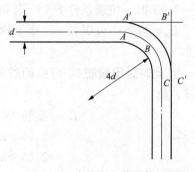

图 2.66 弯曲调整值计算示意

按照 16G101 图集要求，$90°$ 弯钩在不同条件下的弯弧直径还有 $D=2.5d$、$D=6d$、$D=8d$ 时，量度差值分别为 $1.75d$、$2.5d$ 与 $2.93d$。同理，可以精确计算钢筋不同弯折角度、不同弯弧直径为 D 时的钢筋弯曲调整值，见表 2.35 和表 2.36。

表 2.35　　　　　　　　　　钢筋弯折时的弯曲调整值

弯折角度 α	弯曲调整值公式	备　注
$30°$	$0.006D+0.274d$	
$45°$	$0.022D+0.436d$	
$60°$	$0.053D+0.631d$	D 值根据相关构造及各地实际情况、操作经验确定
$90°$	$0.215D+1.215d$	
$135°$	$0.236D+1.65d$	

表 2.36　　　　　　　　　　弯起钢筋的弯曲调整值

弯起角度 α	弯曲调整值公式	备　注
$30°$	$0.012D+0.28d$	
$45°$	$0.043D+0.457d$	D 值根据相关构造及各地实际情况、操作经验确定
$60°$	$0.108D+0.685d$	

b. 钢筋弯钩增加值下料长度（L_x）。依据《混凝土结构工程施工质量验收规范》（GB 50204—2015）及 16G101、12G901 图集规定，光圆钢筋末端应做 $180°$ 弯钩，矩形封闭箍筋末端应做 $135°$ 弯钩，按以上计算方法，设 D 为圆弧弯曲直径，d 为钢筋直径，L_p 为弯钩的平直部分长度，单个弯钩增加长度见表 2.37。

表 2.37　　　　　　　　　　钢筋弯钩增加长度

弯钩角度 α	$180°$	$135°$	$90°$
弯钩增长公式 L_x	$1.071D+0.571d+L_p$	$0.678D+0.178d+L_p$	$0.285D-0.215d+L_p$
L_p	$3d$	$10d$	$5d$

注　圆弧弯曲半径 D 参照《混凝土结构工程施工质量验收规范》（GB 50204—2015）与 16G101 图集相关构造。

c. 常用 $135°$ 弯钩矩形封闭箍筋下料长度（L_x）。

例如：对于常用135°/135°弯钩矩形封闭箍筋下料长度，当为光圆钢筋，弯弧内直径 $D=2.5d$ 时，抗震条件下135°弯折后平直段长度为10d，则箍筋下料长度（L_x）

L_x＝箍筋外包周长－3个90°弯曲调整值（查表2.35）＋2个135°弯钩增加值（查表2.37）

在此，封闭箍筋90°弯曲调整值通过查表2.35，135°弯钩增加值通过查表2.37，L_p＝10d，故

$$L_x＝箍筋4边外包尺寸-3×1.75d+2×11.87d$$
$$=2(b-2c)+2(h-2c)-1.75d×3+11.87d×2$$
$$=2(b+h)-8c+18.5d$$

式中　b——构件截面宽；

$\qquad h$——构件截面高；

$\qquad d$——箍筋直径；

$\qquad c$——钢筋保护层厚。

因此，采用外包尺寸时，135°/135°弯钩矩形封闭箍筋下料长度＝外包周长＋18.5倍箍筋直径。

由于在实际施工操作时并不能完全准确地按有关规定的最小弯曲调整值取用，有时稍有偏大取值，有时也可能略有偏小取值；也有成型工具性能不一定满足规定要求等。因此，除按有关计算方法计算弯曲调整值之外，还可以根据各地实际情况或操作经验确定。

（2）钢筋下料长度计算。

纵向受力钢筋下料长度＝构件长度－保证钢筋排布的最小距离＋弯钩长度

弯起钢筋下料长度＝直段长度＋斜段长度－弯曲调整值

箍筋下料长度＝箍筋外包周长＋18.5倍箍筋直径

曲线钢筋（环形钢筋、螺旋箍筋、抛物线钢筋等）下料长度＝钢筋长度计算值＋弯钩增加长度

2. 钢筋配料单及料牌的填写

（1）钢筋配料单的作用及形式。钢筋配料单是根据施工设计图纸标定钢筋的品种、规格及外形尺寸、数量进行编号，并计算下料长度，用表格形式表达的技术文件。

1）钢筋配料单的作用。钢筋配料单是确定钢筋下料加工的依据，是提出材料计划、签发施工任务单和限额领料单的依据，它是钢筋施工的重要工序，合理的配料单，能节约材料、简化施工操作。

2）配料单的形式。钢筋配料单一般用表格的形式反映，其内容由构件名称、钢筋编号及钢筋简图、尺寸、钢号、数量、下料长度及质量等内容组成。

（2）钢筋配料单的编制方法及步骤。

1）熟悉构件配件钢筋图，弄清每一编号钢筋的直径、规格、种类、形状和数量，以及在构件中的位置和相互关系。

2）绘制钢筋简图。

3）计算每种规格的钢筋下料长度。

4）填写钢筋配料单。

5）填写钢筋料牌。

（3）钢筋的标牌与标识。钢筋除填写配料单外，还需将每一编号的钢筋制作相应的标牌与标识，也即料牌，作为钢筋加工的依据，并在安装中作为区别、核实工程项目钢筋的标志。

3. 框架梁内钢筋布置及下料解析（见图 2.67、图 2.68）

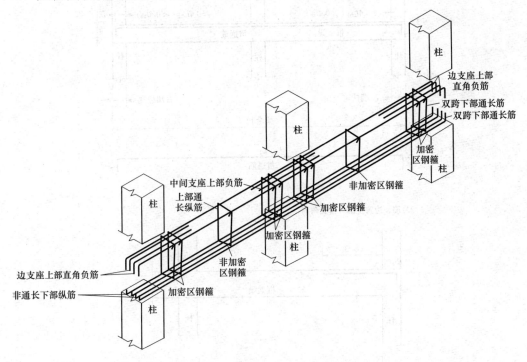

图 2.67　框架梁中各类钢筋名称及排布立体图

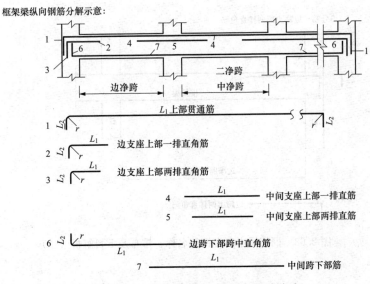

图 2.68　框架梁中各类钢筋名称、排布及下料解析（一）

1号筋费通筋

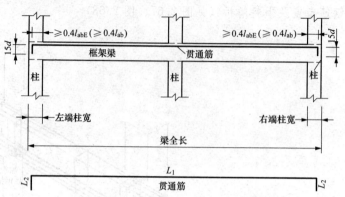

2号筋：边跨上部一排直角筋

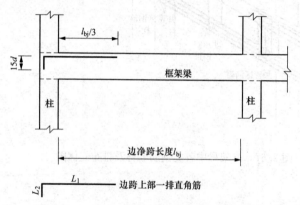

3号筋：边跨上部两排直角筋

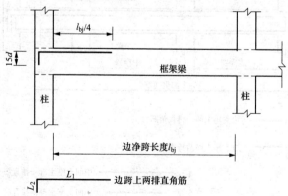

图 2.68　框架梁中各类钢筋名称、排布及下料解析（二）

4号筋：中间支座上部一排直筋

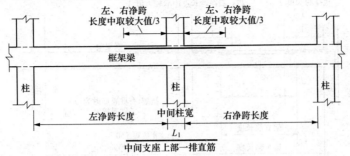

中间支座上部一排直筋

5号筋：中间支座上部两排直筋

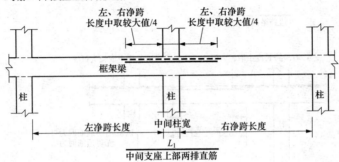

中间支座上部两排直筋

6号筋：边跨下部跨中直角筋

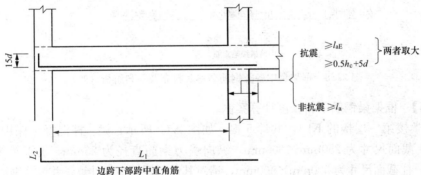

边跨下部跨中直角筋

7号筋：中间跨下部筋

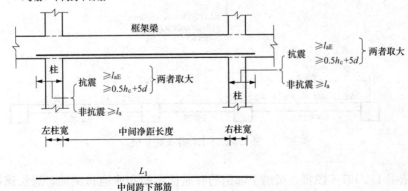

中间跨下部筋

图2.68 框架梁中各类钢筋名称、排布及下料解析（三）

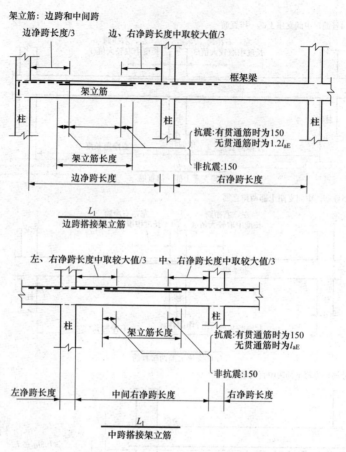

图 2.68　框架梁中各类钢筋名称、排布及下料解析（四）

【例 2.5】 框架梁钢筋下料长度计算案例。

取某教学楼第一层楼的 KL1，共计 5 根，如图 2.69 所示，梁、柱混凝土保护层厚度为 25mm，KL1 截面尺寸为 250mm×600mm，纵向受力钢筋直径为 25mm，抗震等级为 3 级，C35 混凝土，柱截面尺寸为 500mm×500mm，请对其进行钢筋下料计算，并填写钢筋下料单。

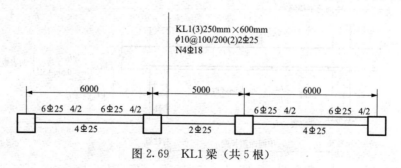

图 2.69　KL1 梁（共 5 根）

解　依据 11G101-1 图集，梁的上部钢筋有通长钢筋和非通长钢筋，通长钢筋在角部，非通长钢筋在中间，通长钢筋采用集中标注，非通长钢筋在原位标注，原位标注的根数包含了集中标注的根数。当梁的纵向钢筋多于一排时，用斜线"/"将各排纵向钢筋自上而下分开。

当梁配置有受扭或构造钢筋时，以大写字母 N 打头或用 G 开头，表示对称布置。

结合以上平法的识读，该例中纵向钢筋根数的大样图如图 2.70 所示。

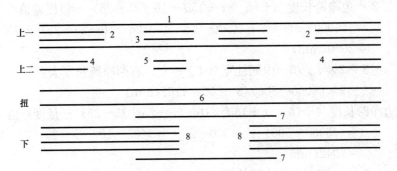

图 2.70 纵向钢筋根数的大样图

每个纵向钢筋的含义：

1：通长钢筋，位于上部第一排的两个角部，共 2Φ25

2：边跨上部第一排直角筋，位于上部第一排的中间，共 4Φ25

3：中间支座上部直角筋，位于上部第一排的中间，共 4Φ25

4：边跨上部第二排直角筋，位于上部第二排的中间，共 4Φ25

5：中间支座上部直角筋，位于上部第二排的中间，共 4Φ25

6：抗扭钢筋，梁的每侧面各配置 2Φ18 钢筋，对称布置，共 4 根

7：中间跨下部筋，共 2Φ25

8：边跨下部跨中直角筋，共 8Φ25

9：箍筋

(1) 依 11G101-1 图集，查得有关数据：

Φ25：$0.4l_{abE} = 0.4 \times 28 \times 25 = 280$(mm)，$l_{aE} = 34d = 34 \times 25 = 850$(mm)，$15d = 15 \times 25 = 375$(mm)

Φ18：$0.4l_{abE} = 0.4 \times 28 \times 18 = 209$(mm)，$l_{aE} = 34d = 34 \times 18 = 612$(mm)，$15d = 15 \times 18 = 270$(mm)

注："$0.4l_{abE}$"表示抗震条件下 KL 钢筋伸入支座（柱）内弯锚时平直段最少锚固长度值，l_{aE} 表示 KL 钢筋伸入支座（柱）内直锚长度值，"$15d$"表示在柱中竖向钢筋的锚固长度值，详见 16G101 图集。

$$A = 28 \times 25 = 700 \text{(mm)}$$

$$B = 0.5 \times 500 + 5 \times 25 = 325 \text{(mm)} \quad (h_c \text{为柱宽})$$

注：中间跨下部筋在支座处的锚固长度（取 A、B 的大值为 700mm）。

(2) 量度差（纵向钢筋的弯折角度为 $90°$，依据平法图集 16G101 框架主筋弯弧内直径 $8d$）

Φ25：$2.93d = 2.93 \times 25 = 73$(mm)

Φ18：$2.93d = 2.93 \times 18 = 53$(mm)

(3) 各个纵向钢筋计算如下：

1＝梁全长－左端柱宽－右端柱宽＋$2 \times (h_c - c + 15d - 10 - 25 - 25) - 2 \times$量度差值

＝$(6000 + 5000 + 6000) - 250 - 250 + 2 \times (500 - 25 + 15 \times 25 - 10 - 25 - 25) - 2 \times 73$

＝17 934(mm)

保证深入柱内的平直段长度 $h_c-c+15d-10-25-25 \geqslant 0.4l_{abE}$

$2 =$ 边净跨长度 $/3+(h_c-c+15d-10-25-25)-$ 量度差值

$=(6000-500)/3+(500-25+15\times25-10-25-25)-73$

$=2550(mm)$

$3 =2\times L_d/3+$ 中间柱宽（$L_d=$ 左、右两净跨长度大者）

$=2\times(6000-500)/3+500=4167(mm)$

$4 =$ 边净跨长度 $/4+(h_c-c+15d-10-25-25-25-25)-$ 量度差值

$=(6000-500)/4+(500-25+15\times25-10-25-25-25-25)-73$

$=2042(mm)$

$5 =2\times L_d/4+$ 中间柱宽（$L_d=$ 左、右两净跨长度大者）

$=2\times(6000-500)/4+500=3250(mm)$

$6 =$ 梁全长 $-$ 左端柱宽 $-$ 右端柱宽 $+2\times(h_c-c+15d-10-25)-2\times$ 量度差值

$=(6000+5000+6000)-250-250+2\times(500-25+15\times18-10-25)-2\times53$

$=17814(mm)$

$7 =$ 左锚固值 $+$ 中间净跨长度 $+$ 右锚固值

$=700+(5000-500)+700=5900(mm)$

$8 =(h_c-c+15d-10-25-25-25)+$ 边净跨度 $+$ 锚固值 $-$ 量度差值

$=(500-25+15\times25-10-25-25-25)+(6000-500)+700-73$

$=6592(mm)$

$9 =$ 外包周长 $+18.5$ 倍箍筋直径

$=[(b-2c)+(h-2c)]\times2+18.5d$

$=[(250-2\times25)+(600-2\times25)]\times2+18.5\times10$

$=1685(mm)$

注：1、2、4、8 钢筋的精确排布参考 12G901-1。

（4）箍筋数量计算

加密区长度 $=900mm$（取 1.5h 与 500mm 的大值：$1.5\times600=900mm>500mm$）

每个加密区箍筋数量 $=(900-50)/100+1=10$（个）

边跨非加密区箍筋数量 $=(6000-500-900-900)/200+1=20$（个）

中跨非加密区箍筋数量 $=(5000-500-900-900)/200+1=15$（个）

每跨要减去加密与非加密区重叠的 2 个箍筋。

每根梁箍筋总数量 $=10\times6+20\times2+15-6=109$（个）

（5）编制钢筋配料单（见表 2.38）。

表 2.38　　　　　　　　　　　　　　KL1 钢筋配料单

构件名称	钢筋编号	简 图	直径（mm）	钢筋级别	下料长度单位（mm）	根数	合计根数	质量（kg）
KL1 梁共 5 根	①		25	Φ	17934	2	10	690.7
	②		25	Φ	2550	4	20	196.4
	③		25	Φ	4167	4	20	321.0

续表

构件 名称	钢筋 编号	简 图	直径 (mm)	钢筋 级别	下料长度单 位（mm）	根数	合计 根数	质量 (kg)
KL1 梁 共 5 根	④		25	Φ	2042	4	20	157.3
	⑤		25	Φ	3250	4	20	250.3
	⑥		18	Φ	17814	4	20	722.1
	⑦		25	Φ	5900	2	10	227.2
	⑧		25	Φ	6592	8	40	1015.5
	⑨		10	Φ	1685	109	545	566.3

【例 2.6】 楼板钢筋下料长度计算案例。

以图 2.71 为例计算截取出楼板（LB1）钢筋下料长度。LB1 的尺寸为 7200mm×6900mm，x 方向的梁宽度为 300mm，y 方向的梁宽度为 250mm，均为正中轴线。x 方向的 KL1 上部纵筋直径为 25mm，y 方向的 KL5 上部纵筋直径为 22mm，梁的箍筋直径全为10mm。混凝土强度等级为 C25，二级抗震等级。

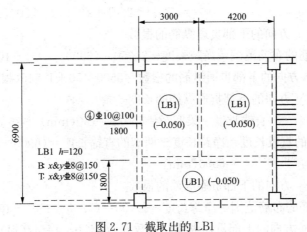

图 2.71 截取出的 LB1

解 板 LB1 的集中标注为：LB1 $h=100$ B：$x \& y \phi 8@150$ T：$x \& y \phi 8@150$

（1）板上部贯通纵筋：

1）计算 LB1 板 x 方向的上部贯通纵筋的长度：

伸入支座（梁）内弯锚时平直段长度＝梁宽－保护层－y 向梁箍筋直径－y 向梁角筋直径

$$= 250 - 25 - 10 - 22 = 193 \text{(mm)} \geqslant 0.6l_{ab}$$

$$=0.6 \times 40d = 0.6 \times 40 \times 8 = 192 \text{(mm)}$$

$$\text{弯锚时弯钩长度} = 15d = 15 \times 8 = 120 \text{(mm)}$$

上部贯通纵筋的长度＝净跨长度＋两端的直锚长度＋$15d-1.75d$（弯曲调整值）

$$=(7200-250)+193 \times 2+120 \times 2-1.75 \times 8 = 7562 \text{(mm)}$$

2）计算 LB1 板 x 方向的上部贯通纵筋的根数

[注：上部贯通纵筋的布筋范围＝净跨长度$-2 \times 50 = (6900-300)-100 = 6500 \text{(mm)}$]

x 方向的上部贯通纵筋的根数＝$6500/150+1 = 45$（根）

3）计算 LB1 板 y 方向的上部贯通纵筋的长度：

伸入支座（梁）内弯锚时平直段长度＝梁宽－保护层－x 向梁箍筋直径－x 向梁角筋直径

$$=300-25-10-25 = 240 \text{(mm)}$$

$$\text{弯锚时弯钩长度} = 15d = 15 \times 8 = 120 \text{(mm)}$$

上部贯通纵筋的长度＝净跨长度＋两端的直锚长度＋$2 \times 15d-1.75d$（弯曲调整值）

$$=(6900-300)+240 \times 2+120 \times 2-1.75 \times 8 = 7306 \text{(mm)}$$

4）计算 LB1 板 y 方向的上部贯通纵筋的根数：

板上部贯通纵筋的布筋范围＝净跨长度$-2 \times 50 = (7200-250)-100 = 6850 \text{(mm)}$

$$y \text{ 方向的上部贯通纵筋的根数} = 6850/150+1 = 47 \text{（根）}$$

（2）板下部贯通纵筋：

1）计算 LB1 板 x 方向的下部贯通纵筋的长度：

$$\text{直锚长度} = \text{梁宽}/2 = 250/2 = 125$$

验算：$5d = 5 \times 8 = 40 \text{mm}$，显然，直锚长度$= 125 \text{mm} > 40 \text{mm}$，满足要求。

上部贯通纵筋的直段长度＝净跨长度＋两端的直锚长度

$$=(7200-250)+125 \times 2 = 7200 \text{(mm)}$$

2）计算 LB1 板 x 方向的下部贯通纵筋的根数

板下部贯通纵筋的布筋范围＝净跨长度$-2 \times 50 = (6900-300)-100 = 6500 \text{(mm)}$

$$x \text{ 方向的下部贯通纵筋的根数} = 6500/150+1 = 45 \text{（根）}$$

3）计算 LB1 板 y 方向的下部贯通纵筋的长度

$$\text{直锚长度} = \text{梁宽}/2 = 300/2 = 150 \text{(mm)}$$

上部贯通纵筋的直段长度＝净跨长度＋两端的直锚长度$=(6900-300)+150 \times 2$

$$=6900 \text{(mm)}$$

4）计算 LB1 板 y 方向的下部贯通纵筋的根数

板下部贯通纵筋的布筋范围＝净跨长度$-2 \times 50 = (7200-250)-100 = 6850 \text{(mm)}$

$$y \text{ 方向的下部贯通纵筋的根数} 6800/150+1 = 47 \text{（根）}$$

（3）依据以上计算出的数据及给定的条件，填写配料单即可（同框架梁）。

【例 2.7】 柱钢筋下料长度计算案例。

某框架柱 KZ1 配筋如图 2.72 所示，筏板基础（厚 800mm），基础钢筋直径 25mm，保护层厚度 40mm。地下一层，地上三层，建筑结构参数如表 2.39 所示，钢筋采用机械连接，混凝土为 C30，柱抗震等级为一级，纵向受力钢筋采用机械连接，请计算该柱的钢筋下料长度。

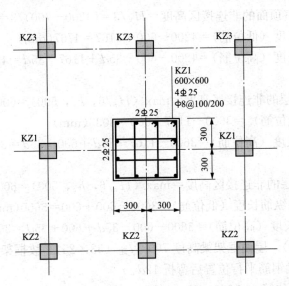

图 2.72　KZ1 平法示意图

表 2.39   建筑结构参数

层号	顶标高	层高	顶梁高
3	10.8	3.6	700
2	7.20	3.6	700
1	3.60	3.6	700
−1	±0.00	4.2	700
筏板基础	−4.20	基础厚 800	

解　(1) 基础内插筋 (标准构造做法查阅图集 16G101-3)。基础内插筋弯折长度 a:

$(0.6l_{abE}=0.6\times33\times25=495mm)\leqslant h_j=800mm\leqslant (l_{aE}=33\times25=825mm)$

$$C=40mm\leqslant5\times25=125(mm)$$

由 16G101-3 知: $a=\max(6d=6\times25=150mm,\ 150mm)=150(mm)$

筏板基础顶面非连接区高度:

$$=\max(H_n/6,h_c,500)=\max[(4200-700)/6,\ 600,\ 500]=600(mm)$$

基础内插筋 (低位筋)

$a-2.931\times25+(800-40-25-25)+\max(H_n/6,h_c,500)$

$=150-73+710+600$

$=1387(mm)$

基础内插筋 (高位筋)

$a-2.931\times25+(800-40-25-25)+\max(H_n/6,h_c,500)+35d$

$=150-73+710+600+35\times25$

$=2262(mm)$

(2) −1 层

伸出地下室顶面的非连接区高度 $=H_n/3=(4200-700)/3=1167(\text{mm})$

-1 层纵筋长度（低位筋）$=4200-600+1167=4767(\text{mm})$

-1 层纵筋长度（高位筋）$=4200-600-35d+1167+35d=4767(\text{mm})$

（3）1层

伸入2层的非连接区高度 $=\max(H_n/6,\ h_c,\ 500)=600(\text{mm})$

1层纵筋长度（低位筋）$=3600-1167+600=3033(\text{mm})$

1层纵筋长度（高位筋）$=3600-1167-35d+600+35d=3033(\text{mm})$

（4）2层

伸入3层的非连接区高度 $=\max(H_n/6,\ h_c,\ 500)=600(\text{mm})$

2层纵筋长度（低位筋）$=3600-600+600=3600(\text{mm})$

2层纵筋长度（高位筋）$=3600-600-35d+600+35d=3600(\text{mm})$

（5）3层（顶层柱）。屋面框架梁高度 $700<l_{aE}$（33×25），故框架柱钢筋需弯锚，柱顶钢筋伸至与屋面框架梁钢筋平行位置后弯折 $12d$。

3层纵筋长度（低位筋）$=3600-600+(700-25-10)+12\times25-2.931\times25$
$=3292(\text{mm})$

3层纵筋长度（高位筋）$=3600-600-35\times25+(700-25-10)+12\times25-2.931\times25$
$=2417(\text{mm})$

注：括号中的低位筋、高位筋指柱纵向相邻钢筋接头面积百分率错开 50%，错开距离 $35d$。

（6）箍筋计算原理同框架梁，不具体列出。

（7）编制钢筋下料单（略）。

3.4.2 钢筋的代换

1. 钢筋代换原则

在施工中，已确认工地不可能供应设计图要求的钢筋品种和规格时，在征得设计单位的同意并办理设计变更文件后，才允许根据库存条件进行钢筋代换。代换前，必须充分了解设计意图、构件特征和代换钢筋性能，严格遵守国家现行设计规范和施工验收规范及有关技术规定。代换后仍能满足各类极限状态的有关计算要求及配筋构造规定，如受力钢筋和箍筋的最小直径、间距、锚固长度、配筋百分率，以及混凝土保护层厚度等。一般情况下，代换钢筋还必须满足截面对称的要求。

梁内纵向受力钢筋与弯起钢筋应分别进行代换，以保证正截面与斜截面强度。偏心受压构件或偏心受拉构件（如框架柱、承受吊车荷载的柱、屋架上弦等）钢筋代换时，应按受力方向（受压或受拉）分别代换，不得取整个截面配筋量计算。吊车梁等承受反复荷载作用的构件，必要时，应在钢筋代换后进行疲劳验算。同一截面内配置不同种类和直径的钢筋代换时，每根钢筋拉力差不宜过大（同类型钢筋直径差一般不大于 5mm），以免构件受力不匀。钢筋代换应避免出现大材小用、优材劣用或不符合专料专用等现象。钢筋代换后，其用量不宜大于原设计用量的 5%，也不应低于原设计用量的 2%。

对抗裂性要求高的构件（如吊车梁、屋架下弦等），不宜用 HPB300 级钢筋代换 HRB335、HRB400 级带肋钢筋，以免裂缝开展过宽。当构件受裂缝宽度控制时，代换后应进行裂缝宽度验算。如代换后裂缝宽度有一定增大（但不超过允许的最大裂缝宽度），还应对构件做挠度验算。

进行钢筋代换的效果，除应考虑代换后仍能满足结构各项技术性能要求之外，同时还要保证用料的经济性和加工操作的方便。

2. 钢筋代换计算

(1) 等强度代换。当结构构件按强度控制时，可按强度相等的原则代换，称等强度代换，即代换前后钢筋的抗力不小于施工图纸上原设计配筋的抗力

$$A_{s2}f_{y2} \geqslant A_{s1}f_{y1} \tag{2-16}$$

将圆面积公式 $\qquad A_s = \pi d^2/4$ 代入式 (2.16)，有

$$n_2 d_2^2 f_{y2} \geqslant n_1 d_1^2 f_{y1} \tag{2-17}$$

当原设计钢筋与拟代换的钢筋直径相同时（$d_1 = d_2$）

$$n_2 f_{y2} \geqslant n_1 f_{y1}$$

当原设计钢筋与拟代换的钢筋级别相同时（$f_{y1} = f_{y2}$）

$$n_2 d_2^2 \geqslant n_1 d_1^2 \tag{2-18}$$

式中 f_{y1}、f_{y2} ——原设计钢筋和拟代换用钢筋的抗拉强度设计值，N/mm²；

       A_{s1}、A_{s2} ——原设计钢筋和拟代换钢筋的计算截面面积，mm²；

       n_1、n_2 ——原设计钢筋和拟代换钢筋的根数，根；

       d_1、d_2 ——原设计钢筋和拟代换钢筋的直径，mm。

(2) 等面积代换。当构件按最小配筋率配筋时，可按钢筋面积相等的原则进行代换，称为等面积代换，即

$$A_{s2} = A_{s1}$$

或

$$n_2 d_2^2 \geqslant n_1 d_1^2 \tag{2-19}$$

当构件受裂缝宽度或抗裂性要求控制时，代换后应进行裂缝或抗裂性验算。代换后，还应满足构造方面的要求（如钢筋间距、最少直径、最少根数、锚固长度、对称性等）及设计中提出的其他要求。

3.5 现浇结构中基础、柱、梁、板、楼梯钢筋施工

钢筋工程安装施工前须做以下准备工作：

(1) 核对成品钢筋的钢号、直径、形状、尺寸和数量等是否与料单料牌相符。如有错漏，应纠正增补。

(2) 准备绑扎用的铁丝、绑扎工具（如钢筋钩、带扳口的小撬棍）、绑扎架等。

(3) 准备控制混凝土保护层用的水泥砂浆垫块或塑料卡。

水泥砂浆垫块的厚度，应等于保护层厚度，强度应不低于 M15，面积不小于 40mm。塑料卡形状有塑料垫块和塑料环圈两种。塑料垫块用于水平构件（如梁、板），在两个方向均有凹槽，以便适应两种保护层厚度。塑料环圈用于垂直构件（如柱、墙），使用时钢筋从卡嘴进入卡腔。

(4) 画出钢筋位置线。平板或墙板的钢筋，在模板上画线；柱的箍筋，在两根对角线主筋上画点；梁的箍筋，则在架立筋上画点；基础的钢筋，在两向各取一根钢筋画点或在垫层上画线。

钢筋接头的位置，应根据钢筋来料规格，结合规范、标准有关规定确定接头位置、数量

使其错开，在模板上画线。

（5）绑扎形式复杂的结构部位，应先研究逐根钢筋穿插就位顺序，并制定方案确定支模和绑扎钢筋的先后次序，以减少绑扎困难。

3.5.1　基础钢筋施工工艺

1. 独立基础钢筋施工工艺

（1）工艺流程。独立基础钢筋绑扎工艺流程为：基础垫层清理—弹放底板钢筋位置线—按钢筋位置线布置钢筋—绑扎钢筋—布置垫块—绑柱预留插筋。

（2）操作要点。

1）基础垫层清理。将垫层清扫干净，混凝土基层要等基层硬化，没有垫层时要把基层清理平整，有水时要将水排净晾干。

2）弹放底板钢筋位置线。按设计的钢筋间距，直接在垫层上用石笔或墨斗弹放钢筋位置线。

3）按钢筋位置线布置钢筋。基础底板为双向受力钢筋网时，一般情况下，底面短边方向的钢筋放在最下面，底面长边方向的钢筋应放在短边方向的钢筋上面；而单向受力钢筋，短边方向受力钢筋放在下面，长边方向钢筋放在上面。

4）绑扎钢筋。绑扎常用一面顺扣的绑扎形式，对于单向主钢筋的钢筋网，沿基础四周的两行钢筋交叉点应每点绑扎牢固，中间部分每隔1根相互呈梅花式扎牢，必须保证受力钢筋不发生位移；对于双向主钢筋的钢筋网，必须将全部交叉点全部扎牢。绑扎时，应注意相邻绑扎点的扎扣要呈八字形，以免网片歪斜变形。

5）布置垫块。

a. 基础底板采用单层钢筋网片时，基础钢筋网绑扎好以后，可以用小撬棍将钢筋网略向上抬后，放入准备好的混凝土垫块，将钢筋网垫起。

b. 基础底板采用双层钢筋网片时，在上层钢筋网下面应设置钢筋撑脚或混凝土撑脚，以保证钢筋上下位置正确。上层钢筋弯钩应朝下，而下层钢筋弯钩应朝上，弯钩不能倒向一边。为了保证基础混凝土的保护层厚度，避免钢筋锈蚀，基础中纵向受力的钢筋混凝土保护层厚度不应小于40mm，当基础无垫层时不应小于70mm。

6）绑柱预留插筋。现浇独立基础与柱的连接是在基础内预埋柱子的纵向钢筋。这里往往是柱子的最低部位，要保证柱子轴线位置准确，柱子插筋位置一定要准确，且要绑扎牢固，以保证浇筑混凝土时不偏移。因此，柱子插筋下端用90°弯钩与基础钢筋网绑扎连接，再用井字形架将插筋上部固定在基础的外模板上。其箍筋应比柱的箍筋小一个柱纵筋直径，以便与下道工序的连接，箍筋不少于3道，位置一定要正确，并绑扎牢固，以免造成柱轴线偏移。

2. 条形基础钢筋施工工艺

条形基础钢筋绑扎工艺流程为：基础垫层清理—弹放底板钢筋位置线—绑扎底板钢筋—绑扎条形钢筋骨架—安装垫块。基础垫层清理、弹放底板钢筋位置线、绑扎底板钢筋的操作同独立基础。

条形钢筋骨架的绑扎方法：先用架子架起上、下纵向钢筋和弯起钢筋，套入全部箍筋，按设计图样的箍筋间距要求，把箍筋的位置用粉笔标到纵向钢筋上，从架上放下下层钢筋，拉开箍筋并按画线标志正确就位。将上、下钢筋和弯起钢筋排列均匀后，绑扎牢固。绑扎成型后，抽出架子，把骨架放在钢筋网片上，与网片绑扎形成整体。

3. 筏形基础钢筋施工工艺

筏形基础结构形式上为有梁楼盖颠倒过来：基础板在下面，基础梁在基础板的上面。故其基础梁与基础平板的施工工艺与框架梁与楼板基本相同，只是要注意锚固构造要求的不同，因此，在此不做赘述。

3.5.2　柱钢筋施工工艺

柱钢筋的绑扎，应在模板安装前进行。矩形柱中的竖向钢筋搭接时，四角钢筋的弯钩应与模板成 45°，多边形柱为模板内角的平分角，圆形柱应与模板切线垂直，中间钢筋的弯钩应与模板成 90°。如果用插入式振捣器浇筑小型截面柱，弯钩与模板的角度不得小于 15°。箍筋的接头应交错布置在四角纵向钢筋上；箍筋转角与纵向钢筋交叉点均应扎牢，绑扎箍筋时钢丝绑扣相互间应呈八字形。下层柱的钢筋露出楼面部分，宜用工具式柱箍将其收进一个柱筋直径，以利上层柱的钢筋搭接。当柱截面有变化时，其下层柱钢筋的露出部分，必须在绑扎梁的钢筋之前，先行收缩准确。框架梁、牛腿及柱帽等钢筋，应放在柱的纵向钢筋内侧。

1. 工艺流程

绑扎柱钢筋的工艺流程：基层清理—弹放柱子线—检查、修理柱子钢筋—套柱子箍筋—搭接绑扎纵向受力钢筋—画箍筋位置线—绑扎箍筋。

2. 操作要点

(1) 基层清理。剔除混凝土表面浮浆，清除结构层表面的水泥薄膜、松动的石子和软弱的混凝土层，并用水冲洗干净。

(2) 弹放柱子线。将柱截面的外皮尺寸线弹在已经施工完的结构面上。

(3) 检查、修理柱钢筋。根据弹好的外皮尺寸线，检查下层预留搭接钢筋位置、数量、长度，如不符合要求，应进行调整处理。绑扎前，先整理调直下层伸出的搭接钢筋，并将钢筋上的锈蚀、水泥砂浆等粘污物清理干净。

(4) 套柱子箍筋。按图样要求间距，计算好每根柱需用箍筋的数量，将箍筋套在下层伸出的搭接钢筋上。

(5) 搭接绑扎柱纵向受力钢筋。立柱子纵向钢筋，与搭接钢筋进行绑扎。在搭接长度内，绑扎连接时绑扎扣不少于 3 个，绑扣要面向柱中心。

(6) 画箍筋位置线。在立好的柱子竖向钢筋上，按图样要求用粉笔画好箍筋位置线。

(7) 绑扎箍筋。

1) 按画好的箍筋位置线，将已套好的箍筋往上移，由上往下采用缠扣绑扎。

2) 箍筋与纵向钢筋要垂直，箍筋转角处与纵向钢筋交点应逐点绑扎，绑扣相互之间呈八字形，纵向钢筋与箍筋非转角部分的交点可呈梅花式交错绑扎。

3) 箍筋弯钩叠合处应沿柱子纵向钢筋交错布置，并绑扎牢固，如图 2.73 所示。

4) 有抗震要求的地区，箍筋端头应弯成 135°平直部分长度不小于 $10d$，如图 2.74 所示。

5) 有些柱子中，为了保证柱中的钢筋连接，还设计有拉筋，拉筋绑扎应钩住箍筋，如图 2.74 所示。

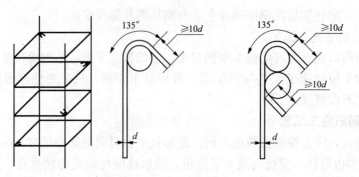

图 2.73　柱箍筋交错布置示意图

6）将准备好的混凝土垫块竖绑在柱钢筋上，间距一般为 1m。以保证纵向钢筋保护层厚度准确。此处所用的混凝土垫块上应带有扎丝。

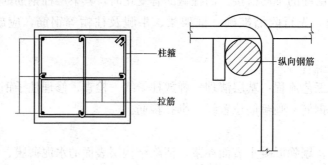

图 2.74　柱箍筋布置示意图

3.5.3　梁钢筋施工工艺

1. 模内绑扎

（1）工艺流程。模内绑扎工艺流程为：放主次梁箍筋位置线—放主次梁箍筋—穿主梁下层纵向钢筋及弯起钢筋—穿次梁下层纵向钢筋并与箍筋固定—放主梁上层纵向架立钢筋—按箍筋间距绑扎—穿次梁上层纵向架立钢筋—按箍筋间距绑扎—垫混凝土垫块。

（2）操作要点。

1）放主次梁箍筋位置线。按设计图样的要求，用粉笔或墨线在梁侧板上画出箍筋位置线。

2）放主次梁箍筋。按画好的箍筋位置线摆放箍筋。

3）穿主梁下层纵向钢筋及弯起钢筋，将箍筋按已经画好位置逐个分开。

4）穿次梁下层纵向钢筋及弯起钢筋，并套好次梁箍筋。

5）放主次梁上层纵向架立钢筋。按画好的间距将架立钢筋与箍筋绑扎牢。

6）绑主钢筋，主次梁同时配合进行。这里需要明确的是，一般的混凝土主次梁的受力次序是：次梁压在主梁之上，所以主梁的纵向钢筋在最下面，施工操作时，要先放好主梁钢筋。开始绑扎前要再次检查钢筋有无错、漏现象，无误后再开始绑扎，避免返工。

7）按箍筋间距绑扎。梁上层纵向钢筋与箍筋的绑扎，宜采用套扣法绑扎。相邻扣的方向应相互绑扎呈八字形。

箍筋在叠合处的弯钩，在梁中应交错绑扎，其弯钩也为 135°，平直部分的长度为 $10d$

或 75mm，如做成封闭箍筋，单面焊缝长度为 5d。

8）垫混凝土垫块。主次梁受力钢筋下面均应垫混凝土垫块，垫块长×宽＝50mm×50mm，要保证混凝土保护层的厚度。受力钢筋为双排时，可以用短钢筋垫在两层钢筋之间，以方便绑扎。

梁钢筋搭接要符合设计和规范关于接头的要求。在进行配料时就要考虑周全，绑扎时更要随时注意。

2. 模外绑扎

模外绑扎工艺流程为：放主次梁箍筋位置线—在主次梁模板上口铺横杆数根—在横杆上面放箍筋—穿主梁下层纵向钢筋及弯起钢筋—穿次梁下层纵向钢筋—穿主梁上层纵向架立钢筋—按主梁箍筋间距绑扎—穿次梁上层钢筋—按主梁箍筋间距绑扎—按次序抽出横杆将骨架落入模板内—垫混凝土垫块。

有一些混凝土梁较高，钢筋绑扎不便，这时可以先把钢筋骨架用横杆架在梁的模板上口分段进行绑扎，绑扎完成后，再将横杆抽出，将钢筋骨架放入到模板内。其他绑扎操作步骤与模内钢筋绑扎相同。

3.5.4 板钢筋施工工艺

1. 工艺流程

板钢筋绑扎工艺流程为：清理模板—模板上画线—绑扎板钢筋—绑扎负弯矩钢筋—垫混凝土垫块。

2. 操作要点

（1）清理模板。在绑扎钢筋之前，要和木工班长共同检查模板的尺寸，无差错后，将模板清理干净。

（2）模板上画线。按设计图样要求用粉笔或墨线在模板上画好主钢筋、分布钢筋的位置。按画好的间距，先摆放受力主钢筋、后放分布钢筋。

（3）绑扎板钢筋。绑扎板钢筋一般采用顺扣或八字扣。在单向板中除外围的 2 排钢筋每个相交点应全部绑扎外，其余各点可以采用交错梅花式绑扎；而在双向板中板钢筋的每个相交点都要绑扎。如板为双层钢筋，两层钢筋之间须用钢筋马凳，将上下钢筋支承住，才能保证上下钢筋在混凝土浇筑时位置准确。负弯矩钢筋每个交点都要绑扎。为防止钢筋网在混凝土浇筑时弯斜，相邻绑扣需绑扎成八字形。

如果需绑扎的板钢筋带有弯起直段，应先将直段立起来，用联系钢筋先绑扎上，防止直段钢筋弯斜。

（4）垫混凝土垫块。钢筋下面每隔 1.5m 左右，垫好混凝土垫块。垫块的厚度等于保护层的厚度，如无设计要求，一般板混凝土保护层厚度为 15mm。

3.5.5 墙钢筋施工工艺

墙的竖向钢筋每段长度：当钢筋直径小于或等于 12mm 时，不宜超过 4m；钢筋直径大于 12mm 时，不宜超过 6m；水平钢筋每段长度不宜超过 8m，以利绑扎。在墙钢筋网四周的两行钢筋应交叉绑扎牢固，中间部分交叉点可间隔交错绑扎，保证受力钢筋不产生位移。双向主筋的钢筋网，全部交叉点均应绑扎牢固。相邻绑扎点的钢丝扣要呈八字形，以免网片歪斜变形；钢筋的弯钩应朝向混凝土内。采用双层钢筋网时，在两层钢筋间应设置撑铁，以固定钢筋间距。撑铁可用 $\phi6\sim\phi10\text{mm}$ 的钢筋制成，长度等于两层网片的净距，撑铁间距约为 1m，相互错开排列。

1. 工艺流程

板钢筋绑扎工艺流程为：立 2～4 根竖筋—画水平筋间距—绑定位横筋—绑其余横竖筋。

2. 操作要点

（1）立 2～4 根竖筋：将竖筋与下层伸出的搭接筋绑扎，在竖筋上画好水平筋分档标志，在下部及齐胸处绑两根横筋定位，并在横筋上画好竖筋分档标志，接着绑其余竖筋，最后再绑其余横筋。横筋在竖筋里面或外面应符合设计要求。

（2）剪力墙筋应逐点绑扎，在两层钢筋之间要绑扎拉结筋和支承筋，以保证钢筋的正确位置。拉结筋采用 $\phi6\sim\phi10\text{mm}$ 钢筋，绑扎时纵横间距不大于 600mm，绑扎在纵横向钢筋的交叉点上，勾住外边筋。用砂浆垫块或塑料卡来保证保护层的厚度，其间距不大于 1000mm。

（3）剪力墙与框架柱连接处，剪力墙的水平横筋应锚固到框架柱内，其锚固长度要符合设计要求。如先浇筑柱混凝土后绑剪力墙钢筋，柱内要预留连接筋或柱内预埋铁件，待柱拆除模板绑墙钢筋时作为连接用。其预留长度应符合设计或规范的规定。

（4）剪力墙水平筋在两端头、转角、十字节点、连梁等部位的锚固长度及洞口周围加固等，均应符合设计、抗震要求。

（5）合模后对伸出的竖向钢筋应进行修整，在模板上口加角铁或用梯子筋将伸出的竖向钢筋加以固定，浇筑混凝土时应有专人看护，浇筑后再次调整以保证钢筋位置的准确。

3.5.6　楼梯钢筋施工工艺

1. 工艺流程

板式楼梯钢筋绑扎的工艺流程为：弹放钢筋位置线—布放钢筋—绑扎梁钢筋—绑扎板钢筋—垫混凝土垫块。

2. 操作要点

（1）弹放钢筋位置线。按设计要求，先把楼梯梯段板受力钢筋和横向分布钢筋的位置弹放在其模板上，上下楼梯平台梁箍筋位置标到平台梁模板上。

（2）布放钢筋。先将梯段板纵向钢筋按弹放好的位置线放好，然后将上下楼梯平台梁的箍筋和纵向钢筋在模板内穿好。

（3）绑扎梁钢筋。按梁钢筋的绑扎方法和要求，绑扎好上下梁的钢筋。

（4）绑扎板钢筋。楼梯梯段板是斜的，为了保证纵向钢筋不向下移，可以先在上下平台梁边各先绑扎一根横向分布钢筋，再逐点绑扎好其他横向分布钢筋，这样，梯段板的板底钢筋就绑扎完成了。绑扎上部负弯矩钢筋和负弯矩钢筋的分布钢筋，并把交叉点全部绑牢。

（5）垫混凝土垫块。分别垫梁板混凝土垫块，注意正反。

3.6　钢筋工程施工质量检查验收

钢筋工程属于隐蔽工程，在浇筑混凝土前对钢筋及预埋件进行隐蔽工程验收，并按规定做好隐蔽工程记录，以便查验。其内容包括：纵向受力钢筋的品种、规格、数量、位置是否正确，特别是要注意检查负弯矩钢筋的位置；钢筋的连接方式、接头位置、接头数量、接头面积百分率是否符合规定；箍筋、横向钢筋的品种、规格、数量、间距等；预埋件的规格、数量、位置等；钢筋绑扎是否牢固，有无变形、松脱和开焊。

钢筋工程的施工质量检验应按主控项目、一般项目按规定的检验方法进行检验。检验批质量合格应符合下列规定：主控项目的质量经抽检合格；一般项目的质量经抽样检验合格；当采用计数检验时，除有专门要求外，一般项目的合格点率应达到 80％ 及以上，且不得有严重缺陷；具有完整的施工操作依据和质量验收记录。

3.6.1 主控项目

（1）进场的钢筋应按规定抽取试件做力学性能检验，其质量必须符合相关标准的规定。

检查数量：按进场的批次和产品的抽样检验方案确定。

检验方法：检验产品合格证、出厂检验报告和进场复检报告。

（2）对有抗震设防要求的结构，其纵向受力钢筋的性能应满足设计要求；当设计无具体要求时，对按一、二、三级抗震等级设计的框架和斜撑构件（含梯段）中的纵向受力钢筋应采用 HRB335E、HRB400E、HRB500E、HRBF335E、HRBF400E 级或 HRBF500E 级钢筋，其强度和最大受力下总伸长率的实测值应符合下列规定：

1）钢筋的抗拉强度实测值与屈服强度实测值的比值不应小于 1.25。

2）钢筋的屈服强度实测值与强度标准值的比值不应大于 1.3。

3）钢筋的最大受力下总伸长率不应小于 9％。

检查数量：按进场的批次和产品的抽样检查方案确定。

检验方法：检查进场复验报告。

（3）钢筋弯折的弯弧内直径应符合下列规定：光圆钢筋，不应小于钢筋直径的 2.5 倍；335、400MPa 级带肋钢筋，不应小于钢筋直径的 4 倍；500MPa 级带肋钢筋，当直径为 28mm 以下时不应小于钢筋直径的 6 倍，当直径为 28mm 及以上时不应小于钢筋直径的 7 倍；箍筋弯折处尚不应小于纵向受力钢筋的直径。

检查数量：按每工作班同一类型钢筋、同一加工设备抽查不应少于 3 件。

检验方法：尺量检查。

（4）纵向受力钢筋弯折后的平直段长度应符合设计要求。光圆钢筋末端作 180°弯钩时，弯钩的平直段长度不应小于钢筋直径的 3 倍。

检查数量：按每工作班同一类型钢筋、同一加工设备抽查不应少于 3 件。

检验方法：尺量检查。

（5）箍筋、拉结筋的末端应按设计要求作弯钩，并应符合下列规定：对一般结构构件，箍筋弯钩的弯折角度不应小于 90°，弯折后平直段长度不应小于箍筋直径的 5 倍；对有抗震设防要求或设计有专门要求的结构构件，箍筋弯钩的弯折角度不应小于135°，弯折后平直段长度不应小于箍筋直径的 10 倍。圆形箍筋的搭接长度不应小于其受拉锚固长度，且两末端弯钩的弯折角度不应小于135°，弯折后平直段长度，对一般结构构件不应小于箍筋直径的 5 倍，对有抗震设防要求的结构构件不应小于箍筋直径的 10 倍。梁、柱复合箍筋中的单肢箍筋两端弯钩的弯折角度均不应小于135°，弯折后平直段长度应符合对箍筋的有关规定。

检查数量：按每工作班同一类型钢筋、同一加工设备抽查不应少于 3 件。

检验方法：尺量检查。

（6）钢筋的连接方式应符合设计要求。

检查数量：全数检查。

检验方法：观察检查。

（7）钢筋采用机械连接或焊接连接时，钢筋机械连接接头、焊接接头的力学性能、弯曲性能应符合国家现行相关标准的规定。接头试件应从工程实体中截取。

检查数量：按《钢筋机械连接技术规程》（JGJ 107）和《钢筋焊接及验收规程》（JGJ 18）的规定确定。

检验方法：检查质量证明文件和抽样检验报告。

（8）螺纹接头应检验拧紧扭矩值，挤压接头应量测压痕直径，检验结果应符合《钢筋机械连接技术规程》（JGJ 107）的相关规定。

检查数量：按《钢筋机械连接技术规程》（JGJ 107）的规定确定。

检验方法：采用专用扭力扳手或专用量规检查。

（9）钢筋安装时，受力钢筋的牌号、规格和数量必须符合设计要求。

检查数量：全数检查。

检验方法：观察和尺量检查。

（10）受力钢筋的安装位置、锚固方式应符合设计要求。

检查数量：全数检查。

检验方法：观察和尺量检查。

3.6.2　一般项目

（1）钢筋应平直、无损伤，表面不得有裂纹、油污、颗粒状或片状老锈。

检查数量：全数检查。

检验方法：观察检查。

（2）成型钢筋的外观质量和尺寸偏差应符合国家现行相关标准的规定。

检查数量：同一厂家、同一类型的成型钢筋，不超过 30t 为一批，每批随机抽取 3 个成型钢筋试件。

检验方法：观察和尺量检查。

（3）钢筋机械连接套筒、钢筋锚固板及预埋件等的外观质量应符合国家现行相关标准的规定。

检查数量：按国家现行相关标准的规定确定。

检验方法：检查产品质量证明文件；观察和尺量检查。

（4）钢筋加工的形状、尺寸应符合设计要求，其偏差应符合表 2.40 的规定。

检查数量：按每工作班，同一类型钢筋、同一加工设备抽查不应少于 3 件。

检验方法：尺量检查。

表 2.40　　　　　　　　　　　钢筋加工的允许偏差　　　　　　　　　　　　　　mm

项　　　目	允　许　偏　差
受力钢筋顺长度方向全长的净尺寸	±10
弯起钢筋的弯折位置	±20
箍筋内净尺寸	±5

（5）钢筋接头的位置应符合设计和施工方案要求。有抗震设防要求的结构中，梁端、柱端箍筋加密区范围内不应进行钢筋搭接。接头末端至钢筋弯起点距离不应小于钢筋直径的 10 倍。

检查数量：全数检查。

检验方法：观察和尺量检查。

（6）钢筋机械连接接头、焊接接头的外观质量应符合《钢筋机械连接技术规程》（JGJ 107）和《钢筋焊接及验收规程》（JGJ 18）的规定。

检查数量：按《钢筋机械连接技术规程》（JGJ 107）和《钢筋焊接及验收规程》（JGJ 18）的规定确定。

检验方法：观察和尺量检查。

（7）当纵向受力钢筋采用机械连接接头或焊接接头时，同一连接区段内纵向受力钢筋的接头面积百分率应符合设计要求；当设计无具体要求时，应符合下列规定：受拉接头不宜大于 50%；受压接头可不受限制；直接承受动力荷载的结构构件中不宜采用焊接；当采用机械连接时不应超过 50%。

检查数量：在同一检验批内，对梁、柱和独立基础，应抽查构件数量的 10%，且不应少于 3 件；对墙和板，应按有代表性的自然间抽查 10%，且不应少于 3 间；对大空间结构，墙可按相邻轴线间高度 5m 左右划分检查面，板可按纵横轴线划分检查面，抽查 10%，且均不应少于 3 面。

检验方法：观察和尺量检查。

（8）当纵向受力钢筋采用绑扎搭接接头时，接头的设置应符合下列规定：接头的横向净间距不应小于钢筋直径，且不应小于 25mm；同一连接区段内，纵向受拉钢筋的接头面积百分率应符合设计要求；当设计无具体要求时应符合下列规定：

1）梁类、板类及墙类构件不宜超过 25%；基础筏板不宜超过 50%。

2）柱类构件不宜超过 50%。

3）当工程中确有必要增大接头面积百分率时，对梁类构件不应大于 50%。

检查数量：在同一检验批内，对梁、柱和独立基础，应抽查构件数量的 10%，且不应少于 3 件；对墙和板，应按有代表性的自然间抽查 10%，且不应少于 3 间；对大空间结构，墙可按相邻轴线间高度 5m 左右划分检查面，板可按纵横轴线划分检查面，抽查 10%，且均不应少于 3 面。

检验方法：观察和尺量检查。

（9）梁、柱类构件的纵向受力钢筋搭接长度范围内箍筋的设置应符合设计要求；当设计无具体要求时，应符合下列规定：箍筋直径不应小于搭接钢筋较大直径的 1/4；受拉搭接区段的箍筋间距不应大于搭接钢筋较小直径的 5 倍，且不应大于 100mm；受压搭接区段的箍筋间距不应大于搭接钢筋较小直径的 10 倍，且不应大于 200mm；当柱中纵向受力钢筋直径大于 25mm 时，应在搭接接头两个端面外 100mm 范围内各设置两个箍筋，其间距宜为 50mm。

检查数量：在同一检验批内，应抽查构件数量的 10%，且不应少于 3 件。

检验方法：观察和尺量检查。

（10）钢筋安装偏差及检验方法应符合表 2.41 的规定。

表 2.41　　　　　　　　　　　钢筋安装偏差及检验方法

项　目		允许偏差（mm）	检验方法
绑扎钢筋网	长、宽	±10	尺量
	网眼尺寸	±20	尺量连续三档，取最大偏差值
绑扎钢筋骨架	长	±10	尺量
	宽、高	±5	尺量
纵向受力钢筋	锚固长度	−20	尺量
	间距	±10	尺量两端、中间各一点，取最大偏差值
	排距	±5	
纵向受力钢筋、箍筋的混凝土保护层厚度	基础	±10	尺量
	柱、梁	±5	尺量
	板、墙、壳	±3	尺量
绑扎箍筋、横向钢筋间距		±20	尺量连续三档，取最大偏差值
钢筋弯起点位置		20	尺量，沿纵、横两个方向量测，并取其中偏差的较大值
预埋件	中心线位置	5	尺量
	水平高差	+3，0	塞尺量测

注　1. 检查中心线位置时，应沿纵、横两个方向测量，并取其中的较大值。

　　2. 表中梁、板类构件上部纵向受力钢筋保护层厚度的合格点率应达到 90％及以上，且不得超过表中数值 1.5 倍的尺寸偏差。

检查数量：在同一检验批内，对梁、柱和独立基础，应抽查构件数量的 10％，且不少于 3 件；对墙和板，应按有代表性的自然间抽查 10％，且不少于 3 间；对大空间结构，墙可按相邻轴线间高度 5m 左右划分检查面，板可按纵横轴线划分检查面，抽查 10％，且均不少于 3 面。

3.7　钢筋工程常见质量事故

3.7.1　钢筋工程质量事故类别

1. 钢筋材质达不到材料标准或设计要求

常见的有钢筋屈服点和极限强度低、钢筋裂缝、钢筋脆断、焊接性能不良等。钢筋材质不合要求主要因为钢筋流通领域复杂，大量钢筋经过多次转手造成，出厂证明与货源不一致的情况较普遍，加上从十几个国家进口的不同材质的钢筋，造成进场的钢筋质量问题较多；其次是进场后的钢筋管理混乱，不同品种钢筋混杂；还有使用前未按施工规范规定验收与抽查等。

2. 漏筋或少筋

常见的有漏放或错放钢筋，造成钢筋设计截面不足等。主要原因有看错图、钢筋配料错误、钢筋代用不当等。

3. 钢筋错位偏差

常见的有基础预留插筋错误，梁、板上面钢筋下移，柱与柱或柱与梁连接钢筋错位等。主要原因除看错图外，还有施工工艺不当、钢筋固定不牢固、施工操作中踩踏或碰撞钢筋等。

4. 钢筋脆断

这里所指的钢筋脆断，不包括材质不合格钢筋的脆断。常见的有低合金钢或进口钢筋运输装卸中脆断、电焊脆断等。主要原因有钢筋加工成型工艺错误；运输装卸方法不当，使钢筋承受过大的冲击应力；对进口钢筋的性能不了解；焊接工艺不良，以及不适当地使用点焊固定钢筋位置等。

5. 钢筋锈蚀

常见的有钢筋严重锈蚀、掉皮、有效截面减小；构件内钢筋严重锈蚀后，导致混凝土裂缝等。主要原因有钢筋储存保管不当，构件混凝土密实度差，保护层小，不适当掺用氯盐等。

3.7.2　钢筋工程质量事故处理方法及注意事项

1. 处理方法

(1) 补加遗漏的钢筋。例如，预埋钢筋遗漏或错位严重，可在混凝土中钻孔补埋规定的钢筋；又如，凿除混凝土保护层，补加所需的钢筋，再用喷射混凝土等方法修复保护层等。

(2) 增密箍筋加固。例如，纵向钢筋弯折严重将降低承载能力，并造成抗裂性能恶化等后果。此时可在钢筋弯折处及附近用间距较小的（如 30mm 左右）钢箍加固。试验结果表明，这种密箍处理方法对混凝土有一定的约束作用，能提高混凝土的极限强度，推迟混凝土中斜裂缝的出现时间，并保证弯折受压钢筋强度得以充分发挥。

(3) 结构或构件补强加固。常用的方法有外包钢筋混凝土、外包钢、粘贴钢板、增设预应力卸载体系等。

(4) 降级使用。锈蚀严重的钢筋或性能不良，但仍可使用的钢筋，可采用降级使用；因钢筋事故，导致构件承载能力等性能降低的预制构件，也可采用降低等级使用的方法处理。

(5) 试验分析排除疑点。常用的方法有：对可疑的钢筋进行全面试验分析；对有钢筋事故的结构构件进行理论分析和荷载试验等。如试验结果证明不必采用专门处理措施也可确保结构安全，则可不必处理，但须征得设计单位同意。

(6) 焊接热处理。例如，电弧点焊可能造成脆断，可用高温或中温回火或正火处理方法，改善焊点及附近区域的钢材性能等。

(7) 更换钢筋。在混凝土浇筑前，发现钢筋材质有问题，通常采用此法。

2. 选择处理方法的注意事项

(1) 确认事故钢筋的性质与作用。区分出事故部分的钢筋属受力筋，还是构造钢筋，或仅是施工阶段所需的钢筋。实践证明，并非所有的钢筋工程事故都只能选择加固补强的方法处理。

（2）注意区分同性质事故的不同原因。例如，钢筋脆断并非都是材质问题，不一定都需要调换钢筋。

（3）以试验分析结果为前提。钢筋工程事故处理前，往往需要对钢材做必要的试验，有的还要做荷载试验。只有根据试验结果的分析才能正确选择处理方法。

项目 4　混 凝 土 工 程

4.1　混凝土的施工工艺

4.1.1　混凝土的制备

混凝土制备应采用符合质量要求的原材料，按规定的配合比配料，混合料应拌和均匀，以保证设计强度和特殊要求（如抗冻、抗渗等）及施工和易性要求，并应节约水泥，减轻劳动强度。

（1）混凝土配制强度，按下式计算：

$$f_{cu,o} \geqslant f_{cu,k} + 1.645\sigma \tag{2-20}$$

式中　　$f_{cu,o}$——混凝土配制强度，N/mm^2；

　　　　$f_{cu,k}$——混凝土立方体抗压强度标准值，N/mm^2；

　　　　　σ——混凝土强度标准差，N/mm^2，可用统计资料计算，或按强度等级取值：当混凝土设计强度小于或等于 C20 时取 4N/mm^2，当混凝土设计强度为 C25～C40 时取 5N/mm^2，当混凝土设计强度大于或等于 C45 时取 6N/mm^2。

（2）混凝土施工配合比及施工配料。实验室配合比所用的砂石都是不含水分的，而施工现场的砂石都含有一定的水分，其含水率是变化的。所以施工时的配合比应进行调整，称为施工配合比。设实验室配合比为：水泥∶砂∶石＝1∶X∶Y，水灰比为 W/C，现场砂石含水率分别为 W_x、W_y，则施工配合比为：水泥∶砂∶石＝1∶$X(1+W_x)$∶$Y(1+W_y)$，水灰比不变，但用水量应减少。

【例 2.8】　某工程混凝土实验室配合比为 1∶2.56∶5.55，$W/C＝0.65$，每立方米混凝土水泥用量为 275kg，现场测得砂石含水率分别为 3％、1％，求施工配合比。

解　（1）求施工配合比

水泥∶砂∶石为：1∶2.56(1+3％)∶5.55(1+1％)＝1∶2.64∶5.60

（2）调整后则每立方米混凝土材料用量为

$$水泥＝275kg$$

$$砂＝275×2.64＝726(kg)$$

$$石＝275×5.60＝1540(kg)$$

$$水＝275×0.65－275×2.56×3％－275×5.55×1％＝142.4(kg)$$

4.1.2　混凝土的搅拌

混凝土的搅拌就是根据混凝土的配合比，把水、水泥和粗细骨料进行均匀拌和的过程。同时，通过搅拌还要使材料达到强化、塑化的作用。

1. 混凝土搅拌机

混凝土搅拌机按其工作原理可分为自落式搅拌机和强制式搅拌机两大类。

(1) 自落式搅拌机。自落式搅拌机搅拌筒内壁装有叶片，搅拌筒旋转，叶片将物料提升一定的高度后自由下落，各物料颗粒分散拌和，拌和成均匀的混合物。这种搅拌机体现的是重力拌和原理。自落式搅拌机按其搅拌筒的形状不同可分为鼓筒式、锥形反转出料式两种类型。

1) 鼓筒式搅拌机。它是一种最早使用的传统形式的自落式搅拌机，如图 2.75 所示。这种搅拌机具有结构紧凑、运转平稳、机动性好、使用方便、耐用可靠等优点，在相当长一段时间内广泛使用于施工现场，它适用于搅拌塑性混凝土，但由于该机种存在着拌和出料困难、卸料时间长、搅拌筒利用率低、水泥耗量大等缺点，现属淘汰机型，常见型号有 JG150、JG250 等。

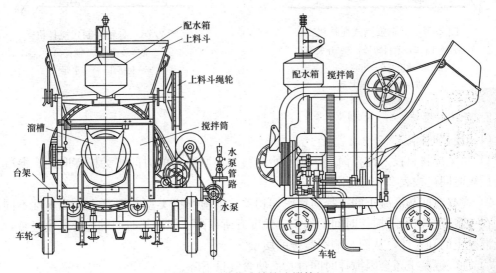

图 2.75　自落式鼓筒式搅拌机

2) 锥形反转出料式搅拌机。这种拌机的搅拌筒呈双锥形，如图 2.76 所示。筒内装有搅拌叶片和出料叶片，正转搅拌，反转出料。因此，它具有搅拌质量好、生产效率高、运转平稳、操作简单、出料干净迅速和不易发生粘筒等优点，正逐步取代鼓筒式搅拌机。

锥形反转出料式搅拌机适用于施工现场搅拌塑性、半干硬性混凝土，常用型号有 JZ150、JZ250、JZ350 等。

(2) 强制式搅拌机。强制式搅拌机的轴上装有叶片，通过叶片强制搅拌装在搅拌筒中的物料，使物料沿环向、径向和竖向运动，拌和成均匀的混合物。这种搅拌机体现的是剪切拌和原理。强制式搅拌机和自落式搅拌机相比，搅拌作用强烈、均匀，搅拌时间短，生产效率高，质量好而且出料干净。它适用于搅拌低流动性混凝土、干硬性混凝土和轻骨料混凝土。

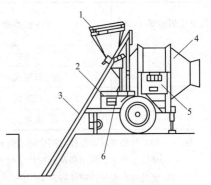

图 2.76　自落式锥形搅拌机
1—上料斗；2—电动机；3—上料轨道；
4—搅拌筒；5—开关箱；6—水管

　　强制式搅拌机按其构造特征可分为立轴式（见图 2.77）和卧轴式（见图 2.78）两类，常用型号有 JD250、JW250、JW500、JD500。

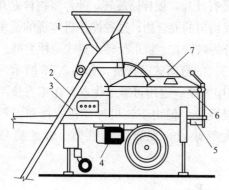

图 2.77　立轴强制式搅拌机
1—上料斗；2—上料轨道；3—开关箱；
4—电动机；5—出浆口；
6—进水管；7—搅拌筒

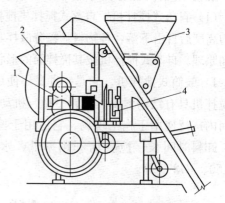

图 2.78　卧轴强制式搅拌机
1—变速装置；2—搅拌筒；
3—上料斗；4—水泵

2. 混凝土搅拌

（1）搅拌时间。

1）从全部材料投入搅拌筒起，到开始卸料为止所经历的时间称为搅拌时间。混凝土搅拌的最短时间可按表 2.42 采用。

2）搅拌时间与混凝土的搅拌质量密切相关，随搅拌机类型和混凝土的和易性不同而变化。在一定范围内，随搅拌时间的延长，强度有所提高，但过长时间的搅拌既不经济，又将降低混凝土的和易性，从而影响混凝土的质量。

3）加气混凝土还会因搅拌时间过长而使含气量下降。

表 2.42　　　　　　　　　　　　混凝土搅拌的最短时间　　　　　　　　　　　　　　　　　s

混凝土坍落度（mm）	搅拌机类型	搅拌机容量（L）		
		＜250	250～500	＞500
≤30	自落式	90	120	150
	强制式	60	90	120
＞30	自落式	90	90	120
	强制式	60	60	90

注　1. 掺有外加剂时，搅拌时间应适当延长。

　　2. 全轻混凝土宜采用强制式搅拌机搅拌。砂轻混凝土可用自落式搅拌机搅拌，搅拌时间均应延长 60～90s。

　　3. 轻骨料宜在搅拌前预湿。采用强制式搅拌机搅拌的加料顺序是：先加粗细骨料和水泥搅拌 60s，再加水继续搅拌。采用自落式搅拌机搅拌的加料顺序是：先加 1/2 的用水量，然后加粗细骨料和水泥，均匀搅拌 60s，再加剩余用水量继续搅拌。

　　4. 当采用其他形式搅拌设备时，搅拌的最短时间应按设备说明书的规定经试验确定。

　　（2）投料顺序。投料顺序应从提高搅拌质量，减少叶片、衬板的磨损，减少拌和物与搅拌筒的黏结，减少水泥飞扬，改善工作环境，提高混凝土强度及节约水泥等方面综合考虑确定，有一次投料法、二次投料法和水泥裹砂法。

1）一次投料法。是在上料斗中先装石子，再加水泥和砂，然后一次投入搅拌筒中进行搅拌。对于自落式搅拌机要在搅拌筒内先加部分水，投料时砂压住水泥，然后陆续加水，这样水泥不致飞扬，并且水泥和砂先进入搅拌筒形成水泥砂浆，可缩短水泥包裹石子的时间。对于强制式搅拌机，因出料口在下部，不能先加水，应在投放干料的同时，缓慢均匀分散地加水。

2）二次投料法。是先向搅拌机内投入水和水泥，待其搅拌 1min 后再投入石子和砂继续搅拌到规定时间。这种投料方法，能改善混凝土性能，提高了混凝土的强度，在保证规定的混凝土强度的前提下节约了水泥。目前常用的方法有预拌水泥砂浆法和预拌水泥净浆法两种。

预拌水泥砂浆法是指先将水泥、砂和水加入搅拌筒内进行充分搅拌，成为均匀的水泥砂浆后，再加入石子搅拌成均匀的混凝土。预拌水泥净浆法是先将水泥和水充分搅拌成均匀的水泥净浆后，再加入砂和石子搅拌成混凝土。

与一次投料法相比，二次投料法可使混凝土强度提高 10％～15％，节约水泥 15％～20％。

3）水泥裹砂法。用这种方法拌制的混凝土称为造壳混凝土（简称 SEC 混凝土）。它是分两次加水，两次搅拌。先将全部砂、石子和部分水倒入搅拌机拌和，使骨料湿润，称为造壳搅拌。搅拌时间以 45～75s 为宜，再倒入全部水泥搅拌 20s，加入拌和水和外加剂进行第二次搅拌，60s 左右完成。

（3）进料容量。

1）进料容量是将搅拌前各种材料的体积累积起来的容量，又称干料容量。

2）进料容量与搅拌机搅拌筒的几何容量有一定的比例关系。进料容量为出料容量的 1.4～1.8 倍（通常取 1.5 倍），如任意超载（超载 10％），就会使材料在搅拌筒内无充分的空间进行拌和，影响混凝土的和易性。反之，装料过少，又不能充分发挥搅拌机的效能。

（4）搅拌要求。

1）严格执行混凝土施工配合比，及时进行混凝土施工配合比的调整。

2）严格进行各原材料的计量。

3）搅拌前应充分润湿搅拌筒，搅拌第一盘混凝土时应按配合比对粗骨料减量。

4）控制好混凝土搅拌时间。

5）按要求检查混凝土坍落度并反馈信息。严禁随意加减用水量。

6）搅拌好的混凝土要卸净，不得边出料边进料。

7）搅拌完毕或间歇时间较长，应清洗搅拌筒。搅拌筒内不应有积水。

8）保持搅拌机清洁完好，做好其维修保养。

4.1.3 混凝土的运输

混凝土由拌制地点运至浇筑地点的运输分为水平运输（地面水平运输和楼面水平运输）和垂直运输。常用的水平运输设备有手推车、机动翻斗车、混凝土搅拌运输车、自卸汽车等。常用的垂直运输设备有龙门架、井架、塔式起重机、混凝土泵等。混凝土运输设备的选择应根据建筑物的结构特点、运输的距离、运输量、地形及道路条件、现有设备情况等因素综合考虑确定。

1. 混凝土的运输要求

（1）混凝土在运输过程中不产生分层、离析现象。如有离析现象，必须在浇筑前进行二次搅拌。

（2）混凝土运至浇筑地点开始浇筑时，应满足设计配合比所规定的坍落度，见表 2.43。

表 2.43　　　　　　　　　　　　混凝土浇筑时的坍落度

项次	结构类型	坍落度（mm）
1	基础或地面等垫层，无配筋的厚大结构（挡土墙、基础或厚大的块体等）或配筋稀疏的结构	10～30
2	板、梁和大型及中型截面的结构	30～50
3	配筋密列的结构（薄壁、斗仓、筒仓、细柱等）	50～70
4	配筋特密的结构	70～90

注　1. 本表是指采用机械振捣的混凝土坍落度，采用人工振捣时可适当增大混凝土坍落度。

　　2. 需要配置大坍落度混凝土时应加入混凝土外加剂。

　　3. 曲面、斜面结构的混凝土，其坍落度应根据需要另行选用。

（3）混凝土从搅拌机中卸出运至浇筑地点必须在混凝土初凝之前浇捣完毕，其允许延续时间不超过表 2.44 的规定。

表 2.44　　　　　　　混凝土从搅拌机中卸出后到浇筑完毕的延续时间　　　　　　　　min

混凝土强度等级	气　温	
	<25℃	≥25℃
≤C30	120	90
>C30	90	60

注　1. 对掺加外加剂或快硬水泥拌制的混凝土，其延续时间应按试验确定。

　　2. 运输、浇筑延续时间应适当缩短。

（4）运输工作应保证混凝土的浇筑工作连续进行。

2. 混凝土运输工具的选择

（1）混凝土地面运输时，短距离多用双轮手推车、机动翻斗车；长距离宜用自卸汽车、混凝土搅拌运输车。

（2）垂直运输时，对于浇筑量大、浇筑速度比较稳定的大型设备基础和高层建筑，宜采用混凝土泵，也可采用自升式塔式起重机或爬升式塔式起重机运输。

（3）泵送混凝土。混凝土用混凝土泵运输，通常称为泵送混凝土。常用的混凝土泵有液压柱塞泵（见图 2.79）和挤压泵两种。液压柱塞泵是利用柱塞的往复运动将混凝土吸入和排出。混凝土输送管有直管、弯管、锥形管和浇筑软管等，一般由合金钢、橡胶、塑料等材料制成，常用混凝土输送管的直径为 100～150mm。

1）泵送混凝土对原材料的要求。

a. 粗骨料。碎石最大粒径与输送管内径之比不宜大于 1∶3；卵石不宜大于 1∶2.5。

b. 砂。以天然砂为宜，砂率宜控制在 40％～50％，通过 0.315mm 筛孔的砂不少于 15％。

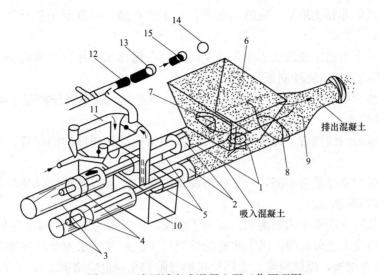

图 2.79 液压活塞式混凝土泵工作原理图

1—混凝土缸；2—混凝土活塞；3—液压缸；4—液压活塞；5—活塞杆；6—受料斗；
7—吸入端水平片阀；8—排出端竖直片阀；9—V 形输送管；10—水箱；11—水洗装置换向阀；
12—水洗用高压软管；13—水洗用法兰；14—海绵球；15—清洗活塞

c. 水泥。最少水泥用量为 $300kg/m^3$，坍落度宜为 $80\sim180mm$，混凝土内宜适量掺入外加剂。

d. 轻骨料。泵送轻骨料凝土的原材料选用及配合比，应通过试验确定。

2）泵送混凝土施工中应注意的问题。

a. 输送管的布置宜短直，尽量减少弯管数，转弯宜缓，管段接头要严密，少用锥形管。

b. 混凝土的供料应保证混凝土泵能连续工作，不间断；正确选择骨料级配，严格控制配合比。

c. 泵送前，为减少泵送阻力，应先用适量与混凝土内成分相同的水泥浆或水泥砂浆润滑输送管内壁。

d. 泵送过程中，泵的受料斗内应充满混凝土，防止吸入空气形成阻塞。

e. 防止停歇时间过长，若停歇时间超过 45min，应立即用压力或其他方法冲洗管内残留的混凝土。

f. 泵送结束后，要及时清洗泵体和管道。

g. 用混凝土泵浇筑的建筑物，要加强养护，防止龟裂。

4.1.4 混凝土的浇筑

1. 浇筑前的准备工作

为了保证混凝土工程质量和混凝土工程施工的顺利进行，在浇筑前一定要充分做好准备工作。

（1）地基的检查与清理。

1）在地基上直接浇筑混凝土时（如基础、地面），应对其轴线位置及标高和各部分尺寸进行复核和检查，如有不符，应立即修正。

2）清除地基底面上的杂物和淤泥浮土。地基底面上凹凸不平处，应加以修理整平。

3）对于干燥的非黏土地基，应洒水润湿，对于岩石地基或混凝土基础垫层，应用清水清洗，但不得留有积水。

4）对于有地下水涌出或地表水流入地基时，应考虑排水，并应考虑混凝土浇筑后及硬化过程中的排入措施，以防冲刷新浇筑的混凝土。

5）检查基槽和基坑的支护及边坡的安全措施，以避免运输车辆行驶而造成坍方事故。

（2）模板的检查。

1）检查模板的轴线位置、标高、截面尺寸及预留孔洞和预埋件的位置，并应与设计相一致。

2）检查模板的支撑是否牢固，对于妨碍浇筑的支撑应加以调整，以免在浇筑过程中产生变形、位移和影响浇筑。

3）模板安装时应认真涂刷隔离剂，以利于脱模。模板内的泥土、木屑等杂物应清除。

4）木模板应浇水充分润湿，尚未胀密的缝隙应用纸筋灰或水泥袋纸嵌塞；对于缝隙较大处，应用木片等填塞，以防漏浆。金属模板的缝隙和孔洞也应堵塞。

（3）钢筋检查。

1）钢筋及预埋件的规格、数量、安装位置应与设计相一致，绑扎与安装应牢固。

2）清除钢筋上的油污、砂浆等，并按规定加垫好钢筋的混凝土保护层。

3）协同有关人员做好隐蔽工程记录。

（4）供水、供电及原材料的保证。

1）浇筑期间应保证水、电及照明不中断，应考虑临时停水、断电措施。

2）浇筑地点应储备一定数量的水泥、砂、石等原材料，并满足配合比要求，以保证浇筑的连续性。

（5）机具的检查及准备。

1）搅拌机、运输车辆、振捣器及串筒、溜槽、料斗应按需准备充足，并保证完好。

2）准备急需的备品、配件，以备修理用。

（6）道路及脚手架的检查。

1）运输道路应平整、通畅、无障碍物，应考虑空载和重载车辆的分流，以免发生碰撞。

2）脚手架的搭设应安全牢固，脚手板的铺设应合理适用，并能满足浇筑的要求。

（7）安全与技术交底。

1）对各项安全设施要认真检查，并进行安全技术交底工作，以消除事故隐患。

2）对班组的计划工作量、劳动力的组合与分工、施工顺序及方法、施工缝的留置位置及处理、操作要点和要求，进行技术交底。

（8）其他。做好浇筑期间的防雨、防冻、防曝晒的设施准备工作，以及浇筑完毕后的养护准备工作。

2. 混凝土浇筑规定

为确保混凝土工程质量，混凝土浇筑工作必须遵守下列规定：

（1）混凝土的自由下落高度。浇筑混凝土时为避免发生离析现象，混凝土自高处倾落的自由高度（称自由下落高度）不应超过 2m。自由下落高度较大时，应使用溜槽或串筒，以防混凝土产生离析。溜槽一般用木板制作，表面包铁皮，如图 2.80 所示，使用时其水平倾角不宜超过 30°。串筒用薄钢板制成，每节筒长 700mm 左右，用钩环连接，筒内设有缓冲挡板,如图 2.81 所示。

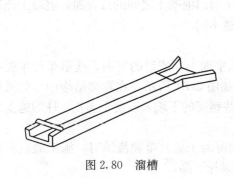

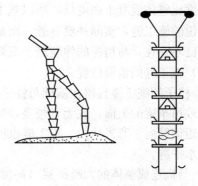

图 2.80　溜槽　　　　　　　　　　　图 2.81　串筒

(2) 混凝土分层浇筑。为了使混凝土能够振捣密实,浇筑时应分层浇灌、振捣,并在下层混凝土初凝之前,将上层混凝土浇灌并振捣完毕。如果在下层混凝土已经初凝以后,再浇筑上面一层混凝土,在振捣上层混凝土时,下层混凝土由于受振动作用,已凝结的混凝土结构就会遭到破坏。混凝土分层浇筑时,每层的厚度应符合表 2.45 的规定。

表 2.45　　　　　　　　　　　　　混凝土浇筑层厚度

捣实混凝土的方法		浇筑层厚度（mm）
插入式振捣		振捣器作用部分长度的 1.25 倍
表面振捣		200
人工振捣	在基础、无筋混凝土或配筋稀疏的结构中	250
	在梁、墙板、柱结构中	200
	在配筋密列的结构中	150
轻骨料混凝土	插入式振捣	300
	表面振动（振动时需加荷）	200

(3) 竖向结构混凝土浇筑。竖向结构（墙、柱等）浇筑混凝土前,底部应先填 50~100mm 厚与混凝土内砂浆成分相同的水泥砂浆,浇筑时不得发生离析现象。当浇筑高度超过 3m 时,应采用串筒、溜槽或振动串筒下落,如图 2.82 所示。

(4) 梁和板混凝土的浇筑。在一般情况下,梁和板的混凝土应同时浇筑。较大尺寸的梁（梁的高度大于 1m）、拱和类似的结构,可单独浇筑。

在浇筑与柱和墙连成整体的梁和板时,应在柱和墙浇筑完毕后停歇 1~1.5h,使其获得初步沉实后,再继续浇筑梁和板。

3. 施工缝

施工缝是一种特殊的工艺缝。浇筑时,由于施工技术（安装上部钢筋、重新安装模板和脚手架、限制支撑结构上的荷载等）或施工组织（工人换班、设备损坏、待料等）上的原因,不能连续将结构整体浇筑完成,且停歇时间可能超过

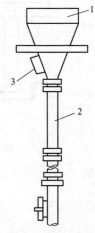

图 2.82　振动串筒
1—漏斗；2—节管；3—振动器
（每隔 2~3 根节管安一台）

混凝土的凝结时间时，则应预先确定在适当的部位留置施工缝。由于施工缝处新旧混凝土连接的强度比整体混凝土强度低，所以施工缝一般应留在结构受剪力较小且便于施工的部位。这里所说的施工缝，实际并没有缝，而是新浇混凝土与旧混凝土之间的接合面，混凝土浇筑后，缝已不存在，与房屋的伸缩缝、沉降缝和抗震缝不同。

（1）施工缝的留设位置。

1）柱子的施工缝宜留在基础与柱子交接处的水平面上，或梁的下面，或吊车梁牛腿的下面，或吊车梁的上面，或无梁楼盖柱帽的下面，如图 2.81 所示。在框架结构中，如果梁的负弯矩钢筋向下弯入柱内，施工缝也可设置在这些钢筋的下端，以便于绑扎，柱的施工缝应留成水平缝。

2）与板连成整体的大断面梁（高度大于 1m 的混凝土梁）单独浇筑时，施工缝应留置在板底面以下 20～30mm 处。板有梁托时，应留在梁托下部。

3）有主次梁的楼板，宜顺着次梁方向浇筑，施工缝应留置在次梁跨度中间 1/3 的范围内，如图 2.83 所示。

4）单向板的施工缝可留置在平行于板的短边的任何位置处。

5）楼梯的施工缝也应留在跨中 1/3 范围内。

6）墙留置在门洞口过梁跨中 1/3 范围内，也可留在纵横墙的交接处。

7）双向受力楼板、大体积混凝土结构、拱、穿拱、薄壳、蓄水池、斗包、多层框架及其他结构复杂的工程，施工缝位置应按设计要求留置。

应该注意的是，留设施工缝是不得已为之，并不是每个工程都必须设施工缝，有的结构不允许留施工缝。

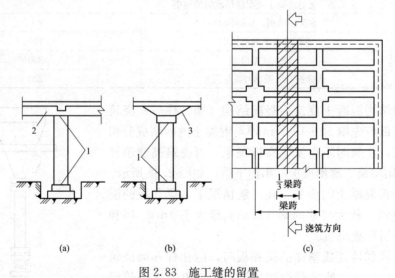

图 2.83　施工缝的留置

（a）肋梁楼板栓；（b）无梁楼板柱；（c）有梁板

1—施工缝；2—梁；3—柱帽

（2）施工缝的形式。工程中常采用企口缝和高低缝，如图 2.84 所示。

（3）施工缝的处理。

1）在施工缝处继续浇筑混凝土时，已浇筑混凝土的抗压强度应不小于 $1.2N/mm^2$。

2）继续浇筑前，应清除已硬化混凝土表面上的水泥薄膜和松动石子及软弱混凝土层，并加以充分湿润和冲洗干净，且不得积水。

3）在浇筑混凝土前，先铺一层水泥浆或与混凝土内成分相同的水泥砂浆，然后再浇筑混凝土。

4）混凝土应细致捣实，使新旧混凝土紧密接合。

4. 混凝土的浇筑方法

（1）多层钢筋混凝土框架结构的浇筑。

1）浇筑框架结构首先要划分施工层和施工段，施工

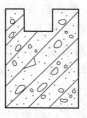
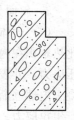

图 2.84 企口缝、高低缝

层一般按结构层划分，而每一施工层的施工段划分，则要考虑工序数量、技术要求、结构特点等。

2）混凝土的浇筑顺序：先浇捣柱子，在柱子浇捣完毕后，停歇 1~1.5h，使混凝土达到一定强度后，再浇捣梁和板。

（2）大体积钢筋混凝土结构的浇筑。大体积钢筋混凝土结构多为工业建筑中的设备基础及高层建筑中厚大的桩基承台或基础底板等。其特点是混凝土浇筑面积和浇筑量大，整体性要求高，不能留施工缝，以及浇筑后水泥的水化热量大且聚集在构件内部，形成较大的内外温差，易造成混凝土表面产生收缩裂缝等。为保证混凝土浇筑工作连续进行，不留施工缝，应在下一层混凝土初凝之前，将上一层混凝土浇筑完毕。要求混凝土最小浇筑量为

$$Q = \frac{FH}{T} \tag{2-21}$$

式中　Q——混凝土最小浇筑量，m^3/h；

　　　F——混凝土浇筑区的面积，m^2；

　　　H——浇筑层厚度，m；

　　　T——下层混凝土从开始浇筑到初凝所允许的时间间隔，h。

大体积钢筋混凝土结构的浇筑方案，一般分为全面分层、分段分层和斜面分层三种，如图 2.85 所示。

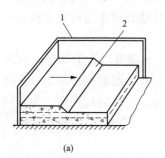
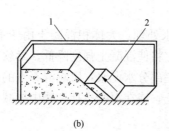
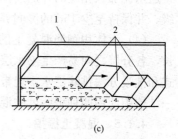

(a)　　　　　　　　　　(b)　　　　　　　　　　(c)

图 2.85　大体积混凝土浇筑方案
（a）全面分层；（b）分段分层；（c）斜面分层
1—模板；2—新浇筑的混凝土

1）全面分层。在第一层浇筑完毕后，再回头浇筑第二层，如此逐层浇筑，直至完工为止。

2）分段分层。混凝土从底层开始浇筑，进行 2~3m 后再回头浇第二层，同样依次浇筑各层。

3）斜面分层。要求斜坡坡度不大于 1/3，适用于结构长度大大超过厚度 3 倍的情况。

（3）大体积钢筋混凝土早期温度裂缝的预防。厚大钢筋混凝土结构由于体积大，水泥水化热聚积在内部不易散发，内部温度显著升高，外表散热快，形成较大内外温差，内部产生压应力，外表产生拉应力，如内外温差过大（25℃以上），则混凝土表面将产生裂缝。当混凝土内部逐渐散热冷却，产生收缩，由于受到基底中已硬混凝土的约束，不能自由收缩，而产生拉应力。温差越大，约束程度越高，结构长度越大，则拉应力越大。当拉应力超过混凝土的抗拉强度时即产生裂缝，裂缝从基底向上发展，甚至贯穿整个基础。这种裂缝比表面裂缝危害更大。要防止混凝土早期产生温度裂缝，就要降低混凝土的温度应力，控制混凝土的内外温差，使之不超过 25℃，以防止表面开裂；控制混凝土冷却过程中的总温差和降温速度，以防止基底开裂。早期温度裂缝的预防方法主要有：优先采用水化热低的水泥（如矿渣硅酸盐水泥）；减少水泥用量；掺入适量的粉煤灰或在浇筑时投入适量毛石；放慢浇筑速度和减少浇筑厚度，采用人工降温措施（拌制时，用低温水，养护时用循环水冷却）；浇筑后应及时覆盖，以控制内外温差，减缓降温速度，尤其应注意寒潮的不利影响；必要时，取得设计单位同意后，可分块浇筑，块和块间留 1m 宽后浇带，待各分块混凝土干缩后，再浇后浇带。分块长度可根据有关手册计算，当结构厚度在 1m 以内时，分块长度一般为 20～30m。后浇带是在现浇混凝土结构施工过程中，克服由于温度、收缩等可能产生有害裂缝而设置的临时施工缝。该缝需根据设计要求保留一段时间后再浇筑混凝土，将整个结构连成整体。后浇带的留置位置应按设计要求和施工技术方案确定。后浇带的设置距离，应考虑有效降低温度和收缩应力的条件下，通过计算来获得。在正常的施工条件下，有关规范对此的规定是：如混凝土置于室内和土中，后浇带的设置距离为 30m，露天为 20m。后浇带的保留时间应根据设计确定，若设计无要求，一般至少保留 28d 以上。后浇带的宽度应考虑施工简便，避免应力集中，一般其宽度为 700～1000mm。后浇带内的钢筋应完好保存。

后浇带混凝土浇筑应严格按照施工技术方案进行。在浇筑混凝土前，必须将整个混凝土表面按照施工缝的要求进行处理。填充后浇带混凝土可采用微膨胀或无收缩水泥，也可采用普通水泥加入相应的外加剂拌制，但必须要求填筑混凝土的强度等级比原来结构强度提高一级，并保持至少 15d 的湿润养护。

（4）大体积钢筋混凝土的泌水处理。大体积混凝土由于上、下浇筑层施工间隔时间较长，各分层之间易产生泌水层，它将使混凝土强度降低、酥软、脱皮、起砂等。采用自流方式和抽吸方法排除泌水，会带走一部分水泥浆，影响混凝土的质量。泌水处理措施主要有同一结构中使用两种坍落度的混凝土，或在混凝土拌和物中掺减水剂，都可以减少泌水现象。

4.1.5　混凝土振捣

混凝土振捣方式分为人工振捣和机械振捣两种。人工振捣是利用捣锤或插钎等工具的冲击力来使混凝土密实成型，其效率低、效果差；机械振捣是将振动器的振动力传给混凝土，使之发生强迫振动而密实成型，其效率高、质量好。

混凝土振动机械按其工作方式可分为内部振动器、表面振动器和振动台等，如图 2.86所示。这些振动机械的构造原理，主要是利用偏心轴或偏心块的高速旋转，使振动器因离心力的作用而振动。

1. 内部振动器

内部振动器又称插入式振动器，其构造如图 2.87 所示；适用于振捣梁、柱、墙等构件

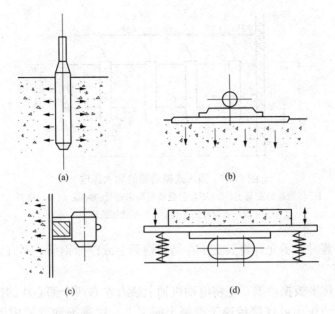

图 2.86　振动机械示意图

（a）内部振动器；（b）表面振动器；（c）外部振动器；（d）振动台

和大体积混凝土。插入式振动器操作要点：

（1）插入式振动器的振捣方法有两种：一种是垂直振捣，即振动棒与混凝土表面垂直；另一种是斜向振捣，即振动棒与混凝土表面成 $40°\sim45°$。

（2）振捣器的操作要做到快插慢拔，插点要均匀，逐点移动，顺序进行，不得遗漏，达到均匀振实。振动棒的移动，可采用行列式或交错式，如图 2.88 所示。

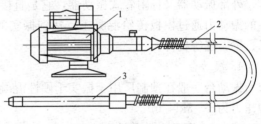

图 2.87　插入式振动器

1—电动机；2—软轴；3—振动棒

（3）混凝土分层浇筑时，应将振动棒上下来回抽动 $50\sim100\mathrm{mm}$；同时，还应将振动棒深入下层混凝土中 $50\mathrm{mm}$ 左右，如图 2.89 所示。

（4）每一振捣点的振捣时间一般为 $20\sim30\mathrm{s}$。

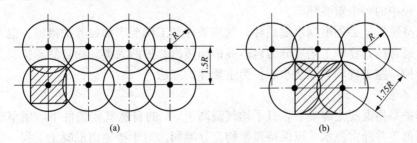

图 2.88　振捣点的布置

（a）行列式；（b）交错式

R—振动棒有效作用半径

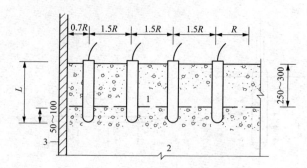

图 2.89　插入式振动器的插入深度

1—新浇筑的混凝土；2—下层已振捣但尚未初凝的混凝土；3—模板

R—有效作用半径；L—振动棒长度

（5）使用振动器时，不允许将其支承在结构钢筋上或碰撞钢筋，不宜紧靠模板振捣。

2. 表面振动器

表面振动器又称平板振动器，是将电动机轴上装有左右两个偏心块的振动器固定在一块平板上而成。其振动作用可直接传递于混凝土面层上。这种振动器适用于振捣楼板、空心板、地面和薄壳等薄壁结构。

3. 外部振动器

外部振动器又称附着式振动器，它是直接安装在模板上进行振捣，利用偏心块旋转时产生的振动力通过模板传给混凝土，达到振实的目的；适用于振捣断面较小或钢筋较密的柱子、梁、墙等构件。

4. 振动台

振动台一般在预制厂用于振实干硬性混凝土和轻骨料混凝土；宜采用加压振动的方法，加压力为 $1\sim3kN/m^2$。

4.1.6　混凝土的养护

混凝土浇筑后逐渐凝结硬化，强度也不断增长，这个过程主要由水泥的水化作用来实现。而水泥的水化作用又必须在适当的温湿度条件下才能完成，如果混凝土浇筑后即处在炎热、干燥，风吹、日晒的气候环境中，就会使混凝土中的水分很快蒸发，影响混凝土中水泥的正常水化作用。轻则使混凝土表面脱皮、起砂和出现干缩裂缝；严重的会因混凝土内部疏松，降低混凝土的强度和遭到破坏。因此，混凝土养护绝不是一件可有可无的工作，而是混凝土施工过程中的一个重要环节。

混凝土浇筑后，必须根据水泥品种、气候条件和工期要求加强养护措施。混凝土养护的方法很多，通常按其养护工艺可分为自然养护和蒸汽养护两大类。而自然养护又分为浇水养护及喷膜养护，施工现场则以浇水养护为主要养护方法。

1. 浇水养护

浇水养护是指混凝土终凝后，日平均气温高于 5℃ 的自然气候条件下，用草帘、草袋将混凝土表面覆盖并经常浇水，以保持覆盖物充分湿润。对于楼地面混凝土工程，也可采用蓄水养护的办法加以解决。浇水养护时必须注意以下事项：

（1）对于一般塑性混凝土，应在浇筑后 12h 内立即加以覆盖和浇水润湿，炎热的夏天养护时间可缩短至 2～3h。而对于干硬性混凝土应在浇筑后 1～2h 内即可养护，使混凝土保持湿润状态。

（2）在已浇筑的混凝土强度达到 $1.2N/mm^2$ 以后，方可在其上允许操作人员行走和安装模板及支架等。

（3）混凝土浇水养护日期视水泥品种而定，硅酸盐水泥和普通硅酸盐水泥、矿渣硅酸盐水泥拌制的混凝土，不得少于 7d；掺用缓凝型外加剂或有抗渗要求的混凝土，不得少于 14d；采用其他品种水泥时，混凝土的养护时间，应根据水泥技术性能确定。

（4）养护用水应与拌制用水相同，浇水的次数应以能保持混凝土具有足够的润湿状态为准。

（5）在养护过程中，如发现因遮盖不好、浇水不足，致使混凝土表面泛白或出现干缩细小裂缝，应立即仔细加以覆盖，充分浇水，加强养护，并延长浇水养护日期加以补救。

（6）平均气温低于 5℃时，不得浇水养护。

2. 喷膜养护

喷膜养护是将一定配合比的塑料溶液，用喷洒工具喷洒在混凝土表面，待溶液挥发后，塑料在混凝土表面结成一层薄膜，使混凝土表面与空气隔绝，封闭混凝土中水分的蒸发而完成水泥的水化作用，达到养护的目的。喷膜养护适用于不易浇水养护的高耸构筑物和大面积混凝土的养护，也可用于表面积大的混凝土施工和缺水地区。喷膜养护剂的喷洒时间，一般待混凝土收水后，混凝土表面以手指轻按无指印时即可进行，施工温度应在 100℃以上。

4.1.7　混凝土的模板拆除

模板拆除日期取决于混凝土的强度、模板的用途、结构的性质及混凝土硬化时的气温。不承重的模板，在混凝土强度能保证其表面棱角不因拆除模板而受损坏时，即可拆除。承重模板，如梁、板等底模板，应待混凝土达到规定强度后，方可拆除。

4.2　混凝土的质量检查

4.2.1　混凝土在拌制和浇筑过程中的质量检查

（1）混凝土组成材料的质量和用量，每一工作班至少检查两次，按质量比投料量偏差在允许范围之内，即水泥、外掺混合材料±2%，水、外加剂±2%，粗、细骨料±3%。

（2）在一个工作班内，如混凝土配合比由于外界影响而有变动（如砂、石含水率的变化）应及时检查。

（3）混凝土的搅拌时间，应随时检查。

（4）检查混凝土在拌制地点及浇筑地点的坍落度，每一工作班至少两次。

4.2.2　混凝土强度检查

为了检查混凝土是否达到设计强度等级，或混凝土是否已达到拆除模板、起吊强度及预应力构件混凝土是否达到张拉、放松预应力筋时所规定的强度，应制作试块，做抗压强度试验。

（1）检查混凝土是否达到设计强度等级。混凝土立方体抗压强度是检查结构或构件混凝土是否达到设计强度等级的依据，其检查方法是，制作边长为 150mm 的立方体试块，在温度为（20±3）℃和相对湿度为 90%以上的潮湿环境或水中的标准条件下，经 28d 养护后试验确定。试验结果作为核算结构或构件的混凝土强度是否达到设计要求的依据。

混凝土强度试样应在混凝土的浇筑地点随机抽取，试件的取样频率和数量应符合下列规定：

1）每 100 盘，但不超过 100m³ 的同配合比的混凝土，取样次数不应少于一次。

2）每一工作班拌制的同配合比的混凝土，不足 100 盘和 100m³ 时，其取样次数不应少于一次。

3）当一次连续浇筑的同配合比混凝土超过 1000m³ 时，每 200m³ 时取样不应少于一次。

4）对房屋建筑，每一楼层、同一配合比的混凝土，取样不应少于一次。

每次取样应至少制作一组标准养护试件。

（2）为了检查结构或构件的拆除模板、出厂、吊装、张拉、放张及施工期间临时负荷的需要，尚应留置与结构或构件同条件养护的试块。试块的组数可按实际需要确定。

4.2.3 混凝土强度验收评定标准

混凝土强度应分批进行验收。同批混凝土应由强度等级相同、龄期相同及生产工艺和配合比基本相同的混凝土组成。每批混凝土的强度，应以同批内全部标准试件的强度代表值来评定。

1. 每组混凝土试件强度代表值

每组试件应在同盘混凝土中取样制作，其强度代表值应符合下列规定：

（1）取三个试件强度的算术平均值作为该组试块的强度代表值。

（2）当一组试件中强度的最大值或最小值与中间值之差超过中间值的 15% 时，取中间值作为该组试件的强度代表值。

（3）当一组试件中强度的最大值和最小值与中间值之差均超过中间值的 15% 时，该组试件的强度不应作为评定的依据。

2. 混凝土强度检验评定

混凝土强度评定有统计法和非统计法两种方法。采用统计方法评定时，应按下列规定进行：

（1）当连续生产的混凝土，生产条件在较长时间内保持一致，且同一品种、同一强度等级混凝土的强度变异性保持稳定时，由连续的三组试件代表一个验收批，其强度同时满足下列要求

$$m_{f_{cu}} \geqslant f_{cu,k} + 0.7\sigma_0 \tag{2-22}$$

$$f_{cu,min} \geqslant f_{cu,k} - 0.7\sigma_0 \tag{2-23}$$

当混凝土强度等级不高于 C20 时，强度的最小值尚应满足下式要求

$$f_{cu,min} \geqslant 0.85 f_{cu,k} \tag{2-24}$$

当混凝土强度等级高于 C20 时，强度的最小值尚应满足下式要求

$$f_{cu,min} \geqslant 0.90 f_{cu,k} \tag{2-25}$$

$$\sigma_0 \sqrt{\frac{\sum_{i=1}^{n} f_{cu,i}^2 - n m_{f_{cu}}^2}{n-1}} \tag{2-26}$$

式中　$m_{f_{cu}}$——同一检验批混凝土立方体抗压强度的平均值，MPa，精确到 0.1MPa；

$f_{cu,k}$——混凝土立方体抗压强度标准值，MPa，精确到 0.1MPa；

$f_{cu,min}$——同一检验批混凝土立方体抗压强度的最小值，MPa，精确到 0.1MPa；

σ_0——检验批混凝土立方体抗压强度的标准差，MPa，精确到 0.1MPa，当检验批

混凝土强度标准差 σ_0 计算值小于 2.5MPa 时，应取 2.5MPa；

$f_{cu,i}$——前一检验期内同一品种、同一强度等级的 i 组混凝土试件的立方体抗压强度代表值，MPa，精确到 0.1MPa，该检验期不应少于 60d，也不得大于 90d；

n——前一检验期内的样本容量，在该期间内样本容量不应少于 45。

（2）当混凝土的生产条件不能满足上述规定，样本容量不少于 10 组时，其强度应同时满足下列要求

$$m_{fcu} \geqslant f_{cu,k} + \lambda_1 S_{fcu} \tag{2-27}$$

$$f_{cu,min} \geqslant \lambda_2 f_{cu,k} \tag{2-28}$$

$$S_{fcu} = \sqrt{\dfrac{\sum\limits_{i=1}^{m} f_{cu,i}^2 - nm_{fcu}^2}{n-1}} \tag{2-29}$$

式中　m_{fcu}——同一检验批混凝土立方体抗压强度的平均值，MPa，精确到 0.1MPa；

S_{fcu}——同一检验批混凝土立方体抗压强度的标准差，MPa，精确到 0.01MPa，当检验批混凝土强度标准差 S_{fcu} 计算值小于 2.5MPa 时，应取 2.5MPa；

n——本检验期内的样本容量，$n \geqslant 10$；

λ_1、λ_2——合格评定系数，按表 2.46 取用。

表 2.46　　　　　　　　　　　混凝土强度的合格评定系数

试件组数	10～14	15～24	≥25
λ_1	1.15	1.05	0.95
λ_2	0.90	0.85	

当检验结果能满足上述规定时，则该批混凝土强度应评定为合格，当不能满足上述规定时，则该批混凝土强度应评定为不合格。

当用于评定的样本容量小于 10 组时，应采用非统计方法评定混凝土强度，其强度应同时符合下列规定

$$m_{fcu} \geqslant \lambda_3 f_{cu,k} \tag{2-30}$$

$$f_{cu,min} \geqslant \lambda_4 f_{cu,k} \tag{2-31}$$

式中　λ_3、λ_4——合格评定系数，按表 2.47 取用。

表 2.47　　　　　　　　　　混凝土强度的非统计法合格评定系数

混凝土强度等级	＜C60	≥C60
λ_3	1.15	1.10
λ_4	0.95	

由于抽样检验存在一定的局限性，混凝土的质量评定可能出现误判。因此，如混凝土试件强度不符合上述要求，允许从结构上钻取芯样进行试压检查，也可用回弹仪或超声波仪直接在构件上进行非破损检验。

【例 2.9】　有六组混凝土试块强度，设计强度为 C20，其每组的平均值为 23.1、22.2、24.1、20.7、19.1、21.2MPa。试评定其强度是否合格。

解　由已知条件，应采用非统计法进行评定

$m_{fcu}=$（23.1＋22.2＋24.1＋20.7＋19.1＋21.2）/6＝21.7MPa＜1.15×20＝23MPa，不符合要求

$f_{cu,min}=19.1$MPa＞0.95$f_{cu,k}=0.95×20＝19$MPa，符合要求

结论：该组试件评定为不合格。

【**例2.10**】　假设某框架结构主体混凝土设计强度为C20，共有11组试件，其数据为24.2、23.5、22.8、25.1、24.3、21.2、20.7、22.6、23.7、24.5、25.2MPa。试评定其强度是否合格。

解　由已知条件，应采用统计法进行评定：

（1）求m_{fcu}

$m_{fcu}=$（24.2＋23.5＋22.8＋25.1＋24.3＋21.2＋20.7＋22.6＋23.7＋24.5＋25.2）/11
　　　＝23.4（MPa）

将题目数据代入式（2-29），得　$S_{fcu}=1.48$MPa，小于2.5MPa时，应取2.5MPa。

（2）查表2.43，得$\lambda_1=1.15$，$\lambda_2=0.9$，代入式（2-27）、式（2-28）得

$$23.4MPa＞20＋1.15×2.5＝22.9MPa$$
$$20.7MPa＞0.90f_{cu,k}＝0.90×20＝18MPa$$

结论：该组试块评定为合格。

4.2.4　混凝土工程施工质量验收标准

混凝土工程施工质量应按主控项目、一般项目所规定的检验方法进行检验。检验批合格质量应符合下列规定：主控项目的质量经抽样检验合格；一般项目的质量经抽样检验合格；当采用计数检验时，除有专门要求外，一般项目的合格点率应达到80%以上，且不得有严重缺陷；具有完整的施工操作依据和质量验收记录。

1.原材料

（1）主控项目。

1）水泥进场时应对其品种、级别、包装或散装仓号、出厂日期等进行检查，并应对其强度、安定性及其他必要的性能指标进行复验，其质量必须符合《硅酸盐水泥、普通硅酸盐水泥》（GB 175）等的规定。

当在使用中对水泥质量有怀疑或水泥出厂超过3个月（快硬硅酸盐水泥超过1月）时，应进行复验，并按复验结果使用。

钢筋混凝土结构、预应力混凝土结构中，严禁使用含氯化物的水泥。

检查数量：按同一生产厂家、同一等级、同一品种、同一批号且连续进场的水泥，袋装不超过200t为一批，散装不超过500t为一批，每批抽样不少于一次。

检验方法：检查产品合格证、出厂检验报告和进场复验报告。

2）混凝土中掺用外加剂的质量及应用技术应符合《混凝土外加剂》（GB 8076）、《混凝土外加剂应用技术规范》（GB 50119）等和有关环境保护的规定。

预应力混凝土结构中，严禁使用含氯化物的外加剂。钢筋混凝土结构中，当使用含氯化物的外加剂时，混凝土中氯化物的总含量应符合《混凝土质量控制标准》（GB 50164）的规定。

检查数量：按进场的批次和产品的抽样检验方案确定。

检验方法：检查产品合格证、出厂检验报告和进场复验报告。

3）混凝土中氯化物和碱的总含量应符合《混凝土结构设计规范》（GB 50010）和设计的要求。

检验方法：检查原材料试验报告和氯化物、碱的总含量计算书。

（2）一般项目。

1）混凝土中掺用矿物掺合料的质量应符合《用于水泥和混凝土中的粉煤灰》（GB 1596）等的规定。矿物掺合料的掺量应通过试验确定。

检查数量：按进场的批次和产品的抽样检验方案确定。

检验方法：检查出厂合格证和进场复验报告。

2）普通混凝土所用的粗、细骨料的质量应符合《普通混凝土用碎石或卵石质量标准及检验方法》（JGJ 53）、《普通混凝土用砂质量标准及检验方法》（JCJ 52）的规定。

检查数量：按进场的批次和产品的抽样检验方案确定。

检验方法：检查进场复验报告。

注：混凝土用的粗骨料，其最大颗粒粒径不得超过构件截面最小尺寸的1/4，且不得超过钢筋最小净间距的3/4；对混凝土实心板，骨料的最大粒径不宜超过板厚的1/3，且不得超过40mm。

3）拌制混凝土宜采用饮用水；当采用其他水源时，水质应符合《混凝土拌和用水标准》（JCJ 63）的规定。

检查数量：同一水源检查不应少于一次。

检验方法：检查水质试验报告。

2. 配合比设计

（1）主控项目。混凝土应按《普通混凝土配合比设计规程》（JGJ 55）的有关规定，根据混凝土强度等级、耐久性和工作性等要求进行配合比设计。

对有特殊要求的混凝土，其配合比设计尚应符合国家现行有关标准的专门规定。

检验方法：检查配合比设计资料。

（2）一般项目。

1）首次使用的混凝土配合比应进行开盘鉴定，其工作性应满足设计配合比的要求。开始生产时应至少留置一组标准养护试件，作为验证配合比的依据。

检验方法：检查开盘鉴定资料和试件强度试验报告。

2）混凝土拌制前，应测定砂、石含水率并根据测试结果调整材料用量，提出施工配合比。

检查数量：每工作班检查一次。

检验方法：检查含水率测试结果和施工配合比通知单。

3. 混凝土施工

（1）主控项目。

1）结构混凝土的强度等级必须符合设计要求。用于检查结构构件混凝土强度的试件，应在混凝土的浇筑地点随机抽取。取样与试件留置应符合下列规定：

a. 每拌制100盘且不超过100m³的同配合比的混凝土，取样不得少于一次。

b. 每工作班拌制的同一配合比的混凝土不足100盘时，取样不得少于一次。

c. 当一次连续浇筑超过1000m³时，同一配合比的混凝土每200m³取样不得少于一次。

d. 每一楼层、同一配合比的混凝土，取样不得少于一次。

e. 每次取样应至少留置一组标准养护试件，同条件养护试件的留置组数应根据实际需要确定。

检验方法：检查施工记录及试件强度试验报告。

2）对有抗渗要求的混凝土结构，其混凝土试件应在浇筑地点随机取样。同一工程、同一配合比的混凝土，取样不应少于一次，留置组数可根据实际需要确定。

检验方法：检查试件抗渗试验报告。

3）混凝土原材料每盘称量的允许偏差应符合表 2.48 的规定。

表 2.48　　　　　　　　　　　　原材料每盘称量的允许偏差

材 料 名 称	允许偏差（％）
水泥、掺和料	±2
粗、细骨料	±3
水、外加剂	±2

注　1. 各种衡器应定期校验，每次使用前应进行零点校核，保持计量准确。

　　2. 当遇雨天或含水率有显著变化时，应增加含水率检测次数，并及时调整水和骨料的用量。

检查数量：每工作班抽查不应少于一次。

检验方法：复称检查。

4）混凝土运输、浇筑及间歇的全部时间不应超过混凝土的初凝时间。同一施工段的混凝土应连续浇筑，并应在底层混凝土初凝之前将上一层混凝土浇筑完毕。当底层混凝土初凝后浇筑上一层混凝土时，应按施工技术方案中对施工缝的要求进行处理。

检查数量：全数检查。

检验方法：观察检查和检查施工记录。

（2）一般项目。

1）施工缝的位置应在混凝土浇筑前按设计要求和施工技术方案确定。施工缝的处理应按施工技术方案执行。

检查数量：全数检查。

检验方法：观察检查和检查施工记录。

2）后浇带的留置位置应按设计要求和施工技术方案确定。后浇带混凝土浇筑应按施工技术方案进行。

检查数量：全数检查。

检验方法：观察检查和检查施工记录。

3）混凝土浇筑完毕后，应按施工技术方案及时采取有效的养护措施，并应符合下列规定：

a. 应在浇筑完毕后的 12h 以内对混凝土加以覆盖并保湿养护。

b. 混凝土浇水养护的时间：对采用硅酸盐水泥、普通硅酸盐水泥或矿渣硅酸盐水泥拌制的混凝土，不得少于 7d；对掺用缓凝型外加剂或有抗渗要求的混凝土，不得少于 14d。

c. 浇水次数应能保持混凝土处于湿润状态；混凝土养护用水应与拌制用水相同。

d. 采用塑料布覆盖养护的混凝土，其敞露的全部表面应覆盖严密，并应保持塑料布内有凝结水。

e. 混凝土强度达到 1.2N/mm² 前，不得在其上踩踏或安装模板及支架。

注：当日平均气温低于 5℃ 时，不得浇水；当采用其他品种水泥时，混凝土的养护时间应根据所采用水泥的技术性能确定；混凝土表面不便浇水或使用塑料布时，宜涂刷养护剂；对大体积混凝土的养护，应根据气候条件按施工技术方案采取控温措施。

检查数量：全数检查。

检验方法：观察检查和检查施工记录。

4.2.5　混凝土结构工程检查验收应具备的技术资料

(1) 水泥产品合格证、出厂检验报告、进场复验报告。

(2) 外加剂产品合格证、出厂检验报告、进场复验报告。

(3) 混凝土中氯化物、碱的总含量计算书。

(4) 掺和料出厂合格证、进场复试报告。

(5) 粗、细骨料进场复验报告。

(6) 水质试验报告。

(7) 混凝土配合比设计资料。

(8) 砂、石含水率测试结果记录。

(9) 混凝土配合比通知单。

(10) 混凝土试件强度试验报告。

(11) 混凝土试件抗渗试验报告。

(12) 施工记录。

(13) 检验批质量验收记录。

(14) 混凝土分项工程质量验收记录。

4.3　混凝土的质量事故分析

4.3.1　现浇湿混凝土结构质量缺陷及产生原因

1. 现浇结构外观质量缺陷的确定

现浇结构外观质量缺陷，应由监理（建设）单位、施工单位等各方根据其对结构性能和使用功能影响的严重程度，按表 2.49 确定。

表 2.49　　　　　　　　　　　现浇结构的外观质量缺陷

名称	现　　象	严　重　缺　陷	一　般　缺　陷
露筋	构件内钢筋未被混凝土包裹而外露	纵向受力钢筋有露筋	其他钢筋有少量露筋
蜂窝	混凝土表面缺少水泥砂浆而形成石子外露	构件主要受力部位有蜂窝	其他部位有少量蜂窝
孔洞	混凝土中孔穴深度和长度均超过保护层厚度	构件主要受力部位有孔洞	其他部位有少量孔洞
夹渣	混凝土中夹有杂物且深度超过保护层厚度	构件主要受力部位有夹渣	其他部位有少量夹渣
疏松	混凝土中局部不密实	构件主要受力部位有疏松	其他部位有少量疏松

名称	现　　象	严　重　缺　陷	一　般　缺　陷
裂缝	缝隙从混凝土表面延伸至混凝土内部	构件主要受力部位有影响结构性能	其他部位有少量不影响结构性能
连接部位缺陷	构件连接处混凝土缺陷及连接钢筋、连接件松动	连接部位有影响结构传力性能的缺陷	连接部位有基本不影响结构传力性能的缺陷
外形缺陷	缺棱掉角、棱角不直、翘曲不平、飞边凸肋等	清水混凝土构件有影响使用功能或装饰效果的外形缺陷	其他混凝土构件有不影响使用功能的外形缺陷
外表缺陷	构件表面麻面、掉皮、起砂、沾污等	具有重要装饰效果的清水混凝土构件有外表缺陷	其他混凝土构件有不影响使用功能的外表缺陷

2. 混凝土质量缺陷产生的原因

混凝土质量缺陷产生的原因主要如下：

（1）蜂窝。由于混凝土配合比不准确，浆少而石子多，或搅拌不均造成砂浆与石子分离，或浇筑方法不当，或振捣不足，以及模板严重漏浆。

（2）麻面。模板表面粗糙不光滑，模板湿润不够，接缝不严密，振捣时发生漏浆。

（3）露筋。浇筑时，垫块位移，甚至漏放，钢筋紧贴模板，或者因混凝土保护层处漏振或振捣不密实而造成露筋。

（4）孔洞。混凝土结构内存在空隙，砂浆严重分离，石子成堆，砂与水泥分离。另外，有泥块等杂物掺入也会形成孔洞。

（5）缝隙和薄夹层。主要是混凝土内部处理不当的施工缝、温度缝和收缩缝，以及混凝土内有外来杂物而造成的夹层。

（6）裂缝。构件制作时受到剧烈振动，混凝土浇筑后模板变形或沉陷，混凝土表面水分蒸发过快、养护不及时等，以及构件堆放、运输、吊装时位置不当或受到碰撞。

3. 混凝土质量缺陷的防治与处理

（1）表面抹浆修补。对数量不多的小蜂窝、麻面、露筋、露石的混凝土表面，主要是保护钢筋和混凝土不受侵蚀，可用 1:2～1:2.5 水泥砂浆抹面修整。

（2）细石混凝土填补。当蜂窝比较严重或露筋较深时，应取掉不密实的混凝土，用清水洗净并充分湿润后，再用比原强度等级高一级的细石混凝土填补并仔细捣实。

（3）水泥灌浆与化学灌浆。对于宽度大于 0.5mm 的裂缝，宜采用水泥灌浆；对于宽度小于 0.5mm 的裂缝，宜采用化学灌浆。

4.3.2　常见质量事故

1. 混凝土试件强度偏低

（1）现象。混凝土试件强度达不到设计要求的强度。

（2）原因分析。

1）混凝土原材料质量不符合要求。

2）混凝土拌制时间短或拌和物不均匀。

3）混凝土配合比每盘称量不准确。

4）混凝土试件没有做好，如模子变形、振捣不密实、养护不及时。

2. 混凝土施工出现冷缝

(1) 现象。已浇筑完毕的混凝土表面有不规则的接缝痕迹。

(2) 原因分析。

1) 泵送混凝土由于堵管或机械故障等原因，造成混凝土运输、浇筑及间歇时间过长。

2) 施工缝未处理好，接缝清理不干净，无接浆，直接在底层混凝土上浇筑上一层混凝土。

3) 混凝土浇筑顺序安排不妥当，造成底层混凝土初凝后浇筑上一层混凝土。

3. 混凝土施工坍落度过大

(1) 现象。混凝土坍落度大，和易性差。

(2) 原因分析。

1) 随意往泵送混凝土内加水。

2) 雨期施工，不做含水率测试，施工配合比不正确。

4.3.3　案例

【例 2.11】　框架柱因浇筑质量差而引起的事故。

某影剧院观众厅看台为框架结构，有 14 根柱子。底层柱从基础顶起到一层大梁止，高 7.5m，断面尺寸为 740mm×400mm。混凝土浇筑后，拆除模板时发现 13 根柱有严重的蜂窝、孔洞、漏筋现象，特别是在地面以上 1m 处尤其集中与严重。具体情况是：柱全部侧面面积为 142m²，蜂窝面积为 7.41m²，占 5.2%；其中最严重的是 K4，仅蜂窝中露筋面积就有 0.56m²。露筋位置在地面以上 1m 处，正是钢筋的搭接部位（见图 2.90）。

经调查分析，引起这一质量事故的原因有：

(1) 配合比控制不严。只有做试块时才认真按配合比称重配料，一般情况下配合比控制极为马虎，尤其是水灰比控制不严。

(2) 浇筑高度超高。规范规定，混凝土自由倾落高度不宜超过 2m，该工程柱高 7.5m，施工时柱子模板上未留浇筑的洞口，混凝土从 7.5m 高处倒下，也未用串筒或溜槽等设备，一倾到底，这样势必造成混凝土的离析，从而易造成振捣不密实与漏筋。

(3) 柱子钢筋搭接处的设计净距太小，只有 31~37.5mm，小于设计规范规定柱纵向钢筋净距应大于或等于 50mm 的要求。实际上有的露筋处净距为 0mm 或 10mm。

综上分析，事故主要原因是施工人员责任心不强，违反操作规程，混凝土配合比控制不严，浇筑高度超高而又未采取特殊措施。对此事故采取如下补强加固措施：

(1) 剔除全部蜂窝四周的松散混凝土；用湿麻袋塞在凿剔面上，经 24h 使混凝土湿透厚度至少 40~50mm；按照蜂窝尺寸支以有喇叭口的模板，如图 2.90 (e) 所示；灌注加有早强剂的 C30（旧混凝土为 C20）豆石混凝土；养护 14 昼夜；拆除模板后将喇叭口上的混凝土凿除。

(2) 将混凝土强度提高一级浇筑。

(3) 养护要加强，保持湿润 14 昼夜，以防混凝土发生较大收缩，使新、旧混凝土产生裂缝。

此外，还应对柱进行超声波探伤，查明是否还有安全隐患。

【例 2.12】　混凝土初期收缩事故。

某办公楼为现浇钢筋混凝土框架结构。在达到预定混凝土强度拆除楼板模板时，发现板

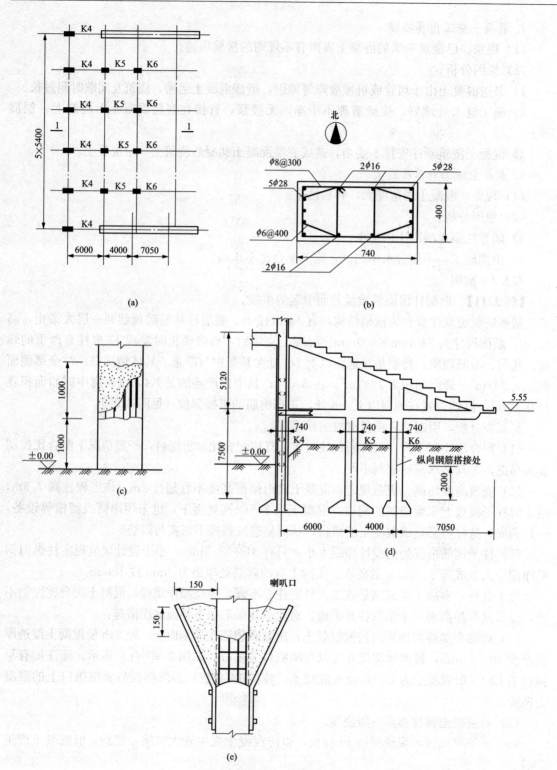

图 2.90　某剧场眺台混凝土结构和施工缺陷示意

（a）平面图；（b）K4、K5、K6 截面配筋情况；（c）柱内钢筋搭接；（d）剖面图；（e）补强示意

上有无数走向不规则的微细裂纹，如图 2.91 所示。裂缝宽 0.05～0.15mm，有时上下贯通，但其总体特征是板上裂纹多于板下裂纹。

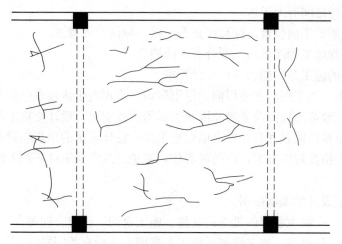

图 2.91　混凝土板面塑性收缩裂缝

查得施工时的气象条件是：上午 9 时气温为 13℃，风速为 7m/s，相对湿度为 40%；中午温度为 15℃，风速为 13m/s（最大瞬时风速达 18m/s），相对湿度为 29%；下午 5 时温度为 11℃，风速为 11m/s，相对湿度为 39%。灌注混凝土就是在这种非常干燥的条件下进行的。由于异常干燥加上强风影响，故使得混凝土在凝结后不久即出现裂纹。根据有关资料记载：当风速为 16m/s 时，混凝土的蒸发速度为无风时的 4 倍；当相对湿度为 10% 时，混凝土的蒸发速度为相对湿度 90% 时的 9 倍以上。根据这些参数推算，该工程在上述气象条件下的蒸发速度可达通常条件的 8～10 倍。

因此，可以认为与大气接触的楼板上面受干燥空气和强风的影响成为产生较多失水收缩裂纹的主要原因，而曾受模板保护的楼板下面这种失水收缩裂纹会比较少一点。经过对灌注楼板时预留的试块和对楼板承载能力进行试验，均能达到设计要求。

这说明具有失水收缩的混凝土初期裂纹对楼板的承载力并无影响。但是为了建筑物的耐久性，还应使用树脂注入法进行补强。

项目5　钢 结 构 工 程

5.1　钢结构安装准备

5.1.1　文件资料与技术准备

1. 图样会审和设计变更

钢结构安装前应进行图样会审，在会审前施工单位应熟悉并掌握设计文件内容，发现设计中影响构件安装的问题，并查看与其他专业工程配合不适宜的方面。

（1）图样会审。在钢结构安装前，为了解决施工单位在熟悉图样过程中及时发现问题，将图样中发现的技术难题和质量隐患消灭在萌芽之中，参建各方要进行图样会审。图样会审的内容一般包括：

1）设计单位的资质是否满足，图样是否经设计单位正式签署。

2）设计单位做设计意图说明和提出工艺要求，制作单位介绍钢结构主要制作工艺。

3）各专业图样之间有无矛盾。

4）各图样之间的平面位置、标高等是否一致，标注有无遗漏。

5）各专业工程施工程序和施工配合有无问题。

6）安装单位的施工方法能否满足设计要求。

（2）设计变更。施工图样在使用前、使用后均会出现由于建设单位要求，或现场施工条件的变化，或国家政策法规的改变等原因而引起的设计变更。设计变更不论何原因，由谁提出都必须征得建设单位同意并且办理书面变更手续。设计变更的出现会对工期和费用产生影响，在实施时应严格按规定办事，以明确责任，避免出现索赔事件不利于施工。

2. 施工组织设计

（1）施工组织设计的编制依据。

1）合同文件。上级主管部门批准的文件、施工合同、供应合同等。

2）设计文件。设计图、施工详图、施工布置图、其他有关图样。

3）调查资料。现场自然资源情况（如气象、地形）、技术经济调查资料（如能源、交通）、社会调查资料（如政治、文化）等。

4）技术标准。现行的施工验收规范、技术规程、操作规程等。

5）其他。建设单位提供的条件、施工单位自有情况、企业总施工计划、国家法规等其他参考资料。

（2）施工组织设计的内容。

1）工程概况及特点介绍。

2）施工程序和工艺设计。

3）施工机械的选择及吊装方案。

4）施工现场平面图。

5）施工进度计划。

6）劳动组织、材料、机具需用量计划。

7）质量措施、安全措施、降低成本措施等。

5.1.2　作业条件准备

1. 中转场地的准备

高层钢结构安装是根据规定的安装流水顺序进行的，钢构件必须按照流水顺序的需要配套供应。如制造厂的钢构件供货是分批进行，同结构安装流水顺序不一致，或者现场条件有限，有时需要设置钢构件中转堆场起调节作用。中转堆场的主要作用是：

（1）储存制造厂的钢构件（工地现场没有条件储存大量构件）。

（2）根据安装施工流水顺序进行构件配套、组织供应。

（3）对钢构件质量进行检查和修复，保证以合适的构件送到现场。

钢结构通常在专门的钢结构加工厂制作，然后运至工地，经过组装后进行吊装。钢构件应按安装程序保证及时供应，现场场地能满足堆放、检验、油漆、组装和配套供应的需要。钢结构按平面布置进行堆放，堆放时应注意下列事项：

（1）堆放场地要坚实。

（2）堆放场地要排水良好，不得有积水和杂物。

（3）钢构件可以铺垫木水平堆放，支座间的距离应不使钢结构产生残余变形。

（4）多层叠放时垫木应在一条垂线上。

（5）不同类型的构件应分类堆放。

（6）钢构件堆放位置要考虑施工安装顺序。

（7）堆放高度一般不大 2m，屋架、桁架等宜立放，紧靠立柱支承稳定。

（8）堆垛之间需留出必要的通道，一般宽度为 2m。

（9）构件编号应放置在构件醒目处。

（10）构件堆放在铁路或公路旁，并配备装卸机械。

2. 钢构件的核查、编号与弹线

（1）清点构件的型号、数量，并按设计和规范要求对构件质量进行全面检查，包括构件强度与完整性（有无严重裂缝、扭曲、侧弯、损伤及其他严重缺陷）；外形和几何尺寸，平整度；预留孔位置、尺寸和数量；有无出厂合格证。如有超出设计或规范规定偏差，应在吊装前纠正。

（2）现场构件进排放；场外构件进场及排放。

（3）按图纸对构件进行编号。不易辨别上下、左右、正反的构件，应在构件上用记号注明，以免吊装时搞错。

（4）在构件上根据就位、校正的需要弹好就位和校正线。柱弹出三面中心线、牛腿面与柱顶面中心线、0.000 线（或标高准线）、吊点位置；基础杯口应弹出纵横轴钱；吊车梁、屋架等构件应在端头与顶面及支承面处弹出中心线及标高线；在屋架（屋面梁）上弹出天窗架、屋面板或檩条的安装就位控制线，两端及顶面弹出安装中心线。

3. 钢构件的接头及基础准备

（1）接头准备。

1）准备和分类清理好各种金属支承件及安装接头用连接板、螺栓、铁件和安装垫铁；施焊必要的连接件（如屋架、吊车梁垫板、柱支承连接件及其余与柱连接相关的边接件），以减少高空作业。

2）清除构件接头部位及埋设件上的污物、铁锈。

3）对于需组装拼装及临时加固的构件，按规定要求使用，达到吊装条件。

4）在基础杯口底部，根据柱子制作实际长度（从牛腿至柱脚尺寸）误差，调整杯底标高，用 1∶2 水泥砂浆找平，标高允许偏差为 ±5mm，以保持吊车梁的标高在同一水平面上；当预制柱采用垫板安装或重型钢柱采用杯口安装时，应在杯底设垫板处局部抹平，并加设小钢垫板。

5）柱脚或杯口侧壁未划毛的，要在柱脚表面及杯口内稍加凿毛处理。

6）钢柱基础，要根据钢柱实际长度、牛腿间距离、钢板底板平整度检查结果，在柱基础表面浇标高块（标高块呈十字式或四点式），标高块强度不小于 30MPa，表面埋设 16～20mm 厚钢板，基础上表面也应凿毛。

（2）基础准备。基础准备包括轴线误差量测、基础支承面的准备、支承面和支座表面标高与水平度的检验、地脚螺栓位置和伸出支承面长度的量测等。

1）柱子基础轴线和标高正确是确保钢结构安装质量的基础，应根据基础的验收资料复核各项数据，并标注在基础表面上。

2）基础支承面的准备有两种做法：一种是基础一次浇筑到设计标高，即基础表面先浇筑到设计标高以下 20～30mm 处，然后在设计标高处设角钢或槽钢导架，测准其标高，再以导架为依据用水泥砂浆仔细铺筑支座表面；另一种是基础预留标高，安装时做足，即基础表面先浇筑至距设计标高 50～60mm 处，柱子吊装时，在基础表面上放钢垫板以调整标高，待柱子吊装就位后，再在钢柱脚底板下浇筑细石混凝土。

3）基础顶面直接作为柱的支承面和基础顶面预埋钢板或支座作为柱的支承面时，其支承面、地脚螺栓（锚栓）的允许偏差应符合表 2.50 的规定。

表 2.50　　　　　　支承面、地脚螺栓（锚栓）的允许偏差　　　　　　mm

项　　　目		允许偏差
支承面	标高	±3.0
	水平度	1/1000
地脚螺栓（锚栓）	螺栓中心偏移	5.0
预留孔中心偏移		10.0

4）钢柱脚采用钢垫板作支撑时，应符合下列规定：

a. 钢垫板面积应根据基础混凝土和抗压强度、柱脚底板下细石混凝土二次浇筑前柱底承受的荷载和地脚螺栓（锚栓）的紧固拉力计算确定。

b. 垫板应设置在靠近地脚螺栓（锚栓）的柱脚底板加劲板下，每根地脚螺栓（锚栓）侧应设 1～2 组垫板，每组垫板不得多于 5 块。垫板与基础面和柱底面的接触应平整、紧密。当采用成对斜垫板时，其叠合长度不应大于垫板长度的 2/3。二次浇筑混凝土前垫板间应焊接固定。

c. 采用坐浆垫板时，应采用无收缩砂浆。柱子吊装前砂浆试块强度应高于基础混凝土强度一个等级。坐浆垫板的允许偏差应符合表 2.51 的规定。

表 2.51　　　　　　　　坐浆垫板的允许偏差　　　　　　　　mm

项　　　目	允　许　偏　差
顶　面　标　高	0 −3.0
水　平　度	1/1000
位　　　置	20.0

d. 地脚螺栓（锚栓）尺寸的允许偏差应符合表 2.52 的规定，地脚螺栓（锚栓）的螺纹应受到保护。

表 2.52　　　　　　地脚螺栓（锚栓）尺寸的允许偏差　　　　　　mm

项　　　目	允　许　偏　差
螺栓（锚栓）露出的长度	±30 0.0
螺　纹　长　度	±30 0.0

5.1.3 其他安装准备

1. 吊装机具、材料、人员准备

（1）检查吊装用的起重设备、配套机具、工具等是否齐全、完好，运输是否灵活，并进行试运转。

（2）准备好并检查吊索、卡环、绳卡、横吊梁、倒链、千斤顶、滑车等吊具的强度和数量是否满足吊装需要。

（3）准备吊装用工具，如高空用吊挂脚手架、操作台、爬梯、溜绳、缆风绳、撬杠、大锤、钢（木）楔、垫木铁垫片、线锤、钢尺、水平尺、测量标记及水准仪、经纬仪等。

（4）做好埋设地锚等工作。

（5）准备施工用料，如加固脚手杆、电焊、气焊设备及材料等的供应准备。

（6）按吊装顺序组织施工人员进场，并进行有关技术交底、培训、安全教育。

2. 道路临时设施准备

（1）整平场地、修筑构件运输和起重吊装开行的临时道路，并做好现场排水设施。

（2）清除工程吊装范围内的障碍物，如旧建筑物、地下电缆管线等。

（3）敷设吊装用供水、供电、供气及通信线路。

（4）修建临时建筑物，如工地办公室，材料、机具仓库及工具房、电焊机房、工人休息室、开水房等。

5.2 钢结构工程安装方案

5.2.1 钢结构工程安装方法选择

钢结构工程安装方法有分件安装法、节间安装法和综合安装法。

1. 分件安装法

分件安装法是指起重机在节间内每开行一次仅安装一种或两种构件。例如，起重机第一次开行中先吊装全部柱子，并进行校正和最后固定，然后依次吊装地梁、柱间支撑、墙梁、吊车梁、托架（托梁）、屋架、天窗架、屋面支撑和墙板等构件，直至整个建筑物吊装完成。有时屋面板的吊装也可在屋面上单独用桅杆或小吊车来进行。

分件安装法的优点是起重机在每次开行中仅吊装一类构件，吊装内容单一，准备工作简单，校正方便，吊装效率高；有充分时间进行校正；构件可分类，在现场顺序预制、排放，场外构件可按先后顺序组织供应；构件预制吊装、运输、排放条件好，易于布置；可选用起重量较小的起重机械，利用改变起重臂杆长度的方法，分别满足各类构件吊装起重量和起升高度的要求。其缺点是起重机开行频繁，机械台班费用增加；起重机开行路线长；起重臂长度改变需一定的时间；不能按节间吊装，不能为后续工程及早提供工作面，阻碍了工序的穿插；相对的吊装工期较长；屋面板吊装有时需要有辅助机械设备。

分件安装法适用于一般中、小型厂房的吊装。

2. 节间安装法

节间安装法是指起重机在厂房内一次开行中，分节间依次安装所有各类型构件，即先吊装一个节间柱子，并立即加以校正和最后固定，然后接着吊装地梁、柱间支撑、墙梁（连续梁）、吊车梁、走道板、柱头系统、托架（托梁）、屋架、天窗架、屋面支撑系统、屋面板和墙板等构件。一个（或几个）节间的全部构件吊装完毕后，起重机行进至下一个（或几个）

节间，再进行下一个或几个节间全部构件吊装，直至吊装完成。

节间安装法的优点是起重机开行路线短，起重机停机点少，停机一次可以完成一个（或几个）节间全部构件安装工作，可为后期工程及早提供工作面，可组织交叉平行流水作业，缩短工期；构件制作和吊装误差能及时发现并纠正；吊装完一节间，校正固定一节间，结构整体稳定性好，有利于保证工程质量。其缺点是需用起重量大的起重机同时吊各类构件，不能充分发挥起重机效率，无法组织单一构件连续作业；各类构件需交叉配合，场地构件堆放拥挤，吊具、索具更换频繁，准备工作复杂；校正工作零碎、困难；柱固定时间较长，难以组织连续作业，使吊装时间延长，降低吊装效率；操作面窄，易发生安全事故。

节间安装法适用于采用回转式桅杆进行吊装，或特殊要求的结构（如门式框架）或某种原因局部特殊需要（如急需施工地下设施）时采用。

3. 综合安装法

综合安装法是将全部或一个区段的柱头以下部分的构件用分件安装法吊装，即柱子吊装完毕并校正固定，再按顺序吊装地梁、柱间支撑、吊车梁、走道板、墙梁、托架（托梁），接着按节间安装法吊装屋架、天窗架、屋面支撑系统和屋面板等屋面结构构件。整个吊装过程可按三次流水进行，根据结构特性有时也可采用两次流水，即先吊装柱子，然后分节间吊装其他构件。吊装时通常采用 2 台起重机，一台起重量大的起重机用来吊装柱子、吊车梁、托架和屋面结构系统等；另一台起重机用来吊装柱间支撑、走道板、地梁、墙梁等构件并承担构件卸车和就位排放工作。

综合安装法结合了分件安装法和节间安装法的优点，能最大限度地发挥起重机的能力和效率，缩短工期，是广泛采用的一种安装方法。

5.2.2　安装机械的选择

1. 选择依据

（1）构件最大重量、数量、外形尺寸、结构特点、安装高度、吊装方法等。

（2）各类型构件的吊装要求，施工现场条件。

（3）吊装机械的技术性能。

（4）吊装工程量的大小、工程进度等。

（5）现有或租赁起重设备的情况。

（6）施工力量和技术水平。

（7）构件吊装的安全和质量要求及经济合理性。

2. 选择原则

（1）应考虑起重机的性能满足使用方便、吊装效率、吊装工程量和工期等要求。

（2）能适应现场道路、吊装平面布置和设备、机具等条件，能充分发挥其技术性能。

（3）能保证吊装工程量、施工安全和有一定的经济效益。

（4）避免使用起重能力大的起重机吊小构件。

3. 起重机类型的选择

（1）一般吊装多按履带式、轮胎式、汽车式、塔式的顺序选用。对高度不大的中、小型厂房，优先选择起重量大、全回转、移动方便的 100～150kN 履带式起重机或轮胎式起重机吊装主体；对大型工业厂房，主体结构高度较高、跨度较大、构件较重，宜选用 500～750kN 履带式起重机或 350～1000kN 汽车式起重机；对重型工业厂房，主体结构高度高、跨度大，宜选用塔式起重机吊装。

（2）对厂房大型构件，可选用重型塔式起重机吊装。

（3）当缺乏起重设备或吊装工作量不大、厂房不高时，可选用各种拔杆进行吊装。回转式拔杆较适用于单层钢结构厂房的综合吊装。

（4）当厂房位于狭窄的地段，或厂房采用敞开式施工方案（厂房内设备基础先施工）时，宜采用双机抬吊吊装屋面结构或选用单机在设备基础上铺设枕木垫道吊装。

（5）当起重机的起重量不能满足要求时，可以采取增加支腿或增长支腿、后移或增加配重、增设拉绳等措施来提高起重能力。

4. 吊装参数的确定

起重机的吊装参数包括起重量、起重高度、起重半径。所选择的起重机起重量应大于所吊装最重构件加吊索重量；起重高度应满足所安装的最高构件的吊装要求；起重半径应满足在一定起重量和起重高度时，能保持一定安全距离吊装构件的要求。当伸过已安装好的构件上空吊装时，起重臂与已安装好的构件应有不小于 0.3m 的距离。

5.3 钢构件的运输和摆放

（1）钢构件的运输可采用公路、铁路或海路运输。运输构件时，应根据构件的长度、重量、断面形状、运输形式的要求选用合理运输方式。

（2）大型或重型构件的运输宜编制运输方案。

（3）钢构件的运输顺序应满足构件吊装进度计划要求。

（4）钢构件的包装应满足构件不失散、不变形和装运稳定牢固的要求。

（5）钢构件装卸时，应按设计吊点起吊，并应有防止钢构件损伤的措施。

（6）钢构件中转堆放场，应根据构件尺寸、外形、重量、运输与装卸机械、场地条件，绘制平面布置图，并尽量减少搬运次数。

（7）钢构件堆放场地应平整、坚实、排水良好。

（8）钢构件应按种类、型号、安装顺序分区堆放。

（9）钢构件堆放应确保不变形、不损坏、有足够稳定性。

（10）钢构件叠放时，其支点应在同一直线上，叠放层数不宜过高。

5.4 钢结构安装

5.4.1 钢柱安装

钢柱类型很多，有单层和多层，有长有短，有轻有重，其断面形式有□、Ⅰ、十、○、Ⅱ、Ⅲ形等。其安装过程中有以下内容：

1. 吊点选择

（1）吊点位置及吊点数量，根据钢柱形状、断面、长度、起重机性能等具体情况确定。

（2）通常钢柱弹性和刚性都很好，可采用一点正吊，吊点设在柱顶处。这样，柱身垂直，易于对线校正。当受到起重机械臂杆长度限制时，吊点也可设在柱长 1/3 处，此时，吊点斜吊，对线校正较难。

（3）对细长钢柱，为防止钢柱变形，也可采用两点或三点吊。

（4）为了保证吊装时索具安全及便于安装校正，吊装钢柱时在吊点部位预先安有吊耳，吊装完毕再割去。如不采用在吊点部位焊接吊耳，也可直接用钢丝绳绑扎钢柱，此时钢柱（□、Ⅰ）绑扎点处四角应用半圆钢管或方形木条做包角保护，以防钢丝绳割断。Ⅰ字形钢柱为防止局部受挤压破坏，可加一加强肋板，吊装格构柱，绑扎点处加支承杆加强。

2. 起吊方法

（1）起吊方法应根据钢柱类型、起重设备和现场条件确定。起重机械可采用单机、双机、三机等。

（2）起吊方法可采用旋转法、滑行法、递送法。

3. 钢柱临时固定

（1）对于采用杯口基础钢柱，柱子插入杯口就位，初步校正后即可用钢（或硬木）楔临时固定。其方法是，当柱插入杯口时使柱身中心线对准杯口（或杯底）中心线后刹车，用撬杠拨正初校，在柱子杯口壁之间的四周空隙，每边塞入2个钢（或硬木）楔，再将钢柱下落到杯底后复查对位，同时打紧两侧的楔子，起重机脱钩完成一个钢柱吊装。对于采用地脚螺栓方式连接的钢柱，钢柱吊装就位并初步调整柱底与基础基准线达到准确位置后，拧紧全部螺栓、螺母，进行临时固定，达到安全后摘除吊钩。

（2）对于重型或高10m以上细长柱及杯口较浅的钢柱，或遇到刮风天气，有时还在钢柱大面两侧加设缆风绳或支撑来临时固定。

4. 钢柱的校正

钢柱的校正工作一般包括平面位置、标高及垂直度三个内容。钢柱的校正工作主要是校正垂直和复查标高，钢柱的平面位置在钢柱吊装时基本校正完毕。

（1）钢柱标高校正。可根据钢柱实际长度、柱底平整度、钢牛腿顶部距柱底部距离确定。对于采用杯口基础的钢柱，可采用抹水泥砂浆或设钢垫板来校正标高；对于采用地脚螺栓连接方式的钢柱，首层钢柱安装时，通过调整螺母来控制柱的标高；柱子底板下预留的空隙，用无收缩砂浆填实。基础标高调整数值主要保证钢牛腿顶面标高偏差在允许范围内。如安装后还有超差，则在安装吊车梁时予以纠正。如偏差过大，则将柱拔出重新安装。

（2）垂直度校正。钢柱垂直度校正可以采用两台经纬仪或吊线坠测量的方式进行观测，校正方法可以采用松紧钢楔、千斤顶顶推柱身，使柱子绕柱脚转动来校正垂直度；或采用不断调整柱底板下的螺母进行校正，直到校正完毕，将板下的螺母拧紧。

5. 最后固定

钢柱校正完毕后，应立即进行最后固定。

（1）无垫板安装钢柱的固定方法是在柱子与杯口的空隙内灌注细石混凝土。灌注前，先清理并湿润杯口，灌注分两次进行；第一次灌注至楔子底面，待混凝土强度等级达到25%后，拔出楔子；第二次灌注混凝土至杯口。对采用缆风绳校正法校正的柱子，需待第二次灌注混凝土达到70%时，方可拆除缆风绳。

（2）对有垫板安装钢柱的二次灌注方法，通常采用赶浆法或压浆法。赶浆法是在杯口一侧灌强度等级高一级的无收缩砂浆（掺水泥用量为0.03‰～0.05‰的铝粉）或细石混凝土，用细振动棒振捣，使砂浆从柱底另一侧挤出，待填满柱底周围约10cm高，接着在杯口四周均匀地灌细石混凝土至与杯口平。压浆法是在杯口空隙内插入压浆管与排气管，先灌20cm高混凝土，并插捣密实，然后开始压浆，待混凝土被挤压上拱，停止顶压；再灌20cm高混凝土顶压一次即可拔出浆管和排气管，继续灌注混凝土至与杯口平。该法适用于截面很大、垫板高度较薄的杯底灌浆。

（3）对采用地脚螺栓方式连接的钢柱，当钢柱安装校正后拧紧螺母进行最后固定。

6. 钢柱安装的注意事项

（1）钢柱校正时应先校正偏差大的一面，后校正偏差小的一面，如两个面偏差数字相近，则应先校正小面，后校正大面。

（2）钢柱在两个方向垂直度校正好后，应再复查一次平面轴线和标高，如符合要求，则打紧柱四周 8 个楔子，使其松紧一致，以免在风力作用下向松的一面倾斜。

（3）钢柱垂直度校正须用两台精密经纬仪观测，观测的上测点应设在柱顶，仪器架设位置应使其望远镜的旋转面与观测面尽量垂直（夹角应大于 75°），以避免产生测量误差。

（4）钢柱插入杯口后应迅速对准纵横轴线，并在杯底处用钢楔把柱脚卡牢，在柱子倾斜一面敲打楔子，对面楔子只能松动，不得拔出，以防柱子倾倒。

（5）风力影响。风力对柱面产生压力，柱面的宽度越宽，柱子高度越高，受风力影响也就越大，影响柱子的侧向弯曲也就越大。因此，当柱子高度在 8m 以上，风力超过 5 级时不能进行柱子校正操作。

5.4.2　钢吊车梁与钢屋架的安装

在钢柱吊装完成并经校正固定于基础上之后，即可吊装吊车梁等构件。

1. 钢吊车梁安装

（1）吊点选择。钢吊车梁一般采用两点绑扎，对称起吊。吊钩应对称于梁的重心，以便使梁起吊后保持水平，梁的两端用绳控制，以防吊升就位时左右摆动，碰撞柱子。

对梁上设有预埋吊环的钢吊车梁，可采用带钢钩的吊索直接钩住吊环起吊；对梁自重较大的钢吊车梁，应用卡环与吊环、吊索相互连接起吊；梁上未设置吊环的钢吊车梁，可在梁端靠近支点处用轻便吊索配合卡环绕钢吊车梁下部左右对称绑扎吊装；或用工具式吊耳吊装。当起重能力允许时，也可采用将吊车梁与制动梁（或桁架）及支撑等组成一个大部件进行整体吊装。

（2）吊升就位和临时固定。在屋盖吊装之前安装钢吊车梁时，可采用各种起重机进行；在屋盖吊装完毕之后安装吊车梁时，可采用短臂履带式起重机或独脚桅杆起吊，如无起重机械，也可在屋架端头或柱顶拴滑轮组来安装钢吊车梁，采用此法时对屋架绑扎位置或柱顶应通过验算确定。

钢吊车梁布置宜接近安装位置，使梁重心对准安装中心。安装顺序可由一端向另一端，或从中间向两端顺序进行。当梁吊升至设计位置离支座顶面约 20cm 时，用人力扶正，使梁中心线与支承面中心线（或已安装相邻梁中心线）对准，从而使两端搁置长度相等，缓缓下落，如有偏差稍稍起吊用撬杠撬正，如支座不平可用斜铁片垫平。

钢吊车梁就位后，因梁本身稳定性较好，仅用垫铁垫平即可，不需采取临时固定措施。当梁高度与宽度之比大于 4 或遇 5 级以上大风时，脱钩前，宜用铁丝将钢吊车梁临时捆绑在柱子上临时固定，以防倾倒。

（3）校正。钢吊车梁校正一般在梁全部安装完毕，屋面构件校正并最后固定后进行。但对重量较大的钢吊车梁，因脱钩后撬动比较困难，宜采取边吊边校正的方法。校正内容包括中心线（位移）、轴线间距（跨距）、标高、垂直度等。纵向位移在就位时已基本校正。故校正主要为横向位移。

1）吊车梁中心线与轴线间距校正。校正吊车梁中心线与轴线间距时，先在吊车轨道两端的地面上，根据柱轴线放出吊车轨道轴线，用钢尺校正两轴线的距离，再用经纬仪放线，钢丝挂线锤或在两端拉钢丝等方法较正。如有偏差，用撬杠拨正，或在梁端设螺栓，液压千斤顶侧向顶正，也可在柱头挂倒链将吊车梁吊起或用杠杆将吊车梁抬起，再用撬杠配合移动拨正。

2）吊车梁标高的校正。当一跨即两排吊车梁全部吊装完毕后，将一台水准仪架设在某一钢吊车梁上或专门搭设的平台上，进行每根梁两端的高程测量，计算各点所需垫板厚度，或在柱上测出一定高度的水准点，再用钢尺或样杆量出水准点至梁面铺轨需要的高度，根据测定标高进行校正。校正时，用撬杠撬起或在柱头屋架上弦端头节点上挂倒链将吊车梁需垫垫板的一端吊起，重型柱可在梁一端下部用千斤顶顶起填塞铁片。

3）吊车梁垂直度的校正。在校正标高的同时，用靠尺或线锤在吊车梁的两端测垂直度，用楔形钢板在一侧填塞校正。

（4）最后固定。钢吊车梁校正完毕后应立即将钢吊车梁与柱牛腿上的预埋件焊接牢固，在梁柱接头处、吊车梁与柱的空隙处支模浇筑细石混凝土并养护；或将螺母拧紧，将支座与牛腿上垫板焊接进行最后固定。

2. 钢屋架安装

（1）吊点选择。钢屋架的绑扎点应选在屋架节点上，左右对称于钢屋架的重心，否则应采取防止屋架倾斜的措施。由于钢屋架的侧向刚度较差，吊装前应验算钢屋架平面外刚度，如刚度不足，可采取增加吊点的位置或采用加铁扁担的施工方法。

为减少高空作业，提高生产率，可在地面上将天窗架预先拼装在屋架上，并将吊索两面绑扎，把天窗架夹在中间，以保证整体安装的稳定。

（2）吊升就位。当屋架起吊离地 20cm 时检查无误后再继续起吊，对准屋架基座中心线与定位轴线就位，并做初步校正，然后进行临时固定。

（3）临时固定。第一榀屋架吊升就位后，可在屋架两侧设缆风绳固定，然后再使起重机脱钩，如果端部有抗风柱，校正后可与抗风柱固定。第二榀屋架同样吊升就位后，每坡用一个屋架间调节器，进行屋架垂直度校正，固定两端支座处，然后固定或焊接螺栓，安装垂直支撑、水平支撑、检查无误，成为样板间，依次类推。

（4）校正及最后固定。钢屋架校正主要是垂直度的校正。可以采用在屋架下弦一侧拉一根通长钢丝，同时在屋架上弦中心线挑出一个同样距离的标尺，然后用线锤校正；也可用一台经纬仪架设在柱顶一侧，与轴线平移距离 a 处，在对面柱子上同样有一距离为 a 的点，从屋架中线处用标尺挑出距离 a，当三点在一条线上时，则说明屋架垂直。如有误差，可通过调整工具式支撑或绳索，并在屋架端部支承面垫入薄铁片进行调整。

钢屋架校正完毕后，拧紧连接螺栓或电焊焊牢作为最后固定。

5.5 钢构件连接施工

5.5.1 普通螺栓连接施工

钢结构普通螺栓连接即将普通螺栓、螺母、垫圈机械地和连接件连接在一起形成的一种连接形式。荷载是通过螺栓杆受剪、连接板孔壁承压来传递的，连接螺栓和连接板孔壁之间有间隙，接头受力后会产生较大的滑移变形。一般受力较大的结构或承受动荷载的结构，当采用普通螺栓连接时，螺栓应采用精制螺栓，以减少接头的变形量。精制螺栓连接加工费用高，施工难度大，工程上已极少使用，逐渐被高强度螺栓连接所替代。

普通螺栓按照形式可分为六角头螺栓、双头螺栓、沉头螺栓等；按制作精度可分为 A、B、C 三个等级，A、B 级为精制螺栓，C 级为粗制螺栓。钢结构用连接螺栓，除特殊注明外，一般即为普通精制 C 级螺栓。

（1）一般要求。普通螺栓作为永久性连接螺栓时，应符合下列要求：

1）为增大承压面积，螺栓头和螺母下面应放置平垫圈。

2）螺栓头下面放置垫圈不得多于 2 个，螺母下放置垫圈不应多于 1 个。

3）对设计要求防松动的螺栓，应采用防松装置的螺母或弹簧垫圈或用人工方法采取防松措施。

4）对工字钢、槽钢，应尽量使用斜垫圈，使螺母和螺栓头部的支承面垂直于螺杆。

5）螺杆规格选择、连接形式、螺栓的布置、螺栓孔尺寸应符合设计要求及有关规定。

（2）螺栓的紧固及检验。普通螺栓连接对螺栓紧固力没有具体要求，以施工人员紧固螺栓时的手感及连接接头的外形控制为准，即施工人员使用普通扳手靠自己的力量拧紧螺母即可，能保证被接面密贴，无明显的间隙。为了保证连接接头中各螺栓受力均匀，螺栓的紧固次序宜从中间对称向两侧进行；对大型接头宜采用复拧方式，即两次紧固。

普通螺栓连接螺栓紧固检验比较简单，一般采用锤击法，即用 3kg 小锤，一手扶螺栓头（或螺母），另一手用锤敲击，如螺栓头（螺母）不偏移、不颤动、不转动、锤声比较干脆，说明螺栓紧固质量良好。否则需要重新紧固。永久性普通螺栓紧固应牢固、可靠，外露丝扣不应少于 2 扣。检查数量，按连接点数抽查 10%，且不应少于 3 个。

5.5.2 高强度螺栓连接施工

高强度螺栓连接具有受力性能好，耐疲劳，抗震性能好，连接刚度高，施工简便等特点。安装时，先对构件连接端及连接板表面进行特殊处理，形成粗糙面，随后对高强度螺栓施加预拉力，使紧固部位产生很大的摩擦力。

（1）高强度螺栓连接副。高强度螺栓连接副是一整套的含义，包括一个螺栓、一个螺母和 1～2 个垫圈。大六角头高强度螺栓连接副包括一个螺栓、一个螺母和两个垫圈（螺栓头和螺母两侧各一个垫圈）；扭剪型高强度螺栓连接副包括一个螺栓、一个螺母和一个垫圈。高强度螺栓连接副应在同批内配套使用。

（2）一般规定。高强度螺栓连接施工时，应符合下列要求：

1）高强度螺栓连接副应有质量保证书，由制造厂按批配套供货。

2）高强度螺栓连接施工前，应对连接副和连接件进行检查和复验，合格后再进行施工。

3）高强度螺栓连接安装时，在每个节点上应穿入的临时螺栓和冲钉数量，由安装时可能承担的荷载计算确定，并应符合：①不得少于安装总数的 1/3；②不得少于两个临时螺栓；③冲钉穿入数量不宜多于临时螺栓的 30%。

4）不得用高强度螺栓兼做临时螺栓，以防损伤螺纹。

5）高强度螺栓的安装应能自由穿入，严禁强行穿入，如不能自由穿入，应用铰刀进行修整，修整后的孔径应小于 1.2 倍螺栓直径。

6）高强度螺栓的安装应在结构构件中心位置调整后进行，其穿入方向应以施工方便为准，并力求一致，安装时注意垫圈的正反面。

（3）大六角头高强度螺栓连接施工。大六角头高强度螺栓连接施工一般采用的紧固方法有扭矩法和转角法。

采用扭矩法施工时，一般先用普通扳手进行初拧，初拧扭矩可取为施工扭矩的50％左右，目的是使连接件密贴。在实际操作中，可以让一个操作工使用普通扳手拧紧即可。然后使用扭矩扳手，按施工扭矩值进行终拧。对于较大的连接节点，可以按初拧、复拧及终拧的次序进行，复拧扭矩等于初拧扭矩。一般拧紧的顺序从中间向四边或四周进行。初拧和终拧的螺栓均应做不同的标记，避免漏拧、超拧发生，且便于检查。

转角法是用控制螺栓应变，即控制螺母的转角来获得规定的预拉力，因不需专用扳手，故简单有效，终拧角度可预先测定。高强度螺栓转角法施工分初拧和终拧两步（必要时可增加复拧），初拧的目的是消除板缝影响，给终拧创造一个大体一致的基础。初拧扭矩一般取终拧扭矩的50％为宜，原则是以板缝密贴为准。转角法施工工艺顺序如下：

1）初拧。按规定的初拧扭矩值，从节点或栓群中心向四周拧紧螺栓，并用小锤敲击检查，防止漏拧。

2）划线。初拧后对螺栓逐个进行划线。

3）终拧。用扳手使螺母再旋转一个额定的角度，并划线。

4）检查。检查终拧角度是否达到规定的角度。

5）标记。对已终拧的螺栓作出明显的标记，以防漏拧或重拧。

（4）扭剪型高强度螺栓连接施工。扭剪型高强度螺栓施工相对于大六角头高强度螺栓连接施工简单得多。它是采用专用的电动扳手进行终拧，梅花头拧掉则终拧结束。

扭剪型高强度螺栓的拧紧可分为初拧、终拧。对于大型节点，可分为初拧、复拧、终拧。初拧采用手动扳手或专用定矩电动扳手，初拧值为预拉力标准值的50％左右。复拧扭矩等于初拧扭矩值。初拧或复拧后的高强度螺栓应用颜色在螺母上涂上标记。然后用专用电动扳手进行终拧，直至拧掉螺栓尾部梅花头，读出预拉力值。

5.6 多层及高层钢结构安装

5.6.1 多层及高层钢结构安装工程一般规定

（1）柱、梁、支撑等构件的长度尺寸应包括焊接收缩余量等变形值。

（2）多层及高层钢结构的柱与柱、主梁与柱的接头，一般采用焊接连接，焊缝的收缩值及荷载对柱的压缩变形，会对建筑物的外形尺寸有一定影响。故柱要考虑荷载对柱的压缩变形值和接头焊缝的收缩变形值；梁要考虑焊缝的收缩变形值。

（3）安装柱时，每节柱的定位轴线应从地面控制轴线直接引上，不得从下层柱的轴线引上。

（4）结构的楼层标高可按相对标高或设计标高进行控制。

（5）钢结构安装检验批应在进场验收和焊接连接、紧固件连接、制作等分项工程验收合格的基础上进行验收。

（6）多层及高层钢结构安装工程可按楼层或施工段等划分为一个或若干个检验批。地下钢结构可按不同地下层划分检验批。

5.6.2 多层及高层钢结构安装要点

（1）安装前，应对建筑物的定位轴线、平面封闭角、底层柱的安装位置线、基础标高和基础混凝土强度进行检查，合格后才能进行安装。

（2）安装顺序应根据事先编制的安装顺序图表进行。

（3）凡在地面组拼的构件，需设置拼装架组拼（立拼），易变形的构件应先进行加固。组拼后的尺寸经校验无误后，方可安装。

（4）各类构件的吊点，宜按规定设置。

（5）钢构件的零件及附件应随构件一并起吊。尺寸较大、重量较重的节点板，应用铰链固定在构件上。钢柱上的爬梯、大梁上的轻便走道应牢固固定在构件上一起起吊。调整柱子垂直度的缆风绳或支撑夹板，应在地面上与柱子绑扎好，同时起吊。

（6）当天安装的构件，就形成空间稳定体系，确保安装质量和结构安全。

（7）一节柱的各层梁安装校正后，应立即安装本节各层楼梯，铺好各层楼层的压型钢板。

（8）安装时，楼面上的施工荷载不得超过梁和压型钢板的承载力。

（9）预制外墙板应根据建筑物的平面形状对称安装，使建筑物各侧面均匀加载。

（10）叠合楼板的施工，要随着钢结构的安装进度进行。两个工作面相距不宜超过 5 个楼层。

（11）每个流水段一节柱的全部钢构件安装完毕并验收合格后，方能进行下一流水段钢结构的安装。

（12）高层钢结构安装时，需注意日照、焊接等温度引起的热影响，导致构件产生的伸长、缩短、弯曲所引起的偏差，施工中应有调整偏差的措施。多层及高层钢结构安装工程一般指多层及高层的主体结构、地下钢结构、檩条及墙架等次要构件、钢平台、钢梯、防护栏杆等安装工程。

5.7 钢结构施工质量验收

5.7.1 基本规定

钢结构在高层建筑、大跨结构、轻型工业厂房中得到了越来越多的应用，钢网架结构、轻钢结构、高层钢结构等结构形式不断出现，对钢结构设计和钢结构制作安装提出了新的要求。钢结构专业性很强，为了保证钢结构的使用安全和可靠性，对施工单位的准入制施工现场的质量管理、施工质量控制、检验批、分项工程合格质量标准等提出了要求。

1. 施工单位资质

钢结构工程施工单位应具备相应的钢结构施工资质。

2. 质量管理内容

施工现场质量管理应有相应的施工技术标准、质量管理体系、质量控制及检验制度、审批的施工组织设计、施工方案等技术文件。

3. 检验工具

钢结构工程施工质量验收所使用的计量器具必须是根据计量法规定的、定期计量检验合格，保证在检定有效期内使用。

4. 施工质量控制

（1）原材料及成品应进行进场验收。凡涉及安全、功能的原材料及成品应按规定进行复验，并应经监理工程师（建设单位技术负责人）见证取样、送样。

（2）各工序应按施工技术标准进行质量控制，每道工序完成后，应进行检查。

（3）相关各专业工种之间，应进行交接检验，并经监理工程师（建设单位技术负责人）检查认可。

5. 质量验收程序及检验批的划分

钢结构工程施工质量验收应在施工单位自检基础上，按照检验批、分项工程、分部（子分部）工程进行。钢结构分部（子分部）工程中分项工程划分应按照《建筑工程施工质量验收统一标准》（GB 50300）的规定执行。钢结构分项工程应由一个或若干检验批组成，各分项工程检验批应按规范的规定进行划分。钢结构分项工程检验批划分应遵循以下原则：

（1）单层钢结构按变形缝划分。

（2）多层及高层钢结构按楼层或施工段划分。

（3）压型金属板工程可按屋面、墙板、楼面等划分。

（4）对于原材料及成品进场时的验收，可以根据工程规模及进料实际情况合并或分解检验批。

6. 检验批合格质量标准

（1）主控项目必须符合规范合格质量标准的要求。

（2）一般项目其检验结果应 80% 及以上的检查点（值）符合规范合格质量标准的要求，且最大值不应超过其允许偏差值的 1.2 倍；质量检查记录、质量证明文件等资料应完整。

7. 分项工程合格质量标准

检验批是验收的最小单位，是最基本验收的工作内容，故分项工程合格质量标准为该分项工程所包含的检验批必须达到全部合格，并有完整的检验批质量验收完整记录。

8. 钢结构工程施工质量不符合规范要求的处理

（1）经返工重做或更换构（配）件的检验批，应重新进行验收。

（2）经有资质的检测单位检测鉴定能够达到设计要求的检验批，应予以验收。

（3）经有资质的检测单位检测鉴定达不到设计要求，但经原设计单位核算认可，能够满足结构安全和使用功能的检验批，可予以验收。

（4）经返修或加固处理的分项、分部工程，虽然改变外形尺寸，但仍能满足安全使用要求，可按处理技术方案和协商文件进行验收。

（5）通过返修或加固处理仍不能满足安全使用要求的钢结构分部工程，严禁验收。

5.7.2 原材料及成品进场

原材料及成品进场，是指用于钢结构各分项工程施工现场的主要材料、零（部）件、成品件、标准件等产品的进场验收。强化原材料及成品进场的准入制，有利于从源头上把好钢结构工程质量关。

1. 钢材

钢结构工程使用的钢材一般有热轧普通碳素结构钢、热轧低合金结构钢等。

（1）主控项目及检验方法。

1）钢材、钢铸件的品种、规格、性能等应符合现行国家产品标准和设计要求。进口钢材产品的质量应符合设计和合同规定标准的要求。钢结构工程中承重结构使用的钢材应满足如下要求：

a. 钢材的物理性能。抗拉强度、伸长率、屈服点、冲击韧性等。

　　b. 钢材的化学成分。主要控制硫、磷有害元素的极限含量,用于焊接的钢材应控制碳的极限含量。

　　检查数量:全数检查。

　　检验方法:检查质量合格证明文件、中文标志及检验报告等。

　　2) 应进行抽样复验的钢材。

　　a. 国外进口钢材。

　　b. 钢材混批。混批是指混炉号,钢材的合格证是按炉号的批号颁发的。钢材在运输调剂方面失控,容易使钢材造成混乱。

　　c. 板厚等于或大于 40mm,且设计有 z 向性能要求的厚板。厚钢板存在各向异性,塑性和冲击功值,以 z 向最差。

　　d. 建筑结构安全等级为一级,大跨度钢结构主要受力构件(如弦杆或梁用钢板)所采用的钢材。

　　e. 设计有复验要求的钢材。

　　f. 对有质量疑义的钢材。质量疑义主要是指:对质量证明文件有疑义、质量证明文件不全、质量证明中的项目少于设计要求的。

　　检查数量:全数检查。

　　检验方法:检查复验报告。

　　(2) 一般项目及检验方法。

　　1) 钢板厚度及允许偏差应符合其产品标准的要求。

　　检查数量;每一品种、规格的钢板抽查 5 处。

　　检验方法:用游标卡尺量测。

　　2) 型钢的规格尺寸及允许偏差应符合产品标准的要求。

　　检查数量:每一品种、规格的型钢抽查 5 处。

　　检验方法:用钢尺和游标卡尺量测。

　　3) 钢材的表面外观质量除应符合国家现行有关标准的规定外,尚应符合下列规定:

　　a. 当钢材的表面有锈蚀、麻点或划痕等缺陷时,其深度不得大于该钢材厚度负允许偏差值的 1/2。

　　b. 钢材表面的锈蚀等级应符合《涂装前钢材表面锈蚀等级和除锈等级》(GB 8923)规定的 C 级及 C 级以上。

　　c. 钢材端边或断口处不应有分层、夹渣等缺陷。

　　检查数量:全数检查。

　　检验方法:观察检查。

　　2. 焊接材料

　　(1) 主控项目及检验方法。

　　1) 焊接材料的品种、规格、性能等应符合现行国家产品标准和设计要求。

　　2) 焊接材料的质量直接影响焊接质量,乃至钢结构工程的安全和可靠性。

　　检查数量:全数检查。

　　检验方法:检查焊接材料的质量合格证明文件、中文标志及检验报告等。

　　3) 重要钢结构采用的焊接材料应进行抽样复验,复验结果应符合现行国家产品标准和设计要求。重要钢结构中的"重要"是指：

a. 建筑结构安全等级为一级的一、二级焊缝；

b. 建筑结构安全等级为二级的一级焊缝；

c. 大跨度结构中一级焊缝；

d. 重级工作制钢吊车梁结构中一级焊缝；

e. 设计要求。

检查数量：全数检查。

检验方法：检查复验报告。

（2）一般项目及检验方法。

1）焊钉及焊接瓷环的规格、尺寸及偏差应符合《圆柱头焊钉》（GB 10433）中的规定。

检查数量：按量抽查1％，且不应少于10套。

检验方法：用钢尺和游标卡尺量测。

2）焊条外观不应有药皮脱落、焊芯生锈等缺陷；焊剂不应受潮结块。

检查数量：按量抽查1％，且不应少于是10包。

检验方法：观察检查。

5.7.3 紧固件连接工程

紧固件连接工程一般是指钢结构制作和安装中的普通螺栓、扭剪型高强度螺栓、大六角头高强度螺栓、钢网架螺栓球节点用高强度螺栓及射钉、自攻钉、拉铆钉等连接工程。

1. 紧固件连接工程一般规定

紧固件连接工程可按相应的钢结构制作或安装工程检验批的划分原则划分为一个或若干个检验批。

2. 普通紧固件连接

（1）主控项目及检验方法。

1）普通螺栓作为永久性连接螺栓时，当设计有要求或对其质量有疑义时，应进行螺栓实物最小拉力荷载复验，试验方法见《钢结构工程施工质量验收规范》（GB 50205）附录B，其结果应符合《紧固件机械性能 螺栓、螺钉和螺柱》（GB 3098）的规定。钢结构用普通螺栓作为紧固件，一般是指没有出厂合格证等质量证明文件。

检查数量：每一规格螺栓抽查8个。

检验方法：检查螺栓实物复验报告。

2）连接薄钢板采用的自攻钉、拉铆钉、射钉等的规格尺寸应与被连接钢板相匹配，其间距、边距等应符合设计要求。

检查数量：按连接节点数抽查1％，且不应少于3个。

检验方法：观察检查和尺量检查。

（2）一般项目及检验方法。

1）永久性普通螺栓紧固应牢固、可靠，外露丝扣不应少于2扣。

检查数量：按连接节点数抽查10％，且不应少于3个。

检验方法：观察检查和用小锤敲击检查。

2）自攻钉、拉铆钉、射钉等与连接钢板应紧固密贴，外观排列整齐。

检查数量：按连接节点数抽查10％，且不应少于3个。

检验方法：观察检查或用小锤敲击检查。

3. 高强度螺栓连接

（1）主控项目及检验方法。

1）钢结构制作和安装单位应按《钢结构工程施工质量验收规范》（GB 50205）附录 B 的规定，分别进行高强度螺栓连接摩擦面的抗滑移系数试验和复验，现场处理的构件摩擦面应单独进行摩擦面抗滑移系数试验，其结果应符合设计要求。

抗滑移系数是指，高强度螺栓连接中，使连接件摩擦面产生滑动时外力与垂直于摩擦面高强度螺栓预拉力之和的比值。

高强度螺栓连接时，构件的接触表面应进行加工。其处理方法一般有喷砂、打磨、钢丝刷锈等，使连接摩擦面的抗滑移系数应达到设计要求。

检查数量：见《钢结构工程施工质量验收规范》（GB 50205）附录 B。

检验方法：检查摩擦面抗滑移系数试验报告和复验报告。

2）大六角头高强度螺栓连接副终拧完成 1h 后、48h 内应进行终拧扭矩检查，检查结果应符合《钢结构工程施工质量验收规范》（GB 50205）附录 B 的规定。

检查数量：按节点数抽查 10%，且不应少于 10 个；每个被抽查节点按螺栓数抽查 10%，且不应少于 2 个。

检验方法：见《钢结构工程施工质量验收规范》（GB 50205）附录 B。

3）扭剪型高强度螺栓连接副终拧后，除因构造原因无法使用专用扳手终拧掉梅花头者外，未在终拧中拧掉梅花头的螺栓数不应大于该节点螺栓数的 5%。对所有梅花头未拧掉的扭剪型高强度螺栓连接副，应采用扭矩法或转角法进行终拧并做标记，且按本节主控项目第 2 条的规定进行终拧扭矩检查。

检查数量：按节点数抽查 10%，但不应少于 10 个节点，被抽查节点中梅花头未拧掉的扭剪型高强度螺栓连接副全数进行终拧扭矩检查。

检验方法：见《钢结构工程施工质量验收规范》（GB 50205）附录 B。

（2）一般项目及检验方法。

1）高强度螺栓连接副的施拧顺序和初拧、复拧扭矩应符合设计要求和《钢结构高强度螺栓连接的设计施工及验收规程》（JGJ 82）的规定。

检查数量：全数检查资料。

检验方法：检查扭矩扳手标定记录和螺栓施工记录。

2）高强度螺栓连接副终拧后，螺栓丝扣外露应为 2～3 扣，其中允许有 10% 的螺栓丝扣外露 1 扣或 4 扣。

检查数量：按节点数抽查 5%，且不应少于 10 个。

检验方法：观察检查。

3）高强度螺栓连接摩擦面应保持干燥、整洁，不应有飞边、毛刺、焊接飞溅物、焊疤、氧化铁皮、污垢等，除设计要求外，摩擦面不应涂漆。

检查数量：全数检查。

检验方法：观察检查。

4）高强度螺栓应自由穿入螺栓孔。高强度螺栓孔不应采用气割扩孔，扩孔数量应征得设计同意，扩孔后的孔径不应超过 $1.2d$（d 为螺栓直径）。

检查数量：被扩螺栓孔全数检查。

检验方法：观察检查及用卡尺检查。

5）螺栓球节点网架总拼完成后，高强度螺栓与球节点应紧固连接，高强度螺栓拧入螺栓球内的螺纹长度不应小于 $1.0d$（d 为螺栓直径），连接处不应出现有间隙、松动等未拧紧情况。

检查数量：按节点数抽查 5%，且不应少于 10 个。

检验方法：普通扳手及尺量检查。

5.7.4　单层钢结构安装工程

单层钢结构安装工程是指单层结构主体结构、地下钢结构、檩条及墙架等次要构件、钢平台、钢梯、防护栏杆等安装工程。

1. 质量预控

安装的测量校正、高强度螺栓安装、负温度下施工及焊接工艺等，应在安装前进行工艺试验或评定，并应在此基础上制定相应的施工工艺或方案。

2. 安装偏差检测

安装偏差的检测，应在结构形成空间刚度单元并连接固定后进行。空间刚度单元是指由构件构成的基本的稳定空间体系。

3. 安装结构安全

（1）安装时，必须控制屋面、楼面、平台等的施工荷载，施工荷载和冰雪荷载等严禁超过梁、桁架、楼面板、屋面板、平台铺板等的承载能力。

（2）在形成空间刚度单元后，应及时对柱底板和基础顶面的空隙进行细石混凝土、灌浆料等二次浇灌。

（3）吊车梁或直接承受动力荷载的梁，其受拉翼缘、吊车桁架或直接承受动力荷载的桁架的受拉弦杆上不得焊接悬挂物和卡具。

4. 钢结构安装检验批的检验

钢结构安装检验批的检验应在材料成品进场验收、焊接连接、紧固件连接、制作等分项工程验收合格的基础上进行验收。

5. 检验批的划分

单层钢结构安装工程可按变形缝或空间刚度单元等划分成一个或若干个检验批。地下钢结构可按不同地下层划分检验批。

5.8　构件制作质量事故分析与处理

钢材的质量主要取决于冶炼、浇铸和轧制过程中的质量控制。如果某个环节出现问题，将会使钢材质量下降并产生缺陷。钢结构的加工制作全过程是由一系列工序组成的，钢结构的缺陷除去钢材本身的缺陷外，还可能产生于各工种的加工工艺中。

5.8.1　材料质量及加工中的事故

1. 原因分析

（1）使用的钢材质量低劣，达不到设计要求，影响建筑的安全度。

（2）材料本身存在的一些变形或因场地不平、组装方法不正确引起的变形。

（3）放样尺寸有偏差。

（4）构件的冷加工引起的钢材硬化和微裂纹。

2. 防治措施

（1）钢材应根据设计要求选用，并应具有质量证明书。当对钢材的质量有怀疑时，按国家现行有关标准的规定进行抽样检验。

（2）钢材必须符合现行国家标准的规定。

（3）钢材在下料前和拼接后的变形，超过技术规定范围时，均须进行矫正，合格后方可进行施工。

（4）放样和下料前必须先矫正原材料的偏差、弯曲和扭曲，合格后方可使用。

（5）放样、下料时，要放足收缩余量。梁、桁架等受弯构件在放样和下料时，要考虑起拱量。

（6）组装。组装前，零件、部件应经检查合格；连接接触面和沿焊接边缝 30～50mm 范围内的铁锈、毛刺、污垢、冰雪等，应清除干净；板材、型材的拼接应在组装前进行；构件的组装应在部件组装、焊接、矫正后进行。

（7）要放足尺寸大样，杆件组装后，在拼装时要先检验杆件的外形尺寸是否符合标准，对照足尺寸大样组装后再安装。

5.8.2　焊接质量事故

1. 原因分析

（1）焊接材料质量与设计要求不符。

（2）焊缝有气孔、夹渣、不均匀。

（3）焊缝长度、宽度、高度等不满足构造要求。

（4）焊接变形（包括纵向、横向、角变形及弯曲、扭转和波浪等变形）。焊接工艺不当，如焊接电流大、焊条的直径粗、焊接速度慢等，会引起较大的焊接变形。焊接次序不当，如还未焊接好分部件就拼焊接，容易产生较大的焊接变形。装配不当，如装配得不直或强制装配，装配点焊少，容易引起焊后变形。结弦杆截面的尺寸、构件的弯曲变形，主要取决于截面的抗弯刚度。

（5）焊接带来的残余应力和残余应变、应力集中等。

（6）热影响区母材的塑性、韧性降低，钢材硬化、变脆和开裂。

2. 防治措施

（1）根据设计图样要求，核对钢材、焊接材料的质量，必须使其满足设计规定，其技术条件应分别符合现行国家标准的规定。

（2）施工单位对其首次采用的钢材、焊接材料、焊接方法、焊后热处理等，应按规定进行评定，根据评定报告确定焊接工艺。

（3）施焊前，应复检焊件接头质量和焊区的处理情况，当不符合要求时，应经修整合格后方可施焊。

（4）多层焊接宜连续施焊，每一层焊道焊完后，应及时清理检查，消除缺陷后再焊。

（5）在保证结构安全的前提下，焊缝尺寸不应过大，宜对称设置焊缝，尽量减少三向交叉焊缝和密集焊缝。受力不大或不受力构件，可采用间断焊缝。

5.8.3　钢材锈蚀

1. 原因分析

钢材锈蚀带来钢构件的截面减损，逐步削弱结构的承载力和可靠度。当腐蚀变成锈坑时，则促使钢结构产生脆性破坏，抗冷脆性能下降。锈蚀会导致构件过早损坏或需要频繁维修。

2. 防治措施

（1）钢材表面的质量除应符合国家现行有关标准的规定外，尚应符合下列规定：当钢材表面有锈蚀、麻点或划痕等缺陷时，其深度不得大于该钢材厚度偏差值的 1/2。钢材表面锈蚀等级应符合现行国家标准的规定。

（2）施工前对钢材表面认真进行除锈工作，除锈后应保持干燥，及时进行防锈涂刷，即涂刷防锈底漆。

（3）构件表面除锈时，手工除锈的表面处理必须达到规定要求。一般采用中度喷砂来除去绝大部分氧化皮、浮锈及油污垢等异物，再用钢丝板刷、压缩空气进行表面清理，处理后表面呈金属灰色。

（4）涂层使用的年限，除了受表面处理的影响外，很大程度上与涂层结构是否合理有关。在设计涂层上要按 10～15 年的周期来考虑，必须由底涂、腻子、二道底涂和面涂组成。第一层底涂是保证可靠的黏结和防锈、防腐、防水的作用；第二层刮腻子起平整表面的作用；第三层二道底涂起填补细孔的作用和加强牢固程度，增加使用年限；第四层面涂层是保护底涂层，并使表面获得要求的色泽，起装饰效果；第五层罩光面涂层是起增加光泽和耐腐蚀等作用，在面涂层外再涂一层罩光清漆和面漆。当天使用的涂料应在当天配制，不得添加稀释剂。涂装时的环境温度和相对湿度应符合涂料产品说明书的要求；当无要求时，环境温度宜在 5～18℃ 之间，相对湿度不应大于 85%。构件表面有积露时不得涂装。涂装后 4h 内不得淋雨。涂装表面应均匀，无明显起皱、流挂，附着应良好。

5.9　安装质量事故分析与处理

1. 原因分析

（1）运输过程中引起结构或构件产生的较大变形和损伤。

（2）吊装过程中引起结构或其构件的较大变形和局部失稳。

（3）安装过程中没有足够的临时支撑或锚固，导致结构或其构件产生较大的变形、丧失稳定性，甚至倾覆等。

（4）施工连接（焊缝、螺栓连接）的质量不满足设计要求。

（5）铆钉或螺栓孔引起构件截面削弱。

（6）铆合质量差或螺栓连接在长期动荷载作用下，铆钉松动。

（7）板件间紧密程度不够。

（8）高强度螺栓连接预拉力松弛引起的滑移变形。

（9）使用期间由于地基不均匀沉降等原因造成的结构损坏。

（10）没有定期维护使结构出现较重腐蚀，影响结构的可靠性。

2. 防治措施

（1）细长比较大的钢柱在吊装就位后，即加设临时支撑和固定支撑，防止出现偏差。采取加设支撑、剪刀撑来纠正偏差。

（2）已拼装好的钢构件需拉线检查，发现没有起拱或起拱偏小，须及时纠正或返工重焊。

（3）已安装的钢构件，如起拱偏小，可以不纠正。如有下垂现象，必须返工纠正后重装。

(4) 吊装前必须全面检查拼装好的构件，量具必须经校验合格后方可使用，经校验有误差时要先纠正后安装。

(5) 装配顺序是，小型构件可一次组装，用定位焊固定后，经合适的焊接顺序一次完成；大型构件如桁架和吊车梁等，尽可能先作小件组装，再进行总装配和焊接。

(6) 螺栓孔超过允许偏差时，不得采用钢块堵塞，可采有与母材材质相匹配的焊条补焊后，重新扩孔安装。

5.10　钢结构加固方法

5.10.1　钢结构的一般加固方法

1. 增加构件截面面积

增大构件截面的形式具有一定的灵活性，可根据加固要求、现有钢材种类、施工方便等因素选定。新增的截面大小应通过计算确定，以确定强度和稳定性的要求。增大截面的钢材与原有结构的连接，可根据具体情况采用焊接、铆接、螺栓连接等。

2. 增设附着式桁架

在原结构上增设附着式桁架，形成原结构与桁架联合体系。它常用于受弯构件的加固。加固时，可将原构件视作桁架上（下）弦，而增设下（上）弦及腹杆。

3. 增设跨中支座或增加支撑

对受弯构件增设中间支座以减小计算跨度；对于受压构件，增设支撑以减小计算长度、增大承载力和稳定性。另外，也可考虑新增梁、柱，以分担荷载。

4. 改为劲性钢筋混凝土结构

在钢结构（或构件）四周注入混凝土，使钢柱变为劲性钢筋混凝土梁柱。这种加固由于构件自重加大，故必须通过结构计算方能采用，它常适用于露天、侵蚀性较强及高温条件下钢结构的加固。

5.10.2　确定钢结构加固方案时应注意的问题

确定钢结构加固方案时，应以方便施工、不影响生产或少影响生产和加固效果良好为前提，为此应注意以下问题：

(1) 钢结构加固以采用焊接为主，但应避免仰焊。

(2) 若不能采用焊接或施焊有特殊困难，可用高强度螺栓或铆钉加固（不得已时可用精制螺栓代替），不得采用粗制螺栓。

(3) 结构加固应在原位置上，利用原有结构在承载状态下或卸载及局部卸载情况下进行，不得已时才将原结构拆除卸下进行，加固后再起吊安装。当原结构加固量太大时，也可将原结构改造后，而另以新结构代替。

(4) 当用焊接加固时，应在 0℃ 以上（最好大于或等于 10℃）温度条件下施焊。若在承载荷状态下加固，则应尽量减轻或卸掉活荷载以减少其应力，并应避免设备振动的影响。加固时，原有构件（或连接）的应力不宜大于容许应力的 60%，最多不得超过 80%，但此时必须制定安全可靠的施工方案，以免发生事故。

(5) 当用铆钉或螺栓在承载状态下加固时，原有构件（或连接）因加固而削弱后的截面应力，不超过规范规定的容许应力。

（6）对轻钢结构杆件，因其截面过小，在承载状态下，不得采用电焊加固。

5.10.3　钢结构加固施工中应注意的问题

（1）加固时，必须保证结构的稳定，应事先检查各连接点是否牢固，必要时可先加固连接点或增设临时支撑，待加固完毕后拆除。

（2）原结构在加固前必须清除表面、刮除锈迹，以利施工。加固完毕后，再涂刷油漆。

（3）对结构上的缺陷损伤（包括位移、翘曲等）一般应首先予以修复，然后进行加固。加固时，应先装配好全部加固零件，以先两端、后中间用点焊固定。

（4）在承载状态下用焊接加固时，应慎重选择焊接工艺（如电流、电压、焊条直径、焊接速度等），使被加固构件不致由于过度灼热而丧失承载力。

（5）在承载状态下加固时，确定施工焊接程序应遵循下列原则：

1）应力（焊接和钢材冷却时的收缩应力）尽量减少，并能促使构件卸载。为此，在实腹梁中宜先加固下翼缘；在桁架结构中先加固下弦后加固上弦。

2）先加固最薄弱的部位和应力较高的杆件。

3）凡立即能起到补强作用，并对原断面强度影响较小的部位先施焊。如加固腹杆，应行焊好两端的节点部位，然后焊中段的焊缝，并且先在悬出肢（应力较小处）上施焊；如加厚焊缝，必须从原焊缝受力较低的部位开始，节点板上腹杆焊缝加固应首先考虑补焊端焊缝等。

思　考　题

1. 砌筑工程中水泥砂浆和水泥混合砂浆的搅拌时间和使用时间有哪些要求？为什么不同？

2. 什么叫原位检测？什么情况下要对砂浆和砌体强度进行原位检测？

3. 砌体工程如何施工？其质量有何要求？

4. 砖、砌块砌体工程转角处、交接处和施工临时洞口处留设临时间断时有何构造要求？

5. 为什么要规定砖墙的每日砌筑高度？

6. 框架填充墙如何与主体结构构件连接？

7. 构造柱在框架结构和砖混结构中构造有何不同？如何施工？

8. 砌体工程施工质量如何验收？其验收规范和标准有哪些？如何应用？砌体工程施工质量合格的标准是什么？

9. 砌体工程应采取哪些安全保障措施？冬期施工应注意哪些问题？

10. 阅读相关规范和标准，利用互联网查找资料，编写一份砌体工程的施工方案和砌体工程质量事故调查报告。

11. 试述模板的作用。对模板及其支架的基本要求有哪些？

12. 常见模板的类型及特点是什么？

13. 模板安装程序是什么？模板安装和拆除过程中应注意哪些事项？

14. 基础、柱、梁、楼板结构模板构造及安装要求有哪些？

15. 跨度大的模板支设时为什么要起拱？梁板模板如何起拱？

16. 底模板拆除时对混凝土强度有哪些要求？

17. 什么是钢筋冷拉？冷拉的作用和目的有哪些？影响冷拉质量的主要因素是什么？

18. 钢筋冷拉控制方法有几种？各用于何种情况？采用控制应力方法冷拉时，冷拉应力怎样取值？冷拉率有何限制？采用控制冷拉率方法时，其控制冷拉率怎样确定？

19. 钢筋闪光对焊工艺有几种？如何选用？

20. 电弧焊接头有哪几种形式？如何选用？质量检查内容有哪些？

21. 如何计算钢筋下料长度及编制钢筋配料单？

22. 钢筋进场验收的内容有哪些？

23. 钢筋的连接方法有几种？一般构件中钢筋接头位置错开有哪些要求？

24. 钢筋加工工序和钢筋绑扎要求有哪些？绑扎接头有何规定？

25. 简述钢筋工程隐蔽验收的内容。

26. 钢筋下料长度应考虑几方面内容？

27. 钢筋代换有几种方法，分别是什么？

28. 基础底板按构造最小配筋率为$\phi14@200$，现拟用$\phi16$钢筋代换，计算代换后钢筋的数量。

29. 混凝土工程施工包括哪几个施工过程？

30. 混凝土施工配合比怎样根据实验配合比求得？施工配料怎样计算？

31. 混凝土运输有哪些要求？有哪些运输工具机械？各适用于何种情况？

32. 混凝土泵有几类？采用泵送，对混凝土有哪些要求？

33. 混凝土浇筑前对模板钢筋应做哪些检查？

34. 混凝土浇筑基本要求有哪些？怎样防止离析？

35. 什么是施工缝？留设位置怎样？继续浇筑混凝土时，对施工缝有何要求？如何处理？

36. 什么是混凝土的自然养护？自然养护有哪些方法？具体做法怎样？混凝土拆除模板强度怎样？

37. 混凝土质量检查包括哪些内容？对试块制作有哪些规定？强度评定标准怎样？

38. 如何预防大体积混凝土产生早期温度裂缝？

39. 钢结构安装有哪些作业条件准备？

40. 在钢结构安装前，对吊装机具、材料、人员有哪些要求钢柱吊装时，如何设置吊点？

41. 试述钢梁安装的步骤。

42. 高强度螺栓连接施工有哪些要求？

43. 钢梁校正包括什么内容？如何校正？

44. 钢柱有哪几种安装方法？

45. 钢柱的校正包括什么内容？怎样校正？

46. 钢结构工程安装的方法有哪些？

47. 钢结构工程施工验收的基本规定有哪些？

实 训 项 目

1. 某混凝土实验室配合比为 $1:2.8:5.6$，水灰比为 0.46，每 $1m^3$ 混凝土的水泥用量为 $280kg$，测得砂子的含水量为 3%，石子含水量为 1%。

问题：

（1）计算施工配合比。

（2）若采用散装水泥，试计算每搅拌 $1m^3$ 混凝土的各种材料用量。

2. 某施工现场 C20 混凝土，其各组混凝土试块强度代表值为 20.7、21.4、25、23、22、19.6、21.5、22.6、$22.9MPa$，试评定该批混凝土强度是否合格？

3. 某施工现场 C25 混凝土，其各组混凝土试块强度代表值为 25.7、25.4、28、26、28、27、25.5、26.6、24.7、28.5、27.3、$25.8MPa$，试评定该批混凝土强度是否合格？

参 考 答 案

1. 解　（1）求施工配合比

水泥：砂：石为：$1:2.8(1+3\%):5.6(1+1\%)=1:2.88:5.66$

（2）每搅拌 $1m^3$ 混凝土的各种材料用量

水泥 $=280kg$

砂 $=280\times2.88=806kg$

石 $=280\times5.66=1585kg$

水 $=280\times0.46-280\times2.8\times3\%-280\times5.6\times1\%=90kg$

2. 解　由已知条件，应采用非统计法进行评定

$$m_{fcu}=(20.7+21.4+25+23+22+19.6+21.5+22.6+22.9)/9$$
$$=22.1MPa<1.15\times20=23MPa，不符合要求$$

$f_{cu,min}=19.6MPa>0.95f_{cu,k}=0.95\times20=19MPa$，符合要求

结论：该组试件评定为不合格。

3. 解　由已知条件，应采用统计法进行评定：

（1）求 m_{fcu}

$$m_{fcu}=(25.7+25.4+28+26+28+27+25.5+26.6+24.7+28.5+27.3+25.8)/12$$
$$=26.5MPa$$

将题目数据代入式（2-29），得 $S_{fcu}=1.97MPa$，小于 $2.5MPa$ 时，应取 $2.5MPa$。

（2）查表 2.43，得 $\lambda_1=1.15$、$\lambda_2=0.9$，得

$$26.5MPa<25+1.15\times2.5=27.9MPa$$
$$24.7MPa>0.90f_{cu,k}=0.90\times25=22.5MPa$$

结论：该组试件评定为不合格。

单元 3　建筑装饰装修工程

项目 1　抹 灰 工 程

抹灰工程按抹灰的材料和装饰效果可分为一般抹灰和装饰抹灰。一般抹灰常用材料有石灰砂浆、水泥混合砂浆、水泥砂浆、麻刀（玻璃纤维）灰、纸筋石灰和粉刷石膏等。装饰抹灰按表面效果又可分为拉条灰、拉毛灰、水刷石、水磨石、干粘石、剁斧石。抹灰工程按主要工序和表面质量分为普通抹灰和高级抹灰。目前，装饰抹灰使用较少，只介绍一般抹灰施工。

1.1　一般抹灰的构造和材料准备

1.1.1　一般抹灰的构造组成

为确保抹灰黏结牢固、抹面平整、减少收缩裂缝，抹灰工程需分层施工。抹灰工程一般分三层，即底层、中层和面层（或罩面），如图 3.1 所示。底层主要起与基层黏结作用，兼起初步找平作用，砂浆稠度为 100～120mm，底层砂浆的强度不能高于基层强度，以免抹灰砂浆在凝结过程中产生较强的收缩应力，破坏强度较低的基层，从而产生空鼓、裂缝、脱落等质量问题。中层起找平和传递荷载的作用，厚度一般为 5～9mm，砂浆的种类基本与底层相同，砂浆稠度为 70～80mm。面层主要起装饰作用，厚度一般为 2～5mm，砂浆厚度为 100mm，要求涂抹光滑、洁净，室内一般采用麻刀灰、纸筋灰、粉刷石膏等，室外一般采用水泥砂浆、水刷石、干粘石。各层砂浆的强度要求应为底层＞中层＞面层，并不得将水泥砂浆抹在石灰砂浆或混合砂浆上，也不得把罩面石膏灰抹在水泥砂浆层上。

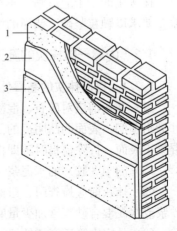

图 3.1　一般抹灰构造
1—底层；2—中层；3—面层

普通抹灰由一层底层、一层中层和一层面层或一层底层和一层面层组成，适用于一般居住、公用和工业建筑（如住宅、宿舍、教学楼、办公楼）及建筑物中的附属用房，如汽车库、仓库、锅炉房、地下室、储藏室等。高级抹灰由一层底层、数层中层和一层面层组成，适用于大型公共建筑物、纪念性建筑物（如剧院、礼堂、宾馆、展览馆和高级住宅）及有特殊要求的高级建筑等。

1.1.2　抹灰层的厚度

抹灰层的平均总厚度，不得小于下列规定：

（1）顶棚。板条、空心砖、现浇混凝土：15mm；预制混凝土：18mm；金属网：20mm。

（2）内墙。普通抹灰：18～20mm，高级抹灰：25mm。

（3）外墙：20mm，勒脚及凸出墙面部分：25mm。

（4）石墙：35mm。

（5）当抹灰总厚度大于或等于35mm时，应采取加强措施。

涂抹水泥砂浆，每遍厚度宜为5～7mm。涂抹石灰砂浆和水泥混合砂浆，每遍厚度宜为7～9mm。面层抹灰经赶平压实后的厚度：麻刀石灰不得大于3mm；纸筋石灰、石膏灰不得大于2mm。

1.1.3　施工材料准备

抹灰前准备材料时，石灰膏应用块状生石灰淋制，使用未经熟化的过火石灰，会发生爆灰和开裂的质量问题，俗称"出天花""生石灰泡"。因此，石灰浆应在储灰池中常温熟化不少于15d。罩面用的磨细石灰粉的熟化期不应少于3d。在熟化期间，石灰浆表面应保留一层水，以使其与空气隔开而避免炭化，同时应防止冻结和污染。生石灰不宜长期存放，保质期不宜超过一个月。

水泥常用硅酸盐水泥或白水泥，水泥必须有出厂合格报告，标明进场批次，并按品种、强度等级、出厂日期分别堆放，保持干燥。不同品种的水泥不得混合使用，水泥凝结时间和安定性应进行复验。

抹灰用的砂子应过筛，不得含有杂物。抹灰用砂一般用中砂，但对有抗渗性要求的砂浆，要求以颗粒坚硬、洁净的细砂为好。抹灰用纸筋、麻刀，应坚韧、干燥、不含杂质。

1.2　内墙一般抹灰的施工要点

1.2.1　墙面抹灰的基层处理

（1）抹灰前应对砖石、混凝土及木基层表面作处理，清除灰尘、污垢、油渍和碱膜等，并洒水湿润。表面凹凸明显的部位，应事先剔平或用1∶3水泥砂浆补平，对于平整光滑的混凝土表面，拆除模板时随即作凿毛处理，或用铁抹子满刮水灰比为0.37～0.4（内掺水重3％～5％的108胶）的水泥浆一道，或用混凝土界面处理剂处理。

（2）抹灰前应检查门、窗框位置是否正确，与墙连接是否牢固。连接处的缝隙应用水泥砂浆或水泥混合砂浆（加少量麻刀）分层嵌塞密实。

（3）凡室内管道穿越的墙洞和楼板洞，凿剔墙后安装的管道，墙面的脚手架孔洞均应用1∶3水泥砂浆填嵌密实。

（4）不同基层材料（如砖石与木、混凝土结构）相接处应铺钉金属网并绷紧牢固，金属网与各结构的搭接宽度从相接处起每边不少于100mm。

（5）为控制抹灰层的厚度和墙面的平整度，在抹灰前应先检查基层表面的平整度，并用与抹灰层相同砂浆设置 50mm×50mm 的标志块或宽约 100mm 的标筋。

（6）抹灰工程施工前，对室内墙面、柱面和门洞的阳角，宜用 1∶2 水泥砂浆做护角，其高度不低于 2m，每侧宽度不少于 50mm。对外墙窗台、窗楣、雨篷、阳台、压顶和凸腰线等，上面应做成流水坡度，下面应做滴水线或滴水槽，滴水槽的深度和宽度均不应小于 10mm，要求整齐一致。

1.2.2　工艺流程

基体表面处理→浇水润墙→设置标筋→阳角做护角→抹底层、中层灰→抹面层灰→清理。

1.2.3　施工要点

1. 基体表面处理、浇水润墙

为使抹灰砂浆与基体表面黏结牢固，防止抹灰层产生空鼓、脱落，抹灰前应对基体表面的灰尘、污垢、油渍、碱膜、跌落砂浆等进行清除。对墙面上的孔洞、剔槽等用水泥砂浆进行填嵌。门窗框与墙体交接处缝隙应用水泥砂浆或混合砂浆分层嵌堵。

不同材质的基体表面应做不同处理，以增强其与抹灰砂浆之间的黏结强度。光滑的混凝土基体表面应凿毛或刷一道素水泥浆（水灰比为 0.37～0.4）；板条墙体的板条间缝不能过小，一般以 8～10mm 为宜，使抹灰砂浆能挤入板缝空隙，保证灰浆与板条的牢固嵌接；加气混凝土砌块表面应清扫干净，并刷一道 107 胶的 1∶4 的水溶液，以形成表面隔离层，缓解抹面砂浆的早期脱水，提高黏结强度；木结构与砖石砌体、混凝土结构等相接处，应先铺设金属网并绷紧牢固，金属网与各基体间的搭接宽度每侧不应小于 100mm。

基体处理后即浇水润墙，墙面应浇湿，但不能饱和。

2. 设置标筋

为有效地控制抹灰厚度，特别是保证墙面垂直度和整体平整度，在抹底、中层灰前应设置标筋作为抹灰的依据。设置标筋即找规矩，分为做灰饼和做标筋两个步骤。

做灰饼前，应先确定灰饼的厚度。先用托线板和靠尺检查整个墙面的平整度和垂直度，根据检查结果确定灰饼的厚度，一般最薄处不应小于 7mm。先在墙面距地 1.5m 左右的高度距两边阴角 100～200mm 处，按所确定的灰饼厚度，用抹灰基层砂浆各做一个 50mm×50mm 见方的矩形灰饼，然后用托线板或线锤在此灰饼面吊挂垂直，做对应上下的两个灰饼。上方和下方的灰饼应距顶棚和地面 150～200mm，其中下方的灰饼应在踢脚板上口以上。随后在墙面上方和下方的左右两个对应灰饼之间，用钉子钉在灰饼外侧的墙缝内，以灰饼为准，在钉子间拉水平横线，沿线每隔 1.2～1.5m 补做灰饼。

标筋是以灰饼为准在灰饼间所做的灰埂，作为抹灰平面的基准。具体做法是用与底层抹灰相同的砂浆在上下两个灰饼间先抹一层，再抹第二层，形成宽度为 100mm 左右，厚度比灰饼高出 10mm 左右的灰埂，然后用木杠紧贴灰饼搓动，直至把标筋搓得与灰饼齐平为止。最后要将标筋两边用刮尺修成斜面，以便与抹灰面接槎顺平。标筋的另一种做法是采用横向水平标筋，做法与垂直标筋相同。同一墙面的上下水平标筋应在同一垂直面内。标筋通过阴角时，可用带垂球的阴角尺上下搓动，直至上下两条标筋形成相同且角顶在同一垂线上的阴角。可用长阳角尺同样合在上下标筋的阳角处搓动，形成角顶在同一垂线上的标筋阳角。水平标筋的优点是可保证墙体在阴、阳转角处的交线顺直，并垂直于地面，避免出现阴、阳交线扭曲不直的弊病。同时，水平标筋通过门窗框，有标筋控制，墙面与框面可接合平整。横向水平标筋示意图见图 3.2。

3. 做护角

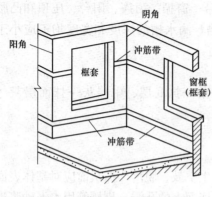

阴角
阳角
框套
冲筋带
窗框（框套）
冲筋带

为保护墙面转角处不易遭碰撞损坏，在室内抹面的门窗洞口及墙角、柱面的阳角处应做水泥砂浆护角。护角高度一般不低于 2m，每侧宽度不小于 50mm。具体做法是，先将阳角用方尺规方，靠门框一边以门框离墙的空隙为准，另一边以墙面灰饼厚度为依据。最好在地面上划好准线，按准线用砂浆粘好靠尺板，用托线板吊直，方尺找方。然后在靠尺板的另一边墙角分层抹 1∶2 水泥砂浆，与靠尺板的外口平齐。然后把靠尺板移动至已抹好护角的一边，用钢筋卡子卡住，用托线板吊直靠尺板，把护角的另一面分层抹好。取下靠尺板，待砂浆稍干

图 3.2　横向水平标筋示意图

时，用阳角抹子和水泥素浆捋出护角的小圆角，最后用靠尺板沿顺直方向留出预定宽度，将多余砂浆切出 40°斜面，以便抹面时与护角接槎。

4. 抹底层、中层灰

待标筋有一定强度后，即可在两标筋间用力抹上底层灰，用木抹子压实搓毛。待底层灰收水后，即可抹中层灰，抹灰厚度应略高于标筋。中层抹灰后，随即用木杠沿标筋刮平，不平处补抹砂浆，然后再刮，直至墙面平直为止。紧接着用木抹子搓压，使表面干整密实。阴角处先用方尺上下核对方正（水平横向标筋可免去此步），然后用阴角器上下抽动扯平，使室内四角方正为止。

5. 抹面层灰

待中层灰有六、七成干时，即可抹面层灰。操作一般从阴角或阳角处开始，自左向右进行。一人在前抹面灰，另一人其后找平整，并用铁抹子压实赶光。阴、阳角处用阴、阳角抹子捋光，并用毛刷蘸水将门窗圆角等处刷干净。高级抹灰的阳角必须用拐尺找方。

1.3　一般抹灰工程的质量验收

相同材料、工艺和施工条件的室外抹灰工程每 500～1000m² 划分为一个检验批，不足 500m² 也划分为一个检验批，每个检验批每 100m² 应至少抽查一处，每处不得小于 10m²；相同材料、工艺和施工条件的室内抹灰工程每 50 个自然间（大面积房间和走廊按抹灰面积 30m² 为一间）划分为一个检验批，不足 50 间也划分为一个检验批。每个检验批至少抽查 10%，并不得少于 3 间；不足 3 间时应全数检查。

1.3.1　主控项目

（1）抹灰前基层表面的尘土、污垢、油渍等应清除干净，应洒水润湿。

（2）一般抹灰所用材料的品种和性能应符合设计要求。水泥的凝结时间和安定性复验合格。砂浆的配合比应符合设计要求。

（3）抹灰工程应分层进行。当抹灰总厚度大于或等于 35mm 时，应采取加强措施。不同材料基体交接处表面的抹灰，应采取防止开裂的加强措施，当采用加强网时，加强网与各基体的搭接宽度不应小于 100mm。

（4）抹灰层与基体之间及各抹灰层之间必须黏结牢固，抹灰层应无脱层、空鼓，面层应无爆灰和裂缝。

1.3.2　一般项目

（1）一般抹灰工程的表面质量：普通抹灰表面应光滑、洁净、接槎平整，分格缝应清晰；高级抹灰表面应光滑、洁净、颜色均匀、无抹纹、分格缝和灰线应清晰美观。

（2）护角、孔洞、槽、盒周围的抹灰表面应整齐、光滑；管道后面的抹灰表面应平整。

（3）抹灰层的总厚度应符合设计要求；水泥砂浆不得抹在石灰砂浆上；罩面石膏灰不得抹在水泥砂浆层上。

（4）抹灰分格缝的设置应符合设计要求，宽度和深度应均匀，表面应光滑，棱角应整齐。

（5）有排水要求的部位应做滴水线（槽）。滴水线（槽）应整齐顺直，滴水线应内高外低，滴水槽的宽度和深度均不应小于 10mm。

（6）一般抹灰工程质量的允许偏差和检验方法见表 3.1。

表 3.1　　　　　　　　　　　一般抹灰工程质量的允许偏差和检验方法

| 项次 | 项　　目 | 允许偏差（mm） | | 检 验 方 法 |
		普通抹灰	高级抹灰	
1	立面垂直度	4	3	用 2m 垂直检测尺检查
2	表面平整度	4	3	用 2m 靠尺和塞尺检查
3	阴阳角方正	4	3	用直角检测尺检查
4	分隔条（缝）	4	3	拉 5m 线，不足 5m 拉通线，用钢直尺检查
5	墙裙、勒脚上口直线度	4	3	拉 5m 线，不足 5m 拉通线，用钢直尺检查

注　1. 普通抹灰，阴阳角方正可不检查。

　　2. 顶棚抹灰，表面平整度可不检查，但应顺平。

1.4　一般抹灰工程质量通病和防治措施

一般抹灰工程常见的质量通病有空鼓裂缝和抹灰面层起泡、开花、有抹纹等。

1.4.1　空鼓裂缝

1. 现象

内墙、外墙和顶棚的抹灰都有可能产生空鼓和裂缝。砖墙和混凝土基体抹灰后过一段时间，在门窗框与墙面交接处，基体平整偏差较大的部位，以及墙裙、踢脚板上口等处出现空鼓裂缝。混凝土现浇楼板底抹灰，往往在顶板四角产生不规则裂缝，中部产生通长裂缝。

2. 原因分析

（1）基体清扫不干净，浇水湿润不透，基体太光滑，抹灰前没有进行"毛化"处理或刷界面剂。

（2）一次抹灰太厚、抹灰层间隔时间太短。

（3）砂浆失水太快，养护不良。

（4）大面积的水泥砂浆抹面没有设置分格缝。

（5）不同基体的交接处没有设置防止开裂的加强措施。

（6）配制砂浆的原材料质量不好，或配合比不当。

（7）拌和后的砂浆不及时使用完，停放时间过长，砂浆逐渐失去流动性而凝结。为了操作方便，重新加水拌和，以达到一定稠度，从而降低强度和黏结力。

（8）在石灰砂浆墙面上，后抹水泥踢脚板、墙裙、护角时，在交接处，石灰砂浆未清理干净，水泥砂浆罩在残留的石灰砂浆上。

3. 防治措施

（1）抹灰前应将基体清理干净，浇水湿润。

（2）混凝土光滑面要用 10％的稀盐酸溶液洗涮面层的油污和隔离剂，随时用清水冲洗干净。再进行"毛化处理"，如凿毛、喷毛或洒毛。其方法是用聚合物水泥砂浆（108 胶：水：水泥：砂）喷毛或洒毛后，养护 7d；也可以在抹灰前涂刷界面剂。

（3）一次抹灰不宜太厚，石灰砂浆和水泥混合砂浆每遍涂抹厚度不大于 7～9mm，水泥砂浆每遍涂抹厚度不大于 5～7mm，面层压实后的麻刀石灰厚度不大于 3mm，纸筋石灰、石膏灰厚度不大于 2mm。

（4）当抹灰的总厚度大于或等于 35mm 时，应采取防止开裂的加强措施。

（5）不同基层材料（如砖石与木、混凝土结构）交接处应采取防止开裂的加强措施，当采用加强网时，加强网与各结构的搭接宽度从相接处起每边不少于 100mm。

（6）大面积的水泥砂浆抹面要设置分格缝。

（7）在石灰砂浆墙面上，后抹水泥踢脚板、墙裙、护角时，在交接处，石灰砂浆要清理干净，以免水泥砂浆罩在残留的石灰砂浆上。

1.4.2 抹灰面层起泡、开花、有抹纹

1. 现象

抹罩面灰时操作不当，基层过干或使用石灰膏质量不好，容易产生面层起泡和有抹纹现象，过一段时间还会出现面层开花，影响抹灰外观质量。

2. 原因分析

（1）抹完罩面灰后，压光工作跟得太紧，灰浆没有吸水，压光后产生起泡现象。

（2）底子灰过分干燥，罩面前没有浇水湿润，抹罩面灰后，水分很快被底层吸收，压光时易出现抹纹。

（3）淋制石灰膏时，对过火灰、颗粒及杂质没有滤净，石灰熟化时间不够，未完全熟化的石灰颗粒掺在石膏内，抹灰后继续熟化，体积膨胀，造成抹灰表面炸裂，出现开花和麻点。

3. 防治措施

（1）待抹灰砂浆收水后终凝前进行压光，抹纸筋石灰罩面时，须待底子灰五、六成干后再进行。

（2）抹灰用的石灰膏熟化时间不小于 15d，淋灰时用不小于 3mm×3mm 的筛子过滤，采用磨细生石灰粉时，熟化时间不小于 3d。

（3）对已开花的墙面，先浇水湿润使生石灰颗粒完全熟化后再处理。处理方法为，挖去已开花处松散表面，重新用腻子刮平后喷浆。

（4）底层过干应浇水湿润，再薄薄地刷一层纯水泥浆后进行罩面。罩面压光时如面层太

干不易压光，应洒水后再压光，以防止抹纹现象。

项目 2　楼地面工程

楼地面是地面和楼面的统称，它们都是由基层、垫层和面层三个基本层次构成，有时还有附加层、构造层等。

2.1　楼地面的基层、垫层、面层

2.1.1　楼地面基层

基层主要有基土、预制板和现浇混凝土等几种。基土严禁用淤泥、腐殖土、冻土、耕植土、膨胀土和含有有机物质大于 8% 的土作为填土。基土应均匀密实，压实系数应符合设计要求，设计无要求时，不应小于 0.90。基层的施工要点：

（1）抄平弹线，统一标高。检测各个房间的地面标高，并将统一水平标高线弹在各房间或空间的四壁上，距离楼地面 500mm 处。

（2）地面下的基土经夯实后的表面应平整，用 2m 靠尺检查，要求基土表面凹凸不大于 10mm，标高应符合设计要求，水平偏差不大于 20mm。

（3）预制板板缝底宽不小于 20mm，当板缝大于 40mm 或上窄下宽时，板缝内要设置构造钢筋，板端、侧缝应用细石混凝土灌缝，其强度等级不应低于 C20。

2.1.2　楼地面垫层

垫层是承受并传递地面荷载于基土上的构造层，分为刚性和柔性两类垫层。柔性垫层有灰土垫层、砂垫层、砂石垫层、碎石垫层、碎砖垫层、三合土垫层、炉渣垫层。刚性垫层有水泥混凝土垫层，常用水泥混凝土垫层采用的粗骨料，其最大粒径不应大于垫层厚度的 2/3，含泥量不应大于 2%；砂应采用中粗砂，其含泥量不应大于 3%。混凝土的强度等级应符合设计要求，且不应小于 C10。

2.1.3　楼地面面层

面层是直接承受各种物理和化学作用的建筑地面的表面层。面层类型和品种的选择，由设计部门根据生产特点、使用要求、就地取材和技术经济条件等综合考虑确定。面层的种类有整体面层、板块面层、木质面层等。

2.2　厕浴间地面涂膜防水工程

厨房、卫生间防水施工所用的防水材料可选沥青类防水卷材、防水涂料等，但由于厕浴间面积小、卫生设备比较集中、管道与阴阳角多等特点，使用卷材防水作业较为困难、易渗漏，故采用涂膜防水做法可方便施工，保证防水质量。防水涂料多采用聚氨酯防水涂料、氯丁胶乳沥青防水涂料（或 SBS 改性沥青防水涂料）。

2.2.1　厕浴间地面涂膜防水构造

厕浴间地面涂膜防水构造如图 3.3 所示。

2.2.2　作业条件

（1）穿过厕浴间楼板的所有立管、套管均已做完并经验收，管周围缝隙用 1:2:4 细石混凝土填塞密实（楼板底需支模板）。

（2）厕浴间地面垫层已做完，向地漏处找 2% 坡度，厚度小于 30mm 时用混合灰垫层，厚度大于 30mm 时用 1：6 水泥焦渣垫层。

（3）厕浴间地面找平层已做完，表面应抹平压光、坚实平整、不起砂，含水率低于 90%（简易检测方法：在基层表面上铺一块 1m² 橡胶板，静置 3～4h，覆盖橡胶板部位无明显水印，即视为含水率达到要求）。

（4）找平层的泛水坡度应在 2% 以上，不得局部积水，与墙交接处及转角均要抹成小圆角。凡是靠墙的管根处均抹出 5% 坡度，避免此处存水（如图 3.4 所示）。

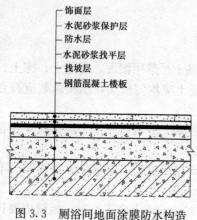

图 3.3　厕浴间地面涂膜防水构造

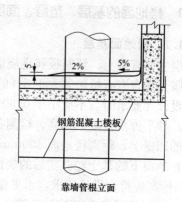

图 3.4　靠墙管根后抹出泛水

（5）在基层做防水涂料之前，在以下部位用建筑密封膏封严，即穿过楼板的立管四周、套管与立管交接处、大便器与立管接口处、地漏上口四周等（如图 3.5～图 3.8 所示）。

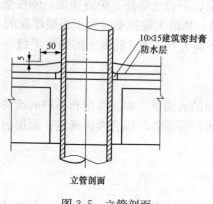

图 3.5　立管剖面

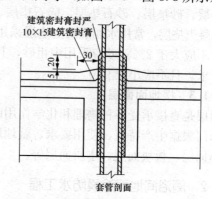

图 3.6　套管与地面交接处与立管交接处

（6）厕浴间做防水层之前必须设置足够的照明及通风设备。

（7）易燃、有毒的防水材料要配备防火设施和工作服、软底鞋。

（8）操作温度保持在 5℃ 以上。

（9）操作人员应经过专业培训、持上岗证，先做样板间，经检查验收合格后，方可全面施工。

2.2.3　厕浴间聚氨酯防水涂料施工

1. 工艺流程

清扫基层→涂刷底胶→细部附加层→第一层涂膜→第二层涂膜→第三层涂膜。

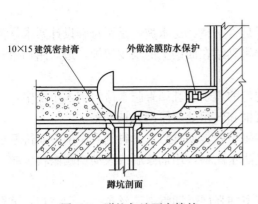

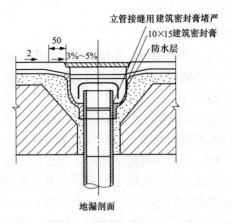

图 3.7　蹲坑与地面交接处　　　　　图 3.8　地漏与地面交接处接口与地面交接处

2. 施工要点

（1）清扫基层。用铲刀将粘在找平层上的灰皮除掉，用扫帚将尘土清扫干净，尤其是管根、地漏和排水口等部位要仔细清理。如有油污，应用钢丝刷和砂纸刷掉。表面必须平整，凹陷处要用 1∶3 水泥砂浆找平。

（2）涂刷底胶。将聚氨酯甲、乙两组分和二甲苯按 1∶1.5∶2 的比例（质量比）配合搅拌均匀，即可使用。用滚动刷或油漆刷蘸底胶均匀地涂刷在基层表面，不得过薄，也不得过厚，涂刷量以 $0.2 kg/m^2$ 左右为宜。涂刷后应干燥 4h 以上，才能进行下一工序的操作。

（3）细部附加层。将聚氨酯涂膜防水材料按甲组分∶乙组分＝1∶1.5 的比例混合搅拌均匀，用油漆刷蘸涂料在地漏、管道根、阴阳角和出水口等容易漏水的薄弱部位均匀涂刷，不得漏刷（地面与墙面交接处，涂膜防水拐墙上做 100mm 高）。

（4）第一层涂膜。将聚氨酯甲、乙两组分和二甲苯按 1∶1.5∶0.2 的比例（质量比）配合后，倒入拌料桶中，用电动搅拌器搅拌均匀（约 5min），用橡胶刮板或油漆刷刮涂一层涂料，厚度要均匀一致，刮涂量以 $0.8 \sim 1.0 kg/m^2$ 为宜，从内往外退着操作。

（5）第二层涂膜。第一层涂膜后，涂膜固化到不粘手时，按第一遍材料配比方法，进行第二遍涂膜操作，为使涂膜厚度均匀，刮涂方向必须与第一遍刮涂方向垂直，刮涂量与第一遍相同。

（6）第三层涂膜。第二层涂膜固化后，仍按前两遍的材料配比搅拌好涂膜材料，进行第三遍刮涂，刮涂量以 $0.4 \sim 0.5 kg/m^2$ 为宜。在操作过程中根据当天操作量配料，不得搅拌过多。如涂料黏度过大不便涂刮，可加入少量二甲苯进行稀释，加入量不得大于乙料的10%。如甲、乙料混合后固化过快，影响施工，可加入少许磷酸或苯磺酚氯化缓凝剂，加入量不得大于甲料的 0.5%；如涂膜固化太慢，可加入少许二月桂酸二丁基锡作催化剂，但加入量不得大于甲料的 0.3%。涂膜防水层做完，经检查验收合格后可进行蓄水试验，24h 无渗漏，可进行面层施工。

2.2.4　厕浴间氯丁胶乳沥青防水涂料施工

1. 工艺流程

基层处理→涂刮氯丁胶乳沥青水泥腻子→刮第一遍涂料→细部构造和加强层→铺贴玻璃丝布（或无纺布），同时刷第二遍防水涂料→刷第三遍防水涂料→刷第四遍防水涂料→蓄水试验。

2. 施工要点

（1）基层处理。先检查基层水泥砂浆找平层是否平整，泛水坡度是否符合设计要求，面层有坑凹处时，用水泥砂浆找平，用钢丝刷扁铲将黏结在面层上的浆皮铲掉，最后用扫帚将尘土扫干净。

（2）涂刮氯丁胶乳沥青水泥腻子。将搅拌均匀的氯丁胶乳沥青防水涂料倒入小桶中，掺少许水泥搅拌均匀，用刮板将基层满刮一遍。管根和转角处要厚刮并抹平整。

（3）刮第一遍防水涂料。根据每天使用量将氯丁胶乳沥青防水涂料倒入小桶中。待基层氯丁胶乳沥青水泥腻子干燥后，开始涂刷第一遍防水涂料，用油漆刷或滚动刷蘸涂料满刷一遍，涂刷要均匀，表面不得有流淌、堆积现象。

（4）细部构造和加强层。阴角、阳角先做一道加强层，即将玻璃丝布（或无纺布）铺贴于上述部位，同时用油漆刷刷氯丁胶乳沥青防水涂料。要贴实、刷平，不得有褶皱。

管子根部也是先做加强层，可将玻璃丝布（或无纺布）剪成锯齿形，铺贴在套管表面，上端卷入套管中，下端贴实在管根部平面上，同时刷氯丁胶乳沥青防水涂料，贴实、刷平。

地漏、蹲坑等与地面相交的部位也先做两层加强层。

如果墙面无防水要求，地面的防水涂层往墙面四周卷起100mm高，也做加强层。

（5）铺玻璃丝布（或无纺布），同时刷第二遍涂料。细部构造层做完之后，可进行大面积涂布操作，将玻璃丝布（或无纺布）卷成圆筒，用油漆刷蘸涂料，边刷边滚动玻璃丝布（或无纺布）卷，边滚边铺贴，并随即用毛刷将玻璃丝布（或无纺布）碾压平整，排出气泡。同时用刷子蘸涂料在已铺好的玻璃丝布（或无纺布）上均匀涂刷，使玻璃丝布（或无纺布）牢固地黏结在基层上，不得有漏涂和皱褶。一般平面施工从低处向高处做，按顺水接槎从里往门口做，先做水平面后做垂直面，玻璃丝布（或无纺布）搭接宽度不小于100mm。

（6）刷第三遍防水涂料。待第二层防水涂料干燥后，用油漆刷或滚动刷满刷第三遍防水涂料。

（7）刷第四遍防水涂料。第三遍防水涂料干燥后，再满刷最后一遍防水涂料，干透后做蓄水试验。

（8）蓄水试验。防水层涂刷验收合格后，将地漏堵塞，蓄水2cm高，时间不少于24h，若无渗漏为合格，可进行面层施工。

氯丁胶乳沥青防水涂料的涂布遍数和玻璃丝布（或无纺布）的层数，均根据设计要求操作，可参照上述方法进行。

2.2.5　厕浴间地面质量验收

每一层或每层的一个施工段（或变形缝）划分为一个检验批，高层建筑的标准层可按每三层（不足三层按三层计）作为检验批。每检验批抽查数量应按其房间总数随机检查不应少于4间，不足4间应全数检查。

1. 主控项目

（1）涂膜防水材料材质必须符合设计要求和现行国家产品标准的规定。

（2）厕浴间和有防水要求的建筑地面设置防水隔离层，楼层结构必须采用现浇混凝土或整块预制混凝土板，混凝土强度等级不应小于C20；楼板四周除门洞外应做混凝土翻边，其高度不应小于120mm。施工时，结构层标高和预留孔洞位置应准确，严禁乱凿洞。

（3）涂膜防水层严禁渗漏，坡向应正确、排水通畅。

2．一般项目

（1）厕浴间涂膜防水隔离层厚度应符合设计要求。

（2）涂膜防水隔离层与其下一层黏结牢固，不得有空鼓；防水涂层应平整、均匀，无脱皮、起壳、裂缝、鼓泡等缺陷。

（3）隔离层表面的允许偏差应符合表 3.2 的规定。

表 3.2　　　　　　　　　　　　　　　隔离层表面的允许偏差

项次	项　目	允许偏差（mm）	检查方法
1	表面平整度	3	用 2m 靠尺和楔形塞尺检查
2	标高	±4	用水准仪检查
3	坡度	不大于房间相应尺寸的 2/1000，且≤30	用坡度尺检查
4	厚度	在个别地方不大于设计厚度的 1/10，且≤20	用钢直尺检查

2.2.6　厕浴间地面质量通病和防治措施

1．地面汇水倒坡

（1）原因分析。

1）地漏偏高。

2）地面不平有积水。

3）无排水坡度，甚至倒流。

（2）防治措施。

1）地面坡度要求距排水点最远距离控制在 2%，且不大于 30mm，坡向要准确。

2）严格控制地漏标高，且应低于地面标高 5mm；厕浴间地面应比走廊及其他室内地面低 20mm。

3）地漏处的汇水口呈喇叭口形，要求排水通畅。禁止地面有倒坡或积水现象。

2．地漏周边渗漏

（1）原因分析。承口杯与基体及排水管接口接合不严密，防水处理过于简陋，密封不严。

（2）防治措施。

1）安装地漏时，应严格控制标高，不可超高。

2）要以地漏为中心，向四周辐射找好坡度，坡向要准确，确保地面排水迅速、畅通。

3）安装地漏时，按照设计及施工规范进行施工，结合防水处理。

3．立管四周渗漏

（1）原因分析。

1）立管与套管之间未嵌入防水密封材料，且套管与地面平齐。

2）施工人员不认真，或防水、密封材料质量差。

（2）防治措施。

1）穿楼板的立管应按规定预埋套管。

2）立管与套管之间的环向间隙应用密封材料填塞密实。

3）套管高度应比设计地面高出 20mm 以上；套管周边做同高度的细石混凝土防水保

护墩。

4. 墙身返潮和地面渗漏

（1）原因分析。

1）墙面防水层设计高度偏低。

2）地漏、墙角、管道、门口等处接合不严密，造成渗漏。

（2）防治措施。

1）墙面上安装用水设备时，其防水高度为 1500mm，淋浴处墙面防水高度应大于 1800mm。

2）墙体根部与地面的转角处找平层应做成钝角。

3）预留洞口、孔洞、埋设的预埋件位置必须准确、可靠。地漏、洞口、预埋件周边必须设有防渗漏的附加层防水措施。

4）防水层施工时，应保持基层干净、干燥，确保涂膜防水层与基层黏结牢固。

2.3　整体面层地面施工

整体面层地面是指一次性连续铺筑而成的地面，如水泥混凝土面层地面、水泥砂浆面层地面、环氧树脂自流平面层地面、现浇水磨石面层地面、水泥钢（铁）屑面层地面、防油渗面层地面、不发火（防爆的）面层地面等。本书重点讲述常见的水泥混凝土面层地面、水泥砂浆面层地面、环氧树脂自流平面层地面、现浇水磨石面层地面四种整体地面。

2.3.1　水泥砂浆面层地面

1. 工艺流程

基层处理→弹线、找标高→洒水湿润→抹灰饼和标筋→搅拌砂浆→刷水泥砂浆接合层→铺水泥砂浆面层→搓平、压光→养护。

2. 施工要点

（1）基层处理。要求基层的抗压强度不应小于 1.2MPa，表面应粗糙、洁净、湿润并不得有积水。一切浮灰、油渍、杂质必须分别清除。其方法是先将基层上的灰尘扫掉，用钢丝刷和錾子刷净或剔除灰浆皮和灰渣层，用 10% 的火碱水刷掉基层上的油污，并用清水及时将碱水冲净，表层光滑的基层要凿毛，并用清水冲干净。

（2）弹线、找标高。应先在四周墙上弹上一道水平基准线，作为确定水泥砂浆面层标高的依据。水平基准线是以地面±0.00 标高及楼层砌墙前的抄平点为依据，一般可根据情况弹在标高 500mm 的墙上。弹准线时，要注意按设计要求的水泥砂浆面层厚度弹线。水泥砂浆面层的厚度应符合设计要求，且不小于 20mm。

（3）洒水湿润。一般应提前 1d 用喷壶将地面基层均匀洒水一遍。

（4）抹灰饼和标筋。根据房间内四周墙上弹的面层标高水平线，确定面层抹灰厚度（不应小于 20mm），然后拉水平线开始抹灰饼（50mm×50mm），横竖间距为 1.5～2.0m，灰饼上平面即为地面面层标高。如果房间较大，为保证整体面层平整度，还须抹标筋（或称冲筋），将水泥砂浆铺在灰饼之间，其宽度与灰饼宽度相同，用木抹子拍抹成与灰饼上表面相平一致。铺抹灰饼和标筋的砂浆材料配合比均与抹地面的砂浆相同。

（5）搅拌砂浆。面层水泥砂浆的体积比应为 1:2，强度等级不应小于 M15，稠度不大于 35mm。要求拌和均匀，颜色一致。

（6）刷水泥砂浆接合层。在铺设水泥砂浆之前；应涂刷水泥浆一层，其水灰比为 0.4～0.5（涂刷之前要将抹灰饼的余灰清扫干净，再洒水湿润），不要涂刷面积过大，随刷随铺面层砂浆。

（7）铺设水泥砂浆面层。涂刷水泥浆之后紧跟着铺水泥砂浆，在灰饼之间（或标筋之间）将砂浆铺均匀，然后用木刮杠按灰饼（或标筋）高度刮平。铺砂浆时如果灰饼（或标筋）已硬化，用木刮杠刮平后，同时将利用过的灰饼（或标筋）敲掉，并用砂浆填平。最后从房间里面刮到门口并满足门框锯口线标高的要求。

（8）搓平、压光。面层用木刮杠刮平后，立即用木抹子搓平，从内向外退着操作，并随时用 2m 靠尺检查其平整度。木抹子抹平后，立即用铁抹子压第一遍，直到出浆为止，如果砂浆过稀，表面有泌水现象，可均匀撒一遍干水泥和砂（1∶1）的拌和料（砂子要过 3mm 筛），再用木抹子用力抹压，使干拌料与砂浆紧密接合为一体，吸水后用铁抹子压平。如有分格要求的地面，在面层上弹分格线，用劈缝溜子（见图 3.9）开缝，再用溜子将分缝内压至平、直、光。上述操作均在水泥砂浆初凝之前完成。面层砂浆初凝后，人踩上去，有脚印但不下陷时，用铁抹子压第二遍，边抹压边把坑凹处填平，要求不漏压，表面压平、压光。有分格的地面压过后，应用溜子溜压，做到缝边光直、缝隙清晰、缝内光滑顺直。在水泥砂浆终凝前进行第三遍压光（三遍成活），铁抹子抹上去不再有抹纹时，用铁抹子把第二遍抹压时留下的全部抹纹压平、压实、压光（必须在终凝前完成）。

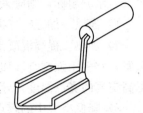

图 3.9　劈缝溜子

（9）养护。水泥砂浆面层抹压后，应在常温湿润条件下养护。养护要适时，如浇水过早易起皮，浇水过晚则会使面层强度降低而加速其干缩和开裂倾向。一般在夏天 24h 后养护，春秋季节应在 48h 后养护。养护时间不少于 7d；抗压强度应达到 5MPa 后，方准上人行走；抗压强度应达到设计要求后，方可正常使用。

2.3.2　环氧树脂自流平面层地面

1. 工艺流程

基层处理→测定含水率→涂刷底层→涂刷中层→刮涂面层→养护。

2. 施工要点

（1）基层处理。施工基层应平整、粗糙、清除浮尘、旧涂层等，达到 C25 以上强度，不得有积水、干净、密实，不能是疏松土、松散颗粒、石膏板；不得有涂料、塑料、乙烯树脂、环氧树脂及有胶粘剂残余物、油污、石蜡、养护剂及油腻等污染物附着。

新浇混凝土不得少于 28d 时间养护，起壳处需修补平整，密实基面需用机械方法打磨，并用水洗及吸尘器吸净表面疏松颗粒，待其干燥。有坑洞或凹槽处应于 1d 前以砂浆或腻子先行刮涂整平，超高或凸出点应予铲除或磨平，以节省用料，并提升施工质量。

常用的处理方法有：

1）酸洗法（适用于油污较多的地面）。用质量分数为 10%～15% 的盐酸清洗混凝土表面，待反应完全后（不再产生气泡），再用清水冲洗，并配合毛刷刷洗，此法可清除泥浆层并得到较细的粗糙度。

2）机械方法（适用于大面积场地）。用喷砂或电磨机清除表面凸出物，松动颗粒，破坏毛细孔，增加附着面积，以吸尘器吸除砂粒、杂质、灰尘。对于有较多凹陷、坑洞地面，应用环氧树脂砂浆或环氧树脂腻子填平修补。

（2）测定含水率。混凝土含水率应小于 9％，否则应排除水分后方可进行涂装。含水率的测定有以下几种方法：

1）塑料薄膜法（ASTM4263）。把尺寸为 45cm×45cm 的塑料薄膜平放在混凝土表面上，用胶带纸密封四边 16h 后，薄膜下出现水珠或混凝土表面变黑，说明混凝土过湿，不宜涂装。

2）无线电频率测试法。通过仪器测定传递、接收透过混凝土的无线电波差异来确定含水量。

3）氯化钙测定法。测定水分从混凝土中逸出的速度，是一种间接测定混凝土含水率的方法。测定密封容器中氯化钙在 72h 后的增重，其值应小于或等于 $46.8g/m^2$。

若水分超标，则应采用以下几种方法排除水分：

1）通风。加强空气循环，加速空气流动，带走水分，促进混凝土中水分进一步挥发。

2）加热。提高混凝土及空气的温度，加快混凝土中水分迁移到表层的速率，使其迅速蒸发，宜采用强制空气加热或辐射加热。直接用火源加热时生成的燃烧产物（包括水），会提高空气的雾点温度，导致水在混凝土上凝结，故不宜采用。

3）降低空气中的露点温度。用脱水减湿剂、除湿器或引进室外空气（引进室外空气露点低于混凝土表面及上方的温度）等方法除去空气中的水汽。

（3）涂刷底层。将底层涂漆按规定的配合比进行充分搅拌，均匀涂在底层表面，底层渗透力强的部位需要再次涂刷。在进行涂刷中层之前，应对底层进行复查，对地面凹凸部位及裂纹，应继续修补平整，12h 后进行下道工序。

（4）涂刷中层。将中层涂漆按规定的配合比进行充分搅拌，使用专用抹刀均匀地涂布在底漆表面，12h 后进行下道工序。

（5）刮涂面层。将面层涂漆按规定的配合比进行充分搅拌，均匀摊铺在中层表面。用专用消泡滚筒均匀滚涂，控制面层的施工厚度；操作的同时将自流平材料内的杂物清理干净。表面凝结后，不用再涂抹。用量标准见表 3.3。

表 3.3　　　　　　　　基面在不同情况环氧树脂自流平用量标准

基面平整情况	厚度（mm）	用量（kg/m²）
微差表面整平	≥2	约 3.2
一般表面整平	≥3	约 4.8
标准全空间整平	≥6	约 9.6
严重不平整基体整平	≤10	约 16

如局部过高，料浆不能流到的地方，可用抹子轻轻刮平即可，流平施工时间最好在 30min 内完成，施工后的机具即用水冲洗干净。

（6）养护。温度为 20℃时，6～8h 可行走；温度低于 5℃时，则须 1～2d 后可行走。固化后，对其表面采用蜡封或刷表面处理剂进行养护，2 周后即可使用。养护期最低不得小于 1 周。

2.3.3　现浇水磨石面层地面

现浇水磨石面层地面的构造如图 3.10 所示。

1. 工艺流程

基层处理→找标高弹水平线→贴饼→冲筋→抹找平层砂浆→养护→弹分格线→镶分格条→拌制水磨石拌和料→铺水磨石拌和料→滚压、抹平→试磨→粗磨→细磨→磨光→草酸擦洗→打蜡上光。

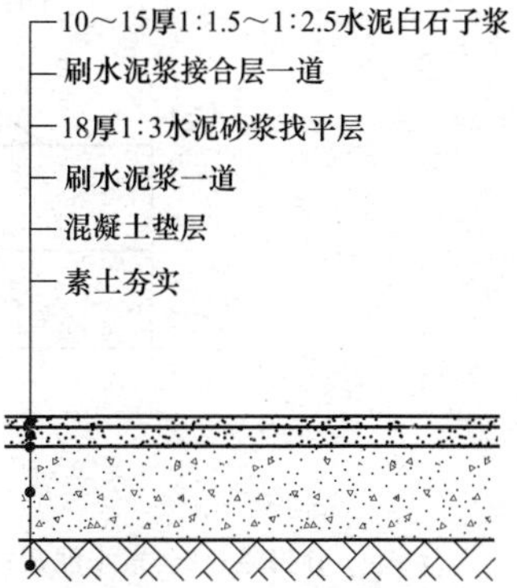

2. 施工要点

（1）基层处理。将混凝土基层上的杂物清净，不得有油污、浮土。用钢錾子和钢丝刷将沾在基层上的水泥浆皮錾掉铲净。

（2）找标高弹水平线。根据墙面上的＋50cm 标高线，往下量测出水磨石面层的标高，弹在四周墙上，与其他房间和通道面层的标高一致。

—10～15厚1:1.5～1:2.5水泥白石子浆
—刷水泥浆接合层一道
—18厚1:3水泥砂浆找平层
—刷水泥浆一道
—混凝土垫层
—素土夯实

图 3.10　水磨石面层地面构造层次

（3）贴饼。按线拉水平线抹灰饼（60mm×60mm 见方，与找平层完成面同高，用同种砂浆），间距双向不大于2m。有坡度要求的房间应按设计坡度要求拉线，抹出坡度灰饼。

（4）冲筋。面积较大的房间为保证房间地面平整度，还要做冲筋，以做好的灰饼为标准抹条形冲筋，高度与灰饼同高，形成控制标高的田字格，用刮尺刮平，作为砂浆面层厚度控制的标准。

（5）抹找平层砂浆。根据墙上弹出的水平线，留出面层厚度（10～15mm 厚），抹1：3水泥砂浆找平层。在基层上洒水湿润，刷一道水灰比为 0.4～0.5 的水泥浆，面积不得过大，随刷浆随铺抹 1：3 找平层砂浆，并用 2m 长刮杠以标筋为标准进行刮平，再用木抹子搓平。

（6）养护。抹好找平层砂浆后养护 24h，待抗压强度达到 1.2MPa，方可进行下道工序施工。

（7）弹分格线。根据设计要求的分格尺寸，一般采用 1m×1m。在房间中部弹十字线，计算好周边的镶边宽度后，以十字线为准可弹分格线。如果设计有图案要求，应按设计要求弹出清晰的线条。

（8）镶分格条。用小铁抹子抹稠水泥浆将分格条固定住（分格条安在分格线上，如3.11 所示），抹成 30°八字形，高度应低于分格条条顶 4～6mm，分格条应平直（上平必须一致）、牢固、接头严密，不得有缝隙，作为铺设面层的标志。另外，在粘贴分格条时，在分格条十字交叉接头处，为了使拌和料填塞饱满，在距交点 40～50mm 内不抹水泥浆。

（9）拌制水磨石拌和料。

1）水磨石面层拌和料的体积比应根据设计要求通过试验确定，且为 1：1.5～2.5（水泥：石粒）。

2）投料必须严格过磅或过体积比的斗，精确控制配合比。应严格控制用水量，搅拌要均匀。

3）彩色水磨石拌和料，除彩色石粒外，还可加入耐光、耐碱的矿物颜料，各种原料的掺入量均要以试验确定。同颜色的面层应使用同一批水泥，同一彩色面层应使用同厂、同批的颜料。

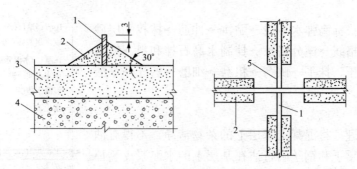

图 3.11　分格嵌条设置

1—分格条；2—素水泥浆；3—水泥砂浆找平层；4—混凝土垫层；5—40～50mm 内不抹素水泥浆

（10）铺水磨石拌和料。

1）将找平层洒水湿润，涂刷界面接合剂，将拌和均匀的拌和料先铺抹分格条边，后铺抹分格条方框中间，用铁抹子由中间向边角推进，在分格条两边及交角处特别注意压实抹平，随抹随检查平整度，不得用大杠刮平。

2）几种颜色的水磨石拌和料不可同时铺抹，要先铺深色的，后铺浅色的，待前一种凝固后，再铺下一种。

（11）滚压、抹平。滚压前应先将分格条两侧 10cm 内用铁抹子轻轻拍实。滚压时用力均匀，应从横竖两个方向轮换进行，达到表面平整密实、出浆石粒均匀为止。待石粒浆稍收水后，再用铁抹子将浆抹平压实，24h 后，浇水养护。

（12）试磨。一般根据气温情况确定养护天数，水磨石的开磨时间与水泥强度和气温高低有关，温度在 20～30℃时 2～3d 即可开始机磨，过早开磨石粒易松动；过迟造成磨光困难。所以需进行试磨，以面层不掉石粒为准。一般开磨时间见表 3.4。

表 3.4　　　　　　　　　　水磨石面层开磨参考时间　　　　　　　　　　d

平均温度（℃）	开 磨 时 间	
	机　磨	人 工 磨
20～30	2～3	1～2
10～20	3～4	1.5～2.5
5～10	5～6	2～3

（13）粗磨。第一遍用 60～90 号粗金刚石磨，使磨石机机头在地面上走横 8 字形，边磨边加水（如磨石面层养护时间太长，可加细砂，加快机磨速度），随时清扫水泥浆，并用靠尺检查平整度，直至表面磨平、磨匀，分格条和石粒全部露出（边角处用人工磨成同样效果），用水清洗晾干。然后用较浓的水泥浆（如掺有颜料的面层，应用同样掺有颜料配合比的水泥浆）擦一遍，特别是面层的洞眼小孔隙要填实抹平，脱落的石粒应补齐。浇水养护2～3d。

（14）细磨。第二遍用 90～120 号金刚石磨，要求磨至表面光滑为止。然后用清水冲净，满擦第二遍水泥浆，仍注意小孔隙要细致擦严密，然后养护 2～3d。

（15）磨光。第三遍用 200 号细金刚石磨，磨至表面石子显露均匀，无缺石粒现象，平整、光滑，无孔隙为度。普通水磨石面层磨光遍数不应少于三遍，高级水磨石面层的厚度和磨光遍数及油石规格应根据设计确定。

（16）草酸擦洗。为了取得打蜡后显著的效果，在打蜡前磨石面层要进行一次适量限度的酸洗，一般均用草酸进行擦洗，使用时，先用水加草酸化成约 10% 浓度的溶液，用扫帚蘸后洒在地面上，再用油石轻轻磨一遍；磨出水泥及石粒本色，再用水冲洗，软布擦干。此道操作必须在各工种完工后才能进行，经酸洗后的面层不得再受污染。

（17）打错上光。将蜡包在薄布内，在面层上薄薄涂一层，待干后用钉有帆布或麻布的木块代替油石，装在磨石机上研磨，用同样方法再打第二遍蜡，直到光滑、洁亮为止。

（18）冬期施工现浇水磨石面层时，环境温度应保持 5℃ 以上。

2.3.4　水泥混凝土面层地面

1. 工艺流程

基层处理→找标高、弹面层水平线→洒水湿润→抹灰饼→抹标筋→刷素水泥浆→浇筑混凝土→抹面层、压光→养护。

2. 施工要点

（1）基层处理。先将灰尘清扫干净，然后将粘在基层上的浆皮铲掉，用碱水将油污刷掉，最后用清水将基层冲洗干净。

（2）找标高、弹面层水平线。根据墙面上已有的 +50cm 水平标高线，量测出地面面层的水平线，弹在四周墙面上，并要与房间以外的楼道、楼梯平台、踏步的标高相呼应，贯通一致。

（3）洒水湿润。在抹面层之前一天对基层表面进行洒水湿润。

（4）抹灰饼。根据已弹出的面层水平标高线，横竖拉线，用与水泥混凝土相同配合比的拌和料抹灰饼，横竖间距 1.5m，灰饼上标高就是面层标高。

（5）抹标筋。面积较大的房间为保证房间地面平整度，还要做标筋（或叫冲筋），以做好的灰饼为标准抹条形标筋，用刮尺刮平，作为浇筑细石混凝土面层厚度的标准。

（6）刷素水泥浆。在铺设细石混凝土面层以前，在已湿润的基层上刷一道 1∶0.4～0.5（水泥∶水）的素水泥浆，不要刷的面积过大，要随刷随铺细石混凝土，避免时间过长水泥浆风干导致面层空鼓。

（7）浇筑混凝土。将搅拌好的水泥混凝土铺抹到地面基层上，紧接着用 2m 长的刮杠顺着标筋刮平，然后用滚筒（常用直径为 20cm、长度为 60cm 的混凝土或铁制滚筒，厚度较厚时应用平板振动器）往返、纵横滚压，如有凹处用相同配合比的混凝土填平，直到面层出现泌水现象，撒一层干拌水泥砂（1∶1＝水泥∶砂）拌和料，要撒匀（砂要过 3mm 筛），再用 2m 长的刮杠刮平（操作时均要从房间内往外退着走）。

（8）抹面层、压光。

1）当面层灰面吸水后，用木抹子用力搓打、抹平，将干水泥砂拌和料与细石混凝土的浆混合，使面层达到接合紧密。

2）第一遍抹压。用铁抹子轻轻抹压一遍直到出浆为止。

3）第二遍抹压。当面层砂浆初凝后，地面面层上有脚印，但走上去不下陷时，用铁抹子进行第二遍抹压，把凹坑、砂眼填实抹平，注意不得漏压。

4）第三遍抹压。当面层砂浆终凝前，即人踩上去稍有脚印，用铁抹子压光无抹痕时，可用铁抹子进行第三遍压光，此遍要用力抹压，把所有抹纹压平、压光，达到面层表面密实、光洁。

（9）养护。面层抹压完 24h 后（有条件时可覆盖塑料薄膜养护）进行浇水养护，每天不少于 2 次，养护时间一般不少于 7d（房间应封闭，养护期间禁止进入）。

（10）冬期施工的环境温度不应低于 5℃。

2.3.5　整体楼地面工程质量验收

1. 水泥砂浆面层地面

（1）主控项目。

1）水泥采用硅酸盐水泥、普通硅酸盐水泥，不同品种、不同强度等级的水泥不应混用；砂应为中粗砂，当采用石屑时，其粒径应为 1～5mm，且含泥量不应大于 3%；防水水泥砂浆采用的砂或石屑，其含泥量不应大于 1%。

2）防水的水泥混凝土中掺入外加剂的技术性能应符合国家现行有关标准的规定，外加剂的品种和掺量应经试验确定。

3）水泥砂浆面层的体积比（强度等级）必须符合设计要求；且体积比应为 1∶2，强度等级不应小于 M15。

4）有排水要求的水泥砂浆地面，坡向应正确、排水通畅；防水水泥砂浆面层不应渗漏。

5）面层与下一层应接合牢固，无空鼓、裂纹。空鼓面积不应大于 400cm²，且每自然间或标准间不应多于 2 处。

（2）一般项目。

1）面层表面的坡度应符合设计要求，不得有倒泛水和积水现象。

2）面层表面应洁净，无裂纹、脱皮、麻面、起砂等缺陷。

3）踢脚线与墙面应紧密接合，踢脚线高度与出柱、墙厚度应符合设计要求且均匀一致。当出现局部空鼓时，局部空鼓长度不应大于 300mm，且每自然间或标准间不应多于 2 处。

4）楼梯踏步的宽度、高度应符合设计要求。楼层梯段相邻踏步高度差不应大于 10mm，每踏步两端宽度差不应大于 10mm，旋转楼梯梯段的每踏步两端宽度的允许偏差为 5mm。楼梯踏步的齿角应整齐，防滑条应顺直。

5）水泥砂浆面层的允许偏差和检验方法应符合表 3.5 的规定。

表 3.5　　　　　　　　　　水泥砂浆面层的允许偏差和检验方法

项次	项目	允许偏差（mm）	检验方法
1	表面平整度	4	用 2m 靠尺和楔形塞尺检查
2	踢脚上口平直	4	拉 5m 线和用钢直尺检查
3	缝格顺直	3	

2. 环氧树脂自流平面层地面

（1）主控项目。

1）环氧树脂自流平面层地面的铺涂材料应符合设计要求，当无设计要求时，应符合表

3.6～表 3.8 的规定。

表 3.6　　　　　环氧树脂自流平地面底层涂料与涂层的质量

项　目	技　术　指　标
容器中状态	透明液体、无机械杂质
混合后固体含量（%）	≥50
干燥时间	表干≤3
	实干≤24
涂层表面	均匀、平整、光滑、无气泡、无发白、无软化
附着力（MPa）	≥1.5

表 3.7　　　　　环氧树脂自流平地面中层涂料与涂层的质量

项　目		技　术　指　标
容器中状态		透明液体、无机械杂质
混合后固体含量（%）		≥50
干燥时间		表干≤3
		实干≤24
涂层表面		均匀、平整、光滑、无气泡、无发白、无软化
附着力（MPa）		≥1.5
抗冲击（1kg 钢球自由落体）	1m	胶泥构造：无裂缝、剥落、起壳
	2m	砂浆构造：无裂缝、剥落、起壳
抗压强力（MPa）		≥80
打磨性		易打磨

表 3.8　　　　　环氧树脂自流平地面面层涂料与涂层的质量

项　目		技　术　指　标
容器中状态		透明液体、无机械杂质
混合后固体含量（%）		≥50
干燥时间		表干≤3
		实干≤24
涂层表面		均匀、平整、光滑、无气泡、无发白、无软化
附着力（MPa）		≥1.5
相对硬度（任选）	D 型邵氏硬度	≥75
	铅笔硬度	≥3H
抗压强力（MPa）		≥80
磨耗量（mg）		≤60mg
容器中涂料的储存期		密闭容器，阴凉干燥通风处，5～15℃，6 个月

2）底涂层的质量应符合下列规定：

a. 涂层表面应均匀、连续，并应无泛白、漏涂、起壳等现象。

b. 与基面的黏结强度不应小于 1.5MPa。

3）面涂层的质量标准应符合下列规定：

a. 涂层表面应平整光滑、色泽均匀。

b. 冲击强度应符合设计要求，表面不得有裂纹、起壳、剥落等现象。

（2）一般项目。

1）中涂层表面应密实、平整均匀、连续，不得有裂纹、起壳、剥落等现象。

2）玻璃纤维增强隔离层的厚度应大于 1mm 或其他符合结构强度材料不应少于 2 层。

3）面涂层的硬度应符合设计要求。

4）坡度应符合设计要求。

3. 现浇水磨石面层地面

（1）主控项目。

1）水磨石面层应采用坚硬可磨白云石、大理石等岩石加工而成，石粒应洁净无杂物，其粒径除特殊要求外应为 6~16mm；水泥强度等级不应小于 32.5；颜料应采用耐光、耐碱的矿物原料，不得使用酸性颜料。

2）水磨石面层拌和料的体积比应符合设计要求，且水泥与石粒的比例为 1∶1.5~1∶2.5。

3）防静电水磨石面层应在施工前及施工完毕表面干燥后进行接地电阻和表面电阻检测，并应做好记录。

4）面层与下一层接合应牢固，无空鼓、裂纹。当出现空鼓时，空鼓面积不应大于 400cm²，且每自然间或标准间不应多于 2 处。

（2）一般项目。

1）面层表面应光滑，无明显裂纹、砂眼和磨纹；石粒密实，显露均匀；颜色图案一致，不混色；分格条牢固、顺直和清晰。

2）踢脚线与墙面应紧密接合，高度一致，出墙厚度均匀。当出现空鼓时，局部空鼓长度不应大于 300mm，且每自然间或标准间不应多于 2 处。

3）楼梯踏步的宽度、高度应符合设计要求。楼层梯段相邻踏步高度差不应大于 10mm，每踏步两端宽度差不应大于 10mm，旋转楼梯梯段的每踏步两端宽度的允许偏差为 5mm。楼梯踏步的齿角应整齐，防滑条应顺直、牢固。

4）水磨石面层的允许偏差和检验方法应符合表 3.9 的规定。

表 3.9　　　　　　　　　　　水磨石面层的允许偏差和检验方法

项次	项目	允许偏差（mm）		检验方法
		普通水磨石面层	高级水磨石面层	
1	表面平整度	3	2	用 2m 靠尺和楔形塞尺检查
2	踢脚上口平直	3	3	拉 5m 线和用钢直尺检查
3	缝格顺直	3	2	

4. 水泥混凝土面层地面

（1）主控项目。

1）水泥混凝土采用的粗骨料，其最大粒径不应大于面层厚度的 2/3，细石混凝土面层采用的石子粒径不应大于 16mm。

2）防水水泥混凝土中掺入外加剂的技术性能应符合国家现行有关标准的规定，外加剂的品种和掺量应经试验确定。

3）面层的强度等级应符合设计要求，且水泥混凝土面层强度等级不应小于 C20。

4）面层与下一层应接合牢固，无空鼓、裂纹。空鼓面积不应大于 $400cm^2$，且每自然间或标准间不应多于 2 处。

（2）一般项目。

1）面层表面不应有裂纹、脱皮、麻面、起砂等缺陷。

2）面层表面的坡度应符合设计要求，不得有倒泛水和积水现象。

3）踢脚线与墙面应紧密接合，踢脚线高度与出柱、墙厚度应符合设计要求且均匀一致。当出现局部空鼓时，局部空鼓长度不应大于 300mm，且每自然间或标准间不应多于 2 处。

4）楼梯踏步的宽度、高度应符合设计要求。楼层梯段相邻踏步高度差不应大于 10mm，每踏步两端宽度差不应大于 10mm；旋转楼梯梯段的每踏步两端宽度的允许偏差为 5mm。踏步面层应做防滑处理，齿角应整齐，防滑条应顺直、牢固。

5）水泥混凝土面层的允许偏差和检验方法应符合表 3.10 的规定。

表 3.10   水泥混凝土面层的允许偏差和检验方法

项次	项目	允许偏差（mm）	检验方法
1	表面平整度	5	用 2m 靠尺和楔形塞尺检查
2	踢脚上口平直	4	拉 5m 线和用钢直尺检查
3	缝格顺直	3	

2.3.6 整体地面质量通病和防治措施

1. 水泥砂浆面层地面和水泥混凝土面层地面

水泥砂浆面层地面和水泥混凝土面层地面工程常见的工程质量通病有地面不规则裂缝、地面空鼓、地面返潮、地面起砂等。

（1）地面不规则裂缝。

1）原因分析。

a. 基层面的灰疙瘩没有清除干净，或预埋管线高于基层表面等，造成水泥砂浆面层的厚薄差别大，因而产生收缩不均匀而开裂。

b. 在大面积地面浇筑时没有设置伸缩缝，在干缩和温差的作用下，产生不规则裂缝。

c. 材料使用不当，如水泥的安定性差，用砂含泥量大于 3％；或在搅拌砂浆时无配合比，或有配合比却又计量不准确，拌制的砂浆强度差，收缩性大；或使用停放超过 3h 的初凝的砂浆；或成品养护和保护时间不够，尚未达到硬化时，就在地面上操作，随意堆放砖块等重物，在干缩、收缩时产生不规则裂缝。

2）防治措施。

a. 控制材料质量标准。水泥须选用硅酸盐水泥和普通硅酸盐水泥，其强度不低于32.5MPa，并严禁混用不同品种、不同强度的水泥。采用中粗砂，其含泥量应小于 3％。

b. 水泥砂浆（体积比为水泥∶砂＝1∶2），强度等级不小于 M15，稠度（以标准圆锥体沉入度计）不应大于 35mm。

c. 刮除基层面的灰疙瘩，扫刷冲洗干净，晾干，用纯水泥浆满刷一遍。随即铺搅拌均匀的水泥砂浆，刮平、拍实、搓平。初凝收水后，拍平抹光，终凝前抹平压光，以无抹痕为好。

d. 面层压光 24h 后用锯末覆盖，洒水养护 7～10d。

（2）地面空鼓。

1）原因分析。

a. 底层地面房心回填土土质不符合要求，或回填土含水量不符合要求，或未分层夯实。

b. 垫层质量差。混凝土垫层强度过低，影响面层与垫层的黏结，容易使地面出现空鼓。

c. 垫层不干净，喷水湿润不够。

d. 垫层上水泥浆刷得不好。水泥浆刷浆施工方法错误；水泥浆刷浆不均匀；水泥浆刷浆过早。

2）防治措施。

a. 土的质量应符合现行国家标准的有关规定，如淤泥、腐殖土、冻土和有机质含量大于 8% 的土，均不得用作填土。填土块的粒径不应大于 50mm，必须分层填铺，分层的厚度、夯压遍数见表 3.11。

表 3.11　　　　　　　　　　回填土虚铺厚度、夯压遍数

机具种类	虚铺厚度（mm）	夯压遍数
木夯	≤200	3～4 遍
蛙式打夯机	200～250	3～4 遍
碾压机	200～300	6～8 遍

b. 填土料宜控制在最佳含水量的情况下施工。最佳含水量现场检测方法：手握成团，落地开花。填土的最佳含水量和最大干密度见表 3.12。

表 3.12　　　　　　　　　　填土的最佳含水量和最大干密度

土 的 种 类	变 动 范 围	
	最佳含水量（质量比）	最大干密度（g/cm³）
砂　　土	8～12	1.80～1.88
黏　　土	19～23	1.58～1.70
粉 质 黏 土	12～15	1.85～1.95
粉　　土	16～22	1.61～1.80

c. 地面面层施工前，对垫层进行全面检查，切不可马虎，如果垫层出现空鼓等质量缺陷，要待返工并且达到规定强度后进行面层施工。

d. 对垫层上的水泥砂浆、混凝土，都要清理干净。表面的浮土、灰浆要清扫干净。最后，用清水冲洗，把脏水也排掉，直到干净为止。

e. 在面层施工的头一天，要对垫层混凝土喷水湿润，在第二天进行下一道工序前，要清除表面的积水。

f. 在面层施工前，先要在垫层上刷水泥浆，水泥浆应在容器内调好，施工时要求涂刷均匀，随刷随抹面层。

（3）地面起砂和麻面。

1) 原因分析。

a. 使用的材料低劣、不符合要求。

b. 施工不合理。压实抹光时间不当，如抹压时间过早或过迟，造成抹压不实或导致面层酥松；在表面撒干水泥引起脱皮；不养护失水而酥松；成品不保护，过早使用，如任意踩踏和放重物等，使未凝固的面层强度下降而起砂、脱皮和露砂。

c. 使用不当，在已完工的地面上进行搅拌砂浆，或把做粉刷用的砂浆直接倒在地面上，给抹灰工使用，使光洁的地面造成麻面和起砂。

d. 冬期施工水泥砂浆地面时保温不当，造成地面早期受冻，使地面面层脱皮、起砂、酥松；水泥砂浆地面抹光后，气温下降，常将门窗关闭，室内设临时炉灶生煤炉或煤球炉生火保温防冻，则二氧化碳和水泥中硅酸盐等作用，使表面酥松而起砂。

2) 防治措施。严格材料质量标准、配合比及施工方法，参照地面不规则裂缝中防治措施。

(4) 地面返潮。

1) 原因分析。

a. 地面下未设隔断层，地面下的基土潮湿，因毛细孔作用，使水分上升而返潮。

b. 垫层材料中含泥量大，如碎石、炉渣等材料中夹有大量的泥土，有的大于 30% 左右，则该垫层不能起到隔断毛细孔作用。

c. 有的建筑物做砖砌体时没有按规定做防潮层，也有的防潮层失效，则沿墙边返潮。

d. 有的地面标高低于周围地面，地表水渗入地面而潮湿。

2) 防治措施。

a. 控制垫层材料的质量，碎石、炉渣中的含泥量不宜大于 5%，厚度不小于 60mm，表面空隙应以细石子填补。用碎石垫层来隔断基土毛细孔作用。

b. 建筑施工的墙体在 ±0.000 以下 60mm 处按规定做好防潮层，经检查合格后，方可砌上部的墙体。

c. 铺设一层卷材的防潮层，在垫层上铺刮一层 1∶3 水泥砂浆，厚度不大于 20mm，上面铺一层防水卷材，长、短边搭接不少于 80mm；必须用配套的胶粘剂黏结牢固，四周卷高 60mm。

2. 环氧树脂自流平面层地面

环氧树脂自流平面层地面工程常见的工程质量通病有环氧涂料丰满度不良、镘刀痕、出现颜色不均匀、地面出现针刺状的痕迹或开裂、空鼓、脱落、地面表面出现凹凸不平、地面施工中出现分油、施工完后表面出现少量反霜、地面施工完毕出现条状凸起等。

(1) 环氧涂料丰满度不良。

1) 原因分析。

a. 使用高聚合度的漆基制的涂料。

b. 颜色含量少或涂料过稀。

c. 被涂物表面不平滑。

d. 底材吸油量大。

2) 防治措施。

a. 涂料配方时注意树脂基料的选择。

b. 选用固含量较高的涂料进行施工。

c. 涂刷之前打磨被涂物的表面来改善其粗糙度。

d. 涂封闭底漆。

（2）环氧涂料镘刀痕。

1）原因分析。在环氧树脂自流平地面镘涂施工中，依靠涂料自身的表面张力，而不能消除镘刀在施工中所留下的痕迹。

2）防治措施。

a. 调整涂料的施工黏度，选用配套的稀释剂。

b. 将涂料放置在干燥的地方存储。

c. 先使用黏度较低的封闭底漆施工封底，再进行镘涂施工。

（3）环氧树脂自流平面层地面出现颜色不均匀。

1）原因分析。

a. 颜色分散不良。

b. 环氧树脂自流平面层地面的涂层厚薄不均匀。

c. 在地面施工中途断料。

2）防治措施。

a. 在环氧树脂自流平面层地面施工前主料应先充分搅拌均匀。

b. 尽量使用固定工具及加强施工人员施工熟练度。

c. 材料必须一次备足，避免断料情况发生。

（4）环氧树脂自流平面层地面出现针刺状的痕迹或开裂、空鼓、脱落。

1）原因分析。

a. 固化剂与主料混合时，因搅拌而在涂料里产生大量气泡，在固化过程中气泡不断发散，基层表面留下痕迹而成为针孔。

b. 基层密封不严。

c. 环氧树脂自流平砂浆缺少消泡剂，或消泡剂用量不足，或使用消泡剂品种不当。

2）防治措施。

a. 施工时一般用抹子一遍遍地抹，使空气气泡破裂，每一层抹涂厚度不超过 2mm。

b. 施工中应注意底层密封的完好，对于太粗糙的地面，要刷两遍界面剂。

c. 在调配前，与材料供应商联系，加入适量的消泡剂。

（5）环氧树脂自流平面层地面表面出现凹凸不平。

1）原因分析。

a. 施工中杂物混入。

b. 地面不平整，起伏过大或施工地面规格太薄。

c. 材料涂布时，已部分发生化学反应，黏度过大，甚至产生硬块。

d. 施工中断料，来不及衔接。

2）防治措施。

a. 环境力求清洁，石英砂应选择颗粒均匀者。

b. 地面处理平坦，清洁干净，凹处修补，附着物需铲除。

c. 材料前后涂布，需在可使用时间衔接完毕。

（6）环氧树脂自流平面层地面施工中出现分油。

1）原因分析。

a. 底层涂料内有不干稀释剂，如柴油、煤油等，干燥后未及时挥发就涂了环氧树脂自流平面层。

b. 环氧树脂自流平面层地面的底层或涂料中混有蜡质、潮气、油污等影响地面漆膜的附着力，地面漆膜的表面张力使漆膜收缩跑油。

c. 环氧树脂自流平面层地面漆涂料的润湿性差或掺入过度的有机硅油。

d. 环氧树脂自流平面层地面底层漆太光滑，与面层的附着力小于面层涂料的表面张力。

2）防治措施。

a. 对环氧树脂自流平面层地面涂层仔细打磨。

b. 要控制好溶剂质量，环氧树脂自流平面层地面的不良溶剂尽量不能使用。

c. 不能使用质量差的环氧树脂自流平面层地面中漆，其中含有大量不挥发增塑剂。

d. 加入含氟助剂。

（7）环氧树脂自流平面层地面表面出现少量反霜。

1）原因分析。

a. 封闭施工时没有充分施工。

b. 空气相对湿度过大。

2）防治措施。用扫把清理，并用拖把拖洗干净。

（8）环氧树脂自流平面层地面施工完毕出现条状凸起。

1）原因分析。

a. 施工过程中两桶自流平施工间隔太长。

b. 地表没有清扫干净或搅拌水桶或搅拌头没有进行定期清洗。

2）防治措施。

a. 施工过程中两桶自流平施工及时。

b. 施工之前清扫干净地表。

c. 定时清洗搅拌头或更换新的搅拌水桶。

3. 现浇水磨石面层地面

现浇水磨石面层地面常见的质量通病有分格条显露不清、分格条压弯（指铜条、铅条）或压碎（玻璃条）、面层有明显的水泥斑痕、地面裂缝和表面光亮度差、细洞眼多。

（1）分格条显露不清。

1）原因分析。

a. 面层水泥石子浆厚度过高超过分格条较多，使分格条难以磨出。

b. 铺好面层后，磨石不及时，水泥石子面层强度过高，使分格条难以磨出。

c. 第一遍磨光时，所用的磨石号数过大，磨损量过小，不易磨出分格条。

d. 磨光时用水量过大，磨石机的磨石在水中呈飘浮状态，故磨损量极小。

2）防治措施。

a. 控制面层水泥石子浆的铺设厚度，铺设高度一般比分格条高出 5mm 为宜，待用滚筒压实后，则比分格条高出 1mm，第一遍磨完后，分隔条就能全部清晰外露。

b. 水磨石地面施工前，应准备好一定数量的磨石机。面层施工时，铺设速度应与磨光速度相协调，避免开磨时间过迟。

c. 第一遍磨光应用 60～90 号的粗金刚砂磨石，以加大其磨损量。同时，磨光时应控制浇水速度，浇水量不应过大，使面层保持一定浓度的磨浆水。

（2）分格条压弯（指铜条、铅条）或压碎（玻璃条）。

1）原因分析。

a. 面层水泥石子浆虚铺厚度不够，用滚筒滚压后，表面同分格条平，有的甚至低于分格条，滚筒直接在分格条上碾压，致使分格条被压弯或压碎。

b. 滚筒滚压过程中，有时石子粘在滚筒上或分格条上，滚压时就容易将分格条压弯或压碎。

c. 分格条粘贴不牢，在面层滚压过程中，往往因石子相互挤紧而挤弯或挤坏分格条。

2）防治措施。

a. 严格控制面层填料厚度，以高于分隔条 5mm 及滚压后高出 1mm 为宜。

b. 滚筒滚压前，应先用铁抹子或木抹子在分格条两边 10～20mm 范围内填料拍实，并顺条处往里斜压出一个小八字，使之露出分格条。

c. 滚筒滚压过程中，应用扫帚随时扫掉粘在分隔条上的石子，防止滚筒和分格条之间存在石子压坏分格条。

d. 分格条应黏结牢固，铺设面层前，应仔细检查一遍，发现粘贴不牢而松动或弯曲的，应及时更换。

（3）面层有明显的水泥斑痕。

1）原因分析。

a. 水泥石子在铺设时是很松软的，如果鞋底凹凸不平，必将踩出很多较深的脚印，在滚筒滚压过程中，脚印部分往往由水泥浆填补，不易发现这一缺陷。磨光后，则会立即发现脚印部分出现一块块水泥斑痕，造成无法弥补的质量缺陷。水泥石子浆越稀软，这种现象越显著。

b. 铺设水泥砂浆地面面层，一般常用刮尺刮平，但铺设水磨石地面面层时，由于水泥石子浆中石子成分较多，如果用刮尺刮平，则高出部分的石子大部分会被刮尺刮走，留下的部分出现浆多石子少的现象，磨光后，出现一块块的水泥斑痕，影响美观。

2）防治措施。

a. 水泥石子浆拌制不能过稀，以采用干硬性的水泥石子浆为宜。

b. 铺设水泥石子浆时，应穿平底或底楞凹凸不明显的胶鞋进行操作。

c. 面层铺设后，出现局部过高时，不得用刮尺刮平，应用铁抹子或铁铲将高出部分挖去一部分，然后再将周围的水泥石子浆拍挤抹平。

d. 滚筒滚压过程中，应随时认真观察面层泛浆情况，如发现局部泛浆过多，应及时增补石子，并滚压密实。

（4）地面裂缝。

1）原因分析。

a. 地面回填土不实、高低不平或基层过冬时受冻；沟盖板水平标高不一致，灌缝不严；门口或门洞下部基础砖墙砌的过高，造成垫层薄厚不均匀或太薄，引起地面裂缝。

b. 工期较紧，结构沉降不稳定；垫层与面层工序跟得过紧，垫层材料收缩不稳定，暗敷电线管过高，周围砂浆固定不好，造成面层裂缝。

c. 基层清理不干净，地面荷载过于集中引起的裂缝。

2）防治措施。

a. 首先地面房心回填土应分层夯实，不得含有杂物和较大冻块，冬期施工中的回填土要采取保温措施，防止受冻；大厅等较大面积混凝土垫层应分块断开，也可采取适量的配筋措施，以减弱地面沉降和垫层混凝土收缩引起的面层裂缝。门口或洞口处基础砖墙最高不超过混凝土垫层下皮，保持混凝土垫层有一定厚度；门口或门洞处做水磨石面层时，宜在门口两边镶贴分格条，对解决该处裂缝有一定的作用。

b. 现浇水磨石地面，混凝土垫层浇筑后应有一定的养护期，使垫层基本收缩后再做面层；较大或荷载分布不均匀的房间，混凝土垫层中最好加配钢筋（双向，ϕ6 间距 150～200mm）以增加垫层的整体性。板缝和端头缝必须用豆石混凝土浇筑严实。暗敷电线管不应太集中，管线上面至少应做厚 20mm 的混凝土保护层，电线管集中或较大的部位，垫层内可采取加钢筋网做法。

c. 做好基层表面清扫处理，保证上下层黏结牢固。

d. 尽可能使用干硬性混凝土和砂浆。混凝土坍落度和砂浆稠度过大，必然增加产生收缩裂缝的机会，并降低强度，引起水磨石地面空鼓裂缝。

（5）表面光亮度差，细洞眼多。

1）原因分析。

a. 磨光时磨石规格不齐，使用不当。水磨石地面的磨光遍数不应少于 3 遍。第一遍应用粗金刚石砂轮磨，作用是磨平磨匀，使分格条和石子清晰外露，但也留不下明显的磨石凹痕。第二遍应用细金刚石砂轮磨，主要作用是磨去第一遍磨光后留下的磨石凹痕，将表面磨光。第三遍应用更细的金刚石砂轮或油石磨，进一步将表面磨光滑。但在施工中，金刚石砂轮的规格往往不齐，对第二、第三遍的磨石要求重视不够，只要求石子、分格条显露清晰，而忽视了对表面光亮度的要求。

b. 打蜡之前未涂抹草酸溶液，或将粉状草酸直接撒在地面表面后进行干擦。

c. 补浆时不用擦浆法，而用刷浆法。水磨石地面在磨光过程中需进行两次补浆，这是消除面层洞眼孔隙的有效措施。如果用刷浆法，则往往一刷而过，仅在洞眼上口有一薄层浆膜，一经打磨，仍是洞眼。

2）防治措施。

a. 打磨时，磨石规格应齐全，对外观要求较高的水磨石地面，应适当提高第二遍的油石号数，并增加磨光遍数。

b. 打蜡之前应涂擦草酸溶液。溶液洒于地面，并用油石打磨一遍后，用清水冲洗干净。禁止用撒粉状草酸后干擦的施工方法。

c. 补浆应用擦浆法，用干布蘸上较浓的水泥浆将洞眼擦实。擦浆时，洞眼中不得有积水、杂物，擦浆后应进行养护，使水泥浆有个良好的凝结硬化条件。

2.4　板块面层地面施工

板块面层地面是在基层上用水泥砂浆或水泥浆、胶粘剂铺设块料面层，如陶瓷地砖面层地面、花岗石板、大理石板面层地面、料石地面等。板块面层地面构造如图 3.12 所示。

2.4.1　陶瓷地砖面层地面

1. 工艺流程

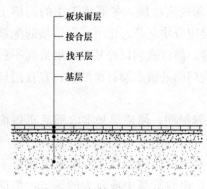
图 3.12　板块面层地面构造

基层清理→标筋→铺接合层砂浆→弹线→铺砖→镶贴踢脚板→养护→勾缝、擦缝→冬期施工。

　2. 施工要点

（1）基层清理。基层表面的砂浆、油污和垃圾应清除干净，用水冲洗、晾干。如为光滑的混凝土楼面，应凿毛。楼地面的基体表面，应提前一天浇水湿润。

（2）标筋。根据墙水平基准线（500mm 标高线），弹出地面标高线，然后在房间四周做灰饼。灰饼表面应比地面标高线低一块所铺面砖的厚度，再按灰饼做标筋。有地漏和排水孔的地方，应从四周或排水孔方向作放射状标筋，坡度为 0.5%～1%。

（3）铺接合层砂浆。铺砂浆前，先浇水湿润，再刷一道水灰比为 0.4～0.5 的水泥素浆。随刷随铺 1∶2（体积比）的干硬性水泥砂浆，稠度控制在 35mm 以内。根据标筋的标高，用木抹子拍实，用短刮尺刮平，再用长刮尺通刮一遍，然后检测平整度应不大于 4mm。拉线测定标高和泛水，符合要求后，用木抹子搓成毛面。

（4）弹线。根据设计要求和陶瓷地砖的规格尺寸，在已有一定强度的底灰上用墨斗线弹控制线。

（5）铺砖。根据控制线先铺好左右靠边基准行的地砖，以后根据基准行由内向外逐行铺贴。用水泥膏满涂地砖背面，对准缝子，将地砖铺贴上，用橡胶锤敲击至平整。挤出的水泥膏及时清理干净。

（6）镶贴踢脚板。踢脚板用砖，一般采用与地面块材同品种、同规格、同颜色的材料，踢脚板的立缝应与地面缝对齐，铺设时应在房间墙面两端头阴角处各镶贴一块砖，出墙厚度和高度应符合设计要求，以此砖上楞为标准挂线，开始铺贴，砖背面朝上抹黏结砂浆（配合比为 1∶2 水泥砂浆），使砂浆粘满整块砖为宜，及时粘贴在墙上，砖上楞要跟线并立即拍实，随之将挤出的砂浆刮掉，将面层清擦干净（在粘贴前，砖块材要浸水晾干，墙面刷水湿润）。

（7）养护。铺完砖 24h 后，洒水养护，时间不应少于 7d。

（8）勾缝、擦缝。当砖面层的强度达到可上人的时候，进行擦缝、勾缝工作，并应采用同品种、同强度等级、同颜色的水泥。

1）勾缝。用 1∶1 水泥细砂浆勾缝，缝内深度宜为砖厚的 1/3，要求缝内砂浆密实、平整、光滑。随勾随将剩余水泥砂浆清走、擦净。

2）擦缝。如设计要求不留缝隙或缝隙很小，则要求接缝平直，在铺实修整好的砖面层上用浆壶往缝内浇水泥浆，然后用干水泥撒在缝上，再用棉纱团擦揉，将缝隙擦满。最后将面层上的水泥浆擦干净。

（9）冬期施工。室内操作温度不低于 5℃。室外操作时，应按气温的变化掺防冻剂，但必须经实验室试验后才能操作。

2.4.2　花岗石板、大理石板面层地面

1. 工艺流程

基层处理→找规矩、弹线→试拼、试排→板块浸水→铺接合层→铺设板块→踢脚板镶贴→养护→灌缝、擦缝→保护。

2. 施工要点

(1) 基层处理。首先将地面垫层上的杂物清除，用钢丝刷将黏结在垫层上的砂浆刷掉，并清除干净。对于光滑的钢筋混凝土楼面，应凿毛，凿毛深度为 5～10mm，凿毛凹痕的间距为 30mm 左右。基层表面应提前一天浇水湿润。

(2) 找规矩、弹线。根据设计要求，确定平面标高位置（水泥砂浆接合层厚度应控制在 10～15mm），并在相应的立面上弹线，再根据板块分块情况挂线找中，即在房间取中点，拉十字线。在与走廊直接相通的门口处，要与走道地面拉通线。板块分块布置要以十字线对称，如室内地面与走廊地面颜色不同，分界线应放在门口门扇中间处。

(3) 试拼、试排。根据找规矩的弹线，对每个房间的板材，应按图案、颜色、纹理试拼，试拼后按两个方向编号排列，然后按号码放整齐。当设计无要求时，应避免出现板块小于 1/4 边长的边角料。试排就是在房间的两个垂直方向，按标准线铺两条干砂袋，其宽度大于板块，厚度不小于 30mm。根据施工大样图把板块排好，以便检查板块之间的缝隙（一般要求大理石、花岗石不大于 1mm，水磨石不大于 2mm），核对板块与墙面、柱、管线洞口等的相对位置，确定砂浆找平层厚度及浴室、厕所有排水要求的房间找好泛水。最后要把房间主要部位弹的互相垂直的控制线引至墙上，用以随时检查和控制板块的安装位置。

(4) 板块浸水。大理石、花岗石，在铺设前应浸水 1～2h 以上，拿出后放至阴凉处阴干，并使表面无水迹方可使用。

(5) 铺接合层。先将试铺的干砂和板块移开，清扫干净后洒水湿润，即刷一层素水泥浆，要求水灰比为 0.4～0.5。要求随刷随铺水泥砂浆找平层，一般采用 1:2 干硬性水泥砂浆，稠度要求为 25～35mm，或以手握成团，落地开花为宜。铺设干硬性水泥砂浆时，长度应在 1m 以上，宽度超出板宽 20～30mm，厚度为 10～15mm，其虚铺的砂浆厚度比标高线高出 3～5mm，后用木杠从里向门口刮平、拍实，木抹子找平，以备板块铺设。

(6) 铺设板块。从十字控制线交点开始铺设。平板板材要四角同时平稳下落，对准纵横缝后，用橡皮锤轻敲。铺完第一块，向两侧和后退方向顺序铺设，铺完纵、横板块之后有了标准，可分段、分区依次铺设，先里后外，逐步退至门口。

(7) 踢脚板镶贴。大理石和花岗石、预制水磨石板的踢脚板一般高度为 100～200mm，厚度为 15～20mm，有粘贴法和灌浆法两种施工方法。踢脚板施工前应认真清理墙面，提前浇水湿润。按需要数量将阳角处的踢脚板的一端，用磨石机磨成 45°，并用水刷净、阴干。镶贴由阳角开始向两侧试贴，检查是否平直，缝隙是否严密，有无缺边掉角等缺陷，合格后方可镶贴。不论采取什么方法安装，均先在墙面两端各粘贴一块踢脚板，其上沿高度应在同一水平线上，出墙厚度要一致，然后沿两块踢脚板上沿拉通线，逐块按顺序安装。

粘贴法：根据墙面标筋和标准水平线，用 1:2～2.5 水泥砂浆抹底层并刮平划纹，待底层砂浆干硬后，将已湿润阴干的踢脚板，抹上 2～3mm 厚素水泥浆进行粘贴，并用橡皮锤敲击平整，并随时用水平尺及靠尺找平与找直，第二天用与板面相同颜色的水泥浆擦缝。

灌浆法：将踢脚板临时固定在安装位置，用石膏将相邻的两块踢脚板与地面、墙面之间稳牢，然后用稠度为 100～150mm 的 1：2 水泥砂浆灌缝。注意随时把溢出的砂浆擦干净。待灌入的水泥砂浆终凝后，把石膏铲掉擦净，用与板面同颜色的水泥浆擦缝。

（8）养护。在擦干净的地面上，用湿锯末覆盖保护，2～3d 禁止上人。当水泥砂浆接合层强度达到 1.2MPa 后，方可进行打蜡、上光。

（9）灌缝、擦缝。铺设板块后 24h 洒水养护，经检查无断裂、空鼓后，即可用稀水泥浆或 1：1 水泥砂浆（水泥：细砂）填入缝内 2/3 高度，并用木条将溢出的水泥浆向缝隙内抹，再用与板面相同颜色的水泥浆擦缝。待缝内水泥浆凝结后，再将面层清洗干净，3d 内禁止上人。

2.4.3 板块面层的工程质量验收

1. 陶瓷地砖面层地面

（1）主控项目。

1）砖面层所用的板块产品应符合设计要求和国家现行有关标准的规定。

2）砖面层所用的板块产品进入施工现场时，应有放射性限量合格的检测报告。

3）面层与下一层的接合（黏结）应牢固，无空鼓 [单块砖边角允许有局部空鼓，但每自然间（标准间）的空鼓板块不应超过总数的 5%]。

（2）一般项目。

1）砖面层的表面应洁净、图案清晰、色泽一致，接缝应平整、深浅一致，周边应顺直。板块无裂纹、掉角和缺棱等缺陷。

2）面层邻接处的镶边用料及尺寸应符合设计要求，边角应整齐、光滑。

3）踢脚线表面应洁净，与柱、墙角的接合应牢固。踢脚线高度及出柱、墙厚度应符合设计要求，且均匀一致。

4）楼梯踏步和台阶板块的缝隙宽度、高度应符合设计要求。踏步板块的缝隙宽度应一致；楼层梯段相邻踏步高度差不应大于 10mm；每踏步两端宽度差不应大于 10mm，旋转楼梯梯段每踏步两端宽度的允许偏差不应大于 5mm。踏步面层应做防滑处理，齿角应整齐，防滑条顺直、牢固。

5）面层表面的坡度应符合设计要求，不倒泛水、无积水；与地漏、管道接合处应严密牢固，无渗漏。

6）陶瓷地砖面层地面的允许偏差和检验方法应符合表 3.13 的规定。

表 3.13   陶瓷地砖面层地面的允许偏差和检验方法

项次	项目	允许偏差（mm）	检 测 方 法
1	表面平整度	2.0	用 2m 靠尺和楔形塞尺检查
2	缝格平直	3.0	拉 5m 线和用钢直尺检查
3	接缝高低差	0.5	用钢直尺和楔形塞尺检查
4	踢脚线上口平直	3.0	拉 5m 线和用钢直尺检查
5	板块间隙宽度	2.0	用钢直尺检查

2. 花岗石板、大理石板面层地面

（1）主控项目。

1）花岗石板、大理石板面层地面所用板块的品种、质量应符合设计要求和国家现行有关标准的规定。

2）花岗石板、大理石板面层地面所用板块产品进入施工现场时，应有放射性限量合格的检测报告。

3）面层与下一层应接合牢固，无空鼓［单块板块边角有局部空鼓，但每自然间（标准间）的空鼓板数不应超过总数的 5％］。

（2）一般项目。

1）花岗石板、大理石板面层地面铺贴前，板块的背面和侧面应进行防碱处理。

2）大理石面层的表面应洁净、平整、无磨痕，且应图案清晰、色泽一致、接缝均匀、周边顺直、镶嵌正确，板块无裂纹、掉角、缺棱等缺陷。

3）踢脚线表面应洁净，与柱、墙角的接合应牢固。踢脚线高度及出柱、墙厚度应符合设计要求，且均匀一致。

4）楼梯踏步和台阶板块的缝隙宽度、高度应符合设计要求。踏步板块的缝隙宽度应一致；楼层梯段相邻踏步高度差不应大于 10mm；每踏步两端宽度差不应大于 10mm，旋转楼梯梯段每踏步两端宽度的允许偏差不应大于 5mm。踏步面层应做防滑处理，齿角应整齐，防滑条顺直、牢固。

5）面层表面的坡度应符合设计要求，不倒泛水、无积水；与地漏、管道接合处应严密牢固，无渗漏。

6）花岗石板、大理石板面层地面的允许偏差和检验方法应符合表 3.14 的规定。

表 3.14　　　　　　花岗石板、大理石板面层地面的允许偏差和检验方法

项次	项目	允许偏差（mm）	检 验 方 法
1	表面平整度	1.0	用 2m 靠尺和楔形塞尺检查
2	缝格平直	2.0	拉 5m 线和用钢直尺检查
3	接缝高低差	0.5	用钢直尺和楔形塞尺检查
4	踢脚线上口平直	1.0	拉 5m 线和用钢直尺检查
5	板块间隙宽度	1.0	用钢直尺检查

2.4.4　板块面层地面工程质量通病和防治措施

1. 陶瓷地砖面层地面

陶瓷地砖面层地面常见的工程质量隐患有空鼓、起拱、相邻两块砖高低不平、铺贴房间面层出现大小头和砖面污染。

（1）空鼓、起拱。

1）原因分析。

a. 接合层施工时，水泥素浆过干或漏刷。

b. 接合层砂浆太稀或黏结浆处理不当。

c. 块材未浸泡。

d. 铺外地面时受温度变化胀缩起拱。

2）防治措施。

a. 铺接合层水泥砂浆时，基层上水泥素浆应刷匀，不漏刷、不积水、不干燥，随时刷摊铺接合层。

　　b. 接合层必须采用干硬性砂浆，铺黏结浆采用湿浆刮浆法，铺砖后，砖须压紧。

　　c. 铺砖前，砖应用清水浸泡 2～3h，取出晾干后即用。

　　d. 铺室外地面时，外地面必须设置分格缝断开。

　　（2）相邻两块砖高低不平。

　　1）原因分析。

　　a. 砖的本身质量不好，薄厚不一。

　　b. 个别薄厚不均匀的砖未做处理。

　　2）防治措施。

　　a. 严格把住材料进场的质量关，剔除不合格产品。

　　b. 对个别薄厚不均匀的砖，可用砂轮打磨，使砖薄厚基本上一致。

　　（3）铺贴房间面层出现大小头。

　　1）原因分析。

　　a. 房间在墙面抹完灰后，本身宽窄不一。

　　b. 受铺砖缝的影响，出现累计偏差。

　　2）防治措施。

　　a. 做内墙抹灰时，房间内的纵横净距尺寸必须及时测量，调整一致。

　　b. 铺砖时，严格按施工控制线控制纵横缝隙一致。

　　（4）砖面污染。

　　1）原因分析。

　　a. 砖面受水泥浆污染。

　　b. 在铺砖时，面层贴的水泥浆未及时排除，硬化后不好处理。

　　2）防治措施。

　　a. 严禁在铺好的砖面上直接拌和水泥浆灌缝。

　　b. 在铺贴地砖过程中，缝隙中挤出的水泥浆，应及时用棉纱擦干净。

　　2. 花岗石板、大理石板面层地面

大理石地面常见的质量隐患有地面空鼓、接缝不平和缝格不直。

　　（1）地面空鼓。

　　1）现象。大理石板块铺设黏结不牢，人走动时有空鼓声或板块松动，有的板块断裂。

　　2）原因分析。

　　a. 基层清理不干净或浇水湿润不够，水泥素浆接合层涂刷时间过长，致使风干硬结，造成面层和垫层一起空鼓。

　　b. 垫层砂浆应为干硬性砂浆，如果加水较多或一次铺的太厚，拍不密实，容易造成面层空鼓。

　　c. 板块背面浮灰没有刷净和用水湿润，影响黏结效果，操作质量差，锤击不当。

　　3）防治措施。

　　a. 基层清理必须认真，并充分湿润，以保证垫层与基层接合层良好，垫层与基层的纯水泥浆接合层应涂刷均匀，不能用撒干水泥后再洒水扫浆的做法，这种方法由于纯水泥浆拌和不均匀，水灰比不准确，会影响黏结效果而造成局部空鼓。

　　b. 石板背后的浮土杂物必须清扫干净，并事先用水湿润，等表面稍晾干后进行铺设。

c. 垫层砂浆应用 1：3～1：4 干硬性砂浆，铺设厚度以 2.5～3cm 为宜，如果遇到基层较低或过凹的情况，应事先抹砂浆或细石混凝土找平，铺设石板时，比地面线高出 3～4mm 为宜。如果砂浆一次铺得过厚，放上石板后，砂浆底部不易拍实，往往会引起局部空鼓。

d. 石板做初步试铺时，用橡皮锤敲击，既要达到铺设高度，也要使垫层砂浆平整密实。根据锤击的空实声，搬起石块，增减砂浆，浇一层水灰比为 1：0.5 左右的素水泥浆，再安铺石板，四角平稳落地。锤击时不要砸边角，垫木方锤击时，木方长度不得超过单块石板的长度，也不要搭在另一块已铺设的石板上敲击，以免引起空鼓。

e. 板块铺设 24h 后，应洒水养护 1～2 次，以补充水泥砂浆在硬化过程中所需的水分，保证板块与砂浆黏结牢固。

f. 灌缝前应将地面清扫干净，把板块上和缝内的松散砂浆用刀清除掉，灌缝应分几次进行，用长把刮板往缝内刮浆，务必使水泥浆填满缝和部分边角不实的空隙。灌缝后粘滴在板块上的砂浆应用软布擦洗干净。灌缝后 24h 再浇水养护，然后覆盖锯末等保护成品进行养护。养护期间禁止上人走动。

（2）接缝不平，缝格不直。

1）现象。大理石地面铺设往往会在门口处与楼梯相接处出现接缝不平，或纵横方向缝格不直情况。

2）原因分析。

a. 板块本身有薄厚、宽窄、窜角、翘曲等缺陷，事先挑选不严，铺设后在接缝处产生不平、缝格不直现象。

b. 各房间内水平标高线不统一，使与楼道相接的门口处出现地面高低偏差。

c. 地面铺设好后，成品保护不好，在养护期内上人过早，板缝也容易出现高低差。

3）防治措施。

a. 必须由专人负责从楼道统一往各房间内引进标高线，房间内应四边取中，在地面上弹出十字线（或在地面标高处拉好十字线）。铺设时，应先安好十字线交叉处最中间的一块，作为标准线，如以十字线为中缝，可在十字交叉点对角安设两块标准块，标准块为整个房间的水平标准和经纬标准，应用 90°角尺及水平尺仔细校正。

b. 安设标准块后应向两侧和后退方向顺序铺设，随时用水平尺和直尺找准，缝格必须通长拉线，不能有偏差，铺设时分段分块尺寸要事先排好定死，避免产生游缝、缝格不均匀和最后一块铺不上及缝格过大的现象。

c. 石板有翘曲、拱背、宽窄不方正等缺陷时，应事先套尺检查。可挑出不用，或在试铺时认真调整，用在适当部位。

2.5 木地板面层地面

木地板面层地面是把木地板以架空铺或实铺方式在基层（楼层结构层）上铺设而成，具有弹性好、导热系数小、干燥、易清洁和不起尘等性能，是一种较理想的建筑地面材料。架空铺是在地面上先做出木搁栅，然后在木搁栅上铺贴基层板，最后在基层板上镶铺面层木地板；实铺是在建筑地面上直接拼铺木地板。面层板铺设方法有钉接式和黏结式两种。

2.5.1 木地板面层地面构造做法

木地板面层地面按照构造形式不同，可分为架空式木地板面层和实铺式木地板面层两种形式，其基本构造如图 3.13～图 3.15 所示。

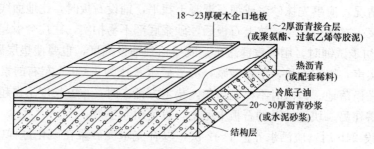

图 3.13　实铺式木地板地面构造

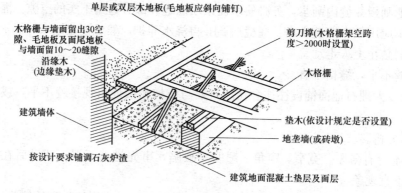

图 3.14　架空式木地板地面构造（一）

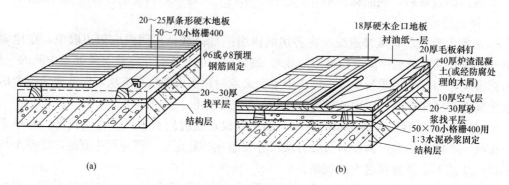

(a)   (b)

图 3.15　架空式木地板地面构造（二）

2.5.2　双层实木地板地面施工

1. 工艺流程

（1）实铺式实木地板面层地面工艺流程。基层处理→弹线→钉毛地板→涂胶→铺贴面板→撕衬纸→刨光→打磨→钉踢脚线→油漆→上蜡。

（2）架空式实木地板面层地面工艺流程。基层处理→砌地垄墙→弹线→安装龙骨架或木格栅→钉毛地板→铺设面板→撕衬纸→刨光→打磨→钉踢脚线→油漆→上蜡。

2. 施工要点

（1）实铺式实木地板地面施工要点。

1）基层处理。木地板直接铺贴在地面上，对地面的平整度要求较高，一般地面应采用防水水泥砂浆找平或在平整的水泥砂浆找平层上刷防潮层。基层表面的砂浆、浮浆必须铲除干净，用水冲洗、擦拭清洁、干燥。

2）弹线。按照设计图案和块材尺寸进行弹线，先弹出房间的中心线，从中心开始向四周弹出块材方格线及圈边线。方格必须保证方正，不得偏斜。

3）钉毛地板。铺钉时，毛地板留缝约 3mm 宽。接头设在龙骨上并留 2～3mm 宽缝隙，接头应错开。铺钉完毕，弹方格网线，按网点抄平，并用刨子修平，达到标准后，方能钉硬木地板。

4）铺贴地板。按设计要求及有关规定处理基层，铺贴木地板用胶要符合设计要求，并进行试铺，符合要求后再大面积展开施工。铺贴时，要用专用刮胶板将胶均匀地涂刮于地面及木地板表面，待胶不粘手时，将地板按定位线就位粘贴，并用小锤轻敲，使地板条与基层粘牢。涂胶时要求涂刷均匀，厚薄一致，不得有漏涂之处。地板条应铺正、铺平、铺齐，并应逐块错缝排紧粘牢。板与板之间不得有任何松动、不平、缝隙及溢胶之处。

5）撕衬纸。铺正方块时，往往事先将几块小拼花地板齐整地粘贴在一张牛皮纸或其他比较厚实的纸上，按大块地板整联铺贴，待全部铺贴完毕，用湿布在木地板上全部擦湿一次，其湿度以衬纸表面不积水为宜，浸润衬纸渗透后，随即把衬纸撕掉。

6）刨光。粗刨工序宜用转速较快的电刨地板机进行。由于电刨速度较快，刨时不宜走得太快。电刨停机时，应先将电刨提起，再关电闸，防止刨刀撕裂木纤维，破坏地面。粗刨以后用手推刨，修整局部高低不平，使地板光滑平整。

7）打磨。刨平后应用地板磨光机打磨两遍。磨光时也应顺木纹方向打磨，第一遍用粗砂，第二遍用细砂。现在的木地板由于加工精细，已经不需要进行表面刨平，可直接打磨。

8）钉踢脚线。木地板房间的四周墙角处应设木踢脚，踢脚板一般高 100～200mm，宽 150mm，厚 20～25mm。所用木板一般应与木地板面层所用的材质品种相同。木踢脚板应在木地板刨光后安装，应在木地板之前刷油漆。木踢脚板接缝处应做暗榫或斜坡压槎，在 90°转角处可做成 45°斜角接缝。接缝一定要在防腐木块上，在墙内每隔 400mm 砌入防腐木砖。安装时，木踢脚板应与立墙贴紧，上口要平直，用明钉钉牢在防腐木块上，钉帽要砸扁并冲入板内 2～3mm。踢脚板应预先刨光，上口刨成线条。为防止翘曲，在靠墙的一面应开成凹槽，当踢脚板高 100mm 时开一条凹槽，高 150mm 时开两条凹槽，超过 150mm 时开三条凹槽，凹槽深度为 3～5mm。一般，木踢脚与地面转角处安装木压条或安装圆角成品木条，其构造做法如图 3.16 所示。

9）油漆。将地板清洗干净，然后补凹坑，刮批腻子、着色，最后刷清漆。木地板用清漆有高档、中档、低档三类。高档地板为聚酯清漆，其漆膜强韧，光泽丰富，附着力强，耐水、耐化学腐蚀，不需上蜡。中档清漆为聚氨酯。低档清漆为醇酸清漆、酚醛清漆等。

10）上蜡。地板打蜡，首先应将地板清洗干净，完全干燥后开始操作。至少要打 3 遍蜡，每打完一遍，等其干燥后再用非常细的砂纸打磨表面、擦干净，然后再打磨第二遍。应用不带绒毛的布或打蜡器摩擦地板，以使蜡油渗入木头。每打一遍蜡都要用软布轻擦抛光，以达到光亮的效果。

（2）架空式实木地板地面施工要点。

1）基层处理。架铺前将基层上的砂浆、垃圾及杂物全部清扫干净。

2）砌地垄墙。地面找平后，采用 M2.5 水泥砂浆砌筑地垄墙或砖墩，墙顶面采取涂刷焦油沥青两道或铺设油毡等防潮措施。对于大面积实木地板铺装过程的通风构造，应按照设计确定其构造层高度、室内通风沟和室外通风窗等的设置。每条地垄墙、暖气沟墙，应按照设计要求预留尺寸为 120mm×120mm～180mm×180mm 的通风洞口（一般要求洞口不少于两个且要在一条直线上），并在建筑外墙上每隔 3～5m 设置不小于 180mm×180mm 的洞口及其通风窗设施。

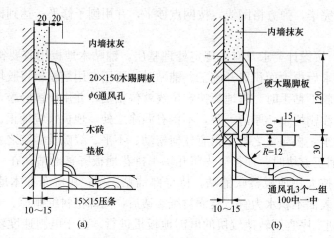

图 3.16　木踢脚板做法示意图
（a）压条做法；（b）圆角做法

3）弹线。按照设计图案和块材尺寸进行弹线，先弹出房间的中心线，从中心开始向四周弹出块材方格线及圈边线。方格必须保证方正，不得偏斜。依据＋50cm 水平线，在四周墙上弹出地面设计标高线。

4）安装木龙骨架或木格栅。先将垫木等材料按设计要求作防腐处理。操作前，检查地垄墙或砖墩内预埋木方、地脚螺栓或其他铁件及其位置。在地垄墙上用钉结、骑马铁件箍定或用镀锌铁丝绑扎等方法对垫木进行箍定（垫木可减震并使木龙骨架设稳定）。然后在压檐木表面划出木格栅（龙骨）搁置中线，并在格栅端头也划出中线，再把木格栅对准中线摆好，木格栅离墙面应留出不小于 30mm 的缝隙，以利于防潮通风。

木格栅安装时要随时用 2m 长的直尺从纵横两个方向对木格栅表面找平。木格栅上皮不平时，应用合适厚度的垫板（不准用木楔）垫平或刨平。木格栅安装后，必须用长 100mm 的圆钉从木格栅两侧中部斜向呈 45°角与垫木（或压檐木）钉牢。

5）钉毛地板。在木格栅顶面，弹与木格栅呈 30°～45°的铺钉线，人字纹面层，宜与木格栅垂直铺设。毛地板宽 120～150mm，厚 25mm 左右，一般采用高低缝拼合，缝宽 2～3mm。铺钉时，接头必须设在木格栅上，错缝相接，每块板的接头处留宽 2～3mm 的缝隙。板的端头应各钉两个钉子，与木格栅相交处钉一颗钉子，钉帽应冲进毛地板面内。钉完后弹方格网点抄平，边刨边用直尺检测，使表面平整度达到控制标准后方能铺钉硬木地板。毛地板采用细木工板或中密度纤维板，直接钉在木格栅上，接头留在木格栅处即可。

6）铺设面板。面板铺设应采用专用地板钉，钉与表面呈 45°或 60°斜角，从板边企口凸榫侧边的凹角处斜向钉入，钉帽冲进不露面。地板长度不大于 300mm 时，侧面应钉两枚钉子；钉子长度不大于 300mm 时，每 300mm 应增加 1 枚钉子。钉长为板厚的 2～3 倍。当硬木地板不宜直接施钉时，可事先用手电钻在板块施钉位置斜向预钻钉孔（预钻孔的孔径略小于钉杆直径尺寸），以防钉裂地板。面板铺设时，先作预拼选，将颜色花纹一致的铺在同一房间，有轻微质量缺陷但不影响使用的可摆放在床、柜等家具底部使用。地板块铺钉通常从房间较长的一面墙开始，且使板缝顺进门方向。板与板应紧密，仅允许个别地方有空隙，其缝宽不得大于 0.5～1mm。为使隙缝严密顺直，可在铺钉的板条近处钉铁扒钉，用楔块将板条压紧，如图 3.17 所示。

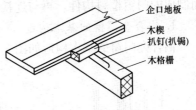

图 3.17　面板的铺设

后续工作参照实铺式实木地板地面。

2.5.3　木地板面层地面质量验收

（1）主控项目。

1）实木地板面层所采用的材质和铺设时的木材含水率必须符合设计要求。木搁栅、垫木和毛地板等必须做防腐、防蛀处理。

2）木搁栅安装必须牢固、平直。

3）面层铺设应牢固；黏结无空鼓。

（2）一般项目。

1）实木地板面层应刨平、磨光，无明显刨痕和毛刺等现象；图案清晰、颜色均匀一致。

2）面层缝隙应严密；接头位置应错开、表面洁净。

3）拼花地板接缝应对齐，粘、钉严密；缝隙宽度均匀一致；表面洁净，胶粘无溢胶。

4）踢脚线表面应光滑，接缝严密，高度一致。

5）实木地板面层的允许偏差和检验方法应符合表 3.15 的规定。

表 3.15　　　　　　　　　　　实木地板面层地面的允许偏差和检验方法

项次	项目	允许偏差（mm）			检　验　方　法
		松木地板	硬木地板	拼花地板	
1	板面缝隙宽度	1	0.5	0.2	用钢直尺检查
2	表面平整度	3	2	2	用 2m 靠尺和楔形塞尺检查
3	踢脚线上口平齐	3	3	3	拉 5m 通线，不足 5m 拉通线和用钢直尺检查
4	板面拼缝平直	3	3	3	用钢直尺和楔形塞尺检查
5	相邻板材高差	0.5	0.5	0.5	用钢直尺和楔形塞尺检查
6	踢脚线与面层的接缝	1			用楔形塞尺检查

项目 3　门　窗　工　程

门窗工程一般是指木门窗制作安装、金属门窗安装、塑料门窗安装、特种门安装、门窗玻璃安装等。

本书重点介绍铝合金门窗、塑料门窗的安装。

3.1 铝合金门窗

铝合金门窗是用经过表面处理的型材，通过下料、打孔、铣槽、攻丝和制窗等加工过程而制成的门窗框料构件，再与连接件、密封件和五金配件一起组装而成。

1. 铝合金门窗的基本构造

铝合金门窗的基本构造如图 3.18 所示。

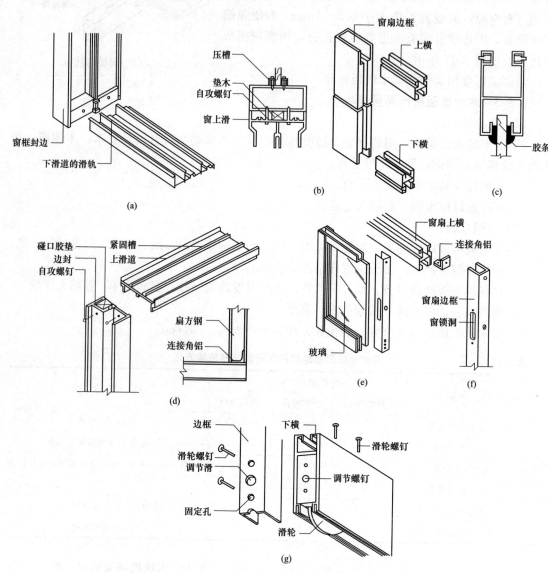

图 3.18 铝合金门窗的基本构造
（a）窗框边封与下滑连接；（b）窗扇边框与上下横连接；（c）玻璃固定与密封；（d）窗框上滑连接；
（e）窗扇与玻璃组装；（f）窗扇上横固定；（g）滑轮安装

2. 工艺流程

预埋件安装→划线定位→门窗框就位→门窗框固定→门窗框与墙体缝隙的处理→门窗扇安装→玻璃安装→五金配件安装。

3. 施工要点

(1) 预埋件安装。门窗洞口预埋件，一般在土建结构施工时安装，但门窗框安装前，安装人员配合土建对门窗洞口尺寸进行复查。洞口预埋铁件的间距必须与门窗框上设置的连接件配套。门窗框上铁脚间距一般为 500mm；设置在框转角处的铁脚位置，距窗转角边缘 100～200mm。门窗洞口墙体厚度方向的预埋铁件中心线如设计无规定，距内墙面：38～60 系列为 100mm，90～100 系列为 150mm。

(2) 划线定位。铝合金门窗安装前，应根据设计图样中门窗的安装位置、尺寸和标高，依据门窗中线向两边量出门窗边线。若为多层或高层建筑，以顶层门窗边线为准，用线坠或经纬仪将门窗边线下引，并在各层门窗口处划线标记，对个别不直的口边应剔凿处理。对于门，除按上述方法确定位置外，还要特别注意室内地面的标高。地弹簧的表面，应该与室内地面饰面标高一致。同一立面门窗的水平及垂直方向应该做到整齐一致。

(3) 门窗框就位。按照弹线位置将门窗框立于洞内，将正面及侧面垂直度、水平度和对角线调整合格后，用对拔木楔做临时固定。木楔应垫在边、横框能够受力的部位，以防止铝合金框料由于被挤压而变形。

(4) 门窗框固定。铝合金门窗框与墙体的固定方法主要有三种：

1) 将门窗框上拉接件与洞口墙体的预埋钢板或剔出的结构钢筋（非主筋）焊接牢固。

2) 用射钉枪将门窗框扇拉接件与洞口固定。

3) 沿门窗框外侧墙体用电锤打孔，孔径为 6mm，孔深 60mm，然后将Γ型的直径为 6mm，长度为 40～60mm 的钢筋砸入孔内，再将其余门窗框侧面的拉接件（钢板）焊接牢固。

(5) 门窗框与墙体缝隙的处理。固定好门窗框后，应检查平整度及垂直度，洒水湿润基层，用 1∶2 水泥砂浆将洞口与框之间的缝隙塞满抹平。框周缝隙宽度宜在 20mm 以上，缝隙内分层填入矿棉或玻璃棉毡条等软质材料。框边需留 5～8mm 深的槽口，待洞口饰面完成并干燥后，清除槽口内的浮灰渣土，嵌填防水密封胶。

(6) 门窗扇安装。铝合金门窗扇的安装，需在土建施工基本完成的条件下进行，以保护其免遭损伤，框扇立面应在同一平面内，就位准确，启闭灵活。平开窗的窗扇安装前，先固定窗铰，然后将窗铰与窗扇固定。推拉门窗应在门窗扇拼装时于其下横底槽中装好滑轮，注意使滑轮框上有调节螺钉的一面向外，该面与下横端头边平齐。对于规格较大的铝合金门扇，当其单扇框宽度超过 90mm 时，在门扇框下横料中需采取加固措施，通常的做法是穿入一条两端带螺纹的钢条。安装时，应注意要在地弹簧连杆与下横安装完毕后再进行，也不得妨碍地弹簧座的安装。

(7) 玻璃安装。玻璃安装前，应先清扫槽框内的杂物，排水小孔要清理通畅。如果玻璃单块尺寸较小，可用双手夹住就位，如一般平开窗多用此方法。大块玻璃安装前，槽底要加胶垫，胶垫距竖向玻璃边缘应大于 150mm。玻璃就位后，前后面槽用胶块垫实，留缝均匀，再扣槽压板，然后用胶轮将硅酮系列密封胶挤入溜实或橡胶条压入挤严封固。玻璃安装完毕，应统一进行安装质量检查，确认复核安装精准要求时，将型材表面的胶纸保护层撕掉。如发现型材表面局部有胶迹，应清理干净，玻璃也要随之擦拭明亮、光洁。

(8) 五金配件安装。铝合金门窗五金配件与门窗连接可使用镀锌螺钉。五金配件的安装应结实牢固，使用灵活。

3.2 塑料门窗

1. 塑料门窗的基本构造

塑料门窗又称为塑料钢门窗，是采用各种断面形状挤出成型的塑料异型材和金属或硬质塑料等增强材料及辅助材料加工制作的门窗产品。它表面光洁细腻，不仅具有良好的装饰性，而且有良好的隔热性和密封性，广泛应用于各类建筑装饰中。

塑料门窗的基本构造与铝合金门窗十分相似，也是用各种不同规格、尺寸、断面结构各异、色彩纹理不同的塑料型材，经过断料、搭接、组装成门窗框、扇，再安装而成。塑料门窗基本构造如图 3.19 所示。

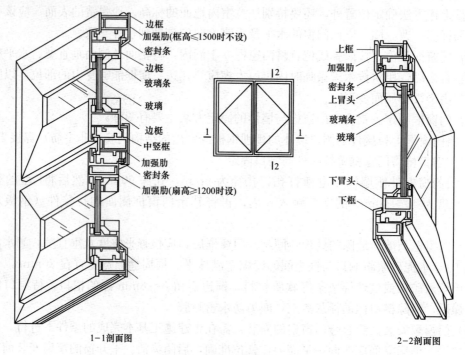

图 3.19 塑料门窗的基本构造（单位：mm）

2. 工艺流程

施工准备→弹线→固定连接件→门窗框就位→门窗框固定→接缝处理→安装门窗扇→安装玻璃→五金配件安装→清理。

3. 施工要点

（1）施工准备。

1）检查窗洞口。塑料窗在窗洞口的位置，窗框与基体之间需留有 10～20mm 的间隙。塑料窗组装后的窗框应符合规定尺寸。一方面要符合窗扇的安装，另一方面要符合窗洞尺寸的要求。如窗洞有差距，应及时进行窗洞修整，待其合格后才可安装窗框。

2）检查塑料门窗。安装前对运到现场的塑料门窗应检查其品种、规格、开启方式等是否符合设计要求；检查门窗型材有无断裂、开焊和连接不牢固等现象。发现不符合设计要求或被损坏的门窗，应及时进行修复或更换。

（2）弹线。安装塑料门窗时，首先要抄水平，要确保设计在同一标高上的门、窗安装在同一标高上，确保设计在同一垂直中心线上的门、窗安装在同一垂直线上。

（3）固定连接件。塑料门窗框放入洞口之前，先将镀锌的固定钢片按照铰链连接的位置嵌入门窗框的外槽内，也可用自攻螺钉拧固在门窗框上。连接件固定的位置应符合设计间距的要求，如设计上无要求，可按 500mm 的间距确定。

（4）门窗框就位。将塑料门窗框上固定铁片旋转 90°与门窗框垂直，注意上、下边的位置及内外朝向，排水孔位置应在门窗框外侧下方，纱窗则应在室内一侧。将门窗框嵌入洞口，吊线取直、找平、找正，用木楔调整门窗框垂直度后临时搂紧固定。木楔间距以600mm 为宜。

（5）门窗框固定。塑料门窗框的固定方法有三种，即直接固定法、连接件固定法、假框法，具体操作要求及方法如图 3.20、图 3.21 所示。

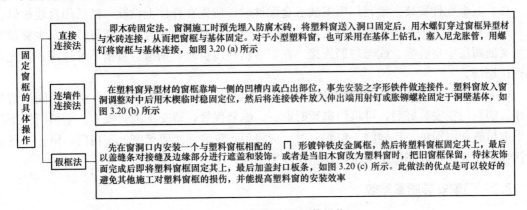

图 3.20　固定窗框的具体操作

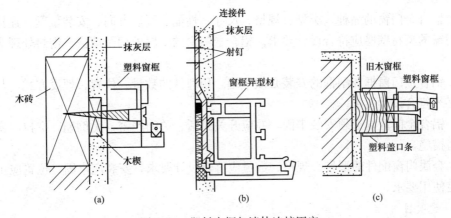

图 3.21　塑料窗框与墙体连接固定

（6）接缝处理。由于塑料门窗的膨胀系数较大，所以门窗框与洞口墙体间必须留出一定宽度的缝隙，以便调节塑料门窗的伸缩变形，一般取宽度为 10～20mm 的缝隙即可。同时应填充弹性材料进行嵌缝。洞口与框之间缝隙两侧表面可根据需要采用不同的材料进行处理，常用水泥砂浆、麻刀白灰浆填实抹平。如果缝隙小，可直接全部采用密封胶密封。

（7）安装门窗扇。安装平开塑料门窗时，应先剔好框上的铰链槽，再将门、窗扇装入框中调整扇与框的配合位置，并用铰链将其固定，然后复查开关是否灵活自如。由于推拉塑料门、窗扇与框不连接，因此对可拆卸的推拉扇，则应先安装好玻璃再安装门、窗扇。对出厂时框、扇就连在一起的平开塑料门、窗，则可将其直接安装，然后检查开闭是否灵活自如，如发现问题，则应进行必要的调整。

（8）安装玻璃。塑料门窗扇安装玻璃时，玻璃不得与玻璃槽直接接触，应在玻璃四边垫上不同厚度的玻璃垫块。边框上的玻璃垫块应用聚氯乙烯胶加以固定。将玻璃装入门、窗扇框内，然后用玻璃压条将其固定。

安装双层玻璃时，应在玻璃夹层四周嵌入隔条，中隔条应保证密封，不变形，不脱落。玻璃槽及玻璃表面应清洁、干燥。安装玻璃压条时可先装短向压条，后装长向压条。玻璃压条夹角与密封胶条的夹角应密合。

（9）五金配件安装。塑料门窗安装五金配件时，应先在杆件上钻孔，然后用自攻螺钉拧入。不得在杆件上采取锤击直接钉入。安装门、窗合页时，固定合页的螺钉，应至少穿过塑性型材的两层中空腔壁，或与衬筋连接。在安装塑性门窗时，剔凿合页槽不可过深，不允许将框边剔透。

（10）清理。塑料门窗表面及框槽内粘有水泥砂浆、石灰砂浆等时，应在其凝固前清理干净。塑料门窗安装好后，可将门扇暂时取下，编号保管，待交工前再安上。塑料门框下部应采取措施加以保护，粉刷门、窗洞口时，应将门、窗表面遮盖严密。塑料门、窗上一旦沾有污物，要立即用软布擦拭干净，切忌用硬物刮除。

3.3　门窗安装质量验收

3.3.1　铝合金门窗安装质量验收

1. 主控项目

（1）铝合金门窗的品种、类型、规格、尺寸、性能、开启方向、安装位置、连接方式及铝合金门窗的型材壁厚应符合设计要求。铝合金门窗的防腐处理及填嵌、密封处理应符合设计要求。

（2）铝合金门窗框和副框的安装必须牢固。预埋件的数量、位置、埋设方式、与框的连接方式必须符合设计要求。

（3）铝合金门窗扇必须安装牢固，并应开关灵活、关闭严密，无倒翘。推拉门窗扇必须有防脱落措施。

（4）金属门窗配件的型号、规格、数量应符合设计要求，安装应牢固，位置应正确，功能应满足使用要求。

2. 一般项目

（1）铝合金门窗表面应洁净、平整、光滑、色泽一致、无锈蚀，大面应无划痕、碰伤，漆膜或保护层应连续。

（2）铝合金门窗推拉门窗扇开关力应不大于100N。

（3）铝合金门窗框与墙体之间的缝隙应填嵌饱满，并采用密封胶密封。密封胶表面应光滑、顺直，无裂纹。

（4）铝合金门窗扇的橡胶密封条或毛毡密封条应安装完好，不得脱槽。

（5）有排水孔的金属门窗，排水孔应畅通，位置和数量应符合设计要求。

（6）铝合金门窗安装的允许偏差和检验方法应符合表 3.16 的规定。

表 3.16　　　　　　　　　铝合金门窗安装的允许偏差和检验方法

项次	项　目		允许偏差（mm）	检验方法
1	门窗槽口宽度、高度	≤1500	1.5	用钢直尺检查
		>1500	2	
2	门窗槽口对角线长度差	≤2000	3	用钢直尺检查
		>2000	4	
3	门窗框的正、侧面垂直度		2.5	用垂直检测尺检查
4	门窗框的水平度		2	用 1m 水平尺和塞尺检查
5	门窗框标高		5	用钢直尺检查
6	门窗竖向偏离中心		5	用钢直尺检查
7	双层门窗内外框间距		4	用钢直尺检查
8	推拉门窗扇与框搭接量		1.5	用钢直尺检查

3.3.2　塑料门窗安装质量验收

1. 主控项目

（1）塑料门窗的品种、类型、规格、尺寸、性能、开启方向、安装位置、连接方式及填嵌密封处理应符合设计要求。内衬增强型钢的壁厚及设置应符合国家现行产品标准的质量要求。

（2）塑料门窗框、副框和扇的安装必须牢固。固定片和膨胀螺栓的数量与位置应正确，连接方式符合设计要求。固定点应距窗角、中横框、中竖框 150～200mm，固定点间距应不大于 600mm。

（3）塑料门窗拼樘料内衬增强型钢的规格、壁厚必须符合设计要求，型钢应与型材腔紧密吻合，其两端必须与洞口固定牢固。窗框必须与拼樘料连接紧密，其固定点间距应不大于 600mm。

（4）塑料门窗扇应开关灵活、关闭严密，无倒翘。推拉门窗扇必须有防脱落措施。

（5）塑料门窗配件的型号、规格、数量应符合设计要求，安装应牢固，位置应正确，功能应满足使用要求。

（6）塑料门窗框与墙体间缝隙应采用闭孔弹性材料填嵌饱满，表面应采用密封胶密封。密封胶应黏结牢固，表面应光滑、顺直、无裂纹。

2. 一般项目

（1）塑料门窗表面应洁净、平整、光滑，大面应无划痕、碰伤。

（2）塑料门窗扇的密封条不得脱槽。旋转窗间隙应基本均匀。

（3）塑料门窗的开关力应符合下列规定：

1）平开门窗平铰链的开关力应不大于 80N；滑撑铰链的开关力应不大于 80N，并不小于 30N。

2）推拉门窗扇开关力应不大于 100N。

（4）玻璃密封条与玻璃及玻璃槽口的接缝应平整，不得卷边、脱槽。

（5）排水孔应畅通，位置和数量应符合设计要求。

（6）塑料门窗安装的允许偏差和检验方法应符合表 3.17 的规定。

表 3.17　　　　　　　　　　塑料门窗安装的允许偏差和检验方法

项 次	项　　目		允许偏差（mm）	检 验 方 法
1	门窗槽口宽度、高度	≤1500	2	用钢直尺检查
		>1500	3	
2	门窗槽口对角线长度差	≤2000	3	用钢直尺检查
		>2000	5	
3	门窗框的正、侧面垂直度		3	用 1m 垂直检测尺检查
4	门窗框的水平度		3	用 1m 水平尺和塞尺检查
5	门窗框标高		5	用钢直尺检查
6	门窗竖向偏离中心		5	用钢直尺检查
7	双层门窗内外框间距		4	用钢直尺检查
8	同樘平开门窗相邻高度差		2	用钢直尺检查
9	平开门窗铰链部位配合间隙		+2；−1	用塞尺检查
10	推拉门窗扇与框搭接量		+1.5；−2.5	用钢直尺检查
11	推拉门窗扇与竖框平行度		2	用 1m 水平尺和塞尺检查

3.3.3　门窗安装工程质量通病和防治措施

门窗常见的质量隐患有门窗框污染、门窗框安装不牢、门窗框靠窗套一侧腐蚀及窗扇推拉不灵活等工程质量事故。

1. 门窗框污染

（1）原因分析。门窗框污染是不注意成品保护的结果。

（2）防治措施。施工中为了避免污染，在室内外装修，特别是粉刷未完成前，切勿撕掉门窗框上的保护胶带，同时应设法利用塑料薄膜等材料保护门窗框。若门窗框已粘上灰浆等物，应及时用软质布料擦除，忌用硬物铲刮。

2. 门窗框安装不牢

（1）原因分析。

1）填充墙在固定门窗框的部位没有砌黏土砖，或黏土砖留设不合理，门窗框固定到陶粒砌块上。

2）建筑外门窗在砖砌体上用射钉固定。

（2）防治措施。

1）建筑外门窗在砖砌体上严禁用射钉固定。

2）填充墙在固定门窗框的部位可采用其他块材补砌。应采用钻孔或凿洞方法固定铁脚，方可避免不牢情况出现。

3）门窗选用的锚固件，除不锈钢外，均应采用镀锌、镀铬、镀镍的方法进行防腐处理。

4）锚固板应固定牢固，不得有松动现象，锚固板的间距不应大于 600mm，锚固板距框角不应大于 180mm。

5）在砖墙上锚固时，应用冲击钻在墙上钻孔，塞入直径不小于 8mm 的金属或塑料胀管，再拧进木螺钉进行固定。

3. 门窗框靠窗套一侧腐蚀

（1）原因分析。门窗套粉刷时未留嵌填密封胶的槽口，致使水泥砂浆直接同门窗框接触，水泥砂浆对铝有腐蚀作用。

（2）防治措施。绝对不允许铝框同水泥砂浆直接接触，门窗外框四周应为弹性连接，至少应填充 20mm 厚的保温软质材料。缝隙表面留 5～8mm 深的槽口，用防水玻璃硅胶嵌填、封堵，以防雨水沿缝渗入室内。

4. 窗扇推拉不灵活

（1）原因分析。

1）铝合金型材不符合要求。

2）窗框四周与洞口墙体连接不符合规范。

（2）防治措施。

1）在窗框四周与洞口墙体的缝隙间采用柔性连接，以防止铝合金窗框受挤压变形。

2）选用符合设计规定厚度的铝型材，防止因铝型材过薄而产生变形。

项目 4　吊　顶　工　程

吊顶又名顶棚、天花板，是室内装饰的重要组成部分，它具有保温、隔热、隔声和吸声的作用。吊顶在装饰的形式、造型、材质等方面的不同能够体现出不同的装饰风格，也可以实现不同的施工功能。

4.1　吊顶组成和分类

4.1.1　吊顶的分类

（1）按照结构形式不同，可分为活动式吊顶（明龙骨吊顶）、隐蔽式吊顶（暗龙骨吊顶）。

（2）按照采用的饰面材料不同，可分为石膏板、金属板、矿棉板、木板、塑料板或格栅吊顶等。

（3）按照采用的龙骨材料不同，可分为木龙骨、轻钢龙骨、铝合金龙骨吊顶。

4.1.2　吊顶的构造组成

吊顶主要由支承、基层和面层三个部分组成。

1. 支撑

吊顶支撑由吊杆（吊筋）和主龙骨组成。

（1）木龙骨吊顶的支撑。木龙骨吊顶的主龙骨又称为大龙骨或主梁，传统木质吊顶的主龙骨，多采用 50mm×70mm～60mm×100mm 方木或薄壁槽钢、L60mm×6mm～L70mm×7mm 角钢制作。龙骨间距按设计要求设置，如无设计要求，一般按 1m 设置。主龙骨一般采用 φ8～10mm 的吊顶螺栓或 8 号镀锌钢丝与屋顶或楼板连接。木吊杆和木龙骨必须作防腐和防火处理。

（2）金属龙骨吊顶的支撑部分。轻钢龙骨与铝合金龙骨吊顶的主龙骨截面尺寸取决于荷载大小，其间距尺寸应考虑次龙骨的跨度及施工条件，一般采用 1～1.5m。其截面形状较多，主要有 U 型、T 型、C 型、L 型等。主龙骨与屋顶结构、楼板结构多通过吊杆连接，吊杆与主龙骨用特制的吊杆件或套件连接。金属吊杆和龙骨应作防锈处理。

（3）吊杆在吊顶中起到承上启下的作用，连接楼板和龙骨架。

2. 基层

基层用木材、型钢和其他轻金属材料制成的次龙骨组成。吊顶面层所用材料不同，其基层部分的布置方式和次龙骨的间距大小也不一样，但一般不应超过600mm。

吊顶的基层要结合灯具、风扇或空调通风口位置等进行布置，留好预留洞穴及吊挂设备等，同时应配合管道、线路等安装工程施工。

3. 面层

木龙骨吊顶，其面层多用人造板（如胶合板、纤维板、木丝板、刨花板）面层或板条（金属网）抹灰面层。轻钢龙骨、铝合金龙骨吊顶，其面层多用装饰吸声板（纸面石膏板、钙塑泡沫板、纤维板、玻璃丝棉板等）制作。

面层板安装可采用搁置法、粘贴法、钉固法等。

4.2　轻钢龙骨纸面石膏板吊顶的施工

4.2.1　轻钢龙骨纸面石膏板吊顶的构造

轻钢龙骨纸面石膏板吊顶是以轻钢龙骨作为吊顶的基本骨架，以纸面石膏板材作为饰面层的吊顶体系。轻钢龙骨纸面石膏板质量轻、强度高、拆除方便、防火性能好，一般用于工业和民用建筑物的装饰吸声顶棚吊顶。UC型轻钢龙骨纸面石膏板吊顶基本构造如图3.22所示。

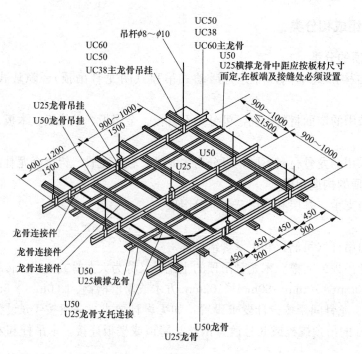

图3.22　UC型轻钢龙骨纸面石膏板吊顶基本构造示意图（单位：mm）

4.2.2　工艺流程

弹顶棚标高水平线→划龙骨分档线→安装主龙骨吊杆→安装主龙骨→安装次龙骨→安装

纸面石膏板→饰面板处理。

4.2.3　施工要点

1. 弹顶棚标高水平线

根据楼层标高水平线，用尺竖向量至顶棚设计标高，沿墙四周弹顶棚标高水平线。

2. 划龙骨分档线

按设计要求的主、次龙骨间距布置，在已弹好的顶棚标高水平线上划龙骨分档线。

3. 安装主龙骨吊杆

弹好顶棚标高水平线及龙骨分档位置线后，确定吊杆下端头的标高，按主龙骨位置及吊杆间距，将吊杆无螺栓丝扣的一端与楼板预埋钢筋连接固定，未预埋钢筋时可用膨胀螺栓。

4. 安装主龙骨

（1）配装吊杆螺母。

（2）在主龙骨上安装吊挂件。

（3）将组装好吊挂件的主龙骨，按分档线位置使吊挂件穿入相应的吊杆螺栓，拧好螺母。

（4）主龙骨相接处装好连接件，拉线调整标高、起拱和平直度。

（5）安装洞口附加主龙骨，按图集相应节点构造，设置连接卡固件。

（6）钉固边龙骨，采用射钉固定。设计无要求时，射钉间距为 1000mm。

5. 安装次龙骨

（1）按已弹好的次龙骨分档线，卡放次龙骨吊挂件。

（2）按设计规定的次龙骨间距，将次龙骨通过吊挂件吊挂在大龙骨上，设计无要求时，一般间距为 500～600mm。

（3）当次龙骨长度需多根延续接长时，用次龙骨连接件，在吊挂次龙骨的同时相接，调直固定。

（4）当采用 T 型龙骨组成轻钢骨架时，次龙骨应在安装罩面板时，每安装一块罩面板先后各装一根卡档次龙骨。

6. 安装纸面石膏板

（1）石膏板的长边必须与次龙骨呈垂直交叉状态，使端边落在次龙骨中央部位。

（2）石膏板应在自由状态下进行安装，固定时应从板的中间向板四周固定，石膏板与墙面应留 6mm 间隙。

（3）自攻螺钉（3.5mm×25mm）与纸面石膏板边距离：面纸包封的板边以 10～15mm 为宜，切割的板边以 15～20mm 为宜；板周边钉距以 150～170mm 为宜。板中钉距不得大于 200mm。

（4）固定石膏板的次龙骨间距，一般不应大于 600mm，在南方潮湿地区（相对湿度长期大于 70%），间距应适当减小，以 300mm 为宜。

（5）安装双层石膏板时，面层板与基层板的接缝应错开，不得在同一根龙骨上接缝。

（6）纸面石膏板与龙骨固定，应从一块板的中间向板的四边固定，不得多点同时操作。

（7）石膏板的接缝，应按设计要求进行板缝处理。

（8）螺钉头宜略埋入板面，并不使纸面破损为度。钉眼应作防锈处理，并用石膏腻子抹平。采用纸面石膏板作为罩面板，其表面应饰以其他装饰材料，常用的有裱糊壁纸、涂饰乳胶涂料及喷涂、镶贴各种类型的镜片，如玻璃镜片、金属抛光板、复合塑料镜片等。如选用镜片材料镶贴，要特别注意固定问题，以保证安全。

4.3　铝合金龙骨矿棉板吊顶的施工

4.3.1　铝合金龙骨矿棉板吊顶的构造

铝合金龙骨矿棉板吊顶属于轻型活动式吊顶。铝合金矿棉板吊顶具有外观装饰效果好、防火性能好等特点，广泛地应用于大厦公共建筑室内吊顶装饰。

铝合金龙骨矿棉板吊顶按罩面板要求不同，可分为明龙骨吊顶和暗龙骨吊顶；按龙骨结构形式不同，可分为 T 型和 TL 型。T 型铝合金矿棉板吊顶的基本构造如图 3.23 所示。

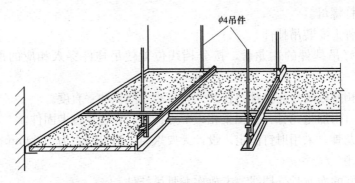

图 3.23　T 型铝合金矿棉板吊顶的基本构造

4.3.2　工艺流程

施工准备→放线定位→固定悬吊体系→安装边龙骨→主、次龙骨的安装与调平→安装矿棉板→检查修整。

4.3.3　施工要点

1. 施工准备

根据选用矿棉板的规格尺寸、灯具口及其他设施位置等情况，绘制吊顶施工平面布置图。一般应以顶棚中心线为准，将矿棉板对称排列。小型设施应位于矿棉板中间，大型设施应占据整块或相连数块板位置，均以排列整齐美观为原则。

2. 放线定位

按位置弹出标高线后，沿标高线固定角铝（边龙骨），角铝的底面与标高线齐平。角铝的固定方法可以用水泥钉将其按 400～600mm 的间隔直接钉在墙、柱面或窗帘盒上。龙骨的分格定位，应按饰面板尺寸确定，其中心线间距应大于饰面板尺寸 2mm。

3. 固定悬吊体系

铝合金龙骨矿棉板吊顶体系的固定方法如图 3.24 所示。

4. 安装边龙骨

边龙骨宜沿墙面或柱面标高线钉牢，固定时，一般常用高强度水泥钉，钉的间距一般不宜大于 500mm。如果基层材料强度较低，紧固力不满足，应采用相应的措施加强，如改用膨胀螺栓或加大水泥钉的长度等办法。在一般情况下，边龙骨不能承重，只起到封口的作用。

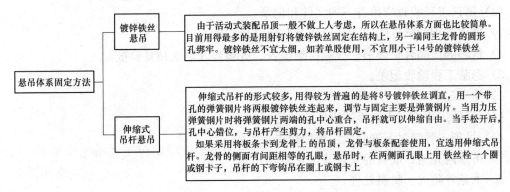

图 3.24　悬吊体系固定方法

5. 主、次龙骨的安装与调平

主龙骨通常采用相应的主龙骨吊挂件与吊杆固定，其固定和调平方法与 U 型轻钢龙骨相同。主龙骨的间距为 1000mm 左右，次龙骨应紧贴主龙骨安装就位。龙骨就位后，再拉纵横控制标高线（十字中心线），从一端开始，边安装边调整，最后再精调一遍，直到龙骨调平、调直为止。如果面积较大，还应考虑适当起拱。调平时应注意一定要从一端调向另一端，要做到纵横平直，龙骨的调平、调直是施工工序比较麻烦的一道，龙骨是否调平，也是矿棉板吊顶质量控制的关键。因为只有龙骨调平，才能使矿棉板饰面达到理想的装修效果。

6. 安装矿棉板

矿棉板的安装方法通长有以下两种，如图 3.25 所示。

（1）明装。纵横 T 型龙骨骨架均外露，矿棉板只需搁置在 T 型龙骨两翼上即可。

（2）暗装。矿棉板边部有企口，嵌装后骨架不暴露。

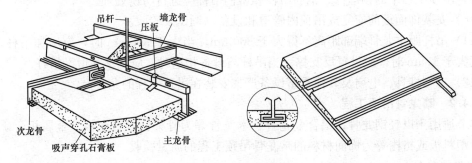

图 3.25　矿棉板安装

7. 检查修整

矿棉板安装完毕后，应进行检修，矿棉板拼花不严密或色彩不一致要调换，花纹图案拼接有误要纠正。

4.4　吊顶工程质量验收

4.4.1　一般规定

（1）本节适用于暗龙骨吊顶、明龙骨吊顶等分项工程的质量验收。

（2）吊顶工程验收应检查下列文件和记录：

1）吊顶工程的施工图、设计说明及其他设计文件。

2）材料的产品合格证书、性能检测报告、进场验收记录和复验报告。

3）隐蔽工程验收记录。

4）施工记录。

（3）吊顶工程应对人造板的甲醛含量进行复验。

（4）吊顶工程应对下列隐蔽工程项目进行验收：

1）吊顶内光路、设备的安装及水管验收。

2）木龙骨防火、防腐处理。

3）预埋件或拉结筋。

4）吊杆安装。

5）龙骨安装。

6）填充材料的设置。

（5）各分项工程的检验批应按下列规定划分：同一品种的吊顶工程每 50 间（大面积房间和走廊按吊顶面积 $30m^2$ 为一间）应划分为一个检验批，不足 50 间也应划分为一个检验批。

（6）检查数量应符合下列规定：每个检验批应至少抽查 10%，并不得少于 3 间；不足 3 间时应全数检查。

（7）安装龙骨前，应按设计要求对房间净高、洞口标高和吊顶内管道、设备及其支架等进行交接检验。

（8）吊顶工程的木吊杆、木龙骨和木饰面板必须进行防火处理，并应符合有关设计防范的规定。

（9）吊顶工程中的预埋件、钢筋吊杆和型钢吊杆应进行防锈处理。

（10）安装饰面板前应完成吊顶内管道和设备的调试及验收。

（11）吊杆距主龙骨端部距离不得大于 300mm，当大于 300mm 时，应增加吊杆。当吊杆长度大于 1.5m 时，应设置反支撑。当吊杆与设备相遇时，应调整并增设吊杆。

（12）重型灯具、电扇及其他重型设备严禁安装在吊顶工程的龙骨上。

4.4.2　暗龙骨吊顶工程

本节适用于以轻钢龙骨、铝合金龙骨、木龙骨等为骨架，以石膏板、金属板、矿棉板、木板、塑料板或格栅等为饰面材料的暗龙骨吊顶工程的质量验收。

1. 主控项目

（1）吊顶标高、尺寸、起拱和造型应符合设计要求。

（2）饰面材料的材质、品种、规格、图案和颜色应符合设计要求。

（3）暗龙骨吊顶工程中吊杆、龙骨和饰面材料的安装必须牢固。

（4）吊杆、龙骨的材质、规格、安装间距及连接方式应符合设计要求。金属吊杆、龙骨应进行表面防腐处理；木吊杆、龙骨应进行防腐处理、防火处理。

（5）石膏板的接缝应按其施工工艺标准进行板缝防裂处理。安装双层石膏板时，面层板与基层板的接缝应错开，并不得在同一根龙骨上接缝。

2．一般项目

（1）饰面材料表面应洁净、色泽一致，不得有翘曲、裂缝及缺损。压条应平直、宽窄一致。

（2）饰面板上的灯具、烟感器、喷淋头、风口算子等设备的位置应合理、美观，与饰面板的交接应吻合、严密。

（3）金属吊杆、龙骨的接缝应均匀一致，角缝应吻合，表面应平整，无翘曲、锤印。木质吊杆、龙骨应顺直，无劈裂、变形。

（4）吊顶内填充吸声材料的品种和铺设厚度应符合设计要求，并应有防散落措施。

（5）暗龙骨吊顶工程安装的允许偏差和检验方法应符合表 3.18 的规定。

| 表 3.18 | | | | | 暗龙骨吊顶工程安装的允许偏差和检验方法 |

项次	项目	允许偏差（mm）				检 验 方 法
		纸面石膏板	金属板	矿棉板	木板、塑料板、格栅	
1	表面平整度	3	2	2	2	用 2m 靠尺和塞尺检查
2	接缝直线度	3	1.5	3	3	拉 5m 线，不足 5m 拉通线，用钢直尺检查
3	接缝高低差	1	1	1.5	1	用钢直尺和塞尺检查

4.4.3　明龙骨吊顶工程

本节适用于以轻钢龙骨、铝合金龙骨、木龙骨等为骨架，以石膏板、金属板、矿棉板、塑料板、玻璃板或格栅等为饰面材料的明龙骨吊顶工程的质量验收。

1．主控项目

（1）吊顶标高、尺寸、起拱和造型应符合设计要求。

（2）饰面材料的材质、品种、规格、图案和颜色应符合设计要求。当饰面材料为玻璃板时，应使用安全玻璃或采取可靠的安全措施。

（3）饰面材料的安装应稳固严密。饰面材料与龙骨的搭接宽度应大于龙骨受力面宽度的 2/3。

（4）吊杆、龙骨的材质、规格、安装间距及连接方式应符合设计要求。金属吊杆、龙骨应进行表面防腐处理；木龙骨应进行防腐处理、防火处理。

（5）明龙骨吊顶工程的吊杆和龙骨安装必须牢固。

2．一般项目

（1）饰面材料表面应洁净、色泽一致，不得有翘曲、裂缝及缺损。饰面板与明龙骨的搭接应平整、吻合，压条应平直、宽窄一致。

（2）饰面板上的灯具、烟感器、喷淋头、风口算子等设备的位置应合理、美观，与饰面板的交接应吻合、严密。

（3）金属龙骨的接缝应平整、吻合、颜色一致，不得有划痕、擦伤等表面缺陷。木质龙骨应平整、顺直，无劈裂。

（4）吊顶内填充吸声材料的品种和铺设厚度应符合设计要求，并应有防散落措施。

（5）暗龙骨吊顶工程安装的允许偏差和检验方法应符合表 3.19 的规定。

表 3.19　　　　　　　　　明龙骨吊顶工程安装的允许偏差和检验方法

项次	项目	允许偏差（mm）				检 验 方 法
		石膏板	金属板	矿棉板	塑料板、玻璃板	
1	表面平整度	3	2	3	2	用 2m 靠尺和塞尺检查
2	接缝直线度	3	2	3	3	拉 5m 线，不足 5m 拉通线，用钢直尺检查
3	接缝高低差	1	1	2	1	用钢直尺和塞尺检查

项目 5　饰 面 工 程

饰面工程是指对饰面材料（饰面砖、饰面板等）镶贴或安装的工艺过程。饰面材料种类如图 3.26 所示。

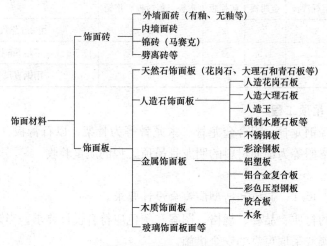

图 3.26　饰面材料种类

5.1　饰面砖粘贴工艺

5.1.1　饰面砖的镶贴

1. 内墙面砖施工

（1）工艺过程。基层处理→抹灰找平→排砖弹线→选砖浸砖→做标志→镶贴→擦缝清理。

（2）施工要点。

1）基层处理。各种材质基层表面的处理方法如下：

a. 混凝土表面的处理方法是：先剔凿混凝土基体上凸出部分，使基体保持平整、毛糙，然后刷一道界面剂。在不同材料的交接处或表面有孔洞处，需用 1∶2 或 1∶3 水泥砂浆找平。填充墙与混凝土面接合处，还应用钢板（丝）网压盖接缝，射钉钉牢。

b. 加气混凝土表面的处理方法是：砌块墙应在基体清理干净后，先刷界面剂一道，为保证块料镶贴牢固，再满钉丝径为 0.7mm，孔径为 32mm×32mm 或以上的机制镀锌钢丝网一道，钉子用 U 形钉，间距不大于 600mm 梅花形布置。

c. 砖砌体表面的处理方法是：应用钢錾子剔除砖墙面多余灰浆，然后用钢丝刷清除浮土，并用清水将墙体充分湿润，使润湿深度为 2～3mm。

2）抹灰找平。镶贴饰面砖前需要先抹灰找平，找平层的质量是保证饰面层镶贴质量的关键。其工艺与抹灰工程相同。

3）排砖弹线。抹灰找平层六、七成干后，按设计要求和饰面砖规格尺寸进行排砖、弹线。

a. 弹水平线。对要求面砖贴到顶的墙面，应先弹出顶棚边或龙骨下标高线，确定面砖铺贴上口线，然后从上往下按整块饰面砖尺寸弹到最下面的饰面砖。当最下面砖的高度小于半块砖时，最好重新分划，使最下面一层面砖高度大于半块砖。卫生间面砖多出的尺寸可伸入到吊顶内。

b. 弹竖线。最好从墙面一侧端部开始，以便将不足模数的面砖贴在阴角处。弹线分格示意如图 3.27 所示。

4）选砖浸砖。在镶贴前按颜色的深浅不同进行分选。在分选饰面砖的同时，应注意砖的平整度，不合格者不得使用。最后挑选砖配件，如阴角条、阳角条和压顶等。釉面砖在镶贴前应充分浸水，一般浸水时间为 2～3h。取出阴干到表面无水膜，以手摸无水感为宜。

5）做标志。用面砖按镶贴厚度，在墙面上下左右做标志。以标志砖棱角作为基准线，上下吊直，横向拉平。双面吊直如图 3.28 所示。

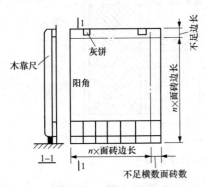

图 3.27 饰面砖弹线分格示意图

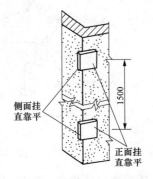

图 3.28 双面吊直示意图

6）镶贴。内墙饰面砖排列方法主要有直缝和错缝两种，如图 3.29 所示。一个施工层由下往上，从阴角开始沿水平方向逐一镶贴，以弹好的水平线为基准，嵌上直靠尺或八字形靠尺。第一排饰面砖下口应紧靠直靠尺上沿，保证基准行平直。如地面有踢脚板，靠尺上口应为踢脚板上沿位置。

镶贴时，先用铲刀在砖背面满刮砂浆，再准确镶贴到位，然后用铲刀木柄轻轻敲击饰面砖表面，使其落实牢固，并将挤出的砂浆刮净。饰面砖黏结砂浆厚度一般为 5～8mm，水泥砂浆配合比宜为 1：2 或 1：3（体积比）。混合砂浆是在 1：2 或 1：3 水泥砂浆中加入少量石灰膏，以增加砂浆的和易性与保水性。

7）擦缝清理。饰面砖镶贴完毕后，应用棉纱将砖面灰浆拭净，同时用与饰面砖颜色相同的水泥（彩色面砖应加同色颜料）擦缝。擦缝后，应用棉纱细心擦拭污染部位，全部完工后，根据污染严重程度，用棉纱或稀盐酸刷洗并及时用清水冲净。

2. 外墙面砖操作要点

（1）工艺流程。基层处理→抹灰找平→排砖弹线→选砖浸砖→镶贴→勾缝或擦缝。

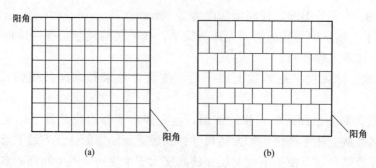

图 3.29　内墙饰面排列示意图

（a）直缝；（b）错缝

（2）施工要点。

1）基层处理。同内墙面砖的基层处理。

2）抹灰找平。外墙面抹灰找平与内墙面抹灰找平基本相同。应注意的是室外各楼层的阳台和窗口的水平向、竖向和进出方向"三向"成线。外窗台、腰线找平示意如图 3.30 所示。

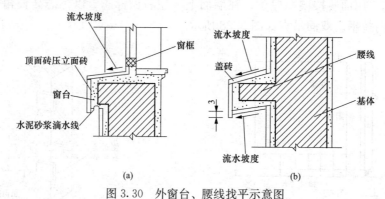

图 3.30　外窗台、腰线找平示意图

3）排砖弹线。预排砖一般按设计要求进行，当无设计要求时，可按图 3.31 所示确定面砖排缝方法。

排砖应遵循的原则是：阳角部位都应是整砖，且阳角处正立面整砖应盖住侧立面整砖。对大面积墙面砖的镶贴，除不规则部位外，其他部位都不裁砖。除柱面镶贴外，其余阳角不得对角粘贴，如图 3.32 所示。排砖中，对凸出墙面的窗台、腰线、滴水槽等部位，应注意台面砖需做出一定坡度，台面砖改立面砖。底面砖应贴成滴水鹰嘴，如图 3.33 所示。

弹线的步骤如下：

a. 在外墙阳角处（大角）用大于 5kg 的线锤吊垂线并用经纬仪校核，最后用花篮螺栓将线锤吊直的钢丝固定紧绷上下端，作为基线。

b. 以阳角基线为准，每隔 1500～2000mm 做标志块，定出阳角方正，抹灰找平。

c. 在找平层上，按排砖大样先弹出顶面水平线，在墙面的每一部分，根据外墙水平方向面砖数，每隔约 1000mm 弹一垂线。

d. 在层高范围内，按预排面砖实际尺寸和面砖对称效果，弹出水平分缝、分层皮数，也可按皮数杆弹分层线。

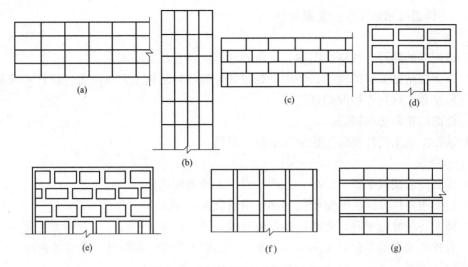

图 3.31 外墙矩形面砖排缝示意图

（a）长边水平密缝；（b）长边竖直密缝；（c）密缝错缝；（d）水平、竖直疏缝；
（e）疏缝错缝；（f）水平密缝、竖直疏缝；（g）水平疏缝、竖直密缝

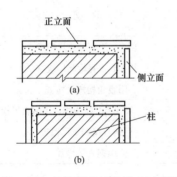

图 3.32 外墙阳角镶贴排砖示意图

（a）阳角盖砖；（b）柱面对角粘贴

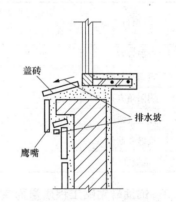

图 3.33 外窗台线角面砖镶贴排砖示意图

4）选砖浸砖。根据设计要求，对面砖进行分选，先按颜色选一遍，然后用模具对面砖的大小厚薄进行分选归类。外墙面砖需要隔夜浸泡，取出阴干。

5）镶贴。镶贴顺序应自上而下分层分段进行。每层内镶贴程序应是自下而上进行，而且要先贴附墙柱，后贴墙面，再贴窗间墙。镶贴时，先按水平线垫平八字尺或直靠尺，操作方法与内墙砖基本相同。粘贴的砂浆一般为 1∶2 水泥砂浆或掺入不大于水泥质量 15％的石灰膏的水泥混合砂浆。砂浆厚度一般为 6～10mm。

门窗套、窗台及腰线镶贴面砖时，要先将基体分层抹平，表面随手划毛，待七、八成干时再洒水抹 2～3mm 厚的水泥浆，随即镶贴面砖。垛角部位在贴完面砖后，要用方尺找方。

6）勾缝或擦缝。在完成一个阶段的墙面砖镶贴并检查合格后，即可进行勾缝。勾缝用 1∶1 水泥砂浆及水泥浆分两次进行：第一次用一般水泥砂浆，第二次按设计要求用彩色水泥浆或普通水泥浆勾缝。勾缝可做成深度约 3mm 的凹缝，砖密缝处用和面砖同色的水泥擦缝，并在擦缝材料硬化后将面砖表面清洗干净。

5.1.2　饰面砖粘贴工程的质量验收

1. 主控项目

（1）饰面砖的品种、规格、图案、颜色和性能应符合设计要求。

（2）饰面砖粘贴工程的找平、防水、黏结和勾缝材料及施工方法应符合设计要求及国家现行产品标准和工程技术标准的规定。

（3）饰面砖粘贴必须牢固。

（4）满粘法施工的饰面砖工程应无空鼓、裂纹。

2. 一般项目

（1）饰面砖表面应平整、洁净、色泽一致，无裂痕和缺损。

（2）阴阳角搭接方式、非整砖使用部位应符合设计要求。

（3）饰面砖接缝应平直、光滑，填嵌应连续、密实；宽度和深度应符合设计要求。

（4）有排水要求的部位应做滴水线（槽）。滴水线（槽）应顺直，流水坡向应正确，坡度应符合设计要求。

（5）饰面砖粘贴的允许偏差和检验方法应符合表 3.20 的规定。

表 3.20　　　　　　　　　　饰面砖粘贴的允许偏差和检验方法

项次	项目	允许偏差（mm）		检 验 方 法
		外墙面砖	内墙面砖	
1	立面垂直度	3	2	用 2m 垂直检测尺检查
2	表面平整度	4	3	用 2m 垂直检测尺检查
3	阴阳角方正	3	3	用直角检测尺检查
4	接缝直线度	3	2	拉 5m 线，不足 5m 拉通线，用钢直尺检查
5	接缝高低差	1	0.5	用钢直尺和塞尺检查
6	接缝宽度	1	1	用钢直尺检查

5.1.3　饰面砖粘贴工程质量通病和防治措施

1. 外墙砖空鼓、脱落

（1）原因分析。

1）由于贴面砖的墙饰面层自重大，使底子灰与基层之间产生较大的剪应力，粘贴层与底子灰之间也有较小的剪应力。如果基层表面偏差较大，基层处理或施工操作不当，各层之间的黏结强度很差，面层就产生空鼓，甚至从建筑物上脱落。

2）砂浆配合比不准，稠度控制不好，砂子中含泥量过大，在同一施工面上，采用几种不同的配合比的砂浆，引起不同的干缩率而开裂、空鼓。

3）饰面层各层长期受大气温度的影响，由于表面到基层的温度梯度和热胀冷缩，在各层中也会产生应力，如果面砖粘贴砂浆不饱满，面砖勾缝不严，雨水渗透后受冻胀和上述应力共同作用，使面层受到破坏。

（2）防治措施。

1）在结构施工时，外墙应尽可能按清水墙的标准，做到平整垂直，为饰面工程创造良好条件。

2）面砖在使用前，必须清洗干净，并隔夜用水浸泡，晾干后（外干内湿）才能使用。

3）粘贴面砖砂浆要饱满，但使用砂浆过多，面砖也不易贴平，如果多敲，会造成浆水集中到面砖底部或溢出，收水后形成空鼓，特别在垛子、阳角处贴面砖时更应注意，否则容易产生阳角处不平直和空鼓，导致面砖脱落。

4）在面砖粘贴过程中，要做到一次成活，不宜多动，尤其是砂浆吸水后纠偏挪动，容易引起空鼓，粘贴砂浆一般可采用 1∶0.2∶2 混合砂浆，要做到配合比准确，砂浆在使用过程中，不要随便掺水和加灰。

5）认真做好勾缝。

2. 瓷砖裂缝、变色或表面污染

（1）原因分析。

1）使用瓷砖质量不好，材质松脆，吸水率大，抗拉、抗压、抗折性能均相应下降，由于瓷砖吸水率和湿膨胀大，因此产生内应力而开裂。

2）瓷砖在运输、操作中造成隐伤，有隐伤的瓷砖在湿膨胀应力作用下，出现裂缝。

3）瓷砖材料质地疏松，施工前瓷砖浸泡不透，粘贴时，黏结砂浆中的浆水或不洁净水从瓷砖背面渗进砖坯内，并从透明釉面上反映出来，造成瓷砖变色。

（2）防治措施。

1）使用的瓷砖特别是用于高级装修工程的瓷砖，应选用材质密实、吸水率不大于 8%的质量较好的瓷砖，以减少裂缝的产生。

2）粘贴前，瓷砖一定要浸泡透，将有隐伤的仔细挑出，尽量使用和易性、保水性较好的砂浆黏结，操作时不要用力敲击砖面，防止产生隐伤，并随时将砖面上砂浆擦洗干净。

3. 瓷砖接缝不平直，缝子不匀

（1）对瓷砖的材质挑选应作为一道主要工序，在挑选瓷砖时，应做一个按瓷砖标准尺寸的冂形木框，钉在木板上，进行大、中、小分类，先将瓷砖从冂形的木框开口处塞入检查，取出后转向 90° 再塞入开口处检查，两次检查后即可分出合乎标准尺寸、大于标准尺寸和小于标准尺寸三类，分别堆放。同一类尺寸者应用于同一房间或一面墙面上，以做到接缝均匀一致。

（2）镶贴前要找好规矩，用水平尺找平，校核墙面，算好纵横皮数和镶贴块数，划出皮数杆，定出水平标准，进行预排。以废瓷砖按黏结厚度用混合砂浆贴灰饼，找出标准，阳角要两面挂直。

（3）根据已弹好的水平线，稳好平尺板，作为镶贴第一行瓷砖的依据，由下往上逐步黏结，每贴好一行后，应及时用靠尺板横向靠平，竖向靠直，偏差处用小铲木把轻轻敲击，并及时校正横竖缝子平直，避免在黏结砂浆收水后再进行纠偏移动，造成空鼓和墙面不平整。

4. 外墙砖分格缝不匀、墙面不平整

（1）原因分析。

1）施工前没有按照图纸核对结构施工实际情况，进行排砖分格和绘制大样图。

2）各部位放线贴灰饼不够，控制点少。

3）面砖质量不好，规格尺寸偏差较大，施工中没有选砖，加上操作不当，造成分格缝不均匀，墙面不平整。

（2）防治措施。

1）施工前应根据设计图纸尺寸，核实结构实际偏差情况，决定面砖铺贴厚度和排砖模数，画出施工大样图。

2）基层打完底后，用混合砂浆粘在面砖背后做灰饼，挂线方法与外墙抹水泥砂浆一样，阴阳角处要双面挂直，灰饼的黏结层厚度不小于 10mm，间距不大于 1.5m。

3）铺贴面砖操作时应保持面砖上口平直，贴完一皮砖后，需将上口刮平，不平处用小木片或竹签等垫平，放上分格条再贴第二皮砖，垂直缝应以底子灰弹线为准，随时检查核对，铺贴后将立缝处灰浆随时清理干净。

4）面砖使用前，应先进行剔选，凡外形歪斜、缺棱掉角、翘裂和颜色不匀者均应挑出，用套板把同号规格按大、中、小进行分类堆放，分别使用在不同部位，以免由于面砖尺寸上的偏差造成排砖缝子不直和分格不匀情况。

5.2　饰面板安装工艺

5.2.1　石材饰面板的安装

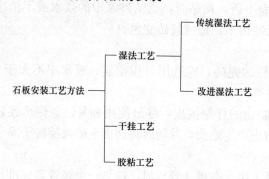

图 3.34　石板安装工艺方法

石材饰面板包括天然石板（如花岗石、大理石、青石板等）和人造饰面板（如人造花岗石、人造大理石、人造玉及预制水磨石板等）等。其工艺方法如图 3.34 所示。

1. 传统湿法工艺

传统湿法工艺是指用钢筋网片、钢丝与板材连接固定，并用湿料（水泥砂浆）填缝的工艺方法，如图 3.35 所示。

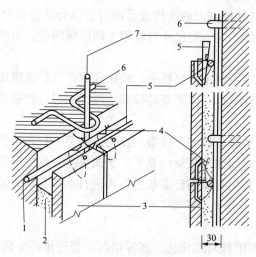

图 3.35　饰面板钢筋网片固定

1—墙体；2—水泥砂浆；3—大理石板；4—钢丝或铜丝；5—横筋；6—铁环；7—立筋

（1）工艺流程。基层处理→绑扎钢筋网片→弹饰面基准线→预拼编号→钻孔、剔槽→板材安装→临时固定→灌浆→嵌缝与清理→抛光打蜡。

（2）施工要点。

1）绑扎钢筋网片。剔出预埋件，焊接或绑扎 $\phi6\sim\phi8$ 竖向钢筋，再焊或绑 $\phi6$ 的横向钢筋。距离为板高减 $80\sim100$mm。

2）预拼编号。按照设计进行预拼图案，认可后编号堆放。

3）钻孔、剔槽。在板的侧面上钻孔打眼，孔径为 5mm 左右，孔深 $15\sim20$mm，孔位一般在板端 $1/4\sim1/3$，在位于板厚中心线上垂直钻孔，再在板背的直孔位置，距板边 $8\sim10$mm 打一横孔，使横直孔相通。然后用长约 30cm 的不锈钢丝穿入挂接。

4）板材安装。从最下一层开始，两端用板材找平、找直，拉上横线再从中间或一端开始安装。安装时，先将下口钢丝绑在横筋上，再绑上口钢丝，用托线板靠直、靠平，并用木楔垫稳，将钢丝系紧，保证板与板交接处四角平整。安装完一层，找平、找直、找方后，在石板表面横竖接缝处，每隔 $100\sim150$mm 用调成糊状的石膏浆予以粘贴，临时固定石板，使该层石板成一整体，以防发生位移。余下板的缝隙，用石膏封严，待石膏凝结、硬化后再进行灌浆。

5）灌浆。一般采用 1:3 水泥砂浆，稠度控制在 $8\sim15$cm，将砂浆徐徐灌入板背与基体间的缝隙，每次灌浆高度为 150mm 左右，灌至离上口 $50\sim80$mm 处停止灌浆。为防止空鼓，灌浆时可轻轻地捣砂浆，每层灌注时间要隔 $1\sim2$h。

6）嵌缝与清理。全部石材安装固定后，用与饰面板相同颜色的水泥砂浆嵌缝，并及时对表面进行清理。

2. 干挂工艺

干挂工艺是指采用各种专门的配件（连接件）、胀栓进行连接固定而不需要灌浆的工艺方法，如图 3.36 所示。

（1）工艺流程。基层处理→弹线→固定锚固体→安装固定板材→挂板→连接件涂胶→嵌缝等。

（2）施工要点。

1）基层处理。对基层要求平整度控制在 $2\sim4$mm 以内，墙面垂直度偏差在 2mm 以内。

2）弹线。板与板之间应有缝隙，磨光板材的缝隙除有镶嵌金属装饰条缝外，一般缝宽可为 $1\sim2$mm。划线必须准确，一般由墙中心向两边弹放，使误差均匀地分布在板缝中。

3）固定锚固体。钻出螺栓孔，埋置膨胀螺栓，固定锚固体。

4）安装固定板材。把连接件上的销子或不锈钢丝，插入板材的预留接孔中，调整螺栓或钢丝长度，当确定位置准确无误后，即可紧固螺栓或钢丝，然后用特种环氧树脂或水泥麻丝纤维浆堵塞连接孔。

5）嵌缝。先填泡沫塑料条，然后用胶枪注入密封胶。为防止污染，在注胶前先用胶纸带覆盖缝两边板面，注胶完后，将胶带纸揭去。

3. 胶粘工艺

胶粘工艺主要是指用大理石胶（石材胶）进行粘贴的工艺方法，如图 3.37、图 3.38 所示。

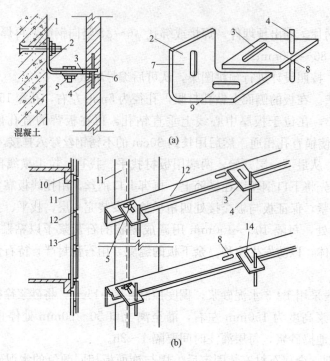

图 3.36　干挂法安装构造

（a）挂件连接；（b）金属钢架、挂件组合连接

1—不锈钢膨胀螺栓；2—不锈钢角钢；3—不锈钢连接片；4—不锈钢锚固针；5—连接螺栓；

6—硅胶封闭；7—竖向椭圆孔；8—横向椭圆孔；9—竖向椭圆孔；10—预埋件或不锈钢膨胀螺栓固定；

11—槽钢镀锌或防腐处理；12—角钢镀锌或防腐处理；13—饰面石板；14—直椭圆孔

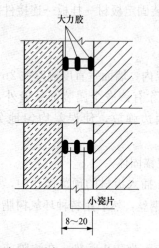

图 3.37　大理石胶加厚处理示意图（单位：mm）

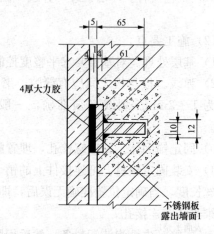

图 3.38　粘贴锚固法示意图（单位：mm）

（1）工艺流程。基层处理→弹线→选板与预拼→打磨→调涂胶→饰面石板粘贴→检查校正→清理、嵌缝→打蜡上光等。

（2）施工要点。

1）弹线、找规矩。根据具体设计用墨线在墙面上弹出每块石材的具体位置。

2）选板与预拼。将花岗石或大理石饰面板或预制水磨石饰面板选取其品种、规格、颜色、纹理、外观质量一致者，按墙面装修施工大样图排列编号，并在建筑现场上进行翻样试拼，校正尺寸，四角套方。

3）打磨。墙面及石板背面上胶处及与大理石胶接触处，预先用砂纸均匀打磨净，处理粗糙并保持洁净，保证粘贴强度。

4）调涂胶。严格按照产品有关规定调胶，按规定在石板背面点式涂胶。

5）饰面石板铺贴。按石板编号将饰面石板顺序上墙就位，进行粘贴。

6）检查、校正。饰面石板定位粘贴后，应对各黏结点详细检查，必要时加胶补强，要在胶未硬化前进行反复检查、校正。

7）清理、嵌缝。全部饰面板粘贴完毕后，将石板表面清理干净，进行嵌缝。板缝根据具体设计预留，缝宽不得小于2mm，用透明型胶调入与石板颜色相近的颜料将缝嵌实。

8）打蜡上光。石板表面打蜡上光或涂憎水剂。

5.2.2   饰面板安装工程的质量检验

1. 主控项目

（1）饰面板的品种、规格、颜色和性能应符合设计要求。

（2）饰面板孔、槽的数量、位置和尺寸应符合设计要求。

（3）饰面板安装工程的预埋件（或后置埋件）、连接件的数量、规格、位置、连接方法和防腐处理必须符合设计要求。后置埋件的现场拉拔强度必须符合设计要求。饰面板安装必须牢固。

2. 一般项目

（1）饰面板表面应平整、洁净、色泽一致，无裂痕和缺损。石材表面应无泛碱等污染。

（2）饰面板嵌缝应密实、平直，宽度和深度应符合设计要求，嵌填材料色泽应一致。

（3）采用湿作业法施工的饰面板工程，石材应进行防碱背涂处理。饰面板与基体之间的灌注材料应饱满、密实。

（4）饰面板上的孔洞应套割吻合，边缘整齐。

（5）饰面板安装允许偏差和检验方法应符合表3.21的规定。

表 3.21   饰面板安装允许偏差和检验方法

| 项次 | 项目 | 允许偏差（mm） | | | | | | | 检 验 方 法 |
| | | 石材 | | | 瓷板 | 木材 | 塑料 | 金属 | |
		光面	剁斧石	蘑菇石					
1	立面垂直度	2	3	3	2	1.5	2	2	用2m垂直检测尺检查
2	表面平整度	2	3	—	1.5	1	3	3	用2m靠尺和塞尺检查
3	阴阳角方正	2	4	4	2	1.5	3	3	用直角检测尺检查
4	接缝直线度	2	4	4	2	1	1	1	拉5m线，不足5m通线，用钢直尺检查
5	墙裙、勒脚上口直线度	2	3	3	2	2	2	2	拉5m线，不足5m通线，用钢直尺检查
6	接缝高低差	0.5	3	—	0.5	0.5	1	1	用钢直尺和塞尺检查
7	接缝宽度	1	2	2	1	1	1	1	用钢直尺检查

5.2.3　大理石、花岗岩等饰面板安装质量通病和防治措施

1. 接缝不平、板面纹理不顺、色泽不匀

（1）原因分析。基层处理不好，对板材质量没有严格挑选，安装前试拼不认真，施工操作不当。

（2）防治措施。

1）安装前应先检查基层墙面垂直平整情况，偏差较大的事先剔凿或修补，使基层面到大理石表面距离不得小于5cm，并将基层墙面清扫干净，浇水湿透。

2）安装前应在基层弹线找好规矩，大理石墙面要在每个分格或较大的面积上弹出中心线和水平通线，在地面弹出大理石面线。大理石柱子应先测量出柱子中心线和柱与柱之间水平通线，并弹出柱子大理石墙面线。

3）事先将有缺棱掉角、裂纹和局部污染变色的大理石挑出，并进行套方检查，规格尺寸如有偏差，应磨边修正；阳角处用的大理石板，如背面是大于45°的斜面，应剔凿磨平至符合要求。

4）根据墙面的弹线找规矩进行大理石试拼，对颜色、调整花纹，使板与板之间上下左右纹理通顺，颜色协调，缝子平直均匀。试拼后，由上至下逐块编写镶贴顺序号，然后对号镶贴。

2. 开裂

（1）原因分析。

1）当大理石板的色纹、暗缝或其他隐伤等缺陷，以及凿洞开槽处受到结构沉降压缩变形外力后，由于应力集中，外力超过块材软弱处的强度时，导致大理石墙面开裂。

2）大理石板镶贴在外墙面或紧贴厨房、厕所等潮气较大的房间时，侵蚀性气体和湿空气透入板缝，产生膨胀，给大理石板一种向外的推力。

3）大理石镶贴墙面、柱面时，上下空隙较小，结构受压变形，大理石饰面受到垂直方向的压力。

（2）防治措施。

1）墙、柱面等承重结构上镶贴大理石饰面时，应待结构沉降稳定后进行；在顶部和底部安装大理石板块时，应留有一定的缝隙，以防止结构压缩、大理石饰面直接承重被压开裂。

3）安装大理石接缝处，缝隙宽度应不大于0.5~1mm，嵌缝要严密，灌浆饱满，块材不得有裂缝、缺棱掉角等缺陷，以防止侵蚀性气体和湿空气侵入，引起板面裂缝。

3. 墙面腐蚀，空鼓脱落

（1）原因分析。大理石、花岗岩是一种变质岩，主要成分是碳酸钙（约占50%以上）。大理石中一般都含有许多矿物和杂质，在风霜雨雪侵蚀和日晒下，就容易变色和褪色。如空气中的二氧化硫，遇到水时能生成亚硫酸，然后变为硫酸，与大理石中的碳酸钙发生反应，在大理石表面形成硫酸钙。硫酸钙易溶于水，且硬度低，使磨光的大理石表面逐渐失去光泽，变得粗糙，产生麻点、开裂和剥落现象。

（2）防治措施。

1）大理石不宜用做室外墙面饰面，特别不宜在工业区附近的建筑物上使用，个别工程需用做外饰面时，应事先进行品种选择，挑选品质纯、杂质少、耐风化、耐腐蚀的大理石，

以延长使用期限。

2）室外大理石墙面压顶部位，要认真处理，保证基层不渗透水。

4. 墙面碰损、污染

（1）原因分析。块材在搬运、保管中不妥当，操作中不及时清洗被砂浆等脏物污染，安装后成品保护没有做好。

（2）防治措施。

1）大理石石质较娇嫩，因此在堆放和搬运过程中必须细心保护。大理石直立搬运边角着地时，要避免正面边角先着地或一角先着地，以防止正面棱角损伤，影响接缝严密吻合。尺寸较大的大理石板不宜平运。石材有暗缝和半贯通色纹时，应注意防止大理石由于自重产生的弯矩而破裂或隐伤。

2）大理石颗粒之间有一定的空隙和染色能力，遇到有色液体，便会渗透吸收。大理石表面受到污染后，一般不易擦洗掉。因此在运输保管中，浅色大理石不宜用草绳、草帘等捆扎，在成品保护中，不宜粘贴带色的纸来保护成品，以免遇水或受雨淋后，受到有色液体污染。

5.3　裱糊工程

裱糊工程是将壁纸、墙布等卷材用胶粘剂粘贴于室内墙、顶、柱表面的一种饰面工程。用于裱糊工程的面层材料分壁纸和墙布两类，其中壁纸的应用较为广泛。壁纸是以纸为基层，表面覆有塑料、纤维、金属箔等材料的饰面卷材。其品种有塑料壁纸（PVC 壁纸）、纺织纤维壁纸（花色线壁纸）、金属壁纸等。墙布是一种以天然、人造纤维为主制造的，表面覆以装饰涂层或直接印花而成的饰面卷材。其品种有无纺贴墙布、纯棉装饰墙布、锦缎墙布、EVA 豪华弹性墙布、荧光壁纸、无影墙布、织物壁纸（布）等。下面主要介绍塑料壁纸和硅藻泥壁纸的裱糊工艺。

5.3.1　塑料壁纸裱糊

1. 工艺过程

基层处理→抹灰找平→刮腻子→封闭底涂→弹线→预拼→裁纸→编号→润纸→刷胶→裱糊→修整→养护。

2. 施工要点

（1）基层处理。

1）若基层为砖墙，其表面的污垢、油渍等必须清理干净，若基层表面有附着物，应清理掉。凡有缺棱掉角之处，用聚合物水泥砂浆修补。

2）若基层为混凝土墙体，则需加刷一道界面剂。表面泛碱之处，应以 3%（质量分数）草酸水溶液进行中和后用清水洗净。

3）若基层为加气混凝土或硅酸盐砌块，则从抹灰前一天起，分次向墙身砌体浇水 2～3 遍，抹灰前再浇水 1～2 遍，直至保证水浸入砌体内 15～20mm 为止。

4）若基层为纸面石膏板，则钉眼处须用腻子嵌实压平，板缝处贴 50mm 宽通长玻璃纤维纱网胶带或穿孔纸带。当不同基层交接时，交接处也需用纸带粘贴封严，再开始裱糊。

（2）抹灰找平。同抹灰工程中一般抹灰的施工工艺。

（3）刮腻子。刮三遍：第一遍局部刮，第二、三遍满刮，且先横后竖，每遍干透后均用

0～2 号砂纸磨平。

（4）封闭底涂。腻子干透后，刷乳胶漆一道。若有泛碱部位，应用 9% 的稀醋酸中和。

（5）弹线。按塑料壁纸的标准宽度找规矩，弹出水平及垂直准线，线色应与基层是相同色系。为了使壁纸花纹对称，应在窗口弹好中线，再向两侧分弹。如果窗口不在开间中间，为保证窗间墙的阳角花饰对称，应弹窗间墙中线，由中心线向两侧再分格弹线。

（6）预拼、裁纸、编号。根据设计要求，按照图案花色进行预拼，然后裁纸，裁纸长度应比实际尺寸大 20～30mm。裁纸下刀前，要认真复核尺寸有无出入，尺子压紧壁纸后不得再移动，刀刃贴紧尺边，一气呵成，中间不得停顿或变换持刀角度，手劲要均匀。

（7）润纸。壁纸上墙前，应先在壁纸背面刷清水一遍，立即刷胶，或将壁纸浸入水中 3～5min 后，取出将水擦净，静置约 15min 后，再行刷胶。因为 PVC 壁纸遇水或胶水，即开始自由膨胀，干后自行收缩，其幅宽方向的膨胀率为 0.5%～1.2%（体积分数），收缩率为 0.2%～0.8%（体积分数）。如在干纸上刷胶后立即上墙裱糊，纸虽被胶固定，但继续吸湿膨胀，因此墙面上的纸必然出现大量气泡、皱褶，不能成活。润纸后再贴到基层上，壁纸随着水分的蒸发而收缩、绷紧。这样，即使裱糊时有少量气泡，干后也会自行胀平。

（8）刷胶。壁纸背面和基层应同时刷胶，刷胶应厚薄均匀，刷胶宽度比壁纸宽 30mm 左右，胶可自配，过筛去渣，当日使用，不得隔夜。壁纸刷胶后，为防止干得太快，可将壁纸刷胶面对刷胶面折叠。

（9）裱糊。按编号顺序依次裱糊，应先裱垂直面，后裱水平面，先裱细部后裱大面。主要墙面应用整幅壁纸，不足幅宽的壁纸，应裱糊于不明显部位或阴角等处。阳角处壁纸不得拼缝，壁纸应裹过阳角大于 2cm 处方可拼接。阴角处壁纸搭缝时，应先裱贴压在里面的转角壁纸，再裱贴非转角处的正常壁纸，阴角处壁纸的搭接宽度应在 2～3cm。

无需拼花的壁纸，可采用搭接裁割拼缝。在接缝处，两幅壁纸重叠 30mm，然后用钢直尺或铝合金直尺与裁纸刀在搭接重叠范围的中间将两层壁纸割透，把切掉的多余小条壁纸撕下。然后用刮板从上而下均匀地赶胶，排出气泡，并及时把溢出的胶液擦净。有花纹的壁纸，只能采用对缝拼接。

遇有墙面卸不下来的设备或附件，可先将壁纸轻糊于凸出的物件上，找到中心点，从中心点往外呈放射状剪裁，再使壁纸舒平糊于墙面上，然后用笔轻标出物件的轮廓位置，慢慢拉起多余的壁纸，剪去不需要的部分，四周不得有缝隙。

壁纸与踢脚线、顶棚、挂镜线等交接之处，必须严密顺直。裱糊后，应将上下两端多余壁纸切齐。

（10）修整。裱糊后，应严格检查裱糊质量。如发现有空鼓、气泡、翘边，应仔细修整。赶压气泡时，对于发泡及复合壁纸，可用海绵、毛刷或毛巾等工具，绝对不准使用钢板刮刀，只有压延壁纸可用。若纸面出现皱纹、死褶，应趁壁纸未干，用湿毛巾轻拭纸面，使纸湿润，用手慢慢将壁纸舒平，待无皱褶时，再用橡胶滚或橡胶刮板赶压平整。如壁纸已干结，则要将壁纸撕下，把基层清理干净后，重新裱糊。

若已贴好的壁纸出现接缝不垂直，花纹未对齐，应及时将裱糊的壁纸铲除干净，重新裱糊。对于轻微的离缝或亏纸现象，可用与壁纸颜色相同的乳胶漆点描在缝隙内，漆膜干后一般不易显露。较严重的部位，可用相同的壁纸补贴，不得看出补贴痕迹。若纸面出现气泡，可用注射器将气取出，再注射胶液贴平贴实，如图 3.39 所示；也可用刀在气泡表面切开，挤出气体用胶粘剂压实。若鼓泡内充满胶粘剂，则割开后挤出胶，然后压平压实。若壁纸出现损伤，裁掉损坏部分，按花纹重新粘贴一小块，只是不得留下痕迹。

（11）养护。壁纸在裱糊过程中及干燥前，应防止穿堂风劲吹，并应防止室温突然变化。冬期施工应在采暖条件下进行。白天封闭通行或将壁纸用透气纸张覆盖，除阴雨天外，需开窗通风；夜晚关门闭窗，防止潮气入侵。

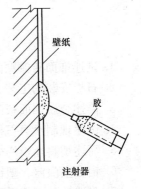

图 3.39 鼓泡注胶法

5.3.2 硅藻泥壁纸裱糊

1. 工艺过程

墙面清理→耐水腻子调配→刮耐水腻子、打磨→硅藻泥调配→第一遍硅藻泥施工→第二遍硅藻泥施工→硅藻泥壁纸肌理图案制作→收光。

2. 施工要点

（1）墙面清理。先将墙面灰尘、浆粒清理干净，用石膏将墙面磕碰处及坑洼缝隙等找平，干燥后用砂纸将凸出处磨掉，将浮尘扫净。对于硅钙板墙面，要先将硅钙板接缝处进行嵌缝处理。不同材料交接处用的确良布，宽度不小于 100mm。对于结构偏差较大的部位，应采用底层＋面层粉刷石膏，每层厚度不得超过 4mm，待干燥后再进行下一遍。平整度达到要求后，再进行腻子施工。

（2）耐水腻子调配。按照耐水腻子粉：水＝1：（0.4～0.5）的比例大致搅拌均匀，放置 10～30min 后，再次充分搅拌均匀即可使用。

（3）刮耐水腻子、打磨。墙面耐水腻子的遍数可由墙面平整程度决定，一般情况为三遍。第一遍用胶皮刮板横向满刮，一刮板紧接着一刮板，接头不得留槎，每刮一板最后收头要干净利落。腻子干燥后磨砂纸，将浮腻子及斑迹磨光，再将墙面清扫干净。第二遍用胶皮刮板竖向满刮，所用材料及方法同第一遍腻子，干燥后砂纸磨平并清扫干净。第三遍胶皮刮板找补腻子或用钢片刮板满刮腻子，将墙面刮平、刮光，干燥后用细砂纸磨光，不得遗漏或将腻子磨穿。

每遍腻子厚度不宜过大，刮头遍腻子找平时，腻子厚度为 0.5～0.8mm，要均匀平整。后几遍腻子以刮实压光为主，有光滑效果。对于结痕和不平之处，用砂纸打磨。

（4）硅藻泥调配。在搅拌容器中加入施工用水量 90% 的清水，然后倒入硅藻泥干粉浸泡几分钟，再用电动搅拌机搅拌约 10min，搅拌的同时添加 10% 的清水调节施工黏稠度，充分搅拌均匀后方可使用。

（5）第一遍硅藻泥施工。第一遍抹平约 1mm，完成后约干燥 50min（根据现场气候情况而定，以表面不粘手为宜，有露底的情况用料补平）。

（6）第二遍硅藻泥施工。涂抹第二遍硅藻泥（厚度约为 1.5mm）。两遍总厚度在 1.5～3.0mm 之间。

（7）硅藻泥壁纸肌理图案制作。根据实际环境干燥情况，掌握干燥时间，依据工法制作肌理图案。图案有成品模板，直接根据需要印在硅藻泥上即可。

（8）收光。制作完肌理图案后，用收光抹子沿图案纹路压实收光。

思 考 题

1. 试述饰面砖镶贴的工艺流程及操作要点。
2. 石板安装的工艺方法有哪些？
3. 简述金属饰面板的工艺流程。
4. 试述现制水磨石楼地面的工艺流程。
5. 简述塑料地板的分类与品种。
6. 铝合金门窗、塑钢门窗常见的质量隐患有哪些？如何预防？
7. 简述抹灰工程质量检验方法。
8. 抹灰工程中，常见的质量隐患有哪几种？怎样预防？
9. 瓷砖墙面空鼓、脱落的原因是什么？
10. 地板砖地面空鼓、起鼓的原因是什么？怎样防治？

单元4 建 筑 屋 面

屋面是建筑物最上部的覆盖部分,具有抵御自然界各种环境因素(风、雨、雪、太阳辐射等)对建筑物不利影响的作用。屋面工程设计应遵照"保证功能、构造合理、防排结合、优选用材、美观耐用"的原则,因此要求屋面首先具有良好的排水功能和阻止水侵入建筑物内。其次,屋面具有冬季保温减少建筑物的热损失和防止结露,夏季隔热降低建筑物对太阳辐射热的吸收,适应主体结构的受力变形和温差变形,承受风、雪荷载的作用不产生破坏;具有阻止火势蔓延的性能,满足建筑外形美观和使用的要求。

屋面防水工程应根据建筑物的类别、重要程度、使用功能要求确定防水等级,并应按相应等级进行防水设防;对防水有特殊要求的建筑屋面,应进行专项防水设计。屋面防水等级和设防要求见表4.1。

表 4.1 　　　　　　　　　　　　屋面防水等级和设防要求

防水等级	建筑类别	设防要求	防水做法
Ⅰ级	重要建筑和高层建筑	两道防水设防	卷材防水层和卷材防水层、卷材防水层和涂膜防水层、复合防水层
Ⅱ级	一般建筑	一道防水设防	卷材防水层、涂膜防水层、复合防水层

屋面的基本构造层次宜符合表4.2的要求。设计人员可根据建筑物的性质、使用功能、气候条件等因素进行组合。

表 4.2 　　　　　　　　　　　　屋面的基本构造层次

屋面类型	基本构造层次(自上而下)
卷材、涂膜屋面	保护层、隔离层、防水层、找平层、保温层、找平层、找坡层、结构层
	保护层、保温层、防水层、找平层、找坡层、结构层
	种植隔热层、保护层、耐根穿刺防水层、防水层、找平层、保温层、找平层、找坡层、结构层
	架空隔热层、防水层、找平层、保温层、找平层、找坡层、结构层
	蓄水隔热层、隔离层、防水层、找平层、保温层、找平层、找坡层、结构层
瓦屋面	块瓦、挂瓦条、顺水条、持钉层、防水层或防水垫层、保温层、结构层
	沥青瓦、持钉层、防水层或防水垫层、保温层、结构层

屋面类型	基本构造层次（自上而下）
金属板屋面	压型金属板、防水垫层、保温层、承托网、支撑结构
	上层压型金属板、防水垫层、保温层、底层压型金属板、支撑结构
	金属面绝热夹芯板、支撑结构
玻璃采光顶	玻璃面板、金属框架、支撑结构
	玻璃面板、点支撑装置、支撑结构

注 1. 表中结构层包括混凝土基层和木基层；防水层包括卷材和涂膜防水层；保护层包括块体材料、水泥砂浆、细石混凝土保护层。

2. 有隔汽要求的屋面，应在保温层与结构层之间设隔汽层。

屋面工程施工单位应取得建筑防水和保温工程相应等级的资质证书，建立、健全施工质量的检查制度，作业人员应持证上岗。

屋面工程施工前应通过图纸会审，施工单位应掌握施工图中的细部构造及有关技术要求，施工单位应编制屋面工程专项施工方案，并应经监理单位或建设单位审查确认后执行。屋面工程施工时，应建立各道工序的自检、交接检和专职人员检查的"三检"制度，并应有完整的检查记录。每道工序施工完成后，应经监理单位或建设单位检查验收，并应在合格后做好隐蔽工程的质量记录，再进行下道工序的施工。当进行下道工序或相邻工程施工时，应对屋面已完成的部分采取保护措施。伸出屋面的管道、设备或预埋件等，应在保温层和防水层施工前安设完毕。屋面保温层和防水层完工后，不得进行凿孔、打洞或重物冲击等有损屋面的作业。屋面防水工程完工后，应进行观感检查和雨后观察或淋水、蓄水试验，不得有渗漏和积水现象。

屋面工程所用的防水、保温材料应有产品合格证和性能检测报告，材料的品种、规格、性能等必须符合国家现行产品标准和设计要求，产品质量应经过省级以上建设行政主管部门对其资质认可和质量技术监督部门对其计量认证的质量检测单位进行检测。防水、保温材料进场时应根据设计要求对材料的质量证明文件进行检查，并应经监理单位或建设单位代表确认，纳入工程技术档案，应对材料的品种、规格、包装、外观和尺寸等进行检查验收，形成相应验收记录。进场检验报告的全部项目指标均达到技术标准规定应为合格，不合格材料不得在工程中使用，有害物质限量应符合国家现行有关标准规定，对周围环境不得造成污染。可燃类防水、保温材料进场后，应远离火源；露天堆放时应采用不燃材料完全覆盖，防火隔离带施工应与保温材料施工同步进行，不得直接在可燃类防水、保温材料上进行热熔法或热粘法施工。喷涂硬泡聚氨酯作业时，应避开高温环境，施工工艺、工具及服装等应采取防静电措施，施工作业区应配备消防灭火器材。屋面上需要进行焊接、钻孔等施工作业时，周围环境应采取防火安全措施，严禁在雨天、雪天和五级及以上大风天气施工。屋面坡度大于30％时，应采取防滑措施，屋面周边和预留孔洞部位，必须按临边、洞口防护规定设置安全护栏和安全网。施工人员应穿防滑鞋，特殊情况下无可靠安全措施时，操作人员必须系好安全带并扣好保险钩。

项目1　卷材防水屋面

卷材防水屋面是指采用胶粘剂粘贴卷材或采用带底面胶粘剂的卷材进行热熔或冷粘贴于

屋面基层进行防水的屋面。卷材防水屋面属于柔性防水屋面，它具有自重轻、柔韧性好、防水性能好的优点，同时也存在造价较高、易于老化、施工复杂、周期长、修补困难等缺点。

1.1 常用材料

1.1.1 常用防水卷材

屋面防水工程常用的防水卷材有高聚物改性沥青防水卷材和合成高分子防水卷材。高聚物改性沥青防水卷材提高了防水材料的强度、延伸率和耐老化性能，新型的合成高分子防水卷材具有单层防水、冷施工、质量轻、污染小、对基层适应性强等特点，是发展和推广使用的防水卷材。

高聚物改性沥青防水卷材主要性能指标见表 4.3，合成高分子防水卷材主要性能指标见表 4.4。

表 4.3 高聚物改性沥青防水卷材主要性能指标

项 目		指　标				
		聚酯毡胎体	玻璃纤维毡胎体	聚乙烯胎体	自粘聚酯胎体	自粘无胎体
可溶物含量（g/m²）		3mm 厚≥2100 4mm 厚≥2900		—	2mm 厚≥1300 3mm 厚≥2100	—
拉力（N/50mm）		≥500	纵向≥350	≥200	2mm 厚≥350 3mm 厚≥450	≥150
延伸率（%）		最大拉力时 SBS≥30 APP≥25		断裂时 ≥120	最大拉力时 ≥30	最大拉力时 ≥200
耐热度（℃，2h）		SBS 为 90，APP 为 110，无滑动、流淌、滴落		PEE 为 90，无流淌、起泡	70，无滑动、流淌、滴落	70，滑动不超过 2mm
低温柔度（℃）		SBS 为—20；APP 为—7；PEE 为—20			—20	
不透水性	压力（MPa）	≥0.3	≥0.2	≥0.4	≥0.3	≥0.2
	保持时间（min）	≥30				≥120

注 SBS 为弹性体改性沥青防水卷材；APP 为塑性体改性沥青防水卷材；PEE 为改性沥青聚乙烯胎防水卷材。

表 4.4 合成高分子防水卷材主要性能指标

项 目		指　标			
		硫化橡胶类	非硫化橡胶类	树脂类	树脂类（复合片）
断裂拉伸强度（MPa）		≥6	≥3	≥10	≥60N/10mm
扯断伸长率（%）		≥400	≥200	≥200	≥400
低温弯折（℃）		—30	—20	—25	—20
不透水性	压力（MPa）	≥0.3	≥0.2	≥0.3	≥0.3
	保持时间（min）	≥30			

项目		指 标			
		硫化橡胶类	非硫化橡胶类	树脂类	树脂类（复合片）
加热收缩率（%）		<1.2	<2.0	≤2.0	≤2.0
热老化保持率（80℃×168h，%）	断裂拉伸强度	≥80		≥85	≥80
	扯断伸长率	≥70		≥80	≥70

防水卷材进场后，应按规定进行取样复验。同一品种、牌号和规格的沥青防水卷材、高聚物改性沥青防水卷材及合成高分子防水卷材现场抽验数量为：大于1000卷抽取5卷；每500～1000卷抽4卷；100～499卷抽3卷；100卷以下抽2卷。将抽验的卷材整卷进行规格尺寸和外观质量检验。在外观质量检验合格的卷材中，任取1卷做物理性能检验，全部指标达到标准规定时，即为合格。其中如1项指标达不到要求，应在受检产品中加倍取样复验，全部达到标准规定为合格。复验时有1项不合格，则判定该产品不合格。不合格的防水材料严禁在建筑工程中使用。卷材的检验项目见表4.5。外露使用的卷材应选用耐紫外线、耐老化、耐候性好的防水材料；上人屋面应选用耐霉变、拉伸强度高的防水材料；长期处于潮湿环境的屋面应选用耐腐蚀、耐霉变、耐穿刺、耐长期水浸等性能的防水材料。

表 4.5 卷材的检验项目

序 号	名 称	外观质量检验	物理性能检验
1	合成高分子防水卷材	表面平整，边缘整齐，无气泡、裂纹、黏结疤痕，每卷卷材的接头完好	断裂拉伸强度、扯断伸长率、低温弯折性、不透水性
2	高聚物改性沥青防水卷材	表面平整，边缘整齐，无孔洞、缺边、裂口、胎基未浸透，矿物粒料粒度，每卷卷材的接头完好	可溶物含量、拉力、最大拉力时延伸率、耐热度、低温柔度、不透水性

1.1.2 基层处理剂

基层处理剂是为了增强防水材料与基层之间的黏结力，在防水层施工前，预先涂刷在基层上的稀质涂料。常用的基层处理剂高聚物改性沥青卷材和合成高分子卷材配套的底胶，它与卷材的材性应相容，以免与卷材发生腐蚀或黏结不良。卷材基层处理剂用于高聚物改性沥青防水卷材和合成高分子防水卷材的基层处理，一般采用合成高分子材料进行改性，基本上由卷材生产厂家配套供应。部分基层处理剂见表4.6。基层处理剂主要性能指标见表4.7。

表 4.6 卷材与配套的卷材基层处理剂

卷材种类	基层处理剂
高聚物改性沥青防水卷材	改性沥青溶液、冷底子油
三元乙丙丁基橡胶防水卷材	聚氨酯底胶甲：乙：二甲苯＝1：1.5：1.5～3
氯化聚乙烯-橡胶共混防水卷材	氯丁胶 BX－12 胶粘剂
增强氯化聚乙烯防水卷材	3 号胶：稀释剂＝1：0.05
氯磺化聚乙烯防水卷材	氯丁胶沥青乳液

表 4.7 基层处理剂、胶粘剂、胶粘带主要性能指标

项目	指 标			
	沥青基防水卷材用基层处理剂	改性沥青胶粘剂	合成高分子胶粘剂	双面胶粘带
剥离强度（N/10mm）	≥8	≥8	≥15	≥6
浸水 168h 剥离强度保持率（%）	≥8N/10mm	≥8N/10mm	70	70
固体含量（%）	水性≥40；溶剂性≥30	—	—	—
耐热性	80℃无流淌	80℃无流淌	—	—
低温柔性	0℃无裂纹	0℃无裂纹	—	—

采用基层处理剂时，配合比应准确，并搅拌均匀，喷涂基层处理剂前，应对屋面细部进行涂刷，基层处理剂可选用喷涂或涂刷施工工艺，喷涂应均匀一致，干燥后应及时进行卷材施工。

1.1.3 胶粘剂

石油沥青胶结胶粘剂一般采用两种或三种牌号的沥青按一定配合比熔合，经熬制脱水后，掺入适当品种和数量的填充料配制而成。合成高分子胶粘剂是用于粘贴卷材的胶粘剂，可分为卷材与基层粘贴剂及卷材与卷材搭接的胶粘剂。胶粘剂均由卷材生产厂家配套供应，常用合成高分子卷材配套胶粘剂参见表 4.8。胶粘剂主要性能指标见表 4.7。

表 4.8 常用合成高分子卷材配套胶粘剂

卷材名称	基层与卷材胶粘剂	卷材与卷材胶粘剂	表面保护层涂料
三元乙丙-丁基橡胶卷材	CX-404	丁基胶粘剂 A、B组分（1∶1）	水乳型醋酸乙烯-丙烯酸酯共聚、油溶型乙丙橡胶和甲苯溶液
氯化聚乙烯卷材	BX-12 胶粘剂	BX-12 组分胶粘剂	水乳型醋酸乙烯-丙烯酸酯共混、油溶型乙丙橡胶和甲苯溶液
LYX-603 氯化聚乙烯卷材	LYX-603-3（3号胶）甲、乙组分	LYX-603-2（2号胶）	LYX-603-1（1号胶）
聚氯乙烯卷材	FL-5 型（5～15℃时使用）FL-15 型（15～40℃时使用）		

不同品种、规格的胶粘剂和胶粘带，应分别用密封桶或纸箱包装，胶粘剂和胶粘带应储存在阴凉通风的室内，严禁接近火源和热源。

1.2 卷材防水屋面施工

1. 基层施工

现浇钢筋混凝土屋面板宜连续浇捣，不留施工缝，振捣密实，表面平整。当采用装配式

钢筋混凝土板时，板缝底宽应不小于20mm，当板缝宽度大于40mm或上窄下宽时，板缝内应设置构造钢筋，板端、侧缝应采用细石混凝土灌缝，其强度等级不应低于C20，嵌填深度宜低于板面10～20mm，且应振捣密实和浇水养护。板端缝应按设计要求增加防裂的构造措施。

2. 找平层和找坡层施工

施工前，应清理结构层、保温层上面的松散杂物，凸出基层表面的硬物应剔平扫净。凸出屋面的管道、支架等根部，应用细石混凝土堵实和固定。

卷材、涂膜的基层宜设找平层，找平层厚度和技术要求应符合表4.9的规定。卷材防水层的基层与凸出屋面结构的交接处，以及与基层的转角处，找平层均应做成圆弧形，且应整齐平顺。找平层圆弧半径应符合表4.10的规定。保温层上的找平层应留设分格缝，缝宽宜为5～20mm，纵横缝的间距不宜大于6m。找平层的抹平工序应在初凝前完成，压光工序应在终凝前完成，终凝后应进行养护，养护时间不得少于7d。对不宜与找平层接合的基层应做界面处理。

表4.9　　　　　　　　　　　　找平层厚度和技术要求

找平层分类	适用的基层	厚度（mm）	技术要求
水泥砂浆	整体现浇混凝土板	15～20	1:2.5 水泥砂浆
	整体材料保温层	20～25	
细石混凝土	装配式混凝土板	30～35	C20 混凝土，宜加钢筋网片
	板状材料保温层		C20 混凝土

表4.10　　　　　　　　　　　　找平层圆弧半径

卷 材 种 类	圆 弧 半 径
高聚物改性沥青防水卷材	50
合成高分子防水卷材	20

混凝土结构层宜采用结构找坡，坡度不应小于3%，找坡材料宜采用质量轻、吸水率低和有一定强度的材料，坡度宜为2%，檐沟、天沟纵向找坡不应小于1%，沟底水落差不得超过200mm。抹找坡层前，宜对基层洒水湿润，按屋面排水方向和设计坡度要求进行，找坡层最薄处厚度不宜小于20mm。找坡材料应分层铺设和适当压实，表面宜平整和粗糙，并应适时浇水养护。

3. 隔汽层施工

当严寒及寒冷地区屋面结构冷凝界面内侧实际具有的蒸汽渗透阻力小于所需值，或其他地区室内湿气有可能透过屋面结构层进入保温层时，应设置隔汽层。隔汽层应设置在结构层上、保温层下，一般隔汽层下宜设置找平层。隔汽层可以隔绝室内水蒸气通过板缝或孔隙进入保温层。隔汽层应选用气密性、水密性好的材料，采用卷材时宜空铺，卷材搭接缝应满粘，其搭接宽度不应小于80mm。隔汽层采用涂料时，应涂刷均匀，不得有堆积、起泡和露底现象。涂料应涂两遍，且前后两遍的涂刷方向应相互垂直。在屋面与墙的连接处，隔汽层应沿墙面向上连续铺设，高出保温层上表面不得小于150mm，穿过隔汽层的管线周围应封严，转角处应无折损。

4. 保温层施工

保温层应根据屋面所需传热系数或热阻选择轻质、高效的保温材料，保温层及其保温材料见表4.11。保温材料应采取防雨、防潮、防火的措施，并应分类存放，纤维保温材料应在干燥、通风的房屋内储存，搬运时应轻拿轻放。板状保温材料进场时应检验表观密度或干密度、压缩强度或抗压强度、导热系数、燃烧性能，纤维保温材料进场时应检验表观密度、导热系数、燃烧性能。

表 4.11   保温层及其保温材料

保 温 层	保 温 材 料
板状材料保温层	聚苯乙烯泡沫塑料，硬质聚氨酯泡沫塑料，膨胀珍珠岩制品，泡沫玻璃制品，加气混凝土砌块，泡沫混凝土砌块
纤维材料保温层	玻璃棉制品，岩棉、矿渣棉制品
整体材料保温层	喷涂硬泡聚氨酯，现浇泡沫混凝土

铺设保温层的基层应平整、干燥和干净，干铺的保温材料可在负温度下施工，用水泥砂浆粘贴的板状保温材料不宜低于5℃，喷涂硬泡聚氨酯宜为15～35℃，空气相对湿度宜小于85%，风速不宜大于三级，现浇泡沫混凝土宜为5～35℃。

板状材料保温层采用干铺法施工时，板状保温材料应紧靠在基层表面上，铺平垫稳，分层铺设的板块上下层接缝应相互错开，板间缝隙应采用同类材料碎屑嵌填密实；采用粘贴法施工时，胶粘剂应与保温材料的材性相容，并应贴严、粘牢；平面接缝应挤紧拼严，不得在板块侧面涂抹胶粘剂，宽度超过2mm的缝隙应采用相同材料的板条填塞严实；采用机械固定法施工时，应选择专用螺钉和垫片，固定件与结构层之间连接牢固。

纤维保温材料应紧靠在基层表面上，平面接缝应挤紧拼严，上下层接缝应相互错开，屋面坡度较大时，宜采用金属或塑料专用固定件将纤维保温材料与基层固定，纤维保温材料填充后，不得上人踩踏。装配式骨架纤维保温材料施工时，应先在基层上铺设保温龙骨或金属龙骨，龙骨之间应填充纤维保温材料，再在龙骨上铺钉水泥纤维板。金属龙骨和固定件应经防腐处理，金属龙骨与基层之间应采取隔热断桥措施，具有抗水蒸气渗透外覆面应朝向室内，拼缝应用防水密封胶带封严。

喷涂硬泡聚氨酯是以异氰酸酯、多元醇为主要原料加入发泡剂，现场使用专用喷涂设备在基层上连续多遍喷涂发泡聚氨酯后，形成无接缝的硬泡体。所用原材料的质量及配合比，应符合设计要求，发泡厚度应均匀一致；施工前应对喷涂设备进行调试，并应制备试样进行硬泡聚氨酯的性能检测。喷涂时，喷嘴与施工基面的间距应由试验确定，一个作业面应分多遍喷涂完成，每遍厚度不宜大于15mm，当日的作业面应当日连续地喷涂施工完毕。喷涂硬泡聚氨酯后20min内严禁上人；喷涂硬泡聚氨酯保温层完成后，应及时做保护层。

现浇泡沫混凝土是用物理方法将发泡剂水溶液制备成泡沫，再将泡沫加入到由水泥、骨料、掺合料、外加剂和水等制成的料浆中，经混合搅拌、现场浇筑、自然养护而成的轻质多孔混凝土。所用原材料的质量及配合比，应符合设计要求，制备好的泡沫加入水泥料浆中应搅拌均匀；施工前应对设备进行调试，并应制备试样进行泡沫混凝土的性能检测。在浇筑泡沫混凝土前，应将基层上的杂物和油污清理干净，基层应浇水湿润，但不得有积水，在浇筑过程中，应随时检查泡沫混凝土的湿密度，浇筑出料口离基层的高度不宜超过1m，泵送时应采取低压泵送，一次浇筑厚度不宜超过 200mm，终凝后进行保湿养护，养护时间不得少于 7d。

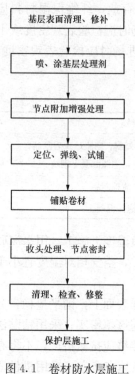

图 4.1　卷材防水层施工
的一般工艺流程

5. 卷材防水层施工

为了保证卷材与基层的黏结强度，基层必须干净、干燥。干燥程度简易的检验方法：将 $1m^2$ 卷材平摊在找平层上，静置 3～4h 后掀开检查，找平层覆盖部位与卷材未见水印即可铺设。当采用机械固定法铺贴卷材时，对基层的干燥度没有要求。卷材防水层施工的一般工艺流程如图 4.1 所示。

（1）铺贴顺序和方向。卷材防水层施工时，应先进行细部构造处理，然后由屋面最低标高向上铺贴，檐沟、天沟卷材施工时，宜顺檐沟、天沟方向铺贴，搭接缝应顺流水方向，卷材宜平行屋脊铺贴，上下层卷材不得相互垂直铺贴。在坡度大于 25% 的屋面上铺设卷材应采取固定措施，防止下滑。防止下滑的措施有满粘法和钉压固定法，固定点应做密封处理。立面或大坡面铺贴卷材时，应采用满粘法，并宜减少卷材短边。

（2）搭接缝要求。铺贴卷材应采用搭接法，上下层及相邻两幅卷材的搭接缝应错开。平行于屋脊的搭接缝应顺流水方向，搭接缝宽度见表 4.12。同一层相邻两幅卷材短边搭接缝错开不应小于 500mm，上下层卷材长边搭接缝应错开，且不应小于幅宽的 1/3。

叠层铺设的各层卷材，在天沟与屋面的连接处应采用叉接法搭接，搭接缝应错开；接缝宜留在屋面或天沟侧面，不宜留在沟底。

表 4.12　　　　　　　　　　卷材搭接宽度　　　　　　　　　　　　　　mm

卷材类别		搭接宽度
合成高分子防水卷材	胶粘剂	80
	胶粘带	50
	单缝焊	60，有效焊接宽度不少于 25
	双缝焊	80，有效焊接宽度 10×2＋空腔宽
高聚物改性沥青防水卷材	胶粘剂	100
	自粘	80

（3）卷材与基层的粘贴方法。卷材与基层的黏结方法可分为满粘法、条粘法、点粘法和空铺法等形式。通常都采用满粘法，而条粘法、点粘法和空铺法更适合于防水层上有重物覆盖或基层变形较大的场合，是一种克服基层弯拉裂卷材防水层的有效措施，在施工时应按照设计规定，选择适合的工艺方法。

满粘法又叫全粘法，即在铺贴防水卷材时，卷材与基层采用全部黏结的施工方法。该方法提高了防水性能，但若屋面变形较大或找平层潮湿，防水层容易开裂、起鼓；适用于屋面面积较小、屋面结构变形不大、找平层干燥的屋面，还可用于防水层无重物压盖、呈外露状态的常年受大风影响的屋面。

空铺法是指铺贴卷材防水层时，卷材与基层仅在四周一定宽度内黏结，其余部分采取不黏结的施工方法。铺贴时，应在檐口、屋脊和屋面的转角处及凸出屋面的连接处，卷材与找平层应涂满玛蹄脂黏结，其黏结宽度不得小于 800mm，卷材与卷材的搭缝应满粘，叠层铺设时，卷材与卷材之间应满粘。该方法使卷材与基层之间互不黏结，减少了基层变形对防水层的影响，有利于解决防水层开裂、起鼓等问题；但是对于叠层铺设的防水层由于减少了一层油，降低了防水功能，如一旦渗漏，不宜找到漏点。它适用于基层湿度过大、找平层的水蒸气难以由排汽道排入大气的屋面，在沿海大风地区应慎用，以防被大风掀起。

条粘法是指铺贴卷材时，卷材与基层采用条状黏结的施工方法。每幅卷材与基层的黏结面不少于两条，每条宽度不小于 150mm。每幅卷材与卷材的搭缝应满粘，当采用叠层铺设时，卷材与卷材之间应满粘。这种铺贴方法，由于卷材与基层在一定宽度内不黏结，增大了防水层适应基层变形的能力，有利于解决卷材屋面的开裂、起鼓；但这种铺贴方法，操作比较复杂，且部分地方减少了一层油，降低了防水功能。它适用于采用留槽排汽不能可靠地解决卷材防水层开裂和起鼓的无保温屋面，或温差较大，而基层又十分潮湿的排汽屋面。

点粘法是指铺贴卷材时，卷材与基层采用点状黏结的施工方法。每平方米面积内黏结不少于 5 点，每点面积不小于 100mm×100mm。卷材与卷材的搭接缝应满粘。当第一层采用打孔卷材时也属于点粘法。防水层周边一定范围内也应与基层满粘牢固。点粘的面积，必要时应根据当地风力大小经计算后确定。点粘法增大了防水层适应基层变形的能力，有利于解决防水层开裂、起鼓等问题，但操作比较复杂。它适用于采用留槽排汽不能可靠地解决卷材防水层开裂和起鼓的无保温屋面，或温差较大，而基层又十分潮湿的排汽屋面。

无论采用空铺法、条粘法，还是点粘法，施工时必须注意：距屋面周边 800mm 内的防水层应满粘，保证防水层四周与基层黏结牢固；卷材与卷材之间应满粘，保证搭接严密。

（4）卷材防水施工方法。目前常见的施工方法有冷粘法施工、热熔法施工、自粘法施工和热风焊接法等。

冷粘法施工是利用毛刷将胶粘剂涂刷在基层或卷材上，然后直接铺贴卷材，使卷材与基层、卷材与卷材黏结的方法。它适用于合成高分子防水卷材及高聚物改性沥青防水卷材施工。施工时，胶粘剂涂刷应均匀、不露底、不堆积。根据胶粘剂的性能控制胶粘剂涂刷与卷材铺贴的时间间隔，铺贴卷材下面的空气应排尽，并辊压黏结牢固，铺贴卷材应平整顺直，搭接尺寸准确，不得扭曲，接缝口应用密封材料封严，宽度不应小于 10mm。

热熔法施工是采用热玛蹄脂或采用火焰加热器热熔防水卷材底层的热熔胶进行粘贴的方法。它适用于有底层热熔胶的高聚物改性沥青防水卷材。施工时，火焰加热器加热卷材应均匀，不得过分加热或烧穿卷材，厚度小于 3mm 的高聚物改性沥青防水卷材严禁使用。在卷材表面热熔后（以卷材表面熔融至光亮黑色为度）应立即滚铺卷材，使之平展，下面的空气应排尽，并辊压黏结牢固。搭接缝处必须以溢出热的改性沥青胶为度，溢出的改性沥青胶宽度宜为 8mm，并应随即刮封接口。

自粘法施工是指采用带有自粘胶的防水卷材，不用热施工，也不需涂胶结材料，而进行黏结的方法。它适用于带有自粘胶的合成高分子防水卷材及高聚物改性沥青防水卷材施工。铺贴前，基层表面应均匀涂刷基层处理剂，待干燥后及时铺贴卷材。铺贴时，应先将自粘胶底面隔离纸完全撕净，排出卷材下面的空气，并辊压黏结牢固，不得空鼓。接缝口应用密封材料封严，宽度不小于 10mm。低温施工时，接缝部位宜采用热风加热，并应随即粘贴牢固。

热风焊接法是利用热空气焊枪加热防水卷材搭接缝进行黏结的方法。它适用于合成高分子防水卷材搭接缝焊接。焊接前，卷材铺放应平整顺直，搭接尺寸正确，焊接缝的接合面应清扫干净，无水滴、油污及附着物。焊接时，应先焊长边搭接缝，后焊短边搭接缝，焊接处不得有漏焊、缺焊、焊焦或焊接不牢的现象，也不得损害非焊接部位的卷材。

6. 保护层和隔离层施工

上人屋面保护层可采用块体材料、细石混凝土等材料，不上人屋面保护层可采用浅色涂料、铝箔、矿物粒料、水泥砂浆等材料，保护层材料的适用范围和技术要求见表 4.13。块体材料、水泥砂浆、细石混凝土保护层与卷材、涂膜防水层之间，应设置隔离层。隔离层材料的适用范围和技术要求见表 4.14。

表 4.13　　　　　　　　　保护层材料的适用范围和技术要求

保护层材料	适用范围	技 术 要 求
浅色涂料	不上人屋面	丙烯酸系反射涂料
铝箔	不上人屋面	0.05mm 厚铝箔反射膜
矿物粒料	不上人屋面	不透明的矿物粒料
水泥砂浆	不上人屋面	20mm 厚 1∶2.5 或 M15 水泥砂浆
块体材料	上人屋面	地砖或 30mm 厚 C20 细石混凝土预制块
细石混凝土	上人屋面	40mm 厚 C20 细石混凝土或 50mm 厚 C20 细石混凝土内配 φ4@100 双向钢筋网片

表 4.14　　　　　　　　　隔离层材料的适用范围和技术要求

隔离层材料	适 用 范 围	技 术 要 求
塑料膜	块体材料、水泥砂浆保护层	0.4mm 厚聚乙烯膜或 3mm 厚发泡聚乙烯膜
土工布	块体材料、水泥砂浆保护层	200g/m² 聚酯无纺布
卷材	块体材料、水泥砂浆保护层	石油沥青卷材一层
低强度等级砂浆	细石混凝土保护层	10mm 厚黏土砂浆 石灰膏∶砂∶黏土=1∶2.4∶3.6
		10mm 厚石灰砂浆，石灰膏∶砂=1∶4
		5mm 厚掺有纤维的石灰砂浆

块体材料应按类别、规格分别堆放。浅色涂料保管环境温度：反应型及水乳型不宜低于 5℃，溶剂型不宜低于 0℃，溶剂型涂料保管环境应干燥、通风，并应远离火源和热源；塑料膜、土工布、卷材储运时，应防止日晒、雨淋、重压，保管时应保证室内干燥、通风，远离火源、热源。块体材料干铺不宜低于 −5℃，湿铺不宜低于 5℃，浅色涂料不宜低于 5℃，水泥砂浆及细石混凝土宜为 5～35℃，干铺塑料膜、土工布、卷材可在负温度下施工。

施工完的防水层应进行雨后观察、淋水或蓄水试验，并应在合格后再进行保护层和隔离层的施工。保护层和隔离层施工前，防水层或保温层的表面应平整、干净，施工时应避免防水层和保温层损坏。块体材料、水泥砂浆、细石混凝土保护层表面的坡度应符合设计要求，不得有积水现象。

在砂接合层上铺设块体材料保护层时，砂接合层应平整，块体间应预留 10mm 的缝隙，缝内应填砂，并应用1：2水泥砂浆勾缝；在水泥砂浆接合层上铺设块体材料保护层时，应先在防水层上做隔离层，块体间应预留10mm的缝隙，缝内应用1：2水泥砂浆勾缝，块体表面应洁净、色泽一致，应无裂纹、掉角和缺楞等缺陷。

水泥砂浆及细石混凝土保护层铺设前，应在防水层上做隔离层，细石混凝土铺设不宜留施工缝的，当施工间隙超过初凝时间时，应对接槎进行处理，水泥砂浆及细石混凝土表面应抹平压光，不得有裂纹、脱皮、麻面、起砂等缺陷。

浅色涂料保护层应与卷材、涂膜相容，材料用量应根据产品说明书的规定使用。浅色涂料应多遍涂刷，当防水层为涂膜时，应在涂膜固化后进行，涂层应与防水层黏结牢固，厚薄应均匀，不得漏涂，涂层表面应平整，不得流淌和堆积。

干铺塑料膜、土工布、卷材隔离层时，其搭接宽度不应小于50mm，铺设应平整，不得有皱褶，低强度等级砂浆隔离层铺设时，其表面应平整、压实，不得有起壳和起砂等现象。

7. 屋面细部构造的铺设

屋面细部构造应包括檐口、檐沟和天沟、女儿墙、变形缝、水落口、伸出屋面管道、屋面出入口、反梁过水孔、设施基座、屋脊、屋顶窗等部位。

（1）檐口。无组织排水檐口800mm范围内卷材应采取满粘法，卷材收头应固定密封，如图4.2所示。将铺贴到檐口端头的卷材裁齐后压入凹槽内，然后将凹槽用密封材料嵌填密实，如用压条（宽度为20mm的薄钢板等）或用带垫片钉子固定，钉子应敲入凹槽内，钉帽及卷材端头用密封材料封严。防水层在檐口部位的收头，应距檐口边缘50～100mm，并留凹槽，以便防水层端头压入凹槽，嵌缝密封材料后不应产生阻水。防水层在泛水部位收头距屋面找平层最低高度不小于200mm，待大面卷材铺贴后，再对泛水和收头统一处理。铺贴卷材前，收头凹槽应抹水泥砂浆，使凹槽宽度和深度一致，并能顺直、平整，檐口下端应做鹰嘴和滴水槽。

（2）天沟、檐沟和水落口。天沟、檐沟应增铺附加层，附加层伸入屋面的宽度不应小于250mm，檐沟防水层和附加层应由沟底翻上至外侧顶部，卷材收头应用金属条钉压，并用密封材料封严，檐沟外侧下端应做鹰嘴或滴水槽，檐沟外侧高于屋面结构板时，应设置溢水口，如图4.3所示。天沟、檐沟卷材收头，应固定密封，如图4.4所示。高低跨内排水天沟与立墙交接处应采取能适应变形的密封处理，如图4.5所示。

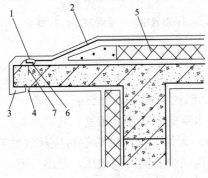

图4.2 卷材防水屋面檐口
1—密封材料；2—卷材防水层；3—鹰嘴；4—滴水槽；
5—保温层；6—金属压条；7—水泥钉

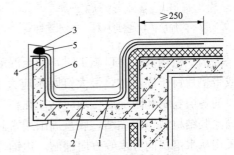

图4.3 卷材防水屋面檐沟
1—防水层；2—附加层；3—密封材料；
4—水泥钉；5—金属压条；6—保护层

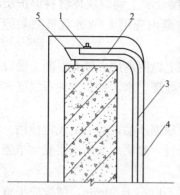

图 4.4　檐沟卷材收头

1—钢压条；2—水泥钉；3—防水层；

4—附加层；5—密封材料

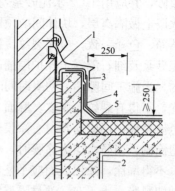

图 4.5　高低跨变形缝

1—密封材料；2—金属或高分子盖板；

3—防水层；4—金属压条钉子固定；5—水泥钉

重力式排水的水落口防水构造应符合下列规定：水落口周围直径 500mm 范围内的坡度不应小于 5%，防水层下应增设涂膜附加层，防水层与附加层伸入水落口不应小于 50mm，并应黏结牢固，如图 4.6 和图 4.7 所示。水落口杯应牢固地固定在承重结构上，当采用铸铁制品时，所有零件均应除锈，并涂刷防锈漆。虹吸式排水的水落口防水构造应进行专项设计。

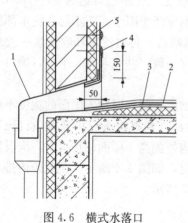

图 4.6　横式水落口

1—水落斗；2—防水层；

3—附加层；4—密封材料；5—水泥钉

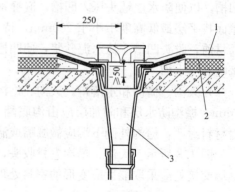

图 4.7　直式水落

1—防水层；2—附加层；4—水落斗

天沟、檐沟及水落口施工时，铺至混凝土檐口的卷材端头应裁齐后压入凹槽。当采用压条或带垫片钉子固定时，最大钉距不应大于 900mm。凹槽内用密封材料嵌填封严。铺至水落口的各层卷材和附加层，均应粘贴在杯口上，用雨水罩的底盘将其压紧，底盘与卷材之间应满涂胶结材料予以黏结，底盘周围用密封材料填封。天沟、檐沟铺贴卷材应从沟底开始，顺天沟从水落口向分水岭方向铺贴，边铺边用刮板从沟底中心向两侧刮压，赶出气泡使卷材铺贴平整，粘贴密实。当沟底过宽，卷材需纵向搭接时，搭接缝应用密封材料封口。

（3）女儿墙和山墙。女儿墙压顶可采用混凝土或金属制品。压顶向内排水坡度不应小于 5%，压顶内侧下端应做滴水处理，女儿墙泛水处的防水层应增设附加层，附加层在平面和立面的宽度均不应小于 250mm。低女儿墙泛水处的防水层可直接铺贴或涂刷至压顶下，卷材收头应用金属压条钉压固定，并应用密封材料封严，如图 4.8 所示。高女儿墙泛水处的防水层泛水高度不应小于 250mm，防水层收头应用金属压条钉压固定，并应用密封材料封严，泛水上部的墙体应作防水处理，如图 4.9 所示，女儿墙泛水处的防水层表面，宜采用涂刷浅色涂料或浇筑细石混凝土保护。山墙压顶可采用混凝土或金属制品。压顶应向内排水，坡度不应小于 5%，压顶内侧下端应作滴水处理；山墙泛水处的防水层下应增设附加层，附加层在平面和立面的宽度均不应小于 250mm。

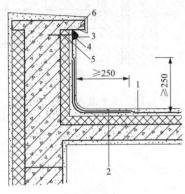

图 4.8 低女儿墙

1—防水层；2—附加层；3—密封材料；
4—金属压条；5—水泥钉；6—压顶

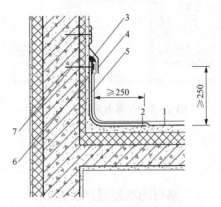

图 4.9 高女儿墙

1—防水层；2—附加层；3—密封材料；
4—金属盖板；5—保护层；6—金属压条；7—水泥钉

（4）变形缝。变形缝内应预填不燃保温材料，上部应采用防水卷材封盖，并设置衬垫材料，再在其上干铺一层卷材。泛水处的防水层下应增设附加层，附加层在平面和立面的宽度不应小于 250mm。防水层应铺贴或涂刷至泛水墙的顶部，等高变形缝顶部应加扣混凝土盖板或金属盖板，如图 4.10 所示。高低跨变形缝如图 4.5 所示。

（5）伸出屋面管道。伸出屋面管道周围的找平层应做成圆锥台，高度不小于 30mm，管道泛水处的防水层下应增设附加层，附加层在平面和立面的宽度不小于 250mm，管道泛水处的防水层泛水高度不应小于 250mm，卷材收头应用金属箍箍紧和密封材料封严，如图 4.11 所示。

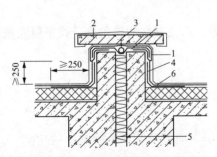

图 4.10 变形缝防水构造

1—卷材封盖；2—混凝土盖板；3—衬垫材料；
4—附加层；5—不燃保温材料；6—防水层

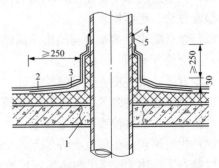

图 4.11 伸出屋面管道

1—细石混凝土；2—卷材防水层；
3—附加层；4—密封材料；5—金属箍

（6）屋面出入口。屋面垂直出入口泛水处应增设附加层，附加层在平面和立面的宽度不应小于250mm，防水层收头应压在混凝土压顶圈下，如图4.12所示；屋面水平出入口泛水处应增设附加层和护墙，附加层在平面上的宽度不应小于250mm；防水层收头应压在混凝土踏步下，如图4.13所示。

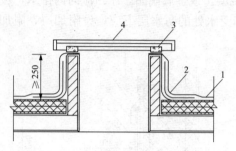

图4.12　垂直出入口防水构造
1—防水层；2—附加层；
3—混凝土压顶圈；4—上人孔盖

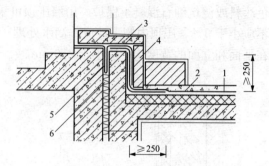

图4.13　水平出入口防水构造
1—防水层；2—附加层；3—踏步；4—护墙；
5—防水卷材封盖；6—不燃保温材料

1.3　卷材防水屋面施工验收

1.3.1　屋面找坡层和找平层施工验收

1. 主控项目及检验方法

（1）找坡层和找平层所用材料的质量及配合比必须符合设计要求。水泥砂浆找平层采用1∶2.5～1∶3（水泥∶砂）体积比，水泥强度等级不得低于32.5级；细石混凝土找平层强度等级不得低于C20；沥青砂浆找平层采用1∶8（沥青∶砂）质量比，沥青可采用10、30号的建筑石油沥青或其熔合物。

检验方法：检查出厂合格证、质量检验报告和计量措施。

（2）找坡层和找平层的排水坡度，必须符合设计要求。

检验方法：坡度尺检查。

2. 一般项目及检验方法

（1）找平层应抹平、压光，不得有酥松、起砂、起皮现象。

检验方法：观察检查。

（2）卷材防水层的基层与凸出屋面结构的交接处，以及基层的转角处，找平层应做成圆弧形，且应整齐平顺。

检验方法：观察检查和尺量检查。

（3）找平层分格缝的位置和间距应符合设计要求。

检验方法：观察检查和尺量检查。

（4）找坡层表面平整度允许偏差为7mm，找平层表面平整度允许偏差为5mm。

检验方法：用2m靠尺和楔形塞尺检查。

1.3.2　屋面隔汽层施工验收

1. 主控项目及检验方法

（1）隔汽层所用材料的质量，应符合设计要求。

检验方法：检查出厂合格证、质量检验报告和进场检验报告。

（2）隔汽层不得有破损现象。

检验方法：观察检查。

2. 一般项目及检验方法

（1）卷材隔汽层应铺设平整，卷材搭接缝应黏结牢固，密封应严密，不得有扭曲、皱褶和起泡等缺陷。

检验方法：观察检查。

（2）涂膜隔汽层应黏结牢固，表面平整，涂布均匀，不得有堆积、起泡和露底等缺陷。

检验方法：观察检查。

1.3.3 屋面保温层施工验收

1. 主控项目及检验方法

（1）板状保温材料的质量，应符合设计要求。

检验方法：检查出厂合格证、质量检验报告和进场检验报告。

（2）板状材料保温层的厚度应符合设计要求，其正偏差应不限，负偏差应为 5%，且不得大于 4mm。

检验方法：钢针插入检查和尺量检查。

（3）纤维保温材料的质量，应符合设计要求。

检验方法：检查出厂合格证、质量检验报告和进场检验报告。

（4）纤维材料保温层的厚度应符合设计要求，其正偏差应不限，毡不得有负偏差，板负偏差应为 4%，且不得大于 3mm。

检验方法：钢针插入检查和尺量检查。

（5）喷涂硬泡聚氨酯所用原材料的质量及配合比，应符合设计要求。

检验方法：检查出厂合格证、质量检验报告和计量措施。

（6）喷涂硬泡聚氨酯保温层的厚度应符合设计要求，其正偏差应不限，不得有负偏差。

检验方法：钢针插入检查和尺量检查。

（7）现浇泡沫混凝土原材料的质量及配合比，应符合设计要求。

检验方法：检查出厂合格证、质量检验报告和计量措施。

（8）现浇泡沫混凝土保温层的厚度应符合设计要求，其偏差应为 ±5%，且不得大于 5mm。

检验方法：钢针插入检查和尺量检查。

（9）屋面热桥部位处理应符合设计要求。

检验方法：观察检查。

2. 一般项目及检验方法

（1）板状保温材料、纤维保温材料铺设应紧贴基层，应铺平垫稳，拼缝应严密，黏结应牢固。

检验方法：观察检查。

（2）固定件的规格、数量和位置均应符合设计要求；垫片应与保温层表面齐平。

检验方法：观察检查。

（3）板状材料保温层接缝高低差的允许偏差为 2mm。

检验方法：直尺检查和塞尺检查。

（4）装配式骨架和水泥纤维板应铺钉牢固，表面应平整；龙骨间距和板材厚度应符合设计要求。

检验方法：观察检查和尺量检查。

（5）具有抗水蒸气渗透外覆面的玻璃棉制品，其外覆面应朝向室内，拼缝应用防水密封胶带封严。

检验方法：观察检查。

（6）喷涂硬泡聚氨酯应分遍喷涂，黏结应牢固，表面应平整，找坡应正确。

检验方法：观察检查。

（7）现浇泡沫混凝土应分层施工，黏结应牢固，表面应平整，找坡应正确。

检验方法：观察检查。

（8）现浇泡沫混凝土不得有贯通性裂缝，以及疏松、起砂、起皮现象。

检验方法：观察检查。

（9）板状材料保温层、喷涂硬泡聚氨酯保温层和现浇泡沫混凝土保温层表面平整度的允许偏差为5mm。

检验方法：2m靠尺检查和塞尺检查。

1.3.4　卷材防水层施工验收

1. 主控项目及检验方法

（1）卷材防水层所用卷材及其配套材料，应符合设计要求。

检验方法：检查出厂合格证、质量检验报告和进场检验报告。

（2）卷材防水层不得有渗漏或积水现象。

检验方法：雨后或淋水、蓄水检验。

（3）卷材防水层在天沟、檐沟、檐口、水落口、泛水、变形缝和伸出屋面管道的防水构造，必须符合设计要求。设计要求主要是节点设防能够满足基层变形的需要，多采用柔性密封，防排结合。

检验方法：观察检查和检查隐蔽工程验收记录。

2. 一般项目及检验方法

（1）卷材防水层的搭接缝应黏（焊）结牢固，密封严密，不得有皱褶、翘边等缺陷。

检验方法：观察检查。

（2）卷材防水层的收头应与基层黏结，钉压应牢固，密封应严密。

检验方法：观察检查。

（3）排气屋面的排气道应纵横贯通，不得堵塞。排汽管应安装牢固，位置正确，封闭严密。

检验方法：观察检查。

（4）卷材的铺贴方向应正确，卷材搭接宽度的允许偏差为−10mm。

检验方法：观察检查和尺量检查。

1.4　卷材防水屋面工程质量事故分析与处理

1.4.1　屋面开裂

1. 屋面开裂的原因

屋面开裂是最严重的，也是常见的质量通病，可分为有规则裂缝和无规则裂缝两种情况。

有规则裂缝发生在装配式结构屋面上。在无保温屋面上，裂缝在屋面支座上端通长开裂；在保温屋面上，裂缝在支座两边 10～50cm 的范围内，断断续续地展开。这种开裂在屋面完工后第一个冬季就可能出现。无规则裂缝出现在卷材和找平层，出现的时间也无规律，可能在完工后不久就出现开裂现象。卷材开裂的原因主要有以下几点：

(1) 温度影响。温度影响使屋面板产生胀缩，将屋面上各构造层，直至卷材拉裂。这种开裂在装配式结构上多见，尤其在无保温屋面上发生更多。由于卷材防水表面吸热性能很强，如在北京地区，夏天卷材表面温度可高达 70℃；而冬天的晚上可低达－20℃，温差在90℃以上，一天中也相差几十度。可见，温度对结构变形的影响是很大的，屋面防水不一定要考虑温度变化对结构产生胀缩的影响。在这方面有以下几种质量通病：

1) 设计对温度影响重视不够，考虑不周。有的工程纵向 60m 以上，屋面不设伸缩缝，或者伸缩缝间距大，有的结构温度变形很大，但是屋面防水不采取任何措施，使用以后，将防水层拉开；有些较复杂的屋面，设计也只是选择了标准做法，对施工没有任何要求，往往因措施考虑不周而引起开裂。

2) 保温隔热层施工质量不好，或者厚度不够，或者缝隙不认真填实。这样，不但保温隔热的物理性能不能保证，也对结构产生更大的胀缩影响。

3) 措施不力。在找平层不按规范规定做分格缝，并单侧点贴一层 200～300mm 宽的卷材。特别是在无保温装配式结构屋面上，不在屋面板端单侧点贴一层卷材来预防由温度变形产生的卷材开裂。这样的工程实例很多。必须指出，防止由于温度影响产生的开裂，是很难解决的问题，到目前为止还没有可靠的措施。

(2) 找平层严重开裂。找平层施工要选择普通硅酸盐水泥，完工后要喷水覆盖养护 5～7d，以防止开裂。特别是在炎热的夏天，如不注意养护，更容易出现裂缝。

找平层开裂还有一个重要原因，是找平层薄厚不均。由于基层不平，特别是块状保温层铺设不平，使找平层厚度不一致，其收缩量也不一样，导致开裂。施工中要特别注意检查保温层铺设平整度。

(3) 卷材质量不好，沥青玛蹄脂没有预先试配。要检查卷材的合格证和实物，要看是否腐朽、变质。施工前，要检查沥青玛蹄脂的耐热度、柔韧性和黏结力三个指标，不合格不能施工。

(4) 卷材铺贴质量不好。卷材接槎可能太小，接头处压得不实，出现开裂、翘起。

(5) 沥青和玛蹄脂熬制温度太高，时间太长。沥青和玛蹄脂熬制温度太高、时间过长使其柔韧性不好。另外，结构不均匀沉降引起开裂也是多见的。

2. 屋面开裂的处理方法

对于基层未开裂的卷材屋面的无规则裂缝（老化龟裂除外），一般在开裂处补贴卷材即可。而对于有规则的裂缝，由于它在屋面完工后的若干年内正处于发生和发展阶段，只有逐年处理方能收效。处理方法如下：

(1) 用盖缝条补缝。盖缝条可用卷材或镀锌铁皮制成，如图 4.14 所示。补缝时按图4.15 所示修补范围清理屋面，在裂缝处先嵌入防水油膏。卷材盖缝条应用相应的密封材料粘贴，周边要压实刮平。镀锌铁皮盖缝条应用钉子钉在找平层上，间距 200mm 左右，两边再附贴一层宽 200mm 的卷材条。用盖缝条补缝，能适应屋面基层的伸缩变形，避免防水层再被拉裂，但盖缝条易被踩坏，故不适用于积灰严重、扫灰频繁的屋面。

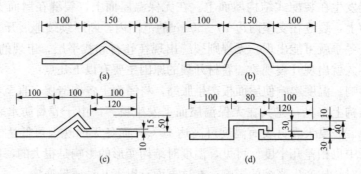

图 4.14　盖缝条

（a）、（b）卷材盖缝条剖面；（c）、（d）镀锌铁皮盖缝条剖面

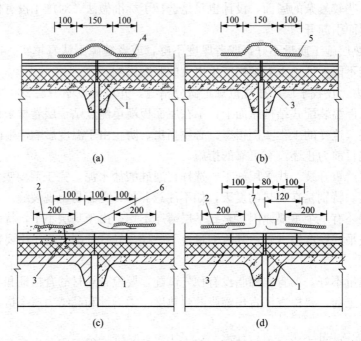

图 4.15　用盖缝条补缝

1—嵌油膏或灌热沥青；2—卷材盖边；3—钉子；4—三角形卷材盖缝条上作保护层；
5—圆弧形盖缝条上作保护层；6—三角形镀锌铁皮盖缝条；7—企口形镀锌铁皮盖缝条

（2）用防水油膏补缝。补缝用的油膏，目前采用的有聚氯乙烯胶泥和焦油麻丝两种。用聚氯乙烯胶泥时，应先切除裂缝两边宽各 50mm 的卷材和找平层，保证做到深度为 30mm，然后清理基层，热灌胶泥至高出屋面 5mm 以上。用焦油麻丝嵌缝时，先清理裂缝两边宽各为 50mm，再灌上油膏即可。油膏配合比（质量比）为焦油∶麻丝∶滑石粉＝100∶15∶60。

3. 屋面开裂的预防措施

（1）有规则的裂缝。

1）在应力集中、基层变形缝较大的部位（如屋面板拼缝处等），先干铺一层卷材条作为缓冲层，使卷材能适应基层伸缩的变化，如图 4.16 所示。

    2）选用合格的、伸长率较大的高聚物改性沥青防水卷材或合成高分子防水卷材。

  （2）无规则的裂缝。

    1）确保找平层的配合比计量准确、搅拌均匀、振捣密实、压光与养护等工序的质量。

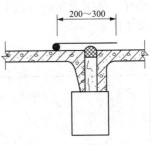

图 4.16 屋面板板端缝
空铺卷材条

    2）找平层宜留设分格缝。缝宽一般为 20mm，如为预制板，缝口设在预制板的拼缝处。采用水泥砂浆材料时，分格缝间距不宜大于 6m；采用沥青砂浆材料时，分格缝间距不宜大于 4m。分格缝处应设附加 200～300mm 宽的卷材，单边点贴覆盖。

1.4.2 屋面起鼓

1. 屋面起鼓的原因

屋面起鼓有四种情况：

（1）第一种起鼓。卷材起鼓一般在施工后不久产生（在高温季节），鼓包由小到大逐渐发展，小的直径约数十毫米，大的可达 200～300mm。在卷材防水层中黏结不实的部位，窝有水分，当其受到太阳照射或人工热源影响后，内部体积膨胀，造成起鼓，形成大小不等的鼓包。鼓包内呈蜂窝状，内部有冷凝水珠。

（2）第二种起鼓。在沥青防水卷材施工时，胶粘剂未充分干燥就急于铺贴卷材，溶剂残留在卷材内部，当溶剂挥发时就产生了起鼓现象。

（3）第三种起鼓。合成高分子防水卷材施工时，胶粘剂未充分干燥就急于铺贴卷材，溶剂残留在卷材内部，当溶剂挥发时就产生了起鼓现象。

（4）第四种起鼓。屋面保温、找坡层材料含水率过大，产生水气引起卷材起鼓。

2. 屋面起鼓的处理方法

屋面卷材起鼓的处理方法，根据鼓包大小分别采用不同的办法：

（1）100mm 以下的鼓包，可采用抽气灌油办法修补，即先在鼓包的两端用铁钻钻眼，然后在鼓包中插入两个有孔眼的针管，一边抽气，一边将胶粘剂注入，注满后抽出针管压平卷材（压上数块砖块，几天后移去），将针眼涂上胶粘剂封闭。

（2）100～300mm 的鼓包可采用"十字开刀法"进行修补，先按图 4.17（a）所示用刀将鼓包按十字形割开，撕开卷材，放出鼓包内的气体，用喷灯把卷材内部吹干。然后按图 4.17（b）所示编号（1～3 号）的顺序把旧卷材分片重新粘贴好，再新贴一块卷材 5（其边

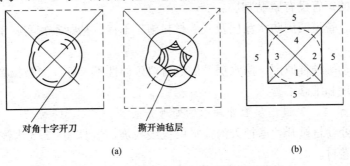

对角十字开刀   撕开油毡层

(a)   (b)

图 4.17 "十字开刀法"修补鼓包示意图

长比开刀范围大 50mm 以上），压入卷材 4 下，最后铺贴卷材 4，四边及覆盖层高起部分用铁熨斗压平。

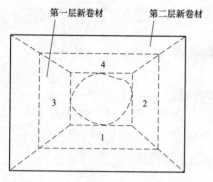

图 4.18　"割补法"修补鼓包示意图

（3）较大鼓包，则要采用割补法，如图 4.18 所示。其基本原理类似"十字开刀法"，依次粘贴好旧卷材 1～3，上铺一层新卷材（四周与旧卷材搭接大于 50mm），然后粘贴旧卷材 4，再在上面粘贴一层新卷材（其边长比第一层新卷材大 100mm 以上），周边用熨斗严实。

3. 屋面起鼓的预防措施

（1）第一种起鼓。

1）施工时找平层平整、清洁、干燥，基层胶粘剂应涂刷均匀，这是防止卷材起鼓的主要技术措施。

2）原材料在运输和储存过程中，应避免水分浸入，尤其要防止卷材受潮。卷材铺贴应先高后低（同一施工面上应该先低后高）、先远后近，分区段流水施工，并注意掌握天气预报，连续作业。

3）不得在雨天、大雾、大风天施工，防止基层受潮；当屋面基层干燥有困难，而又急需铺贴卷材时，可采用排汽屋面做法；但在外露单层的防水卷材中，则不宜采用。

（2）第二种起鼓。

1）基层应平整。沥青防水卷材施工前，应先将卷材表面清理干净，铺贴卷材时，基层黏合剂应涂刷均匀，并认真做好卷材压实工作，以增强卷材与基层的黏结力。

2）高聚物改性沥青防水卷材施工时，火焰加热要均匀、充分、适度；在铺贴卷材时要趁热向前推滚，并用压辊滚压，排除卷材下面的残留空气，压好缝边。

（3）第三种起鼓。合成高分子防水卷材采用冷粘法铺贴时，涂刷胶粘剂应做到均匀一致，待胶粘剂手感（指触）不黏时，才能铺贴并压实卷材。特别要防止胶粘剂堆积过厚、干燥不足而造成卷材的起鼓。

（4）第四种起鼓。水气较大时要设置排气道，在找平层分格缝交叉处做排气管道（管道出屋面 300mm，上面安防水帽），并按照出屋面管道做好节点处理。

1.4.3　天沟、雨水口、管道出屋面处漏水

1. 天沟、雨水口、管道出屋面处漏水的原因

（1）天沟纵向找坡太小，甚至有倒坡现象（雨水斗高于天沟面）；天沟堵塞，排水不畅。

（2）雨水口的短管没有紧贴基层。

（3）雨水口、管道四周防水涂层及嵌缝材料施工不良、粘贴不密实、密封不严，或附加防水层标准太低。

（4）由于振动等种种原因，防水层及嵌缝材料延伸性不够好，而被拉裂或拉脱。

（5）使用管理和维修不善。

2. 天沟、雨水口、管道出屋面处漏水的处理方法

（1）将天沟处卷材掀开，凿掉天沟找平层拉线找坡，重抹 1∶2.5 水泥砂浆找平层，按照规定要求铺贴卷材。

（2）铲除雨水口、出屋面管道的旧防水层，挖出旧嵌缝材料，清理干净后刮填嵌缝材

料，表面做卷材附加层，之后做防水层。

3. 天沟、雨水口、管道出屋面处漏水的预防措施

（1）天沟应按设计要求拉线找坡，纵向坡度不得小于5%，在水落口周围直径500mm范围内不应小于5%，并应用防水层涂料或密封材料涂封，其厚度不应小于2mm。

（2）雨水口应比天沟周围低20mm，安放时应紧贴于基层上，便于上部做附加防水层。

（3）雨水口的短管与基层接触部位，除用密封材料封严外，还应按设计要求做卷材附加层。施工后应及时加设雨水罩予以保护，防止建筑垃圾及树叶等杂物堵塞。

（4）管道四周嵌填密封材料，上部做附加防水层。

1.4.4 檐口漏水

1. 檐口漏水的原因

（1）檐口泛水处，卷材与基层黏结不牢；檐口处收头密封不严。

（2）檐口砂浆未压住卷材，封口处卷材张口、檐口处砂浆开裂及下口滴水线未做好。

2. 檐口漏水的处理方法

（1）清除原有的防水卷材及密封材料。

（2）重铺防水卷材，用密封材料将卷材末端收头和搭接缝密封严密，并在末端收头用防水砂浆（金属条）进行压缝处理。

（3）重抹檐口水泥砂浆及滴水线。

3. 檐口漏水的预防措施

（1）铺贴泛水处的卷材应采取满粘法工艺，确保卷材与基层黏结牢固。如基层潮湿而又急需施工，则宜用"喷火"法烘烤，及时将基层中多余潮气予以排除。

（2）檐口（沟）处卷材密封固定的方法有：当为砖砌女儿墙时，卷材收头可直接铺压在女儿墙的压顶下，压顶应做防水处理；也可在砖墙上留凹槽，卷材收头压入槽内固定密封，凹槽距基层最低高度不应小于250mm，同时凹槽的上部也做防水处理。另一种是混凝土女儿墙，此时卷材收头可用金属压条钉压，并用密封材料封固。

项目2 涂膜防水屋面

2.1 涂膜防水屋面材料的选用

2.1.1 防水涂料的选用

防水涂料应选用高聚物改性沥青防水涂料、合成高分子防水涂料和聚合物水泥防水涂料，沥青基涂料由于性能差、工艺复杂，已被淘汰，其主要性能指标见表4.15～表4.18。

表4.15　　　　　　　　　高聚物改性沥青防水涂料主要性能指标

项　目	指　标	
	水乳型	溶剂型
固体含量（%）	≥45	≥48
耐热度（80℃，5h）	无流淌、起泡、滑动	
低温柔度（℃，2h）	－15，无裂纹	－15，无裂纹

项　目		指　标	
		水乳型	溶剂型
不透水性	压力（MPa）	≥0.1	≥0.2
	保持时间（min）	≥30	≥30
断裂伸长率（%）		≥600	—
抗裂性（mm）		—	基层裂缝0.3mm，涂膜无裂纹

表 4.16　　　　　　　　合成高分子防水涂料（反应型固化）主要性能指标

项　目		指　标	
		Ⅰ类	Ⅱ类
固体含量（%）		单组分≥80，多组分≥92	
低温柔度（℃，2h）		单组分为−40；多组分为−35，无裂纹	
不透水性	压力（MPa）	≥0.3	
	保持时间（min）	≥30	
断裂伸长率（%）		单组分≥550；多组分≥450	单组分、多组分≥450
拉伸强度（MPa）		单组分、多组分≥1.9	单组分、多组分≥2.45

表 4.17　　　　　　　　合成高分子防水涂料（挥发固化型）主要性能指标

项　目		指　标
固体含量（%）		≥65
拉伸强度（MPa）		≥1.5
低温柔度（℃，2h）		−20，无裂纹
不透水性	压力（MPa）	≥0.3
	保持时间（min）	≥30
断裂伸长率（%）		≥300

表 4.18　　　　　　　　聚合物水泥防水涂料主要性能指标

项　目		指　标
固体含量（%）		≥70
拉伸强度（MPa）		≥1.2
低温柔度（℃，2h）		−10，无裂纹
不透水性	压力（MPa）	≥0.3
	保持时间（min）	≥30
断裂伸长率（%）		≥200

　　施工时，应根据当地历年最高气温、最低气温、屋面坡度和使用条件等因素，选择耐热性、低温柔性相适应的涂料；根据地基变形程度、结构形式、当地年温差、日温差和振动等因素，选择拉伸性能相适应的涂料；根据屋面涂膜的暴露程度，选择耐紫外线、耐老化相适应的涂料。

2.1.2 胎体增强材料的选用

胎体增强材料是指在涂膜防水层中用于增加防水的聚酯无纺布、化纤无纺布等，其质量要求见表4.19。

表4.19 胎体增强材料质量要求

项 目		质 量 要 求	
		聚酯无纺布	化纤无纺布
外 观		均匀，无团状，平整无皱褶	
拉力（宽50mm）（N）	纵向	≥150	≥45
	横向	≥100	≥35
延伸率（%）	纵向	≥10	≥20
	横向	≥20	≥25

2.2 涂膜防水屋面的施工

涂膜防水屋面是在屋面基层上涂刷防水涂料，经固化后形成一层有一定厚度和弹性的整体涂膜，从而达到防水目的一种防水屋面形式。

防水涂料包装容器应密封，容器表面应标明涂料名称、生产厂家、执行标准号、生产日期和产品有效期，并应分类存放。反应型和水乳型涂料储运及保管环境温度不宜低于5℃；溶剂型涂料储运和保管环境温度不宜低于0℃，不得日晒、碰撞和渗漏，保管环境应干燥、通风，并应远离火源、热源；胎体增强材料储运和保管环境应干燥、通风，并应远离火源、热源。

高聚物改性沥青防水涂料进场时应检查固体含量、耐热性、低温柔性、不透水性、断裂伸长率或抗裂性；合成高分子防水涂料和聚合物水泥防水涂料进场时应检查固体含量、低温柔性、不透水性、拉伸强度和断裂伸长率。

反应型涂料、水乳型涂料和聚合物水泥涂料施工环境温度宜为5～35℃，溶剂型涂料施工环境温度宜为−5～35℃，热熔型涂料施工环境温度不宜低于−10℃。

水乳型及溶剂型防水涂料宜选用滚涂或喷涂施工，反应固化型防水涂料宜选用刮涂或喷涂施工，热熔型和聚合物水泥防水涂料宜选用刮涂，所有防水涂料用于细部构造时，宜选用刷涂或喷涂施工。

双组分或多组分防水涂料应按配合比准确计量，应采用电动机具搅拌均匀，已配制的涂料应及时使用。配料时，可加入适量的缓凝剂或促凝剂调节固化时间，但不得混合已固化的涂料。

涂膜施工应先做好细部处理，再进行大面积涂布，屋面转角及立面的涂膜应薄涂多遍，不得流淌和堆积，涂膜应根据防水涂料的品种分层分遍涂布，不得一次涂成。应待先涂的涂层干燥成膜后，方可涂后一遍涂料，且前后两遍涂料的涂布方向应相互垂直。每道涂膜防水层最小厚度见表4.20，涂膜总厚度应符合设计要求。

表4.20 每道涂膜防水层最小厚度 mm

屋面防水等级	合成高分子防水涂膜	聚合物水泥防水涂膜	高聚物改性沥青防水涂膜
Ⅰ级	1.5	1.5	2.0
Ⅱ级	2.0	2.0	3.0

涂膜间夹铺胎体增强材料时，宜边涂布边铺胎体，胎体应铺贴平整，应排除气泡，并应与涂料黏结牢固。在胎体上涂布涂料时，应使涂料浸透胎体，并应覆盖完全，不得有胎体外露现象，最上面的涂膜厚度不应小于 1.0mm，胎体增强材料长边搭接宽度不得小于 50mm，短边搭接宽度不得小于 70mm。采用两层胎体增强材料时，上下层不得互相垂直铺设，搭接缝应错开，其间距不应小于幅宽的 1/3。

2.3　涂膜防水屋面的施工验收

1. 主控项目及检验方法

（1）防水涂料和胎体增强材料的质量，应符合设计要求。

检查方法：检查出厂合格证、质量检验报告和进场检验报告。

（2）涂膜防水层不得有渗漏和积水现象。

检验方法：雨后观察或淋水、蓄水检验。

（3）涂膜防水层在天沟、檐沟、檐口、水落口、泛水、变形缝和伸出屋面管道的防水构造，应符合设计要求。

检验方法：观察检查和检查隐蔽工程验收记录。

（4）涂膜防水层的平均厚度应符合设计要求，最小厚度不得小于设计厚度的 80％。

检验方法：针测法或取样量测。

2. 一般项目及检验方法

（1）涂膜防水层与基层应黏结牢固，表面平整，涂刷均匀，不得有流淌、皱褶、起泡、露胎体等缺陷。

检验方法：观察检查。

（2）涂膜防水层的收头应用防水涂料多遍涂刷。

检验方法：观察检查。

（3）铺贴胎体增强材料应平整顺直，搭接尺寸准确，排除气泡，并应与涂料黏结牢固；胎体增强材料搭接宽度的允许偏差为 −10mm。

检验方法：观察检查和尺量检查。

当卷材与涂料复合使用时，涂膜防水层宜设置在卷材防水层的下面，防水卷材的黏结质量应符合表 4.21 的规定。

表 4.21　　　　　　　　　　　防水卷材的黏结质量

项　　目	高聚物改性沥青防水卷材和带自粘层防水卷材	高聚物改性沥青防水卷材胶粘剂	合成高分子防水卷材胶粘剂
黏结剥离强度（N/10mm）	≥10 或卷材断裂	≥8 或卷材断裂	≥15 或卷材断裂
剪切状态下的黏结强度（N/10mm）	≥20 或卷材断裂	≥20 或卷材断裂	≥20 或卷材断裂
浸水 168h 后黏结剥离强度保持率（％）	—	—	≥70

项目 3 瓦屋面与防水

瓦屋面一般用于斜坡屋面。斜坡屋面用瓦，有烧结瓦、混凝土瓦、沥青瓦和金属板等。轻钢结构屋面多采用金属板材。

3.1 瓦屋面构造要求

瓦屋面防水等级和防水做法应符合表 4.22 的规定。

表 4.22　　　　　　　　　　　瓦屋面防水等级和防水做法

屋面防水等级	防 水 做 法
Ⅰ级	瓦+防水层
Ⅱ级	瓦+防水垫层

防水层厚度应满足卷材防水层和涂膜防水层最小厚度。防水垫层宜采用自粘聚合物沥青防水垫层、聚合物改性沥青防水垫层，其最小厚度和搭接宽度应符合表 4.23 的规定。

表 4.23　　　　　　　防水垫层的最小厚度和搭接宽度　　　　　　　　mm

防水垫层品种	最小厚度	搭接宽度
自粘聚合物沥青防水垫层	1.0	80
聚合物改性沥青防水垫层	2.0	100

瓦屋面应根据瓦的类型和基层种类采取相应的构造做法，瓦屋面与山墙及凸出屋面结构的交接处，均应做不小于 250mm 高的泛水处理，在大风及地震设防地区或屋面坡度大于 100％时，瓦材应采取固定加强措施，严寒和寒冷地区的檐口部位，应采取防雪融、冰坠的安全措施。

3.2 烧结瓦、混凝土瓦屋面施工

烧结瓦、混凝土瓦屋面的坡度不应小于 30％，应采用干法挂瓦，瓦与屋面基层应固定牢固。

3.2.1 基层、顺水条、挂瓦条的技术要求

采用的木质基层、顺水条、挂瓦条等构件，均应做防腐、防蛀和防火处理，金属顺水条、挂瓦条及金属板、固定件均应做防锈处理。基层应平整、干净、干燥，持钉层厚度应符合表 4.24 的规定。顺水条应垂直正脊方向铺钉在基层上，顺水条表面应平整，其间距不宜大于 500mm，挂瓦条的间距应根据瓦片尺寸和屋面坡长经计算确定，挂瓦条应铺钉平整、牢固，上棱应呈一直线。

表 4.24　　　　　　　　　　　瓦屋面持钉层厚度

持钉层材料	厚度（mm）
木板	20
人造板	16
细石混凝土	35

3.2.2　挂瓦的技术要求

挂瓦应从两坡的檐口同时对称进行。瓦后爪应与挂瓦条挂牢，并应与邻边、下面两瓦落槽密合，檐口瓦、斜天沟瓦应用镀锌铁丝拴牢在挂瓦条上，每片瓦均应与挂瓦条固定牢固，正脊与斜脊应铺平挂直，脊瓦搭盖应顺主导风向和流水方向，整坡瓦面应平整，行列应横平竖直，不得有翘角和张口现象。瓦屋面檐口挑出墙面的长度不宜小于 300mm，脊瓦在两坡面瓦上的搭盖宽度，每边不小于 40mm，脊瓦下端距坡面瓦的高度不宜大于 80mm，瓦伸入天沟、檐沟的长度为 50～70mm，金属天沟、檐沟的防水层伸入瓦内宽度不小于 150mm，瓦头挑出檐口的长度为 50～70mm，凸出屋面的墙或烟囱的侧面瓦伸入泛水宽度不小于 50mm。

3.2.3　细部构造

1. 檐口

烧结瓦、混凝土瓦屋面的瓦头挑出檐口的长度宜为 50～70mm，如图 4.19 所示。

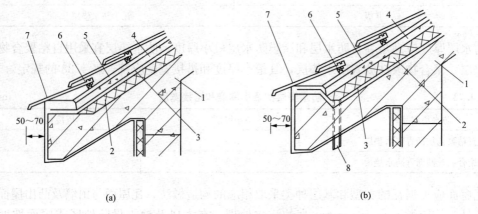

(a)　　　　　　　　　　　　　(b)

图 4.19　烧结瓦、混凝土瓦屋面檐口示意图

1—结构层；2—保温层；3—防水层或防水垫层；4—持钉层；5—顺水条；
6—挂瓦条；7—烧结瓦、混凝土瓦；8—泄水管

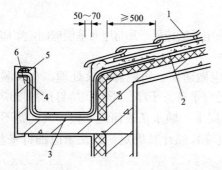

图 4.20　烧结瓦、混凝土瓦屋面檐沟示意图
1—烧结瓦、混凝土瓦；2—防水层或防水垫层；
3—附加层；4—水泥钉；5—金属压条；6—密封材料

2. 檐沟和天沟

檐沟和天沟防水层下应增设附加层，附加层伸入屋面的宽度不应小于 500mm，檐沟和天沟防水层伸入瓦内的宽度不应小于 150mm，并应与屋面防水层或防水垫层顺流水方向搭接，檐沟防水层和附加层应由沟底翻上至外侧顶部，卷材收头应用金属压条钉压，并应用密封材料封严，涂膜收头应用防水涂料多遍涂刷，烧结瓦、混凝土瓦伸入檐沟、天沟的长度，宜为 50～70mm，如图 4.20 所示。

3. 山墙

山墙压顶可采用混凝土或金属制品。压顶应向内排水，坡度不应小于 5%，压顶内侧下端应作滴水处理，山墙泛水处的防水层下应增加附加层，附加层在平面和立面的宽度不应小于 250mm，烧结瓦、混凝土瓦屋面山墙泛水的

宽度不应小于 50mm，如图 4.21 所示。

4. 伸出屋面管道

烟囱泛水处的防水层或防水垫层下应增设附加层，附加层在平面和立面的宽度不应小于 250mm，屋面烟囱泛水应采用聚合物水泥砂浆抹成，烟囱与屋面的交接处，应在迎水面中部抹出风水线，并应高出两侧各 30mm，见图 4.22。

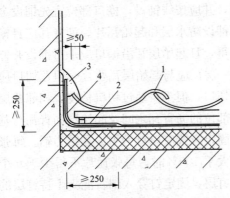

图 4.21　烧结瓦、混凝土瓦屋面山墙示意图

1—烧结瓦、混凝土瓦；2—防水层或防水垫层；

3—聚合物水泥砂浆；4—附加层

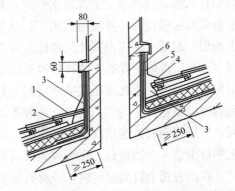

图 4.22　烧结瓦、混凝土瓦屋面烟囱示意图

1—烧结瓦、混凝土瓦；2—挂瓦条；3—聚合物水泥砂浆；

4—分水线；5—防水层或防水垫层；6—附加层

5. 屋脊

烧结瓦、混凝土瓦屋面的屋脊处应增设宽度不小于 250mm 的卷材附加层。脊瓦下端距坡面瓦的高度不宜大于 80mm，脊瓦在两坡面瓦上的搭盖宽度，每边不应小于 40mm，脊瓦与坡瓦面之间的缝隙应采用聚合物水泥砂浆填实抹平，如图 4.23 所示。

6. 屋顶窗

烧结瓦、混凝土瓦与屋顶窗交接处，应采用金属排水板、窗框固定铁脚、窗口附加防水卷材、支瓦条等连接，如图 4.24 所示。

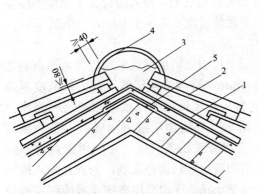

图 4.23　烧结瓦、混凝土瓦屋面屋脊示意图

1—防水层或防水垫层；2—烧结瓦、混凝土瓦；

3—聚合物水泥砂浆；4—脊瓦；5—附加层

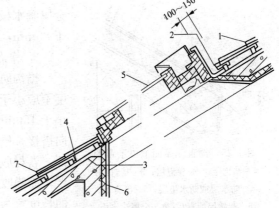

图 4.24　烧结瓦、混凝土瓦屋面屋顶窗示意图

1—烧结瓦、混凝土瓦；2—金属排水板；

3—窗口附加防水卷材；4—防水层或防水垫层；

4—屋顶窗；6—保温层；7—支瓦条

3.3 沥青瓦屋面施工

3.3.1 沥青瓦的技术要求

沥青瓦屋面的坡度不应小于 20%。沥青瓦应具有自粘胶带或相互搭接的连锁构造。矿物粒料或片料覆面沥青瓦的厚度不应小于 2.6mm，金属箔面沥青瓦的厚度不应小于 2mm。铺设沥青瓦前，应在基层上弹出水平及垂直基准线，并应按线铺设，檐口部位宜先铺设金属滴水板或双层檐口瓦，并应将其固定在基层上，再铺设防水层和起始瓦片。沥青瓦应自檐口向上铺设，起始层瓦应由瓦片经切除垂片部分后制得，且起始层瓦沿檐口应平行铺设并伸入檐口 10mm，再用沥青基胶结材料和基层黏结，第一层瓦应与起始层瓦叠合，但瓦切口应向下指向檐口，第二层瓦应压在第一层瓦上且露出瓦切口，但不得超过切口长度，相邻两层沥青瓦的拼缝及切口应均匀。檐口、屋脊等屋面边沿部位的沥青瓦之间及起始层沥青瓦与基层之间，应采用沥青基胶结材料满粘牢固。沥青瓦的固定方式应以钉为主、黏结为辅。每张瓦片上不得少于 4 个固定钉，在大风地区或屋面坡度大于 100% 时，每张瓦片不得少于 6 个固定钉。在沥青瓦上钉固定钉时，应将钉垂直钉入持钉层，固定钉穿入细石混凝土持钉层的深度不应小于 20mm，穿入木质持钉层的深度不应小于 15mm，固定钉的钉帽不得外露在沥青瓦表面。天沟部位铺设的沥青瓦可采用搭接式、编织式、敞开式。搭接式、编织式铺设时，沥青瓦下应增设不小于 1000mm 宽的附加层；敞开式铺设时，在防水层或防水垫层上应铺设厚度不小于 0.45mm 的防锈金属板材，沥青瓦与金属板材应用沥青基胶结材料黏结，其搭接宽度不应小于 100mm。脊瓦在两坡面瓦上的搭盖宽度，每边不小于 150mm，脊瓦与脊瓦的压盖面不应小于脊瓦面积的 1/2，沥青瓦挑出檐口的长度宜为 10～20mm，金属泛水板与沥青瓦的搭盖宽度不应小于 100mm，金属泛水板与突出屋面墙体的搭接高度不应小于 250mm，金属滴水板伸入沥青瓦下的宽度不应小于 80mm。

3.3.2 细部构造

1. 檐口

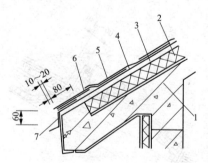

图 4.25 沥青瓦屋面檐口示意图
1—结构层；2—保温层；3—持钉层；
4—防水层或防水垫层；5—沥青瓦；
6—起始层沥青瓦；7—金属滴水板

沥青瓦屋面瓦头挑出檐口的长度宜为 10～20mm，金属滴水板应固定在基层上，伸入沥青瓦下宽度不应小于 80mm，向下延伸长度不应小于 60mm，见图 4.25。

2. 檐沟和天沟

檐沟防水层下应增设附加层，附加层伸入屋面的宽度不应小于 500mm，檐沟防水层伸入瓦内的宽度不应小于 150mm，并应与屋面防水层或防水垫层顺流水方向搭接。檐沟防水层和附加层应由沟底翻上至外侧顶部，卷材收头应用金属压条钉压，并应用密封材料封严，涂膜收头应用防水涂料多遍涂刷，沥青瓦伸入檐沟的长度宜为 10～20mm。天沟采用搭接式或编织式铺设时，沥青瓦下应增设不小于 1000mm 宽的附加层，如图 4.26 所示。天沟采用敞开式铺设时，在防水层或防水垫层上应铺设厚度不小于 0.45mm 的防锈金属板材，沥青瓦与金属板材应顺流水方向搭接，搭接缝应用沥青基胶结材料黏结，搭接宽度不应小于 100mm。

3. 山墙

沥青瓦屋面山墙泛水应采用沥青基胶结材料黏结一层沥青瓦片，防水层和沥青瓦收头应用金属压条钉压固定，并应用密封材料封严，如图 4.27 所示。

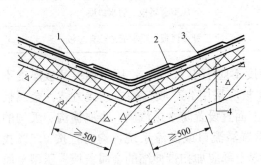

图 4.26　沥青瓦屋面天沟示意图

1—沥青瓦；2—附加层；

3—防水层或防水垫层；4—保温层

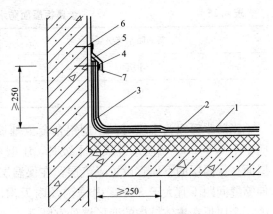

图 4.27　沥青瓦屋面山墙示意图

1—沥青瓦；2—防水层或防水垫层；3—附加层；

4—金属盖板；5—密封材料；6—水泥钉；7—金属压条

4. 屋脊

沥青瓦屋面的屋脊处应增设宽度不小于 250mm 的卷材附加层，脊瓦在两坡面瓦上的搭盖宽度，每边不应小于 150mm，如图 4.28 所示。

5. 屋顶窗

沥青瓦屋面与屋顶窗交接处应采用金属排水板、窗框固定铁脚、窗口附加防水卷材等与结构连接，如图 4.29 所示。

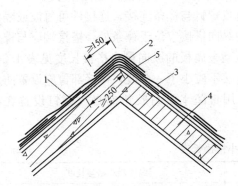

图 4.28　沥青瓦屋面屋脊示意图

1—防水层或防水垫层；2—脊瓦；3—沥青瓦；

4—结构层；5—附加层

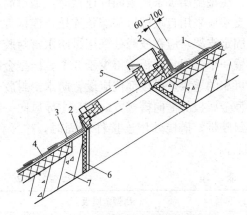

图 4.29　沥青瓦屋面屋顶窗示意图

1—沥青瓦；2—金属排水板；3—窗口附加防水卷材；

4—防水层或防水垫层；5—屋顶窗；

6—保温层；7—结构层

3.4 金属板屋面施工

3.4.1 金属板屋面构造要求

金属板屋面防水等级和防水做法见表 4.25。

表 4.25　　　　　　　　　　金属板屋面防水等级和防水做法

屋面防水等级	防 水 做 法
Ⅰ级	压型金属板＋防水垫层
Ⅱ级	压型金属板、金属面绝热夹芯板

当防水等级为Ⅰ级时，压型铝合金板基板厚度不应小于 0.9mm，压型钢板基板厚度不应小于 0.6mm。当防水等级为Ⅰ级时，压型金属板应采用 360°咬口锁边连接方式。金属板屋面在保温层的下面宜设置隔汽层，在保温层的上面宜设置防水透汽膜，金属檐沟、天沟的伸缩缝间距不宜大于 30m，内檐沟及内天沟应设置溢流口或溢流系统，沟内宜按 0.5％找坡，金属板在主体结构的变形缝处宜断开，变形缝上部应加扣带伸缩的金属盖板。压型金属板采用咬口锁边连接时，屋面的排水坡度不宜小于 5％，压型金属板采用紧固件连接时，屋面的排水坡度不宜小于 10％。

3.4.2 金属板屋面技术要求

压型金属板采用咬口锁边连接时，在檩条上应设置与压型金属板波形相配套的专用固定支座，并应用自攻螺钉与檩条连接，压型金属板应搁置在固定支座上，两片金属板的侧边应确保在风吸力等因素作用下扣合或咬合连接可靠。在大风地区或高度大于 30m 的屋面，压型金属板应采用 360°咬口锁边连接；大面积屋面和弧状或组合弧状屋面，压型金属板的立边咬合宜采用暗扣直立锁边屋面系统；单坡尺寸过长或环境温差过大的屋面，压型金属板宜采用滑动式支座的 360°咬口锁边连接。

压型金属板采用紧固件连接时，铺设高波压型金属板时，在檩条上应设置固定支架，固定支架应采用自攻螺钉与檩条连接，连接件宜每波设置一个；铺设低波压型金属板时，可不设固定支架，应在波峰处采用带防水密封胶垫的自攻螺钉与檩条连接，连接件可每波或隔波设置一个，但每块板不得少于 3 个。压型金属板的纵向搭接应位于檩条处，搭接端应与檩条有可靠的连接，搭接部位应设置防水密封胶带。压型金属板的纵向最小搭接长度见表 4.26。压型金属板的横向搭接方向宜与主导风向一致，搭接不应小于一个波，搭接部位应设置防水密封胶带。搭接处用连接件紧固时，连接件应采用带防水密封胶垫的自攻螺钉设置在波峰上。

表 4.26　　　　　　　　　　压型金属板的纵向最小搭接长度　　　　　　　　　　mm

压型金属板		纵向最小搭接长度
高波压型金属板		350
低波压型金属板	屋面坡度≤10％	250
	屋面坡度≥10％	200

金属面绝热夹芯板采用紧固件连接时，应采用屋面板压盖和带防水密封胶垫的自攻螺

钉，将夹芯板固定在檩条上，夹芯板的纵向搭接应位于檩条处，每块板的支座宽度不应小于50mm，支承处宜采用双檩条一侧加焊通长角钢。夹芯板的纵向搭接应顺流水方向，纵向搭接长度不应小于200mm，搭接部位均应设置防水密封胶带，并应用拉铆钉连接。夹芯板的横向搭接方向宜与主导风向一致，搭接尺寸应按具体板型确定，连接部位均应设置防水密封胶带，并应用拉铆钉连接。压型金属板和金属面绝热夹芯板的外露自攻螺钉、拉铆钉，均应采用硅酮耐候密封胶密封，固定支座应选用与支承件相同材质的金属材料。当选用不同材质金属材料并易产生电化学腐蚀时，固定支座与支承件之间应采用绝缘垫片或采取其他防腐措施。

金属板面铺装时，金属板檐口挑出墙面的长度不应小于200mm，金属板伸入檐沟、天沟内的长度不应小于100mm，金属泛水板与凸出屋面墙体的搭接高度不应小于250mm，金属泛水板、变形缝盖板与金属板的搭盖宽度不应小于200mm，金属屋脊盖板在两坡面金属板上的搭盖宽度不应小于250mm，采光带设置宜高出金属板屋面250mm。采光带的四周与金属板屋面的交接处，均应作泛水处理。

3.4.3 细部构造

1. 檐口

金属板檐口挑出墙面的长度不应小于200mm，屋面板与墙板交接处应设置金属封檐板和压条，如图4.30所示。

2. 山墙

金属板屋面山墙泛水铺钉厚度不应小于0.45mm的金属泛水板，并应顺流水方向搭接，金属泛水板与墙体的搭接高度不应小于250mm，与压型金属板的搭盖宽度宜为1~2波，并应在波峰处采用拉铆钉连接，如图4.31所示。

3. 屋脊

金属板屋面的屋脊盖板在两坡面金属板上的搭盖宽度不应小于250mm，屋面板端头应设置挡水板和堵头板，如图4.32所示。

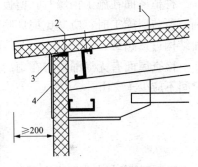

图4.30 金属板屋面檐口示意图

1—金属板；2—通长密封条；

3—金属压条；4—金属封檐板

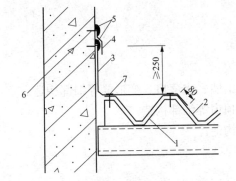

图4.31 压型金属板屋面山墙示意图

1—固定支架；2—压型金属板；3—金属泛水板；

4—金属盖板；5—密封材料；6—水泥钉；7—拉铆钉

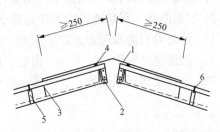

图4.32 金属板材屋面屋脊示意图

1—屋脊盖板；2—堵头板；3—挡水板；

4—密封材料；5—固定支架；6—固定螺栓

项目 4　隔热屋面工程

1. 蓄水屋面

蓄水屋面是屋面上蓄水后利用水的蓄热和蒸发，大量消耗投射在屋面上的太阳辐射热，有效减少通过屋盖的传热量，从而达到保温隔热和延缓防水层老化的目的。蓄水屋面多用于我国南方地区，一般为开敞式。为加强防水层的坚固性，应采用刚性防水层或在卷材、涂膜防水层上再做刚性防水层，并采用耐腐蚀、耐霉烂、耐穿刺性好的防水层材料，以免异物掉入时损坏防水层。蓄水屋面应划分为若干蓄水区，以适应屋面变形的需要。

2. 种植屋面

种植屋面是在屋面防水层上覆土或盖有锯木屑、膨胀蛭石等多孔松散材料，进行种植草皮、花卉、蔬菜、水果或设架种植攀缘植物等作物。这种屋面可以有效地保护防水层和屋盖结构层，对建筑物也有很好的保温隔热效果，并对城市环境能起到绿化和美化的作用，有益于环境保护和人们的健康。

种植屋面在施工挡墙时，留设的泄水孔位置应准确，且不得堵塞，以免给防水层带来不利。覆盖层施工时，应避免损坏防水层，覆盖材料的厚度和质量应符合设计要求，以防止屋面结构过量超载。

检查屋面有无渗漏，应在雨后或持续淋水 2h 后进行。能够作蓄水检验的屋面，其蓄水时间不应少于 24h。

思 考 题

1. 屋面防水构造层次有哪些？
2. 卷材防水屋面的构造有哪些，各有什么要求？
3. 屋面找平层的作用和质量要求是什么？
4. 屋面卷材与基层的黏结方法有哪些？各自的适用范围是什么？
5. 冷粘法施工的要求和适用范围是什么？
6. 热熔法施工的要求和适用范围是什么？
7. 自粘法施工的要求和适用范围是什么？
8. 热风焊接法的要求和适用范围是什么？
9. 屋面防水工程功能检验方法是什么？
10. 简述卷材防水屋面檐口、天沟、女儿墙、山墙、水落口、变形缝等细部构造。
11. 简述烧结瓦檐口、天沟、山墙、屋脊、屋顶窗等细部构造。
12. 简述金属板屋面檐口、山墙、屋脊等细部构造。

单元 5   建筑节能工程

教 学 要 求

掌握建筑墙体保温节能技术；熟悉建筑墙体保温节能的质量验收和工程质量事故；了解建筑节能的技术内容。

节能是指加强用能管理，采取技术上可行、经济上合理、环境和社会可以承受的措施，减少从能源生产到消费各个环节中的损失和浪费，更加有效、合理地利用能源。建筑节能是最具节能潜力，可挖掘的领域之一。

项目 1   概　　述

1.1   建筑节能的内容

建筑节能范围包括建筑材料和设备的生产、房屋建造、房屋使用的全过程。

建筑节能技术包括建筑围护结构节能技术、常规能源系统的优化利用（建筑采暖和空调设备系统节能）和可再生能源利用三个方面。

建筑保温系统有内保温、外保温、夹心保温、自保温和混合保温等系统，实践中，在严寒地区外墙、屋顶主要选择外保温、夹心保温和混合保温系统。

1.1.1   建筑围护结构节能

围护结构一般由外围护结构（包括外墙、内墙、外门窗、玻璃幕墙）、内围护结构（包括内门窗、屋面、楼板、地面）等界面构件组合而成。外围护结构指构成建筑空间的界面构件与大气接触的部分；内围护结构指建筑空间的界面构件与其他建筑空间公用的部分，如分户楼板、分户墙等。不采暖楼梯间内墙及温度缝两侧内墙的热工特性介于内外围护结构之间。建筑围护结构的热工性能是依据室外气候条件和室内人体舒适要求进行设计的。降低使用阶段的建筑能耗的途径是，增大围护结构传热阻，最大限度地减缓室外气候环境对室内的影响，保证居住热环境品质。通常根据建筑所在气候区城镇的气候特点（见表 5.1）和建筑使用能耗情况，进行冬夏季热工能耗分析，在围护结构上综合运用各种节能方法，如冬季保温、夏季隔热降温或者冬夏兼顾的复合围护结构（屋面、外墙、外窗等部位）的构造措施及部品，以满足节能标准规定的传热系数限值。建筑平面设计应组织房间自然通风，同时使主要立面背离冬季主导风向，炎热地区还要进行围护结构隔热设计和防止外窗阳光辐射的遮阳措施，整幢建筑的体形系数和窗墙面积比的控制，以达到降低建筑能耗的目的。

表 5.1 　　　　　　　　　　　我国建筑热工设计分区及设计要求

分区名称	分区指标		设计要求
	主要指标	辅助指标	
严寒地区	最冷月平均温度≤−10℃	日平均温度≤5℃的天数≥145d	必须充分满足冬季保温要求，一般可不考虑夏季防热
寒冷地区	最冷月平均温度为 0～−10℃	日平均温度小于5℃的天数为 90～145d	应满足冬季保温要求，部分地区兼顾夏季防热
夏热冬冷地区	最冷月平均温度为 0～10℃，最热月平均温度为 25～30℃	日平均温度小于 5℃的天数为0～90d，日平均温度大于 25℃的天数为 40～110d	必须满足夏季防热要求，适当兼顾冬季保温
夏热冬暖地区	最冷月平均温度≥10℃，最热月平均温度为 25～29℃	日平均温度为≥25℃的天数为 100～200d	必须充分满足夏季防热要求，一般可不考虑冬季保温
温和地区	最冷月平均温度为 0～13℃，最热月平均温度为 18～25℃	日平均温度≤5℃的天数为 0～90d	部分地区应考虑冬季保温，一般可不考虑夏季防热

　　注　摘自《民用建筑热工设计规范》（GB 50176—1993）。

1.1.2　常规能源系统的优化利用

运用能效比高的采暖和空调系统，连续采暖可以使得供热系统的热源参数、热媒流量等实现按需供应和分配，降低热源的装机容量，提高热源效率；减少输送管网的能量损失，提高管网的输送效率；使用节能的电器和灯具。

1.1.3　可再生能源利用

根据建筑类别、气候特点和当地条件，选择适宜的可再生能源利用技术。应积极利用太阳能、地热能等可再生资源。

1.2　建筑节能工程施工控制与验收划分

1.2.1　施工控制

（1）建筑节能工程应按照经审查合格的设计文件和经审查批准的施工方案施工。

（2）建筑节能工程施工前，对于采用相同建筑节能设计的房间和构造做法，应在现场采用相同材料和工艺制作样板间或样板件，经有关各方确认后方可进行施工。

（3）建筑节能工程的施工作业环境和条件，应满足相关标准和施工工艺要求。节能保温材料不宜在雨雪天气中露天施工。

1.2.2　验收划分

建筑节能工程为单位建筑工程的一个分部工程。其分项工程和检验批的划分，应符合下列规定：

（1）建筑节能分项工程应按照表 5.2 划分。

（2）建筑节能工程应按照分项工程进行验收。当建筑节能分项工程的工程量较大时，可以将分项工程划分为若干个检验批进行验收。

（3）当建筑节能工程验收无法按照上述要求划分分项工程或检验批时，可由建设、监理、施工等各方协商进行划分。但验收项目、验收内容、验收标准和验收记录均应遵守《建筑节能工程施工质量验收规范》（GB 50411—2007）的规定。

（4）建筑节能分项工程和检验批的验收应单独填写验收记录，节能验收资料应单独组卷。

表 5.2　　　　　　　　　　　建筑节能分项工程划分

序号	分项工程	主 要 验 收 内 容
1	墙体节能工程	主体结构基层、保温材料、饰面层等
2	幕墙节能工程	主体结构基层、隔热材料、保温材料、隔气层、幕墙玻璃、单元式幕墙板块、通风换气系统、遮阳设施、冷凝水收集排放系统等
3	门窗节能工程	门、窗、玻璃、遮阳设施等
4	屋面节能工程	基层、保温隔热层、保护层、防水层、面层等
5	地面节能工程	基层、保温层、保护层、面层等
6	采暖节能工程	系统制式、散热器、阀门与仪表、热力入口装置、保温材料、调试等
7	通风与空气调节节能工程	系统制式、通风与空调设备、阀门与仪表、绝热材料、调试等
8	空调与采暖系统的冷热源及管网节能工程	系统制式、冷热源设备、辅助设备、管网、阀门与仪表、绝热、保温材料、调试等
9	配电与照明节能工程	低压配电电源；照明光源、灯具；附属装置；控制功能；调试等
10	监测与控制节能工程	冷热源系统的监测控制系统；空调水系统的监测控制系统；通风与空调系统的监测控制系统；监测与计量装置；供配电的监测控制系统；照明自动控制系统；综合控制系统等

注　摘自《建筑节能工程施工质量验收规范》（GB 50411—2007）。

项目 2　建筑墙体保温节能技术

建筑墙体保温技术是建筑墙体节能技术的重点，而外墙外保温技术则是重中之重。因此，本章主要介绍几种外墙外保温施工技术。

2.1　GKP 外墙外保温施工技术

GKP 外墙外保温技术，是把聚苯乙烯泡沫塑料板直接粘贴在建筑物的外墙外表面上，形成保温层；用耐碱玻璃纤维网格布增强聚合物砂浆覆盖聚苯板表面，形成保护层，然后进行饰面工程，它适用于多层和高层民用建筑。

1. 基面处理

（1）检查并封堵基面未处理的孔洞；清除墙面上的混凝土残渣、模板油等。

（2）先用钢丝刷刮刷，再用笤帚清扫，除去墙面灰尘。

（3）对于旧建筑外墙外保温，除按上述要求做必要的基层处理外，还应对聚苯板与老墙面的黏结强度进行检测，确定聚苯板的固定方案。

2. 墙面测量及弹线、挂线

（1）在阴角、阳角和墙面适当部位固定钢丝，以测定垂直基面误差，做好标记并记录；在每一层墙面上适当的部位（窗台下方）拉通长水平线，用以测定墙面平整度误差，做好标记。

（2）依照基准线弹水平和垂直伸缩缝分格线。

（3）挂控制线。墙面全高度固定垂直钢丝，每层板挂水平线。

3. 粘贴安装聚苯板

（1）配制胶粘剂。配合比为 KE 干混料：KE 胶＝4：1，用电动搅拌器搅拌均匀，一次的配制量以 60min 内用完为宜。

（2）粘翻包（包边）网格布。聚苯板安装到墙面的上、下、左、右顶点（含伸缩缝、门窗洞口、阳台栏板等处）时要预贴（在粘贴聚苯板前完成）翻包（包边）网格布，布宽为保温板厚度＋200mm，长度根据该处具体情况确定。

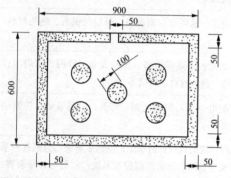

图 5.1　聚苯板黏结布点图

（3）涂抹胶粘剂。聚苯板通常规格为 900mm×600mm。在板边缘抹宽 50mm、高 10mm 的胶粘剂，板中间呈梅花点布置，间距不大于 200mm，直径不大于 100mm（黏结面积大于或等于板面积的 30%）。板上口留 50mm 宽的排气口（见图 5.1）。板在阳角处要留马牙槎，伸出部分的聚苯板不抹胶粘剂，其宽度略大于聚苯板厚度。

（4）黏结聚苯板。黏结聚苯板时应轻揉均匀挤压板面，随时用托线板检查平整度。每黏结完一块板，用木杠将相邻板面拍平，及时清除板边缘挤出的胶粘剂；聚苯板应挤紧、拼严，若出现超过 2mm 的间隙，应用相应宽度的聚苯片填塞；严禁上下通缝（见图 5.2、图 5.3）。若墙体基面局部超差，可调整胶粘剂或聚苯板的厚度。

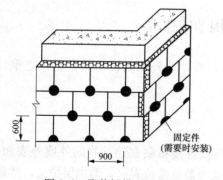

图 5.2　聚苯板排列示意图

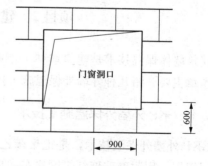

图 5.3　门窗洞口聚苯板排列示意图

（5）聚苯板修整。黏结好的聚苯板面平整度要控制在 2～3mm 以内。超出平整度控制标准处，应在聚苯板黏结 12h 后用砂纸或专用打磨机等工具进行修整打磨，动作要轻。

（6）如需安装锚固件，当聚苯板安装 12h 后，先用电锤（冲击钻）在聚苯板表面向内打孔，孔径依据保温厚度所选用的固定件型号确定；深入墙体深度，随基层墙体不同而有区别：加气混凝土墙大于或等于45mm，混凝土和其他各类砌块墙大于或等于30mm；然后安装锚固件，每平方米2～4个。

4. 压贴翻包网格布

在设翻包网格布处的聚苯板边缘表面，点抹聚合物砂浆，将预贴的翻包网格布押紧后粘贴平整，注意与聚苯板侧边顺平。

5. 安装伸缩缝分隔木条（米厘条）

米厘条断面大小根据伸缩缝大小确定，在使用前要充分吸水，然后将米厘条嵌入分格缝内，露出板面3～5mm，找平、固定。

6. 抹聚合物砂浆防护层（包括底层、网格布、面层）

（1）聚合物砂浆的配制。配合比与胶粘剂相同（KE干混料：KE胶＝4：1），将KE干混料倒入槽中，按配合比倒入KE胶（计量必须准确，严禁加水），用电动搅拌器搅拌均匀，一次搅拌量的使用时间不宜超过60min。

（2）抹底层聚合物砂浆。将搅拌好的聚合物砂浆抹于安装好的聚苯板面上，厚度平均为2～3mm。

（3）贴压网格布。剪裁网格布应顺经纬线进行。将网格布沿水平方向绷平，平整地贴于底层聚合物砂浆表面，用抹子由中间向上、向下及两边将网格布平压入砂浆中，要平整压实，不得皱褶，严禁网格布外露；网格布的搭接，左、右搭接宽度不小于100mm，上、下搭接宽度不小于80mm。

（4）抹面层聚合物砂浆。在底层聚合物砂浆终凝前，抹1～2mm厚的聚合物砂浆罩面，以刚盖住网格布为宜。砂浆切忌不停揉搓，以免造成泌水，形成空鼓。如底层聚合物砂浆已终凝，应做界面处理后再抹面层砂浆。

（5）聚合物砂浆防护层总厚度为3～5mm；首层用双层网格布加强，总厚度为5～7mm。

7. 伸缩缝

（1）抹完聚合物砂浆面层后，适时取出伸缩缝分隔木条（米厘条），并用靠尺板修边。

（2）填塞发泡聚乙烯圆棒。圆棒直径为缝宽的1.3倍；抹灰24h后填塞，圆棒弧顶距砂浆表面10mm左右，圆棒在缝内要平直并深浅一致。操作时要避免损坏缝的直角边。

（3）填密封膏。清除伸缩缝内的杂物，在分格缝的两边砂浆表面粘贴不干胶带；向缝内填充密封膏，并保证密封膏与伸缩缝两边可靠黏结，与抹灰面刮平还是做成凹、凸线条，视建筑立面要求确定（见图5.4）。

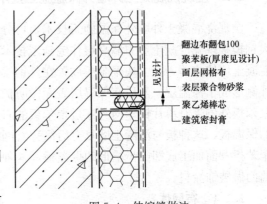

图5.4 伸缩缝做法

8. 粘贴加强网格布

（1）大阳角、口角加强网格布。大阳角必须增设加强网格布，总宽度为400mm（见图5.5）。门窗洞口四角处，必须加铺400mm×200mm的加强网格布，位置在紧贴直角处沿45°方向（见图5.6）；加强网格布置于大面网格布的里面。

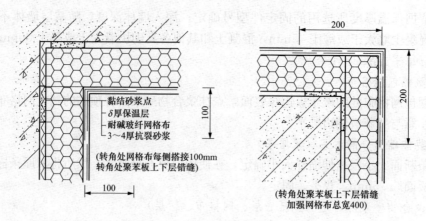

图 5.5　外墙阴阳角做法

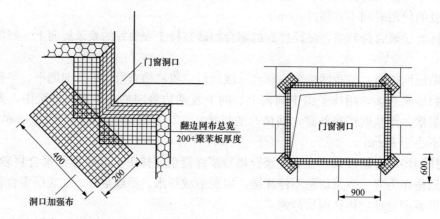

图 5.6　门窗洞口网格布加强图

（2）首层或有特殊要求处，需做双层网格布加强时，应在做完单层网格布罩面砂浆后，再贴铺一道网格布并罩面，总厚度为 5～7mm。

2.2　全现浇混凝土外墙外保温施工技术

全现浇混凝土外墙外保温施工技术，可分为有网体系和无网体系两种做法，是在现有的大钢模板现浇混凝土剪力墙高层住宅施工技术的基础上发展起来的。简单地说，就是在浇筑混凝土墙体之前，把大块聚苯板放置在外钢模的内侧，待混凝土墙体浇筑成型后，便在外墙外侧形成了保温层，然后在保温层表面做防护层和装饰层。采用两种形式的聚苯板，一种是聚苯板外侧带有单片钢丝网与穿过聚苯板的斜插钢丝（又称腹丝）焊接，形成带有钢丝网架的保温板，这种板与混凝土墙复合后简称有网体系，适宜于外墙面做装饰面砖；另一种是将聚苯板背面加工成凹凸齿槽形的保温板，这种板与混凝土墙复合后简称无网体系，适宜于外墙面做装饰涂料。

2.2.1　有网体系

该体系采用带钢丝架的聚苯保温板作为现浇混凝土外墙的外保温层，在外墙钢筋绑扎完毕后，即在墙体钢筋外侧安装保温板，并在板上按图 5.7 所示，插入经防锈处理的 $\phi 6$ 钢筋

（或尼龙锚栓），与墙体钢筋绑扎，既作临时固定，又是保温板与墙体的连接措施，然后在墙体钢筋外加水泥垫块，以确保墙体钢筋有足够的保护层。最后安装墙体内外钢质大模板。浇筑混凝土完毕后，保温层与墙体接合在一起，拆除模板后在有网板面层抹掺有抗裂剂的水泥砂浆。该体系适宜于做粘贴面砖。如做涂料饰面层，则宜在水泥砂浆面层外再抹 2～3mm 厚的聚合物水泥砂浆，基本做法见图 5.8。

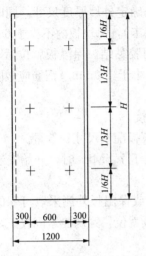

图 5.7 L 形 ϕ6 钢筋及保护垫块位置

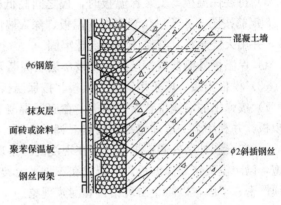

图 5.8 基本做法

1. 施工准备

（1）技术准备。

1）熟悉各方提供的有关图纸资料，参阅有关施工工艺，做好内业。

2）了解材料性能，掌握施工要领，明确施工顺序。

3）与提供成套材料和技术的企业联系，并由该企业派员在现场对工人进行培训和做技术指导。

（2）材料准备。

1）保温材料。厚度按设计要求，表观密度为 18～20kg/m³ 的自熄型单层钢丝网架聚苯泡沫保温板。

2）保温板与墙体连接材料。L 形 ϕ6 钢筋或尼龙锚栓。

3）抗裂层砂浆抹灰层材料。普通硅酸盐水泥（42.5 级）、中砂、干粉料或聚合物乳液、防裂外加剂、耐碱型玻璃纤维网格布。

4）面层。面砖或涂料按设计要求。

5）其他材料。聚苯颗粒保温浆料、泡沫塑料棒、塑料滴水线槽、分格条和嵌缝油膏等。

（3）机具准备。切割聚苯板操作平台、电热丝、接触式调压器、盒尺、墨斗、砂浆搅拌机、抹灰工具、检测工具等。

2. 施工程序

（1）钢筋绑扎。

1）钢筋须有出厂证明及复试报告。

2）采用预制点焊网片做墙体主筋时，须严格按《钢筋焊接网混凝土结构技术规程》

（JGJ/T 114—1997）执行。靠近保温板的墙体横向分布筋应弯成 L 形，因直筋易于戳破保温板。

3）绑扎钢筋时严禁碰撞预埋件，若有碰动应按设计位置重新固定牢固。

（2）保温板安装。

1）内、外墙钢筋绑扎经验收合格后，方可进行保温板安装。

2）按照设计所要求的墙体厚度在地板面上弹墙厚线，以确定外墙厚度尺寸。同时按图 5.7 所示位置在外墙钢筋外侧绑卡砂浆垫块（不得采用塑料垫卡），每块板内不少于 6 块。

3）拼装保温板。安装保温板时，板之间高低槽应用专用胶黏结。保温板就位后，将 L 形 $\phi 6$ 钢筋按图 5.8 所示位置穿过保温板，深入墙内长度不得小于 100mm（钢筋应做防锈处理），并用火烧丝将其与墙体钢筋绑扎牢固。

4）保温板外侧低碳钢丝网片均按楼层层高断开，互不连接。

（3）模板安装。应采用钢质大模板。按保温板厚度确定模板配制尺寸、数量。

1）按弹出的墙线位置安装模板，在底层混凝土强度不低于 7.5MPa 时，开始安装上一层模板，并利用下一层外墙螺栓孔挂三脚平台架。

2）在安装外墙外侧模板前，须在现浇混凝土墙体的根部或保温板外侧采取可靠的定位措施，以防模板挤靠保温板。模板放在三脚平台架上，将模板就位，穿螺栓紧固校正。连接必须严密、牢固，以防止出现错台和漏浆现象。

（4）混凝土浇筑。

1）墙体混凝土浇筑前，保温板顶面必须采取遮挡措施，应安置槽口保护套，形状如Ⅱ形，宽度为保温板厚度＋模板厚度。新、旧混凝土接槎处应均匀浇筑 30～50mm 厚，同强度等级的减石混凝土。混凝土应分层浇筑，高度控制在 500mm，混凝土下料点应分散布置，连续进行，间隔时间不超过 2h。

2）振捣棒振动间距一般应小于 500mm，每一振动点的延续时间，以表面呈现浮浆和不再沉落为度。严禁将振捣棒紧靠保温板。

3）洞口处浇筑混凝土时，应沿洞口两边同时下料，使两侧浇筑高度大体一致，振捣棒应距洞边 300mm 以上。

4）施工缝留置在门洞口过梁跨度 1/3 范围内，也可留在纵横墙的交接处。

5）墙体混凝土浇筑完毕后，须整理上口甩出钢筋，并用木抹子抹平混凝土表面，采用预制楼板时，宜采用硬架支模，墙体混凝土顶面标高低于板底 30～50mm。

（5）模板拆除。

1）在常温条件下，墙体混凝土强度不低于 1.0MPa。冬期施工墙体混凝土强度不低于 7.5MPa 及达到混凝土设计强度标准值的 30% 时，才可以拆除模板，拆除模板时应以同条件养护试块抗压强度为准。

2）先拆外墙外侧模板，再拆外墙内侧模板，并及时修整墙面混凝土边角和板面余浆。

3）穿墙套管拆除后，混凝土墙部分孔洞应用干硬性砂浆捻塞，保温板孔洞部位应用保温材料堵塞，其深度应进入混凝土墙体大于或等于 50mm。

4）拆除模板后，保温板上的横向钢丝必须对准凹槽，钢丝距槽底应大于或等于 8mm。

（6）混凝土养护。常温施工时，模板拆除后 12h 内喷水或用养护剂养护，不少于 7 昼夜，次数以保持混凝土具有湿润状态为准。冬期施工时应定点、定时测定混凝土养护温度，并做好记录。

（7）混凝土墙体检验。墙体混凝土应密实均匀，墙面及接槎处应光滑、平整，墙面不得有孔洞、露筋及碉等缺陷。混凝土墙体允许偏差及检查方法见表 5.3。

表 5.3　　　　混凝土墙体允许偏差及检查方法

项次	项　目	允许偏差（mm）		检 查 方 法
		多层	高层	
1	轴线位移	8	5	用尺量检查
2	标高层高 全高	±10 ±30	±10 ±30	用水准仪或尺量检查
3	截面尺寸	+5 +2	+5 −2	用尺量检查
4	墙面垂直度	5	5	用 2m 靠尺板检查
5	墙面平整	4	4	用 2m 靠尺板和楔形塞尺检查
6	预埋件中心偏移	3	3	用尺量检查
7	预留洞中心偏移	3	3	用尺量检查
8	聚苯板压缩厚度	1/10	1/10	尺检，上、中、下各侧 3 点取平均值

（8）外墙外保温板板面抹灰。

1）抹灰前准备。若保温板板面有余浆应清除干净，板面无灰尘、油渍和污垢；绑扎阴阳角、窗口四角加强网，拼缝网之间的钢丝应用火烧丝绑扎，附加窗口角网；尺寸为 200mm×400mm，与窗角成 45°；层间保温板钢丝网应断开不得相连；板面及钢丝上界面剂如有缺损，应予找补，要求均匀一致，不得露底。

2）原材料水泥。普通硅酸盐水泥（42.5 级）；砂子：中砂含泥量小于或等于 1%；水泥砂浆按 1：3 比例配制，并按水泥质量加入防裂剂，要求其收缩值小于或等于 1%。

3）抹灰。抹灰层之间及抹灰层与保温板之间必须黏结牢固，无脱层、空鼓现象。凹槽内砂浆饱满，并全面包裹住横向钢筋，抹灰层表面应光滑洁净，接槎平整，线条须垂直、清晰。

抹灰应分底层和面层分层抹灰，待底层抹灰初凝后方可进行面层抹灰，每层抹灰厚度不大于 10mm，如超过 10mm 应分层抹，总厚度不宜大于 30mm（从保温板凸槽表面起算）。

分格条宽度、深度要均匀一致，平整光滑、横平竖直、棱角整齐，滴水线、槽流水坡向要正确、顺直，槽宽和深度不小于 10mm。

抹灰完成后，在常温下 24h 后表面平整、无裂纹，即可在面层上粘贴面砖。外墙粘贴面砖宜采用胶粘剂，并应按《建筑工程饰面砖黏结强度检验标准》（JGJ 110－1997）进行检验。若采用涂料装饰，则应在面层上抹 2～3mm 厚的聚合物水泥砂浆罩面层，然后涂刷弹性涂料，但应考虑与聚合物水泥砂浆罩面层的相容性，如需刮腻子，则要考虑腻子、涂料和聚合物水泥砂浆三者的相容性。

抹灰工程施工允许偏差和检查方法见表 5.4。

表 5.4　　　　　　　　　　　抹灰工程施工允许偏差和检查方法

项 次	项 目	允许偏差（mm）		检查方法
		普通抹灰	高级抹灰	
1	表面平整度			用 2m 靠尺板和楔形塞尺检查
2	表面垂直	4	3	用 2m 靠尺板和楔形塞尺检查
3	阴阳角方正	4	3	用方尺检查
4	分格条平直度	4	3	拉 5m 线和用钢直尺检查
5	墙裙、勒脚上口直线度	4	3	拉 5m 线和用钢直尺检查

（9）其他。注意环境影响，施工时应避免大风天气，当气温低于 5℃ 时，停止面层施工。当气温低于 −10℃ 时，停止保温板安装。

3. 成品保护措施

（1）抹完水泥砂浆面层后的保温墙体，不得随意开凿孔洞，如确有开洞需要，如安装物件等，应在砂浆达到设计强度后方可进行，待安装物体完毕后修补洞口。

（2）翻拆架子时应防止撞击已装修好的墙面，门窗洞口、边、角、垛处应采取保护措施。其他作业也不得污染墙面，严禁踩踏窗台。

2.2.2　无网体系

该体系是采用一面带有凹凸形齿槽的聚苯保温板作为现浇混凝土外墙的外保温层。为加强与表面保护砂浆层接合牢固和提高聚苯板的阻燃性能，应在保温板表面喷涂界面剂。保温板用尼龙锚栓与墙体锚固，安装方式是：在外墙钢筋绑扎完毕后，即在墙体钢筋外侧安装保温板，保温板垂直边高低槽之间用专用胶黏结，按图 5.9 所示位置放入尼龙锚栓，它既是保温板与墙体钢筋的临时固定措施，又是保温板与墙体的连接措施。然后安装墙体内外钢质大模板。浇筑混凝土完毕后，保温层与墙体接合在一起，拆除模板后在保温板表面抹聚合物水泥砂浆，压入加强玻璃纤维网格布，外做装饰饰面层，见图 5.10。该体系适宜于做涂料面层。

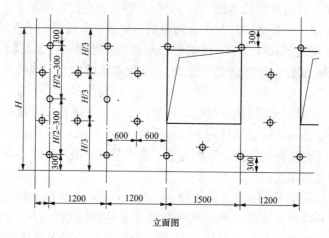

立面图

图 5.9　尼龙锚栓位置

1. 施工准备

（1）技术准备。

1）熟悉各方提供的有关图纸资料，参阅有关施工工艺，做好内业。

2）了解材料性能，掌握施工要领，明确施工顺序。

3）与提供成套材料和技术的企业联系，并由该企业派员在现场对工人进行培训和做技术指导。

（2）材料准备。

1）保温材料。厚度按设计要求，表观密度为 18～20kg/m³ 的自熄型聚苯泡沫保温板。

2）保温板与墙体连接材料。采用直径小于或等于 10mm 的尼龙锚栓，其长度为保温板设计厚度加 50mm。保温板之间用专用胶黏结。

3）抗裂层材料。普通硅酸盐水泥（42.5 级）、中砂、聚合物乳液（或干粉料）耐碱型玻璃纤维网格布、冲孔镀锌铁皮护角。

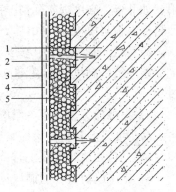

图 5.10 基本做法
1—混凝土墙；2—泡沫聚苯板外表面刷界面剂；3—聚合物水泥抗裂砂浆，压入涂塑抗碱玻纤网格布；4—装饰面层；5—尼龙锚栓

4）面层涂料。按设计要求，应用弹性涂料。

5）其他材料。聚苯颗粒保温砂浆、塑料滴水线槽、泡沫塑料棒、分格条和嵌缝油膏等。

（3）机具准备。切割聚苯板操作平台、电热丝、接触式调压器、电烙铁、盒尺、墨斗、砂浆搅拌机、抹灰工具、检测工具等。

2. 施工程序

（1）保温板安装。

1）绑扎墙体钢筋时，靠保温板一侧的横向分布筋宜弯成 L 形，以免直筋戳破保温板。绑扎完墙体钢筋后，在外墙钢筋外侧绑扎水泥垫块（不得使用塑料卡），每平方米保温板内不少于 3 块，用以保证保护层厚度并确保保护层厚度均匀一致，然后在墙体钢筋外侧安装保温板。

2）安装顺序。先安装阴阳角保温板，再安装角板之间的保温板。

3）安装前先在保温板高低槽口处均匀涂刷专用胶，将保温板竖缝之间相互黏结在一起。

4）在安装好的保温板面上弹线，标出锚栓的位置。用电烙铁或其他工具在锚栓定位处穿孔，然后在孔内塞入胀管。布点位置及形式如图 5.9 所示，其尾部与墙体钢筋绑扎做临时固定。

5）用 100mm 宽、10mm 厚的聚苯片涂胶填补门窗洞口两边齿槽形缝隙的凹槽处，以免在浇筑混凝土时在该处跑浆（冬期施工时，保温板上可不开洞口，待全部保温板安装完毕后再锯出洞口）。

（2）钢质大模板安装。

1）在楼地面弹出的墙线位置安装大模板。当下一层混凝土强度不低于 7.5MPa 时，开始安装上一层大模板，并利用下一层外墙螺栓孔挂三脚平台架。

2）在安装外墙外侧模板前，须在保温板外侧根部采取可靠的定位措施，以防模板压靠保温板。将放在三脚平台架上的模板就位，穿螺栓紧固校正，连接必须严密、牢固，以防止出现错台和漏浆现象。严禁在墙体钢筋底部布置定位筋，宜采用模板上部定位。

（3）混凝土浇筑。

1）为保护保温板上部的企口，应在浇筑混凝土前在保温板槽口处扣上保护帽。保护帽形状如Ⅱ形，高度视实际情况而定，宽度为保温板厚度＋模板厚度，材质为镀锌铁皮（注：要将保温板与模板一同扣住，遇到模板吊环可在保护槽上侧开口，将吊环放在开口内）。

2）新、旧混凝土接槎处应均匀浇筑 30～50mm 厚，同强度等级的减石混凝土。混凝土应分层浇筑，高度控制在 500mm，混凝土下料点应分散布置，连续进行，间隔时间不超过 2h。

3）振捣棒振动间距一般应小于 500mm，每一振动点的延续时间，以表面呈现浮浆和不再沉落为度。严禁将振捣棒紧靠保温板。

4）洞口处浇筑混凝土时，应沿洞口两边同时下料，使两侧浇筑高度大体一致。

5）施工缝留置在门洞口过梁跨度 1/3 范围内，也可留在纵横墙的交接处。

6）墙体混凝土浇筑完毕后，需整理上口甩出钢筋，采用预制楼板时，宜采用硬架支模，墙体混凝土顶面标高低于板底 30～50mm。

（4）模板拆除。

1）在常温条件下，墙体混凝土强度不低于 1.0MPa，冬期施工墙体混凝土强度不低于 7.5MPa 及达到混凝土设计强度标准值的 30％时，才可以拆除模板，拆除模板时应以同条件养护试块抗压强度为准。

2）先拆外墙外侧模板，再拆除外墙内侧模板，并及时修整墙面混凝土边角和板面余浆。

3）穿墙套管拆除后，应以干硬性砂浆捻塞孔洞，保温板孔洞部位须用保温材料堵塞并深入墙内大于 50mm。

（5）混凝土养护。常温施工时，模板拆除后 12h 内喷水或用养护剂养护，不少于 7 昼夜，次数以保持混凝土具有湿润状态为准。冬期施工时应定点、定时测定混凝土养护温度，并做好记录，拆除模板后的混凝土表面应覆盖。

（6）混凝土墙体检验。墙体混凝土应密实均匀，墙面及接槎处应光滑、平整，墙面不得有孔洞、露筋及灰渣等缺陷。

（7）抹聚合物水泥砂浆。

1）采用泡沫聚氨酯或其他保温材料在保温板部位堵塞穿墙螺栓孔洞。

2）板面、门窗口保温板如有缺损，应用保温砂浆或聚苯板加以修补。

3）清理保温板面层，使面层洁净无污物。

4）如局部有凹凸不平处，用聚苯颗粒保温砂浆进行局部找平或打磨。

5）聚合物水泥砂浆由有机胶结材料、水泥、砂按比例用砂浆搅拌机搅拌成聚合物水泥砂浆（也可采用于粉料型聚合物水泥砂浆）。将搅拌好的聚合物水泥砂浆均匀地抹在保温板表面。

6）按层高、窗台高和过梁高，将玻璃纤维网格布在施工前裁好备用。待抹完第一层聚合物砂浆后，立即将玻璃纤维网格布垂直铺设，用木抹子压入聚合物砂浆内。网格布之间搭接长度宜大于或等于 50mm，紧接再抹一层抗裂聚合物砂浆，以网格布均被浆料复裹为宜，距网格布表面厚度不大于 1mm 即可。在首层和窗台部位则要压入两层网格布，工序同上。

（8）窗洞口外侧面抹聚苯颗粒保温砂浆，在抹保温砂浆时距窗框边应留出 5～10mm 缝隙，以备打胶用，做法见图 5.11。

（9）首层阳角处应加设一根尺寸为 50mm×50mm、高 2m 的冲孔镀锌铁皮作护角。在抹完第一道抗裂聚合物砂浆后，将冲孔金属护角调直压入砂浆内（以护角条孔内挤出砂浆为宜），然后同大面一起压入玻璃纤维网格布，将金属护角包裹起来，做法见图5.12，抹完聚合物砂浆面层后的质量要求见表5.5。

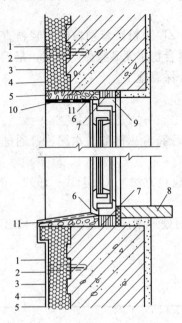

图 5.11　窗口部位保温做法

1—混凝土墙；2—泡沫聚苯板外表面刷界面剂；
3—聚合物水泥抗裂砂浆，压入涂塑抗碱玻璃纤维
网格布；4—装饰面层；5—尼龙锚栓；6—嵌缝油膏；
7—保温棉或泡沫塑料；8—窗台板；9—窗框；
10—塑料滴水条；11—聚苯颗粒保温抹灰砂浆

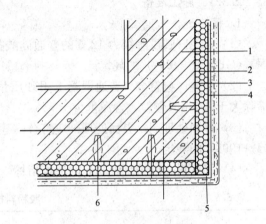

图 5.12　底层阳角部位保温做法

1—混凝土墙；2—泡沫聚苯板外表面刷界面剂；
3—聚合物水泥抗裂砂浆，压入涂塑抗碱玻璃纤维网格布；
4—装饰面层；5—金属护角；6—尼龙锚栓

（10）在抗裂聚合物砂浆表面，按设计要求涂刷弹性涂料。

表 5.5　　　　　　　　聚合物水泥砂浆面层允许偏差和检查方法

项　次	项　　目	允许偏差（mm）	检查方法
1	表面平直	4	用2m靠尺板和楔形塞尺检查
2	表面垂直	4	用2m靠尺板和楔形塞尺检查
3	阴阳角方正	4	用方尺检查
4	分格条平直	4	拉5m线和用钢直尺检查
5	墙裙、勒脚上口直线度	4	拉5m线和用钢直尺检查

3. 成品保护措施

（1）保护层的保护。

1）塔吊在吊运物品时要避免碰撞保温板。

2）首层阳角在脱模后，及时用竹胶板或其他方法加以保护，以免棱角遭到破坏。

3）外挂架下端与墙体接触面必须用板垫实，以免外挂架挤压保温层。

（2）抹灰层的保护。

1）抹完抗裂聚合物砂浆的墙面不得随意开凿孔洞。

2）严禁重物、锐器冲击墙面。

2.3　ZL 聚苯颗粒保温浆料外墙外保温施工技术

ZL 聚苯颗粒保温浆料外墙外保温施工技术，是将 ZL 胶粉聚苯颗粒保温浆料直接抹在外墙基面形成保温层，然后用玻璃纤维网格布增强的聚合物水泥砂浆做防护层，最后抹柔性耐水腻子饰面层；适用于多层和高层民用建筑的外墙外保温施工。

2.3.1　施工准备

1. 材料

（1）水泥。强度等级为 42.5 的普通硅酸盐水泥，应符合《硅酸盐水泥、普通硅酸盐水泥》（GB 175—1999）的规定。

（2）中砂。应符合《普通混凝土用砂质量标准及检验方法》（JGJ 52—1992）的规定，筛除大于 2.5mm 颗粒，含泥量少于 3%。

（3）界面处理剂。界面处理剂应符合《建筑用界面处理剂应用技术规程》（DBJ/T 01-04—1998）的规定。

（4）胶粉料。应满足表 5.6 的性能指标。

表 5.6　　　　　　　　　　　　　胶粉料技术性能

项　目	单　位	指　标
初凝时间	h	≥4
终凝时间	h	≤12
安定性（蒸煮法）		合格
拉伸黏结强度（常温 28d）	MPa	≥0.6
浸水拉伸黏结强度（常温，浸水 7d）	MPa	≥0.4

（5）聚苯颗粒。应满足表 5.7 的性能指标。

表 5.7　　　　　　　　　　　　　聚苯颗粒技术性能

项　目	单　位	指　标
堆积密度	kg/m³	12～21
粒度（5mm 筛孔筛余）	%	≤5

（6）胶粉聚苯颗粒保温浆料。应满足表 5.8 的性能指标。

表 5.8　　　　　　　　　　　　胶粉聚苯颗粒保温浆料技术性能

项　目	单　位	指　标
湿表观密度	kg/m³	≤420
干表观密度	kg/m³	≤230
导热系数	W/（m·K）	≤0.059

项　目	单　位	指　标
压缩强度	kPa	≥250
难燃性		B1 级
抗拉强度	kPa	≥100
压剪黏结强度	kPa	≥50
线性收缩率	%	≤0.3
软化系数		≥0.7

（7）抗裂砂浆。应满足表 5.9 的性能指标。

表 5.9　　　　　　　　　　抗裂砂浆技术性能

项　目	单　位	指　标
砂浆稠度	mm	80～130
可操作时间	h	不少于 2
拉伸黏结强度（常温 28d）	MPa	＞0.8
浸水黏结强度（常温，浸水 7d）	MPa	＞0.6
抗弯曲性		5％弯曲变形无裂纹
渗透压力比	%	≥200

（8）玻璃纤维网格布。应满足表 5.10 的性能指标。

表 5.10　　　　　　　　　　玻璃纤维网格布技术性能

项　目		单　位	指　标
网眼尺寸	普通型	mm	4×4
	加强型		6×6
单位面积质量	普通型	g/m²	≥180
	加强型		≥500
断裂强度	经向	N/50mm	≥1250
		N/50mm	≥3000
	纬向	N/50mm	≥1250
		N/50mm	≥3000
耐碱强度保持率（28d）		%	≥90
		%	≥90
涂塑量	普通型	g/m²	≥20
	加强型		

（9）高分子乳液防水弹性底层涂料。应满足表 5.11 的性能指标。

表 5.11　　　　　　　　　　　　高分子乳液防水弹性底层涂料技术性能

项　目		单　位	指　标
干燥时间	表干时间	h	≤4
	实干时间	h	≤8
拉伸强度		MPa	≥1.0
断裂伸长率		%	≥300
低温柔性绕≠10mm 棒		—	−20℃无裂纹
不透水性 0.3MPa，0.5h		—	不透水
加热伸缩率	伸长	%	≤1.0
	缩短	%	≤1.0

（10）柔性耐水腻子。应满足表 5.12 的性能指标。

表 5.12　　　　　　　　　　　　柔性耐水腻子技术性能

项　目	单　位	指　标
拉伸黏结强度	MPa	≥0.6
浸水后黏结强度	MPa	≥0.4
柔韧性（直径 50）		卷曲无裂纹
其他性能满足		《建筑室内用腻子》（JG/T 3049—1998）中 N 型耐水腻子的要求

（11）胶粉聚苯颗粒保温浆料体系。应满足表 5.13 的性能指标。

表 5.13　　　　　　　　　　　胶粉聚苯颗粒保温浆料体系技术性能

项　目		单　位	指　标
耐冲击性		J	>20
耐磨性（5001，铁砂）		—	无损坏
人工老化性		h	2000h 合格
耐冻融性		次	10 次无开裂
抗风压试验	负压 4500	Pa	无裂纹
	正压 5000		无裂纹
表面憎水率		%	≥99
水蒸气渗透性		g/（Pa•m•s）	>9.00×10⁻⁹

（12）附件。镀锌钢丝网（21 号，网孔尺寸为 25mm）、专用金属护角（35mm×35mm×0.5mm）、金属分层条（30mm×40mm×0.7mm 镀锌轻型角钢）、带尾孔射钉（ϕ5mm）、镀锌钢丝（22 号）。

2. 工具与机具

（1）强制式砂浆搅拌机、垂直运输机械、水平运输车、手提搅拌器、射钉枪等。

（2）常用抹灰工具及抹灰的专用检测工具、经纬仪及放线工具、水桶、剪子、滚刷、铁锹、扫帚、手锤、錾子、壁纸刀、托线板、方尺、靠尺、塞尺、探针、钢尺等。

（3）吊篮或专用保温施工脚手架。

3. 材料配制

（1）界面处理砂浆的配制。强度等级为 42.5 的水泥、中砂、界面剂，按 1∶1∶1 质量比，搅拌成均匀浆状。

（2）胶粉聚苯颗粒保温浆料的配制。先将 34～36kg 水倒入砂浆搅拌机内，然后倒入 25kg 胶粉料搅拌 3～5min 后，再倒入 1 袋 200l 聚苯颗粒继续搅拌 3min，可按施工稠度适当调整加水量，搅拌均匀后倒出。应随搅随用，在 4h 内用完。

（3）抗裂砂浆的配制。强度等级为 42.5 的水泥、中砂、抗裂剂，按 1∶3∶1 质量比，用砂浆搅拌机或手提搅拌器搅拌均匀。配制抗裂砂浆的加料次序，应先加入抗裂剂，再加中砂搅拌均匀后，加入水泥继续搅拌 3min 倒出。抗裂砂浆不得任意加水，应在 2h 内用完。

4. 作业条件

（1）外墙墙体工程平整度达到要求，外门窗口安装完毕，经有关部门检查验收合格。

（2）门窗边框与墙体连接应预留出外保温层的厚度，缝隙应分层填塞严密，做好门窗表面保护。

（3）外墙面上的雨水管卡、预埋铁件、设备穿墙管道等提前安装完毕，并预留出外保温层的厚度。

（4）施工用吊篮或专用外脚手架搭设牢固、安全，检验合格。脚手架横竖杆距离墙面、墙角适度，脚手板铺设与外墙分格相适应。

（5）预制混凝土外墙板接缝处应提前处理好。

（6）作业时环境温度不应低于 5℃，风力应不大于 5 级，风速不宜大于 10m/s。严禁雨期施工，雨期施工时应做好防雨措施。

2.3.2　施工要点

1. 基层墙面处理

墙面应清理干净，无油渍、浮尘等，旧墙面松动、风化部分应剔凿清除干净。墙表面凸起物大于或等于 10mm 的应铲平。对要求做界面处理的基层应满涂界面砂浆，用滚刷或扫帚将界面砂浆均匀涂刷。

2. 冲筋贴饼

吊垂直、套方找规矩、弹厚度控制线，拉垂直、水平通线，套方做口，按厚度线用胶粉聚苯颗粒保温浆料做标准厚度灰饼冲筋。

3. 胶粉聚苯颗粒保温浆料的施工

（1）保温层一般做法。

1）抹胶粉聚苯颗粒保温浆料应至少分两遍施工，每两遍间隔应在 24h 以上。

2）后一遍施工厚度要比前一遍施工厚度小。最后一遍厚度留 10mm 左右为宜。

3）最后一遍操作时应达到冲筋厚度并用大杠搓平，墙面门窗口平整度应达到规范的要求。

4）保温层固化干燥（用手掌按不动表面，一般约 5d）后方可进行抗裂保护层施工。

（2）保温层加强做法。建筑物高度大于 30m 时，应加钉金属分层条并在保温层中加一层金属网（金属网在保温层中的位置：距离基层墙面不宜小于 30mm，距离保温层表面不宜大于 20mm）。具体做法是：在每个楼层处加 30mm×40mm×0.7mm 的水平通长镀锌轻型角钢，角钢用射钉（间距50cm）固定在墙体上。在基层墙面上每间隔50cm钉直径为5mm的带尾孔射钉一只，用22号镀锌铁丝双股与尾孔绑紧，预留长度不小于100mm，抹保温浆料距设计厚度20mm处安装钢丝网（搭接宽度不小于50mm），用预留铁丝与钢丝网绑牢并将钢丝网压入保温浆料表层，抹最后一遍保温浆料找平并达到设计厚度。

4. 做分格线条

（1）根据建筑物立面情况，分格缝宜分层设置，分块面积单边长度应不大于15m。

（2）按设计要求在胶粉聚苯颗粒保温浆料层上弹出分格线和滴水槽的位置。

（3）用壁纸刀沿弹好的分格线开出设定的凹槽。

（4）在凹槽中嵌满抗裂砂浆，将滴水槽嵌入凹槽中，与抗裂砂浆黏结牢固，用该砂浆抹平搓口。

（5）分格缝宽度不宜小于5cm，应采用现场成型法施工。具体做法是，在保温层上开好分格缝槽，尺寸比设计要求宽10mm、深5mm，嵌满抗裂砂浆，网格布应在分格缝处搭接。网格布搭接时，应用上沿网格布压下沿网格布，搭接宽度应为分格缝宽度。

5. 抹抗裂砂浆，铺贴玻璃纤维网格布

玻璃纤维网格布按楼层间尺寸事先裁好，抹抗裂砂浆一般分两遍完成，第一遍厚度为3～4mm，随即竖向铺贴玻璃纤维网格布，用抹子将玻璃纤维网格布压入砂浆，搭接宽度不应小于50mm，先压入一侧，抹抗裂砂浆，再压入另一侧，严禁干搭。玻璃纤维网格布铺贴要平整、无褶皱，饱满度应达到100%。随即抹第二遍找平抗裂砂浆，抹平压实，平整度要求应符合规范要求。建筑物首层应铺贴双层玻璃纤维网格布，第一层应铺贴加强型玻璃纤维网格布，铺贴方法与前述方法相同，但应注意铺贴加强型玻璃纤维网格布时宜对接。随即可进行第二层普通网格布的铺贴施工。铺贴普通网格布的方法要求与前述相同，但应注意两层网格布之间抗裂砂浆应饱满，严禁干贴。

6. 做护角

建筑物首层外保温墙阳角应在双层玻璃纤维网格布之间加专用金属护角，护角高度一般为2m。在第一遍玻璃纤维网格布施工后加入，其余各层阴角、阳角、门窗口角应用双层玻璃纤维网格布包裹增强，包角网格布单边长度不应小于15cm。

7. 其他

抹完抗裂砂浆后，应检查平整、垂直及阴阳角方正，对于不符合规范要求的应进行修补。涂刷高分子乳液防水弹性底层涂料。涂刷应均匀，不得漏涂。刮柔性耐水腻子应在抗裂保护层干燥后施工，应刮2～3遍腻子并做到平整光洁。

2.4　GJXL 轻匀质 A1 级保温材料外墙外保温施工技术

由于2010年来多起建筑保温火灾事件的发生，引发了各界对保温防火的思考，保温材料的防火性能史无前例地引起了业内各界的高度重视。然而，很多保温材料起火都是在施工过程中产生的，如电焊、明火、不良的施工习惯。这些材料在燃烧过程中不断产生的融滴物和毒烟，同时释放出来的氯氟烃、氢氟碳化物、氟利昂等气体对环境的危害也不可忽视。

住房和城乡建设部和公安部于2009年9月25日联合发布了《民用建筑外保温系统及外墙装饰防火暂行规定》公通字〔2009〕46号文通知。保温设计过程中防火性能更好、保温性能出色的系统更能赢得市场的认可。根据住房和城乡建设部与公安部46号文的要求：住宅建筑高度大于 100m 以上，保温材料的燃烧性能应为 A 级。其他民用建筑高度大于 50m 需要设置。其他民用建筑高度为 24～50m 可使用 A1 级，也可使用防火隔离带。

GJXL 轻匀质防火保温板是国内首款防火等级为 A 级，并且重力密度、导热系数、环保性能等综合性能相对优异的新型建筑外墙防火保温板，其导热系数低至 0.050W/(m·K) 以下，使用温度可达 1500℃以上。

GJXL 轻匀质防火保温板在高温大火中不软化变形，不粉化脱落，且材料本身绝对不燃。不给大火蔓延提供丝毫可乘之机。在过火之后，物理强度与保温性能几乎不受任何影响。同时，产品不含重金属、甲醛等有害物质，过火时无毒、无味，不会对作业人员和周围环境造成任何伤害。产品纤维呈孔状结构，并拥有良好的吸声性能。

产品的施工方式与传统的 EPS、XPS 施工工艺相同，可采用条粘法、满粘法进行化学黏结固定；也可通过专用的保温伞钉干挂的方式进行安装。

优越的产品性能，极高的性价比和灵活便利的施工方式，必将使轻匀质防火保温板成为外墙防火保温领域新的开拓者和领军者，为现代绿色建筑提供全新的防火保温解决方案。

2.4.1　施工准备

1. 技术准备

（1）熟悉施工设计图纸及各方提供的有关图纸资料，查阅相关的外保温施工技术资料及施工做法。做好外保温层的预检和隐蔽检查验收记录。

（2）了解保温层材料性能，落实保温层施工节点做法，掌握施工要领，明确施工顺序。

（3）根据确定的施工做法及施工顺序，对现场施工人员进行培训和作业技术指导。

（4）确定外保温施工流水施工段。

2. 材料准备

（1）轻匀质防火保温板。

（2）黏结砂浆、抗裂砂浆。

（3）塑料绝热锚栓。

（4）耐碱玻璃纤维网格布或热镀锌电焊网。

（5）柔性腻子装饰涂层、面层或面砖、勾缝料。

以上材料均应符合国家相关规范及图纸设计的要求。

3. 工具准备

轻匀质防火保温板电切割器、开槽器、万能刀、壁纸刀、扫帚、墨斗、棕刷、粗细砂纸、电动搅拌器、冲击钻、锤子、改锥、塑料量杯、阴阳角抹子、托线板、2m 靠尺等。

4. 生产准备

（1）根据工程结构施工进度及施工熟练程度，分批分阶段提出外保温材料的生产使用计划，由公司按计划要求供应。

（2）根据工程结构流水段划分要求，合理地安排外保温板施工人员数量。大模板内置的外保温施工进度随结构大模板施工进度安排。

（3）根据结构外墙尺寸及节点做法，剪裁、加工保温板。加工好的保温板，根据尺寸、使用部位做好标识牌，分类码放整齐，下垫木方，做好防日晒、防雨淋等防护措施。

（4）根据外保温施工特点及操作方法，提前协同水、电等专业确定在保温层施工时的注意事项及管线走向做法。

2.4.2　作业条件

（1）做轻匀质防火保温板外保温墙面前可进行基层找平，其平整度不宜大于 5mm。

（2）基层表面应光平、坚固、干燥，无油漆、涂料或其他有害的材料。

（3）外墙上的消防梯、水落管、各种进户管线、门窗框、一层防盗窗预埋件及其他预埋件，必须按设计图纸和施工验收规范要求安装完毕。

（4）施工时应避免日晒、雨淋，必要时搭设防晒布遮挡墙面。施工过程中及施工完成后 24h 内气温不应低于 5℃，夏季高温时，不宜在阳光下施工，5 级以上大风、雨天应停止作业。

2.4.3　施工工艺流程

1. 涂料面层工艺流程

基面处理—放样弹线（吊线）—拌制轻匀质防火保温板专用黏结砂浆—粘贴保温板—48h 后安装固定锚栓—打磨处理—划分凹线条—拌制轻质抹面砂浆（底层）—压入增强网格布—黏结网格布—48h 后轻质抹面砂浆抹平处理（面层）—补洞及修理—变形缝处理—修整、保温验收—憎水型外墙柔性腻子—外墙弹性涂料施工。

2. 面砖面层工艺流程

基面处理—放样弹线（吊线）—拌制轻匀质防火保温板专用黏结砂浆—粘贴保温板—48h 后第一遍抗裂砂浆＋热镀锌电焊网（用机械锚固件与基层固定）＋第二遍抗裂砂浆—补洞及修理—变形缝处理—修整、保温验收—外墙面砖施工。

3. 施工流程（见图 5.13）

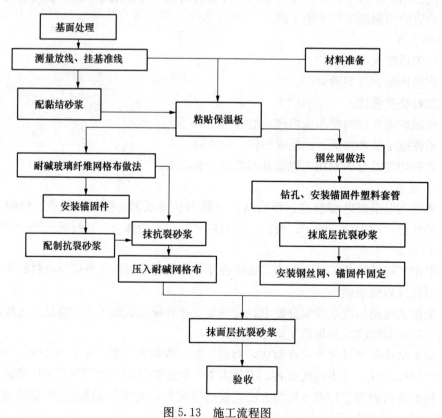

图 5.13　施工流程图

2.4.4　操作工艺

1. 基面处理

(1) 对新建工程的结构墙体基面，必须彻底清除基层表面粉尘。松动、不清洁的墙体及模具油、泛白的墙必须事先清除掉。凹陷部位用轻质抹面砂浆进行修平处理。基层必须干燥并具有一定的机械强度。旧房节能改造，应彻底清理不利于粘贴保温板的原外墙面层，用水泥砂浆修补缺陷，加固找平。

(2) 用水平靠尺检查结构墙体，最大偏差应小于 4mm，超差部分应剔凿或用水泥砂浆修补平整。

(3) 界面砂浆的施工温度为 5～30℃，使用前先在容器中加入液料后再加入粉料，采用电动搅拌枪搅拌 10min，放置 5min 后，重新搅拌 2min 即可采用刷涂或者滚涂、笤帚施工。

(4) 界面砂浆施工 24h 以上可进行下一步的操作。

2. 放样弹线

根据设计图纸的要求，在经平整处理的外墙面上沿散水标高用墨线弹出散水及勒脚水平线；当需要设置系统变形缝、保温层膨胀缝时，应在墙面相应位置弹出变形缝、膨胀缝及其宽度线，标出板材的粘贴位置。经分格后的墙面板块面积不宜大于 15m²，单向尺寸不宜大于 5m。若首层外保温墙面粘贴面砖，宜在散水上侧安装角钢托架。

3. 拌制轻匀质防火保温板胶粘剂/抹面砂浆

(1) 轻匀质防火保温板胶粘剂抹面砂浆每袋（25kg）需要 5～6L 干净水（加水比例为 18%～23%）。

(2) 用量与基底的平整程度、隔热保温板的种类及粘贴方式有关，为 6～12kg/m²。具体用量按施工现场实际情况确定。

(3) 拌制工作应有专人负责，严格计量。

(4) 拌制采用先加水后加粉的机械搅拌方法，严格按照胶粘剂的需水要求进行搅拌，达到搅拌均匀、无粉块等，拌好的胶粘剂应静置 5min 左右再进行搅拌后方可使用。

(5) 拌制后的胶粘剂在使用过程中不可再加水搅拌使用。拌好的料应注意防晒避风，以免水分蒸发过快而出现表面结皮现象。

(6) 如搅拌桶内材料放置的时间过长，出现表面结皮及部分硬化，则桶内的材料应当作废料处理。

(7) 拌制好的胶粘剂应在 30min 内用完（具体时间与现场的环境、湿度有关）。

4. 用轻匀质防火保温板专用胶粘剂粘贴保温板

轻匀质防火保温板的粘贴可分为条粘法、点粘法、满粘法及辅助托架。

条粘法：采用带齿平抹子（自制），将胶粘剂均匀地涂抹在保温板上。

点粘法：在保温板周边涂抹胶粘剂，宽约 20mm，厚约 5mm，中间部位均匀布点，点粘面积与保温板面积之比不得小于 80%。

满粘法：在每块板材背面均匀涂刮一层厚度不小于 5mm 的黏结砂浆，及时粘贴并挤压到基层墙体上，并随时用 2m 靠尺和托线板检查平整度和垂直度。

托架设置：建筑物从首层开始应设置支承托架，且至少每三层楼应设置一道，支承托架具体规格尺寸由保温层厚度确定；托架为经防腐处理的角铁用膨胀螺栓与基层墙体固定。各地区可根据实际情况选择使用。

5. 粘贴要求

（1）涂抹黏结的工作平台，应避免直接放置在风口处，以避免过大的穿堂风而加速胶粘剂的表面结皮，进而降低黏结强度。

（2）胶粘剂以指触法确定是否可以使用（胶粘剂指触不粘时，不可再使用），搅拌均匀的胶粘剂在使用时应在每粘贴一片保温板前用抹刀搅拌一下，以避免结皮。

（3）将胶粘剂抹在保温板上后，应迅速将保温板粘贴在墙上（注意：胶粘剂涂抹在保温板表面后，若在空气中暴露时间过长，胶粘剂表面易形成一层薄薄的结皮而影响黏结强度），然后再用水平尺压平操作以保证平整度和粘贴牢固。板与板之间要挤紧，板间不留间隙，接缝处不得涂抹胶粘剂，每贴完一块应及时清除可能挤出的胶粘剂。

（4）采用条粘法应注意带齿抹子的抹刀痕迹应平行、均匀，在保温板的表层不应出现平片现象。用带齿的抹刀涂抹胶粘剂时，抹刀底面与保温板之间成 $70°\sim80°$ 夹角，以保证有足够的胶粘剂用量，同时在保温板的四角应补加 4 个点的胶粘剂以增强相应的黏结强度。对有严重空鼓现象的保温板应取下重贴（对出现轻微空鼓的保温板可用补加锚栓的方法进行加固处理）。

（5）轻匀质防火保温板黏结时应无拼接缝，保温板之间的缝隙可用防火保温修补砂浆修补。

（6）如保温板之间的表面出现不平整处，可采用砂纸打磨抹平，保温板碎屑应及时清除掉。

（7）注意留出相应的建筑伸缩缝。

（8）凡在粘贴的保温板侧边外露处（如伸缩缝、建筑沉降缝、温度缝等缝线两侧，门窗等处），都应做网格布翻包处理。

（9）确保保温板胶粘剂的用量。

（10）轻匀质防火保温板的粘贴应自下而上，并沿水平横向粘贴，以保证连续接合，而且两排防火保温板竖向错缝应为 1/2。

（11）在墙拐角处应先排好尺寸并裁切好保温板，使其粘贴时垂直交错连接，以保证拐角处平整和垂直。

（12）建议在粘贴保温板时，最下层保温板离地面的高度为 300mm。

（13）建议在粘贴保温板之前，最下层可事先锚固相应的保温板托架，以提高整体系统的安全性能。

6. 安装机械锚固件（锚栓）

（1）待保温板粘贴牢固，正常情况下可在 48h 后安装固定锚栓，按设计要求的位置用冲击钻钻空孔，锚固深度为基层内约 20mm。钻孔深度根据保温板厚度确定（注意：钻孔时冲击钻钻头应与墙面保持垂直，以避免由于钻头的偏斜而扩大孔径，进而影响锚栓的锚固效果）。

（2）使用固定锚栓个数：每块保温板钉不少于 6 个锚钉，每平方米不少于 9 个，具体视工程情况而定。

（3）任何面积大于 $0.1m^2$ 的单块板必须用固定锚栓进行固定，数量视形状及现场而定，对于小于 $0.1m^2$ 的单块板应根据现场情况决定是否使用固定锚栓。

（4）在门窗洞口、阳角、各边缘处所粘贴的保温板应沿水平、垂直方向增加固定锚栓，其间距不大于 300mm，距基层边缘不小于 60mm。

(5) 用锤子将固定锚栓及不燃钉敲入，锚栓应与保温板表面齐平或略敲入一些，以保证锚栓尾部进一步膨胀而与基层充分锚固。

7. 打磨修补轻匀质防火保温板

(1) 对于轻匀质防火保温板接缝不平处，可用衬有平整物的粗砂纸打磨，进行平整处理，打磨时应作轻柔的圆周运动，不可沿着轻匀质防火保温板接缝平行的方向打磨。

(2) 打磨完毕，可用刷子或压缩空气机将由于打磨操作所产生的碎屑及其他粉尘清理干净。

(3) 对于板缝大于 2mm 的部位，采用防火保温砂浆修补，24h 之后打磨平整。

8. 凹线条、护角及成品滴水

(1) 每两层在保温板表面水平方向应划分凹线条，垂直方向考虑有较多造型，一般不采用分隔条。

(2) 根据已弹好的水平线和分格尺寸，用墨斗弹出分格线的位置，按照已弹好的线，在适当位置安好定位靠尺，使用开槽机将保温板切成凹口；对不顺直的凹口要进行修理。

(3) 门洞及阳角的成品线条待抹面砂浆各网格施工后，立即用抹面砂浆将线条满涂砂浆黏结表面并用镘刀用力压平；有线条的部位网格布可以对缝和不搭接。

(4) 凹线条部位压网格布前，在凹槽中适量涂抹抹面砂浆，压网时于线条处预留多余网格布，将凹线条压入规定位置，挤出多余砂浆，处理好周边边角部位。

9. 拌制轻质抹面砂浆

(1) 轻质抹面砂浆每袋（25kg）需要 5～7L 自来水。

(2) 用量：网格布在嵌入抹面时需要大约 3.5kg/m^2（具体按施工现场实际情况确定）。

(3) 拌制工作应有专人负责，严格计量。

(4) 拌制采用先加水后加粉的机械搅拌方法，严格按照轻质抹面砂浆的需水要求进行搅拌，达到搅拌均匀、无粉块等，拌好的轻质抹面砂浆应静置 5min 左右再进行搅拌后，方可使用。

(5) 制后的轻质抹面砂浆在使用过程中不可再加水拌制使用。拌好的料应注意防晒避风，以免水分蒸发过快而出现表面结皮现象。

(6) 如搅拌桶内的材料放置时间过长，出现表面结皮及部分硬化，则桶内材料应当做废料处理。

(7) 拌制好的轻质抹面砂浆应在 30min 左右的时间用完（具体时间与现场的环境、湿度有关）。

10. 用轻质抹面砂浆来粘贴网格布

(1) 贴网格布之前一定要用水平尺来检验保温板表面的平整程度。

(2) 一定首先用抹平抹子将拌制好的轻质抹面砂浆均匀地涂抹在保温板上（厚度为 2mm 左右），然后迅速贴上事先剪切好的网格布（长约 1.5m），再用抹刀用力挤压并抹平。

(3) 网格布的铺设自上而下，沿垂直及水平方向接直绷平，并将弯曲的一面朝里，用抹平抹子由中间向上、下两边将网格布抹平，使其紧贴底层轻质抹面砂浆。网格布左、右搭接宽度不小于 100mm，上、下搭接宽度不小于 80mm，网格布不应皱褶、空鼓、翘边。

(4) 门窗洞口外侧周边各加一层 300mm×200mm 的 45°斜向网格布进行加强，并将大面铺设的网格布沿门窗的转角拐进粘贴。

（5）对于窗口、门口和其他洞口四周的保温板端头及外墙最下层保温板的下部边缘，应用网格布和轻质抹面砂浆将其包住并抹平。

（6）沿凹槽将网格布埋入轻质抹面砂浆内，压入塑料线条作为分隔装饰凹缝。若网格布在此处断开则必须搭接，搭接宽度不小于65mm。

（7）对于用脚手架与墙体连接处。洞口四周应留出约100mm不抹黏结砂浆，防火板面层也应留出约100mm不抹抹面砂浆，待以后对局部进行整修。

（8）在墙拐角、阴阳角处，所用的网格布应从每边双向包转且相互搭接宽度不小于200mm。

（9）网格布相搭接的地方，要至少搭接80mm以上。

（10）面层轻质抹面砂浆的施工：等底层轻质抹面砂浆干燥后（通常情况约需48h），再抹面层轻质抹面砂浆，轻质抹面砂浆的厚度以盖住网格布为准，通常情况下可在15～30min内对表面用金属抹子进行表面收光处理。

11. 补洞及修理

（1）对墙面由于使用脚手架等所留下的孔洞及损坏处，应进行修补。修补方法如下：

1）当脚手架与墙体的连接拆除后，应立即对连接点的孔洞进行基底清理处理，并用轻质抹面砂浆（加粗骨料）填补并抹平。

2）在保温板背面涂上胶粘剂，应注意不要涂在其四周边沿上，然后将保温板慢慢塞入孔洞中，使之能粘在基层上，剪一块其大小能覆盖整修孔洞的网格布，与原有的网格布应至少重叠50mm。

3）在保温板表面涂抹轻质抹面砂浆，埋入网格布并用抹面砂浆抹平。

（2）对墙面损坏处的修补方法同上。

12. 缝的处理

（1）外墙处保温设置的伸缩缝、结构沉降缝、温度缝处，按照总包要求做相应处理。

（2）留伸缩缝时，分格条应在进行抹灰工序时就放入，待砂浆初凝后起出，修理缝边。

（3）缝的处理按照其他专业要求予以配合。

13. 加强层的做法

考虑需要贴瓷砖部位的强度要求，加强网则采用$\phi 0.7 \times 12.7$mm热镀锌电焊网、胀栓外置，保温板外面的保护层则增至5mm以上。在同一块墙面上，加强层做法与标准层做法间应留伸缩缝。

14. 外墙饰面做法

（1）涂料应符合DBJ/T 0157—2001《建筑外墙弹性涂料应用技术规程》、彩色艺术砂浆必须符合JC/T 1024—2007《墙体饰面砂浆行业标准》、GB/T 9755《合成树脂乳液外墙涂料、GB 9779《复层建筑涂料》、GB 9153《建筑涂料》、JC/T 24《合成树脂乳液砂壁状建筑涂料》的要求。

（2）面砖应符合JGJ 126—2000《外墙饰面砖工程施工及验收规范》。

（3）外墙所选饰面材料必须与系统相容。待抹灰基面达到饰面施工要求时可进行施工，施工方法参见有关施工工艺。

项目3　建筑节能工程质量隐患防治与质量检验

3.1　墙体节能工程质量隐患的防治

3.1.1　墙体保温层裂缝

1. 现象

保温墙体的裂缝可分为内保温墙体裂缝和外保温墙体裂缝。内保温墙体出现裂缝是普遍现象。内保温墙体的裂缝主要发生在板缝、窗口周围、窗角、保温板与非保温墙体的接合部。外保温墙体的裂缝主要发生在板缝、窗口周围、窗角、女儿墙部分、保温板与非保温墙体的接合部。裂缝的形状有表面网状裂缝，较长的纵向、横向或斜向裂缝，局部鼓胀裂缝等。

2. 原因分析

（1）直接采用水泥砂浆做抗裂防护层，强度高、收缩大、柔韧变形性不够，引起砂浆层开裂；抗裂防护层的透气性不足，如挤塑聚苯板在混凝土表面的应用；配制的抗裂砂浆虽然也用了聚合物进行改性，但柔韧性不够或抗裂砂浆层过厚。

（2）胶粘剂里有机物质成分含量过高，胶浆的抗老化能力降低。低温导致胶粘剂中的高分子乳液固化后的网状膜状结构发生脆断，失去其本身所具有的柔性作用。

（3）砂的粒径过细，含泥量过高，砂子的颗粒级配不合理。

（4）聚苯板密度太低，尺寸稳定性不合格；苯板没有完成墙体保温工程前对其陈化的要求，上墙后产生较大的后收缩；聚苯板粘贴时局部出现通缝或在窗口四角没有套割；保温板板面不平，特别是相邻板面不平。板间缝隙用胶粘剂填塞。

（5）使用了不合格的玻璃纤维网格布，如：断裂强力低、耐碱强力保留率低、断裂应变大等；玻璃纤维网格布（或镀锌钢丝网）的平方米克重过低、延伸率过大、网孔尺寸过大或过小、网格布的耐碱涂敷层的涂敷量不足或钢丝网的镀锌层厚度不足，钢丝锈蚀膨胀；面层中网格布的埋设位置不当，过于靠近内侧；网格布间断开无搭接或搭接尺寸不能满足规范的要求；窗口周边及墙体转折处等易产生应力集中的部位未设增强网格布；抹底层胶浆时直接把网格布铺设于墙面上，胶浆与网格布不能很好地复合为一体，使得网格布起不到应有的约束和分散作用。

（6）采用刚性腻子，腻子柔韧性不够；采用不耐水的腻子，当受到水的浸渍后起泡开裂。

（7）采用漆膜坚硬的涂料，涂料断裂伸长率很小；腻子与涂料不匹配。例如，在聚合物改性腻子上面使用某些溶剂型涂料，由于该涂料中的溶剂同样会对腻子中的聚合物产生溶解作用而使腻子性能遭到破坏。

（8）施工面层时在太阳曝晒下进行或在高温天气下抹完面层后未及时喷水养生，导致面层失水过快；冬季低温状态下施工，防冻措施不到位，因冻胀作用而产生的变形。

（9）违反施工技术规程，未安装窗框先作保温或者做完保温后单抹窗口。

（10）在材料柔性不足的情况下未设保温系统的变形缝。因系统的连续面过长累积变形过大而引起面层的开裂。

（11）保温板与非保温部位的接合部容易产生裂缝。在保温系统的截止部位因对不同材料材质变换处的防水处理或柔性，或刚性的处理方案不正确而产生裂缝。加强对女儿墙内侧的保温处理；特别强调现场配制的普通水泥砂浆抹在保温层上，不容易解决抗裂问题。水泥砂浆的收缩相当大，对于 1∶2.5 的普通砂浆，每米长度墙面 180d 的收缩值接近 1mm，一面 5m 长的墙收缩 4.7mm，收缩又是一个较长的过程。温度收缩值等于材料的线胀系数与温差的乘积。混凝土的线胀系数为 $1\times10^{-5}/℃$，水泥砂浆的线胀系数比混凝土略大，约为 $1.5\times10^{-5}/℃$，保温材料线胀系数要大 6～8 倍，组合在一起工作，因为它们各自的收缩膨胀性能不同，在交界面上容易产生裂缝。

3. 预防措施

（1）抗裂防护层的抗裂问题是主要矛盾，必须采用专用的抗裂砂浆并辅以合理的增强网，在砂浆中加入适量的聚合物和纤维对控制裂缝的产生是有效的。

（2）由抹面砂浆与增强网构成的抗裂防护层对整个系统的抗裂性能起着比较关键的作用。抹面砂浆的柔韧极限拉伸变形应大于最不利情况下的自身变形（干缩变形、化学变形、湿度变形、温度变形）及基层变形之和，从而保证抗裂防护层抗裂性要求。复合在抹面砂浆中增强网（如玻纤网格布）的使用，一方面能够有效地增加抗裂防护层的拉伸强度；另一方面由于能有效分散应力，可以将原本可能产生的较宽裂缝（有害裂缝）分散成许多较细裂缝（无害裂缝），从而形成其抗裂作用。

（3）装修层的材料不仅要求防裂而且要求透气（水汽），与保温层协调，最好选择弹性外墙涂料。其他界面层、保温层、黏结加固等材料也应该有专业厂家配套供应，以提高质量问题的可追溯性。

根据工程实践和统计资料变形裂缝，特别是温度变形裂缝或者是由变形和外力共同作用产生的墙体裂缝几乎占全部可遇裂缝的 80% 以上，由于冲击、风压、地震力等外力引起的机械破坏比重不大。因此，控制裂缝关键是应控制在约束条件下（约束体和被约束体都可产生一定程度的变形）材料的变形量不超过材料本身的极限变形。这与拉应力不超过当时抗拉强度的结论是统一的。

3.1.2　内墙表面长霉、结露

1. 现象

长霉、结露现象往往发生在墙角、门窗口和阴面墙、山墙下部及墙表面湿度过大的部位。保温构造设计不合理的墙体，也会在墙体内部出现长霉、结露现象。严重的长霉、结露会对室内环境造成破坏，甚至危及居住者健康。

2. 原因分析

长霉、结露现象的原因主要是保温设计不合理和通风条件差。其中内保温一般无法断桥，往往更容易出现长霉、结露现象。

（1）外保温设计不合理，没有形成完整保温层。如结构设计中外挑部分较多，这些线条及外挑部分又多以混凝土挑出，在做保温时放弃对该部分的保温处理；窗口内侧未做保温；也有保温材料局部防水不到位，致使保温材料受潮，引起长霉、结露现象。

（2）施工方法不规范，缺乏施工过程的必要质量控制，致使技术、材料的质量性能不符合质量要求；结构伸缩缝的节能设计不合理；因保温节点设计方案不完善形成局部热桥而引起的。如在施工时因苯板的切割尺寸不符合要求或施工质量粗糙造成保温板间缝隙过大在做保护层时没有做相应的保温板条的填塞处理或脚手孔未用保温材料堵严。

（3）墙体和保温材料里的水分还没有散发出来，抢工期时防护和装饰层引起长霉、结露现象。

3. 预防措施

根本防治方法是阻断热桥。

（1）改善室内湿度死角，保持良好的新风条件，如尽量采用外墙外保温；采用苯板条完成对线条的表面处理等。

（2）窗的设计位置：采用内保温时窗应该靠近墙体的内侧，外保温则应靠近墙体的外侧。尽量使保温层与窗连接成一个系统，以减少保温层与窗体间的保温断点，避免窗洞周边的热桥效应。

（3）窗的设计中还应该考虑窗根部上口的滴水处理和窗下口窗根部的防水设计处理，防止水从保温层与窗根的连接部位进入保温系统的内部。

3.1.3　外墙面砖的空鼓、脱落

1. 原因分析

（1）温度变形。不同季节，白天黑昼，墙体内外由于温差的变化饰面砖会受到三维方向温度应力的影响，在饰面层会产生局部应力集中，如在纵横墙体交接处、墙或屋面与墙体连接处、大面积墙中部等位置，应力集中，饰面层开裂引起面砖脱落，也有相邻面砖局部挤压变形引起面砖脱落。

（2）砂浆抹灰层变形空鼓，造成大面积面砖脱落。

（3）水分渗入所引起的冻融反复、冻融循环，造成面砖黏接层破坏，引起面砖脱落。

（4）外力引起的面砖脱落。如地基不均匀沉降引起结构物墙体变形、错位造成墙体严重开裂、面砖脱落，还可能由风压、地震力等引起的机械破坏等。

（5）组成复合墙体的各层材料不相容，变形不协调，产生位移。

2. 预防措施

（1）墙体饰面砖层出现脱落的主要原因是温度变形。为了减少应力集中，分散温度应力，应在与墙体连接的聚合物水泥砂浆接合层中引入镀锌四角网，四角网在抗裂防护层的作用下，不仅表现为受力时对周围水泥抗裂砂浆变形和压力抑制的有利效应，同时表现为在材料组合过程中对抗裂防护层的强化。但是四角网在抗裂砂浆中的防腐蚀能力非常重要。

（2）面砖的选择和排砖的间缝会影响面砖的稳定性。面砖的吸水率越小，表明面砖的烧结程度越好，其弯曲程度、强度、耐磨性、耐急热急冷性、耐化学腐蚀等性能就越好。面砖勾缝胶粉的性能设定，也要满足柔韧性方面的指标要求，其压折比小于或等于 3.0，目的在于有效释放面砖及黏结材料的热应力变形，避免饰面层面砖的脱落。同时，勾缝材料也应具有良好的防水透气性。面砖的排序不应挤得太紧，每 16～18m（六层）留有不小于 20mm的伸缩缝。

（3）在外围护结构封闭外保温的墙体，能有效地减少墙体温差变形，防止饰面砖部分出现应力集中，如外墙女儿墙、挑出部分全封闭外保温层，同样起到防止面砖脱落的作用。

（4）要在保护保温层的前提下，使外保温系统形成一个整体，转移面砖饰面层负荷作用体，改善面砖粘贴基层的强度，达到标准规定要求。

（5）要考虑外保温材料的压折比、黏结强度、耐候稳定性等指标，以及整个外保温系统

材料变形量的匹配性，以释放和消纳热应力或其他应力。

（6）要考虑外保温材料的抗渗性及保温系统的呼吸性和透气性，避免冻融破坏而导致面砖掉落。

（7）要提高外保温系统的防火等级，以避免火灾等意外事故出现后产生空腔，外保温系统丧失整体性在面砖饰面的自重重力的影响下大面积塌落。

（8）要提高外保温系统的抗震和抗风压能力，以避免偶发事故出现后的水平方向作用力对外保温系统的巨大破坏。

3.2 墙体节能工程质量检验

3.2.1 一般规定

（1）适用于采用板材、浆料、块材及预制复合墙板等墙体保温材料或构件的建筑墙体节能工程质量验收。

（2）主体结构完成后进行施工的墙体节能工程，应在基层质量验收合格后施工，施工过程中应及时进行质量检查、隐蔽工程验收和检验批验收，施工完成后应进行墙体节能分项工程验收。与主体结构同时施工的墙体节能工程，应与主体结构一同验收。

（3）墙体节能工程当采用外保温定型产品或成套技术时，其型式检验报告中应包括安全性和耐候性检验。

（4）墙体节能工程应对下列部位或内容进行隐蔽工程验收，并应有详细的文字记录和必要的图像资料：

1）保温层附着的基层及其表面处理；

2）保温板黏结或固定；

3）锚固件；

4）增强网铺设；

5）墙体热桥部位处理；

6）预制保温板或与预制保温墙板的板缝及构造节点；

7）现场喷涂或浇注有机类保温材料的界面；

8）被封闭的保温材料厚度；

9）保温隔热砌块填充墙体。

（5）墙体节能工程的保温材料在施工过程中应采取防潮、防水等保护措施。

（6）墙体节能工程验收的检验批划分应符合下列规定：

1）采用相同材料、工艺和施工做法的墙面，每 $500\sim1000\,\mathrm{m}^2$ 划分为一个检验批，不足 $500\,\mathrm{m}^2$ 也为一个检验批。

2）检验批的划分也可根据与施工流程相一致且方便施工和验收的原则，由施工单位与监理（建设）单位共同商定。

3.2.2 主控项目

（1）用于墙体节能工程的材料、构件等，其品种、规格应符合设计要求和相关标准的规定。

（2）墙体节能工程使用的保温隔热材料，其导热系数、密度、抗压强度或压缩强度、燃烧性能应符合设计要求。

（3）墙体节能工程采用的保温材料和黏结强度等，进场时应对其下列性能进行复验，复验应为见证取样送检：

1）保温材料的导热系数、密度、抗压强度或压缩强度；

2）黏结材料的黏结强度；

3）增强网的力学性能、抗腐蚀性能。

（4）严寒和寒冷地区外保温使用的黏结材料，其冻融试验结果应符合该地区最低气温环境的使用要求。

（5）墙体节能工程施工前应按照设计和施工方案的要求对基层进行处理，处理后的基层应符合保温层施工方案的要求。

（6）墙体节能工程各层构造做法应符合设计要求，并应按照经过审批的施工方案施工。

（7）墙体节能工程的施工，应符合下列规定：

1）保温隔热材料的厚度必须符合设计要求。

2）保温板材与基层及各构造层之间的黏结或连接必须牢固。黏结强度和连接方式应符合设计要求。保温板材与基层的黏结强度应做现场拉拔试验。

3）保温浆料应分层施工。当采用保温浆料做外保温时，保温层与基层之间及各层之间的黏结必须牢固，不应脱层、空鼓和开裂。

4）当墙体节能工程的保温层采用预埋或后置锚固件固定时，锚固件的数量、位置、锚固深度和拉拔力应符合设计要求。后置锚固件应进行锚固力现场拉拔试验。

（8）外墙采用预置保温板现场浇筑混凝土墙体时，保温板的安装位置应正确、接缝严密，保温板在浇筑混凝土过程中不得移位、变形，保温板表面应采取界面剂处理措施，与混凝土黏结应牢固。混凝土和模板的验收，应按《混凝土结构工程施工质量验收规范》（GB 50204）的相关规定执行。

（9）当外墙采用保温浆料做保温层时，应在施工中制作同条件养护试件，检测其导热系数、干密度和压缩强度。保温浆料的同条件养护试件应为见证取样送检。

（10）墙体节能工程各类饰面层的基层及面层施工，应符合设计和《建筑装饰装修工程质量验收规范》（GB 50210）的要求，并应符合下列规定：

1）饰面层施工的基层应无脱层、空鼓和裂缝，基层应平整、洁净，含水率应符合饰面层施工的要求。

2）外墙外保温工程不宜采用粘贴饰面砖做饰面层，当采用时，其安全性与耐久性必须符合设计要求。饰面砖应做黏结强度拉拔试验，试验结果应符合设计和有关标准的规定。

3）外墙外保温工程的饰面层不得渗漏。当外墙外保温工程的饰面层采用饰面板开缝安装时，保温层表面应具有防水功能或采取其他防水措施。

4）外墙外保温层及饰面层与其他部位交接的收口处，应采取密封措施。

（11）保温砌块砌筑的墙体，应采用具有保温功能的砂浆砌筑，砌筑砂浆的强度等级应符合设计要求。砌体的水平灰缝饱满度不应低于 90%，竖直灰缝饱满度不应低于 80%。

（12）采用预制保温墙板现场安装的墙体，应符合下列要求：

1）保温墙板应有型式检验报告，型式检验报告中应包括安装性能的检验；

2）保温墙板的结构性能、热工性能及主体结构的连接方法应符合设计要求，与主体结构连接必须牢固；

3）保温墙板的板缝处理、构造节点及嵌缝做法应符合设计要求；

4）保温墙板的板缝不得渗漏。

（13）当设计要求在墙体内设置隔汽层时，隔汽层的位置、使用的材料及构造做法应符合设计要求和相关标准的规定。隔汽层应完整、严密，穿透隔汽层处应采取密封措施。隔汽层冷凝水排水构造应符合设计要求。

（14）外墙或毗邻不采暖空间墙体上的门窗洞口四周的侧面和墙体上凸窗四周的侧面，应符合设计要求，采取节能保温措施。

（15）严寒和寒冷地区外墙热桥部位，应按设计要求采取节能保温等隔断热桥措施。

3.2.3　一般项目

（1）进场节能保温材料与构件的外观和包装应完整无破损，符合设计要求和产品标准的规定。

（2）当采用加强网作为防止开裂的措施时，加强网的铺贴和搭接应符合设计和施工方案的要求。砂浆抹压应密实，不得空鼓，加强网不得皱褶、外露。

（3）设置空调的房间，外墙热桥部位应按设计要求采取隔断热桥措施。

（4）施工产生的墙体缺陷，如穿墙套管、脚手眼、孔洞等，应按照施工方案采取隔断热桥措施，不得影响热工性能。

（5）墙体保温板材接缝方法应符合施工方案要求，保温板材接缝应平整严密。

（6）墙体采取保温浆料时，保温浆料层宜连续施工，保温浆料厚度应均匀，接槎应平顺密实。

（7）墙体上容易碰撞的阳角、门窗洞口及不同材料基体的交接处等特殊部位，其保温层应采取防止开裂和破损的加强措施。

（8）采取现场喷涂或模板浇注的有机类保温材料做外保温时，有机类保温材料应达到陈化时间后方可进行下道工序施工。

思　考　题

1. 建筑节能的技术内容包括哪些？
2. 外墙保温技术的重点是什么？
3. 建筑节能工程属于分部工程还是分项工程？
4. 墙体节能工程检验批如何划分？
5. 墙体节能工程常见的工程质量事故有哪些？原因是什么？如何防治？

参 考 文 献

［1］ 中华人民共和国建设部．混凝土结构施工图平面整体表示方法制图规则和构造详图［S］．北京：中国建筑标准设计研究院，2012.

［2］ 姚谨英．建筑施工技术［M］．5版．北京：中国建筑工业出版社，2014.

［3］ 汪绯．建筑工程质量事故的分析与处理［M］．2版．北京：化学工业出版社，2012.

［4］ 建筑施工手册．北京：中国建筑工业出版社，2003.

［5］ 姚谨英．砌体结构工程施工．北京：中国建筑工业出版社，2005.

［6］ 孙立棵．简明建筑节能技术．北京：中国建筑工业出版社，2007.

［7］ 李仙兰．建筑施工技术．北京：中国计划出版社，2008.

［8］ 杨维新．建筑工程质量事故分析与处理．呼和浩特：内蒙古大学出版社，2005.

［9］ 邵英秀，张青．建筑工程质量事故分析．北京：机械工业出版，2008.